高等学校数学专业同步辅导丛书

U0175347

高数"小程序
获取视频资源

适用华东师大·第五版

数学分析
同步辅导

（上册）

主　编　张天德　孙钦福
副主编　栾世霞　胡东坡

山东科学技术出版社
·济南·

图书在版编目（CIP）数据

数学分析同步辅导. 上册 / 张天德，孙钦福主编. --济南：山东科学技术出版社，2024.3
（高等学校数学专业同步辅导丛书）
ISBN 978-7-5723-1977-8

Ⅰ. ①数… Ⅱ. ①张… ②孙… Ⅲ. ①数学分析–高等学校–教学参考资料 Ⅳ. ①O17

中国国家版本馆CIP数据核字（2024）第028299号

数学分析同步辅导（上册）
SHUXUE FENXI TONGBU FUDAO（SHANGCE）

责任编辑：段　琰　王炳花
装帧设计：孙小杰

主管单位：山东出版传媒股份有限公司
出 版 者：山东科学技术出版社
　　　　　地址：济南市市中区舜耕路517号
　　　　　邮编：250003　　电话：（0531）82098088
　　　　　网址：www.lkj.com.cn
　　　　　电子邮件：sdkj@sdcbcm.com
发 行 者：山东科学技术出版社
　　　　　地址：济南市市中区舜耕路517号
　　　　　邮编：250003　　电话：（0531）82098067
印 刷 者：山东华立印务有限公司
　　　　　地址：山东省济南市莱芜高新区钱塘江街019号
　　　　　邮编：271100　　电话：（0531）76216033

规格：16开（184 mm×260 mm）
印张：23
版次：2024年3月第1版　　印次：2024年3月第1次印刷
定价：39.80元

前 言 QIANYAN

鲁科高数

　　《数学分析》是数学类专业一门重要的基础课程,也是数学类专业硕士研究生入学考试的专业考试科目。为帮助、指导广大读者学好数学分析,我们编写了《数学分析同步辅导(上册)》,本书适用于华东师范大学数学科学学院主编的第五版《数学分析(上册)》,汇集了编者几十年丰富的教学经验,将典型例题及解题方法与技巧融入书中,本书将会成为读者学习数学分析的良师益友。

　　本书的章节划分和内容设置与华东师大第五版《数学分析(上册)》一致。每章体例结构分为主要内容归纳、经典例题解析及解题方法总结、教材习题解答,每章最后还加入了总习题解答及自测题与参考答案。

　　主要内容归纳　对每节必须掌握的概念、性质和公式进行了归纳,并对较易出错的地方作了适当的解析。

　　经典例题解析及解题方法总结　列举每节不同难度、不同类型的重点题目,给出详细解答,以帮助读者理清解题思路,掌握基本解题方法和技巧。解题前的分析和解题后的方法总结,可以使读者举一反三、融会贯通。

　　教材习题解答　每节与每章后都给出了与教材内容同步的习题原题及其解答,读者可以参考解答来检查学习效果。

　　自测题　编者根据多年教学及考研辅导的经验,精心编写了一些典型题目。目的是在读者对各章内容有了全面了解之后,给读者一个检测、巩固所学知识的机会,从而使读者对各种题型产生更深刻的理解,并进一步掌握所学知识点,做到灵活运用。

　　本书由张天德、孙钦福主编,栾世霞、胡东坡副主编。由于编者水平有限,书中存在的不足之处敬请读者批评指正,以臻完善。

编　者

2024 年 2 月

目 录 MULU

数学分析
同步辅导

第一章 实数集与函数

一、主要内容归纳

1. 实数 实数由有理数与无理数两部分组成. **有理数**可用分数形式 $\dfrac{p}{q}$(p,q 为整数, $q\neq0$)表示,也可用有限十进小数或无限十进循环小数来表示.而无限十进不循环小数称为**无理数**.有理数和无理数统称为**实数**.为了讨论实数理论的需要,我们把有限小数也表示为无限小数.

2. 实数的 n 位不足近似与 n 位过剩近似的定义

设 $x=a_0.a_1a_2\cdots a_n\cdots$ 为非负实数,称有理数 $x_n=a_0.a_1a_2\cdots a_n$ 为实数 x 的 n 位不足近似,而有理数 $\overline{x}_n=x_n+\dfrac{1}{10^n}$ 称为 x 的 n **位过剩近似**,$n=0,1,2,\cdots$. 对于负实数 $x=-a_0.a_1a_2\cdots a_n\cdots$,其 n 位不足近似与 n 位过剩近似分别规定为

$$x_n=-a_0.a_1a_2\cdots a_n-\frac{1}{10^n} \quad \text{与} \quad \overline{x}_n=-a_0.a_1a_2\cdots a_n.$$

3. $x>y$ 的充要条件 设 $x=a_0.a_1a_2\cdots$ 与 $y=b_0.b_1b_2\cdots$ 为两个实数,则 $x>y$ 的充要条件是:存在非负整数 n,使得 $x_n>\overline{y}_n$,其中 x_n 表示 x 的 n 位不足近似,$\overline{y}_n$ 表示 y 的 n 位过剩近似.

4. 实数的主要性质

(1)实数集 **R** 对加、减、乘、除(除数不为 0)四则运算是封闭的,即任意两个实数的和、差、积、商(除数不为 0)仍然是实数.

(2)实数集是有序的,即任意两实数 a,b 必满足下述三个关系之一:$a<b,a=b,a>b$.

(3)实数的大小关系具有传递性,即若 $a>b,b>c$,则有 $a>c$.

(4)实数具有阿基米德性,即对任何 $a,b\in\mathbf{R}$,若 $b>a>0$,则存在正整数 n,使得 $na>b$.

(5)实数集 **R** 具有稠密性,即任何两个不相等的实数之间必有另一个实数,且既有有理数,也有无理数.

(6)实数集 **R** 与数轴上的点有着一一对应关系.

5. 绝对值的定义 实数 a 的**绝对值**定义为 $|a|=\begin{cases} a, & a\geqslant0, \\ -a, & a<0. \end{cases}$

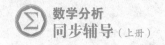
从数轴上看,数 a 的绝对值 $|a|$ 就是点 a 到原点的距离.

6. 实数绝对值的主要性质

(1) $|a|=|-a|\geqslant0$,当且仅当 $a=0$ 时有 $|a|=0$.

(2) $-|a|\leqslant a\leqslant|a|$.

(3) $|a|<h\Leftrightarrow-h<a<h$;$|a|\leqslant h\Leftrightarrow-h\leqslant a\leqslant h(h>0)$.

(4)对于 $\forall a,b\in\mathbf{R}$,有如下的三角形不等式:$||a|-|b||\leqslant|a\pm b|\leqslant|a|+|b|$.

(5) $|ab|=|a||b|$.

(6) $\left|\dfrac{a}{b}\right|=\dfrac{|a|}{|b|}(b\neq0)$.

7. 区间与邻域 设 $a,b\in\mathbf{R}$,且 $a<b$.数集 $\{x|a<x<b,x\in\mathbf{R}\}$ 称为**开区间**,记作 (a,b);数集 $\{x|a\leqslant x\leqslant b,x\in\mathbf{R}\}$ 称为**闭区间**,记作 $[a,b]$;类似可定义**半开半闭区间** $[a,b)$ 和 $(a,b]$,这几类区间统称为**有限区间**.满足关系式 $x\geqslant a$ 的全体实数 x 的集合记作 $[a,+\infty)$,类似可定义 $(-\infty,a]$,$(a,+\infty)$,$(-\infty,a)$,$(-\infty,+\infty)=\mathbf{R}$,这几类数集都称为**无限区间**.有限区间和无限区间统称为**区间**.

设 $a\in\mathbf{R},\delta>0,U(a;\delta)=\{x||x-a|<\delta,x\in\mathbf{R}\}=(a-\delta,a+\delta)$ 称为点 a 的 δ **邻域**;$U^{o}(a;\delta)=\{x|0<|x-a|<\delta,x\in\mathbf{R}\}$ 称为点 a 的**空心 δ 邻域**;类似地有:**点 a 的 δ 右邻域** $U_{+}(a;\delta)=[a,a+\delta)$;**点 a 的 δ 左邻域** $U_{-}(a;\delta)=(a-\delta,a]$;**点 a 的空心 δ 左、右邻域** $U^{o}_{-}(a;\delta)=(a-\delta,a)$ 与 $U^{o}_{+}(a;\delta)=(a,a+\delta)$;$\infty$**邻域** $U(\infty)=\{x||x|>M\}$,其中 M 为充分大的正数(下同);$+\infty$**邻域** $U(+\infty)=\{x|x>M\}$;$-\infty$**邻域** $U(-\infty)=\{x|x<-M\}$.

8. 有界集的定义 设 S 为 $\mathbf{R}$ 中的一个数集,若 $\exists M(L)$,使得对 $\forall x\in S$,都有 $x\leqslant M$($x\geqslant L$),则称 S 为有上界(下界)的数集,数 $M(L)$ 称为 S 的一个**上界(下界)**.若数集 S 既有上界又有下界,则称 S 为**有界集**.若 S 不是有界集,则称 S 为**无界集**.

9. 上确界的定义 设 S 是 $\mathbf{R}$ 中的一个数集.若数 η 满足:

(ⅰ)对 $\forall x\in S$,有 $x\leqslant\eta$,即 η 是 S 的上界;

(ⅱ)对 $\forall\alpha<\eta$,$\exists x_{0}\in S$,使得 $x_{0}>\alpha$(或 $\forall\varepsilon>0$,$\exists x_{0}\in S$,使 $x_{0}>\eta-\varepsilon$),即 η 又是 S 的最小上界,则称数 η 为数集 S 的**上确界**,记作 $\eta=\sup S$.若数集 S 无上界,则定义 $\sup S=+\infty$.

10. 下确界的定义 设 S 是 $\mathbf{R}$ 中的一个数集.若数 ξ 满足:

(ⅰ)对 $\forall x\in S$,有 $x\geqslant\xi$,即 ξ 是 S 的下界;

(ⅱ)对 $\forall\beta>\xi$,$\exists x_{0}\in S$,使得 $x_{0}<\beta$(或 $\forall\varepsilon>0$,$\exists x_{0}\in S$,使 $x_{0}<\xi+\varepsilon$),即 ξ 又是 S 的最大下界,则称数 ξ 为数集 S 的**下确界**,记作 $\xi=\inf S$.若数集 S 无下界,则定义 $\inf S=-\infty$.

11. 确界原理 设 S 为非空数集.若 S 有上界,则 S 必有上确界;若 S 有下界,则 S 必有下确界.

12. 函数的定义　设非空实数集 $D \subset \mathbf{R}$,若对 $\forall x \in D$,按照对应法则 f,有唯一确定的 $y \in \mathbf{R}$ 与之对应,则称 f 为定义在 D 上的**函数**,记为 $f: D \to \mathbf{R}$ $(x \to y = f(x))$.数集 D 称为函数 f 的**定义域**,y 称为 x 所对应的**函数值**,记为 $y = f(x)$,函数值的集合称为 f 的**值域**,记为 $f(D)$,即

$$f(D) = \{y \mid y = f(x), x \in D\} \subset \mathbf{R}.$$

13. 复合函数的定义　设 $y = f(u), u \in D; u = \varphi(x), x \in E$.若 $E^* = \{x \mid \varphi(x) \in D, x \in E\}$ 非空,则在 E^* 上确定了一个由 $y = f(u)$ 与 $u = \varphi(x)$ 经过复合运算所得到的**复合函数**,记作 $y = f(\varphi(x)), x \in E^*$,其中 $y = f(u)$ 称为**外函数**,$u = \varphi(x)$ 称为**内函数**,u 称为**中间变量**.

14. 反函数的定义　设函数 $y = f(x), x \in D, y \in f(D)$.若对 $\forall y_0 \in f(D)$,在 D 中有唯一确定的 x_0,使得 $y_0 = f(x_0)$,则在 $f(D)$ 上确定了一个函数,称为函数 $y = f(x)$ 的**反函数**,记作

$$f^{-1}: f(D) \to D \quad \text{或} \quad x = f^{-1}(y), y \in f(D).$$

15. 基本初等函数与初等函数　常数函数 $y = c$(c 为常数),幂函数 $y = x^\alpha$ $(\alpha \in \mathbf{R})$,指数函数 $y = a^x$ $(a \neq 1, a > 0)$,对数函数 $y = \log_a x$ $(a \neq 1, a > 0)$,三角函数和反三角函数称为**基本初等函数**.由基本初等函数经过有限次四则运算与复合运算所得到的函数统称为**初等函数**.

16. 有界函数　设 f 为定义在 D 上的函数.若 $\exists M(L)$,使得对 $\forall x \in D$ 有 $f(x) \leqslant M$ $(f(x) \geqslant L)$,则称 f 为 D 上的**有上(下)界函数**,$M(L)$ 称为 f 在 D 上的一个上(下)界.若 $\exists K > 0$,使得对 $\forall x \in D$,有 $|f(x)| \leqslant K$,则称 f 为 D 上的**有界函数**.

17. 单调函数　设 f 为定义在 D 上的函数.若对 $\forall x_1, x_2 \in D$,当 $x_1 < x_2$ 时总有

（ⅰ）$f(x_1) \leqslant f(x_2)$ $(f(x_1) \geqslant f(x_2))$,则称 f 为 D 上的**增(减)函数**;

（ⅱ）$f(x_1) < f(x_2)$ $(f(x_1) > f(x_2))$,则称 f 为 D 上的**严格增(严格减)函数**.

增函数和减函数统称为**单调函数**,严格增函数和严格减函数统称为**严格单调函数**.

18. 奇函数和偶函数　设 D 为对称于原点的数集,f 为定义在 D 上的函数.若对 $\forall x \in D$,有 $f(-x) = -f(x)$ $(f(-x) = f(x))$,则称 f 为 D 上的**奇(偶)函数**.

19. 周期函数　设 f 为定义在数集 D 上的函数.若 $\exists T > 0$,使得对 $\forall x \in D$ 有 $f(x \pm T) = f(x)$,则称 f 为**周期函数**,T 称为 f 的一个周期.显然,若 T 为 f 的周期,则 nT(n 为正整数)也是 f 的周期.若在周期函数 f 的所有周期中有一个最小的正周期,则称此最小正周期为 f 的**基本周期**,或简称周期.

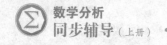

二、经典例题解析及解题方法总结

【例 1】 证明伯努利（Bernoulli）不等式：设 $h>-1,n\in\mathbf{N}_+,n\geq2$，则有

$$(1+h)^n\geq1+nh,$$

其中等号当且仅当 $h=0$ 时成立.

证 当 $h=0$ 时显然等号成立. 现设 $h\neq0$，对 $n\geq2$，当 $h>0$ 时，有

$$(1+h)^n=1+nh+\frac{n(n-1)}{2}h^2+\cdots+h^n>1+nh.$$

当 $-1<h<0$ 时，有

$$(1+h)^n-1=(1+h-1)[1+(1+h)+(1+h)^2+\cdots+(1+h)^{n-1}]$$
$$=h[1+(1+h)+(1+h)^2+\cdots+(1+h)^{n-1}]>nh.$$

【例 2】 证明柯西（Cauchy）不等式：设 $x_1,x_2,\cdots,x_n,y_1,y_2,\cdots,y_n$ 为两组实数，则有

$$\left(\sum_{i=1}^n x_iy_i\right)^2\leq\left(\sum_{i=1}^n x_i^2\right)\left(\sum_{i=1}^n y_i^2\right).$$

证 不妨设 $x_1,x_2,\cdots,x_n$ 不全为零. 考虑关于 λ 的二次三项式

$$0\leq\sum_{i=1}^n(\lambda x_i+y_i)^2=\lambda^2\sum_{i=1}^n x_i^2+2\lambda\sum_{i=1}^n x_iy_i+\sum_{i=1}^n y_i^2,$$

上式右边关于任何实数 λ 为非负，故其判别式 ≤0，即有

$$\left(2\sum_{i=1}^n x_iy_i\right)^2-4\left(\sum_{i=1}^n x_i^2\right)\left(\sum_{i=1}^n y_i^2\right)\leq0\Rightarrow\left(\sum_{i=1}^n x_iy_i\right)^2\leq\left(\sum_{i=1}^n x_i^2\right)\left(\sum_{i=1}^n y_i^2\right).$$

注：柯西不等式中等号成立的充要条件是数组 $\{x_i\}_1^n$ 与 $\{y_i\}_1^n$ 对应成比例，即存在不全为 0 的数 λ 和 μ，使得 $\lambda x_i+\mu y_i=0,i=1,2,\cdots,n.$

【例 3】 设数集 $S=\{y|y=1+x^2,x$ 为有理数$\}$，试求 $\inf S,\sup S$.

解 对 $\forall M>0$，取有理数 $x_0>\sqrt{M}$，则 $1+x_0^2>M+1>M$，于是 S 为无上界数集. 按定义，$\sup S=+\infty$. 下证 $\inf S=1$：

（ⅰ）$\forall y\in S,y=1+x^2\geq1$（$x$ 为有理数）；

（ⅱ）$\forall\varepsilon>0$，由有理数的稠密性，在 $(-\sqrt{\varepsilon},\sqrt{\varepsilon})$ 内取有理数 x_0，则有 $1+x_0^2<1+\varepsilon$. 由下确界的定义知 $\inf S=1$.

【例 4】 设数集 $S=\left\{1+n\sin\frac{n\pi}{3}\Big|n\in\mathbf{N}_+\right\}$，求 $\sup S,\inf S$.

解 取 $n=6k+1(k=1,2,\cdots)$ 得到数集 S 的子集 $S_1=\left\{1+(6k+1)\frac{\sqrt{3}}{2}\Big|k\in\mathbf{N}_+\right\}$；

取 $n=6k+5(k=1,2,\cdots)$ 又得到数集 S 的子集 $S_2=\left\{1-(6k+5)\frac{\sqrt{3}}{2}\Big|k\in\mathbf{N}_+\right\}.$

由于 S_1 是无上界数集，S_2 是无下界数集，所以 $\sup S=+\infty,\inf S=-\infty$.

【例5】 设 $f(x)=\tan x,f(g(x))=x^2-2$，且 $|g(x)|\leqslant\dfrac{\pi}{4}$，则 $g(x)$ 的定义域为_____.

解 $f(g(x))=\tan(g(x))=x^2-2$，所以 $g(x)=\arctan(x^2-2)$. 因为 $|g(x)|\leqslant\dfrac{\pi}{4}$，所以 $-1\leqslant x^2-2\leqslant 1$，因此 $-\sqrt{3}\leqslant x\leqslant -1$ 或 $1\leqslant x\leqslant\sqrt{3}$.

故应填 $[-\sqrt{3},-1]\cup[1,\sqrt{3}]$.

【例6】 函数 $y=\sin\dfrac{\pi x}{2(1+x^2)}$ 的值域是_____.

(A) $[-1,1]$ (B) $\left[-\dfrac{\sqrt{2}}{2},\dfrac{\sqrt{2}}{2}\right]$ (C) $[0,1]$ (D) $\left[-\dfrac{1}{2},\dfrac{1}{2}\right]$

解 因为 $1+x^2\geqslant 2|x|$，所以 $-\dfrac{1}{2}\leqslant\dfrac{x}{1+x^2}\leqslant\dfrac{1}{2}$，因此 $-\dfrac{\pi}{4}\leqslant\dfrac{\pi x}{2(1+x^2)}\leqslant\dfrac{\pi}{4}$，从而 $-\dfrac{\sqrt{2}}{2}\leqslant\sin\dfrac{\pi x}{2(1+x^2)}\leqslant\dfrac{\sqrt{2}}{2}$.

故应选(B).

【例7】 设函数 $\varphi(x)=\begin{cases}1, & |x|\leqslant 1,\\ 0, & |x|>1,\end{cases}$ $\psi(x)=\begin{cases}2-x^2, & |x|\leqslant 2,\\ 2, & |x|>2.\end{cases}$ 求 $y=\varphi(\psi(x))$.

解 首先观察到函数 ψ 的值域包含在函数 φ 的定义域中，因而 φ 与 ψ 可以复合.

先求集合 $\{x\,|\,|\psi(x)|\leqslant 1\}=\{x\,|\,|2-x^2|\leqslant 1\}$，解不等式 $|2-x^2|\leqslant 1$ 可得 $1\leqslant|x|\leqslant\sqrt{3}$，此时有 $\varphi(\psi(x))=1$.

又当 $|x|<1$ 或 $|x|>\sqrt{3}$ 时，有 $|\psi(x)|>1$，于是 $\varphi(\psi(x))=0$. 于是

$$y=\varphi(\psi(x))=\begin{cases}1, & 1\leqslant|x|\leqslant\sqrt{3},\\ 0, & |x|<1\ \text{或}\ |x|>\sqrt{3}.\end{cases}$$

【例8】 定义在 $\mathbf{R}$ 上的狄利克雷函数

$$D(x)=\begin{cases}1, & x\ \text{为有理数},\\ 0, & x\ \text{为无理数}\end{cases}$$

和定义在 $[0,1]$ 上的黎曼函数

$$R(x)=\begin{cases}\dfrac{1}{q}, & x=\dfrac{p}{q}(p,q\in\mathbf{N}_+,p\ \text{与}\ q\ \text{互质}),\\ 0, & x=0,1\ \text{和}\ (0,1)\ \text{内的无理数}.\end{cases}$$

试求 $D(R(x))$ 和 $R(D(x))$.

解 先求 $D(R(x))$. 因为 $R(x)$ 的值域包含在 D 的定义域中，于是 D 与 R 可以复合.

当 $x\in(0,1),x=\dfrac{p}{q},p$ 与 q 为互质正整数时，$R\left(\dfrac{p}{q}\right)=\dfrac{1}{q}$，而 $D\left(R\left(\dfrac{p}{q}\right)\right)=D\left(\dfrac{1}{q}\right)=1$.

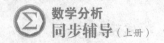

当 x 为 0,1 或 $(0,1)$ 中无理数时,$R(x)=0$,而 $D(0)=1$,因而 $D(R(x))\equiv 1,x\in[0,1]$.

再讨论 $R(D(x))$. 因为 $D(x)$ 的值域仅有 $\{0,1\}$ 两点,包含于 $R(x)$ 的定义域中且 $R(0)=R(1)=0$,于是 $R(D(x))\equiv 0,x\in\mathbf{R}$.

【例 9】 求 $y=f(x)=\begin{cases}3-x^3, & x<-2, \\ 5-x, & -2\leqslant x\leqslant 2, \\ 1-(x-2)^2, & x>2\end{cases}$ 的反函数 $f^{-1}(x)$.

解 当 $x<-2$ 时,$y=3-x^3,x=\sqrt[3]{3-y}$ 且 $y>3+8=11$;

当 $-2\leqslant x\leqslant 2$ 时,$y=5-x,x=5-y$ 且 $3\leqslant y\leqslant 7$;

当 $x>2$ 时,$y=1-(x-2)^2,x=2+\sqrt{1-y}$ 且 $y<1$;

所以 $y=f(x)$ 的值域为 $(-\infty,1)\cup[3,7]\cup(11,+\infty)$.

$y=f(x)$ 的反函数 $f^{-1}(x)=\begin{cases}2+\sqrt{1-x}, & x<1, \\ 5-x, & 3\leqslant x\leqslant 7, \\ \sqrt[3]{3-x}, & x>11.\end{cases}$

【例 10】 证明 $y=\ln x$ 在 $(0,+\infty)$ 上既无上界又无下界.

证 $\forall M\in\mathbf{R}$,取 $x_0=e^{M+1}$,则 $x_0\in(0,+\infty)$ 且 $\ln x_0=M+1>M$,由定义知 $y=\ln x$ 在 $(0,+\infty)$ 内无上界. 又对 $\forall L\in\mathbf{R}$,取 $x_0=e^{L-1}$,则 $x_0\in(0,+\infty)$ 且 $\ln x_0=L-1<L$,由定义知 $y=\ln x$ 在 $(0,+\infty)$ 内无下界.

综上,$y=\ln x$ 在 $(0,+\infty)$ 上既无上界又无下界.

【例 11】 设 $f(x)$ 为奇函数,判断下列函数的奇偶性:

(1) $xf(x)$;   (2) $(x^2+1)f(x)$;   (3) $-f(-x)$;   (4) $f(x)\left(\dfrac{1}{2^x+1}-\dfrac{1}{2}\right)$.

解 (1) 设 $F(x)=xf(x)$,则 $F(-x)=(-x)f(-x)=xf(x)=F(x)$,故 $xf(x)$ 为偶函数.

(2) 设 $G(x)=(x^2+1)f(x)$,则 $G(-x)=((-x)^2+1)f(-x)=-(x^2+1)f(x)=-G(x)$,故 $(x^2+1)f(x)$ 为奇函数.

(3) 设 $H(x)=-f(-x)$,则 $H(-x)=-f(-(-x))=-f(x)=f(-x)=-H(x)$,故 $-f(-x)$ 为奇函数.

(4) 设 $R(x)=f(x)\left(\dfrac{1}{2^x+1}-\dfrac{1}{2}\right)$,则

$$R(-x)=f(-x)\left(\dfrac{1}{2^{-x}+1}-\dfrac{1}{2}\right)=-f(x)\left(\dfrac{1}{2}-\dfrac{1}{2^x+1}\right)=f(x)\left(\dfrac{1}{2^x+1}-\dfrac{1}{2}\right)=R(x),$$

故 $f(x)\left(\dfrac{1}{2^x+1}-\dfrac{1}{2}\right)$ 为偶函数.

● **方法总结**

判断奇（偶）函数前，首先要观察它的定义域，若定义域不关于原点对称，则它肯定不是奇（偶）函数；若定义域关于原点对称，关键是确定 $f(-x)$ 与 $f(x)$ 的关系.由奇（偶）函数的定义易知：

（ⅰ）两个奇函数之和为奇函数，其积为偶函数；

（ⅱ）两个偶函数之和与积都为偶函数；

（ⅲ）奇函数与偶函数之积为奇函数.

【例12】 证明：函数 $f(x),x\in D$ 为严格单调函数的充要条件是对 $\forall x_1,x_2,x_3\in D,x_1<x_2<x_3$，有 $[f(x_1)-f(x_2)][f(x_2)-f(x_3)]>0$.

证 必要性：不妨设 $f(x)$ 是严格递增函数，则对 $\forall x_1,x_2,x_3\in D,x_1<x_2<x_3$，有

$$f(x_1)<f(x_2)<f(x_3), \quad \text{故}\ f(x_1)-f(x_2)<0,f(x_2)-f(x_3)<0,$$

于是有 $\qquad [f(x_1)-f(x_2)][f(x_2)-f(x_3)]>0$.

充分性：因为 $\forall x_1,x_2,x_3\in D$ 且 $x_1<x_2<x_3$，有 $[f(x_1)-f(x_2)][f(x_2)-f(x_3)]>0$，

$$\text{故}\ \begin{cases}f(x_1)-f(x_2)>0,\\ f(x_2)-f(x_3)>0\end{cases} \text{或} \begin{cases}f(x_1)-f(x_2)<0,\\ f(x_2)-f(x_3)<0.\end{cases}$$

因而有 $f(x_3)<f(x_2)<f(x_1)$ 或 $f(x_1)<f(x_2)<f(x_3)$，即 $f(x)$ 为严格单调函数.

【例13】 证明：若 $y=f(x)(x\in\mathbf{R})$ 的图形关于直线 $x=a$ 和 $x=b(b>a)$ 都是对称的，则 $f(x)$ 必为周期函数.

证 因为 $y=f(x)$ 的图形关于直线 $x=a$ 对称，于是 $\forall x\in\mathbf{R}$，必有 $f(a-x)=f(a+x)$. 同理又有 $f(b-x)=f(b+x)$，从而

$$f(x+2(b-a))=f(b+(x+b-2a))=f(b-(x+b-2a))=f(2a-x-b+2a)$$
$$=f(2a-x)=f(a+(a-x))=f(a-(a-x))=f(x),$$

这表明 $f(x)$ 是以 $2(b-a)$ 为周期的周期函数.

【例14】 证明：定义在对称区间 $(-l,l)$ 上的任何函数 $f(x)$ 必可以表示成偶函数 $H(x)$ 与奇函数 $G(x)$ 之和的形式，且这种表示法是唯一的.

证 令 $H(x)=\frac{1}{2}[f(x)+f(-x)],G(x)=\frac{1}{2}[f(x)-f(-x)]$，则 $f(x)=H(x)+G(x)$，且容易证明 $H(x)$ 是偶函数，$G(x)$ 是奇函数，下证唯一性.

若还存在偶函数 $H_1(x)$ 和奇函数 $G_1(x)$，有 $f(x)=H_1(x)+G_1(x)$，则

$$H(x)+G(x)=H_1(X)+G_1(x)\text{即}\ H(x)-H_1(x)=G_1(x)-G(x),$$

用 $-x$ 代入上式有 $H(x)-H_1(x)=G(x)-G_1(x)$，则 $G(x)-G_1(x)=G_1(x)-G(x)=0$，从而可得 $H(x)=H_1(x),G(x)=G_1(x)$.

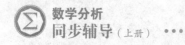

三、 教材习题解答

习题 1.1 解答

1. 设 a 为有理数，x 为无理数. 证明：

(1) $a+x$ 是无理数；(2) 当 $a \neq 0$ 时，ax 是无理数.

证 (1) 用反证法. 假设 $a+x$ 是有理数，那么 $(a+x)-a=x$ 也是有理数. 这与 x 是无理数矛盾. 故 $a+x$ 是无理数.

(2) 用反证法. 假设 ax 是有理数. 因为 a 是不等于零的有理数，所以 $\dfrac{ax}{a}=x$ 是有理数. 这与 x 是无理数矛盾. 故 ax 是无理数.

2. 试在数轴上表示出下列不等式的解：

(1) $x(x^2-1)>0$；(2) $|x-1|<|x-3|$；(3) $\sqrt{x-1}-\sqrt{2x-1} \geqslant \sqrt{3x-2}$.

解 (1) 由原不等式得

$$\begin{cases} x>0, \\ x^2-1>0 \end{cases} ① \quad 或 \quad \begin{cases} x<0, \\ x^2-1<0. \end{cases} ②$$

不等式组 ① 的解是 $x>1$，不等式组 ② 的解是 $-1<x<0$. 故 $x(x^2-1)>0$ 的解集是 $\{x \mid -1<x<0$ 或 $x>1\}$. 在数轴上表示如图 $1-1$ 所示.

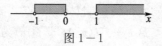

图 $1-1$ 图 $1-2$

(2) 原不等式与不等式 $(x-1)^2<(x-3)^2$ 有相同的解，由此得原不等式的解为 $x<2$. 在数轴上表示如图 $1-2$ 所示.

(3) 原不等式的解 x 首先必须满足不等式组

$$\begin{cases} x-1 \geqslant 0, \\ 2x-1 \geqslant 0, \\ 3x-2 \geqslant 0. \end{cases}$$

解得 $x \geqslant 1$，又当 $x=1$ 时，原不等式显然不成立，从而 $x>1$.

原不等式两边平方，得 $x-1+2x-1-2\sqrt{(x-1)(2x-1)} \geqslant 3x-2$，

即 $\sqrt{(x-1)(2x-1)} \leqslant 0$，当 $x>1$ 时，$\sqrt{(x-1)(2x-1)} \leqslant 0$ 不成立，故原不等式无解.

3. 设 $a,b \in \mathbf{R}$. 证明：若对任何正数 ε，有 $|a-b|<\varepsilon$，则 $a=b$.

证 用反证法. 假设 $a \neq b$，则 $|a-b|>0$，对 $\varepsilon=\dfrac{|a-b|}{2}>0$，由题意有 $|a-b|<\dfrac{|a-b|}{2}$，所以 $|a-b|<0$，矛盾，故 $a=b$.

4. 设 $x \neq 0$，证明 $\left| x+\dfrac{1}{x} \right| \geqslant 2$，并说明其中等号何时成立.

证 由于 $\left(x+\dfrac{1}{x}\right)^2=x^2+\dfrac{1}{x^2}+2 \geqslant 2\sqrt{x^2 \cdot \dfrac{1}{x^2}}+2=4$，因此 $\left|x+\dfrac{1}{x}\right| \geqslant 2$，当且仅当 $x^2=\dfrac{1}{x^2}$，即 $x=\pm 1$ 时，原不等式中的等号成立.

5. 证明：对任何 $x \in \mathbf{R}$，有

(1) $|x-1|+|x-2| \geqslant 1$；

(2) $|x-1|+|x-2|+|x-3| \geqslant 2$.

并说明等号何时成立.

证　(1) 由三角形不等式 $|a|+|b|\geqslant|a+b|$ 可知,

$$|x-1|+|x-2|=|x-1|+|2-x|\geqslant|(x-1)+(2-x)|=1.$$

当且仅当 $x\in[1,2]$ 时,等号成立.

(2) $|x-1|+|x-2|+|x-3|\geqslant|x-1|+|x-3|=|x-1|+|3-x|$
$$\geqslant|(x-1)+(3-x)|=2.$$

当且仅当 $x=2$ 时,等号成立.

> 归纳总结:本题(1)的几何意义为数轴上任意一点到1和2的距离之和大于等于1;
> (2)的几何意义为数轴上任意一点到1,2,3的距离之和大于等于2.

6. 设 $a,b,c\in\mathbf{R}^+$($\mathbf{R}^+$ 表示全体正实数的集合).证明

$$\left|\sqrt{a^2+b^2}-\sqrt{a^2+c^2}\right|\leqslant|b-c|.$$

你能说明此不等式的几何意义吗?

证　$\left|\sqrt{a^2+b^2}-\sqrt{a^2+c^2}\right|=\dfrac{|b^2-c^2|}{\sqrt{a^2+b^2}+\sqrt{a^2+c^2}}\leqslant\dfrac{(b+c)|b-c|}{\sqrt{b^2}+\sqrt{c^2}}=|b-c|.$

不等式的几何意义如图 $1-3$ 所示,其中 $|OA|=\sqrt{a^2+b^2}$,$|OB|=\sqrt{a^2+c^2}$,$|AB|=|b-c|$,其几何意义表示 $\triangle OAB$ 的两边之差小于第三边.

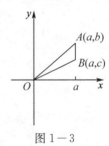

图 $1-3$

7. 设 $x>0,b>0,a\neq b$.证明 $\dfrac{a+x}{b+x}$ 介于1与 $\dfrac{a}{b}$ 之间.

证　$\left(\dfrac{a+x}{b+x}-1\right)\left(\dfrac{a+x}{b+x}-\dfrac{a}{b}\right)=\dfrac{a-b}{b+x}\cdot\dfrac{bx-ax}{(b+x)b}=-\dfrac{x(a-b)^2}{b(b+x)^2},$

由 $x>0,b>0,a\neq b$ 可知 $-\dfrac{x(a-b)^2}{b(b+x)^2}<0.$ 于是原命题得证.

> 归纳总结:比较两数的大小通常用作差法或作商法.如果要证某数 a 介于另外两数 b 与 c 之间,可转化为证 $(c-a)(b-a)<0$,这种方法在 b 与 c 大小关系不确定时也不必分情况讨论,较为方便.

8. 设 p 为正整数.证明:若 p 不是完全平方数,则 $\sqrt{p}$ 是无理数.

证　反证法.假设 $\sqrt{p}$ 是有理数.由于 p 不是完全平方数,因此存在两个互质的正整数 m,n,且 $n>1$,使得 $\sqrt{p}=\dfrac{m}{n}$,于是 $p=\dfrac{m^2}{n^2}$,$m^2=n^2p=n(pn)$,由此得 $n\mid m^2$,由于 $n>1$,因此存在质数 $r\mid n$,于是 $r\mid m^2,r\mid m$.这与 m,n 互质矛盾,所以 $\sqrt{p}$ 是无理数.

9. 设 a,b 为给定实数.试用不等式符号(不用绝对值符号)表示下列不等式的解:

(1) $|x-a|<|x-b|$;　(2) $|x-a|<x-b$;　(3) $|x^2-a|<b$.

解　(1) 原不等式等价于 $(x-a)^2<(x-b)^2$,即 $(b-a)x<\dfrac{b^2-a^2}{2}$,

故当 $a>b$ 时,原不等式的解是 $x>\dfrac{a+b}{2}$;

当 $a<b$ 时,原不等式的解是 $x<\dfrac{a+b}{2}$;

当 $a=b$ 时,原不等式无解.

(2) 原不等式可化为 $\begin{cases} x > b, \\ b-x < x-a < x-b, \end{cases}$ 即 $\begin{cases} x > b, \\ a > b, \\ x > \dfrac{a+b}{2}. \end{cases}$

故当 $a > b$ 时,原不等式的解是 $x > \dfrac{a+b}{2}$;当 $a \leqslant b$ 时,原不等式无解.

(3) 当 $b \leqslant 0$ 时,原不等式无解.

当 $b > 0$ 时,原不等式可化为 $-b < x^2 - a < b$,即 $\begin{cases} x^2 < a+b, \\ x^2 > a-b. \end{cases}$

(ⅰ) 当 $b > 0, a+b \leqslant 0$ 时,原不等式无解.

(ⅱ) 当 $b > 0, a+b > 0, a-b < 0$ 时,原不等式的解是 $-\sqrt{a+b} < x < \sqrt{a+b}$.

(ⅲ) 当 $b > 0, a+b > 0, a-b \geqslant 0$ 时,原不等式的解是

$$-\sqrt{a+b} < x < -\sqrt{a-b} \text{ 或 } \sqrt{a-b} < x < \sqrt{a+b}.$$

习题 1.2 解答

1. 用区间表示下列不等式的解:

(1) $|1-x| - x \geqslant 0$;

(2) $\left| x + \dfrac{1}{x} \right| \leqslant 6$;

(3) $(x-a)(x-b)(x-c) > 0 \, (a,b,c$ 为常数,且 $a < b < c)$;

(4) $\sin x \geqslant \dfrac{\sqrt{2}}{2}$.

解 (1) 原不等式可化为 $|1-x| \geqslant x$.

显然,当 $x \leqslant 0$ 时,原不等式恒成立;

当 $x > 0$ 时,原不等式可化为 $(1-x)^2 \geqslant x^2$,即 $1-2x+x^2 \geqslant x^2$,解得 $0 < x \leqslant \dfrac{1}{2}$.

综上,原不等式的解为 $x \leqslant \dfrac{1}{2}$,用区间表示为 $\left(-\infty, \dfrac{1}{2} \right]$.

(2) 显然,当一个数是 $\left| x + \dfrac{1}{x} \right| \leqslant 6$ 的解时,它的相反数也是该不等式的解.

故先解不等式组 $\begin{cases} x > 0, \\ x + \dfrac{1}{x} \leqslant 6, \end{cases}$ 即 $\begin{cases} x > 0, \\ x^2 - 6x + 1 \leqslant 0, \end{cases}$ 得 $3 - 2\sqrt{2} \leqslant x \leqslant 3 + 2\sqrt{2}$.

于是原不等式的解集为 $[-3-2\sqrt{2}, -3+2\sqrt{2}] \bigcup [3-2\sqrt{2}, 3+2\sqrt{2}]$.

(3) 显然 $x = a, b, c$ 不是解.

当 $x < a$ 时,有 $(x-a)(x-b)(x-c) < 0$;

当 $a < x < b$ 时,有 $(x-a)(x-b)(x-c) > 0$;

当 $b < x < c$ 时,有 $(x-a)(x-b)(x-c) < 0$;

当 $x > c$ 时,有 $(x-a)(x-b)(x-c) > 0$.

故原不等式的解集为 $(a,b) \bigcup (c, +\infty)$.

(4) 由单位圆中的正弦线可得 $\sin x \geqslant \dfrac{\sqrt{2}}{2}$ 的解集是 $\left[2k\pi + \dfrac{\pi}{4}, 2k\pi + \dfrac{3}{4}\pi \right]$,$k \in Z$.

2. 设 S 为非空数集.试对下列概念给出定义:(1)S 无上界; (2)S 无界.

解 (1) 设 S 为非空数集,若对 $\forall M \in R$,总 $\exists x_0 \in S$,使得 $x_0 > M$,则称数集 S 无上界.

(2) 设 S 为非空数集,若对 $\forall M>0$,总 $\exists x_0 \in S$,使得 $\mid x_0 \mid >M$,则称数集 S 无界.

3. 试证明 $S=\{y \mid y=2-x^2,x \in \mathbf{R}\}$ 有上界而无下界.

证 (1) $\forall y \in S$,有 $y=2-x^2 \leqslant 2$,故 2 是数集 S 的一个上界.

(2) $\forall M>0$,取 $x_0=\sqrt{3+M} \in \mathbf{R}$,则 $y_0=2-x_0^2=-M-1 \in S$,但有 $y_0=-1-M<-M$,故 S 无下界.

4. 求下列数集的上、下确界,并依定义加以验证:

(1) $S=\{x \mid x^2<2\}$;　(2) $S=\{x \mid x=n!,n \in \mathbf{N}_+\}$;

(3) $S=\{x \mid x$ 为 $(0,1)$ 内的无理数 $\}$;　(4) $S=\left\{x \mid x=1-\dfrac{1}{2^n},n \in \mathbf{N}_+\right\}$.

解 (1) $S=\{x \mid x^2<2\}=(-\sqrt{2},\sqrt{2})$. S 的上、下确界分别为 $\sqrt{2}$ 和 $-\sqrt{2}$. 这里只证明 $\sqrt{2}$ 是上确界.

显然有 $\sqrt{2}$ 是集合 S 的一个上界. 对任意的 $\varepsilon>0$,不妨设 $\varepsilon<2\sqrt{2}$,取 $x_0=\sqrt{2}-\dfrac{\varepsilon}{2}$,则

$$x_0^2=\left(\sqrt{2}-\frac{\varepsilon}{2}\right)^2=2+\frac{\varepsilon^2}{4}-\sqrt{2}\varepsilon<2,$$

即 $x_0 \in S$,且 $x_0>\sqrt{2}-\varepsilon$. 因此 $\sqrt{2}$ 是 S 的上确界.

(2) $S=\{x \mid x=n!,n \in \mathbf{N}_+\}$ 的上、下确界分别为 $+\infty$ 和 1.

因为 S 中的最小元素为 1,所以 1 是 S 的最大下界,即 1 是 S 的下确界.

对 $\forall M>0$,取 $n_0=[M]+1 \in \mathbf{N}_+$,则 $x_0=n_0!=([M]+1)!>M$,故 S 无上界,即 S 的上确界为 $+\infty$.

(3) $S=\{x \mid x$ 为 $(0,1)$ 内的无理数 $\}$ 的上、下确界分别为 1 和 0. 这里只证明 1 是 S 的上确界.

设 $\alpha<1$,不妨设 $\alpha>0$,由实数的稠密性可知,存在无理数 $x_0 \in (\alpha,1)$,则 $x_0 \in S$,且 $x_0>\alpha$. 因此,1 是 S 的上确界.

(4) $S=\left\{x \mid x=1-\dfrac{1}{2^n},n \in \mathbf{N}_+\right\}$ 的上确界为 1,下确界为 $\dfrac{1}{2}$.

因为 S 中的最小元素为 $\dfrac{1}{2}$,所以 $\dfrac{1}{2}$ 是 S 的最大下界,即 $\dfrac{1}{2}$ 是 S 的下确界.

由于 $1-\dfrac{1}{2^n}<1(n \in \mathbf{N}_+)$,所以 1 是 S 的一个上界;$\forall \varepsilon>0$,由 $\lim\limits_{n \to \infty}\dfrac{1}{2^n}=0<\varepsilon$ 知,$\exists N_0$,使 $\dfrac{1}{2^{N_0}}<\varepsilon$,即 $x_0=1-\dfrac{1}{2^{N_0}} \in S$ 且 $x_0>1-\varepsilon$,因此,1 是 S 的上确界.

5. 设 S 为非空有下界数集. 证明:$\inf S=\xi \in S \Leftrightarrow \xi=\min S$.

证 必要性:设 $\inf S=\xi \in S$,因为 ξ 是 S 的下确界,所以 ξ 是 S 的一个下界. 于是 $\forall x \in S$,有 $x \geqslant \xi$. 又因为 $\xi \in S$,因此,ξ 是 S 中最小的数,即 $\xi=\min S$.

充分性:设 $\xi=\min S$,则 $\xi \in S$,且 $\forall x \in S$,有 $x \geqslant \xi$,即 ξ 是 S 的一个下界;

对任意 $\alpha>\xi$,取 $x_0=\xi \in S$,则 $x_0<\alpha$. 因此 ξ 是 S 的下确界,即 $\inf S=\xi \in S$.

6. 设 S 为非空数集,定义 $S^-=\{x \mid -x \in S\}$. 证明:

(1) $\inf S^-=-\sup S$;(2) $\sup S^-=-\inf S$.

证 (1) 设 $\sup S=\eta$,则 $\forall x_0 \in S^-$,有 $-x_0 \in S$,有 $-x_0 \leqslant \eta$,即 $x_0 \geqslant -\eta$,故 $-\eta$ 是 S^- 的一个下界.

又 $\forall \varepsilon>0$,$\exists x_0 \in S$,使得 $x_0>\eta-\varepsilon$. 于是,$-x_0 \in S^-$,且 $-x_0<-\eta+\varepsilon$,故 $-\eta$ 是 S^- 的下确界,即 $\inf S^-=-\sup S$.

(2) 同理可证.

归纳总结:本题对于上(下)确界是无穷的情况也成立,有兴趣不妨试着证一下.

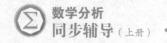
7. 设 A,B 皆为非空有界数集,定义数集

$$A+B = \{z \mid z = x+y, x \in A, y \in B\}.$$

证明:(1) $\sup(A+B) = \sup A + \sup B$;(2) $\inf(A+B) = \inf A + \inf B$.

证　(1) 设 $\sup A = \eta_1$,$\sup B = \eta_2$,则对 $\forall c \in A+B$,$\exists a \in A, b \in B$,使得 $c = a+b$,于是 $a \leqslant \eta_1$,$b \leqslant \eta_2$,则 $c \leqslant \eta_1 + \eta_2$. 因此 $\eta_1 + \eta_2$ 是 $A+B$ 的一个上界.

对 $\forall \varepsilon > 0$,$\exists a \in A, b \in B$,使得 $a > \eta_1 - \dfrac{\varepsilon}{2}$,$b > \eta_2 - \dfrac{\varepsilon}{2}$.

于是,$a+b \in A+B$,且 $a+b > (\eta_1 + \eta_2) - \varepsilon$,故 $\sup(A+B) = \eta_1 + \eta_2$,即 $\sup(A+B) = \sup A + \sup B$.

(2) 同理可证.

习题 1.3 解答

1. 试作下列函数的图像:

(1) $y = x^2+1$;　(2) $y = (x+1)^2$;　(3) $y = 1-(x+1)^2$;　(4) $y = \operatorname{sgn}(\sin x)$;

(5) $y = \begin{cases} 3x, & |x| > 1, \\ x^3, & |x| < 1, \\ 3, & |x| = 1. \end{cases}$

解　各函数的图像如图 $1-4 \sim$ 图 $1-8$ 所示.

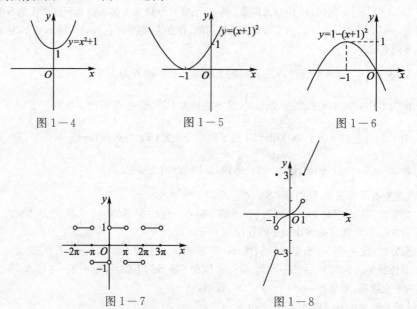

图 $1-4$　　　　图 $1-5$　　　　图 $1-6$

图 $1-7$　　　　图 $1-8$

2. 试比较函数 $y = a^x$ 与 $y = \log_a x$ 分别当 $a = 2$ 和 $a = \dfrac{1}{2}$ 时的图像.

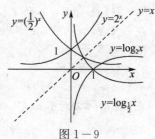

解　由 $y = \left(\dfrac{1}{2}\right)^x = 2^{-x}$ 可知,$y = 2^x$ 与 $y = \left(\dfrac{1}{2}\right)^x$ 的图像关于 y 轴对称. 由 $y = \log_{\frac{1}{2}} x = -\log_2 x$ 可知,$y = \log_2 x$ 与 $y = \log_{\frac{1}{2}} x$ 的图像关于 x 轴对称. 由于 $y = 2^x$ 与 $y = \log_2 x$ 互为反函数,因而它们的图像关于直线 $y = x$ 对称. 同理,$y = \left(\dfrac{1}{2}\right)^x$ 与 $y = \log_{\frac{1}{2}} x$ 的图像也关于直线 $y = x$ 对称,如图 $1-9$ 所示.

图 $1-9$

3. 根据图 1-10 写出定义在 $[0,1]$ 上的分段函数 $f_1(x)$ 和 $f_2(x)$ 的解析表示式.

解　由直线的点斜式方程容易得到：

$$f_1(x) = \begin{cases} 4x, & 0 \leqslant x \leqslant \dfrac{1}{2}, \\ 4-4x, & \dfrac{1}{2} < x \leqslant 1. \end{cases}$$

$$f_2(x) = \begin{cases} 16x, & 0 \leqslant x \leqslant \dfrac{1}{4}, \\ -16x+8, & \dfrac{1}{4} < x \leqslant \dfrac{1}{2}, \\ 0, & \dfrac{1}{2} < x \leqslant 1. \end{cases}$$

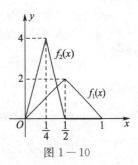

图 1-10

4. 确定下列初等函数的存在域：

(1) $y = \sin(\sin x)$；　　　　　　(2) $y = \lg(\lg x)$；

(3) $y = \arcsin\left(\lg \dfrac{x}{10}\right)$；　　　　(4) $y = \lg\left(\arcsin \dfrac{x}{10}\right)$.

解　(1) $y = \sin(\sin x)$ 的存在域为 **R**.

(2) 由 $\lg x > 0$，得 $x > 1$. 故 $y = \lg(\lg x)$ 的存在域为 $(1, +\infty)$.

(3) $y = \arcsin x$ 的存在域为 $[-1,1]$，故 $-1 \leqslant \lg \dfrac{x}{10} \leqslant 1$，即 $\dfrac{1}{10} \leqslant \dfrac{x}{10} \leqslant 10$.

故 $y = \arcsin\left(\lg \dfrac{x}{10}\right)$ 的存在域为 $[1,100]$.

(4) $y = \lg x$ 的存在域为 $(0, +\infty)$，故 $0 < \arcsin \dfrac{x}{10} < +\infty$，即 $0 < \dfrac{x}{10} \leqslant 1$.

故 $y = \lg\left(\arcsin \dfrac{x}{10}\right)$ 的存在域为 $(0,10]$.

5. 设函数 $f(x) = \begin{cases} 2+x, & x \leqslant 0, \\ 2^x, & x > 0. \end{cases}$ 求：

(1) $f(-3), f(0), f(1)$；

(2) $f(\Delta x) - f(0), f(-\Delta x) - f(0)(\Delta x > 0)$.

解　(1) $f(-3) = 2+(-3) = -1, f(0) = 2+0 = 2, f(1) = 2$.

(2) $f(\Delta x) - f(0) = 2^{\Delta x} - 2, f(-\Delta x) - f(0) = 2 + (-\Delta x) - 2 = -\Delta x$.

6. 设函数 $f(x) = \dfrac{1}{1+x}$，求 $f(2+x), f(2x), f(x^2), f(f(x)), f\left(\dfrac{1}{f(x)}\right)$.

解　$f(2+x) = \dfrac{1}{1+(2+x)} = \dfrac{1}{3+x}, f(2x) = \dfrac{1}{1+2x}, f(x^2) = \dfrac{1}{1+x^2}$,

$f(f(x)) = \dfrac{1}{1+\dfrac{1}{1+x}} = \dfrac{1+x}{2+x}$,

$f\left(\dfrac{1}{f(x)}\right) = \dfrac{1}{1+\dfrac{1}{f(x)}} = \dfrac{1}{1+(1+x)} = \dfrac{1}{2+x}$.

7. 试问下列函数是由哪些基本初等函数复合而成：

(1) $y = (1+x)^{20}$；　(2) $y = (\arcsin x^2)^2$；　(3) $y = \lg(1+\sqrt{1+x^2})$；　(4) $y = 2^{\sin^2 x}$.

解　(1) $y = (1+x)^{20}$ 由 $y = u^{20}, u = 1+v, v = x$ 复合而成.

(2) $y = (\arcsin x^2)^2$ 由 $y = u^2, u = \arcsin v, v = x^2$ 复合而成.

(3) $y = \lg(1+\sqrt{1+x^2})$ 由 $y = \lg u, u = 1+w, w = s^{\frac{1}{2}}, s = 1+t, t = x^2$ 复合而成.

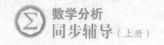
$(4)\ y = 2^{\sin^2 x}$ 由 $y = 2^u, u = v^2, v = \sin x$ 复合而成.

> **归纳总结**：牢记基本初等函数的表达式是解决此类问题的基础，而由里至外、逐级分解是解决问题的关键. 注意做题时必须分清复合函数的结构.

8. 在什么条件下，函数 $y = \dfrac{ax+b}{cx+d}$ 的反函数就是它本身？

解 ① 设 $c=0$，此时 $d \neq 0$，要使反函数存在，必有 $a \neq 0$，函数 $y = \dfrac{a}{d}x + \dfrac{b}{d}$ 的反函数是 $y = \dfrac{d}{a}x - \dfrac{b}{a}$，它们是同一函数的充要条件是 $\dfrac{a}{d} = \dfrac{d}{a}, \dfrac{b}{d} = -\dfrac{b}{a}$，即 $(a+d)(a-d) = 0, b(a+d) = 0$. 可见，当 $c = 0$ 时，当且仅当 $a+d = 0, a \neq 0$ 或 $a - d = 0, b = 0, a \neq 0$ 时，它的反函数是它本身.

② 设 $c \neq 0$，此时 $y = \dfrac{ax+b}{cx+d}$ 的存在域为

$$x \neq -\frac{d}{c}, \quad y = \frac{\dfrac{a}{c}(cx+d) + b - \dfrac{ad}{c}}{cx+d} = \frac{a}{c} + \frac{1}{c^2} \cdot \frac{bc - ad}{x + \dfrac{d}{c}},$$

要使它的反函数存在，必须有 $ad - bc \neq 0$，此时，它的反函数是 $y = \dfrac{-dx+b}{cx-a}$，且等式 $\dfrac{-dx+b}{cx-a} = \dfrac{ax+b}{cx+d}$ 要对除 $\dfrac{a}{c}$ 外的一切实数成立. 去分母后，再比较 x 的系数，得到 $a + d = 0$.

由此可知，当 $c \neq 0$ 时，当且仅当 $ad - bc \neq 0, a + d = 0$ 时，它的反函数是它本身. 另外，注意到在情形 ① 中，$ad - bc \neq 0$ 也成立.

综上所述，当且仅当 $ad - bc \neq 0$，并且 $a + d = 0$ 或 $b = c = 0, a = d \neq 0$ 时，函数 $y = \dfrac{ax+b}{cx+d}$ 的反函数是它本身.

9. 试作函数 $y = \arcsin(\sin x)$ 的图像.

解 $y = \arcsin(\sin x)$ 是以 2π 为周期的周期函数，是奇函数，定义域为 $\mathbf{R}$，值域为 $\left[-\dfrac{\pi}{2}, \dfrac{\pi}{2}\right]$，在 $[-\pi, \pi]$ 上的表达式为

$$y = \begin{cases} \pi - x, & \dfrac{\pi}{2} < x \leqslant \pi, \\ x, & -\dfrac{\pi}{2} \leqslant x \leqslant \dfrac{\pi}{2}, \\ -(\pi + x), & -\pi \leqslant x < -\dfrac{\pi}{2}. \end{cases}$$

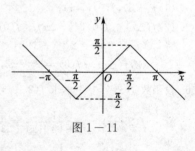

图 1—11

它的图像如图 1—11 所示.

10. 试问下列等式是否成立：

$(1)\tan(\arctan x) = x, x \in \mathbf{R}$；$(2)\arctan(\tan x) = x, x \neq k\pi + \dfrac{\pi}{2}, k = 0, \pm 1, \pm 2, \cdots$.

解 (1) 对任意一个函数 $f(x)$ 的反函数 $f^{-1}(x)$，当 x 属于 $f^{-1}(x)$ 的定义域时，总有 $f(f^{-1}(x)) = x$. 由于 $\arctan x$ 的定义域为 $\mathbf{R}$，故等式成立.

(2) 因为 $y = \arctan x$ 的值域是 $\left(-\dfrac{\pi}{2}, \dfrac{\pi}{2}\right)$，所以等号左边的函数有界，而 $y = x$ 无界，故等式不成立.

11. 试问 $y=|x|$ 是初等函数吗?

解　因为 $y=|x|=\sqrt{x^2}$ 可看作由 $y=\sqrt{u}$ 与 $u=x^2$ 复合而成,所以 $y=|x|$ 是初等函数.

12. 证明关于函数 $y=[x]$ 的如下不等式:

(1) 当 $x>0$ 时,$1-x<x\left[\dfrac{1}{x}\right]\leqslant 1$;

(2) 当 $x<0$ 时,$1\leqslant x\left[\dfrac{1}{x}\right]<1-x$.

证　根据取整函数的性质有

$$\frac{1}{x}-1<\left[\frac{1}{x}\right]\leqslant\frac{1}{x}. \qquad\qquad ①$$

(1) 当 $x>0$ 时,式 ① 两边同乘 x,得到 $1-x<x\left[\dfrac{1}{x}\right]\leqslant 1$.

(2) 当 $x<0$ 时,式 ① 两边同乘 x,得到 $1\leqslant x\left[\dfrac{1}{x}\right]<1-x$.

习题 1.4 解答

1. 证明 $f(x)=\dfrac{x}{x^2+1}$ 是 **R** 上的有界函数.

证　由平均值不等式有 $\dfrac{x^2+1}{2}\geqslant\sqrt{x^2}=|x|$,故 $|f(x)|=\dfrac{|x|}{x^2+1}\leqslant\dfrac{1}{2}$,即 $\forall x\in R$,有 $|f(x)|\leqslant\dfrac{1}{2}$,

故 $f(x)$ 是 R 上的有界函数.

2. (1) 叙述无界函数的定义;

(2) 证明 $f(x)=\dfrac{1}{x^2}$ 为 $(0,1)$ 上的无界函数;

(3) 举出函数 f 的例子,使 f 为闭区间 $[0,1]$ 上的无界函数.

解　(1) 设 f 为定义在 D 上的函数. 若 $\forall M>0,\exists x_0\in D$,使得 $|f(x_0)|>M$,则称 f 为 D 上的无界函数.

(2) $\forall M>0$,取 $x_0=\dfrac{1}{\sqrt{M+1}}$,则 $x_0\in(0,1)$,且 $|f(x_0)|=\dfrac{1}{x_0^2}=M+1>M$,故 $f(x)=\dfrac{1}{x^2}$ 是 $(0,1)$ 上的无界函数.

(3) 设 $f(x)=\begin{cases}\dfrac{1}{x^2},& x\in(0,1],\\ 0,& x=0,\end{cases}$ 显然 $f(x)$ 为 $[0,1]$ 上的无界函数.

3. 证明下列函数在指定区间上的单调性:

(1) $y=3x-1$ 在 $(-\infty,+\infty)$ 上严格递增;

(2) $y=\sin x$ 在 $\left[-\dfrac{\pi}{2},\dfrac{\pi}{2}\right]$ 上严格递增;

(3) $y=\cos x$ 在 $[0,\pi]$ 上严格递减.

证　(1) 设 $\forall x_1,x_2\in(-\infty,+\infty),x_1<x_2$,则

$$y_1-y_2=(3x_1-1)-(3x_2-1)=3(x_1-x_2)<0,即 y_1<y_2,$$

故 $y=3x-1$ 在 $(-\infty,+\infty)$ 上严格单调递增.

(2) 设 $\forall x_1,x_2\in\left[-\dfrac{\pi}{2},\dfrac{\pi}{2}\right],x_1<x_2$,则

$$y_1-y_2=\sin x_1-\sin x_2=2\cos\frac{x_1+x_2}{2}\sin\frac{x_1-x_2}{2}.$$

由 $\dfrac{x_1+x_2}{2} \in \left(-\dfrac{\pi}{2}, \dfrac{\pi}{2}\right), \dfrac{x_1-x_2}{2} \in \left[-\dfrac{\pi}{2}, 0\right)$，故 $\cos\dfrac{x_1+x_2}{2} > 0, \sin\dfrac{x_1-x_2}{2} < 0$.

由此可得 $y_1 - y_2 < 0$，即 $y_1 < y_2$. 故 $y = \sin x$ 在 $\left[-\dfrac{\pi}{2}, \dfrac{\pi}{2}\right]$ 上严格单调递增.

(3) 设 $\forall x_1, x_2 \in [0, \pi], x_1 < x_2$，则 $\dfrac{x_1+x_2}{2} \in (0, \pi), \dfrac{x_1-x_2}{2} \in \left[-\dfrac{\pi}{2}, 0\right)$，所以 $\sin\dfrac{x_1+x_2}{2} > 0$，$\sin\dfrac{x_1-x_2}{2} < 0$. 那么，$y_1 - y_2 = \cos x_1 - \cos x_2 = -2\sin\dfrac{x_1+x_2}{2}\sin\dfrac{x_1-x_2}{2} > 0$，故 $y = \cos x$ 在 $[0, \pi]$ 上严格单调递减.

4. 判别下列函数的奇偶性：

(1) $f(x) = \dfrac{1}{2}x^4 + x^2 - 1$；

(2) $f(x) = x + \sin x$；

(3) $f(x) = x^2 e^{-x^2}$；

(4) $f(x) = \lg(x + \sqrt{1+x^2})$.

解 (1) 显然，$f(x)$ 的定义域为 $\mathbf{R}$，对 $\forall x \in \mathbf{R}$，有 $f(-x) = \dfrac{1}{2}(-x)^4 + (-x)^2 - 1 = \dfrac{1}{2}x^4 + x^2 - 1 = f(x)$，

故 $f(x) = \dfrac{1}{2}x^4 + x^2 - 1$ 是 $\mathbf{R}$ 上的偶函数.

(2) 显然，$f(x)$ 的定义域为 $\mathbf{R}$，对 $\forall x \in \mathbf{R}$，有 $f(-x) = (-x) + \sin(-x) = -(x + \sin x) = -f(x)$，
故 $f(x) = x + \sin x$ 是 $\mathbf{R}$ 上的奇函数.

(3) 显然，$f(x)$ 的定义域为 $\mathbf{R}$，对 $\forall x \in \mathbf{R}$，有 $f(-x) = (-x)^2 e^{-(-x)^2} = x^2 e^{-x^2} = f(x)$，
故 $f(x)$ 是 $\mathbf{R}$ 上的偶函数.

(4) 显然，$f(x)$ 的定义域为 $\mathbf{R}$，对 $\forall x \in \mathbf{R}$，有

$$\begin{aligned} f(-x) &= \lg(-x + \sqrt{1+(-x)^2}) = \lg(-x + \sqrt{1+x^2}) \\ &= \lg\dfrac{1}{x+\sqrt{1+x^2}} = -\lg(x + \sqrt{1+x^2}) = -f(x), \end{aligned}$$

故 $f(x)$ 是 $\mathbf{R}$ 上的奇函数.

> **归纳总结**：判定奇（偶）函数前首先要观察定义域，若定义域不关于原点对称，则为非奇非偶函数.

5. 求下列函数的周期：

(1) $\cos^2 x$； (2) $\tan 3x$； (3) $\cos\dfrac{x}{2} + 2\sin\dfrac{x}{3}$.

解 (1) $\cos^2 x = \dfrac{1+\cos 2x}{2}$，$\cos 2x$ 的周期 $T = \dfrac{2\pi}{2} = \pi$，故 $\cos^2 x$ 的周期是 π.

(2) 由 $\tan x$ 的周期是 π 可知，$\tan 3x$ 的周期是 $\dfrac{\pi}{3}$.

(3) $\cos\dfrac{x}{2}$ 的周期 $T_1 = \dfrac{2\pi}{\frac{1}{2}} = 4\pi$，$\sin\dfrac{x}{3}$ 的周期 $T_2 = \dfrac{2\pi}{\frac{1}{3}} = 6\pi$.

4 和 6 的最小公倍数是 12，故 $\cos\dfrac{x}{2} + 2\sin\dfrac{x}{3}$ 的周期是 12π.

6. 设函数 f 定义在 $[-a,a]$ 上,证明:

(1) $F(x) = f(x) + f(-x), x \in [-a,a]$ 为偶函数;

(2) $G(x) = f(x) - f(-x), x \in [-a,a]$ 为奇函数;

(3) f 可表示为某个奇函数与某个偶函数之和.

证　$f(x), F(x)$ 和 $G(x)$ 的定义域关于原点都是对称的.

(1) $F(-x) = f(-x) + f(-(-x)) = f(-x) + f(x) = F(x)$,

故 $F(x)$ 为 $[-a,a]$ 上的偶函数.

(2) $G(-x) = f(-x) - f(-(-x)) = f(-x) - f(x) = -G(x)$,

故 $G(x)$ 为 $[-a,a]$ 上的奇函数.

(3) 由 (1),(2) 得 $F(x) + G(x) = 2f(x)$,于是 $f(x) = \frac{1}{2}F(x) + \frac{1}{2}G(x)$.

又 $\frac{1}{2}F(x)$ 是偶函数,$\frac{1}{2}G(x)$ 是奇函数,故 $f(x)$ 可表示为一个奇函数与一个偶函数之和.

7. 由三角函数的两角和(差)公式

$$\sin(\alpha \pm \beta) = \sin\alpha\cos\beta \pm \sin\beta\cos\alpha,$$
$$\cos(\alpha \pm \beta) = \cos\alpha\cos\beta \mp \sin\alpha\sin\beta,$$

推出:(1) 和差化积公式

$$\sin\alpha + \sin\beta = 2\sin\frac{\alpha+\beta}{2}\cos\frac{\alpha-\beta}{2},$$
$$\sin\alpha - \sin\beta = 2\sin\frac{\alpha-\beta}{2}\cos\frac{\alpha+\beta}{2},$$
$$\cos\alpha + \cos\beta = 2\cos\frac{\alpha+\beta}{2}\cos\frac{\alpha-\beta}{2},$$
$$\cos\alpha - \cos\beta = -2\sin\frac{\alpha+\beta}{2}\sin\frac{\alpha-\beta}{2}.$$

(2) 积化和差公式

$$\sin\alpha\sin\beta = \frac{1}{2}[\cos(\alpha-\beta) - \cos(\alpha+\beta)],$$
$$\sin\alpha\cos\beta = \frac{1}{2}[\sin(\alpha+\beta) + \sin(\alpha-\beta)],$$
$$\cos\alpha\cos\beta = \frac{1}{2}[\cos(\alpha+\beta) + \cos(\alpha-\beta)].$$

解　(1) 由 $\begin{cases} \alpha = \dfrac{\alpha+\beta}{2} + \dfrac{\alpha-\beta}{2}, \\ \beta = \dfrac{\alpha+\beta}{2} - \dfrac{\alpha-\beta}{2}, \end{cases}$ 直接套用两角和(差)公式可得

$$\sin\alpha + \sin\beta = \sin\left(\frac{\alpha+\beta}{2} + \frac{\alpha-\beta}{2}\right) + \sin\left(\frac{\alpha+\beta}{2} - \frac{\alpha-\beta}{2}\right)$$
$$= \sin\frac{\alpha+\beta}{2}\cos\frac{\alpha-\beta}{2} + \cos\frac{\alpha+\beta}{2}\sin\frac{\alpha-\beta}{2} + \sin\frac{\alpha+\beta}{2}\cos\frac{\alpha-\beta}{2} - \cos\frac{\alpha+\beta}{2}\sin\frac{\alpha-\beta}{2}$$
$$= 2\sin\frac{\alpha+\beta}{2}\cos\frac{\alpha-\beta}{2}.$$

同理可得其余三个和差化积公式.

(2)　　　　$\sin(\alpha+\beta) = \sin\alpha\cos\beta + \cos\alpha\sin\beta,$　　　　①

　　　　　　$\sin(\alpha-\beta) = \sin\alpha\cos\beta - \cos\alpha\sin\beta,$　　　　②

① + ② 得 $\sin\alpha\cos\beta = \frac{1}{2}[\sin(\alpha+\beta) + \sin(\alpha-\beta)]$.

同理可得其余两个积化和差公式.

8. 设 f,g 为定义在 D 上的有界函数,满足 $f(x) \leqslant g(x), x \in D$.

证明:(1) $\sup\limits_{x \in D} f(x) \leqslant \sup\limits_{x \in D} g(x)$; (2) $\inf\limits_{x \in D} f(x) \leqslant \inf\limits_{x \in D} g(x)$.

证 (1) 设 $\sup\limits_{x \in D} f(x) = \eta_1$, $\sup\limits_{x \in D} g(x) = \eta_2$,只需证 $\eta_1 \leqslant \eta_2$.

因为 $\forall x \in D$,有 $f(x) \leqslant g(x) \leqslant \eta_2$,所以 η_2 是 $f(x)$ 的一个上界;

而 η_1 是 $f(x)$ 的最小上界,故 $\eta_1 \leqslant \eta_2$.

(2) 设 $\inf\limits_{x \in D} f(x) = \xi_1$, $\inf\limits_{x \in D} g(x) = \xi_2$,只需证 $\xi_1 \leqslant \xi_2$.

$\forall x \in D$,有 $\xi_1 \leqslant f(x) \leqslant g(x)$,因此 ξ_1 是 $g(x)$ 的一个下界;

而 ξ_2 是 $g(x)$ 的最大下界,故 $\xi_1 \leqslant \xi_2$.

9. 设 f 为定义在 D 上的有界函数,证明:

(1) $\sup\limits_{x \in D}\{-f(x)\} = -\inf\limits_{x \in D} f(x)$; (2) $\inf\limits_{x \in D}\{-f(x)\} = -\sup\limits_{x \in D} f(x)$.

证 (1) 设 $\inf\limits_{x \in D} f(x) = \xi$,则 $\forall x \in D$,有 $f(x) \geqslant \xi$,即 $-f(x) \leqslant -\xi$;

$\forall \varepsilon > 0, \exists x_0 \in D$,使得 $f(x_0) < \xi + \varepsilon$,即 $-f(x_0) > -\xi - \varepsilon$.

所以 $\sup\limits_{x \in D}\{-f(x)\} = -\xi = -\inf\limits_{x \in D} f(x)$.

(2) 同理可证.

10. 证明:$\tan x$ 在 $\left(-\dfrac{\pi}{2}, \dfrac{\pi}{2}\right)$ 上无界,而在任一闭区间 $[a,b] \subset \left(-\dfrac{\pi}{2}, \dfrac{\pi}{2}\right)$ 上有界.

证 ① $\forall M > 0$,取 $x_0 = \arctan(M+1) \in \left(-\dfrac{\pi}{2}, \dfrac{\pi}{2}\right)$,有 $|\tan x_0| = M+1 > M$,故 $\tan x$ 为

$\left(-\dfrac{\pi}{2}, \dfrac{\pi}{2}\right)$ 上的无界函数.

② 由 $[a,b] \subset \left(-\dfrac{\pi}{2}, \dfrac{\pi}{2}\right)$ 可知,$\tan x$ 在 $[a,b]$ 上严格单调递增,从而当 $x \in [a,b]$ 时,有

$$\tan a \leqslant \tan x \leqslant \tan b.$$

令 $M = \max\{|\tan a|, |\tan b|\}$,则 $\forall x \in [a,b]$,都有 $|\tan x| \leqslant M$;故 $\tan x$ 在 $[a,b]$ 上有界.

11. 讨论狄利克雷函数 $D(x) = \begin{cases} 1, & x \text{ 为有理数}, \\ 0, & x \text{ 为无理数} \end{cases}$

的有界性、单调性与周期性.

解 (1) $\forall x \in \mathbf{R}$,总有 $|D(x)| \leqslant 1$,故 $D(x)$ 在 $\mathbf{R}$ 上有界.

(2) $0 < \sqrt{2} < 2$,而 $D(0) = 1, D(\sqrt{2}) = 0, D(2) = 1$,可见 $D(x)$ 在 $\mathbf{R}$ 上不具有单调性.

(3) 对任意正有理数 r,有 $x + r = \begin{cases} \text{有理数}, & x \text{ 为有理数}, \\ \text{无理数}, & x \text{ 为无理数}, \end{cases}$

因此,对 $\forall x \in \mathbf{R}$,有 $D(x+r) = D(x)$.

因此,任意正有理数都是 $D(x)$ 的周期,即 $D(x)$ 是 $\mathbf{R}$ 上的周期函数.

12. 证明:$f(x) = x + \sin x$ 在 $\mathbf{R}$ 上严格递增.

证 设 $\forall x_1, x_2 \in (-\infty, +\infty), x_1 < x_2$,则

$$f(x_1) - f(x_2) = (x_1 - x_2) + (\sin x_1 - \sin x_2)$$

$$= (x_1 - x_2) + 2\sin \frac{x_1 - x_2}{2} \cos \frac{x_1 + x_2}{2}$$

$$\leqslant (x_1 - x_2) + 2\left|\sin \frac{x_1 - x_2}{2}\right| \left|\cos \frac{x_1 + x_2}{2}\right|$$

$$< (x_1 - x_2) + 2\left|\frac{x_1 - x_2}{2}\right| = 0,$$

即 $f(x_1) < f(x_2)$,故 $f(x) = x + \sin x$ 在 $(-\infty, +\infty)$ 上严格单调递增.

13. 设定义在 $[a, +\infty)$ 上的函数 f 在任何闭区间 $[a, b]$ 上有界. 定义 $[a, +\infty)$ 上的函数:
$$m(x) = \inf_{a \leqslant y \leqslant x} f(y), \quad M(x) = \sup_{a \leqslant y \leqslant x} f(y).$$

试讨论 $m(x)$ 与 $M(x)$ 的图像,其中

(1) $f(x) = \cos x, x \in [0, +\infty)$;　(2) $f(x) = x^2, x \in [-1, +\infty)$.

解　(1) $m(x)$ 表示 $f(y)$ 在 $y \in [a, x]$ 上的下确界(有时是最小值),$M(x)$ 表示 $f(y)$ 在 $y \in [a, x]$ 上的上确界(有时是最大值). 函数 $f(x) = \cos x$ 在区间 $[0, \pi]$ 内单调递减到最小值 -1,并且 $f(0)$ 是它的最大值. 于是,当 $0 \leqslant x \leqslant \pi$ 时,$m(x) = \cos x$;当 $x > \pi$ 时,$m(x) = -1$. 对 $\forall x \in [0, +\infty)$,总有 $M(x) = 1$,即

$$m(x) = \begin{cases} \cos x, & 0 \leqslant x \leqslant \pi, \\ -1, & \pi < x < +\infty, \end{cases} \quad M(x) = 1, x \in [0, +\infty).$$

(2) 同理可得 $m(x) = \begin{cases} x^2, & x \in [-1, 0], \\ 0, & x \in (0, +\infty), \end{cases}$ $M(x) = \begin{cases} 1, & x \in [-1, 1], \\ x^2, & x \in (1, +\infty). \end{cases}$

(1) 与(2) 的图像分别如图 $1-12$ 和图 $1-13$ 所示.

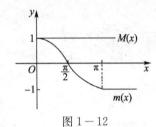

图 $1-12$

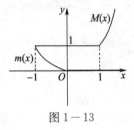

图 $1-13$

归纳总结:本题中的 $m(x)$ 和 $M(x)$ 分别是单调递减和单调递增函数,有兴趣不妨证明一下.

第一章总练习题解答

1. 设 $a, b \in \mathbf{R}$,证明:

(1) $\max\{a, b\} = \dfrac{1}{2}(a + b + |a - b|)$;　(2) $\min\{a, b\} = \dfrac{1}{2}(a + b - |a - b|)$.

证　可以看出交换 a, b 的位置,这两个等式两边的值都不变. 不妨假设 $a \geqslant b$.

(1) 右边 $= \dfrac{1}{2}(a + b + |a - b|) = \dfrac{1}{2}(a + b + a - b) = a = \max\{a, b\} = $ 左边.

(2) 右边 $= \dfrac{1}{2}(a + b - |a - b|) = \dfrac{1}{2}[a + b - (a - b)] = b = \min\{a, b\} = $ 左边.

2. 设 f 和 g 都是 D 上的初等函数. 定义
$$M(x) = \max\{f(x), g(x)\}, m(x) = \min\{f(x), g(x)\}, x \in D.$$

试问 $M(x)$ 和 $m(x)$ 是否为初等函数?

解　由第 1 题和习题 1.3 的第 11 题可得

$$M(x) = \dfrac{1}{2}[f(x) + g(x) + |f(x) - g(x)|]$$

$$= \dfrac{1}{2}[f(x) + g(x) + \sqrt{(f(x) - g(x))^2}],$$

$$m(x) = \dfrac{1}{2}[f(x) + g(x) - |f(x) - g(x)|]$$

$$= \frac{1}{2}\Big[f(x)+g(x)-\sqrt{[f(x)-g(x)]^2}\Big],$$

所以，$M(x)$ 与 $m(x)$ 都是初等函数 $f(x)$ 与 $g(x)$ 经有限次四则运算与复合运算所得到的函数，故都是初等函数.

3. 设函数 $f(x)=\dfrac{1-x}{1+x}$，求：$f(-x),f(x+1),f(x)+1,f\left(\dfrac{1}{x}\right),\dfrac{1}{f(x)},f(x^2),f(f(x))$.

解　$f(-x)=\dfrac{1-(-x)}{1+(-x)}=\dfrac{1+x}{1-x};f(x+1)=\dfrac{1-(x+1)}{1+(x+1)}=-\dfrac{x}{x+2};$

$$f(x)+1=\frac{1-x}{1+x}+1=\frac{2}{1+x};f\left(\frac{1}{x}\right)=\frac{1-\frac{1}{x}}{1+\frac{1}{x}}=\frac{x-1}{x+1};\frac{1}{f(x)}=\frac{1}{\frac{1-x}{1+x}}=\frac{1+x}{1-x};$$

$$f(x^2)=\frac{1-x^2}{1+x^2};f(f(x))=f\left(\frac{1-x}{1+x}\right)=\frac{1-\frac{1-x}{1+x}}{1+\frac{1-x}{1+x}}=\frac{(1+x)-(1-x)}{(1+x)+(1-x)}=\frac{2x}{2}=x.$$

4. 已知 $f\left(\dfrac{1}{x}\right)=x+\sqrt{1+x^2}$，求 $f(x)$.

解　令 $\dfrac{1}{x}=t$，则 $x=\dfrac{1}{t}$，$f(t)=\dfrac{1}{t}+\sqrt{1+\left(\dfrac{1}{t}\right)^2}=\dfrac{1}{t}+\dfrac{\sqrt{t^2+1}}{|t|}$，

所以 $f(x)=\dfrac{1}{x}+\dfrac{\sqrt{x^2+1}}{|x|}(x\neq 0)$.

5. 利用函数 $y=[x]$ 求解：

(1) 某系各班级推选学生代表，每 5 人推选 1 名代表，余额满 3 人可增选 1 名. 写出可推选代表数 y 与班级学生数 x 之间的函数关系（假设每班学生数为 $30\sim 50$ 人）；

(2) 正数 x 经四舍五入后得整数 y，写出 y 与 x 之间的函数关系.

解　(1) $y=\left[\dfrac{x+2}{5}\right]$，$x=30,31,\cdots,50$；

(2) $y=[x+0.5]$，$x>0$.

6. 已知函数 $y=f(x)$ 的图像，试作下列各函数的图像：

(1) $y=-f(x)$；　(2) $y=f(-x)$；　(3) $y=-f(-x)$；

(4) $y=|f(x)|$；　(5) $y=\text{sgn}\, f(x)$；　(6) $y=\dfrac{1}{2}[|f(x)|+f(x)]$；

(7) $y=\dfrac{1}{2}[|f(x)|-f(x)]$.

解　(1) 关于 x 轴作 $y=f(x)$ 的图像的对称图像，就得到 $y=-f(x)$ 的图像.

(2) 关于 y 轴作 $y=f(x)$ 的图像的对称图像，就得到 $y=f(-x)$ 的图像.

(3) 关于原点作 $y=f(x)$ 的图像的对称图像，就得到 $y=-f(-x)$ 的图像.

(4) 对 $y=f(x)$ 的图像，x 轴以上的部分保持不变，x 轴以下的部分对称地翻转到 x 轴以上.

(5) 对 $y=f(x)$ 的图像，原函数值为正的地方变为 $y=1$，原函数值为 0 的地方仍然为 0，原函数值为负的地方变为 $y=-1$.

(6) 对 $y=f(x)$ 的图像，x 轴以上的部分保持不变，x 轴以下的部分变 0.

(7) 从 $y=f(x)$ 的图像出发，把 x 轴以上的部分变为 0，x 轴以下的部分翻转到 x 轴上方.

以 $y=(x-2)^2-1$ 为例，本题的各种情形如图 $1-14$、图 $1-15$、图 $1-16$、图 $1-17$ 所示.

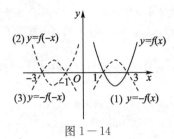

图 1-14

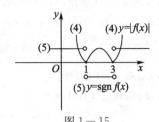

图 1-15

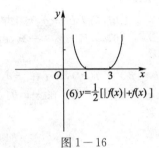

图 1-16

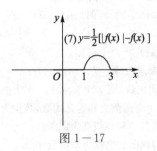

图 1-17

7. 已知函数 f 和 g 的图像,试作下列函数的图像:

(1) $\varphi(x) = \max\{f(x), g(x)\}$;　　(2) $\psi(x) = \min\{f(x), g(x)\}$.

解　(1) $\varphi(x) = \max\{f(x), g(x)\} = \begin{cases} f(x), & x \in \{x \mid f(x) \geqslant g(x)\}, \\ g(x), & x \in \{x \mid f(x) < g(x)\}, \end{cases}$

将 $f(x)$ 与 $g(x)$ 作在同一坐标系中,取二者函数值较大者.

(2) $\psi(x) = \min\{f(x), g(x)\} = \begin{cases} g(x), & x \in \{x \mid f(x) \geqslant g(x)\}, \\ f(x), & x \in \{x \mid f(x) < g(x)\}, \end{cases}$

将 $f(x)$ 与 $g(x)$ 作在同一些坐标系中,取二者函数值较小者.

f 和 g 的图像如图 1-18,φ 与 ψ 的图象如图 1-19 所示.

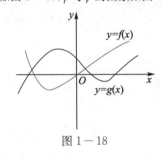

图 1-18

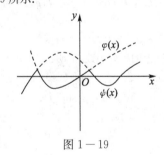

图 1-19

8. 设 f, g 和 h 为增函数,满足

$$f(x) \leqslant g(x) \leqslant h(x), x \in \mathbf{R}.$$

证明:$f(f(x)) \leqslant g(g(x)) \leqslant h(h(x))$.

证　由 $f(x) \leqslant g(x) \leqslant h(x)$ 和 f, g, h 均为增函数可得

$$f(f(x)) \leqslant f(g(x)) \leqslant g(g(x)) \leqslant g(h(x)) \leqslant h(h(x)),$$

于是　　　　　　　　$$f(f(x)) \leqslant g(g(x)) \leqslant h(h(x)).$$

归纳总结:$f(f(x)) \leqslant f(g(x))$ 是利用 f 的单调性,$f(g(x)) \leqslant g(g(x))$ 利用了 $f(x) \leqslant g(x), \forall x \in \mathbf{R}$.本题将 $f(g(x))$ 和 $g(h(x))$ 作为过渡量得出结论.

9. 设 f 和 g 为区间 (a,b) 上的增函数，证明第 7 题中定义的函数 $\varphi(x)$ 和 $\psi(x)$ 也都是 (a,b) 上的增函数.

   证 （1）设 $\forall x_1, x_2 \in (a,b), x_1 < x_2$，由 $f(x)$、$g(x)$ 是 (a,b) 上的增函数知 $f(x_1) \leqslant f(x_2), g(x_1) \leqslant g(x_2)$，于是
$$\varphi(x_2) = \max\{f(x_2), g(x_2)\} \geqslant \max\{f(x_1), g(x_1)\} = \varphi(x_1),$$
即 $\varphi(x)$ 是 (a,b) 上的增函数.

   （2）设 $\forall x_1, x_2 \in (a,b), x_1 < x_2$，由 $f(x_1) \leqslant f(x_2), g(x_1) \leqslant g(x_2)$，得
$$\varphi(x_1) = \min\{f(x_1), g(x_1)\} \leqslant \min\{f(x_2), g(x_2)\} = \varphi(x_2),$$
即 $\varphi(x)$ 是 (a,b) 上的增函数.

10. 设 f 为 $[-a,a]$ 上的奇（偶）函数.证明：若 f 在 $[0,a]$ 上增，则 f 在 $[-a,0]$ 上增（减）.

   证 设 $\forall x_1, x_2 \in [-a,0], x_1 < x_2$，则 $-x_1, -x_2 \in [0,a]$，且 $-x_1 > -x_2$，由 f 在 $[0,a]$ 上单调递增得 $f(-x_1) \geqslant f(-x_2)$.

   若 f 为奇函数，则 $f(x_1) = -f(-x_1) \leqslant -f(-x_2) = f(x_2)$，即 f 在 $[-a,0]$ 上为增函数.

   若 f 为偶函数.则 $f(x_1) = f(-x_1) \geqslant f(-x_2) = f(x_2)$，即 f 在 $[-a,0]$ 上为减函数.

11. 证明：（1）两个奇函数之和为奇函数，其积为偶函数；

   （2）两个偶函数之和与积都为偶函数；

   （3）奇函数与偶函数之积为奇函数.

   证 （1）设 $f(x)$ 与 $g(x)$ 是 D 上的两个奇函数，令 $h(x) = f(x) + g(x), k(x) = f(x)g(x), x \in D$，则
$$h(-x) = f(-x) + g(-x) = -[f(x) + g(x)] = -h(x),$$
$$k(-x) = f(-x)g(-x) = [-f(x)][-g(x)] = f(x)g(x) = k(x).$$
所以 $f(x) + g(x)$ 是 D 上的奇函数，$f(x)g(x)$ 是 D 上的偶函数.

   （2）设 $f(x)$ 与 $g(x)$ 是 D 上的两个偶函数，$h(x) = f(x) + g(x), k(x) = f(x)g(x), x \in D$，则
$$h(-x) = f(-x) + g(-x) = f(x) + g(x) = h(x).$$
$$k(-x) = f(-x)g(-x) = f(x)g(x) = k(x).$$
所以 $f(x) + g(x)$ 和 $f(x)g(x)$ 都为 D 上的偶函数.

   （3）设 $f(x)$ 为 D 上的奇函数，$g(x)$ 为 D 上的偶函数，$h(x) = f(x)g(x), x \in D$，则
$$h(-x) = f(-x)g(-x) = [-f(x)]g(x) = -h(x).$$
所以 $f(x)g(x)$ 为 D 上的奇函数.

12. 设 f, g 为 D 上的有界函数.证明：

   （1）$\inf\limits_{x \in D}\{f(x) + g(x)\} \leqslant \inf\limits_{x \in D} f(x) + \sup\limits_{x \in D} g(x)$；

   （2）$\sup\limits_{x \in D} f(x) + \inf\limits_{x \in D} g(x) \leqslant \sup\limits_{x \in D}\{f(x) + g(x)\}$.

   证 （1）对 $\forall x \in D$，有
$$\inf\limits_{x \in D}\{f(x) + g(x)\} - \sup\limits_{x \in D} g(x) = \inf\limits_{x \in D}\{f(x) + g(x)\} + \inf\limits_{x \in D}\{-g(x)\}$$
$$\leqslant [f(x) + g(x)] + [-g(x)] = f(x).$$
故 $\inf\limits_{x \in D}\{f(x) + g(x)\} - \sup\limits_{x \in D} g(x) \leqslant \inf\limits_{x \in D} f(x)$，即 $\inf\limits_{x \in D}\{f(x) + g(x)\} \leqslant \inf\limits_{x \in D} f(x) + \sup\limits_{x \in D} g(x)$.

   （2）对 $\forall x \in D$，有
$$\sup\limits_{x \in D}\{f(x) + g(x)\} - \inf\limits_{x \in D} g(x) = \sup\limits_{x \in D}\{f(x) + g(x)\} + \sup\limits_{x \in D}\{-g(x)\}$$
$$\geqslant f(x) + g(x) + [-g(x)] = f(x).$$
故 $\sup\limits_{x \in D} f(x) + \inf\limits_{x \in D} g(x) \leqslant \sup\limits_{x \in D}\{f(x) + g(x)\}$.

13. 设 f, g 为 D 上的非负有界函数.证明：

   （1）$\inf\limits_{x \in D} f(x) \cdot \inf\limits_{x \in D} g(x) \leqslant \inf\limits_{x \in D}\{f(x)g(x)\}$；

   （2）$\sup\limits_{x \in D}\{f(x)g(x)\} \leqslant \sup\limits_{x \in D} f(x) \cdot \sup\limits_{x \in D} g(x)$.

   证 （1）对 $\forall x \in D$，有 $f(x) \geqslant 0, g(x) \geqslant 0, f(x) \geqslant \inf\limits_{x \in D} f(x) \geqslant 0, g(x) \geqslant \inf\limits_{x \in D} g(x) \geqslant 0,$

于是 $\inf\limits_{x\in D} f(x)\cdot\inf\limits_{x\in D} g(x)\leqslant f(x)g(x)$，所以 $\inf\limits_{x\in D} f(x)\cdot\inf\limits_{x\in D} g(x)\leqslant\inf\limits_{x\in D}\{f(x)g(x)\}$.

(2) 对 $\forall x\in D$，有 $f(x)\geqslant 0, g(x)\geqslant 0, \sup\limits_{x\in D} f(x)\geqslant f(x)\geqslant 0, \sup\limits_{x\in D} g(x)\geqslant g(x)\geqslant 0$，

于是 $f(x)g(x)\leqslant\sup\limits_{x\in D} f(x)\cdot\sup\limits_{x\in D} g(x)$，所以 $\sup\limits_{x\in D}\{f(x)g(x)\}\leqslant\sup\limits_{x\in D} f(x)\cdot\sup\limits_{x\in D} g(x)$.

归纳总结：关于上下确界的内容是本章的难点和重点，也是贯穿整个数学分析的思想，要熟练掌握.

14. 将定义在 $(0,+\infty)$ 上的函数 f 延拓到 $\mathbf{R}$ 上，使延拓后的函数为（ⅰ）奇函数；（ⅱ）偶函数. 设

(1) $f(x)=\sin x+1$；

(2) $f(x)=\begin{cases}1-\sqrt{1-x^2}, & 0<x\leqslant 1,\\ x^3, & x>1.\end{cases}$

解　(1) 设 $f_1(x)$ 为 $f(x)$ 在 $\mathbf{R}$ 上的奇延拓，则当 $x\in(-\infty,0)$ 时，$-x\in(0,+\infty)$，于是

$$f_1(x)=-f_1(-x)=f(-x)=[\sin(-x)+1]=\sin x-1.$$

对于奇函数 $f_1(x)$，必有 $f_1(0)=0$.

所以 $f_1(x)=\begin{cases}\sin x+1, & x>0,\\ 0, & x=0,\\ \sin x-1, & x<0.\end{cases}$

同理，$f(x)$ 在 $\mathbf{R}$ 上的偶延拓为 $f_2(x)=\begin{cases}\sin x+1, & x\geqslant 0,\\ 1-\sin x, & x<0.\end{cases}$

(2) 设 $f_1(x)$ 为 $f(x)$ 在 $\mathbf{R}$ 上的奇延拓，则当 $x\in[-1,0)$ 时，$-x\in(0,1]$，于是

$$f_1(x)=-f_1(-x)=-f(-x)=-[1-\sqrt{1-(-x)^2}]=\sqrt{1-x^2}-1.$$

当 $x\in(-\infty,-1)$ 时，$-x\in(1,+\infty)$，于是

$$f_1(x)=-f_1(-x)=-f(-x)=-(-x^3)=x^3.$$

对于奇函数 $f_1(x)$，必有 $f_1(0)=0$，所以

$$f_1(x)=\begin{cases}x^3, & 1<x<+\infty,\\ 1-\sqrt{1-x^2}, & 0\leqslant x\leqslant 1,\\ \sqrt{1-x^2}-1, & -1\leqslant x<0,\\ x^3, & -\infty<x<-1.\end{cases}$$

同理，$f(x)$ 在 $\mathbf{R}$ 上的偶延拓为

$$f_2(x)=\begin{cases}x^3, & 1<x<+\infty,\\ 1-\sqrt{1-x^2}, & -1\leqslant x\leqslant 1,\\ -x^3, & -\infty<x<-1.\end{cases}$$

归纳总结：这种奇（偶）延拓会在以后的内容（傅里叶级数）中用到.

15. 设 f 为定义在 $\mathbf{R}$ 上以 h 为周期的函数，a 为实数. 证明：若 f 在 $[a,a+h]$ 上有界，则 f 在 $\mathbf{R}$ 上有界.

证　因为 $f(x)$ 在 $[a,a+h]$ 上有界，所以 $\exists M>0$，使得对 $\forall x\in[a,a+h]$，有 $|f(x)|\leqslant M$. 正数 h 的所有整数倍从小到大依次为 $\cdots,-2h,-h,0,h,2h,\cdots$. 对 $\forall x\in\mathbf{R}$，必存在唯一一整数 k，使得 $kh\leqslant x-a<(k+1)h$，于是 $a\leqslant x-kh<a+h$，即 $x-kh\in[a,a+h]$. 由于 h 是 f 的周期，因而 $|f(x)|=|f(x-kh)|\leqslant M$，故 $f(x)$ 在 $\mathbf{R}$ 上有界.

归纳总结：本题表明周期函数若在一个周期内有界，则在整个实数集 $\mathbf{R}$ 上有界.

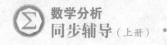
16. 设 f 在区间 I 上有界，记

$$M = \sup_{x \in I} f(x), \quad m = \inf_{x \in I} f(x),$$

证明

$$\sup_{x', x'' \in I} |f(x') - f(x'')| = M - m.$$

【思路探索】 要证明 $M - m$ 是上确界，依定义只需证明两点：①$M - m$ 是上界；②$M - m$ 是最小的上界.

证 对 $\forall x', x'' \in I$，有 $m \leqslant f(x') \leqslant M, m \leqslant f(x'') \leqslant M$，于是有

$$m - M \leqslant f(x') - f(x'') \leqslant M - m, \text{即 } |f(x') - f(x'')| \leqslant M - m.$$

$\forall \varepsilon > 0$，则 $\exists x', x'' \in I$，使得

$$f(x') > M - \frac{\varepsilon}{2}, f(x'') < m + \frac{\varepsilon}{2}.$$

于是有

$$|f(x') - f(x'')| \geqslant f(x') - f(x'') > \left(M - \frac{\varepsilon}{2}\right) - \left(m + \frac{\varepsilon}{2}\right) = (M - m) - \varepsilon,$$

故 $\sup_{x', x'' \in I} |f(x') - f(x'')| = M - m.$

17. 设 $f(x) = \begin{cases} q, & x = \dfrac{p}{q}(p, q \in \mathbf{N}_+, \dfrac{p}{q} \text{ 为既约真分数}, 0 < p < q), \\ 0, & x \text{ 为}(0,1) \text{ 中的无理数}. \end{cases}$

证明：对任意 $x_0 \in (0,1)$，任意正数 δ，$(x_0 - \delta, x_0 + \delta) \subset (0,1)$，有 $f(x)$ 在 $(x_0 - \delta, x_0 + \delta)$ 内无界.

【思路探索】 证明函数无界首先考虑用定义来证明.

证 对 $\forall x_0 \in (0,1)$，$\forall \delta > 0$，$(x_0 - \delta, x_0 + \delta) \subset (0,1)$，$\forall M > 0$，由有理数的稠密性，可以在 $(x_0 - \delta, x_0 + \delta)$ 中选取有理数 $x_1 = \dfrac{p}{k[M+1]}(k \in \mathbf{N}_+)$，这样 $f(x_1) = k[M+1] > kM > M$，故 $f(x)$ 在 $(x_0 - \delta, x_0 + \delta)$ 内无界.

> 归纳总结：充分考虑函数在有理点处的定义，利用有理数的稠密性，选取关键点 x_1，使 $f(x_1) > M$.

18. 设 $a > 0, m, n, p$ 为正整数，规定 $a^{\frac{m}{n}} = (a^{\frac{1}{n}})^m$. 证明：$a^{\frac{pm}{pn}} = (a^{\frac{1}{pn}})^{pm} = a^{\frac{m}{n}}$.

证 $a^{\frac{pm}{pn}} = (a^{\frac{1}{pn}})^{pm} = [(a^{\frac{1}{pn}})^p]^m = (a^{\frac{p}{pn}})^m = (a^{\frac{1}{n}})^m = a^{\frac{m}{n}}.$

四、自测题

======= 第一章自测题 =======

一、判断题(每题 2 分,共 12 分)

1. $\arctan(\tan x) = x, x \neq k\pi + \dfrac{\pi}{2}, k = 0, \pm 1, \pm 2, \cdots$. （　）

2. $f(x) = \sin x + \cos x$ 是奇函数. （　）

3. $y = \arcsin u$ 和 $u = 3 + x^2$ 不可以进行复合. （　）

4. 任何一个函数都可以表示为奇函数与偶函数之和. （　）

5. $y = |x|$ 不是初等函数. （　）

6. 周期函数的定义域一定是 **R**. （　）

二、叙述下列概念或定理(每题 4 分,共 16 分)

7. 非空数集 S 无界.

8. 非空数集 S 的上确界为 β.

9. 初等函数.

10. $f(x)$ 为 D 上的有界函数.

三、用定义证明(每题 5 分,共 10 分)

11. $f(x) = \dfrac{1}{x^2}$ 在 $(0,1)$ 上无界.

12. $f(x) = x + \dfrac{a}{x}(a > 0)$ 在区间 $(\sqrt{a}, +\infty)$ 上是增函数.

四、计算题,写出必要的计算过程(每题 7 分,共 42 分)

13. 讨论函数 $y = \operatorname{sgn} x = \begin{cases} 1, & x > 0, \\ 0, & x = 0, \\ -1, & x < 0 \end{cases}$ 的奇偶性.

14. 设 $z = \sqrt{y} - f(\sqrt{x} - 1)$, 当 $y = 1$ 时, $z = x$, 求 $f(x)$ 和 z.

15. 设 $f(x) = \begin{cases} 0, & x < 0, \\ 1, & x \geqslant 0, \end{cases} g(x) = \begin{cases} 2 - x^2, & |x| < 1, \\ |x| - 2, & |x| \geqslant 1, \end{cases}$ 求 $f(g(x)), g(f(x))$.

16. 作函数 $y = [x] - x$ 的图像.

17. 求集合 $S = \left\{ x \mid x = 1 - \dfrac{1}{n}, n \in \mathbf{N}_+ \right\}$ 的上、下确界,并证明.

18. 将函数 $f(x) = \cos x - 1, x \in (0, +\infty)$ 延拓到 **R** 上,使延拓后的函数为奇函数.

五、证明题,写出必要的证明过程(每题 5 分,共 20 分)

19. $|x_1 + x_2 + \cdots + x_n| \leqslant |x_1| + |x_2| + \cdots + |x_n|$.

20. $\dfrac{|a+b|}{1+|a+b|} \leqslant \dfrac{|a|}{1+|a|} + \dfrac{|b|}{1+|b|}$.

21. f, g 为 D 上的有界函数,证明: $\inf\limits_{x \in D} f(x) + \inf\limits_{x \in D} g(x) \leqslant \inf\limits_{x \in D} \{f(x) + g(x)\}$.

22. 设 f 在区间 I 上有界,记 $M = \sup\limits_{x \in I} f(x), m = \inf\limits_{x \in I} f(x)$. 证明: $\sup\limits_{x', x'' \in I} |f(x') - f(x'')| = M - m$.

======= 第一章自测题解答 =======

一、1. ×　2. ×　3. √　4. √　5. ×　6. ×

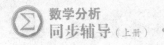
二、7. 若对 $\forall M > 0, \exists x_0 \in S$，使得 $\mid x_0 \mid > M$，则称 S 无界.

8. 若数 β 满足：(i) 对 $\forall x \in S$，有 $x \leqslant \beta$，即 β 是 S 的上界；(ii) 对 $\forall \varepsilon > 0, \exists x_0 \in S$，使得 $x_0 > \beta - \varepsilon$，即 β 是 S 的最小上界，则称数 β 为数集 S 的上确界，记作 $\beta = \sup S$.

9. 由基本初等函数经过有限次四则运算与复合运算所得到的函数，统称为初等函数.

10. 设 f 为定义在 D 上的函数，若 $\exists M > 0$，使得 $\forall x \in D$，有 $\mid f(x) \mid \leqslant M$，则称 f 为 D 上的有界函数.

三、11. 证 对 $\forall M > 0$，不妨设 $M > \dfrac{1}{2}, \exists x_0 = \dfrac{1}{\sqrt{2M}} \in (0,1)$，使得 $\mid f(x_0) \mid = \dfrac{1}{x_0^2} = 2M > M$，因此 $f(x)$

为 $(0,1)$ 上的无界函数.

12. 证 设 $\forall x_1, x_2$ 满足 $\sqrt{a} < x_1 < x_2$，则

$$\begin{aligned} f(x_2) - f(x_1) &= x_2 + \frac{a}{x_2} - x_1 - \frac{a}{x_1} \\ &= \frac{x_2^2 x_1 + ax_1 - x_1^2 x_2 - ax_2}{x_1 x_2} \\ &= \frac{x_1 x_2 (x_2 - x_1) - a(x_2 - x_1)}{x_1 x_2} \\ &= \frac{(x_2 - x_1)(x_1 x_2 - a)}{x_1 x_2}, \end{aligned}$$

由 $\sqrt{a} < x_1 < x_2$，则 $x_2 - x_1 > 0, x_1 x_2 > a$，因此 $f(x_2) - f(x_1) > 0$.

故函数 $f(x) = x + \dfrac{a}{x}(a > 0)$ 在区间 $(\sqrt{a}, +\infty)$ 上是增函数.

四、13. 解 当 $x > 0$ 时，$-x < 0$，$\text{sgn}(-x) = -1 = -\text{sgn}\, x$；

当 $x < 0$ 时，$-x > 0$，$\text{sgn}(-x) = 1 = -\text{sgn}\, x$；

当 $x = 0$ 时，$\text{sgn}\, x = 0$.

综上可知，$y = \text{sgn}\, x$ 是奇函数.

14. 解 依题意 $x = \sqrt{1} - f(\sqrt{x} - 1) = 1 - f(\sqrt{x} - 1)$. 令 $t = \sqrt{x} - 1$，则 $t \geqslant -1, x \geqslant 0, f(t) = 1 - (1 + t)^2$ $= -t^2 - 2t$，所以 $f(x) = -x^2 - 2x, z = \sqrt{y} - 1 + x$.

15. 解 当 $\mid x \mid < 1$ 时，$g(x) = 2 - x^2 > 0$，则 $f(g(x)) = 1$；

当 $1 \leqslant \mid x \mid < 2$ 时，$g(x) = \mid x \mid - 2 < 0$，则 $f(g(x)) = 0$；

当 $\mid x \mid \geqslant 2$ 时，$g(x) = \mid x \mid - 2 \geqslant 0$，则 $f(g(x)) = 1$.

故

$$f(g(x)) = \begin{cases} 0, & 1 \leqslant \mid x \mid < 2, \\ 1, & \mid x \mid < 1 \text{ 或 } \mid x \mid \geqslant 2. \end{cases}$$

当 $x < 0$ 时，$f(x) = 0$，则 $g(f(x)) = 2 - 0^2 = 2$；

当 $x \geqslant 0$ 时，$f(x) = 1$，则 $g(f(x)) = \mid 1 \mid - 2 = -1$.

故

$$g(f(x)) = \begin{cases} 2, & x < 0, \\ -1, & x \geqslant 0. \end{cases}$$

16.

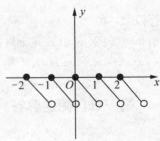

17. 解　先证：$\sup S = 1$. 事实上：

（ⅰ）对 $\forall x \in S$，有 $x \leqslant 1$；

（ⅱ）对 $\forall \varepsilon > 0$（不妨设 $\varepsilon < 1$），取 $n_0 = \left[\dfrac{2}{\varepsilon}\right]$，则 $x_0 = 1 - \dfrac{1}{n_0} \in S$，使得

$$x_0 = 1 - \frac{1}{\left[\dfrac{2}{\varepsilon}\right]} = 1 - \frac{\varepsilon}{\varepsilon\left[\dfrac{2}{\varepsilon}\right]} > 1 - \varepsilon.$$

由上确界的定义知 $\sup S = 1$.

再证 $\inf S = 0$. 事实上：

（ⅰ）对 $\forall x \in S$，有 $x \geqslant 0$；（ⅱ）对 $\forall \varepsilon > 0$，$\exists x_0 = 0 \in S$，使得 $x_0 < 0 + \varepsilon$.

由下确界的定义知 $\inf S = 0$.

18. 解　令 $x < 0$，则 $-x > 0$. 要使延拓后的 $f(x)$ 为奇函数，则有 $f(x) = -f(-x)$，即

$$f(x) = -f(-x) = -(\cos(-x) - 1) = -(\cos x - 1) = -\cos x + 1.$$

而当 $x = 0$ 时，$f(0) = -f(-0) = -f(0) = 0$.

因此，延拓之后的函数 $f(x) = \begin{cases} \cos x - 1, & x \geqslant 0, \\ -\cos x + 1, & x < 0, \end{cases}$ 它是一个奇函数.

五、19. 证　用数学归纳法证明. 当 $n = 2$ 时，由于 $-|x_1| \leqslant x_1 \leqslant |x_1|$，$-|x_2| \leqslant x_2 \leqslant |x_2|$，两式相加得

$$-(|x_1| + |x_2|) \leqslant x_1 + x_2 \leqslant |x_1| + |x_2|,$$

因此有

$$|x_1 + x_2| \leqslant |x_1| + |x_2|.$$

假设 $n = k$ 时结论成立，即

$$|x_1 + x_2 + \cdots + x_k| \leqslant |x_1| + |x_2| + \cdots + |x_k|,$$

则当 $n = k + 1$ 时，有

$$|x_1 + x_2 + \cdots + x_k + x_{k+1}| = |(x_1 + x_2 + \cdots + x_k) + x_{k+1}|$$
$$\leqslant |(x_1 + x_2 + \cdots + x_k)| + |x_{k+1}|$$
$$\leqslant |x_1| + |x_2| + \cdots + |x_k| + |x_{k+1}|.$$

由数学归纳法知 $|x_1 + x_2 + \cdots + x_n| \leqslant |x_1| + |x_2| + \cdots + |x_n|$.

20. 证　因为 $|a + b| \leqslant |a| + |b|$，所以

$$\frac{|a+b|}{1+|a+b|} = 1 - \frac{1}{1+|a+b|} \leqslant 1 - \frac{1}{1+|a|+|b|} = \frac{|a|+|b|}{1+|a|+|b|}$$
$$= \frac{|a|}{1+|a|+|b|} + \frac{|b|}{1+|a|+|b|} \leqslant \frac{|a|}{1+|a|} + \frac{|b|}{1+|b|}.$$

21. 证　对 $\forall x \in D$，有 $\inf\limits_{x \in D} f(x) \leqslant f(x)$，$\inf\limits_{x \in D} g(x) \leqslant g(x)$，则 $\inf\limits_{x \in D} f(x) + \inf\limits_{x \in D} g(x) \leqslant f(x) + g(x)$，即 $\inf\limits_{x \in D} f(x) + \inf\limits_{x \in D} g(x)$ 是函数 $f + g$ 在 D 上的一个下界，从而由下确界的定义知

$$\inf_{x \in D} f(x) + \inf_{x \in D} g(x) \leqslant \inf_{x \in D}\{f(x) + g(x)\}.$$

22. 证　对 $\forall x \in I$，有 $f(x) \leqslant M$，$f(x) \geqslant m$，于是对 $\forall x', x'' \in I$，有

$$m - M \leqslant f(x') - f(x'') \leqslant M - m,$$

即 $|f(x') - f(x'')| \leqslant M - m$，即 $M - m$ 是 $\{|f(x') - f(x'')| \mid x', x'' \in I\}$ 的一个上界.

下面证明：$M - m$ 是数集 $\{|f(x') - f(x'')| \mid x', x'' \in I\}$ 的最小上界.

事实上，对 $\forall \varepsilon > 0$，$\exists x_0', x_0'' \in I$，使得 $f(x_0') > M - \dfrac{\varepsilon}{2}$，$f(x_0'') < m + \dfrac{\varepsilon}{2}$，从而

$$|f(x_0') - f(x_0'')| \geqslant f(x_0') - f(x_0'') > \left(M - \frac{\varepsilon}{2}\right) - \left(m + \frac{\varepsilon}{2}\right) = M - m - \varepsilon.$$

所以 $M - m$ 是数集 $\{|f(x') - f(x'')| \mid x', x'' \in I\}$ 的最小上界，故

$$\sup_{x', x'' \in I} |f(x') - f(x'')| = M - m.$$

第二章 数列极限

1. 数列 若函数 f 的定义域为全体正整数集 $\mathbf{N}_+$，则称 $f:\mathbf{N}_+\to\mathbf{R}$ 或 $f(n)$，$n\in\mathbf{N}_+$ 为**数列**. 因正整数集 $\mathbf{N}_+$ 的元素可按由小到大的顺序排列，故数列 $f(n)$ 也可写作 $a_1,a_2,\cdots,a_n,\cdots$，或简单地记为 $\{a_n\}$，其中 a_n 称为该数列的**通项**.

2. 数列极限的定义

(1)设 $\{a_n\}$ 为数列，a 为定数. 若对任给的正数 ε，总存在正整数 N，使得当 $n>N$ 时，有 $|a_n-a|<\varepsilon$，则称数列 $\{a_n\}$ 收敛于 a，定数 a 称为**数列 $\{a_n\}$ 的极限**，记作 $\lim\limits_{n\to\infty}a_n=a$，或 $a_n\to a(n\to\infty)$. 若数列 $\{a_n\}$ 没有极限，则称 $\{a_n\}$ **不收敛**，或称 $\{a_n\}$ 为**发散数列**.

(2)任给 $\varepsilon>0$，若在 $U(a;\varepsilon)$ 之外数列 $\{a_n\}$ 中的项至多只有有限个，则称**数列 $\{a_n\}$ 收敛于 a**.

3. 无穷小数列 若 $\lim\limits_{n\to\infty}a_n=0$，则称 $\{a_n\}$ 为无穷小数列.

4. 收敛数列的性质

(1)**唯一性** 若数列 $\{a_n\}$ 收敛，则极限是唯一的.

(2)**有界性** 若数列 $\{a_n\}$ 收敛，则 $\{a_n\}$ 为有界数列，即 $\exists M>0$，使得对 $\forall n\in\mathbf{N}_+$，有 $|a_n|\leqslant M$.

(3)**保号性** 若 $\lim\limits_{n\to\infty}a_n=a>0$（或 <0），则对 $\forall a'\in(0,a)$（或 $a'\in(a,0)$），存在正整数 N，使得当 $n>N$ 时，有 $a_n>a'$（或 $a_n<a'$）.

(4)**保不等式性** 设 $\{a_n\}$ 与 $\{b_n\}$ 均为收敛数列，若存在正整数 N_0，使得当 $n>N_0$ 时，有 $a_n\leqslant b_n$，则 $\lim\limits_{n\to\infty}a_n\leqslant\lim\limits_{n\to\infty}b_n$.

(5)**迫敛性** 设 $\lim\limits_{n\to\infty}a_n=\lim\limits_{n\to\infty}b_n=a$，若 $\exists N_0\in\mathbf{N}_+$，当 $n>N_0$ 时，有 $a_n\leqslant c_n\leqslant b_n$，则 $\lim\limits_{n\to\infty}c_n=a$.

(6)**四则运算法则** 若 $\{a_n\}$，$\{b_n\}$ 均为收敛数列，则 $\{a_n+b_n\}$，$\{a_n-b_n\}$，$\{a_nb_n\}$ 也都是收敛数列，且

$$\lim_{n\to\infty}(a_n\pm b_n)=\lim_{n\to\infty}a_n\pm\lim_{n\to\infty}b_n,\quad \lim_{n\to\infty}a_nb_n=\lim_{n\to\infty}a_n\lim_{n\to\infty}b_n.$$

特别地，

$$\lim_{n\to\infty}ca_n=c\lim_{n\to\infty}a_n(c\text{ 为常数}).$$

若 $b_n\neq0$ 且 $\lim\limits_{n\to\infty}b_n\neq0$，则 $\left\{\dfrac{a_n}{b_n}\right\}$ 也是收敛数列，且 $\lim\limits_{n\to\infty}\dfrac{a_n}{b_n}=\dfrac{\lim\limits_{n\to\infty}a_n}{\lim\limits_{n\to\infty}b_n}$.

(7)**数列与子列的关系**　数列$\{a_n\}$收敛$\Leftrightarrow\{a_n\}$的任何子列都收敛.

5. 一些常用的极限

$$(1)\lim_{n\to\infty}\frac{a_mn^m+a_{m-1}n^{m-1}+\cdots+a_1n+a_0}{b_kn^k+b_{k-1}n^{k-1}+\cdots+b_1n+b_0}=\begin{cases}\dfrac{a_m}{b_m},&k=m,\\[2mm]0,&k>m,\end{cases}\quad\text{其中 }k\geqslant m,a_m\neq0,b_k\neq0.$$

$$(2)\lim_{n\to\infty}\sqrt[n]{n}=1,\ \lim_{n\to\infty}\sqrt[n]{a}=1\ \ (a>0).$$

(3)若$\lim\limits_{n\to\infty}a_n=a$,则

（ⅰ）$\lim\limits_{n\to\infty}\dfrac{a_1+a_2+\cdots+a_n}{n}=a$;　（ⅱ）又若$a_n>0\ (n=1,2,\cdots)$,则$\lim\limits_{n\to\infty}\sqrt[n]{a_1a_2\cdots a_n}=a$.

$$(4)\lim_{n\to\infty}\frac{\log_a n}{n^k}=0\ \ (a>0,a\neq1,k\geqslant1).\qquad (5)\lim_{n\to\infty}\frac{n^k}{c^n}=0\ \ (c>1).$$

$$(6)\lim_{n\to\infty}\frac{c^n}{n!}=0\ \ (c>0).\qquad\qquad\qquad (7)\lim_{n\to\infty}\frac{n!}{n^n}=0.$$

(8)若$\lim\limits_{n\to\infty}a_n=a,a>0,a_n>0$,则$\lim\limits_{n\to\infty}\sqrt[n]{a_n}=1$.

6. 单调数列

若数列$\{a_n\}$的各项满足$a_n\leqslant a_{n+1}\ (a_n\geqslant a_{n+1})$,则称$\{a_n\}$为**递增(递减)数列**.递增数列和递减数列统称为**单调数列**.

7. 单调有界定理

在实数系中,有界的单调数列必有极限.

8. 柯西(Cauchy)收敛准则

数列$\{a_n\}$收敛$\Leftrightarrow\forall\varepsilon>0,\exists N$,当$n,m>N$时,有$|a_n-a_m|<\varepsilon$.

二、经典例题解析及解题方法总结

【例1】　用$\varepsilon-N$方法证明:$\lim\limits_{n\to\infty}\dfrac{7^n}{n!}=0$.

证　$\forall\varepsilon>0$,由于当$n>7$时,有 $\dfrac{7^n}{n!}=\dfrac{7}{1}\cdot\dfrac{7}{2}\cdots\dfrac{7}{7}\cdot\dfrac{7}{8}\cdots\dfrac{7}{n-1}\cdot\dfrac{7}{n}\leqslant\dfrac{7^7}{7!}\cdot\dfrac{7}{n}=\dfrac{7^7}{6!}\cdot\dfrac{1}{n}$.

取$N=\max\left\{7,\left[\dfrac{7^7}{6!}\cdot\dfrac{1}{\varepsilon}\right]+1\right\}$,则当$n>N$时,有$\left|\dfrac{7^n}{n!}-0\right|<\varepsilon$,即$\lim\limits_{n\to\infty}\dfrac{7^n}{n!}=0$.

【例2】　用$\varepsilon-N$方法证明:$\lim\limits_{n\to\infty}\sqrt[n]{n+1}=1$.

证　令$\sqrt[n]{n+1}-1=t$,则$t>0$,且

$$1+n=(1+t)^n=1+nt+\frac{n(n-1)}{2!}t^2+\cdots+t^n\geqslant\frac{n(n-1)}{2}t^2,$$

从而

$$|\sqrt[n]{n+1}-1|=t\leqslant\sqrt{\frac{2(n+1)}{n(n-1)}}\leqslant\sqrt{\frac{4n}{n(n-1)}}=\frac{2}{\sqrt{n-1}}\quad(n\geqslant2),$$

故$\forall\varepsilon>0$,取$N=\max\left\{\left[\dfrac{4}{\varepsilon^2}+1\right],2\right\}$,则当$n>N$时,有$|\sqrt[n]{n+1}-1|<\varepsilon$,即$\lim\limits_{n\to\infty}\sqrt[n]{n+1}=1$.

【例3】 证明：$\lim\limits_{n\to\infty}\dfrac{5n^2+n-2}{3n^2-2}=\dfrac{5}{3}$.

证 $\forall\varepsilon>0$，由于当 $n>4$ 时，有

$$\left|\frac{5n^2+n-2}{3n^2-2}-\frac{5}{3}\right|=\left|\frac{3n+4}{3(3n^2-2)}\right|\leqslant\frac{4n}{3\cdot 2n^2}<\frac{1}{n},$$

取 $N=\max\left\{\left[\dfrac{1}{\varepsilon}\right],4\right\}$，则当 $n>N$ 时，有

$$\left|\frac{5n^2+n-2}{3n^2-2}-\frac{5}{3}\right|<\varepsilon.$$

所以 $\lim\limits_{n\to\infty}\dfrac{5n^2+n-2}{3n^2-2}=\dfrac{5}{3}$.

● **方法总结**

扩大分式是采用扩大分子或缩小分母的方法. 这里先限定 $n>4$，扩大之后的分式对应的数列 $\left\{\dfrac{1}{n}\right\}$ 仍是无穷小数列.

【例4】 证明数列 $\left\{\dfrac{n^2}{2n^2+1}\right\}$ 的极限不是1.

证 取 $\varepsilon_0=\dfrac{1}{3}$，$\forall N\in\mathbf{N}_+$，取 $n_0=N+1>N$，但有

$$\left|\frac{n_0^2}{2n_0^2+1}-1\right|=\frac{n_0^2+1}{2n_0^2+1}>\frac{n_0^2}{3n_0^2}=\frac{1}{3}=\varepsilon_0.$$

由定义知 $\lim\limits_{n\to\infty}\dfrac{n^2}{2n^2+1}\neq 1$.

【例5】 求极限 $\lim\limits_{n\to\infty}\left(\dfrac{1}{a}+\dfrac{2}{a^2}+\cdots+\dfrac{n}{a^n}\right)(a>1)$.

解 设 $S_n=\dfrac{1}{a}+\dfrac{2}{a^2}+\cdots+\dfrac{n}{a^n}$，等式两边同乘 $\dfrac{1}{a}$ 可得

$$\frac{1}{a}S_n=\frac{1}{a^2}+\frac{2}{a^3}+\cdots+\frac{n}{a^{n+1}},$$

两式相减后得到

$$\left(1-\frac{1}{a}\right)S_n=\frac{1}{a}+\frac{1}{a^2}+\cdots+\frac{1}{a^n}-\frac{n}{a^{n+1}}=\frac{\dfrac{1}{a}\left(1-\dfrac{1}{a^n}\right)}{1-\dfrac{1}{a}}-\frac{n}{a^{n+1}}.$$

由于 $a>1$，故 $\lim\limits_{n\to\infty}\dfrac{1}{a^n}=0$，$\lim\limits_{n\to\infty}\dfrac{n}{a^{n+1}}=0$，于是由极限的四则运算可得

$$\lim\limits_{n\to\infty}S_n=\lim\limits_{n\to\infty}\frac{\dfrac{1}{a}\left(1-\dfrac{1}{a^n}\right)}{\left(1-\dfrac{1}{a}\right)^2}-\frac{1}{1-\dfrac{1}{a}}\lim\limits_{n\to\infty}\frac{n}{a^{n+1}}=\frac{a}{(a-1)^2}.$$

【例6】　证明：当 $a>0,a\neq1,k\geq1$ 时，有 $\lim\limits_{n\to\infty}\dfrac{\log_a n}{n^k}=0$.

证　先证 $a>1,k\geq1$ 时结论成立. 由 $0\leq\dfrac{\log_a n}{n^k}\leq\dfrac{\log_a n}{n}$ 和迫敛性，只需证明 $\lim\limits_{n\to\infty}\dfrac{\log_a n}{n}=0$.

按定义，需证对 $\forall\varepsilon>0,\exists N$，当 $n>N$ 时，有 $0<\log_a\sqrt[n]{n}<\varepsilon$，即 $1<\sqrt[n]{n}<a^\varepsilon$. 又 $\lim\limits_{n\to\infty}\sqrt[n]{n}=1<a^\varepsilon$，

故 $\exists N>0$，当 $n>N$ 时，必有 $1<\sqrt[n]{n}<a^\varepsilon$.

当 $0<a<1$ 时，由于 $\log_a n=-\log_{\frac{1}{a}}n$，而 $\dfrac{1}{a}>1$，于是

$$\lim\limits_{n\to\infty}\dfrac{\log_a n}{n^k}=-\lim\limits_{n\to\infty}\dfrac{\log_{\frac{1}{a}}n}{n^k}=0.$$

● **方法总结**

当 $a>0,a\neq1,k\geq1,c>1$ 时，数列 $\left\{\dfrac{\log_a n}{n^k}\right\}$，$\left\{\dfrac{n^k}{c^n}\right\}$，$\left\{\dfrac{c^n}{n!}\right\}$，$\left\{\dfrac{n!}{n^n}\right\}$ 都是无穷小数列.

【例7】　数列 $\{a_n\}$ 收敛的充要条件是：$\{a_{2n-1}\}$ 与 $\{a_{2n}\}$ 收敛于相同的极限值.

证　必要性：已知 $\{a_n\}$ 收敛，设 $\lim\limits_{n\to\infty}a_n=a$，则 $\forall\varepsilon>0,\exists N$，当 $n>N$ 时，有 $|a_n-a|<\varepsilon$，

当 $n>N$ 时，$2n-1\geq n>N$，因而有 $|a_{2n-1}-a|<\varepsilon$；

当 $n>N$ 时，$2n>n>N$，因而有 $|a_{2n}-a|<\varepsilon$.

这就是说 $\lim\limits_{n\to\infty}a_{2n-1}=a$，　$\lim\limits_{n\to\infty}a_{2n}=a$.

充分性：因 $\lim\limits_{n\to\infty}a_{2n-1}=\lim\limits_{n\to\infty}a_{2n}=a$，则 $\forall\varepsilon>0,\exists N_1,N_2$，当 $n>N_1$ 时，有 $|a_{2n-1}-a|<\varepsilon$；当 $n>N_2$ 时，有 $|a_{2n}-a|<\varepsilon$. 取 $N=\max\{2N_1-1,2N_2\}$，则当 $n>N$ 时，有 $|a_n-a|<\varepsilon$，即 $\lim\limits_{n\to\infty}a_n=a$.

● **方法总结**

(1)若 $\{a_{2n-1}\}$ 或 $\{a_{2n}\}$ 发散，则 $\{a_n\}$ 发散；

(2)若 $\{a_{2n-1}\}$ 与 $\{a_{2n}\}$ 都收敛，但极限不相等，则 $\{a_n\}$ 必定发散.

【例8】　证明数列 $\left\{(-1)^n\cdot\dfrac{n+1}{n}\right\}$ 发散.

证　令 $a_n=(-1)^n\cdot\dfrac{n+1}{n}$，则它的子列

$$a_{2n}=\dfrac{2n+1}{2n}=1+\dfrac{1}{2n}\to1\quad(n\to\infty),$$

$$a_{2n+1}=-\dfrac{2n+2}{2n+1}=-1-\dfrac{1}{2n+1}\to-1\quad(n\to\infty).$$

从而数列 $\left\{(-1)^n\cdot\dfrac{n+1}{n}\right\}$ 发散.

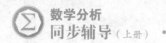

【例9】 证明：数列 $\left\{\left(1+\dfrac{1}{n}\right)^n\right\}$ 单调递增，数列 $\left\{\left(1+\dfrac{1}{n}\right)^{n+1}\right\}$ 单调递减，两者收敛于同一极限．

证 记 $x_n=\left(1+\dfrac{1}{n}\right)^n$，$y_n=\left(1+\dfrac{1}{n}\right)^{n+1}$，$n=1,2,\cdots$，由平均值不等式

$$\sqrt[n]{a_1a_2\cdots a_n}\leqslant\frac{1}{n}(a_1+a_2+\cdots+a_n),$$

知

$$x_n=\left(1+\frac{1}{n}\right)^n\cdot1\leqslant\left[\frac{n\left(1+\frac{1}{n}\right)+1}{n+1}\right]^{n+1}=\left(1+\frac{1}{n+1}\right)^{n+1}=x_{n+1},$$

$$\frac{1}{y_n}=\left(\frac{n}{n+1}\right)^{n+1}\cdot1\leqslant\left[\frac{(n+1)\left(\frac{n}{n+1}\right)+1}{n+2}\right]^{n+2}=\left(\frac{n+1}{n+2}\right)^{n+2}=\frac{1}{y_{n+1}},$$

即 $\{x_n\}$ 单调递增，$\{y_n\}$ 单调递减，且 $2=x_1<x_2<\cdots<x_n<\cdots<y_n<\cdots<y_1=4$．

所以 $\{x_n\}$，$\{y_n\}$ 均为单调有界数列，必定收敛．由 $y_n=x_n\left(1+\dfrac{1}{n}\right)$ 知它们有相同的极限．

● **方法总结** ⋯⋯⋯⋯⋯⋯⋯⋯⋯⋯⋯⋯⋯⋯⋯⋯⋯⋯⋯⋯⋯⋯⋯⋯⋯⋯⋯⋯⋯

通常用 e 表示数列 $\left\{\left(1+\dfrac{1}{n}\right)^n\right\}$ 的极限，即 $\lim\limits_{n\to\infty}\left(1+\dfrac{1}{n}\right)^n=\mathrm{e}$，它是一个无理数，其前十八位数字是 $\mathrm{e}\approx2.718\ 281\ 828\ 459\ 045\ 90$．由本题知，$\left(1+\dfrac{1}{n}\right)^n<\mathrm{e}<\left(1+\dfrac{1}{n}\right)^{n+1}$，$n\in\mathbf{N}_+$．

【例10】 给定 x_0，设 $x_1=\cos x_0$，$x_2=\cos(\cos x_0)$，$\cdots$，$x_n=\underbrace{\cos\cos\cdots(\cos}_{n\uparrow}x_0)$，证明：数列 $\{x_n\}$ 收敛．

证 不妨设 $0\leqslant x_1\leqslant1$，则 $0\leqslant x_n\leqslant1$，$n=2,3,\cdots$．由于 $\cos x$ 在 $\left[0,\dfrac{\pi}{2}\right]$ 内递减，所以 $\{x_n\}$ 不是单调数列，故分别讨论子列 $\{x_{2n-1}\}$ 与子列 $\{x_{2n}\}$．

若 $x_1\leqslant x_3$，则 $x_4-x_2=\cos x_3-\cos x_1=-2\sin\dfrac{x_3-x_1}{2}\sin\dfrac{x_3+x_1}{2}\leqslant0$，故 $x_4\leqslant x_2$．

又 $x_5-x_3=\cos x_4-\cos x_2=-2\sin\dfrac{x_4-x_2}{2}\sin\dfrac{x_4+x_2}{2}\geqslant0$，故 $x_5\geqslant x_3$．

依次递推，知 $\{x_{2n-1}\}$ 单调递增，$\{x_{2n}\}$ 单调递减．

若 $x_1\geqslant x_3$，则可证得 $\{x_{2n-1}\}$ 单调递减，$\{x_{2n}\}$ 单调递增．

故 $\{x_{2n}\}$ 与 $\{x_{2n-1}\}$ 都是单调有界数列，因而都有极限．设 $\lim\limits_{n\to\infty}x_{2n}=\alpha$，$\lim\limits_{n\to\infty}x_{2n-1}=\beta$，则

$$\begin{cases}\cos\alpha=\beta,\\\cos\beta=\alpha,\end{cases}\Rightarrow\begin{cases}\alpha=\cos(\cos\alpha),\\\beta=\cos(\cos\beta).\end{cases}$$

由 $x-\cos(\cos x)$ 零点的唯一性知 $\alpha=\beta$．所以 $\{x_{2n}\}$ 与 $\{x_{2n-1}\}$ 收敛于同一极限，即 $\{x_n\}$ 收敛．

【例 11】 若 $c_n=1+\dfrac{1}{2}+\cdots+\dfrac{1}{n}-\ln n$,证明:数列 $\{c_n\}$ 收敛.

证 由基本不等式 $\left(1+\dfrac{1}{n}\right)^n<\mathrm{e}<\left(1+\dfrac{1}{n}\right)^{n+1}$,$n\in\mathbf{N}_+$,两边取对数得

$$n\ln\left(1+\frac{1}{n}\right)<1<(n+1)\ln\left(1+\frac{1}{n}\right),\quad \text{即}\ \frac{1}{n+1}<\ln\left(1+\frac{1}{n}\right)<\frac{1}{n}.$$

又

$$c_{n+1}-c_n=\frac{1}{n+1}+\ln n-\ln(n+1)=\frac{1}{n+1}-\ln\left(1+\frac{1}{n}\right)<0,$$

即 $\{c_n\}$ 为单调递减数列.

由于

$$c_n=1+\frac{1}{2}+\cdots+\frac{1}{n}-\ln n>\ln\frac{2}{1}+\ln\frac{3}{2}+\cdots+\ln\frac{n+1}{n}-\ln n$$

$$=\ln(n+1)-\ln n>0,$$

即 $\{c_n\}$ 单调递减有下界,所以 $\{c_n\}$ 收敛.

● **方法总结**

记 $\lim\limits_{n\to\infty}c_n=c=0.577\ 215\ 664\ 9\cdots$,$c$ 称为欧拉(Euler)常数. 这样,

$$1+\frac{1}{2}+\frac{1}{3}+\cdots+\frac{1}{n}=\ln n+c+\varepsilon_n,$$

其中 $\{\varepsilon_n\}$ 为无穷小数列.

【例 12】 设 $x_1=1$,$x_2=\dfrac{1}{2}$,$x_{n+1}=\dfrac{1}{1+x_n}$ $(n=1,2,\cdots)$.求极限 $\lim\limits_{n\to\infty}x_n$.

解 因为 $x_{n+1}-x_n=\dfrac{1}{1+x_n}-\dfrac{1}{1+x_{n-1}}=\dfrac{-(x_n-x_{n-1})}{(1+x_n)(1+x_{n-1})}$,由 $x_2-x_1<0$,得 $x_3-x_2>0$,以此类推

$$x_4-x_3<0,\cdots,x_{2k}-x_{2k-1}<0,x_{2k+1}-x_{2k}>0,\cdots,$$

显然 $\{x_n\}$ 本身不是单调数列.

设正数 a 满足 $\dfrac{1}{1+a}=a$ $\left(a=\dfrac{\sqrt{5}-1}{2}\right)$,若 $x_n<a$,则 $x_{n+1}=\dfrac{1}{1+x_n}>\dfrac{1}{1+a}=a$;若 $x_n>a$,则 $x_{n+1}=\dfrac{1}{1+x_n}<\dfrac{1}{1+a}=a$;而 $x_1=1>0.618\cdots$,于是可得 $x_{2k-1}>a$,$x_{2k}<a$.

由于

$$x_{n+2}-x_n=\frac{1}{1+x_{n+1}}-x_n=\frac{1}{1+\dfrac{1}{1+x_n}}-x_n=\frac{1-x_n-x_n^2}{2+x_n}=\frac{a+a^2-x_n-x_n^2}{2+x_n}$$

$$= \frac{(1+a+x_n)(a-x_n)}{2+x_n},$$

因此当 $x_n < a$ 时，有 $x_{n+2} - x_n > 0$；当 $x_n > a$ 时，有 $x_{n+2} - x_n < 0$. 但因 $x_{2k} < a, x_{2k-1} > a$，所以 $\{x_{2k}\}$ 是单调递增有上界数列（a 为上界），$\{x_{2k-1}\}$ 是单调递减有下界数列（a 为下界）. 由单调有界定理，知 $\{x_{2k}\}$ 与 $\{x_{2k-1}\}$ 都收敛，设

$$\lim_{k \to \infty} x_{2k} = \alpha, \quad \lim_{k \to \infty} x_{2k-1} = \beta.$$

对 $x_{n+1} = \dfrac{1}{1+x_n}$ 分别当 $n = 2k-1, n = 2k$ 取极限，可得 $\alpha = \dfrac{1}{1+\beta}, \beta = \dfrac{1}{1+\alpha}$，由此易知

$$\alpha = \beta = a = \frac{\sqrt{5}-1}{2},$$

所以 $\lim\limits_{n \to \infty} x_n = \dfrac{\sqrt{5}-1}{2}$.

● **方法总结** ⋯⋯⋯⋯⋯⋯⋯⋯⋯⋯⋯⋯⋯⋯⋯⋯⋯⋯⋯⋯⋯⋯⋯⋯⋯

> $a = \dfrac{\sqrt{5}-1}{2} = 0.618\cdots$ 在最优化理论中是有名的常数，有时称它是"黄金分割比".

【例 13】 设 $x_n = a_0 + a_1 q + \cdots + a_n q^n$，$|a_k| < M, k = 0, 1, 2, \cdots$，且 $|q| < 1$，问 $\{x_n\}$ 是否收敛？

解 $\forall \varepsilon > 0$，由于对 $\forall n, p \in \mathbf{N}_+$，有

$$|x_{n+p} - x_n| = |a_{n+1} q^{n+1} + \cdots + a_{n+p} q^{n+p}|$$

$$< M(|q|^{n+1} + \cdots + |q|^{n+p}) < M \cdot \frac{|q|^{n+1}}{1-|q|},$$

取 $N = \left[\dfrac{\ln \dfrac{\varepsilon(1-|q|)}{M|q|}}{\ln |q|} \right]$，则当 $n > N$ 时，对 $\forall p \in \mathbf{N}_+$，有 $|x_{n+p} - x_n| < \varepsilon$. 由 Cauchy 收敛准则知 $\{x_n\}$ 收敛.

【例 14】 证明：$\lim\limits_{n \to \infty} \sin n$ 不存在.

证 **方法一** 据 Cauchy 收敛准则，要证 $\lim\limits_{n \to \infty} \sin n$ 不存在，即要证明：$\exists \varepsilon_0 > 0, \forall N \in \mathbf{N}_+, \exists n_0, m_0 > N$，使得 $|\sin n_0 - \sin m_0| \geqslant \varepsilon_0$.

取 $\varepsilon_0 = \dfrac{\sqrt{2}}{2}$，$\forall N \in \mathbf{N}_+$，取 $n_0 = \left[2N\pi + \dfrac{3}{4}\pi \right]$，$m_0 = [2N\pi + 2\pi]$，则 $m_0 > n_0 > N$，且

$$2N\pi + \frac{\pi}{4} < n_0 < 2N\pi + \frac{3\pi}{4}, \quad 2N\pi + \pi < m_0 < 2N\pi + 2\pi, \quad |\sin n_0 - \sin m_0| \geqslant \frac{\sqrt{2}}{2} = \varepsilon_0,$$

由 Cauchy 收敛准则知 $\{\sin n\}$ 发散.

方法二（反证法） 若 $\lim\limits_{n\to\infty}\sin n=A$，因 $\sin(n+2)-\sin n=2\sin 1\cos(n+1)$，知

$$\lim_{n\to\infty}2\sin 1\cos(n+1)=\lim_{n\to\infty}(\sin(n+2)-\sin n)=A-A=0,$$

从而

$$\lim_{n\to\infty}\cos n=0,\quad A=\lim_{n\to\infty}\sin n=\lim_{n\to\infty}\sqrt{1-\cos^2 n}=1.$$

但 $\sin 2n=2\sin n\cdot\cos n$，取极限得 $A=0$，矛盾.

【**例 15**】 设 $a=\sup\{f(x)\,|\,a\leqslant x\leqslant b\}$. 证明：存在 $a\leqslant x_n\leqslant b$，使 $\lim\limits_{n\to\infty}f(x_n)=a$.

证 由上确界的定义，对 $\varepsilon_n=\dfrac{1}{n}>0$，$\exists x_n\in[a,b]$，使

$$a-\frac{1}{n}<f(x_n)\leqslant a,\quad n=1,2,\cdots.$$

由迫敛性知 $\lim\limits_{n\to\infty}f(x_n)=a$.

● 方法总结

> 极限与确界有一定的内在联系，在第七章会有专门的讨论.

【**例 16**】 设 $x_1=1$，$x_{n+1}=\dfrac{1}{2}\left(x_n+\dfrac{3}{x_n}\right)$，$n=1,2,\cdots$. 证明数列 $\{x_n\}$ 收敛，并求 $\lim\limits_{n\to\infty}x_n$.

证 由 $x_{n+1}=\dfrac{1}{2}\left(x_n+\dfrac{3}{x_n}\right)\geqslant\dfrac{1}{2}\cdot 2\sqrt{x_n\cdot\dfrac{3}{x_n}}=\sqrt{3}$，可知 $\{x_n\}$ 有下界.

又 $\dfrac{x_{n+1}}{x_n}=\dfrac{1}{2}\left(1+\dfrac{3}{x_n^2}\right)\leqslant\dfrac{1}{2}\left(1+\dfrac{3}{3}\right)=1$，故 $\{x_n\}$ 单调递减，从而 $\lim\limits_{n\to\infty}x_n$ 存在，设 $\lim\limits_{n\to\infty}x_n=b$.

在递推公式 $x_{n+1}=\dfrac{1}{2}\left(x_n+\dfrac{3}{x_n}\right)$ 两边取极限得 $b=\dfrac{1}{2}\left(b+\dfrac{3}{b}\right)$，解得 $b=\sqrt{3}$，即 $\lim\limits_{n\to\infty}x_n=\sqrt{3}$.

【**例 17**】 若 $\lim\limits_{n\to\infty}x_n=a$，$\lim\limits_{n\to\infty}y_n=b$，证明：$\lim\limits_{n\to\infty}\dfrac{x_1y_n+x_2y_{n-1}+\cdots+x_ny_1}{n}=ab$.

证 设 $x_n=a+\alpha_n$，$y_n=b+\beta_n$，则 $\{\alpha_n\}$，$\{\beta_n\}$ 都是无穷小数列，故

$$\frac{x_1y_n+x_2y_{n-1}+\cdots+x_ny_1}{n}=\frac{(a+\alpha_1)(b+\beta_n)+\cdots+(a+\alpha_n)(b+\beta_1)}{n}$$

$$=ab+b\frac{\alpha_1+\alpha_2+\cdots+\alpha_n}{n}+a\frac{\beta_1+\beta_2+\cdots+\beta_n}{n}+\frac{\alpha_1\beta_n+\alpha_2\beta_{n-1}+\cdots+\alpha_n\beta_1}{n}.$$

因为 $\lim\limits_{n\to\infty}\alpha_n=\lim\limits_{n\to\infty}\beta_n=0$，所以 $\{\beta_n\}$ 为有界数列，即 $\exists M>0$，对 $\forall n\in\mathbf{N}_+$，有 $|\beta_n|\leqslant M$. 从而

$$\left|\frac{\alpha_1\beta_n+\alpha_2\beta_{n-1}+\cdots+\alpha_n\beta_1}{n}\right|\leqslant M\frac{|\alpha_1|+\cdots+|\alpha_n|}{n}\to 0(n\to\infty).$$

又

$$\frac{\alpha_1+\alpha_2+\cdots+\alpha_n}{n}\to 0,\quad\frac{\beta_1+\beta_2+\cdots+\beta_n}{n}\to 0(n\to\infty),$$

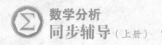

故

$$\lim_{n\to\infty}\frac{x_1 y_n + x_2 y_{n-1} + \cdots + x_n y_1}{n} = ab.$$

【例 18】 设 $\lim\limits_{n\to\infty} x_n = a$，求 $\lim\limits_{n\to\infty}\dfrac{x_1 + 2x_2 + \cdots + nx_n}{n^2}$.

解　令 $x_n = a + \beta_n$，则 $\lim\limits_{n\to\infty}\beta_n = 0$，从而 $\lim\limits_{n\to\infty}|\beta_n| = 0$.

由于

$$\frac{x_1 + 2x_2 + \cdots + nx_n}{n^2} = \frac{(a+\beta_1) + 2(a+\beta_2) + \cdots + n(a+\beta_n)}{n^2}$$

$$= \frac{n+1}{2n}a + \frac{\left(\dfrac{1}{n}\beta_1 + \dfrac{2}{n}\beta_2 + \cdots + \dfrac{n}{n}\beta_n\right)}{n},$$

而

$$\left|\frac{\left(\dfrac{1}{n}\beta_1 + \dfrac{2}{n}\beta_2 + \cdots + \dfrac{n}{n}\beta_n\right)}{n}\right| \leqslant \frac{|\beta_1| + |\beta_2| + \cdots + |\beta_n|}{n} \to 0 (n\to\infty),$$

故

$$\lim_{n\to\infty}\frac{x_1 + 2x_2 + \cdots + nx_n}{n^2} = \lim_{n\to\infty}\frac{n+1}{2n}a = \frac{a}{2}.$$

【例 19】 (O. stolz 公式)　设数列 $\{x_n\}$，$\{y_n\}$ 满足：(1) $\forall n \in \mathbf{N}_+$，$y_n < y_{n+1}$，(2) $\lim\limits_{n\to\infty}\dfrac{1}{y_n}$

$= 0$，(3) $\lim\limits_{n\to\infty}\dfrac{x_{n+1} - x_n}{y_{n+1} - y_n} = a$ (a 可为有限数，$+\infty$，$-\infty$)，证明：$\lim\limits_{n\to\infty}\dfrac{x_n}{y_n} = a$.

证　(1) 设 a 为有限数，则 $\forall \varepsilon > 0$，$\exists N \in \mathbf{N}_+$，当 $n > N$ 时，有 $a - \varepsilon < \dfrac{x_{n+1} - x_n}{y_{n+1} - y_n} < a + \varepsilon$.

于是，

$$(y_{N+1} - y_N)(a - \varepsilon) < x_{N+1} - x_N < (y_{N+1} - y_N)(a + \varepsilon),$$

$$(y_{N+2} - y_{N+1})(a - \varepsilon) < x_{N+2} - x_{N+1} < (y_{N+2} - y_{N+1})(a + \varepsilon),$$

$$\cdots\cdots\cdots\cdots$$

$$(y_n - y_{n-1})(a - \varepsilon) < x_n - x_{n-1} < (y_n - y_{n-1})(a + \varepsilon).$$

将上述不等式分别相加，得

$$(y_n - y_N)(a - \varepsilon) < x_n - x_N < (y_n - y_N)(a + \varepsilon),$$

即

$$\left(1 - \frac{y_N}{y_n}\right)(a - \varepsilon) < \frac{x_n}{y_n} - \frac{x_N}{y_n} < \left(1 - \frac{y_N}{y_n}\right)(a + \varepsilon).$$

对固定的 $\varepsilon > 0$，注意到 $\lim\limits_{n\to\infty}\dfrac{1}{y_n} = 0$，对上式取极限，可得 $a - \varepsilon \leqslant \lim\limits_{n\to\infty}\dfrac{x_n}{y_n} \leqslant a + \varepsilon$. 由 $\varepsilon > 0$ 的任意性知，

$$\lim_{n\to\infty}\frac{x_n}{y_n} = a = \lim_{n\to\infty}\frac{x_{n+1} - x_n}{y_{n+1} - y_n}.$$

(2)设 $a=+\infty$,则 $\forall M>0$,$\exists N_1\in\mathbf{N}_+$,当 $n>N_1$ 时,有 $\dfrac{x_n-x_{n-1}}{y_n-y_{n-1}}>2M$. 类似于(1)的证明,可得一不等式组,经相同步骤后可得

$$x_n-x_{N_1}>2M(y_n-y_{N_1}).$$

整理得 $\dfrac{x_n}{y_n}>2M\left(1-\dfrac{y_{N_1}}{y_n}\right)+\dfrac{x_{N_1}}{y_n}$,令 $n\to\infty$,由 $\lim\limits_{n\to\infty}\dfrac{1}{y_n}=0$,得 $\lim\limits_{n\to\infty}\dfrac{y_{N_1}}{y_n}=\lim\limits_{n\to\infty}\dfrac{x_{N1}}{y_n}=0$,从而

$\exists N_2$,当 $n>N_2$ 时,有 $\dfrac{y_{N_1}}{y_n}<\dfrac{1}{4}$,$\dfrac{x_{N_1}}{y_n}>-\dfrac{M}{2}$,取 $N=\max\{N_1,N_2\}$,则当 $n>N$ 时,有 $\dfrac{x_n}{y_n}>2M$

$\left(1-\dfrac{1}{4}\right)-\dfrac{M}{2}=M$. 故 $\lim\limits_{n\to\infty}\dfrac{x_n}{y_n}=+\infty=a=\lim\limits_{n\to\infty}\dfrac{x_{n+1}-x_n}{y_{n+1}-y_n}$.

类似可证 $a=-\infty$ 的情形.

【例 20】 证明:若 p 为自然数,则

(1) $\lim\limits_{n\to\infty}\dfrac{1^p+2^p+\cdots+n^p}{n^{p+1}}=\dfrac{1}{p+1}$;

(2) $\lim\limits_{n\to\infty}\left(\dfrac{1^p+2^p+\cdots+n^p}{n^p}-\dfrac{n}{p+1}\right)=\dfrac{1}{2}$.

证 (1)令 $x_n=1^p+2^p+\cdots+n^p$,$y_n=n^{p+1}$,则 $\forall n\in\mathbf{N}_+$,$y_n<y_{n+1}$ 且 $\lim\dfrac{1}{y_n}=0$,又

$$\dfrac{x_{n+1}-x_n}{y_{n+1}-y_n}=\dfrac{(n+1)^p}{(n+1)^{p+1}-n^{p+1}}=\dfrac{(n+1)^p}{(p+1)n^p+\dfrac{(p+1)p}{2}n^{p-1}+\cdots+1}$$

$$=\dfrac{\left(1+\dfrac{1}{n}\right)^p}{p+1+\dfrac{(p+1)p}{2}\cdot\dfrac{1}{n}+\cdots+\dfrac{1}{n^p}},$$

从而 $\lim\limits_{n\to\infty}\dfrac{x_{n+1}-x_n}{y_{n+1}-y_n}=\dfrac{1}{p+1}$. 由 Stolz 公式知,结论(1)成立.

(2) $\dfrac{1^p+2^p+\cdots+n^p}{n^p}-\dfrac{n}{p+1}=\dfrac{(p+1)(1^p+2^p+\cdots+n^p)-n^{p+1}}{(p+1)n^p}$.

令 $x_n=(p+1)(1^p+2^p+\cdots+n^p)-n^{p+1}$,$y_n=(p+1)n^p$,则 $\{y_n\}$ 单调递增且 $\dfrac{1}{y_n}\to 0(n\to\infty)$.

又 $\dfrac{x_{n+1}-x_n}{y_{n+1}-y_n}=\dfrac{(p+1)(n+1)^p-(n+1)^{p+1}+n^{p+1}}{(p+1)[(n+1)^p-n^p]}$

$=\dfrac{(p+1)\left[n^p+pn^{p-1}+\dfrac{p(p-1)}{2}n^{p-2}+\cdots+1\right]-\left[(p+1)n^p+\dfrac{p(p+1)}{2}n^{p-1}+\cdots+1\right]}{(p+1)\left[pn^{p-1}+\dfrac{p(p-1)}{2}n^{p-2}+\cdots+1\right]}$

$=\dfrac{\dfrac{(p+1)p}{2}n^{p-1}+\dfrac{1}{3}(p+1)p(p-1)n^{p-2}+\cdots+p}{(p+1)\left[pn^{p-1}+\dfrac{p(p-1)}{2}n^{p-2}+\cdots+1\right]},$

在上式右边分子分母同除以 n^{p-1}，并令 $n \to \infty$ 得 $\lim\limits_{n \to \infty} \dfrac{x_{n+1}-x_n}{y_{n+1}-y_n} = \dfrac{(p+1)p}{2} \cdot \dfrac{1}{(p+1)p} = \dfrac{1}{2}.$

由 O. stolz 公式知 $\lim\limits_{n \to \infty} \left(\dfrac{1^p+2^p+\cdots+n^p}{n^p} - \dfrac{n}{p+1} \right) = \dfrac{1}{2}.$

【例 21】 设 $a_1 > 0, a_{n+1} = a_n + \dfrac{1}{a_n}, n = 1, 2, \cdots$. 证明：$\lim\limits_{n \to \infty} \dfrac{a_n}{\sqrt{2n}} = 1.$

证 因为当 $\lim\limits_{n \to \infty} \dfrac{a_n^2}{2n} = 1$ 时，有 $\lim\limits_{n \to \infty} \dfrac{a_n}{\sqrt{2n}} = 1$. 令 $x_n = a_n^2, y_n = 2n$，显然，$\forall n \in \mathbf{N}_+, y_n < y_{n+1}$,

又 $\dfrac{1}{y_n} \to 0$ $(n \to \infty)$. 由于

$$\frac{x_{n+1}-x_n}{y_{n+1}-y_n} = \frac{a_{n+1}^2-a_n^2}{2(n+1)-2n} = \frac{1}{2}(a_{n+1}^2-a_n^2) = \frac{1}{2}\left(a_n^2+\frac{1}{a_n^2}+2-a_n^2\right) = \frac{1}{2}\left(2+\frac{1}{a_n^2}\right).$$

因为 $\lim\limits_{n \to \infty} a_n = +\infty$（事实上，若 $\lim\limits_{n \to \infty} a_n = a$ 为有限数，则由 $a_{n+1} = a_n + \dfrac{1}{a_n}$，有 $a = a + \dfrac{1}{a}$，这是不

可能的），所以 $\lim\limits_{n \to \infty} \dfrac{x_{n+1}-x_n}{y_{n+1}-y_n} = 1$. 由 O. stolz 公式知 $\lim\limits_{n \to \infty} \dfrac{x_n}{y_n} = \lim\limits_{n \to \infty} \dfrac{a_n^2}{2n} = 1$，所以 $\lim\limits_{n \to \infty} \dfrac{a_n}{\sqrt{2n}} = 1.$

【例 22】 设 $0 < x_1 < 1$，且 $x_{n+1} = x_n(1-x_n), n = 1, 2, \cdots$，证明：$\lim\limits_{n \to \infty} nx_n = 1.$

证 由 $0 < x_1 < 1$ 及递推公式可知 $\forall n \in \mathbf{N}_+$，有 $0 < x_n < 1$，故数列 $\{x_n\}$ 有下界 0.

又 $x_{n+1} - x_n = -x_n^2 < 0$，所以数列 $\{x_n\}$ 单调递减，从而 $\lim\limits_{n \to \infty} x_n$ 存在，设为 a，在 $x_{n+1} = x_n(1-x_n)$ 两边取极限得 $a = a(1-a)$，解得 $a = 0$，即 $\lim\limits_{n \to \infty} x_n = 0.$

由 O. stolz 公式知

$$\lim_{n \to \infty} nx_n = \lim_{n \to \infty} \frac{n}{\frac{1}{x_n}} = \lim_{n \to \infty} \frac{n-(n-1)}{\frac{1}{x_n}-\frac{1}{x_{n-1}}} = \lim_{n \to \infty} \frac{x_n x_{n-1}}{x_{n-1}-x_n} = \lim_{n \to \infty} \frac{x_n x_{n-1}}{x_{n-1}^2} = \lim_{n \to \infty} \frac{x_n}{x_{n-1}}$$

$$= \lim_{n \to \infty}(1-x_{n-1}) = 1.$$

● 方法总结

本题先用单调有界定理证明数列 $\{x_n\}$ 的极限存在，进而求得 $\lim\limits_{n \to \infty} x_n = 0$. 然后利用

O. stolz 公式求得 $\lim\limits_{n \to \infty} nx_n = 1.$

O. stolz 公式还有下列另一种形式：

O. stolz 公式（$\dfrac{0}{0}$ 型） 设数列 $\{x_n\}, \{y_n\}$ 满足 (1)当 $n > N$ 时 $\{y_n\}$ 严格单调递减；

(2) $\lim\limits_{n \to \infty} x_n = \lim\limits_{n \to \infty} y_n = 0$；(3) $\lim\limits_{n \to \infty} \dfrac{x_n-x_{n-1}}{y_n-y_{n+1}} = a$ （a 为有限数，$+\infty$ 或 $-\infty$），则 $\lim\limits_{n \to \infty} \dfrac{x_n}{y_n} = a.$

三、 教材习题解答

======== 习题 2.1 解答 ========

1. 设 $a_n = \dfrac{1+(-1)^n}{n}, n = 1, 2, \cdots, a = 0$.

(1) 对下列 ε 分别求出极限定义中相应的 N:
$$\varepsilon_1 = 0.1, \quad \varepsilon_2 = 0.01, \quad \varepsilon_3 = 0.001;$$

(2) 对 $\varepsilon_1, \varepsilon_2, \varepsilon_3$ 可找到相应的 N, 这是否证明了 a_n 趋于 0? 应该怎样做才对;

(3) 对给定的 ε 是否只能找到一个 N?

解　(1) $\forall \varepsilon > 0$, 由 $|a_n - a| = \left|\dfrac{1+(-1)^n}{n} - 0\right| < \varepsilon$, 这个不等式成立的一个充分条件为 $\dfrac{2}{n} < \varepsilon$, 即 $n > \dfrac{2}{\varepsilon}$. 因此取 $N = \left[\dfrac{2}{\varepsilon}\right]$ 即可. 当 $\varepsilon_1 = 0.1$ 时, 相应的 $N = \left[\dfrac{2}{\varepsilon_1}\right] = 20$; 当 $\varepsilon_2 = 0.01$ 时, 相应的 $N = \left[\dfrac{2}{\varepsilon_2}\right] = 200$; 当 $\varepsilon_3 = 0.001$ 时, 相应的 $N = \left[\dfrac{2}{\varepsilon_3}\right] = 2\,000$.

(2) 在 (1) 中对 $\varepsilon_1, \varepsilon_2, \varepsilon_3$ 都找到了相应的 N. 这不能证明 a_n 趋于 0, 应该根据数列极限的 $\varepsilon - N$ 定义, 对 $\forall \varepsilon > 0$, 都找到相应的 N. 对于本题, 由 $|a_n - 0| \leqslant \dfrac{2}{n} < \varepsilon$, 求得 $N = \left[\dfrac{2}{\varepsilon}\right]$, 这样才能证明 $\lim\limits_{n \to \infty} a_n = 0$.

(3) 对 $\forall \varepsilon > 0$, 若 $\exists N$, 使得当 $n > N$ 时, 都有 $|a_n - a| < \varepsilon$, 则当 $n > N+1, n > N+2, \cdots$ 时, $|a_n - a| < \varepsilon$ 也成立. 因此, 对给定的 ε, 若能找到一个 N, 则可以找到无穷多个 N.

2. 按 $\varepsilon - N$ 定义证明:

(1) $\lim\limits_{n \to \infty} \dfrac{n}{n+1} = 1$; 　　(2) $\lim\limits_{n \to \infty} \dfrac{3n^2 + n}{2n^2 - 1} = \dfrac{3}{2}$; 　　(3) $\lim\limits_{n \to \infty} \dfrac{n!}{n^n} = 0$;

(4) $\lim\limits_{n \to \infty} \sin\dfrac{\pi}{n} = 0$; 　　(5) $\lim\limits_{n \to \infty} \dfrac{n}{a^n} = 0 \quad (a > 1)$.

证　(1) $\forall \varepsilon > 0$, 由于
$$\left|\dfrac{n}{n+1} - 1\right| = \dfrac{1}{n+1} < \dfrac{1}{n},$$
取 $N = \left[\dfrac{1}{\varepsilon}\right] + 1$, 则当 $n > N$ 时, 有 $\left|\dfrac{n}{n+1} - 1\right| < \varepsilon$, 故 $\lim\limits_{n \to \infty} \dfrac{n}{n+1} = 1$.

(2) $\forall \varepsilon > 0$, 由于当 $n > 2$ 时, 有
$$\left|\dfrac{3n^2 + n}{2n^2 - 1} - \dfrac{3}{2}\right| = \dfrac{2n+3}{2(2n^2 - 1)} \leqslant \dfrac{2n + 2n}{4n^2 - 4n} = \dfrac{1}{n-1},$$
取 $N = \max\left\{2, \left[\dfrac{1}{\varepsilon}\right] + 1\right\}$, 则当 $n > N$ 时, 有 $\left|\dfrac{3n^2 + n}{2n^2 - 1} - \dfrac{3}{2}\right| < \varepsilon$, 故 $\lim\limits_{n \to \infty} \dfrac{3n^2 + n}{2n^2 - 1} = \dfrac{3}{2}$.

(3) $\forall \varepsilon > 0$, 由于
$$\left|\dfrac{n!}{n^n} - 0\right| = \dfrac{1}{n} \cdot \dfrac{2}{n} \cdot \cdots \cdot \dfrac{n}{n} \leqslant \dfrac{1}{n},$$
取 $N = \left[\dfrac{1}{\varepsilon}\right] + 1$, 则当 $n > N$ 时, 有 $\left|\dfrac{n!}{n^n} - 0\right| < \varepsilon$, 故 $\lim\limits_{n \to \infty} \dfrac{n!}{n^n} = 0$.

(4) $\forall \varepsilon > 0$, 由于 $\left|\sin\dfrac{\pi}{n} - 0\right| \leqslant \dfrac{\pi}{n}$, 取 $N = \left[\dfrac{\pi}{\varepsilon}\right] + 1$, 则当 $n > N$ 时, 有 $\left|\sin\dfrac{\pi}{n} - 0\right| \leqslant \dfrac{\pi}{n} < \varepsilon$,

故 $\lim\limits_{n\to\infty}\sin\dfrac{\pi}{n}=0$.

(5) $\forall\varepsilon>0$，因为 $a>1$，令 $a=1+h,h>0$，

$$a^n=(1+h)^n=1+h+\frac{1}{2}n(n-1)h^2+\cdots+h^n>\frac{1}{2}n(n-1)h^2,$$

$$\left|\frac{n}{a^n}-0\right|<\frac{2n}{n(n-1)h^2}=\frac{2}{(n-1)h^2}.$$

由 $\dfrac{2}{(n-1)h^2}<\varepsilon$，得 $n>\dfrac{2}{\varepsilon h^2}+1$. 取 $N=\left[\dfrac{2}{\varepsilon h^2}\right]+2$，则当 $n>N$ 时，有 $\left|\dfrac{n}{a^n}-0\right|=\dfrac{n}{a^n}<\dfrac{2}{(n-1)h^2}$

$<\varepsilon$，故 $\lim\limits_{n\to\infty}\dfrac{n}{a^n}=0(a>1)$.

3. 根据教材中例 2，例 4 和例 5 的结果求出下列极限，并指出哪些是无穷小数列：

(1) $\lim\limits_{n\to\infty}\dfrac{1}{\sqrt{n}}$； (2) $\lim\limits_{n\to\infty}\sqrt[n]{3}$； (3) $\lim\limits_{n\to\infty}\dfrac{1}{n^3}$； (4) $\lim\limits_{n\to\infty}\dfrac{1}{3^n}$； (5) $\lim\limits_{n\to\infty}\dfrac{1}{\sqrt{2^n}}$； (6) $\lim\limits_{n\to\infty}\sqrt[n]{10}$； (7) $\lim\limits_{n\to\infty}\dfrac{1}{\sqrt[n]{2}}$.

解　根据数列极限 $\lim\limits_{n\to\infty}\dfrac{1}{n^\alpha}=0(\alpha>0),\lim\limits_{n\to\infty}q^n=0(|q|<1),\lim\limits_{n\to\infty}\sqrt[n]{a}=1(a>0)$ 可得到以下结果.

(1) 在 $\lim\limits_{n\to\infty}\dfrac{1}{n^\alpha}=0(\alpha>0)$ 中取 $\alpha=\dfrac{1}{2}$，得 $\lim\limits_{n\to\infty}\dfrac{1}{\sqrt{n}}=0$；

(2) 在 $\lim\limits_{n\to\infty}\sqrt[n]{a}=1(a>0)$ 中取 $a=3$，得 $\lim\limits_{n\to\infty}\sqrt[n]{3}=1$；

(3) 在 $\lim\limits_{n\to\infty}\dfrac{1}{n^\alpha}=0(\alpha>0)$ 中取 $\alpha=3$，得 $\lim\limits_{n\to\infty}\dfrac{1}{n^3}=0$；

(4) 在 $\lim\limits_{n\to\infty}q^n=0(|q|<1)$ 中取 $q=\dfrac{1}{3}$，得 $\lim\limits_{n\to\infty}\dfrac{1}{3^n}=0$；

(5) 在 $\lim\limits_{n\to\infty}q^n=0(|q|<1)$ 中取 $q=\dfrac{1}{\sqrt{2}}$，得 $\lim\limits_{n\to\infty}\dfrac{1}{\sqrt{2^n}}=0$；

(6) 在 $\lim\limits_{n\to\infty}\sqrt[n]{a}=1(a>0)$ 中取 $a=10$，得 $\lim\limits_{n\to\infty}\sqrt[n]{10}=1$；

(7) 在 $\lim\limits_{n\to\infty}\sqrt[n]{a}=1(a>0)$ 中取 $a=\dfrac{1}{2}$，得 $\lim\limits_{n\to\infty}\dfrac{1}{\sqrt[n]{2}}=1$.

其中(1)，(3)，(4)，(5)中的数列是无穷小数列.

4. 证明：若 $\lim\limits_{n\to\infty}a_n=a$，则对任一正整数 k，有 $\lim\limits_{n\to\infty}a_{n+k}=a$.

证　因为 $\lim\limits_{n\to\infty}a_n=a$，所以，$\forall\varepsilon>0,\exists N$，当 $n>N$ 时，有 $|a_n-a|<\varepsilon$. 于是当 $n>N$ 时，有 $n+k>n>$ N，所以 $|a_{n+k}-a|<\varepsilon$，因此 $\lim\limits_{n\to\infty}a_{n+k}=a$.

5. 试用定义 $1'$ 证明：

(1) 数列 $\left\{\dfrac{1}{n}\right\}$ 不以 1 为极限；(2) 数列 $\left\{n^{(-1)^n}\right\}$ 发散.

证　定义 $1':\forall\varepsilon>0$，若在 $U(a;\varepsilon)$ 之外，数列 $\{a_n\}$ 中的项只有有限个，则称数列 $\{a_n\}$ 收敛于极限 a.

(1) 取 $\varepsilon=\dfrac{1}{2}$，则 $U\left(1;\dfrac{1}{2}\right)=\left(\dfrac{1}{2},\dfrac{3}{2}\right)$. 当 $n>1$ 时，$\dfrac{1}{n}\leqslant\dfrac{1}{2}$. 于是，数列 $\left\{\dfrac{1}{n}\right\}$ 中有无穷多个项落

在 $U\left(1;\dfrac{1}{2}\right)$ 之外. 由定义 $1'$ 知，$\left\{\dfrac{1}{n}\right\}$ 不以 1 为极限.

(2) 当 n 为偶数时，$n^{(-1)^n}=n$. 因此，数列 $a_n=n^{(-1)^n}$ 是无界的. 设 a 是任意一个实数，取 $\varepsilon=1$，则 $U(a;1)=(a-1,a+1)$. 于是，数列 $\{a_n\}$ 中有无穷多个落在 $U(a;1)$ 之外，否则 $\{a_n\}$ 有界. 故数列 $\{a_n\}$ 不收敛于任何一个数，即数列 $\left\{n^{(-1)^n}\right\}$ 发散.

6. 证明定理 2.1，并应用它证明数列 $\left\{1+\dfrac{(-1)^n}{n}\right\}$ 的极限是 1.

证　① 定理 2.1　数列 $\{a_n\}$ 收敛于 a 的充要条件是：$\{a_n-a\}$ 为无穷小数列.

充分性:设$\{a_n-a\}$为无穷小数列,则$\lim\limits_{n\to\infty}(a_n-a)=0$.因此,$\forall\varepsilon>0,\exists N$,当$n>N$时,有$|a_n-a|$ $-0|<\varepsilon$,即$|a_n-a|<\varepsilon$.按照数列收敛的定义,数列$\{a_n\}$收敛于a.

必要性:设数列$\{a_n\}$收敛于a,那么,$\forall\varepsilon>0,\exists N$,当$n>N$时,有$|a_n-a|<\varepsilon$,

即$|(a_n-a)-0|<\varepsilon$.因此,数列$\{a_n-a\}$收敛于0,即$\{a_n-a\}$为无穷小数列.

② 因为$\left\{\left[1+\dfrac{(-1)^n}{n}\right]-1\right\}=\left\{\dfrac{(-1)^n}{n}\right\}$是无穷小数列,所以$\lim\limits_{n\to\infty}\left[1+\dfrac{(-1)^n}{n}\right]=1$.

7. 在下列数列中哪些数列是有界数列,无界数列以及无穷大数列:

(1)$\{[1+(-1)^n]\sqrt{n}\}$; (2)$\{\sin n\}$; (3)$\left\{\dfrac{n^2}{n-\sqrt{5}}\right\}$; (4)$\{2^{(-1)^m m}\}$.

解 (1)因为$\lim\limits_{n\to\infty}a_{2n}=+\infty,\lim\limits_{n\to\infty}a_{2n+1}=0$,

所以$\{[1+(-1)^n]\sqrt{n}\}$是无界数列,但不是无穷大数列.

(2)因为$|\sin n|\leqslant 1$,所以$\{\sin n\}$是有界数列;但$\lim\limits_{n\to\infty}\sin n$不存在,因$\sin k\pi=0,\sin\left(\dfrac{\pi}{2}+2k\pi\right)=$

$1,k=0,\pm1,\pm2,\cdots$.

(3)因为$\lim\limits_{n\to\infty}\dfrac{n^2}{n-\sqrt{5}}=+\infty$,所以$\left\{\dfrac{n^2}{n-\sqrt{5}}\right\}$是无穷大数列,也是无界数列.

(4)因为$\lim\limits_{n\to\infty}a_{2n}=\lim\limits_{n\to\infty}4^n=+\infty,\lim\limits_{n\to\infty}a_{2n+1}=\lim\limits_{n\to\infty}\dfrac{1}{2^{2n+1}}=0$,所以$\{2^{(-1)^m m}\}$是无界数列,但不是无穷大数列.

归纳总结:有界和无界是对立的.无穷大是无界的子集,即无穷大必是无界的,但无界不一定是无穷大.判断数列有界,一般要用定义,寻找M.判断无界,一般要寻找一个无穷大子列.

8. 证明:若$\lim\limits_{n\to\infty}a_n=a$,则$\lim\limits_{n\to\infty}|a_n|=|a|$.当且仅当$a$为何值时反之也成立?

证 ① 若$\lim\limits_{n\to\infty}a_n=a$,则 $\forall\varepsilon>0,\exists N$,当$n>N$时,有$|a_n-a|<\varepsilon$.

因为$||a_n|-|a||\leqslant|a_n-a|$,所以当$n>N$时,也有$||a_n|-|a||<\varepsilon$.于是$\lim\limits_{n\to\infty}|a_n|=|a|$.

② 当且仅当$a=0$时,由$\lim\limits_{n\to\infty}|a_n|=|a|$可推出$\lim\limits_{n\to\infty}a_n=a$.此时,命题变为:$\lim\limits_{n\to\infty}|a_n|=0\Leftrightarrow\lim\limits_{n\to\infty}a_n=0$.证明如下:

由$\lim\limits_{n\to\infty}|a_n|=0$知,$\forall\varepsilon>0,\exists N$,当$n>N$时,有$||a_n|-0|<\varepsilon$,即$|a_n-0|<\varepsilon$,于是$\lim\limits_{n\to\infty}a_n=0$.

如果$a\neq0$,数列$a_n=(-1)^{n+1}a$满足$\lim\limits_{n\to\infty}|a_n|=|a|$,但数列$\{a_n\}$发散.

9. 按$\varepsilon-N$定义证明:

(1)$\lim\limits_{n\to\infty}(\sqrt{n+1}-\sqrt{n})=0$;

(2)$\lim\limits_{n\to\infty}\dfrac{1+2+3+\cdots+n}{n^3}=0$;

(3)$\lim\limits_{n\to\infty}a_n=1$,其中$a_n=\begin{cases}\dfrac{n-1}{n}, & n\text{ 为偶数},\\[2mm]\dfrac{\sqrt{n^2+n}}{n}, & n\text{ 为奇数}.\end{cases}$

证 (1)$\forall\varepsilon>0$,由于

$$\left|(\sqrt{n+1}-\sqrt{n})-0\right|=\frac{1}{\sqrt{n+1}+\sqrt{n}}<\frac{1}{\sqrt{n}},$$

取$N=\left[\dfrac{1}{\varepsilon^2}\right]$,则当$n>N$时,有$\left|(\sqrt{n+1}-\sqrt{n})-0\right|<\varepsilon$,故$\lim\limits_{n\to\infty}(\sqrt{n+1}-\sqrt{n})=0$.

(2) $\forall \varepsilon > 0$，由于

$$\left| \frac{1+2+3+\cdots+n}{n^3} - 0 \right| = \frac{n(n+1)}{2n^3} = \frac{n+1}{2n^2} < \frac{2n}{2n^2} = \frac{1}{n},$$

取 $N = \left[\frac{1}{\varepsilon} \right]$，则当 $n > N$ 时，有 $\left| \frac{1+2+3+\cdots+n}{n^3} - 0 \right| < \varepsilon$，故 $\lim\limits_{n \to \infty} \frac{1+2+3+\cdots+n}{n^3} = 0$.

(3) $\forall \varepsilon > 0$，当 n 为偶数时，有 $|a_n - 1| = \left| \frac{n-1}{n} - 1 \right| = \frac{1}{n}$；

当 n 为奇数时，有

$$|a_n - 1| = \left| \frac{\sqrt{n^2+n}}{n} - 1 \right| = \frac{\sqrt{n^2+n} - n}{n} = \frac{n}{n(\sqrt{n^2+n}+n)}$$

$$= \frac{1}{\sqrt{n^2+n}+n} < \frac{1}{n},$$

取 $N = \left[\frac{1}{\varepsilon} \right] + 1$，则当 $n > N$ 时，有 $|a_n - 1| < \varepsilon$，故 $\lim\limits_{n \to \infty} a_n = 1$.

10. 设 $a_n \neq 0$，证明：$\lim\limits_{n \to \infty} a_n = 0$ 的充要条件是 $\lim\limits_{n \to \infty} \frac{1}{a_n} = \infty$.

证　必要性：$\forall G > 0$，由 $\lim\limits_{n \to \infty} a_n = 0$ 知，对 $\frac{1}{G} > 0$，$\exists N$，当 $n > N$ 时，有 $|a_n| < \frac{1}{G}$.

又因为 $a_n \neq 0$，所以当 $n > N$ 时，有 $\left| \frac{1}{a_n} \right| > G$，故 $\lim\limits_{n \to \infty} \frac{1}{a_n} = \infty$.

充分性：$\forall \varepsilon > 0$，由 $\lim\limits_{n \to \infty} \frac{1}{a_n} = \infty$，对 $\frac{1}{\varepsilon} > 0$，$\exists N$，当 $n > N$ 时，有 $\left| \frac{1}{a_n} \right| > \frac{1}{\varepsilon}$，

即 $|a_n| < \varepsilon$，故 $\lim\limits_{n \to \infty} a_n = 0$.

习题 2.2 解答

1. 求下列极限：

(1) $\lim\limits_{n \to \infty} \dfrac{n^3 + 3n^2 + 1}{4n^3 + 2n + 3}$；

(2) $\lim\limits_{n \to \infty} \dfrac{1+2n}{n^2}$；

(3) $\lim\limits_{n \to \infty} \dfrac{(-2)^n + 3^n}{(-2)^{n+1} + 3^{n+1}}$；

(4) $\lim\limits_{n \to \infty} (\sqrt{n^2+n} - n)$；

(5) $\lim\limits_{n \to \infty} (\sqrt[n]{1} + \sqrt[n]{2} + \cdots + \sqrt[n]{10})$；

(6) $\lim\limits_{n \to \infty} \dfrac{\frac{1}{2} + \frac{1}{2^2} + \cdots + \frac{1}{2^n}}{\frac{1}{3} + \frac{1}{3^2} + \cdots + \frac{1}{3^n}}$.

解　(1) $\lim\limits_{n \to \infty} \dfrac{n^3 + 3n^2 + 1}{4n^3 + 2n + 3} = \lim\limits_{n \to \infty} \dfrac{1 + \frac{3}{n} + \frac{1}{n^3}}{4 + \frac{2}{n^2} + \frac{3}{n^3}} = \frac{1}{4}$.

(2) $\lim\limits_{n \to \infty} \dfrac{1+2n}{n^2} = \lim\limits_{n \to \infty} \left(\frac{1}{n^2} + \frac{2}{n} \right) = 0$.

(3) $\lim\limits_{n \to \infty} \dfrac{(-2)^n + 3^n}{(-2)^{n+1} + 3^{n+1}} = \lim\limits_{n \to \infty} \dfrac{\left(-\frac{2}{3} \right)^n + 1}{(-2) \cdot \left(-\frac{2}{3} \right)^n + 3} = \frac{1}{3}$.

(4) $\lim\limits_{n \to \infty} (\sqrt{n^2+n} - n) = \lim\limits_{n \to \infty} \dfrac{n}{\sqrt{n^2+n}+n} = \lim\limits_{n \to \infty} \dfrac{1}{\sqrt{1+\frac{1}{n}}+1} = \frac{1}{2}$.

(5) 由 $\lim\limits_{n\to\infty}\sqrt[n]{a}=1(a>0)$ 得到

$$\lim\limits_{n\to\infty}(\sqrt[n]{1}+\sqrt[n]{2}+\cdots+\sqrt[n]{10})=\lim\limits_{n\to\infty}\sqrt[n]{1}+\lim\limits_{n\to\infty}\sqrt[n]{2}+\cdots+\lim\limits_{n\to\infty}\sqrt[n]{10}=10.$$

(6) $\lim\limits_{n\to\infty}\dfrac{\frac{1}{2}+\frac{1}{2^2}+\cdots+\frac{1}{2^n}}{\frac{1}{3}+\frac{1}{3^2}+\cdots+\frac{1}{3^n}}=\lim\limits_{n\to\infty}\dfrac{\frac{1}{2}\cdot\frac{1-\left(\frac{1}{2}\right)^n}{1-\frac{1}{2}}}{\frac{1}{3}\cdot\frac{1-\left(\frac{1}{3}\right)^n}{1-\frac{1}{3}}}=\lim\limits_{n\to\infty}2\cdot\dfrac{1-\left(\frac{1}{2}\right)^n}{1-\left(\frac{1}{3}\right)^n}=2.$

2. 设 $\lim\limits_{n\to\infty}a_n=a,\lim\limits_{n\to\infty}b_n=b$,且 $a<b$.证明:存在正数 N,使得当 $n>N$ 时,有 $a_n<b_n$.

证　由 $\lim\limits_{n\to\infty}a_n=a$,对于 $\varepsilon=\dfrac{b-a}{2}>0,\exists N_1$,当 $n>N_1$ 时,有 $a-\dfrac{b-a}{2}<a_n<a+\dfrac{b-a}{2}=\dfrac{a+b}{2}$.

由 $\lim\limits_{n\to\infty}b_n=b$,对于 $\varepsilon=\dfrac{b-a}{2}>0,\exists N_2$,当 $n>N_2$ 时,有 $\dfrac{a+b}{2}=b-\dfrac{b-a}{2}<b_n<b+\dfrac{b-a}{2}$.

取 $N=\max\{N_1,N_1\}$,则当 $n>N$ 时,有 $a_n<\dfrac{a+b}{2}<b_n$,即当 $n>N$ 时,有 $a_n<b_n$.

3. 设 $\{a_n\}$ 为无穷小数列,$\{b_n\}$ 为有界数列,证明:$\{a_nb_n\}$ 为无穷小数列.

证　因为 $\{b_n\}$ 为有界数列,故 $\exists M>0$,对 $\forall n$,有 $|b_n|\leqslant M$.

又因为 $\{a_n\}$ 为无穷小数列,所以 $\forall\varepsilon>0,\exists N$,当 $n>N$ 时,有 $|a_n|<\dfrac{\varepsilon}{M}$.

因此,当 $n>N$ 时,有

$$|a_nb_n-0|=|a_nb_n|<\dfrac{\varepsilon}{M}\cdot M=\varepsilon,$$

所以 $\lim\limits_{n\to\infty}a_nb_n=0$,即 $\{a_nb_n\}$ 为无穷小数列.

> 归纳总结:这个命题为无穷小量的性质,即无穷小量与有界量的乘积仍为无穷小量.在求极限的时候会经常用到.

4. 求下列极限:

(1) $\lim\limits_{n\to\infty}\left[\dfrac{1}{1\cdot2}+\dfrac{1}{2\cdot3}+\cdots+\dfrac{1}{n(n+1)}\right]$;

(2) $\lim\limits_{n\to\infty}(\sqrt{2}\sqrt[4]{2}\sqrt[8]{2}\cdots\sqrt[2^n]{2})$;

(3) $\lim\limits_{n\to\infty}\left(\dfrac{1}{2}+\dfrac{3}{2^2}+\cdots+\dfrac{2n-1}{2^n}\right)$;

(4) $\lim\limits_{n\to\infty}\sqrt[n]{1-\dfrac{1}{n}}$;

(5) $\lim\limits_{n\to\infty}\left[\dfrac{1}{n^2}+\dfrac{1}{(n+1)^2}+\cdots+\dfrac{1}{(2n)^2}\right]$;

(6) $\lim\limits_{n\to\infty}\left(\dfrac{1}{\sqrt{n^2+1}}+\dfrac{1}{\sqrt{n^2+2}}+\cdots+\dfrac{1}{\sqrt{n^2+n}}\right)$.

解　(1) $\lim\limits_{n\to\infty}\left[\dfrac{1}{1\cdot2}+\dfrac{1}{2\cdot3}+\cdots+\dfrac{1}{n(n+1)}\right]$

$=\lim\limits_{n\to\infty}\left[\left(1-\dfrac{1}{2}\right)+\left(\dfrac{1}{2}-\dfrac{1}{3}\right)+\cdots+\left(\dfrac{1}{n}-\dfrac{1}{n+1}\right)\right]$

$=\lim\limits_{n\to\infty}\left(1-\dfrac{1}{n+1}\right)=1.$

(2) $\lim\limits_{n\to\infty}(\sqrt{2}\sqrt[4]{2}\sqrt[8]{2}\cdots\sqrt[2^n]{2})=\lim\limits_{n\to\infty}(2^{\frac{1}{2}}2^{\frac{1}{4}}2^{\frac{1}{8}}\cdots2^{\frac{1}{2^n}})=\lim\limits_{n\to\infty}2^{\frac{1}{2}+\frac{1}{4}+\frac{1}{8}+\cdots+\frac{1}{2^n}}$

$=\lim\limits_{n\to\infty}2^{\frac{1}{2}\left(1-\frac{1}{2^n}\right)/\left(1-\frac{1}{2}\right)}=\lim\limits_{n\to\infty}2^{1-\frac{1}{2^n}}=2.$

(3) 令 $S_n=\dfrac{1}{2}+\dfrac{3}{2^2}+\cdots+\dfrac{2n-1}{2^n}$,　①

则 $\dfrac{1}{2}S_n = \dfrac{1}{2^2} + \dfrac{3}{2^3} + \cdots + \dfrac{2n-1}{2^{n+1}}$,　　②

①－②,得 $\dfrac{1}{2}S_n = \dfrac{1}{2} + \left(\dfrac{2}{2^2} + \dfrac{2}{2^3} + \cdots + \dfrac{2}{2^n} \right) - \dfrac{2n-1}{2^{n+1}}$.

于是 $S_n = 1 + \left(1 + \dfrac{1}{2} + \cdots + \dfrac{1}{2^{n-2}} \right) - \dfrac{2n-1}{2^n} = 1 + \dfrac{1 - \dfrac{1}{2^{n-1}}}{1 - \dfrac{1}{2}} - \dfrac{2n-1}{2^n} = 3 - \dfrac{2n+3}{2^n}$,

因此 $\lim\limits_{n \to \infty} \left(\dfrac{1}{2} + \dfrac{3}{2^2} + \cdots + \dfrac{2n-1}{2^n} \right) = \lim\limits_{n \to \infty} \left(3 - \dfrac{2n+3}{2^n} \right) = 3$.

(4) $1 - \dfrac{1}{n} \leqslant \sqrt[n]{1 - \dfrac{1}{n}} \leqslant 1$,因为 $\lim\limits_{n \to \infty} \left(1 - \dfrac{1}{n} \right) = 1$,由迫敛性得 $\lim\limits_{n \to \infty} \sqrt[n]{1 - \dfrac{1}{n}} = 1$

(5) $\dfrac{n+1}{(2n)^2} \leqslant \dfrac{1}{n^2} + \dfrac{1}{(n+1)^2} + \cdots + \dfrac{1}{(2n)^2} \leqslant \dfrac{n+1}{n^2}$,而 $\lim\limits_{n \to \infty} \dfrac{n+1}{(2n)^2} = 0$, $\lim\limits_{n \to \infty} \dfrac{n+1}{n^2} = 0$,由迫敛性得

$$\lim\limits_{n \to \infty} \left[\dfrac{1}{n^2} + \dfrac{1}{(n+1)^2} + \cdots + \dfrac{1}{(2n)^2} \right] = 0.$$

(6) $\dfrac{n}{\sqrt{n^2+n}} \leqslant \dfrac{1}{\sqrt{n^2+1}} + \dfrac{1}{\sqrt{n^2+2}} + \cdots + \dfrac{1}{\sqrt{n^2+n}} \leqslant \dfrac{n}{\sqrt{n^2+1}}$,

而 $\lim\limits_{n \to \infty} \dfrac{n}{\sqrt{n^2+n}} = \lim\limits_{n \to \infty} \dfrac{1}{\sqrt{1 + \dfrac{1}{n}}} = 1$, $\lim\limits_{n \to \infty} \dfrac{n}{\sqrt{n^2+1}} = \lim\limits_{n \to \infty} \dfrac{1}{\sqrt{1 + \dfrac{1}{n^2}}} = 1$,由迫敛性得

$$\lim\limits_{n \to \infty} \left(\dfrac{1}{\sqrt{n^2+1}} + \dfrac{1}{\sqrt{n^2+2}} + \cdots + \dfrac{1}{\sqrt{n^2+n}} \right) = 1.$$

> **归纳总结**:这种 n 项和形式的极限,多数可以考虑使用迫敛性或定积分定义(见第九章).

5. 设 $\{a_n\}$ 与 $\{b_n\}$ 中一个是收敛数列,另一个是发散数列.证明: $\{a_n \pm b_n\}$ 是发散数列.又问 $\{a_n b_n\}$ 和 $\left\{ \dfrac{a_n}{b_n} \right\}$ $(b_n$

　　 $\neq 0)$ 是否必为发散数列?

证　用反证法.不妨设 $\{a_n\}$ 是收敛数列, $\lim\limits_{n \to \infty} a_n = a$, $\{b_n\}$ 是发散数列.令 $c_n = a_n + b_n$,假如 $\{c_n\}$ 是收敛数列,由 $b_n = c_n - a_n$,可知 $\{b_n\}$ 是收敛数列.这与题设矛盾,故 $\{a_n + b_n\}$ 是发散数列.同理可证 $\{a_n - b_n\}$ 也是发散数列.

在题设条件下, $\{a_n b_n\}$ 和 $\left\{ \dfrac{a_n}{b_n} \right\}$ 都可能是发散的,也可能是收敛的.

例如,当 $a_n = \dfrac{1}{n}$, $b_n = n$ 时, $\{a_n b_n\}$ 与 $\left\{ \dfrac{a_n}{b_n} \right\}$ 都是收敛的;

当 $a_n = (-1)^n$, $b_n = 1$ 时, $\{a_n b_n\}$ 与 $\left\{ \dfrac{a_n}{b_n} \right\}$ 都是发散的;

而当 $a_n = (-1)^n$, $b_n = n^2$ 时, $\{a_n b_n\}$ 发散, $\left\{ \dfrac{a_n}{b_n} \right\}$ 收敛.

6. 证明以下数列发散:

(1) $\left\{ (-1)^n \dfrac{n}{n+1} \right\}$;　　　(2) $\{ n^{(-1)^n} \}$;　　　(3) $\left\{ \cos \dfrac{n\pi}{4} \right\}$.

证　由定理2.8易知,若数列 $\{a_n\}$ 收敛于 a,则它的任何子列也收敛于 a,于是,若数列 $\{a_n\}$ 有一个子列发散,或有两个子列收敛于不同的数,则数列 $\{a_n\}$ 一定发散.

(1) 记 $a_n = (-1)^n \dfrac{n}{n+1}$,则 $\lim\limits_{n \to \infty} a_{2n} = \lim\limits_{n \to \infty} \dfrac{n}{n+1} = 1$, $\lim\limits_{n \to \infty} a_{2n-1} = \lim\limits_{n \to \infty} -\dfrac{n}{n+1} = -1$,故 $\{a_n\}$ 发散.

(2) 记 $a_n = n^{(-1)^n}$，则 $\lim\limits_{n\to\infty} a_{2n} = \lim\limits_{n\to\infty} 2n = +\infty$，于是 $\{a_n\}$ 有一个子列 $\{a_{2n}\}$ 发散，故 $\{a_n\}$ 发散.

(3) 记 $a_n = \cos\dfrac{n\pi}{4}$，则

$$a_{8n} = \cos 2n\pi = 1,$$
$$a_{8n+4} = \cos(2n+1)\pi = -1,$$

于是 $\lim\limits_{n\to\infty} a_{8n} = 1, \lim\limits_{n\to\infty} a_{8n+4} = -1$，数列 $\left\{\cos\dfrac{n\pi}{4}\right\}$ 的两个子列的极限不相等，故数列 $\left\{\cos\dfrac{n\pi}{4}\right\}$ 发散.

7. 判断以下结论是否成立(若成立,说明理由;若不成立,举出反例):

(1) 若 $\{a_{2k-1}\}$ 和 $\{a_{2k}\}$ 都收敛,则 $\{a_n\}$ 收敛;

(2) 若 $\{a_{3k-2}\}$,$\{a_{3k-1}\}$ 和 $\{a_{3k}\}$ 都收敛,且有相同极限,则 $\{a_n\}$ 收敛.

解　(1) 该结论不成立. 例如,$a_n = (-1)^n$,则 $a_{2k-1} = -1, a_{2k} = 1$,数列 $\{a_{2k-1}\}$ 和 $\{a_{2k}\}$ 都收敛,而数列 $\{(-1)^n\}$ 是发散的.

(2) 该结论成立. 设它们相同的极限是 a,则 $\forall \varepsilon > 0, \exists N_1, N_2, N_3$,当 $k > N_1$ 时,$|a_{3k-2} - a| < \varepsilon$;当 $k > N_2$ 时,$|a_{3k-1} - a| < \varepsilon$;当 $k > N_3$ 时,$|a_{3k} - a| < \varepsilon$,取 $N = \max\{3N_1 - 2, 3N_2 - 1, 3N_3\}$,则当 $n > N$ 时,有 $|a_n - a| < \varepsilon$,即 $\lim\limits_{n\to\infty} a_n = a$.

> 归纳总结:试想一下,若 $\{a_{2k-1}\}$,$\{a_{2k}\}$ 和 $\{a_{3k}\}$ 都收敛,能否保证 $\{a_n\}$ 收敛?提示:由 $\{a_{3k}\}$ 收敛是否能保证 $\{a_{2k-1}\}$ 和 $\{a_{2k}\}$ 收敛于同一极限值?

8. 求下列极限:

(1) $\lim\limits_{n\to\infty} \dfrac{1}{2} \cdot \dfrac{3}{4} \cdots \dfrac{2n-1}{2n}$; 　　(2) $\lim\limits_{n\to\infty} \dfrac{\sum\limits_{p=1}^{n} p!}{n!}$;

(3) $\lim\limits_{n\to\infty}[(n+1)^\alpha - n^\alpha], 0 < \alpha < 1$; 　　(4) $\lim\limits_{n\to\infty}(1+\alpha)(1+\alpha^2)\cdots(1+\alpha^{2^n}), |\alpha| < 1$.

解　(1) **方法一**　由 $2n = \dfrac{1}{2}[(2n-1)+(2n+1)] > \sqrt{(2n-1)(2n+1)}$ 可得

$$\dfrac{1}{2n} < \dfrac{1}{\sqrt{(2n-1)(2n+1)}}, \dfrac{2n-1}{2n} < \dfrac{2n-1}{\sqrt{(2n-1)(2n+1)}}, n = 1, 2, \cdots,$$

于是

$$0 < \dfrac{1}{2} \cdot \dfrac{3}{4} \cdots \dfrac{2n-1}{2n} < \dfrac{1}{\sqrt{1 \cdot 3}} \cdot \dfrac{3}{\sqrt{3 \cdot 5}} \cdots \dfrac{2n-1}{\sqrt{(2n-1)(2n+1)}} = \dfrac{1}{\sqrt{2n+1}}.$$

而 $\lim\limits_{n\to\infty} \dfrac{1}{\sqrt{2n+1}} = 0$,由迫敛性得 $\lim\limits_{n\to\infty} \dfrac{1}{2} \cdot \dfrac{3}{4} \cdots \dfrac{2n-1}{2n} = 0$.

方法二　记 $a_n = \dfrac{1}{2} \cdot \dfrac{3}{4} \cdots \dfrac{2n-1}{2n}$,则

$$a_n^2 = \dfrac{1}{2} \cdot \dfrac{1}{2} \cdot \dfrac{3}{4} \cdot \dfrac{3}{4} \cdots \dfrac{2n-1}{2n} \cdot \dfrac{2n-1}{2n} < \dfrac{1}{2} \cdot \dfrac{2}{3} \cdot \dfrac{3}{4} \cdot \dfrac{4}{5} \cdots \dfrac{2n-1}{2n} \cdot \dfrac{2n}{2n+1} = \dfrac{1}{2n+1},$$

所以 $0 < a_n < \dfrac{1}{\sqrt{2n+1}}$,而 $\lim\limits_{n\to\infty} \dfrac{1}{\sqrt{2n+1}} = 0$,由迫敛性知 $\lim\limits_{n\to\infty} a_n = 0$,即 $\lim\limits_{n\to\infty} \dfrac{1}{2} \cdot \dfrac{3}{4} \cdots \dfrac{2n-1}{2n} = 0$.

(2) $1 < \dfrac{\sum\limits_{p=1}^{n} p!}{n!} = \dfrac{1! + 2! + \cdots + n!}{n!} < \dfrac{(n-2)(n-2)!}{n!} + \dfrac{(n-1)!}{n!} + 1 < 1 + \dfrac{2}{n}$.

因为 $\lim\limits_{n\to\infty}\left(1 + \dfrac{2}{n}\right) = 1$,故由迫敛性得 $\lim\limits_{n\to\infty} \dfrac{1}{n!}\sum\limits_{p=1}^{n} p! = 1$.

(3) 因为 $0 < \alpha < 1$，所以 $0 < (n+1)^\alpha - n^\alpha = n^\alpha\left[\left(1+\frac{1}{n}\right)^\alpha - 1\right] < n^\alpha\left[\left(1+\frac{1}{n}\right) - 1\right] = n^{\alpha-1}$.

又因 $\lim\limits_{n\to\infty} n^{\alpha-1} = 0$，由迫敛性可得 $\lim\limits_{n\to\infty}[(n+1)^\alpha - n^\alpha] = 0$.

(4) 令 $P_n = (1+\alpha)(1+\alpha^2)\cdots(1+\alpha^{2^n})$，则有

$$(1-\alpha)P_n = (1-\alpha)(1+\alpha)(1+\alpha^2)\cdots(1+\alpha^{2^n}) = (1-\alpha^2)(1+\alpha^2)\cdots(1+\alpha^{2^n})$$
$$= (1-\alpha^4)(1+\alpha^4)\cdots(1+\alpha^{2^n}) = \cdots = 1-\alpha^{2^{n+1}}.$$

于是 $P_n = \dfrac{1-\alpha^{2^{n+1}}}{1-\alpha}$，因为 $|\alpha| < 1$，所以 $\lim\limits_{n\to\infty} P_n = \lim\limits_{n\to\infty} \dfrac{1-\alpha^{2^{n+1}}}{1-\alpha} = \dfrac{1}{1-\alpha}$.

9. 设 $a_1, a_2, \cdots, a_m$ 为 m 个正数，证明：
$$\lim_{n\to\infty} \sqrt[n]{a_1^n + a_2^n + \cdots + a_m^n} = \max\{a_1, a_2, \cdots, a_m\}.$$

证　设 $\max\{a_1, a_2, \cdots, a_m\} = A$，则
$$A^n < a_1^n + a_2^n + \cdots + a_m^n < mA^n, A < \sqrt[n]{a_1^n + a_2^n + \cdots + a_m^n} < A\sqrt[n]{m},$$

由于 $\lim\limits_{n\to\infty} A\sqrt[n]{m} = A$，因此
$$\lim_{n\to\infty} \sqrt[n]{a_1^n + a_2^n + \cdots + a_m^n} = A = \max\{a_1, a_2, \cdots, a_m\}.$$

10. 设 $\lim\limits_{n\to\infty} a_n = a$. 证明：

(1) $\lim\limits_{n\to\infty} \dfrac{[na_n]}{n} = a$；　(2) 若 $a > 0, a_n > 0$，则 $\lim\limits_{n\to\infty} \sqrt[n]{a_n} = 1$.

证　(1) 因为 $na_n - 1 < [na_n] \leqslant na_n$，所以
$$a_n - \frac{1}{n} < \frac{[na_n]}{n} \leqslant a_n,$$

又因为 $\lim\limits_{n\to\infty} a_n = a, \lim\limits_{n\to\infty}\left(a_n - \dfrac{1}{n}\right) = a$，所以由迫敛性得 $\lim\limits_{n\to\infty} \dfrac{[na_n]}{n} = a$.

(2) 由 $\lim\limits_{n\to\infty} a_n = a$，对 $\varepsilon_0 = \dfrac{a}{2} > 0, \exists N$，当 $n > N$ 时，有 $|a_n - a| < \dfrac{a}{2}$，即 $-\dfrac{a}{2} < a_n - a < \dfrac{a}{2}$. 于是当 $n > N$ 时，有

$$\frac{1}{2}a < a_n < \frac{3}{2}a, \sqrt[n]{\frac{1}{2}a} < \sqrt[n]{a_n} < \sqrt[n]{\frac{3}{2}a}.$$

因为 $\lim\limits_{n\to\infty} \sqrt[n]{\dfrac{1}{2}a} = 1, \lim\limits_{n\to\infty} \sqrt[n]{\dfrac{3}{2}a} = 1$，所以由迫敛性知 $\lim\limits_{n\to\infty} \sqrt[n]{a_n} = 1$.

习题 2.3 解答

1. 利用 $\lim\limits_{n\to\infty}\left(1+\dfrac{1}{n}\right)^n = \mathrm{e}$，求下列极限：

(1) $\lim\limits_{n\to\infty}\left(1-\dfrac{1}{n}\right)^n$；　　　(2) $\lim\limits_{n\to\infty}\left(1+\dfrac{1}{n}\right)^{n+1}$；　　　(3) $\lim\limits_{n\to\infty}\left(1+\dfrac{1}{n+1}\right)^n$；

(4) $\lim\limits_{n\to\infty}\left(1+\dfrac{1}{2n}\right)^n$；　　　(5) $\lim\limits_{n\to\infty}\left(1+\dfrac{1}{n^2}\right)^n$.

解　(1) $\lim\limits_{n\to\infty}\left(1-\dfrac{1}{n}\right)^n = \lim\limits_{n\to\infty}\left[\left(1-\dfrac{1}{n}\right)^{-n}\right]^{-1} = \dfrac{1}{\lim\limits_{n\to\infty}\left(1-\dfrac{1}{n}\right)^{-n}} = \dfrac{1}{\mathrm{e}}$.

(2) $\lim\limits_{n\to\infty}\left(1+\dfrac{1}{n}\right)^{n+1} = \lim\limits_{n\to\infty}\left[\left(1+\dfrac{1}{n}\right)^n\left(1+\dfrac{1}{n}\right)\right] = \lim\limits_{n\to\infty}\left(1+\dfrac{1}{n}\right)^n \cdot \lim\limits_{n\to\infty}\left(1+\dfrac{1}{n}\right) = \mathrm{e}$.

(3) $\lim\limits_{n\to\infty}\left(1+\dfrac{1}{n+1}\right)^n = \lim\limits_{n\to\infty}\left[\left(1+\dfrac{1}{n+1}\right)^{n+1}\left(1+\dfrac{1}{n+1}\right)^{-1}\right]$

$$= \lim_{n \to \infty} \left(1 + \frac{1}{n+1}\right)^{n+1} \cdot \lim_{n \to \infty} \left(1 + \frac{1}{n+1}\right)^{-1} = \mathrm{e}.$$

(4) $\lim_{n \to \infty} \left(1 + \frac{1}{2n}\right)^n = \lim_{n \to \infty} \left[\left(1 + \frac{1}{2n}\right)^{2n}\right]^{\frac{1}{2}} = \sqrt{\mathrm{e}}.$

(5) $\left(1 + \frac{1}{n^2}\right)^n = \left[\left(1 + \frac{1}{n^2}\right)^{n^2}\right]^{\frac{1}{n}}, \lim_{n \to \infty} \left(1 + \frac{1}{n^2}\right)^{n^2} = \mathrm{e} > 0.$

根据习题 2.2 的第 10(2) 题得 $\lim_{n \to \infty} \left(1 + \frac{1}{n^2}\right)^n = \lim_{n \to \infty} \sqrt[n]{\left(1 + \frac{1}{n^2}\right)^{n^2}} = 1.$

2. 试问下面的解题方法是否正确:

求 $\lim_{n \to \infty} 2^n$.

解　设 $a_n = 2^n$ 及 $\lim_{n \to \infty} a_n = a$. 由于 $a_n = 2a_{n-1}$, 两边取极限 $(n \to \infty)$ 得 $a = 2a$, 所以 $a = 0$.

这个解题方法是错误的.

因为 $a_n = 2^n$, $\lim_{n \to \infty} a_n$ 不存在, 不能设 $\lim_{n \to \infty} a_n = a$.

3. 证明下列数列极限存在并求其值:

(1) 设 $a_1 = \sqrt{2}, a_{n+1} = \sqrt{2a_n}, n = 1, 2, \cdots$;

(2) 设 $a_1 = \sqrt{c}(c > 0), a_{n+1} = \sqrt{c + a_n}, n = 1, 2, \cdots$;

(3) $a_n = \frac{c^n}{n!}(c > 0), n = 1, 2, \cdots$.

解　(1) 先证数列 $\{a_n\}$ 有上界 2.

当 $n = 1$ 时, $a_1 = \sqrt{2} < 2$ 显然成立.

假设 $n = k$ 时结论成立, 即 $a_k < 2$, 则 $a_{k+1} = \sqrt{2a_k} < \sqrt{2 \cdot 2} = 2$.

由数学归纳法知 $\{a_n\}$ 有上界 2.

再证 $\{a_n\}$ 单调递增, $\frac{a_{n+1}}{a_n} = \frac{\sqrt{2a_n}}{a_n} = \sqrt{\frac{2}{a_n}} > 1$, 因此 $\{a_n\}$ 单调递增.

根据单调有界定理, $\lim_{n \to \infty} a_n$ 存在. 设 $\lim_{n \to \infty} a_n = a$, 在 $a_{n+1} = \sqrt{2a_n}$ 两边取极限得 $a = \sqrt{2a}$, 解得 $a = 0$ 或 $a = 2$. 因为 $a_n \geqslant 1$, 由保不等式性可知 $\lim_{n \to \infty} a_n \geqslant 1$, 故 $\lim_{n \to \infty} a_n = 2$.

(2) $a_{n+1} = \sqrt{c + \sqrt{c + \cdots + \sqrt{c + \sqrt{c}}}}\ [(n+1)$ 重根号$] > \sqrt{c + \sqrt{c + \cdots + \sqrt{c + 0}}}\ (n$ 重根号$) = a_n$,

所以数列 $\{a_n\}$ 递增.

下证数列 $\{a_n\}$ 有上界 $\sqrt{c} + 1$.

(ⅰ) $a_1 = \sqrt{c} < \sqrt{c} + 1$.

(ⅱ) 假设 $a_k < \sqrt{c} + 1$, 则

$$a_{k+1} = \sqrt{c + a_k} < \sqrt{c + \sqrt{c} + 1} < \sqrt{c + 2\sqrt{c} + 1} = \sqrt{c} + 1.$$

由数学归纳法知 $a_n < \sqrt{c} + 1$, 故 $\{a_n\}$ 有上界 $\sqrt{c} + 1$.

由单调有界定理知, 数列 $\{a_n\}$ 的极限存在. 设 $\lim_{n \to \infty} a_n = a$, 在 $a_{n+1} = \sqrt{c + a_n}$ 两边取极限得 $a = \sqrt{c + a}$, 解得 $a = \frac{1}{2}(1 \pm \sqrt{1 + 4c})$, 其中 $\frac{1}{2}(1 - \sqrt{1 + 4c}) < 0$, 因为 $a_n \geqslant 0$, 所以 $\lim_{n \to \infty} a_n \geqslant 0$, 因此

$$\lim_{n \to \infty} a_n = \frac{1}{2}(1 + \sqrt{1 + 4c}).$$

(3) 设 M 是一个大于 c 的正整数, 即 $M > c$, 则当 $n > M$ 时,

$$0 < \frac{c^n}{n!} = \frac{c^M}{1 \cdot 2 \cdot \cdots \cdot M} \cdot \frac{c^{n-M}}{(M+1) \cdot \cdots \cdot n} < \frac{c^M}{M!} \cdot \frac{c^{n-M}}{(M+1)^{n-M}},$$

由 $M > c > 0$ 可知 $0 < \dfrac{c}{M+1} < 1$.

因此 $\lim\limits_{n \to \infty} \dfrac{c^M}{M!} \cdot \dfrac{c^{n-M}}{(M+1)^{n-M}} = \dfrac{c^M}{M!} \lim\limits_{n \to \infty} \left(\dfrac{c}{M+1} \right)^{n-M} = 0$，由迫敛性得 $\lim\limits_{n \to \infty} \dfrac{c^n}{n!} = 0$.

归纳总结：递推数列的收敛性经常考虑单调有界定理，而且(2)给出了一个求上（下）界的方法.

4. 利用 $\left\{ \left(1 + \dfrac{1}{n} \right)^n \right\}$ 为单调递增数列的结论，证明 $\left\{ \left(1 + \dfrac{1}{n+1} \right)^n \right\}$ 为递增数列.

证　因为 $\left\{ \left(1 + \dfrac{1}{n} \right)^n \right\}$ 为单调递增数列，所以

$$\left(1 + \dfrac{1}{n} \right)^n < \left(1 + \dfrac{1}{n+1} \right)^{n+1}, \quad 即 \left(1 + \dfrac{1}{n} \right)^{n-1} \left(1 + \dfrac{1}{n} \right) < \left(1 + \dfrac{1}{n+1} \right)^n \left(1 + \dfrac{1}{n+1} \right).$$

从而 $\left(1 + \dfrac{1}{n} \right)^{n-1} < \left(1 + \dfrac{1}{n+1} \right)^n \cdot \left(1 + \dfrac{1}{n+1} \right) / \left(1 + \dfrac{1}{n} \right)$

$$= \left(1 + \dfrac{1}{n+1} \right)^n \cdot \dfrac{n^2 + 2n}{n^2 + 2n + 1} < \left(1 + \dfrac{1}{n+1} \right)^n,$$

所以数列 $\left\{ \left(1 + \dfrac{1}{n+1} \right)^n \right\}$ 是单调递增数列.

5. 应用柯西收敛准则，证明以下数列 $\{a_n\}$ 收敛：

$(1) a_n = \dfrac{\sin 1}{2} + \dfrac{\sin 2}{2^2} + \cdots + \dfrac{\sin n}{2^n}$；　$(2) a_n = 1 + \dfrac{1}{2^2} + \dfrac{1}{3^2} + \cdots + \dfrac{1}{n^2}$.

证　(1) $\forall \varepsilon > 0$，由于对 $\forall p \in \mathbf{N}_+$，有

$$|a_{n+p} - a_n| = \left| \dfrac{\sin(n+1)}{2^{n+1}} + \dfrac{\sin(n+2)}{2^{n+2}} + \cdots + \dfrac{\sin(n+p)}{2^{n+p}} \right|$$

$$\leqslant \left| \dfrac{\sin(n+1)}{2^{n+1}} \right| + \left| \dfrac{\sin(n+2)}{2^{n+2}} \right| + \cdots + \left| \dfrac{\sin(n+p)}{2^{n+p}} \right|$$

$$\leqslant \dfrac{1}{2^{n+1}} + \dfrac{1}{2^{n+2}} + \cdots + \dfrac{1}{2^{n+p}}$$

$$= \dfrac{1}{2^n} \left(1 - \dfrac{1}{2^p} \right) < \dfrac{1}{2^n} < \dfrac{1}{n},$$

取 $N = \left[\dfrac{1}{\varepsilon} \right]$，则当 $n > N$ 时，对 $\forall p \in \mathbf{N}_+$，有 $|a_{n+p} - a_n| < \varepsilon$，由柯西收敛准则可知 $\{a_n\}$ 收敛.

(2) $\forall \varepsilon > 0$，由于对 $\forall p \in \mathbf{N}_+$，有

$$|a_{n+p} - a_n| = \dfrac{1}{(n+1)^2} + \dfrac{1}{(n+2)^2} + \cdots + \dfrac{1}{(n+p)^2}$$

$$< \dfrac{1}{n(n+1)} + \dfrac{1}{(n+1)(n+2)} + \cdots + \dfrac{1}{(n+p-1)(n+p)}$$

$$= \left(\dfrac{1}{n} - \dfrac{1}{n+1} \right) + \left(\dfrac{1}{n+1} - \dfrac{1}{n+2} \right) + \cdots + \left(\dfrac{1}{n+p-1} - \dfrac{1}{n+p} \right)$$

$$= \dfrac{1}{n} - \dfrac{1}{n+p} < \dfrac{1}{n},$$

取 $N = \left[\dfrac{1}{\varepsilon} \right]$，当 $n > N$ 时，对 $\forall p \in \mathbf{N}_+$，有 $|a_{n+p} - a_n| < \varepsilon$，由柯西收敛准则知，数列 $\{a_n\}$ 收敛.

归纳总结：柯西收敛准则提供了一个不利用极限值证明数列收敛的等价条件.

6. 证明:若单调数列$\{a_n\}$含有一个收敛子列,则$\{a_n\}$收敛.

证 不妨设$\{a_n\}$单调递增,它的子列$\{a_{n_k}\}$收敛,则$\{a_{n_k}\}$是有界的,即$\exists M>0,\forall k$,有$a_{n_k}\leqslant M$,又对任意正整数k,有$a_k\leqslant a_{n_k}\leqslant M$. 这说明数列$\{a_n\}$有上界.由单调有界定理知,数列$\{a_n\}$收敛.

7. 证明:若$a_n>0$,且$\lim\limits_{n\to\infty}\dfrac{a_n}{a_{n+1}}=l>1$,则$\lim\limits_{n\to\infty}a_n=0$.

证 由于$\lim\limits_{n\to\infty}\dfrac{a_n}{a_{n+1}}=l>1$,取$q:1<q<l$,则由保号性知 $\exists N$,当$n>N$时,有$\dfrac{a_n}{a_{n+1}}>q$,即$\dfrac{a_{n+1}}{a_n}<\dfrac{1}{q}$.

因此,当$n>N$时,有

$$0<a_n=\frac{a_n}{a_{n-1}}\cdot\frac{a_{n-1}}{a_{n-2}}\cdots\cdots\frac{a_{N+2}}{a_{N+1}}\cdot a_{N+1}<\frac{1}{q^{n-N-1}}a_{N+1}=a_{N+1}q^{N+1}\left(\frac{1}{q}\right)^n.$$

又因为$\lim\limits_{n\to\infty}a_{N+1}q^{N+1}\left(\dfrac{1}{q}\right)^n=0$,由迫敛性得$\lim\limits_{n\to\infty}a_n=0$.

8. 证明:若$\{a_n\}$为递增(递减)有界数列,则

$$\lim_{n\to\infty}a_n=\sup\{a_n\}(\inf\{a_n\}).$$

又问逆命题成立否?

证 (1) 若$\{a_n\}$为递增有界数列,根据确界原理,$\{a_n\}$有上确界.

令$a=\sup\{a_n\}$,则$\forall\varepsilon>0,\exists N$,使得$a_N>a-\varepsilon$.

因为$\{a_n\}$是递增的,所以当$n>N$时,有$a_n\geqslant a_N>a-\varepsilon$.

又因为a是$\{a_n\}$的上界,所以对一切n,有$a_n\leqslant a<a+\varepsilon$.

于是,当$n>N$时,有$a-\varepsilon<a_n<a+\varepsilon$,即$|a_n-a|<\varepsilon$. 因此$\lim\limits_{n\to\infty}a_n=a$.

(2) 若$\{a_n\}$为递减有界数列,根据确界原理,$\{a_n\}$有下确界.

令$a=\inf\{a_n\}$,则$\forall\varepsilon>0,\exists N$,使得$a_N<a+\varepsilon$.

因为$\{a_n\}$是递减的,所以当$n>N$时,有$a_n\leqslant a_N<a+\varepsilon$.

又因为a是$\{a_n\}$的下界,所以对一切n,有$a-\varepsilon<a\leqslant a_n$.

于是,当$n>N$时,有$a-\varepsilon<a_n<a+\varepsilon$,即$|a_n-a|<\varepsilon$. 因此$\lim\limits_{n\to\infty}a_n=a$.

逆命题不成立,一个收敛到确界的数列,不一定是单调数列. 例如,$a_n=\dfrac{n+(-1)^n}{n+1}$,这个数列收敛到它的上确界1,但$\{a_n\}$不是单调数列.

9. 利用不等式$b^{n+1}-a^{n+1}>(n+1)a^n(b-a),b>a>0$,

证明:$\left\{\left(1+\dfrac{1}{n}\right)^{n+1}\right\}$为递减数列,并由此推出$\left\{\left(1+\dfrac{1}{n}\right)^n\right\}$为有界数列.

证 由不等式$b^{n+1}-a^{n+1}>(n+1)a^n(b-a)$得到

$$b^{n+1}>(n+1)a^n(b-a)+a^{n+1}=a^n[(n+1)b-na].$$

令$a=1+\dfrac{1}{n+1},b=1+\dfrac{1}{n}$,则有$b>a>0$. 于是

$$\begin{aligned}\left(1+\frac{1}{n}\right)^{n+1}&>\left(1+\frac{1}{n+1}\right)^n\left[(n+1)\left(1+\frac{1}{n}\right)-n\left(1+\frac{1}{n+1}\right)\right]\\&=\left(1+\frac{1}{n+1}\right)^n\left[1+\frac{2}{n+1}+\frac{1}{n(n+1)}\right]\\&>\left(1+\frac{1}{n+1}\right)^n\left[1+\frac{2}{n+1}+\frac{1}{(n+1)^2}\right]\\&=\left(1+\frac{1}{n+1}\right)^n\left(1+\frac{1}{n+1}\right)^2=\left(1+\frac{1}{n+1}\right)^{n+2}\end{aligned}$$

因此,$\left\{\left(1+\dfrac{1}{n}\right)^{n+1}\right\}$为单调递减数列,由此推出$a_n=\left(1+\dfrac{1}{n}\right)^{n+1}\leqslant a_1=4$,

于是$2<\left(1+\dfrac{1}{n}\right)^n<\left(1+\dfrac{1}{n}\right)^{n+1}\leqslant 4$,即$\left\{\left(1+\dfrac{1}{n}\right)^n\right\}$为有界数列.

10. 证明：$\left| e - \left(1 + \dfrac{1}{n}\right)^n \right| < \dfrac{3}{n}$.

证　由第 9 题知，$\left\{\left(1 + \dfrac{1}{n}\right)^{n+1}\right\}$ 是单调递减有界数列，所以它的极限存在，且

$$\lim_{n\to\infty}\left(1 + \frac{1}{n}\right)^{n+1} = \lim_{n\to\infty}\left(1 + \frac{1}{n}\right)^n\left(1 + \frac{1}{n}\right) = e.$$

由第 8 题知 $e = \inf\left\{\left(1 + \dfrac{1}{n}\right)^{n+1}\right\}$. 于是 $e < \left(1 + \dfrac{1}{n}\right)^{n+1}$. 又因为 $\left\{\left(1 + \dfrac{1}{n}\right)^n\right\}$ 为单调递增数列（见教材第 34 页例 4），所以

$$e = \lim_{n\to\infty}\left(1 + \frac{1}{n}\right)^n = \sup\left\{\left(1 + \frac{1}{n}\right)^n\right\},\text{即 } e > \left(1 + \frac{1}{n}\right)^n.$$

因而

$$\begin{aligned}
\left| e - \left(1 + \frac{1}{n}\right)^n \right| &= e - \left(1 + \frac{1}{n}\right)^n < \left(1 + \frac{1}{n}\right)^{n+1} - \left(1 + \frac{1}{n}\right)^n \\
&= \left(1 + \frac{1}{n}\right)^n\left(1 + \frac{1}{n}\right) - \left(1 + \frac{1}{n}\right)^n \\
&= \left(1 + \frac{1}{n}\right)^n \cdot \frac{1}{n} < \frac{e}{n} < \frac{3}{n}.
\end{aligned}$$

11. 给定两正数 a_1 与 $b_1(a_1 > b_1)$，作出其等差中项 $a_2 = \dfrac{a_1 + b_1}{2}$ 与等比中项 $b_2 = \sqrt{a_1 b_1}$，一般地令

$$a_{n+1} = \frac{a_n + b_n}{2}, b_{n+1} = \sqrt{a_n b_n}, n = 1, 2, \cdots.$$

证明：$\lim_{n\to\infty} a_n$ 与 $\lim_{n\to\infty} b_n$ 皆存在且相等.

证　由 $a_1 > 0, b_1 > 0$ 可知 $a_n > 0, b_n > 0, n = 1, 2, \cdots$，因而

$$a_{n+1} = \frac{a_n + b_n}{2} \geqslant \sqrt{a_n b_n} = b_{n+1} \ (n = 1, 2, \cdots),$$

又因为 $a_1 > b_1$，所以 $a_n > b_n (n = 1, 2, \cdots)$，且有

$$b_{n+1} = \sqrt{a_n b_n} \geqslant \sqrt{b_n b_n} = b_n, a_{n+1} = \frac{a_n + b_n}{2} \leqslant \frac{a_n + a_n}{2} = a_n,$$

因此，$\{a_n\}$ 为单调递减数列，$\{b_n\}$ 为单调递增数列，并且 $0 < b_1 \leqslant b_n \leqslant a_n \leqslant a_1$，即 $\{a_n\}, \{b_n\}$ 有界. 根据单调有界定理知 $\{a_n\}, \{b_n\}$ 的极限都存在. 设 $\lim_{n\to\infty} a_n = a, \lim_{n\to\infty} b_n = b$，在 $a_{n+1} = \dfrac{a_n + b_n}{2}$ 两边取极限，得 $a = \dfrac{a + b}{2}$，于是 $a = b$，即 $\lim_{n\to\infty} a_n$ 与 $\lim_{n\to\infty} b_n$ 皆存在且相等.

12. 设 $\{a_n\}$ 为有界数列，记 $\overline{a}_n = \sup\{a_n, a_{n+1}, \cdots\}, \underline{a}_n = \inf\{a_n, a_{n+1}, \cdots\}$.
证明：(1) 对任何正整数 $n, \overline{a}_n \geqslant \underline{a}_n$；
(2) $\{\overline{a}_n\}$ 为递减有界数列，$\{\underline{a}_n\}$ 为递增有界数列，且对任何正整数 n, m 有 $\overline{a}_n \geqslant \underline{a}_m$；
(3) 设 $\overline{a}$ 和 $\underline{a}$ 分别是 $\{\overline{a}_n\}$ 和 $\{\underline{a}_n\}$ 的极限，则 $\overline{a} \geqslant \underline{a}$；
(4) $\{a_n\}$ 收敛的充要条件是 $\overline{a} = \underline{a}$.

证　(1) 由 $\overline{a}_n$ 和 $\underline{a}_n$ 的定义知 $\overline{a}_n \geqslant a_n \geqslant \underline{a}_n$，于是 $\overline{a}_n \geqslant \underline{a}_n$.
(2) 由于 $\overline{a}_n = \sup\{a_n, a_{n+1}, \cdots\}, \overline{a}_{n+1} = \sup\{a_{n+1}, a_{n+2}, \cdots\} \leqslant \sup\{a_n, a_{n+1}, \cdots\} = \overline{a}_n$，因而 $\overline{a}_{n+1} \leqslant \overline{a}_n$.
由于 $\underline{a}_n = \inf\{a_n, a_{n+1}, \cdots\}, \underline{a}_{n+1} = \inf\{a_{n+1}, a_{n+2}, \cdots\} \geqslant \inf\{a_n, a_{n+1}, \cdots\} = \underline{a}_n$，因而 $\underline{a}_{n+1} \geqslant \underline{a}_n$.
由数列 $\{a_n\}$ 有界知，$\exists M > 0$，对 $\forall n$，有 $|a_n| \leqslant M$.
因而对一切 n，有 $-M \leqslant \overline{a}_n \leqslant M, -M \leqslant \underline{a}_n \leqslant M$.
故 $\{\overline{a}_n\}$ 为单调递减有界数列，$\{\underline{a}_n\}$ 为单调递增有界数列.
对任何正整数 n, m，设正整数 $h > n, h > m$.
则由 $\overline{a}_n = \sup\{a_n, a_{n+1}, \cdots, a_h, \cdots\}, \underline{a}_m = \inf\{a_m, a_{m+1}, \cdots, a_h, \cdots\}$ 知，$\overline{a}_n \geqslant a_h \geqslant \underline{a}_m$，

故对任何的正整数 n,m，总有 $\overline{a}_n \geqslant \underline{a}_m$.

(3) 由单调有界定理知 $\{\overline{a}_n\}$ 和 $\{\underline{a}_n\}$ 的极限都存在，设 $\lim\limits_{n\to\infty}\overline{a}_n = \overline{a}$，$\lim\limits_{n\to\infty}\underline{a}_n = \underline{a}$，由(1)知 $\overline{a}_n \geqslant \underline{a}_n$，两边取极限得 $\overline{a} = \lim\limits_{n\to\infty}\overline{a}_n \geqslant \lim\limits_{n\to\infty}\underline{a}_n = \underline{a}$，即 $\overline{a} \geqslant \underline{a}$.

(4) **充分性**：由(1)和确界的定义知 $\overline{a}_n \geqslant a_n \geqslant \underline{a}_n$. 又因 $\overline{a} = \underline{a}$，即 $\lim\limits_{n\to\infty}\overline{a}_n = \lim\limits_{n\to\infty}\underline{a}_n$. 由迫敛性知，数列 $\{a_n\}$ 收敛.

必要性：设 $\lim\limits_{n\to\infty}a_n = a$，则 $\forall\varepsilon>0$，$\exists N$，当 $n>N$ 时，有 $|a_n - a| < \dfrac{\varepsilon}{2}$，即 $a - \dfrac{\varepsilon}{2} < a_n < a + \dfrac{\varepsilon}{2}$.

于是，当 $n>N$ 时，有 $\overline{a}_n = \sup\{a_n, a_{n+1}, \cdots\} \leqslant a + \dfrac{\varepsilon}{2}$，$\underline{a}_n = \inf\{a_n, a_{n+1}, \cdots\} \geqslant a - \dfrac{\varepsilon}{2}$，在上面两个不等式的两边分别取极限得 $\overline{a} \leqslant a + \dfrac{\varepsilon}{2}$，$\underline{a} \geqslant a - \dfrac{\varepsilon}{2}$. 因此，$0 \leqslant \overline{a} - \underline{a} \leqslant \left(a + \dfrac{\varepsilon}{2}\right) - \left(a - \dfrac{\varepsilon}{2}\right) = \varepsilon$，由 $\varepsilon>0$ 的任意性知 $\overline{a} = \underline{a}$.

第二章总练习题解答

1. 求下列数列的极限：

(1) $\lim\limits_{n\to\infty}\sqrt[n]{n^3 + 3^n}$；   (2) $\lim\limits_{n\to\infty}\dfrac{n^5}{\mathrm{e}^n}$；   (3) $\lim\limits_{n\to\infty}(\sqrt{n+2} - 2\sqrt{n+1} + \sqrt{n})$.

解   (1) 因为 $3^n < n^3 + 3^n < 2 \cdot 3^n$，所以 $3 < \sqrt[n]{n^3 + 3^n} < 3\sqrt[n]{2}$.

而 $\lim\limits_{n\to\infty}3 \cdot \sqrt[n]{2} = 3$，由迫敛性知 $\lim\limits_{n\to\infty}\sqrt[n]{n^3 + 3^n} = 3$.

(2) 令 $a_n = \dfrac{n^5}{\mathrm{e}^n}$，则 $a_n > 0$，$\lim\limits_{n\to\infty}\dfrac{a_n}{a_{n+1}} = \mathrm{e}\lim\limits_{n\to\infty}\left(\dfrac{n}{n+1}\right)^5 = \mathrm{e} > 1$，由习题 2.3 第 7 题知 $\lim\limits_{n\to\infty}\dfrac{n^5}{\mathrm{e}^n} = 0$.

(3) $\lim\limits_{n\to\infty}(\sqrt{n+2} - 2\sqrt{n+1} + \sqrt{n}) = \lim\limits_{n\to\infty}[(\sqrt{n+2} - \sqrt{n+1}) - (\sqrt{n+1} - \sqrt{n})]$

$$= \lim\limits_{n\to\infty}\left(\dfrac{1}{\sqrt{n+2} + \sqrt{n+1}} - \dfrac{1}{\sqrt{n+1} + \sqrt{n}}\right)$$

$$= \lim\limits_{n\to\infty}\dfrac{1}{\sqrt{n+2} + \sqrt{n+1}} - \lim\limits_{n\to\infty}\dfrac{1}{\sqrt{n+1} + \sqrt{n}} = 0.$$

2. 证明：(1) $\lim\limits_{n\to\infty}n^2 q^n = 0\ (|q| < 1)$；   (2) $\lim\limits_{n\to\infty}\dfrac{\lg n}{n^\alpha} = 0\ (\alpha \geqslant 1)$.

证   (1) **方法一**   当 $q = 0$ 时，显然 $\lim\limits_{n\to\infty}n^2 q^n = 0$；

当 $q \neq 0$ 时，令 $a_n = |n^2 q^n|$，则

$$\lim\limits_{n\to\infty}\dfrac{a_n}{a_{n+1}} = \lim\limits_{n\to\infty}\dfrac{n^2|q|^n}{(n+1)^2|q|^{n+1}} = \dfrac{1}{|q|} > 1,$$

由习题 2.3 第 7 题知 $\lim\limits_{n\to\infty}|n^2 q^n| = 0$. 于是，当 $|q| < 1$ 时，$\lim\limits_{n\to\infty}n^2 q^n = 0$.

方法二   当 $q = 0$ 时，显然 $\lim\limits_{n\to\infty}n^2 q^n = 0$；

当 $q \neq 0$ 时，因 $|q| < 1$，则 $\dfrac{1}{|q|} > 1$，记 $\dfrac{1}{|q|} = 1 + h > 0$，则 $h > 0$，

$$|n^2 q^n| = \dfrac{n^2}{(1+h)^n} < \dfrac{n^2}{\dfrac{n(n-1)(n-2)}{6}h^3} = \dfrac{6n}{(n-1)(n-2)h^3},$$

而 $\lim\limits_{n\to\infty}\dfrac{6n}{(n-1)(n-2)h^3} = 0$，所以 $\lim\limits_{n\to\infty}n^2 q^n = 0$.

(2) 当 $\alpha = 1$ 时，$\dfrac{\lg n}{n} = \lg\sqrt[n]{n}$，故 $\lim\limits_{n\to\infty}\dfrac{\lg n}{n} = \lim\limits_{n\to\infty}\lg\sqrt[n]{n} = 0$；

当 $\alpha > 1$ 时，$0 < \dfrac{\lg n}{n^\alpha} < \dfrac{n}{n^\alpha} = \dfrac{1}{n^{\alpha-1}}$，而 $\lim\limits_{n\to\infty}\dfrac{1}{n^{\alpha-1}} = 0$，故由迫敛性知 $\lim\limits_{n\to\infty}\dfrac{\lg n}{n^\alpha} = 0$.

3. 设 $\lim\limits_{n\to\infty} a_n = a$，证明：

(1) $\lim\limits_{n\to\infty} \dfrac{a_1 + a_2 + \cdots + a_n}{n} = a$（又问由此等式能否反过来推出 $\lim\limits_{n\to\infty} a_n = a$）；

(2) 若 $a_n > 0 (n = 1, 2, \cdots)$，则 $\lim\limits_{n\to\infty} \sqrt[n]{a_1 a_2 \cdots a_n} = a$.

证　(1) 因为 $\lim\limits_{n\to\infty} a_n = a$，所以 $\forall \varepsilon > 0$，$\exists N_1$，当 $n > N_1$ 时，有 $|a_n - a| < \dfrac{\varepsilon}{2}$，

又由 $\lim\limits_{n\to\infty} \dfrac{|a_1 - a| + |a_2 - a| + \cdots + |a_{N_1} - a|}{n} = 0$ 知，$\exists N_2$，当 $n > N_2$ 时，有

$$\dfrac{|a_1 - a| + |a_2 - a| + \cdots + |a_{N_1} - a|}{n} < \dfrac{\varepsilon}{2}.$$

取 $N = \max\{N_1, N_2\}$，则当 $n > N$ 时，有

$$\left| \dfrac{a_1 + a_2 + \cdots + a_n}{n} - a \right| = \left| \dfrac{1}{n} \left[(a_1 - a) + (a_2 - a) + \cdots + (a_n - a) \right] \right|$$

$$\leqslant \dfrac{|a_1 - a| + |a_2 - a| + \cdots + |a_{N_1} - a|}{n} + \dfrac{|a_{N_1+1} - a| + \cdots + |a_n - a|}{n}$$

$$< \dfrac{\varepsilon}{2} + \dfrac{n - N_1}{n} \cdot \dfrac{\varepsilon}{2} < \dfrac{\varepsilon}{2} + \dfrac{\varepsilon}{2} = \varepsilon.$$

故 $\lim\limits_{n\to\infty} \dfrac{a_1 + a_2 + \cdots + a_n}{n} = a$.

由这个等式不能推出 $\lim\limits_{n\to\infty} a_n = a$. 例如，$a_n = (-1)^n$，$\lim\limits_{n\to\infty} \dfrac{a_1 + a_2 + \cdots + a_n}{n} = 0$，但 $\{a_n\}$ 不收敛.

(2) 根据极限保号性，由 $a_n > 0 (n = 1, 2, \cdots)$ 可得 $a \geqslant 0$.

如果 $a > 0$，那么 $\lim\limits_{n\to\infty} \dfrac{1}{a_n} = \dfrac{1}{a}$，由平均值不等式得

$$\dfrac{n}{\dfrac{1}{a_1} + \dfrac{1}{a_2} + \cdots + \dfrac{1}{a_n}} \leqslant \sqrt[n]{a_1 a_2 \cdots a_n} \leqslant \dfrac{a_1 + a_2 + \cdots + a_n}{n},$$

由(1)的结论可得

$$\lim_{n\to\infty} \dfrac{a_1 + a_2 + \cdots + a_n}{n} = a,$$

$$\lim_{n\to\infty} \dfrac{n}{\dfrac{1}{a_1} + \dfrac{1}{a_2} + \cdots + \dfrac{1}{a_n}} = \lim_{n\to\infty} \dfrac{1}{\dfrac{1}{n} \left(\dfrac{1}{a_1} + \dfrac{1}{a_2} + \cdots + \dfrac{1}{a_n} \right)} = \dfrac{1}{\dfrac{1}{a}} = a,$$

再由迫敛性得 $\lim\limits_{n\to\infty} \sqrt[n]{a_1 a_2 \cdots a_n} = a$.

如果 $a = 0$，则 $0 \leqslant \sqrt[n]{a_1 a_2 \cdots a_n} \leqslant \dfrac{1}{n} (a_1 + a_2 + \cdots + a_n)$，且 $\lim\limits_{n\to\infty} \dfrac{1}{n} (a_1 + a_2 + \cdots + a_n) = 0$，因此，

由迫敛性得 $\lim\limits_{n\to\infty} \sqrt[n]{a_1 a_2 \cdots a_n} = 0$.

综上所述，有 $\lim\limits_{n\to\infty} \sqrt[n]{a_1 a_2 \cdots a_n} = a$.

4. 应用上题的结论证明下列各题：

(1) $\lim\limits_{n\to\infty} \dfrac{1 + \dfrac{1}{2} + \dfrac{1}{3} + \cdots + \dfrac{1}{n}}{n} = 0$；

(2) $\lim\limits_{n\to\infty} \sqrt[n]{a} = 1 (a > 0)$；

(3) $\lim\limits_{n\to\infty} \sqrt[n]{n} = 1$；

(4) $\lim\limits_{n\to\infty} \dfrac{1}{\sqrt[n]{n!}} = 0$；

(5) $\lim\limits_{n\to\infty} \dfrac{n}{\sqrt[n]{n!}} = e$；

(6) $\lim\limits_{n\to\infty} \dfrac{1 + \sqrt{2} + \sqrt[3]{3} + \cdots + \sqrt[n]{n}}{n} = 1$；

(7) 若 $\lim\limits_{n\to\infty}\dfrac{b_{n+1}}{b_n}=a(b_n>0)$，则 $\lim\limits_{n\to\infty}\sqrt[n]{b_n}=a$；　　(8) 若 $\lim\limits_{n\to\infty}(a_n-a_{n-1})=d$，则 $\lim\limits_{n\to\infty}\dfrac{a_n}{n}=d$.

解　(1) 因为 $\lim\limits_{n\to\infty}\dfrac{1}{n}=0$，由第 3(1) 题知 $\lim\limits_{n\to\infty}\dfrac{1+\frac{1}{2}+\frac{1}{3}+\cdots+\frac{1}{n}}{n}=0$.

(2) 令 $a_1=a,a_n=1(n=2,3,\cdots)$，则 $\lim\limits_{n\to\infty}a_n=1$，由第 3(2) 题知

$$\lim_{n\to\infty}\sqrt[n]{a}=\lim_{n\to\infty}\sqrt[n]{a\cdot\underbrace{1\cdot1\cdots1}_{n-1\text{个}}}=\lim_{n\to\infty}\sqrt[n]{a_1a_2\cdots a_n}=\lim_{n\to\infty}a_n=1.$$

(3) 令 $a_1=1,a_n=\dfrac{n}{n-1}(n=2,3,\cdots)$，则 $a_n>0,\lim\limits_{n\to\infty}a_n=1$，由第 3(2) 题知

$$\lim_{n\to\infty}\sqrt[n]{n}=\lim_{n\to\infty}\sqrt[n]{1\cdot\frac{2}{1}\cdot\frac{3}{2}\cdot\cdots\cdot\frac{n}{n-1}}=\lim_{n\to\infty}\sqrt[n]{a_1a_2\cdots a_n}=\lim_{n\to\infty}a_n=1.$$

(4) 令 $a_n=\dfrac{1}{n}$，则 $a_n>0,\lim\limits_{n\to\infty}a_n=0$，由第 3(2) 题知

$$\lim_{n\to\infty}\frac{1}{\sqrt[n]{n!}}=\lim_{n\to\infty}\sqrt[n]{\frac{1}{1}\cdot\frac{1}{2}\cdot\frac{1}{3}\cdot\cdots\cdot\frac{1}{n}}=\lim_{n\to\infty}\sqrt[n]{a_1a_2\cdots a_n}=\lim_{n\to\infty}a_n=0$$

(5) 令 $a_n=\left(1+\dfrac{1}{n}\right)^n$，则 $\lim\limits_{n\to\infty}a_n=\mathrm{e}$. 由第 3(2) 题知

$$\lim_{n\to\infty}\sqrt[n]{\frac{(n+1)^n}{n!}}=\lim_{n\to\infty}\sqrt[n]{\frac{2^1}{1^1}\cdot\frac{3^2}{2^2}\cdot\cdots\cdot\frac{(n+1)^n}{n^n}}=\lim_{n\to\infty}\sqrt[n]{a_1a_2\cdots a_n}=\mathrm{e},$$

因而

$$\lim_{n\to\infty}\frac{n}{\sqrt[n]{n!}}=\lim_{n\to\infty}\sqrt[n]{\frac{n^n}{n!}}=\lim_{n\to\infty}\sqrt[n]{\frac{(n+1)^n}{n!}\cdot\frac{n^n}{(n+1)^n}}$$

$$=\lim_{n\to\infty}\sqrt[n]{\frac{(n+1)^n}{n!}}\cdot\frac{n}{n+1}=\mathrm{e}\cdot1=\mathrm{e}.$$

(6) 令 $a_n=\sqrt[n]{n}$，则 $\lim\limits_{n\to\infty}a_n=1$，由第 3(1) 题知

$$\lim_{n\to\infty}\frac{1+\sqrt{2}+\sqrt[3]{3}+\cdots+\sqrt[n]{n}}{n}=\lim_{n\to\infty}\frac{a_1+a_2+\cdots+a_n}{n}=\lim_{n\to\infty}a_n=1.$$

(7) 补充定义 $b_0=1$，令 $a_n=\dfrac{b_n}{b_{n-1}}(n=1,2,\cdots)$，则由 $b_n>0$ 知 $a_n>0$.

因为 $\lim\limits_{n\to\infty}\dfrac{b_{n+1}}{b_n}=a$，所以 $\lim\limits_{n\to\infty}a_n=\lim\limits_{n\to\infty}\dfrac{b_n}{b_{n-1}}=a$，由第 3(2) 题得

$$\lim_{n\to\infty}\sqrt[n]{b_n}=\lim_{n\to\infty}\sqrt[n]{\frac{b_1}{1}\cdot\frac{b_2}{b_1}\cdot\cdots\cdot\frac{b_n}{b_{n-1}}}=\lim_{n\to\infty}\sqrt[n]{a_1a_2\cdots a_n}=\lim_{n\to\infty}a_n=a.$$

(8) 令 $b_1=a_1,b_n=a_n-a_{n-1}(n=2,3,\cdots)$，则 $\lim\limits_{n\to\infty}b_n=\lim\limits_{n\to\infty}(a_n-a_{n-1})=d$，由第 3(1) 题知

$$\lim_{n\to\infty}\frac{a_n}{n}=\lim_{n\to\infty}\frac{a_1+(a_2-a_1)+\cdots+(a_n-a_{n-1})}{n}=\lim_{n\to\infty}\frac{b_1+b_2+\cdots+b_n}{n}=d.$$

5. 证明：若 $\{a_n\}$ 为递增数列，$\{b_n\}$ 为递减数列，且 $\lim\limits_{n\to\infty}(a_n-b_n)=0$，则 $\lim\limits_{n\to\infty}a_n$ 与 $\lim\limits_{n\to\infty}b_n$ 都存在且相等.

证　由 $\lim\limits_{n\to\infty}(a_n-b_n)=0$ 可知，数列 $\{a_n-b_n\}$ 有界，故 $\exists M>0,\forall n$，有 $-M\leqslant a_n-b_n\leqslant M$. 又因为 $\{a_n\}$ 为递增数列，$\{b_n\}$ 为递减数列，因而有

$$a_n=(a_n-b_n)+b_n\leqslant M+b_1,\quad b_n=(b_n-a_n)+a_n\geqslant-M+a_1.$$

故 $\{a_n\}$ 和 $\{b_n\}$ 都是单调有界数列，由单调有界定理知 $\lim\limits_{n\to\infty}a_n$ 与 $\lim\limits_{n\to\infty}b_n$ 都存在.

故 $\lim\limits_{n\to\infty}a_n=\lim\limits_{n\to\infty}[(a_n-b_n)+b_n]=\lim\limits_{n\to\infty}(a_n-b_n)+\lim\limits_{n\to\infty}b_n=\lim\limits_{n\to\infty}b_n$，即 $\lim\limits_{n\to\infty}a_n=\lim\limits_{n\to\infty}b_n$.

6. 设数列 $\{a_n\}$ 满足：存在正数 M，对一切 n 有

$$A_n=|a_2-a_1|+|a_3-a_2|+\cdots+|a_n-a_{n-1}|\leqslant M.$$

证明：数列 $\{a_n\}$ 与 $\{A_n\}$ 都收敛.

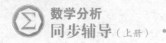

证　由 $A_{n+1}-A_n=|a_{n+1}-a_n|\geqslant 0$ 及 $A_n\leqslant M$,知 $\{A_n\}$ 是单调有界数列,故由单调有界定理知 $\{A_n\}$ 收敛. 由柯西收敛准则知,$\forall\varepsilon>0,\exists N$,当 $n>N$ 时,对 $\forall p\in\mathbf{N}_+$,有 $|A_{n+p}-A_n|=A_{n+p}-A_n<\varepsilon$,于是

$$|a_{n+p}-a_n|=|(a_{n+p}-a_{n+p-1})+(a_{n+p-1}-a_{n+p-2})+\cdots+(a_{n+1}-a_n)|$$
$$\leqslant|a_{n+p}-a_{n+p-1}|+|a_{n+p-1}-a_{n+p-2}|+\cdots+|a_{n+1}-a_n|$$
$$=A_{n+p}-A_n<\varepsilon,$$

由柯西收敛准则知,数列 $\{a_n\}$ 收敛.

7. 设 $a>0,\sigma>0,a_1=\dfrac{1}{2}\left(a+\dfrac{\sigma}{a}\right),a_{n+1}=\dfrac{1}{2}\left(a_n+\dfrac{\sigma}{a_n}\right),n=1,2,\cdots$.

证明:数列 $\{a_n\}$ 收敛,且其极限为 $\sqrt{\sigma}$.

证　由 $a>0,\sigma>0$ 知,$a_n>0$ 且

$$a_1=\frac{1}{2}\left(a+\frac{\sigma}{a}\right)\geqslant\sqrt{a\cdot\frac{\sigma}{a}}=\sqrt{\sigma},$$

$$a_{n+1}=\frac{1}{2}\left(a_n+\frac{\sigma}{a_n}\right)\geqslant\sqrt{a_n\cdot\frac{\sigma}{a_n}}=\sqrt{\sigma}\,(n=1,2,\cdots).$$

又因为

$$a_{n+1}-a_n=\frac{1}{2}\left(a_n+\frac{\sigma}{a_n}\right)-a_n=\frac{1}{2}\left(\frac{\sigma}{a_n}-a_n\right)=\frac{1}{2a_n}(\sigma-a_n^2)\leqslant 0,\text{即 }a_{n+1}\leqslant a_n,$$

从而数列 $\{a_n\}$ 单调递减有下界. 所以由单调有界定理知数列 $\{a_n\}$ 收敛.

令 $\lim\limits_{n\to\infty}a_n=\alpha$,由 $a_n\geqslant\sqrt{\sigma}>0$ 知 $\alpha>0$(极限保号性). 在 $a_{n+1}=\dfrac{1}{2}\left(a_n+\dfrac{\sigma}{a_n}\right)$ 两边取极限,得到 $\alpha=\dfrac{1}{2}\left(\alpha+\dfrac{\sigma}{\alpha}\right)$,解得 $\alpha=\sqrt{\sigma}$ 或 $\alpha=-\sqrt{\sigma}$,舍去负根,因此 $\lim\limits_{n\to\infty}a_n=\sqrt{\sigma}$.

8. 设 $a_1>b_1>0$,记

$$a_n=\frac{a_{n-1}+b_{n-1}}{2},\quad b_n=\frac{2a_{n-1}b_{n-1}}{a_{n-1}+b_{n-1}},n=2,3,\cdots.$$

证明:数列 $\{a_n\}$ 与 $\{b_n\}$ 的极限都存在且等于 $\sqrt{a_1 b_1}$.

证　显然,$a_n>0,b_n>0,n=1,2,\cdots$.

易知 $b_n=\dfrac{2}{\dfrac{1}{a_{n-1}}+\dfrac{1}{b_{n-1}}}\leqslant\dfrac{a_{n-1}+b_{n-1}}{2}=a_n$,

所以 $a_n=\dfrac{a_{n-1}+b_{n-1}}{2}\leqslant\dfrac{a_{n-1}+a_{n-1}}{2}=a_{n-1},b_n=\dfrac{2}{\dfrac{1}{a_{n-1}}+\dfrac{1}{b_{n-1}}}\geqslant\dfrac{2}{\dfrac{1}{b_{n-1}}+\dfrac{1}{b_{n-1}}}=b_{n-1}$,因而有

$$b_1\leqslant b_2\leqslant\cdots\leqslant b_n\leqslant a_n\leqslant\cdots\leqslant a_2\leqslant a_1,$$

即 $\{a_n\},\{b_n\}$ 都是单调有界数列,由单调有界定理知,$\{a_n\}$ 和 $\{b_n\}$ 的极限都存在. 设 $\lim\limits_{n\to\infty}a_n=a,\lim\limits_{n\to\infty}b_n=b$,在 $a_n=\dfrac{a_{n-1}+b_{n-1}}{2}$ 的两边取极限得到 $a=\dfrac{1}{2}(a+b)$,即 $a=b$.

又由

$$a_n b_n=\frac{a_{n-1}+b_{n-1}}{2}\cdot\frac{2a_{n-1}b_{n-1}}{a_{n-1}+b_{n-1}}=a_{n-1}b_{n-1}=\cdots=a_1 b_1,$$

两边取极限得 $ab=a_1 b_1$. 因此,$a=b=\sqrt{a_1 b_1}$.

9. 按柯西收敛准则叙述数列 $\{a_n\}$ 发散的充要条件,并用它证明下列数列 $\{a_n\}$ 是发散的:

$(1)a_n=(-1)^n n$;　$(2)a_n=\sin\dfrac{n\pi}{2}$;　$(3)a_n=1+\dfrac{1}{2}+\cdots+\dfrac{1}{n}$.

解　数列 $\{a_n\}$ 发散的充要条件是:$\exists\varepsilon_0>0$,对 $\forall N,\exists n_0,m_0>N$,使得 $|a_{n_0}-a_{m_0}|\geqslant\varepsilon_0$.

(1) 取 $\varepsilon_0 = 1$,对 $\forall N$,取 $n_0 = N+1$,$m_0 = N+2$,则有 $n_0 > N$,$m_0 > N$,但
$$\mid a_{n_0} - a_{m_0} \mid = \mid (-1)^{N+1}(N+1) - (-1)^{N+2}(N+2) \mid = 2N+3 > \varepsilon_0,$$
故数列 $\{(-1)^n n\}$ 发散.

(2) 取 $\varepsilon_0 = \dfrac{1}{2}$,对 $\forall N$,取 $n_0 = 2N+1$,$m_0 = 2N+2$,则有 $n_0 > N$,$m_0 > N$,但
$$\mid a_{n_0} - a_{m_0} \mid = \left| \sin\left[(2N+1)\cdot\frac{\pi}{2}\right] - \sin\left[(2N+2)\cdot\frac{\pi}{2}\right] \right| = 1 > \varepsilon_0,$$
故数列 $\left\{ \sin\dfrac{n\pi}{2} \right\}$ 发散.

(3) 取 $\varepsilon_0 = \dfrac{1}{2}$,对 $\forall N$,取 $n_0 = 2N+2$,$m_0 = N+1$,则有 $n_0 > N$,$m_0 > N$,但
$$\mid a_{n_0} - a_{m_0} \mid = \frac{1}{N+2} + \frac{1}{N+3} + \cdots + \frac{1}{2N+2} > \frac{N+1}{2N+2} = \frac{1}{2} = \varepsilon_0,$$
故数列 $\{a_n\}$ 发散.

10. 设 $\lim\limits_{n\to\infty} a_n = a$,$\lim\limits_{n\to\infty} b_n = b$,记
$$S_n = \max\{a_n, b_n\},\ T_n = \min\{a_n, b_n\},\ n = 1,2,\cdots.$$

证明:(1) $\lim\limits_{n\to\infty} S_n = \max\{a, b\}$;(2) $\lim\limits_{n\to\infty} T_n = \min\{a, b\}$.

提示:参考第一章总练习题第 1 题.

证 (1) 由第一章总练习题第 1 题知,$S_n = \max\{a_n, b_n\} = \dfrac{1}{2}(a_n + b_n + \mid a_n - b_n \mid)$.

因为 $\lim\limits_{n\to\infty} a_n = a$,$\lim\limits_{n\to\infty} b_n = b$,所以
$$\lim_{n\to\infty} S_n = \lim_{n\to\infty} \frac{1}{2}(a_n + b_n + \mid a_n - b_n \mid) = \frac{1}{2}(a + b + \mid a - b \mid) = \max\{a, b\}.$$

(2) 同理 $T_n = \min\{a_n, b_n\} = \dfrac{1}{2}(a_n + b_n - \mid a_n - b_n \mid)$,
$$\lim_{n\to\infty} T_n = \frac{1}{2}(a + b - \mid a - b \mid) = \min\{a, b\}.$$

11. 设 $\{a_n\}$ 是无界数列,$\{b_n\}$ 是无穷大数列. 证明:$\{a_n b_n\}$ 必为无界数列.

证 因为 $\{b_n\}$ 是无穷大数列,所以 $\forall M > 0$,$\exists N$,当 $n > N$ 时,有 $\mid b_n \mid > \sqrt{M}$.

又因为 $\{a_n\}$ 是无界数列,所以 $\exists n_0 > N$,有 $\mid a_{n_0} \mid > \sqrt{M}$.

因此,$\mid a_{n_0} b_{n_0} \mid > M$,即 $\{a_n b_n\}$ 是无界数列.

12. 倘若 $\{a_n\}$,$\{b_n\}$ 都是无界数列,试问 $\{a_n b_n\}$ 是否必为无界数列?(若是,需作证明;若否,需给出反例)

解 不一定.

如反例:

设 $a_n = \begin{cases} 0, & n\ \text{为奇数}, \\ n, & n\ \text{为偶数}. \end{cases}$ $b_n = \begin{cases} n, & n\ \text{为奇数}, \\ 0, & n\ \text{为偶数}. \end{cases}$

则 $\{a_n\}$,$\{b_n\}$ 都是无界数列,但是 $a_n b_n = 0$ 为有界数列.

或 $a_n = n^{(-1)^n}$,$b_n = n^{(-1)^{n+1}}$,则 $\{a_n\}$,$\{b_n\}$ 都是无界数列,但 $a_n b_n = 1$ 为有界数列.

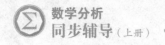

四、自测题

======== 第二章自测题 ========

一、判断题（每题 2 分，共 12 分）

1．若 $\lim\limits_{n\to\infty} x_n = a$，$\lim\limits_{n\to\infty} y_n = b$，且 $\exists N$，当 $n > N$ 时，不等式 $x_n > y_n$ 都成立，则 $a > b$.　　　　　（　　）

2．对 $\forall \varepsilon > 0$，$\exists N$，当 $n > N$ 时，有 $x_n < \varepsilon$，则 $\{x_n\}$ 为无穷小量.　　　　　（　　）

3．若 $a_n \to a(n \to \infty)$，则 $|a_n| \to |a|(n \to \infty)$.　　　　　（　　）

4．若 $\{x_n y_n\}$ 收敛，则 $\{x_n\}$，$\{y_n\}$ 都收敛.　　　　　（　　）

5．两个无穷大量的和仍然是无穷大量.　　　　　（　　）

6．若数列 $\{x_n\}$ 无上界，则必有严格单调增加且趋于正穷大的子列.　　　　　（　　）

二、叙述下列概念或定理（每题 4 分，共 16 分）

7．用数列极限的 $\varepsilon - N$ 定义 $\lim\limits_{n\to\infty} a_n = a$.

8．单调有界定理.

9．致密性定理.

10．Cauchy 收敛准则.

三、用定义证明（每题 5 分，共 10 分）

11．$\lim\limits_{n\to\infty} \dfrac{n^2 - n + 2}{3n^2 + 2n - 4} = \dfrac{1}{3}$.

12．$\lim\limits_{n\to\infty} \sqrt[n]{n} = 1$.

四、计算题，写出必要的计算过程（每题 7 分，共 42 分）

13．设 $x_{n+1} = \dfrac{3(1 + x_n)}{3 + x_n}(x_1 > 0)$，求 $\lim\limits_{n\to\infty} x_n$.

14．求 $\lim\limits_{n\to\infty} \sqrt[n]{1 + \dfrac{1}{2n^2}}$.

15．求 $\lim\limits_{n\to\infty} \dfrac{\sqrt{n + \sqrt{n}} - \sqrt{n}}{\sqrt[n]{3^n + 5^n + 7^n}}$.

16．求极限 $\lim\limits_{n\to\infty} \dfrac{1^k + 2^k + \cdots + n^k}{n^{k+1}}(k \in \mathbf{N}_+)$.

17．求 $\lim\limits_{n\to\infty} \left(\dfrac{1 + n}{2 + n} \right)^n$.

18．求 $\lim\limits_{n\to\infty} \dfrac{1}{2} \cdot \dfrac{3}{4} \cdot \cdots \cdot \dfrac{2n - 1}{2n}$.

五、证明题，写出必要的证明过程（每题 10 分，共 20 分）

19．已知 $\lim\limits_{n\to\infty} a_n = a$，且 $a > 0$，证明：$\lim\limits_{n\to\infty} \sqrt[n]{a_n} = 1$.

20．证明：数列 $\{a_n\}$ 收敛的充要条件是 $\{a_{2n}\}$ 和 $\{a_{2n-1}\}$ 都收敛，且有相同的极限.

======== 第二章自测题解答 ========

一、1．$\times$　　2．$\times$　　3．$\checkmark$　　4．$\times$　　5．$\times$　　6．$\checkmark$

二、7．解　设 $\{a_n\}$ 为数列，a 为定数. 若对 $\forall \varepsilon > 0$，总存在正整数 N，使得当 $n > N$ 时，有

$$|a_n - a| < \varepsilon,$$

则称数列 $\{a_n\}$ 收敛于 a,定数 a 称为数列 $\{a_n\}$ 的极限,并记作 $\lim\limits_{n\to\infty} a_n = a$.

8. 解 在实数系中,有界的单调数列必有极限.

9. 解 任何有界数列必有收敛的子列.

10. 解 数列 $\{a_n\}$ 收敛的充要条件是:对 $\forall \varepsilon > 0$,存在正整数 N,使得当 $n, m > N$ 时,有
$$| a_n - a_m | < \varepsilon.$$

三、11. 证 $\forall \varepsilon > 0$,由于
$$\left| \frac{n^2 - n + 2}{3n^2 + 2n - 4} - \frac{1}{3} \right| = \left| \frac{-5n + 10}{3(3n^2 + 2n - 4)} \right| \leqslant \frac{6n}{8n^2} = \frac{3}{4n}(n > 2).$$

取 $N = \max\left\{2, \dfrac{3}{4\varepsilon}\right\}$,当 $n > N$ 时,有
$$\left| \frac{n^2 - n + 2}{3n^2 + 2n - 4} - \frac{1}{3} \right| < \varepsilon,$$

故 $\lim\limits_{n\to\infty} \dfrac{n^2 - n + 2}{3n^2 + 2n - 4} = \dfrac{1}{3}$.

12. 证 $\forall \varepsilon > 0$,由于
$$1 \leqslant n^{\frac{1}{n}} = (\underbrace{1 \cdot \cdots \cdot 1}_{n-2\text{个}} \cdot \sqrt{n} \cdot \sqrt{n})^{\frac{1}{n}} < \frac{(n-2) + 2\sqrt{n}}{n} = 1 + \frac{2}{\sqrt{n}},$$

因此
$$0 \leqslant n^{\frac{1}{n}} - 1 < \frac{2}{\sqrt{n}}.$$

取 $N = \left[\dfrac{4}{\varepsilon^2}\right]$,当 $n > N$ 时,有
$$| n^{\frac{1}{n}} - 1 | < \varepsilon.$$

故 $\lim\limits_{n\to\infty} \sqrt[n]{n} = 1$.

四、13. 解 由题意知 $x_n > 0$.同样,由递推关系可知
$$x_{n+1} - \sqrt{3} = \frac{(3 - \sqrt{3})(x_n - \sqrt{3})}{3 + x_n}, n \in \mathbf{N}_+,$$

从而 $| x_{n+1} - \sqrt{3} | = \dfrac{3 - \sqrt{3}}{3 + x_n} | x_n - \sqrt{3} | \leqslant \left(1 - \dfrac{\sqrt{3}}{3}\right) | x_n - \sqrt{3} |, n \in \mathbf{N}_+$. 由此可知 $\lim\limits_{n\to\infty} x_n = \sqrt{3}$.

14. 解 由于 $1 \leqslant \sqrt[n]{1 + \dfrac{1}{2n^2}} \leqslant \sqrt[n]{2}$,而 $\lim\limits_{n\to\infty} \sqrt[n]{2} = 1$,故由迫敛性知,$\lim\limits_{n\to\infty} \sqrt[n]{1 + \dfrac{1}{2n^2}} = 1$.

15. 解 $\lim\limits_{n\to\infty} \dfrac{\sqrt{n + \sqrt{n}} - \sqrt{n}}{\sqrt[n]{3^n + 5^n + 7^n}} = \lim\limits_{n\to\infty} \dfrac{\sqrt{n}}{7\sqrt[n]{\left(\dfrac{3}{7}\right)^n + \left(\dfrac{5}{7}\right)^n + 1}(\sqrt{n + \sqrt{n}} + \sqrt{n})} = \dfrac{1}{14}$.

16. 解 令 $x_n = 1^k + 2^k + \cdots + n^k, y_n = n^{k+1}$,由
$$\lim\limits_{n\to\infty} \frac{x_n - x_{n-1}}{y_n - y_{n-1}} = \lim\limits_{n\to\infty} \frac{n^k}{n^{k+1} - (n-1)^{k+1}}$$
$$= \lim\limits_{n\to\infty} \frac{n^k}{(k+1)n^k - \mathrm{C}_{k+1}^2 n^{k-1} + \cdots} = \frac{1}{k+1},$$

故 $\lim\limits_{n\to\infty} \dfrac{1^k + 2^k + \cdots + n^k}{n^{k+1}} = \dfrac{1}{k+1}$.

17. 解 $\lim\limits_{n\to\infty} \left(\dfrac{1+n}{2+n}\right)^n = \lim\limits_{n\to\infty} \dfrac{\left(1 + \dfrac{1}{n}\right)^n}{\left(1 + \dfrac{2}{n}\right)^n} = \dfrac{\mathrm{e}}{\mathrm{e}^2} = \dfrac{1}{\mathrm{e}}$.

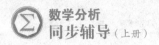
18. 解　由于

$$0 < \frac{1}{2} \cdot \frac{3}{4} \cdot \cdots \cdot \frac{2n-1}{2n} < \frac{1}{\sqrt{1 \cdot 3}} \cdot \frac{3}{\sqrt{3 \cdot 5}} \cdots \frac{2n-1}{\sqrt{(2n-1)(2n+1)}} = \frac{1}{\sqrt{2n+1}}.$$

而 $\lim\limits_{n \to \infty} \dfrac{1}{\sqrt{2n+1}} = 0$，所以由迫敛性知 $\lim\limits_{n \to \infty} \dfrac{1}{2} \cdot \dfrac{3}{4} \cdot \cdots \cdot \dfrac{2n-1}{2n} = 0.$

五、19. 证　由于 $\lim\limits_{n \to \infty} a_n = a > 0$，所以由保号性可知 $\exists N$，当 $n > N$ 时，有 $\dfrac{1}{2}a \leqslant a_n \leqslant \dfrac{3}{2}a$. 从而，当 $n > N$ 时，有

$$\sqrt[n]{\frac{1}{2}a} \leqslant \sqrt[n]{a_n} \leqslant \sqrt[n]{\frac{3}{2}a},$$

而显然 $\lim\limits_{n \to \infty} \sqrt[n]{\dfrac{1}{2}a} = \lim\limits_{n \to \infty} \sqrt[n]{\dfrac{3}{2}a} = 1$，所以由迫敛性知 $\lim\limits_{n \to \infty} \sqrt[n]{a_n} = 1.$

20. 证　必要性显然.

下证充分性. 设 $\lim\limits_{n \to \infty} a_{2n} = \lim\limits_{n \to \infty} a_{2n-1} = a.$ 由于 $\lim\limits_{k \to \infty} a_{2k} = a$，因此，对 $\forall \varepsilon > 0$，$\exists K_1 > 0$，当 $k > K_1$ 时，有

$$|a_{2k} - a| < \varepsilon.$$

由于 $\lim\limits_{k \to \infty} a_{2k-1} = a$，对上述 $\varepsilon > 0$，$\exists K_2 > 0$，当 $k > K_2$ 时，有

$$|a_{2k-1} - a| < \varepsilon.$$

现取 $N = \max\{2K_1, 2K_2 - 1\}$，那么当 $n > N$ 时，有 $|a_n - a| < \varepsilon$，故 $\lim\limits_{n \to \infty} a_n = a.$

第三章 函数极限

一、主要内容归纳

1. 自变量 $x \to \infty$ 时函数的极限

(1) $\lim\limits_{x \to \infty} f(x) = A \Leftrightarrow \forall \varepsilon > 0, \exists X > 0$, 当 $|x| > X$ 时, 有 $|f(x) - A| < \varepsilon$.

(2) $\lim\limits_{x \to +\infty} f(x) = A \Leftrightarrow \forall \varepsilon > 0, \exists X > 0$, 当 $x > X$ 时, 有 $|f(x) - A| < \varepsilon$.

(3) $\lim\limits_{x \to -\infty} f(x) = A \Leftrightarrow \forall \varepsilon > 0, \exists X > 0$, 当 $x < -X$ 时, 有 $|f(x) - A| < \varepsilon$.

(4) $\lim\limits_{x \to \infty} f(x) = A \Leftrightarrow \lim\limits_{x \to +\infty} f(x) = \lim\limits_{x \to -\infty} f(x) = A$.

2. 自变量 $x \to x_0$ 时函数的极限

(1) $\lim\limits_{x \to x_0} f(x) = A \Leftrightarrow \forall \varepsilon > 0, \exists \delta > 0$, 当 $0 < |x - x_0| < \delta$ 时, 有 $|f(x) - A| < \varepsilon$.

(2) $\lim\limits_{x \to x_0^+} f(x) = A \Leftrightarrow \forall \varepsilon > 0, \exists \delta > 0$, 当 $x_0 < x < x_0 + \delta$ 时, 有 $|f(x) - A| < \varepsilon$.

(3) $\lim\limits_{x \to x_0^-} f(x) = A \Leftrightarrow \forall \varepsilon > 0, \exists \delta > 0$, 当 $x_0 - \delta < x < x_0$ 时, 有 $|f(x) - A| < \varepsilon$.

(4) $\lim\limits_{x \to x_0} f(x) = A \Leftrightarrow \lim\limits_{x \to x_0^+} f(x) = \lim\limits_{x \to x_0^-} f(x) = A$.

3. 函数极限的性质

(1) **唯一性** 若 $\lim\limits_{x \to x_0} f(x)$ 存在, 则该极限是唯一的.

(2) **局部有界性** 若 $\lim\limits_{x \to x_0} f(x)$ 存在, 则 $f(x)$ 在 x_0 的某空心邻域 $U^o(x_0)$ 内有界.

(3) **局部保号性** 若 $\lim\limits_{x \to x_0} f(x) = A > 0$ (或 < 0), 则对任何正数 $r < A$ (或 $r < -A$), 存在 $U^o(x_0)$, 使得对 $\forall x \in U^o(x_0)$ 有 $f(x) > r > 0$ (或 $f(x) < -r < 0$).

(4) **保不等式性** 设 $\lim\limits_{x \to x_0} f(x)$ 与 $\lim\limits_{x \to x_0} g(x)$ 都存在, 且在某 $U^o(x_0; \delta')$ 内有 $f(x) \leqslant g(x)$, 则

$$\lim_{x \to x_0} f(x) \leqslant \lim_{x \to x_0} g(x).$$

(5) **迫敛性** 设 $\lim\limits_{x \to x_0} f(x) = \lim\limits_{x \to x_0} g(x) = A$, 且在某 $U^o(x_0; \delta')$ 内有 $f(x) \leqslant h(x) \leqslant g(x)$, 则

$$\lim_{x \to x_0} h(x) = A.$$

(6) **四则运算法则** 若 $\lim\limits_{x \to x_0} f(x)$ 与 $\lim\limits_{x \to x_0} g(x)$ 都存在, 则 $\lim\limits_{x \to x_0}[f(x) \pm g(x)]$ 与 $\lim\limits_{x \to x_0}[f(x) \cdot g(x)]$ 都存在, 且

(i) $\lim\limits_{x \to x_0}[f(x) \pm g(x)] = \lim\limits_{x \to x_0} f(x) \pm \lim\limits_{x \to x_0} g(x)$;

(ii) $\lim\limits_{x \to x_0}[f(x) g(x)] = \lim\limits_{x \to x_0} f(x) \lim\limits_{x \to x_0} g(x)$;

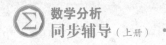
又若 $\lim\limits_{x \to x_0} g(x) \neq 0$，则 $\lim\limits_{x \to x_0} \dfrac{f(x)}{g(x)}$ 存在，且 $\lim\limits_{x \to x_0} \dfrac{f(x)}{g(x)} = \dfrac{\lim\limits_{x \to x_0} f(x)}{\lim\limits_{x \to x_0} g(x)}$.

4. 归结原则

$\lim\limits_{x \to x_0} f(x) = A \Leftrightarrow \forall \{x_n\} \subset U^o(x_0)$ 且 $\lim\limits_{n \to \infty} x_n = x_0$，都有 $\lim\limits_{n \to \infty} f(x_n) = A$.

$\lim\limits_{x \to x_0^+} f(x) = A \Leftrightarrow \forall \{x_n\} \subset U^o_+(x_0)$ 且 $\lim\limits_{n \to \infty} x_n = x_0$，都有 $\lim\limits_{n \to \infty} f(x_n) = A$.

$\lim\limits_{x \to x_0^-} f(x) = A \Leftrightarrow \forall \{x_n\} \subset U^o_-(x_0)$ 且 $\lim\limits_{n \to \infty} x_n = x_0$，都有 $\lim\limits_{n \to \infty} f(x_n) = A$.

单侧极限的归结原则可表示为以下更强的形式：

$\lim\limits_{x \to x_0^+} f(x) = A \Leftrightarrow$ 对任何以 x_0 为极限的单调递减数列 $\{x_n\} \subset U^o_+(x_0)$，都有 $\lim\limits_{n \to \infty} f(x_n) = A$.

$\lim\limits_{x \to x_0^-} f(x) = A \Leftrightarrow$ 对任何以 x_0 为极限的单调递增数列 $\{x_n\} \subset U^o_-(x_0)$，都有 $\lim\limits_{n \to \infty} f(x_n) = A$.

5. 函数极限的单调有界定理

（1）设 $f(x)$ 为 $U^o_+(x_0)$ 上的有界函数，若 $f(x)$ 单调递增，则 $f(x_0 + 0) = \inf\limits_{x \in U^o_+(x_0)} f(x)$；若 $f(x)$ 单调递减，则 $f(x_0 + 0) = \sup\limits_{x \in U^o_+(x_0)} f(x)$.

（2）设 $f(x)$ 为 $U^o(x_0)$ 上的单调递增函数，则

$$f(x_0 - 0) = \sup\limits_{x \in U^o_-(x_0)} f(x), \quad f(x_0 + 0) = \inf\limits_{x \in U^o_+(x_0)} f(x).$$

6. 函数极限的柯西准则

$\lim\limits_{x \to x_0} f(x) = A \Leftrightarrow \forall \varepsilon > 0, \exists \delta > 0$，对 $\forall x', x'' \in U^o(x_0; \delta)$，有 $|f(x') - f(x'')| < \varepsilon$.

$\lim\limits_{x \to +\infty} f(x) = A \Leftrightarrow \forall \varepsilon > 0, \exists X > 0$，当 $x' > X, x'' > X$ 时，有 $|f(x') - f(x'')| < \varepsilon$.

7. 两个重要极限

（1）$\lim\limits_{x \to 0} \dfrac{\sin x}{x} = 1$.

（2）$\lim\limits_{x \to \infty} \left(1 + \dfrac{1}{x}\right)^x = e$ 或 $\lim\limits_{y \to 0}(1 + y)^{\frac{1}{y}} = e$.

8. 无穷小量与无穷大量的定义

若 $\lim\limits_{x \to x_0} f(x) = 0$，则称 $f(x)$ 为当 $x \to x_0$ 时的**无穷小量**.

若 $\forall G > 0, \exists \delta > 0$，当 $x \in U^o(x_0; \delta)$ 时，有 $|f(x)| > G \ (f(x) > G$ 或 $f(x) < -G)$，则称 $f(x)$ 当 $x \to x_0$ 时有非正常极限 $\infty(+\infty$ 或 $-\infty)$，记作 $\lim\limits_{x \to x_0} f(x) = \infty \ (\lim\limits_{x \to x_0} f(x) = +\infty$ 或 $\lim\limits_{x \to x_0} f(x) = -\infty)$.

若 $\lim\limits_{x \to x_0} f(x) = \infty$ 或 $\lim\limits_{x \to x_0} f(x) = +\infty$ 或 $\lim\limits_{x \to x_0} f(x) = -\infty$，则称 $f(x)$ 为当 $x \to x_0$ 时的**无穷大量**或**正无穷大量**或**负无穷大量**. 同理可定义 $x \to x_0^+, x \to x_0^-, x \to \pm\infty, x \to \infty$ 时的**无穷小量**

和无穷大量.

9. 无穷小量的性质

(1)有限个(相同类型的)无穷小量的和、差、积仍是无穷小量;

(2)无穷小量与有界量的乘积仍为无穷小量;

(3)$\lim\limits_{x \to x_0} f(x) = A \Leftrightarrow f(x) = A + \alpha(x)$,其中$\lim\limits_{x \to x_0} \alpha(x) = 0$.

10. 无穷小量的比较

设当$x \to x_0$时,f与g都为无穷小量.

(1)若$\lim\limits_{x \to x_0} \dfrac{f(x)}{g(x)} = 0$,则称当$x \to x_0$时$f$为$g$的**高阶无穷小量**,或称$g$为$f$的**低阶无穷小量**,记作$f(x) = o(g(x))\ (x \to x_0)$.

(2)若存在正数k和l,使得在某个邻域$U^o(x_0)$内有$k \leqslant \left| \dfrac{f(x)}{g(x)} \right| \leqslant l$,则称$f$与$g$为当$x \to x_0$时的**同阶无穷小量**. 特别当$\lim\limits_{x \to x_0} \dfrac{f(x)}{g(x)} = A \neq 0$时,$f$与$g$必为当$x \to x_0$时的同阶无穷小量. 若$\left| \dfrac{f(x)}{g(x)} \right| \leqslant l, x \in U^o(x_0)$,则记作$f(x) = O(g(x))\ (x \to x_0)$.

(3)若$\lim\limits_{x \to x_0} \dfrac{f(x)}{g(x)} = 1$,则称$f$与$g$是当$x \to x_0$时的**等价无穷小量**,记作$f(x) \sim g(x)$ $(x \to x_0)$.

(4)若$\lim\limits_{x \to x_0} \dfrac{f(x)}{(x-x_0)^k} = c \neq 0(k > 0)$,则称$x \to x_0$时,$f(x)$为$(x-x_0)$的$k$**阶无穷小量**.

11. 等价无穷小代换定理

设函数f, g, h在$U^o(x_0)$内有定义,且有$f(x) \sim g(x)\ (x \to x_0)$.

(1)若$\lim\limits_{x \to x_0} f(x)h(x) = A$,则$\lim\limits_{x \to x_0} g(x)h(x) = A$;

(2 若$\lim\limits_{x \to x_0} \dfrac{h(x)}{f(x)} = B$,则$\lim\limits_{x \to x_0} \dfrac{h(x)}{g(x)} = B$.

12. 无穷小量与无穷大量的关系

设f在$U^o(x_0)$内有定义且不等于0,若f为$x \to x_0$时的无穷小量,则$\dfrac{1}{f}$为$x \to x_0$时的无穷大量;若f为$x \to x_0$时的无穷大量,则$\dfrac{1}{f}$为$x \to x_0$时的无穷小量.

13. 曲线的渐近线

若$k = \lim\limits_{\substack{x \to \infty \\ (\pm \infty)}} \dfrac{f(x)}{x}$,$b = \lim\limits_{\substack{x \to \infty \\ (\pm \infty)}} [f(x) - kx]$,则直线$y = kx + b$是曲线$y = f(x)$的**斜渐近线**,且当$k = 0$时,$y = b$是其**水平渐近线**.

若$\lim\limits_{x \to a} f(x) = \infty$(或$\lim\limits_{x \to a^+} f(x) = \infty$,$\lim\limits_{x \to a^-} f(x) = \infty$),则直线$x = a$是曲线$y = f(x)$的**垂直渐近线**.

二、 经典例题解析及解题方法总结

【例1】 用定义证明：$\lim\limits_{x\to 1}\dfrac{x^2+x-2}{x(x^2-3x+2)}=-3$.

证 令 $f(x)=\dfrac{x^2+x-2}{x(x^2-3x+2)}$. $\forall\varepsilon>0$, 由于当 $0<|x-1|<\dfrac{1}{2}$ 时, 有

$$|f(x)+3|=\left|\dfrac{x^2+x-2}{x(x^2-3x+2)}+3\right|=\left|\dfrac{x+2}{x(x-2)}+3\right|$$

$$=\left|\dfrac{3x^2-5x+2}{x(x-2)}\right|=\dfrac{|3x-2|}{|x^2-2x|}\cdot|x-1|<\dfrac{10}{3}|x-1|,$$

$$\left(|3x-2|\leqslant 3|x-1|+1<\dfrac{5}{2},\ |x^2-2x|=|1-(x-1)^2|>\dfrac{3}{4}\right)$$

取 $\delta=\min\left\{\dfrac{1}{2},\dfrac{3}{10}\varepsilon\right\}$, 则当 $0<|x-1|<\delta$ 时, 有 $|f(x)-(-3)|<\varepsilon$,

故 $\lim\limits_{x\to 1}\dfrac{x^2+x-2}{x(x^2-3x+2)}=-3$.

方法总结

由本题可总结用 $\varepsilon-\delta$ 方法验证 $\lim\limits_{x\to x_0}f(x)=A$ 的具体步骤：

(1)简化分式 $f(x)$ 的形式：当分子分母有当 $x\to x_0$ 时的零因子 $x-x_0$ 时, 应消去这些因子.

(2)把 $|f(x)-A|$ 化简为下述形式：$|f(x)-A|=|\varphi(x)||x-x_0|$.

(3)选取合适的 $\eta>0$, 当 $x\in U^o(x_0;\eta)$ 时, 估算得 $|\varphi(x)|\leqslant M$, 即估算 $|\varphi(x)|$ 在 $U^o(x_0;\eta)$ 内的上界.

(4)对 $\forall\varepsilon>0$, 取 $\delta=\min\left\{\eta,\dfrac{\varepsilon}{M}\right\}$, 则当 $0<|x-x_0|<\delta$ 时, 有 $|f(x)-A|<\varepsilon$.

【例2】 按定义证明：$\lim\limits_{x\to 1}\sqrt{\dfrac{7}{16x^2-9}}=1$.

证 $\forall\varepsilon>0$, 由于当 $0<|x-1|<\dfrac{1}{8}$ 时, 有

$$\left|\sqrt{\dfrac{7}{16x^2-9}}-1\right|=\left|\dfrac{\dfrac{7}{16x^2-9}-1}{\sqrt{\dfrac{7}{16x^2-9}}+1}\right|\leqslant\left|\dfrac{7}{16x^2-9}-1\right|=\dfrac{16|1+x||1-x|}{|16x^2-9|}<16|x-1|.$$

取 $\delta=\min\left\{\dfrac{\varepsilon}{16},\dfrac{1}{8}\right\}$, 则当 $0<|x-1|<\delta$ 时, 有 $\left|\sqrt{\dfrac{7}{16x^2-9}}-1\right|<\varepsilon$,

故 $\lim\limits_{x\to 1}\sqrt{\dfrac{7}{16x^2-9}}=1$.

【例3】 用定义证明：$\lim\limits_{x \to -\infty} \dfrac{x}{\sqrt{x^2+1}-x} = -\dfrac{1}{2}$.

证 $\forall \varepsilon > 0$，$\left| \dfrac{x}{\sqrt{x^2+1}-x} - \left(-\dfrac{1}{2}\right) \right| = \left| \dfrac{\sqrt{x^2+1}+x}{2(\sqrt{x^2+1}-x)} \right| = \dfrac{1}{2(\sqrt{x^2+1}-x)^2}$

$$< \dfrac{1}{2} \cdot \dfrac{1}{(-2x)^2} = \dfrac{1}{8x^2}.$$

取 $X = \sqrt{\dfrac{1}{8\varepsilon}}$，则当 $x < -X$ 时，有 $\left| \dfrac{x}{\sqrt{x^2+1}-x} - \left(-\dfrac{1}{2}\right) \right| < \varepsilon$.

故 $\lim\limits_{x \to -\infty} \dfrac{x}{\sqrt{x^2+1}-x} = -\dfrac{1}{2}$.

【例4】 用定义证明：$\lim\limits_{x \to \infty} \dfrac{2x^2+1}{x^2-3} = 2$.

证 $\forall \varepsilon > 0$，由于当 $|x| > 3$ 时，有 $\left| \dfrac{2x^2+1}{x^2-3} - 2 \right| = \dfrac{7}{|x^2-3|} = \dfrac{7}{\left| \dfrac{x^2}{2} + \dfrac{x^2}{2} - 3 \right|} < \dfrac{14}{x^2} < \dfrac{7}{|x|}$.

取 $X = \max\left\{ 3, \dfrac{7}{\varepsilon} \right\}$，则当 $|x| > X$ 时，有 $\left| \dfrac{2x^2+1}{x^2-3} - 2 \right| < \varepsilon$. 故 $\lim\limits_{x \to \infty} \dfrac{2x^2+1}{x^2-3} = 2$.

● 方法总结

求函数在某点的左、右极限时，有效的方法是仔细观察函数在该点的左、右邻域内的表达式与变化状态. 为方便，f 在 x_0 的右极限与左极限分别记为 $f(x_0+0) = \lim\limits_{x \to x_0^+} f(x)$ 与 $f(x_0-0) = \lim\limits_{x \to x_0^-} f(x)$.

【例5】 用定义证明：$\lim\limits_{x \to +\infty} \dfrac{x-1}{x+4} \neq 0$.

证 取 $\varepsilon_0 = \dfrac{1}{3}$，$\forall X > 0$，取 $x_0 = X + 4$，虽有 $x_0 > X$，但有 $\left| \dfrac{x_0-1}{x_0+4} \right| = \dfrac{X+3}{X+8} > \dfrac{1}{3} = \varepsilon_0$.

故 $\lim\limits_{x \to +\infty} \dfrac{x-1}{x+4} \neq 0$.

● 方法总结

利用极限否定形式的正面陈述：

$\lim\limits_{x \to x_0} f(x) \neq A \Leftrightarrow \exists \varepsilon_0 > 0, \forall \delta > 0, \exists x'$，虽有 $0 < |x'-x_0| < \delta$，但有 $|f(x')-A| \geqslant \varepsilon_0$.

$\lim\limits_{x \to +\infty} f(x) \neq A \Leftrightarrow \exists \varepsilon_0 > 0, \forall X > 0, \exists x'$，虽有 $x' > X$，但有 $|f(x')-A| \geqslant \varepsilon_0$.

其他形式可类似地给出.

注意：$f(x)$ 当 $x \to x_0$ 时不以 A 为极限，并不表示 $f(x)$ 当 $x \to x_0$ 时极限不存在. 如本题中，$f(x) = \dfrac{x-1}{x+4}$ 当 $x \to +\infty$ 时不以 0 为极限，但 $\lim\limits_{x \to +\infty} f(x)$ 存在且等于 1.

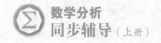
【例6】 设 $f(x)=x-[x]$. 求 $f(x)$ 在整数点 n 处的左极限 $\lim\limits_{x\to n^-}f(x)$ 与右极限 $\lim\limits_{x\to n^+}f(x)$.

解 设 $0<\delta<1$, 当 $0<x-n<\delta$ 时, 有 $f(x)=x-[x]=x-n$, 于是
$$\lim_{x\to n^+}f(x)=\lim_{x\to n^+}(x-n)=0.$$

同理, 设 $0<\delta<1$, 当 $-\delta<x-n<0$ 时, 有 $f(x)=x-[x]=x-(n-1)=x-n+1$, 于是
$$\lim_{x\to n^-}f(x)=\lim_{x\to n^-}(x-n+1)=1.$$

【例7】 设 $f(x)$ 在 $U^o(x_0)$ 内有定义. 证明: 若对任何满足下述条件的数列 $\{x_n\}$, $x_n\in U^o(x_0)$, $x_n\to x_0$, $0<|x_{n+1}-x_0|<|x_n-x_0|$, 都有 $\lim\limits_{n\to\infty}f(x_n)=A$, 则 $\lim\limits_{x\to x_0}f(x)=A$.

证 反证法. 若 $\lim\limits_{x\to x_0}f(x)\ne A$, 则 $\exists\varepsilon_0>0$, 对 $\forall\delta>0$, $\exists x'\in U^o(x_0;\delta)$, 有 $|f(x')-A|\geqslant\varepsilon_0$.

取 $\delta_1=1$, $\exists x_1\in U^o(x_0;\delta_1)$, 使得 $|f(x_1)-A|\geqslant\varepsilon_0$;

取 $\delta_2=\min\left\{\dfrac{1}{2},|x_1-x_0|\right\}$, $\exists x_2\in U^o(x_0;\delta_2)$, 使得 $|f(x_2)-A|\geqslant\varepsilon_0$;

……

取 $\delta_n=\min\left\{\dfrac{1}{n},|x_{n-1}-x_0|\right\}$, $\exists x_n\in U^o(x_0;\delta_n)$, 使得 $|f(x_n)-A|\geqslant\varepsilon_0$;

……

从而得到一数列 $\{x_n\}$ 满足:
$$0<|x_{n+1}-x_0|<|x_n-x_0|,\ \text{且}\ \lim_{n\to\infty}x_n=x_0,\ |f(x_n)-A|\geqslant\varepsilon_0.$$

此与 $\lim\limits_{n\to\infty}f(x_n)=A$ 相矛盾. $\lim\limits_{x\to x_0}f(x)=A$.

● 方法总结

由归结原则可知: 本题结论不仅是充分的, 而且是必要的. 本题可看作函数极限归结原则的加强形式.

【例8】 设 $f(x)$ 是 $[a,b]$ 上的严格递增函数, 且对 $\forall x_n\in(a,b)$ $(n=1,2,\cdots)$, 有 $\lim\limits_{n\to\infty}f(x_n)=f(a)$. 证明: $\lim\limits_{n\to\infty}x_n=a$.

证 反证法. 若 $\lim\limits_{n\to\infty}x_n\ne a$, 则 $\exists\varepsilon_0>0$, $\exists\{x_{n_k}\}\subset\{x_n\}$, 使得 $|x_{n_k}-a|\geqslant\varepsilon_0$.

由 $x_{n_k}\geqslant a+\varepsilon_0$ 且 $f(x)$ 严格单调递增, 有 $f(x_{n_k})\geqslant f(a+\varepsilon_0)>f(a)$.

因为 $\lim\limits_{k\to\infty}f(x_{n_k})=\lim\limits_{n\to\infty}f(x_n)=f(a)$, 于是对上式令 $k\to\infty$, 可得 $f(a)\geqslant f(a+\varepsilon_0)>f(a)$, 矛盾. 所以 $\lim\limits_{n\to\infty}x_n=a$.

【例9】 设 $f(x)$ 在 $[a,x_0)$ 上单调, 则 $\lim\limits_{x\to x_0^-}f(x)$ 存在的充要条件是 $f(x)$ 在 $[a,x_0)$ 上有界.

证 必要性: 若 $\lim\limits_{x\to x_0^-}f(x)$ 存在, 则由函数极限的局部有界性, $\exists\delta_0>0$, 使得 $f(x)$ 在

$U_-^o(x_0;\delta_0)$ 内有界. 又在 $[a,x_0-\delta_0]$(不妨设 $a<x_0-\delta_0$)上 $f(x)$ 是单调函数, 故对 $\forall x\in[a,x_0-\delta_0]$, $|f(x)|\leqslant\max\{|f(a)|,|f(x_0-\delta_0)|\}$ 即 $f(x)$ 在 $[a,x_0-\delta_0]$ 内有界. 由此知 $f(x)$ 在 $[a,x_0)$ 上有界.

充分性: 若函数 f 在 $[a,x_0)$ 上有界, 因为 $f(x)$ 在 $[a,x_0)$ 上单调, 由函数极限的单调有界定理知, $\lim\limits_{x\to x_0^-}f(x)$ 存在.

● **方法总结** ....

本题结论说明函数单侧极限的单调有界定理不仅是充分的而且是必要的.

【**例 10**】 设 $f(x)=\begin{cases}x^2, & x \text{ 为有理数,}\\ 0, & x \text{ 为无理数.}\end{cases}$ 试用归结原则证明: 当 $x_0\neq 0$ 时, $\lim\limits_{x\to x_0}f(x)$ 不存在.

证 取 $\{x_n'\}$ 为有理点列, 且 $\lim\limits_{n\to\infty}x_n'=x_0$; 取 $\{x_n''\}$ 为无理点列, 且 $\lim\limits_{n\to\infty}x_n''=x_0$, 则

$$\lim_{n\to\infty}f(x_n')=\lim_{n\to\infty}x_n'^2=x_0^2\neq 0, \quad \lim_{n\to\infty}f(x_n'')=\lim_{n\to\infty}0=0.$$

从而由归结原则可知 $\lim\limits_{x\to x_0}f(x)$ 不存在.

【**例 11**】 设 $f(x)=\begin{cases}x, & x \text{ 为有理数,}\\ -x, & x \text{ 为无理数.}\end{cases}$ 若 $x_0\neq 0$, 用柯西准则证明: $\lim\limits_{x\to x_0}f(x)$ 不存在. $\lim\limits_{x\to 0}f(x)$ 是否存在?

证 当 $x_0>0$ 时, 取 $\varepsilon_0=x_0$, $\forall\delta>0$, 取 $x',x''\in U_+^o(x_0,\delta)$, x' 为有理数, x'' 为无理数, 此时

$$|f(x')-f(x'')|=|x'-(-x'')|=x'+x''>2x_0>\varepsilon_0.$$

当 $x_0<0$ 时, 取 $\varepsilon_0=|x_0|$, $\forall\delta>0$, 取 $x',x''\in U_-^o(x_0,\delta)$, x' 为有理数, x'' 为无理数, 此时

$$|f(x')-f(x'')|=|x'-(-x'')|=|x'+x''|=-x'-x''>2|x_0|>\varepsilon_0.$$

由此知 $\lim\limits_{x\to x_0}f(x)$ 不存在. 因为 $|f(x)|\leqslant|x|\to 0\ (x\to 0)$, 所以 $\lim\limits_{x\to 0}f(x)=0$.

【**例 12**】 证明: 函数 $f(x)=\begin{cases}x, & x \text{ 为有理数,}\\ 0, & x \text{ 为无理数}\end{cases}$ $(x\in(0,+\infty))$ 在任何点 $x_0\in(0,+\infty)$ 处 $\lim\limits_{x\to x_0}f(x)$ 不存在, 但 $\lim\limits_{x\to 0^+}f(x)=0$.

证 对 $\forall x_0\in(0,+\infty)$, 要证: 对 $\forall A\in\mathbf{R}$, $\lim\limits_{x\to x_0}f(x)\neq A$.

若 $A=0$, 取 $\varepsilon_0=\dfrac{x_0}{2}(>0)$, 对 $\forall\delta>0(\delta<x_0)$, 由实数的稠密性, 存在有理数 $x'\in U_+^o(x_0;\delta)$, 使得 $|f(x')-0|=|x'|\geqslant\dfrac{x_0}{2}=\varepsilon_0$.

若 $A\neq 0$, 取 $\varepsilon_0=\dfrac{|A|}{2}$, 对 $\forall\delta>0(\delta<x_0)$, 存在无理数 $x''\in U_+^o(x_0;\delta)$, 使得 $|f(x'')-A|=|A|>\dfrac{|A|}{2}=\varepsilon_0$. 于是 $\lim\limits_{x\to x_0}f(x)$ 不存在.

但对 $\forall\varepsilon>0$，取 $\delta=\varepsilon$，则当 $0<x<\delta$ 时，有 $|f(x)-0|=|f(x)|\leqslant|x|<\varepsilon$，故 $\lim\limits_{x\to0^+}f(x)=0$.

【例 13】 设 $\lim\limits_{x\to x_0}\varphi(x)=a$，在 x_0 的某邻域 $U^o(x_0;\delta_1)$ 内 $\varphi(x)\neq a$，且 $\lim\limits_{t\to a}f(t)=A$，则 $\lim\limits_{x\to x_0}f(\varphi(x))=A$.

证 $\forall\varepsilon>0$，由 $\lim\limits_{t\to a}f(t)=A$，则 $\exists\eta>0$，当 $0<|t-a|<\eta$ 时，有 $|f(t)-A|<\varepsilon$. 又 $\lim\limits_{x\to x_0}\varphi(x)=a$，故对上述 $\eta>0$，$\exists\delta>0$ $(\delta<\delta_1)$，当 $0<|x-x_0|<\delta$ 时，有 $|\varphi(x)-a|<\eta$. 又在 $U^o(x_0,\delta_1)$ 内 $\varphi(x)\neq a$，故当 $0<|x-x_0|<\delta$ 时，有 $0<|\varphi(x)-a|<\eta$. 因而当 $x\in U^o(x_0,\delta)$ 时，有 $|f(\varphi(x))-A|<\varepsilon$，即 $\lim\limits_{x\to x_0}f(\varphi(x))=A$.

● 方法总结

本命题称为复合函数求极限法，且此命题在 $x\to+\infty,x\to-\infty,x\to\infty,x\to x_0^+,x\to x_0^-$ 时都成立.

【例 14】 求极限 $\lim\limits_{x\to0}\dfrac{x^2}{\sqrt[5]{1+5x}-(1+x)}$.

解 作变换 $y=\sqrt[5]{1+5x}$，则 $x=\dfrac{y^5-1}{5}$，$1+x=\dfrac{y^5+4}{5}$. 于是

$$\frac{x^2}{\sqrt[5]{1+5x}-(1+x)}=\frac{1}{25}\cdot\frac{(y^5-1)^2}{y-\frac{y^5+4}{5}}$$
$$=\frac{1}{5}\cdot\frac{(y^5-1)^2}{5(y-1)-(y^5-1)}$$
$$=\frac{1}{5}\cdot\frac{(y^4+y^3+y^2+y+1)^2(y-1)^2}{[4-(y^4+y^3+y^2+y)](y-1)}$$
$$=-\frac{1}{5}\cdot\frac{(y^4+y^3+y^2+y+1)^2}{y^3+2y^2+3y+4}.$$

又当 $x\to0$ 时 $y\to1$，于是有

$$\lim_{x\to0}\frac{x^2}{\sqrt[5]{1+5x}-(1+x)}=\lim_{y\to1}\left(-\frac{1}{5}\right)\frac{(y^4+y^3+y^2+y+1)^2}{y^2+2y^2+3y+4}=-\frac{1}{2}.$$

【例 15】 求极限 $\lim\limits_{x\to\frac{\pi}{3}}\dfrac{\sin(x-\frac{\pi}{3})}{1-2\cos x}$.

解 作变换 $y=x-\dfrac{\pi}{3}$，当 $x\to\dfrac{\pi}{3}$ 时，$y\to0$，于是有

$$\lim_{x\to\frac{\pi}{3}}\frac{\sin(x-\frac{\pi}{3})}{1-2\cos x}=\lim_{y\to0}\frac{\sin y}{1-2\cos(y+\frac{\pi}{3})}=\lim_{y\to0}\frac{\sin y}{1-\cos y+\sqrt3\sin y}=\lim_{y\to0}\frac{1}{\frac{1-\cos y}{\sin y}+\sqrt3}$$

$$=\lim_{y\to 0}\frac{1}{\dfrac{2\sin^2\dfrac{y}{2}}{2\sin\dfrac{y}{2}\cos\dfrac{y}{2}}+\sqrt{3}}=\frac{\sqrt{3}}{3}.$$

【例 16】 利用等价无穷小代换求极限 $\lim\limits_{x\to 0}\dfrac{\tan x-\sin x}{\sin x^3}$.

解 $\tan x-\sin x=\dfrac{\sin x(1-\cos x)}{\cos x}$, 当 $x\to 0$ 时, 有

$$\sin x\sim x,\quad 1-\cos x\sim\frac{x^2}{2},\quad \sin x^3\sim x^3,$$

故 $\lim\limits_{x\to 0}\dfrac{\tan x-\sin x}{\sin x^3}=\lim\limits_{x\to 0}\dfrac{1}{\cos x}\cdot\dfrac{x\cdot\dfrac{x^2}{2}}{x^3}=\dfrac{1}{2}.$

● **方法总结** ....

在利用等价无穷小代换求极限时, 只有对所求极限式中相乘或相除的因式才能用等价无穷小来替代, 而对极限式中的相加或相减部分则不能随意替代. 如在本题中, 若因有 $\tan x\sim x\ (x\to 0),\sin x\sim x\ (x\to 0)$, 而推出 $\lim\limits_{x\to 0}\dfrac{\tan x-\sin x}{\sin x^3}=\lim\limits_{x\to 0}\dfrac{x-x}{\sin x^3}=0$, 则得到的是错误的结果.

常用的等价无穷小量: 当 $x\to 0$ 时, $\sin x\sim x$, $\tan x\sim x$, $\arcsin x\sim x$, $\arctan x\sim x$, $\ln(1+x)\sim x$, $e^x-1\sim x$, $1-\cos x\sim\dfrac{x^2}{2}$, $a^x-1\sim x\ln a\,(a>0,a\neq 1)$.

【例 17】 求下列极限.

(1) $\lim\limits_{x\to\frac{\pi}{3}}\dfrac{8\cos^2 x-2\cos x-1}{2\cos^2 x+\cos x-1}$;

(2) $\lim\limits_{x\to+\infty}\dfrac{\sqrt{x+\sqrt{x+\sqrt{x}}}}{\sqrt{2x-1}}$;

(3) $\lim\limits_{x\to 0}\dfrac{\sqrt{2+\tan x}-\sqrt{2+\sin x}}{x^3}$.

解 (1) $\lim\limits_{x\to\frac{\pi}{3}}\dfrac{8\cos^2 x-2\cos x-1}{2\cos^2 x+\cos x-1}=\lim\limits_{x\to\frac{\pi}{3}}\dfrac{(4\cos x+1)(2\cos x-1)}{(\cos x+1)(2\cos x-1)}=\lim\limits_{x\to\frac{\pi}{3}}\dfrac{4\cos x+1}{\cos x+1}=2.$

(2) $\lim\limits_{x\to+\infty}\dfrac{\sqrt{x+\sqrt{x+\sqrt{x}}}}{\sqrt{2x-1}}=\lim\limits_{x\to+\infty}\dfrac{\sqrt{1+\sqrt{\dfrac{1}{x}+\sqrt{\dfrac{1}{x^3}}}}}{\sqrt{2-\dfrac{1}{x}}}=\dfrac{\sqrt{2}}{2}.$

(3) $\lim\limits_{x\to 0}\dfrac{\sqrt{2+\tan x}-\sqrt{2+\sin x}}{x^3}=\lim\limits_{x\to 0}\left(\dfrac{\tan x-\sin x}{x^3}\cdot\dfrac{1}{\sqrt{2+\tan x}+\sqrt{2+\sin x}}\right)$

$$= \frac{1}{2\sqrt{2}} \lim_{x \to 0} \frac{\sin x(1-\cos x)}{\cos x \cdot x^3} = \frac{1}{2\sqrt{2}} \lim_{x \to 0} \frac{1}{\cos x} \cdot \frac{\sin x}{x} \cdot \frac{1-\cos x}{x^2} = \frac{1}{2\sqrt{2}} \lim_{x \to 0} \frac{1-\cos x}{x^2}$$

$$= \frac{1}{2\sqrt{2}} \lim_{x \to 0} \frac{\frac{x^2}{2}}{x^2} = \frac{\sqrt{2}}{8}.$$

【例18】 求下列极限.

(1) $\lim\limits_{x \to \infty} \dfrac{\arctan x}{x}$; (2) $\lim\limits_{x \to e} \dfrac{\ln x - 1}{x - e}$; (3) $\lim\limits_{\alpha \to \beta} \dfrac{e^\alpha - e^\beta}{\alpha - \beta}$;

(4) $\lim\limits_{x \to a^+} \dfrac{\sqrt{x} - \sqrt{a} + \sqrt{x-a}}{\sqrt{x^2 - a^2}}$ $(a>0)$; (5) $\lim\limits_{x \to +\infty} (\sin\sqrt{x+1} - \sin\sqrt{x})$.

解 (1) 因为 $|\arctan x| < \dfrac{\pi}{2}$, $\lim\limits_{x \to \infty} \dfrac{1}{x} = 0$, 所以 $\lim\limits_{x \to \infty} \dfrac{\arctan x}{x} = 0$.

(2) **方法一** $\lim\limits_{x \to e} \dfrac{\ln x - 1}{x - e} = \lim\limits_{x \to e} \dfrac{\ln x - \ln e}{x - e} \xrightarrow{令 x - e = t} \lim\limits_{t \to 0} \ln\left(\dfrac{t+e}{e}\right)^{\frac{1}{t}}$

$$= \lim_{t \to 0} \ln\left(1 + \frac{t}{e}\right)^{\frac{1}{t}} \xrightarrow{令 u = \frac{t}{e}} \frac{1}{e} \lim_{u \to 0} \ln(1+u)^{\frac{1}{u}} = \frac{1}{e}.$$

方法二 $\lim\limits_{x \to e} \dfrac{\ln x - 1}{x - e} = \lim\limits_{x \to e} \dfrac{\ln\frac{x}{e}}{x - e} = \lim\limits_{x \to e} \dfrac{\ln\left(1 + \frac{x}{e} - 1\right)}{x - e} = \lim\limits_{x \to e} \dfrac{\frac{x}{e} - 1}{x - e} = \dfrac{1}{e}.$

(3) $\lim\limits_{\alpha \to \beta} \dfrac{e^\alpha - e^\beta}{\alpha - \beta} = e^\beta \cdot \lim\limits_{\alpha \to \beta} \dfrac{e^{\alpha - \beta} - 1}{\alpha - \beta} = e^\beta.$

(4) $\lim\limits_{x \to a^+} \dfrac{\sqrt{x} - \sqrt{a} + \sqrt{x-a}}{\sqrt{x^2 - a^2}} = \lim\limits_{x \to a^+} \dfrac{\sqrt{x} - \sqrt{a}}{\sqrt{x^2 - a^2}} + \lim\limits_{x \to a^+} \dfrac{\sqrt{x-a}}{\sqrt{x^2 - a^2}}$

$$= \lim_{x \to a^+} \frac{x-a}{\sqrt{x^2 - a^2}} \left(\frac{1}{\sqrt{x} + \sqrt{a}}\right) + \lim_{x \to a^+} \sqrt{\frac{1}{x+a}}$$

$$= \lim_{x \to a^+} \frac{\sqrt{x-a}}{\sqrt{x+a}\,(\sqrt{x} + \sqrt{a})} + \sqrt{\frac{1}{2a}} = 0 + \sqrt{\frac{1}{2a}} = \frac{1}{\sqrt{2a}}.$$

(5) $\sin\sqrt{x+1} - \sin\sqrt{x} = 2\sin\dfrac{\sqrt{x+1} - \sqrt{x}}{2} \cos\dfrac{\sqrt{x+1} + \sqrt{x}}{2}$,

$\sqrt{x+1} - \sqrt{x} = \dfrac{1}{\sqrt{x+1} + \sqrt{x}} \to 0$ $(x \to +\infty)$, 故 $\sin\dfrac{\sqrt{x+1} - \sqrt{x}}{2} \to 0$ $(x \to +\infty)$.

又 $\left|\cos\dfrac{\sqrt{x+1} + \sqrt{x}}{2}\right| \leqslant 1$, 所以 $\lim\limits_{x \to +\infty}(\sin\sqrt{x+1} - \sin\sqrt{x}) = 0$.

【例19】 设 a, b, A 均是不为零的有限数, 证明: $\lim\limits_{x \to a} \dfrac{f(x) - b}{x - a} = A \Leftrightarrow \lim\limits_{x \to a} \dfrac{e^{f(x)} - e^b}{x - a} = Ae^b.$

证 $\dfrac{e^{f(x)} - e^b}{x - a} = \dfrac{f(x) - b}{x - a} \cdot e^b \cdot \dfrac{e^{f(x) - b} - 1}{f(x) - b}$, 当 $x \to 0$ 时 $e^x - 1 \sim x$.

充分性: 由 $\lim\limits_{x \to a} \dfrac{f(x) - b}{x - a} = A$, 且 A 为不为零的有限数, 故 $\lim\limits_{x \to a}(f(x) - b) = 0$. 所以 $e^{f(x) - b} -$

$1 \sim f(x)-b\ (x \to a)$，且 $\lim\limits_{x \to a} \dfrac{e^{f(x)}-e^b}{x-a}=\lim\limits_{x \to a} \dfrac{f(x)-b}{x-a} \cdot e^b \cdot \dfrac{e^{f(x)-b}-1}{f(x)-b}=A \cdot e^b \cdot \lim\limits_{x \to a} \dfrac{e^{f(x)-b}-1}{f(x)-b}$

$=Ae^b$.

必要性：已知 $\lim\limits_{x \to a} \dfrac{e^{f(x)}-e^b}{x-a}=\lim\limits_{x \to a} e^b \cdot \dfrac{e^{f(x)-b}-1}{x-a}=Ae^b$，故 $\lim\limits_{x \to a}[f(x)-b]=0$. 因此有

$$\frac{f(x)-b}{x-a}=\frac{e^{f(x)}-e^b}{x-a} \cdot e^{-b} \cdot \frac{f(x)-b}{e^{f(x)-b}-1},$$

所以

$$\lim_{x \to a}\frac{f(x)-b}{x-a}=e^{-b} \cdot \lim_{x \to a}\frac{e^{f(x)}-e^b}{x-a}\lim_{x \to a}\frac{f(x)-b}{e^{f(x)-b}-1}=e^{-b} \cdot e^b \cdot A=A.$$

【例20】 证明：$\lim\limits_{x \to +\infty} x\sin x$ 不存在.

证 设 $f(x)=x\sin x$，取 $x_n=n\pi$ 及 $y_n=2n\pi+\dfrac{\pi}{2}$，$n \to \infty$ 时，有 $x_n \to +\infty$，$y_n \to +\infty$.

$$\lim_{n \to \infty} f(x_n)=\lim_{n \to \infty} n\pi \sin n\pi=0, \quad \lim_{n \to \infty} f(y_n)=\lim_{n \to \infty}(2n\pi+\frac{\pi}{2})\sin(2n\pi+\frac{\pi}{2})=+\infty.$$

故 $\lim\limits_{x \to +\infty} x\sin x$ 不存在.

【例21】 试分别按函数极限的：(1)定义；(2)柯西准则，写出"$f(x)$ 在 $x \to x_0$ 时极限不存在"的正确陈述，并以狄利克雷函数：$D(x)=\begin{cases} 1, & x \text{ 为有理数}, \\ 0, & x \text{ 为无理数} \end{cases}$ 为例说明 $x \to 1$ 时，$D(x)$ 的极限不存在.

解 (1)对 $\forall A \in \mathbf{R}$，$\exists \varepsilon_0>0$，$\forall \delta>0$，$\exists x' \in U^o(x_0;\delta)$，使得 $|f(x')-A| \geqslant \varepsilon_0$.

以 $D(x)$ 为例：若 $A \neq 1$，则取 $\varepsilon_0=\dfrac{|1-A|}{2}$，对 $\forall \delta>0$，由实数的稠密性，取有理数 $x' \in U^o(1;\delta)$，则 $D(x')=1$，从而有

$$|D(x')-A|=|1-A| \geqslant \frac{|1-A|}{2}=\varepsilon_0.$$

若 $A=1$，则取 $\varepsilon_0=\dfrac{1}{2}$，对 $\forall \delta>0$，由实数的稠密性，取无理数 $x'' \in U^o(1;\delta)$，则 $D(x'')=0$，且

$$|D(x'')-A|=|D(x'')-1|=1>\frac{1}{2}=\varepsilon_0.$$

(2)$\exists \varepsilon_0>0$，$\forall \delta>0$，$\exists x',x'' \in U^o(x_0;\delta)$，使得 $|f(x')-f(x'')| \geqslant \varepsilon_0$.

以 $D(x)$ 为例：取 $\varepsilon_0=\dfrac{1}{2}$，对 $\forall \delta>0$，由实数的稠密性，在 $U^o(1;\delta)$ 内取有理数 x'，无理数 x''，因为 $D(x')=1$，$D(x'')=0$，从而有

$$|D(x')-D(x'')|=|1-0|=1>\frac{1}{2}=\varepsilon_0.$$

● 方法总结

本题给出了判断函数 $f(x)$ 当 $x \to x_0$ 时极限不存在的两种证明方法.

【例22】 求 $\lim\limits_{x\to 0}\dfrac{\tan(x+x_0)\tan(x-x_0)+\tan^2 x_0}{x^2}$，$x_0\neq k\pi+\dfrac{\pi}{2}$ $(k=0,\pm 1,\pm 2,\cdots)$．

解 $\lim\limits_{x\to 0}\dfrac{\tan(x+x_0)\tan(x-x_0)+\tan^2 x_0}{x^2}=\lim\limits_{x\to 0}\dfrac{\dfrac{\tan^2 x-\tan^2 x_0}{1-\tan^2 x\tan^2 x_0}+\tan^2 x_0}{x^2}$

$=\lim\limits_{x\to 0}\dfrac{\tan^2 x(1-\tan^4 x_0)}{(1-\tan^2 x\tan^2 x_0)x^2}=(1-\tan^4 x_0)\left(\lim\limits_{x\to 0}\dfrac{\tan x}{x}\right)^2\cdot\lim\limits_{x\to 0}\dfrac{1}{1-\tan^2 x\tan^2 x_0}$

$=1-\tan^4 x_0$．

【例23】 求 $\lim\limits_{x\to 0}\dfrac{\sqrt{1+x\sin x}-\cos x}{x\sin x}$．

解 **方法一** 原式 $=\lim\limits_{x\to 0}\dfrac{(\sqrt{1+x\sin x}-1)+(1-\cos x)}{x\sin x}$，又因为

$\lim\limits_{x\to 0}\dfrac{\sqrt{1+x\sin x}-1}{x\sin x}\xlongequal{\text{分子有理化}}\lim\limits_{x\to 0}\dfrac{x\sin x}{x\sin x(\sqrt{1+x\sin x}+1)}=\dfrac{1}{2}$，

$$\lim\limits_{x\to 0}\dfrac{1-\cos x}{x\sin x}=\lim\limits_{x\to 0}\dfrac{\dfrac{x^2}{2}}{x^2}=\dfrac{1}{2}，$$

所以 $\lim\limits_{x\to 0}\dfrac{\sqrt{1+x\sin x}-\cos x}{x\sin x}=\dfrac{1}{2}+\dfrac{1}{2}=1$．

方法二 $\lim\limits_{x\to 0}\dfrac{\sqrt{1+x\sin x}-\cos x}{x\sin x}=\lim\limits_{x\to 0}\dfrac{1+x\sin x-\cos^2 x}{x\sin x(\sqrt{1+x\sin x}+\cos x)}$

$=\dfrac{1}{2}\lim\limits_{x\to 0}\dfrac{\sin x(\sin x+x)}{x\sin x}=\dfrac{1}{2}\lim\limits_{x\to 0}\left(\dfrac{\sin x}{x}+1\right)=1$．

【例24】 求 $\lim\limits_{x\to 0}\left(\dfrac{a^x+b^x+c^x}{3}\right)^{\frac{1}{x}}$，$a>0,b>0,c>0$ 和 $\lim\limits_{x\to 0}\left(\dfrac{a_1^x+a_2^x+\cdots+a_n^x}{n}\right)^{\frac{1}{x}}$，$a_i>0,i=1,2,\cdots,n$．

解 $\lim\limits_{x\to 0}\left(\dfrac{a^x+b^x+c^x}{3}\right)^{\frac{1}{x}}=\lim\limits_{x\to 0}\left[1+\left(\dfrac{a^x+b^x+c^x}{3}-1\right)\right]^{\left(\frac{1}{\frac{a^x+b^x+c^x}{3}-1}\right)\left(\frac{a^x-1+b^x-1+c^x-1}{3x}\right)}=\sqrt[3]{abc}$．

$\lim\limits_{x\to 0}\left(\dfrac{a_1^x+a_2^x+\cdots+a_n^x}{n}\right)^{\frac{1}{x}}=\lim\limits_{x\to 0}\left[1+\left(\dfrac{a_1^x+\cdots+a_n^x}{n}-1\right)\right]^{\left(\frac{1}{\frac{a_1^x+\cdots+a_n^x}{n}-1}\right)\left(\frac{a_1^x-1+a_2^x-1+\cdots+a_n^x-1}{nx}\right)}$

$=\sqrt[n]{a_1 a_2\cdots a_n}$．

● **方法总结** ⋯⋯⋯⋯⋯⋯⋯⋯⋯⋯⋯⋯⋯⋯⋯⋯⋯⋯⋯⋯⋯⋯⋯⋯⋯⋯⋯⋯⋯⋯⋯⋯⋯⋯⋯⋯⋯⋯⋯

为了应用重要极限，把原式分解．这也是求函数极限常用的一种方法．

【例25】 证明：函数 $f(x)=\dfrac{1}{x}\sin\dfrac{1}{x}$ 在区间 $(0,1]$ 上无界，但 $\lim\limits_{x\to 0^+}f(x)\neq\infty$．

证 $\forall M>0$，取 $x_0=\dfrac{1}{2k\pi+\dfrac{\pi}{2}}$ $(k=[M])$，则 $x_0\in(0,1]$，且

$$f(x_0)=\left(2k\pi+\frac{\pi}{2}\right)\sin\left(2k\pi+\frac{\pi}{2}\right)=2k\pi+\frac{\pi}{2}>M,$$

故函数 $f(x)=\dfrac{1}{x}\sin\dfrac{1}{x}$ 在 $(0,1]$ 上无界.

又取 $M_0=1$,对 $\forall\,\delta>0$,取 $k=\left[\dfrac{1}{2\delta\pi}\right]+1$,则 $x_0=\dfrac{1}{2k\pi}<\delta$,且

$$|f(x_0)|=\left|f\left(\frac{1}{2k\pi}\right)\right|=|2k\pi\sin(2k\pi)|=0<M_0.$$

故 $\lim\limits_{x\to0^+}f(x)\neq\infty$.

● **方法总结** ···

　　无界与无穷大是两个不同的概念.无穷大是极限为无穷,而无界只要求有一个子数列的极限为无穷大即可.

【例 26】　试确定 α 的值,使下列各函数与 x^α 为同阶无穷小量或同阶无穷大量($x\to0$ 或 $x\to0^+$ 或 $x\to\infty$):

(1) $f(x)=4x-5x^3+3x^6\,(x\to0)$;　　　　(2) $f(x)=4x-5x^3+3x^6\,(x\to\infty)$;

(3) $f(x)=\dfrac{2x^2-x}{3x^5+2x^2-x}\,(x\to\infty)$;　　　(4) $f(x)=\sqrt{4x^3+\sqrt[5]{x}}\,(x\to0^+)$.

解　(1) $\lim\limits_{x\to0}\dfrac{f(x)}{x}=\lim\limits_{x\to0}\dfrac{4x-5x^3+3x^6}{x}=4$,故当 $x\to0$ 时,$f(x)=4x-5x^3+3x^6$ 与 x 为同阶无穷小量,从而 $\alpha=1$.

(2) $\lim\limits_{x\to\infty}\dfrac{f(x)}{x^6}=3$,故当 $x\to\infty$ 时,$f(x)$ 与 x^6 为同阶无穷大量,从而 $\alpha=6$.

(3) $\lim\limits_{x\to\infty}\dfrac{f(x)}{\frac{1}{x^3}}=\lim\limits_{x\to\infty}\dfrac{\frac{2x^2-x}{3x^5+2x^2-x}}{\frac{1}{x^3}}=\lim\limits_{x\to\infty}\dfrac{2x^5-x^4}{3x^5+2x^2-x}=\dfrac{2}{3}$.

故当 $x\to\infty$ 时,$f(x)=\dfrac{2x^2-x}{3x^5+2x^2-x}$ 与 $\dfrac{1}{x^3}$ 为同阶无穷小量,从而 $\alpha=-3$.

(4) $\lim\limits_{x\to0^+}\dfrac{f(x)}{x^{\frac{1}{10}}}=\lim\limits_{x\to0^+}\dfrac{\sqrt{4x^3+\sqrt[5]{x}}}{x^{\frac{1}{10}}}=1$,故当 $x\to0^+$ 时,$f(x)=\sqrt{4x^3+\sqrt[5]{x}}$ 与 $x^{\frac{1}{10}}$ 为同阶无穷小量,从而 $\alpha=\dfrac{1}{10}$.

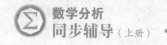

三、 教材习题解答

$$\text{习题 3.1 解答}$$

1. 按定义证明下列极限：

(1) $\lim\limits_{x \to +\infty} \dfrac{6x+5}{x} = 6$;

(2) $\lim\limits_{x \to 2}(x^2 - 6x + 10) = 2$;

(3) $\lim\limits_{x \to \infty} \dfrac{x^2 - 5}{x^2 - 1} = 1$;

(4) $\lim\limits_{x \to 2^-} \sqrt{4 - x^2} = 0$;

(5) $\lim\limits_{x \to x_0} \cos x = \cos x_0$.

证　(1) $\forall \varepsilon > 0$, 由于

$$\left| \frac{6x+5}{x} - 6 \right| = \frac{5}{|x|},$$

取 $M = \dfrac{5}{\varepsilon}$, 则当 $x > M$ 时, 有 $\left| \dfrac{6x+5}{x} - 6 \right| < \varepsilon$, 故 $\lim\limits_{x \to +\infty} \dfrac{6x+5}{x} = 6$.

(2) $\forall \varepsilon > 0$, 由于当 $0 < |x - 2| < 1$ 时, 有

$$|(x^2 - 6x + 10) - 2| = |(x-2)(x-4)| = |x-2||x-4| < 3|x-2|.$$

取 $\delta = \min\left\{1, \dfrac{\varepsilon}{3}\right\}$, 则当 $0 < |x-2| < \delta$ 时, 有

$$|(x^2 - 6x + 10) - 2| < \varepsilon.$$

故 $\lim\limits_{x \to 2}(x^2 - 6x + 10) = 2$.

(3) $\forall \varepsilon > 0$, 由于当 $|x| > 2$ 时, 有 $\left| \dfrac{x^2 - 5}{x^2 - 1} - 1 \right| = \dfrac{4}{x^2 - 1} < \dfrac{8}{x^2}$.

要使 $\left| \dfrac{x^2 - 5}{x^2 - 1} - 1 \right| < \varepsilon$, 只须 $\dfrac{8}{x^2} < \varepsilon$, 即 $|x| > \sqrt{\dfrac{8}{\varepsilon}}$,

取 $X = \max\left\{2, \dfrac{8}{\varepsilon}\right\}$, 则当 $|x| > X$ 时, 有 $\left| \dfrac{x^2 - 5}{x^2 - 1} - 1 \right| < \varepsilon$. 故 $\lim\limits_{x \to \infty} \dfrac{x^2 - 5}{x^2 - 1} = 1$.

(4) $\forall \varepsilon > 0$, 由于当 $0 < 2 - x < 1$ 时, 有

$$\left| \sqrt{4 - x^2} - 0 \right| = \sqrt{4 - x^2} = \sqrt{(2-x)(2+x)} < \sqrt{4} \cdot \sqrt{2 - x} = 2\sqrt{2 - x},$$

取 $\delta = \min\left\{1, \dfrac{\varepsilon^2}{4}\right\}$, 则当 $0 < 2 - x < \delta$ 时, 有

$$\left| \sqrt{4 - x^2} - 0 \right| < 2\sqrt{2 - x} < \varepsilon.$$

故 $\lim\limits_{x \to 2^-} \sqrt{4 - x^2} = 0$.

(5) $\forall \varepsilon > 0$, 由于

$$|\cos x - \cos x_0| = \left| -2\sin\frac{x + x_0}{2}\sin\frac{x - x_0}{2} \right| = 2\left| \sin\frac{x + x_0}{2} \right| \left| \sin\frac{x - x_0}{2} \right|$$

$$\leqslant 2\left| \sin\frac{x - x_0}{2} \right| \leqslant 2 \cdot \frac{|x - x_0|}{2} = |x - x_0|,$$

取 $\delta = \varepsilon$, 则当 $0 < |x - x_0| < \delta$ 时, 就有

$$|\cos x - \cos x_0| \leqslant |x - x_0| < \varepsilon.$$

故 $\lim\limits_{x \to x_0} \cos x = \cos x_0$.

2. 根据定义 2 叙述 $\lim\limits_{x \to x_0} f(x) \neq A$.

解 设函数 f 在点 x_0 的某个空心邻域 $U^{\circ}(x_0;\delta')$ 内有定义,A 为定数. 若 $\exists \varepsilon_0 > 0$,$\forall \delta > 0(\delta < \delta')$,$\exists x^*$ 使得虽有 $0 < |x^* - x_0| < \delta$,但有 $|f(x^*) - A| \geqslant \varepsilon_0$,则称当 $x \to x_0$ 时,$f(x)$ 不以 A 为极限,记为 $\lim\limits_{x \to x_0} f(x) \neq A$.

3. 设 $\lim\limits_{x \to x_0} f(x) = A$,证明 $\lim\limits_{h \to 0} f(x_0 + h) = A$.

证 因为 $\lim\limits_{x \to x_0} f(x) = A$,所以 $\forall \varepsilon > 0$,$\exists \delta > 0$,当 $0 < |x - x_0| < \delta$ 时,有 $|f(x) - A| < \varepsilon$.

故当 $0 < |h - 0| < \delta$ 时,有 $0 < |(x_0 + h) - x_0| < \delta$,因此 $|f(x_0 + h) - A| < \varepsilon$.

故 $\lim\limits_{h \to 0} f(x_0 + h) = A$.

4. 证明:若 $\lim\limits_{x \to x_0} f(x) = A$,则 $\lim\limits_{x \to x_0} |f(x)| = |A|$. 当且仅当 A 为何值时反之也成立?

证 因为 $\lim\limits_{x \to x_0} f(x) = A$,所以 $\forall \varepsilon > 0$,$\exists \delta > 0$,当 $0 < |x - x_0| < \delta$ 时,有 $|f(x) - A| < \varepsilon$.

当 $0 < |x - x_0| < \delta$ 时,有

$$||f(x)| - |A|| \leqslant |f(x) - A| < \varepsilon.$$

故 $\lim\limits_{x \to x_0} |f(x)| = |A|$.

当且仅当 $A = 0$ 时,逆命题成立. 证明:如果 $\lim\limits_{x \to x_0} |f(x)| = 0$,那么 $\forall \varepsilon > 0$,$\exists \delta > 0$,当 $0 < |x - x_0| < \delta$ 时,有 $||f(x)| - 0| < \varepsilon$,即 $|f(x) - 0| < \varepsilon$. 因此 $\lim\limits_{x \to x_0} f(x) = 0$.

设 $A \neq 0$,对于函数 $f(x) = \begin{cases} A, & x < x_0, \\ -A, & x \geqslant x_0, \end{cases}$ 有 $|f(x)| = A$,但 $\lim\limits_{x \to x_0} f(x)$ 不存在,这是因为 $\lim\limits_{x \to x_0^+} f(x) = -A$,$\lim\limits_{x \to x_0^-} f(x) = A$,$\lim\limits_{x \to x_0^+} f(x) \neq \lim\limits_{x \to x_0^-} f(x)$.

5. 证明定理 3.1.

证 定理 3.1:$\lim\limits_{x \to x_0} f(x) = A \Leftrightarrow \lim\limits_{x \to x_0^+} f(x) = \lim\limits_{x \to x_0^-} f(x) = A$.

必要性($\Rightarrow$):若 $\lim\limits_{x \to x_0} f(x) = A$,则 $\forall \varepsilon > 0$,$\exists \delta > 0$,当 $0 < |x - x_0| < \delta$ 时,$|f(x) - A| < \varepsilon$. 当 $0 < x - x_0 < \delta$ 时,有 $|f(x) - A| < \varepsilon$,故 $\lim\limits_{x \to x_0^+} f(x) = A$;同理可得 $\lim\limits_{x \to x_0^-} f(x) = A$.

充分性($\Leftarrow$):若 $\lim\limits_{x \to x_0^+} f(x) = \lim\limits_{x \to x_0^-} f(x) = A$,则 $\forall \varepsilon > 0$,$\exists \delta_1 > 0$,$\delta_2 > 0$,当 $0 < x - x_0 < \delta_1$ 时,有 $|f(x) - A| < \varepsilon$;当 $-\delta_2 < x - x_0 < 0$ 时,有 $|f(x) - A| < \varepsilon$. 取 $\delta = \min\{\delta_1, \delta_2\}$,则当 $0 < |x - x_0| < \delta$ 时,有 $|f(x) - A| < \varepsilon$,故 $\lim\limits_{x \to x_0} f(x) = A$.

6. 讨论下列函数在 $x \to 0$ 时的极限或左、右极限:

$$(1) f(x) = \frac{|x|}{x}; \quad (2) f(x) = [x]; \quad (3) f(x) = \begin{cases} 2^x, & x > 0, \\ 0, & x = 0, \\ 1 + x^2, & x < 0. \end{cases}$$

解 (1) 当 $x > 0$ 时,$f(x) = \frac{|x|}{x} = 1$,故 $\lim\limits_{x \to 0^+} f(x) = 1$;

当 $x < 0$ 时,$f(x) = \frac{|x|}{x} = -1$,故 $\lim\limits_{x \to 0^-} f(x) = -1$.

因此,$\lim\limits_{x \to 0} f(x)$ 不存在.

(2) 当 $0 < x < 1$ 时,$f(x) = [x] = 0$,故 $\lim\limits_{x \to 0^+} f(x) = 0$;

当 $-1 < x < 0$ 时,$f(x) = [x] = -1$,故 $\lim\limits_{x \to 0^-} f(x) = -1$.

因此,$\lim\limits_{x \to 0} f(x)$ 不存在.

(3) 当 $x < 0$ 时,$f(x) = 1 + x^2$,$\forall \varepsilon > 0$,取 $\delta = \sqrt{\varepsilon}$,当 $-\delta < x < 0$ 时,有 $|(1 + x^2) - 1| = x^2 <$

$\delta^2 = \varepsilon$，即 $\lim\limits_{x \to 0^-} f(x) = 1$.

当 $x > 0$ 时 $f(x) = 2^x$，$\forall \varepsilon > 0$，取 $\delta = \log_2(1+\varepsilon)$，则当 $0 < x < \delta$ 时，有
$$|2^x - 1| = 2^x - 1 < 2^\delta - 1 = 2^{\log_2(1+\varepsilon)} - 1 = \varepsilon,\text{即} \lim\limits_{x \to 0^+} f(x) = 1.$$

由定理 3.1 知，$\lim\limits_{x \to 0} f(x) = 1$.

7. 设 $\lim\limits_{x \to +\infty} f(x) = A$，证明 $\lim\limits_{x \to 0^+} f\left(\dfrac{1}{x}\right) = A$.

证　因为 $\lim\limits_{x \to +\infty} f(x) = A$，所以 $\forall \varepsilon > 0$，$\exists X > 0$，当 $x > X$ 时，有 $|f(x) - A| < \varepsilon$. 取 $\delta = \dfrac{1}{X}$，则当 $0 <$

$x < \delta$ 时，有 $\dfrac{1}{x} > X$，故 $\left|f\left(\dfrac{1}{x}\right) - A\right| < \varepsilon$，即 $\lim\limits_{x \to 0^+} f\left(\dfrac{1}{x}\right) = A$.

8. 证明：对黎曼函数 $R(x)$ 有 $\lim\limits_{x \to x_0} R(x) = 0$，$x_0 \in [0,1]$（当 $x_0 = 0$ 或 1 时，考虑单侧极限）.

证　$[0,1]$ 上的黎曼函数的定义为
$$R(x) = \begin{cases} \dfrac{1}{q}, & x = \dfrac{p}{q}\left(p,q \in \mathbf{N}_+,\dfrac{p}{q} \text{ 为既约真分数}\right), \\ 0, & x = 0,1 \text{ 或 } (0,1) \text{ 内的无理数}. \end{cases}$$

$\forall \varepsilon > 0$，满足不等式 $\dfrac{1}{q} \geqslant \varepsilon$ 的正整数 q 只有有限个.

设 $\dfrac{p}{q} \in (0,1)$ 为既约真分数，则 $p < q$，故 p 也只有有限个.

于是在 $(0,1)$ 内只有有限多个既约真分数 $\dfrac{p}{q}$，使得 $R\left(\dfrac{p}{q}\right) = \dfrac{1}{q} \geqslant \varepsilon$.

取 $\delta > 0$，使得 $U^\circ(x_0;\delta)$ 内不含这有限个既约真分数，则当 $0 < |x - x_0| < \delta$（若 $x_0 = 0$，则当 $0 < x < \delta$；若 $x_0 = 1$，则当 $0 < 1 - x < \delta$）时，有
$$|R(x) - 0| = |R(x)| < \varepsilon.$$

故 $\lim\limits_{x \to x_0} R(x) = 0$.

习题 3.2 解答

1. 求下列极限：

(1) $\lim\limits_{x \to \frac{\pi}{2}} 2(\sin x - \cos x - x^2)$；

(2) $\lim\limits_{x \to 0} \dfrac{x^2 - 1}{2x^2 - x - 1}$；

(3) $\lim\limits_{x \to 1} \dfrac{x^2 - 1}{2x^2 - x - 1}$；

(4) $\lim\limits_{x \to 0} \dfrac{(x-1)^3 + (1-3x)}{x^2 + 2x^3}$；

(5) $\lim\limits_{x \to 1} \dfrac{x^n - 1}{x^m - 1}$（$n,m$ 为正整数）；

(6) $\lim\limits_{x \to 4} \dfrac{\sqrt{1+2x} - 3}{\sqrt{x} - 2}$；

(7) $\lim\limits_{x \to 0} \dfrac{\sqrt{a^2 + x} - a}{x}$（$a > 0$）；

(8) $\lim\limits_{x \to +\infty} \dfrac{(3x+6)^{70}(8x-5)^{20}}{(5x-1)^{90}}$.

解　(1) $\lim\limits_{x \to \frac{\pi}{2}} 2(\sin x - \cos x - x^2) = \lim\limits_{x \to \frac{\pi}{2}} 2\sin x - \lim\limits_{x \to \frac{\pi}{2}} 2\cos x - \lim\limits_{x \to \frac{\pi}{2}} 2x^2$

$$= 2 \times 1 - 2 \times 0 - 2 \times \left(\dfrac{\pi}{2}\right)^2 = 2 - \dfrac{\pi^2}{2}.$$

(2) $\lim\limits_{x \to 0} \dfrac{x^2 - 1}{2x^2 - x - 1} = \dfrac{\lim\limits_{x \to 0}(x^2 - 1)}{\lim\limits_{x \to 0}(2x^2 - x - 1)} = \dfrac{0 - 1}{0 - 0 - 1} = 1.$

(3) $\lim\limits_{x \to 1} \dfrac{x^2 - 1}{2x^2 - x - 1} = \lim\limits_{x \to 1} \dfrac{(x-1)(x+1)}{(x-1)(2x+1)} = \lim\limits_{x \to 1} \dfrac{x+1}{2x+1} = \dfrac{2}{3}.$

(4) $\lim\limits_{x\to 0}\dfrac{(x-1)^3+(1-3x)}{x^2+2x^3}=\lim\limits_{x\to 0}\dfrac{x^3-3x^2}{x^2+2x^3}=\lim\limits_{x\to 0}\dfrac{x^2(x-3)}{x^2(1+2x)}=\lim\limits_{x\to 0}\dfrac{x-3}{1+2x}=-3.$

(5) $\lim\limits_{x\to 1}\dfrac{x^n-1}{x^m-1}=\lim\limits_{x\to 1}\dfrac{(x-1)(x^{n-1}+x^{n-2}+\cdots+1)}{(x-1)(x^{m-1}+x^{m-2}+\cdots+1)}=\lim\limits_{x\to 1}\dfrac{x^{n-1}+x^{n-2}+\cdots+1}{x^{m-1}+x^{m-2}+\cdots+1}=\dfrac{n}{m}.$

(6) $\lim\limits_{x\to 4}\dfrac{\sqrt{1+2x}-3}{\sqrt{x}-2}=\lim\limits_{x\to 4}\dfrac{(\sqrt{1+2x}-3)(\sqrt{1+2x}+3)}{(\sqrt{x}-2)(\sqrt{1+2x}+3)}=\lim\limits_{x\to 4}\dfrac{2(x-4)}{(\sqrt{x}-2)(\sqrt{1+2x}+3)}$

$\qquad\qquad =\lim\limits_{x\to 4}\dfrac{2(\sqrt{x}+2)}{\sqrt{1+2x}+3}=\dfrac{4}{3}.$

(7) $\lim\limits_{x\to 0}\dfrac{\sqrt{a^2+x}-a}{x}=\lim\limits_{x\to 0}\dfrac{(\sqrt{a^2+x})^2-a^2}{x(\sqrt{a^2+x}+a)}=\lim\limits_{x\to 0}\dfrac{1}{\sqrt{a^2+x}+a}=\dfrac{1}{2a}.$

(8) $\lim\limits_{x\to+\infty}\dfrac{(3x+6)^{70}(8x-5)^{20}}{(5x-1)^{90}}=\lim\limits_{x\to+\infty}\dfrac{\left(3+\dfrac{6}{x}\right)^{70}\cdot\left(8-\dfrac{5}{x}\right)^{20}}{\left(5-\dfrac{1}{x}\right)^{90}}=\dfrac{3^{70}\times 8^{20}}{5^{90}}.$

2. 利用迫敛性求极限:

(1) $\lim\limits_{x\to\infty}\dfrac{x-\cos x}{x}$;   (2) $\lim\limits_{x\to+\infty}\dfrac{x\sin x}{x^2-4}.$

解 (1) 因为 $-1\leqslant\cos x\leqslant 1$,所以当 $x<0$ 时,$\dfrac{1}{x}\leqslant\dfrac{-\cos x}{x}\leqslant-\dfrac{1}{x}$,于是

$$1+\dfrac{1}{x}\leqslant\dfrac{x-\cos x}{x}\leqslant 1-\dfrac{1}{x}.$$

而 $\lim\limits_{x\to-\infty}\left(1+\dfrac{1}{x}\right)=\lim\limits_{x\to-\infty}\left(1-\dfrac{1}{x}\right)=1$,故由迫敛性得 $\lim\limits_{x\to-\infty}\dfrac{x-\cos x}{x}=1.$

(2) 因为 $-1\leqslant\sin x\leqslant 1$,所以当 $x>2$ 时,$\dfrac{-x}{x^2-4}\leqslant\dfrac{x\sin x}{x^2-4}\leqslant\dfrac{x}{x^2-4}.$

又因为

$$\lim\limits_{x\to+\infty}\dfrac{-x}{x^2-4}=\lim\limits_{x\to+\infty}\dfrac{-\dfrac{1}{x}}{1-\dfrac{4}{x^2}}=0,\ \lim\limits_{x\to+\infty}\dfrac{x}{x^2-4}=\lim\limits_{x\to+\infty}\dfrac{\dfrac{1}{x}}{1-\dfrac{4}{x^2}}=0,$$

故由迫敛性得 $\lim\limits_{x\to+\infty}\dfrac{x\sin x}{x^2-4}=0.$

3. 设 $\lim\limits_{x\to x_0}f(x)=A,\lim\limits_{x\to x_0}g(x)=B$. 证明:

(1) $\lim\limits_{x\to x_0}[f(x)\pm g(x)]=A\pm B$;   (2) $\lim\limits_{x\to x_0}[f(x)g(x)]=AB$;   (3) $\lim\limits_{x\to x_0}\dfrac{f(x)}{g(x)}=\dfrac{A}{B}(B\neq 0).$

证 (1) 因为 $\lim\limits_{x\to x_0}f(x)=A,\lim\limits_{x\to x_0}g(x)=B$,所以 $\forall\varepsilon>0,\exists\delta_1>0,\delta_2>0$,当 $0<|x-x_0|<\delta_1$ 时,有

$|f(x)-A|<\dfrac{\varepsilon}{2}$;当 $0<|x-x_0|<\delta_2$ 时,有 $|g(x)-B|<\dfrac{\varepsilon}{2}.$

取 $\delta=\min\{\delta_1,\delta_2\}$,则当 $0<|x-x_0|<\delta$ 时,有

$$|[f(x)\pm g(x)]-(A\pm B)|=|[f(x)-A]\pm[g(x)-B]|$$

$$\leqslant|f(x)-A|+|g(x)-B|<\dfrac{\varepsilon}{2}+\dfrac{\varepsilon}{2}<\varepsilon.$$

故 $\lim\limits_{x\to x_0}[f(x)\pm g(x)]=A\pm B.$

(2) 因为 $\lim\limits_{x\to x_0}f(x)=A,\lim\limits_{x\to x_0}g(x)=B$,所以 $\forall\varepsilon>0,\exists\delta_1>0,\delta_2>0$,当 $0<|x-x_0|<\delta_1$ 时,有

$|f(x)-A|<\varepsilon$;当 $0<|x-x_0|<\delta_2$ 时,有 $|g(x)-B|<\varepsilon.$

再由函数极限的局部有界性可知,$\exists\delta_3>0$ 及 $M>0$,当 $0<|x-x_0|<\delta_3$ 时,有 $|f(x)|\leqslant M.$

取 $\delta=\min\{\delta_1,\delta_2,\delta_3\}$,则当 $0<|x-x_0|<\delta$ 时,有

$$\begin{aligned}
|f(x)g(x) - AB| &= |f(x)g(x) - Bf(x) + Bf(x) - AB| \\
&= |B(f(x) - A) + f(x)(g(x) - B)| \\
&\leqslant |B||f(x) - A| + |f(x)||g(x) - B| \\
&< |B|\varepsilon + M\varepsilon \\
&= (|B| + M)\varepsilon.
\end{aligned}$$

故 $\lim\limits_{x \to x_0}[f(x)g(x)] = AB$.

（3）因为 $\lim\limits_{x \to x_0} f(x) = A$, $\lim\limits_{x \to x_0} g(x) = B$, 所以 $\forall \varepsilon > 0, \exists \delta_1 > 0, \delta_2 > 0$, 当 $0 < |x - x_0| < \delta_1$ 时, 有 $|f(x) - A| < \varepsilon$; 当 $0 < |x - x_0| < \delta_2$ 时, 有 $|g(x) - B| < \varepsilon$.

由 $\lim\limits_{x \to x_0} g(x) = B \neq 0$ 及局部保号性知, $\exists \delta_3 > 0$, 当 $0 < |x - x_0| < \delta_3$ 时, 有 $|g(x)| > \dfrac{|B|}{2}$. 取 $\delta = \min\{\delta_1, \delta_2, \delta_3\}$, 则当 $0 < |x - x_0| < \delta$ 时, 有

$$\begin{aligned}
\left|\frac{f(x)}{g(x)} - \frac{A}{B}\right| &= \left|\frac{Bf(x) - Ag(x)}{Bg(x)}\right| = \left|\frac{Bf(x) - AB + AB - Ag(x)}{Bg(x)}\right| \\
&\leqslant \frac{|B||f(x) - A| + |A||g(x) - B|}{|B||g(x)|} \\
&< \frac{|B|\varepsilon + |A|\varepsilon}{|B| \cdot \frac{1}{2}|B|} = \frac{2(|B| + |A|)}{B^2}\varepsilon.
\end{aligned}$$

故 $\lim\limits_{x \to x_0} \dfrac{f(x)}{g(x)} = \dfrac{A}{B}$.

4. 设 $f(x) = \dfrac{a_0 x^m + a_1 x^{m-1} + \cdots + a_{m-1} x + a_m}{b_0 x^n + b_1 x^{n-1} + \cdots + b_{n-1} x + b_n}$, $a_0 \neq 0, b_0 \neq 0, m \leqslant n$, 试求 $\lim\limits_{x \to +\infty} f(x)$.

解　当 $m < n$ 时, 由 $\lim\limits_{x \to +\infty} \dfrac{1}{x} = 0$ 知

$$\begin{aligned}
\lim_{x \to +\infty} f(x) &= \lim_{x \to +\infty} \frac{a_0 x^m + a_1 x^{m-1} + \cdots + a_{m-1} x + a_m}{b_0 x^n + b_1 x^{n-1} + \cdots + b_{n-1} x + b_n} \\
&= \lim_{x \to +\infty} \frac{a_0 \left(\frac{1}{x}\right)^{n-m} + a_1 \left(\frac{1}{x}\right)^{n-m+1} + \cdots + a_m \left(\frac{1}{x}\right)^n}{b_0 + b_1 \left(\frac{1}{x}\right) + b_2 \left(\frac{1}{x}\right)^2 + \cdots + b_n \left(\frac{1}{x}\right)^n} = \frac{0}{b_0} = 0.
\end{aligned}$$

当 $m = n$ 时, 有 $\lim\limits_{x \to +\infty} f(x) = \lim\limits_{x \to +\infty} \dfrac{a_0 + a_1 \left(\frac{1}{x}\right) + \cdots + a_n \left(\frac{1}{x}\right)^n}{b_0 + b_1 \left(\frac{1}{x}\right) + \cdots + b_n \left(\frac{1}{x}\right)^n} = \dfrac{a_0}{b_0}$.

5. 设 $f(x) > 0$, $\lim\limits_{x \to x_0} f(x) = A$. 证明 $\lim\limits_{x \to x_0} \sqrt[n]{f(x)} = \sqrt[n]{A}$, 其中 $n \geqslant 2$ 且 n 为正整数.

证　由 $\lim\limits_{x \to x_0} f(x) = A$ 知, $\forall \varepsilon > 0, \exists \delta > 0$, 当 $0 < |x - x_0| < \delta$ 时, 有 $|f(x) - A| < \varepsilon^n$.

故当 $0 < |x - x_0| < \delta$ 时, 有 $\left|\sqrt[n]{f(x)} - \sqrt[n]{A}\right| \leqslant \sqrt[n]{|f(x) - A|} < \varepsilon$. 故 $\lim\limits_{x \to x_0} \sqrt[n]{f(x)} = \sqrt[n]{A}$.

6. 证明 $\lim\limits_{x \to 0} a^x = 1$ $(0 < a < 1)$.

证　$\forall \varepsilon > 0$（不妨设 $0 < \varepsilon < \dfrac{1}{2}$）, 要使 $|a^x - 1| < \varepsilon$, 即 $1 - \varepsilon < a^x < 1 + \varepsilon$. 由于当 $0 < a < 1$ 时, 函数 $y = \log_a x$ 在 $\mathbf{R}^+$ 上是严格递减函数. 于是, 当 $\log_a(1 + \varepsilon) < x < \log_a(1 - \varepsilon)$ 时, 有 $1 - \varepsilon < a^x < 1 + \varepsilon$. 其中 $\log_a(1 + \varepsilon) < 0, \log_a(1 - \varepsilon) > 0$. 取 $\delta = \min\{-\log_a(1 + \varepsilon), \log_a(1 - \varepsilon)\}$, 则当 $0 < |x| < \delta$ 时, 有 $1 - \varepsilon < a^x < 1 + \varepsilon$, 即 $|a^x - 1| < \varepsilon$. 故 $\lim\limits_{x \to 0} a^x = 1$.

7. 设 $\lim\limits_{x \to x_0} f(x) = A$, $\lim\limits_{x \to x_0} g(x) = B$.

（1）若在某 $U^\circ(x_0)$ 上有 $f(x) < g(x)$, 试问是否必有 $A < B$? 为什么?

(2) 证明:若 $A > B$,则在某 $U^{\circ}(x_0)$ 上有 $f(x) > g(x)$.

解 (1) 不一定有 $A < B$. 保不等式性只能从 $f(x) \leqslant g(x)$ 推出 $\lim\limits_{x \to x_0} f(x) \leqslant \lim\limits_{x \to x_0} g(x)$. 例如,$f(x) = 0$,

$g(x) = x^2$,则在 0 的任一空心邻域 $U^{\circ}(0; \delta)$ 内,有 $f(x) < g(x)$,但 $\lim\limits_{x \to 0} f(x) = 0 = \lim\limits_{x \to 0} g(x)$.

(2) 因 $\lim\limits_{x \to x_0} f(x) = A$,故对 $\varepsilon_0 = \dfrac{A - B}{2} > 0, \exists \delta_1 > 0$,当 $0 < |x - x_0| < \delta_1$ 时,有 $|f(x) - A| < \varepsilon_0$,

即

$$\frac{A+B}{2} = A - \varepsilon_0 < f(x) < A + \varepsilon_0 = \frac{3A - B}{2}.$$

同时,由于 $\lim\limits_{x \to x_0} g(x) = B$,所以对于 $\varepsilon_0 = \dfrac{A - B}{2} > 0, \exists \delta_2 > 0$,当 $0 < |x - x_0| < \delta_2$ 时,有 $|g(x) - B| < \varepsilon_0$,即

$$\frac{3B - A}{2} = B - \varepsilon_0 < g(x) < B + \varepsilon_0 = \frac{A+B}{2}.$$

取 $\delta = \min\{\delta_1, \delta_2\}$,则当 $0 < |x - x_0| < \delta$ 时,有 $g(x) < \dfrac{A+B}{2} < f(x)$.

即在空心邻域 $U^{\circ}(x_0; \delta)$ 内有 $f(x) > g(x)$.

8. 求下列极限(其中 n 皆为正整数):

(1) $\lim\limits_{x \to 0^-} \dfrac{|x|}{x} \dfrac{1}{1+x^n}$;

(2) $\lim\limits_{x \to 0^+} \dfrac{|x|}{x} \dfrac{1}{1+x^n}$;

(3) $\lim\limits_{x \to -1} \left(\dfrac{1}{x+1} - \dfrac{3}{x^3+1} \right)$;

(4) $\lim\limits_{x \to 0} \dfrac{\sqrt[n]{1+x} - 1}{x}$;

(5) $\lim\limits_{x \to \infty} \dfrac{[x]}{x}$(提示:参照例 1).

解 (1) $\lim\limits_{x \to 0^-} \dfrac{|x|}{x} \dfrac{1}{1+x^n} = \lim\limits_{x \to 0^-} \dfrac{-x}{x} \cdot \lim\limits_{x \to 0^-} \dfrac{1}{1+x^n} = (-1) \cdot \dfrac{1}{1+0} = -1$.

(2) $\lim\limits_{x \to 0^+} \dfrac{|x|}{x} \dfrac{1}{1+x^n} = \lim\limits_{x \to 0^+} \dfrac{1}{1+x^n} = 1$.

(3) $\lim\limits_{x \to -1} \left(\dfrac{1}{x+1} - \dfrac{3}{x^3+1} \right) = \lim\limits_{x \to -1} \dfrac{x^2 - x - 2}{x^3 + 1} = \lim\limits_{x \to -1} \dfrac{(x+1)(x-2)}{(x+1)(x^2 - x + 1)}$

$\qquad = \lim\limits_{x \to -1} \dfrac{x - 2}{x^2 - x + 1} = -1$.

(4) 由公式 $a^n - b^n = (a - b)(a^{n-1} + a^{n-2}b + \cdots + ab^{n-2} + b^{n-1})$ 得

$$\lim\limits_{x \to 0} \frac{\sqrt[n]{1+x} - 1}{x} = \lim\limits_{x \to 0} \frac{1}{(\sqrt[n]{1+x})^{n-1} + (\sqrt[n]{1+x})^{n-2} + \cdots + 1} = \frac{1}{\underbrace{1 + 1 + \cdots + 1}_{n \text{个} 1}} = \frac{1}{n}.$$

(5) 由 $x - 1 < [x] \leqslant x$ 可知,当 $x < 0$ 时,有 $1 \leqslant \dfrac{[x]}{x} < \dfrac{x-1}{x}$;

当 $x > 0$ 时,有 $\dfrac{x-1}{x} < \dfrac{[x]}{x} \leqslant 1$.

根据迫敛性可得 $\lim\limits_{x \to -\infty} \dfrac{[x]}{x} = 1, \lim\limits_{x \to +\infty} \dfrac{[x]}{x} = 1$,故 $\lim\limits_{x \to \infty} \dfrac{[x]}{x} = 1$.

9. (1) 证明:若 $\lim\limits_{x \to 0} f(x^3)$ 存在,则 $\lim\limits_{x \to 0} f(x) = \lim\limits_{x \to 0} f(x^3)$.

(2) 若 $\lim\limits_{x \to 0} f(x^2)$ 存在,试问 $\lim\limits_{x \to 0} f(x) = \lim\limits_{x \to 0} f(x^2)$ 是否成立?

证 (1) 设 $\lim\limits_{x \to 0} f(x^3) = A$,则 $\forall \varepsilon > 0, \exists \delta > 0$,当 $0 < |x| < \delta$ 时,有 $|f(x^3) - A| < \varepsilon$. 取 $\delta_1 = \delta^3$,则

当 $0 < |x| < \delta_1$ 时,有 $0 < |\sqrt[3]{x}| < \delta$,故 $|f((\sqrt[3]{x})^3) - A| < \varepsilon$,即 $|f(x) - A| < \varepsilon$. 故 $\lim\limits_{x \to 0} f(x) = A = \lim\limits_{x \to 0} f(x^3)$.

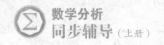

(2) 不一定成立. 例如, 取 $f(x)=\begin{cases}1, & x\geqslant 0,\\ -1, & x<0,\end{cases}$ 则 $f(x^2)=1$ 且 $\lim\limits_{x\to 0}f(x^2)=1$ 存在, 但 $\lim\limits_{x\to 0}f(x)$ 不存在.

> 归纳总结: 因为 $x^2\geqslant 0$, 所以 $\lim\limits_{x\to 0^+}f(x)=\lim\limits_{x\to 0}f(x^2)$. 证明可类比(1).

习题 3.3 解答

1. 叙述函数极限 $\lim\limits_{x\to+\infty}f(x)$ 的归结原则, 并应用它证明 $\lim\limits_{x\to+\infty}\cos x$ 不存在.

解 归结原则 设 f 在 $[a,+\infty)$ 上有定义, $\lim\limits_{x\to+\infty}f(x)$ 存在的充要条件是: $\forall\{x_n\}\subset[a,+\infty)$ 且 $\lim\limits_{n\to\infty}x_n=+\infty$, 极限 $\lim\limits_{n\to\infty}f(x_n)$ 都存在且相等.

证 取 $x_n'=2n\pi, x_n''=2n\pi+\dfrac{\pi}{2}, n=1,2,\cdots$, 则有 $\{x_n'\},\{x_n''\}\subset[0,+\infty)$ 且 $\lim\limits_{n\to\infty}x_n'=\lim\limits_{n\to\infty}x_n''=+\infty$, 但 $\lim\limits_{n\to\infty}\cos x_n'=1, \lim\limits_{n\to\infty}\cos x_n''=0$, 由归结原则知 $\lim\limits_{x\to+\infty}\cos x$ 不存在.

2. 设 f 为定义在 $[a,+\infty)$ 上的增(减)函数. 证明: $\lim\limits_{x\to+\infty}f(x)$ 存在的充要条件是 f 在 $[a,+\infty)$ 上有上(下)界.

证 (1) 设 f 为 $[a,+\infty)$ 上的增函数.

充分性: 因为 f 在 $[a,+\infty)$ 上有上界, 由确界原理知, f 在 $[a,+\infty)$ 上有上确界. 设 $A=\sup\limits_{x\in[a,+\infty)}f(x)$, 则 $\forall x\in[a,+\infty)$, 有 $f(x)\leqslant A$, 且 $\forall\varepsilon>0, \exists X\in[a,+\infty)$, 使得 $f(X)>A-\varepsilon$. 由 f 是单调递增函数可知, 当 $x>X$ 时, 有
$$A-\varepsilon<f(X)\leqslant f(x)\leqslant A<A+\varepsilon,$$
即 $|f(x)-A|<\varepsilon$, 故 $\lim\limits_{x\to+\infty}f(x)=A$.

必要性: 若 $\lim\limits_{x\to+\infty}f(x)$ 存在(不妨记为 A), 对 $\varepsilon_0=1, \exists X>a$, 当 $x>X$ 时, $|f(x)-A|<1$, 即 $A-1<f(x)<A+1$, 而在 $[a,X]$ 上, $f(x)$ 为单调递增函数, 即 $f(x)<f(X)$, 令 $M=\max\{A+1, f(X)\}$, 则 $\forall x\in[a,+\infty)$, 有 $f(x)\leqslant M$, 即 $f(x)$ 在 $[a,+\infty)$ 上有上界.

(2) 当 f 为单调递减函数时, 同理可证.

3. (1) 叙述极限 $\lim\limits_{x\to-\infty}f(x)$ 的柯西准则;

(2) 根据柯西准则叙述 $\lim\limits_{x\to-\infty}f(x)$ 不存在的充要条件, 并应用它证明 $\lim\limits_{x\to-\infty}\sin x$ 不存在.

解 (1) 设 $f(x)$ 在 $(-\infty,a]$ 上有定义, 极限 $\lim\limits_{x\to-\infty}f(x)$ 存在的充要条件是: $\forall\varepsilon>0, \exists X>0(-X<a)$, 当 $x'<-X, x''<-X$ 时, 有 $|f(x')-f(x'')|<\varepsilon$.

(2) 设 $f(x)$ 在 $(-\infty,a]$ 上有定义, 极限 $\lim\limits_{x\to-\infty}f(x)$ 不存在的充要条件是: $\exists\varepsilon_0>0, \forall X>0(-X<a), \exists x'<-X, x''<-X$, 有 $|f(x')-f(x'')|\geqslant\varepsilon_0$.

证 取 $\varepsilon_0=\dfrac{1}{2}, \forall X>0$, 取 $x'=(-[X]-1)\pi, x''=\left(-[X]-\dfrac{1}{2}\right)\pi$, 则 $x',x''<-X$, 且 $|\sin x'-\sin x''|=1>\varepsilon_0$. 故 $\lim\limits_{x\to-\infty}f(x)$ 不存在.

4. 设 f 在 $U^\circ(x_0)$ 内有定义. 证明: 若对任何数列 $\{x_n\}\subset U^\circ(x_0)$ 且 $\lim\limits_{n\to\infty}x_n=x_0$, 极限 $\lim\limits_{n\to\infty}f(x_n)$ 都存在, 则这些极限都相等.

证 设数列 $\{x_n\},\{y_n\}\subset U^\circ(x_0)$, 且 $\lim\limits_{n\to\infty}x_n=\lim\limits_{n\to\infty}y_n=x_0$, 由题设知 $\lim\limits_{n\to\infty}f(x_n)$ 和 $\lim\limits_{n\to\infty}f(y_n)$ 都存在. 设 $\lim\limits_{n\to\infty}f(x_n)=A, \lim\limits_{n\to\infty}f(y_n)=B$, 下面证明 $A=B$. 作数列 $\{z_n\}: x_1,y_1,x_2,y_2,\cdots,x_n,y_n,\cdots$, 则 $\{z_n\}\subset U^\circ(x_0)$ 且 $\lim\limits_{n\to\infty}z_n=x_0$. 由题设知 $\lim\limits_{n\to\infty}f(z_n)$ 存在. 于是对于 $\{z_n\}$ 的两个子列 $\{x_n\},\{y_n\}$ 必有 $\lim\limits_{n\to\infty}f(x_n)=$

$\lim\limits_{n\to\infty} f(y_n)$，故 $A=B$. 由数列 $\{x_n\}$,$\{y_n\}$ 的任意性知，对任何数列 $\{x_n\}\subset U^\circ(x_0)$ 且 $\lim\limits_{n\to\infty} x_n = x_0$，极限 $\lim\limits_{n\to\infty} f(x_n)$ 都相等.

> **归纳总结**：这个命题说明归结原则可以将"极限 $\lim\limits_{n\to\infty} f(x_n)$ 都存在且相等"中的"相等"去掉.

5. 设 f 为 $U^\circ(x_0)$ 上的增函数. 证明：$f(x_0-0)$ 和 $f(x_0+0)$ 都存在，且
$$f(x_0-0) = \sup_{x\in U^\circ_-(x_0)} f(x), \quad f(x_0+0) = \inf_{x\in U^\circ_+(x_0)} f(x).$$

证　(1) 取 $x_1\in U^\circ_+(x_0)$，因为 f 为 $U^\circ(x_0)$ 上的单调递增函数，所以 $\forall x\in U^\circ_-(x_0)$，有 $f(x)\leqslant f(x_1)$，即 $f(x)$ 在 $U^\circ_-(x_0)$ 上有上界. 由确界原理知 $f(x)$ 在 $U^\circ_-(x_0)$ 上有上确界，不妨令 $\sup\limits_{x\in U^\circ_-(x_0)} f(x) = A$. 于是 $\forall \varepsilon>0$，$\exists x'\in U^\circ_-(x_0)$，使得 $f(x')>A-\varepsilon$. 令 $\delta = x_0-x'$，则当 $x_0-\delta<x<x_0$ 时，有 $A-\varepsilon<f(x')\leqslant f(x)\leqslant A<A+\varepsilon$，即 $|f(x)-A|<\varepsilon$，故
$$f(x_0-0) = \lim_{x\to x_0^-} f(x) = A = \sup_{x\in U^\circ_-(x_0)} f(x).$$
(2) 同理可证 $f(x_0+0) = \inf\limits_{x\in U^\circ_+(x_0)} f(x)$.

> **归纳总结**：本题可以推广到 $x\to\infty$ 时的情况，即若 $[a,+\infty)$ 上的单调函数 $f(x)$ 有上界，则
> $$\lim_{x\to +\infty} f(x) = \sup_{x\in[0,+\infty)} f(x).$$

6. 设 $D(x)$ 为狄利克雷函数，$x_0\in \mathbf{R}$. 证明：$\lim\limits_{x\to x_0} D(x)$ 不存在.

证　**证法一**　取 $\varepsilon_0 = \dfrac{1}{2}$，对 $\forall \delta>0$，由有理数和无理数的稠密性可知，在 $U^\circ(x_0;\delta)$ 中存在有理数 x' 和无理数 x''，使得 $D(x')=1, D(x'')=0$，故 $|D(x')-D(x'')|=1>\varepsilon_0$. 由柯西准则知 $\lim\limits_{x\to x_0} D(x)$ 不存在.

　　证法二　取有理点列 $\{x_n\}$ 且 $x_n\to x_0 (n\to\infty)$，则 $\lim\limits_{n\to\infty} D(x_n)=1$；取无理点列 $\{y_n\}$ 且 $y_n\to x_0 (n\to \infty)$，则 $\lim\limits_{n\to\infty} D(y_n)=0$. 由归结原则知，$\lim\limits_{x\to x_0} D(x)$ 不存在.

7. 证明：若 f 为周期函数，且 $\lim\limits_{x\to +\infty} f(x)=0$，则 $f(x)\equiv 0$.

证　反证法. 设 f 的周期 $T>0$，假设 $f(x)\not\equiv 0$，则 $\exists x_0\in \mathbf{R}$，使得 $f(x_0)\neq 0$. 作数列 $x_n = x_0+nT (n=1,2,\cdots)$，则有
$$\lim_{n\to\infty} x_n = +\infty, \lim_{n\to\infty} f(x_n) = \lim_{n\to\infty} f(x_0+nT) = f(x_0)\neq 0.$$
由归结原则知，$\lim\limits_{x\to +\infty} f(x)\neq 0$，与题设矛盾. 故 $f(x)\equiv 0$.

8. 证明定理 3.9.

定理 3.9：设函数 f 在点 x_0 的某空心右邻域 $U^\circ_+(x_0)$ 上有定义. $\lim\limits_{x\to x_0^+} f(x)=A$ 的充要条件是：对任何以 x_0 为极限的递减数列 $\{x_n\}\subset U^\circ_+(x_0)$，有 $\lim\limits_{n\to\infty} f(x_n)=A$.

证　必要性：$\forall \varepsilon>0$，设 $\lim\limits_{x\to x_0^+} f(x)=A$，则 $\exists \delta>0$，当 $0<x-x_0<\delta$ 时，有 $|f(x)-A|<\varepsilon$. 因为 $\lim\limits_{n\to\infty} x_n = x_0$，故对上述 $\delta>0$，$\exists N$，当 $n>N$ 时，有 $|x_n-x_0|<\delta$. 由 $\{x_n\}\subset U^\circ_+(x_0)$，故当 $n>N$ 时，有 $0<x_n-x_0<\delta$，从而有 $|f(x_n)-A|<\varepsilon$，即 $\lim\limits_{n\to\infty} f(x_n)=A$.

充分性：(用反证法) 假设 $\lim\limits_{x\to x_0^+} f(x)\neq A$，则 $\exists \varepsilon_0>0$，$\forall \delta>0$，$\exists x^*$，虽有 $0<x^*-x_0<\delta$，但有 $|f(x^*)-A|\geqslant \varepsilon_0$. 特别地，

对 $\delta_1 = 1, \exists x_1$, 虽有 $0 < x_1 - x_0 < 1$, 但有 $|f(x_1) - A| \geqslant \varepsilon_0$ 且 $x_1 < x_0$,

对 $\delta_2 = \min\left\{\dfrac{1}{2}, x_1 - x_0\right\}, \exists x_2$, 虽有 $0 < x_2 - x_0 < \delta_2$, 但有 $|f(x_2) - A| \geqslant \varepsilon_0$ 且 $x_2 < x_1$,

…… …… …… …… …… …… …… …… ……

对 $\delta_n = \min\left\{\dfrac{1}{n}, x_{n-1} - x_0\right\}, \exists x_n$, 虽有 $0 < x_n - x_0 < \delta_n$, 但有 $|f(x_n) - A| \geqslant \varepsilon_0$ 且 $x_n < x_{n-1}$,

…… …… …… …… …… …… …… …… ……

如些继续下去, 可得数列 $\{x_n\}$ 且满足:

(1) $0 < x_n - x_0 < \delta_n \leqslant \dfrac{1}{n}, x_n < x_{n-1}(n = 1, 2, \cdots)$;

(2) $|f(x_n) - A| \geqslant \varepsilon_0$;

显然 $\{x_n\}$ 递减, 且 $\{x_n\} \subset U_+^0(x_0), \lim\limits_{n \to \infty} x_n = x_0$, 但 $\{f(x_n)\}$ 不以 A 为极限. 此与 $\lim\limits_{n \to \infty} f(x_n) = A$ 矛盾, 故 $\lim\limits_{x \to x_0^+} f(x) = A$.

习题 3.4 解答

1. 求下列极限:

(1) $\lim\limits_{x \to 0} \dfrac{\sin 2x}{x}$;

(2) $\lim\limits_{x \to 0} \dfrac{\sin x^3}{(\sin x)^2}$;

(3) $\lim\limits_{x \to \frac{\pi}{2}} \dfrac{\cos x}{x - \dfrac{\pi}{2}}$;

(4) $\lim\limits_{x \to 0} \dfrac{\tan x}{x}$;

(5) $\lim\limits_{x \to 0} \dfrac{\tan x - \sin x}{x^3}$;

(6) $\lim\limits_{x \to 0} \dfrac{\arctan x}{x}$;

(7) $\lim\limits_{x \to +\infty} x\sin\dfrac{1}{x}$;

(8) $\lim\limits_{x \to a} \dfrac{\sin^2 x - \sin^2 a}{x - a}$;

(9) $\lim\limits_{x \to 0} \dfrac{\sin 4x}{\sqrt{x+1} - 1}$;

(10) $\lim\limits_{x \to 0} \dfrac{\sqrt{1 - \cos x^2}}{1 - \cos x}$.

解 (1) $\lim\limits_{x \to 0} \dfrac{\sin 2x}{x} = 2\lim\limits_{x \to 0} \dfrac{\sin 2x}{2x} = 2 \times 1 = 2$.

(2) $\lim\limits_{x \to 0} \dfrac{\sin x^3}{(\sin x)^2} = \lim\limits_{x \to 0} \dfrac{\sin x^3}{x^3} \cdot \dfrac{x^3}{(\sin x)^2} = \lim\limits_{x \to 0} \dfrac{\sin x^3}{x^3} \cdot \lim\limits_{x \to 0}\left[\left(\dfrac{x}{\sin x}\right)^2 \cdot x\right] = 1 \times 1 \times 0 = 0$.

(3) $\lim\limits_{x \to \frac{\pi}{2}} \dfrac{\cos x}{x - \dfrac{\pi}{2}} = \lim\limits_{x \to \frac{\pi}{2}} \dfrac{\cos\left[\left(x - \dfrac{\pi}{2}\right) + \dfrac{\pi}{2}\right]}{x - \dfrac{\pi}{2}} = \lim\limits_{x \to \frac{\pi}{2}} \dfrac{-\sin\left(x - \dfrac{\pi}{2}\right)}{x - \dfrac{\pi}{2}} = -1$.

(4) $\lim\limits_{x \to 0} \dfrac{\tan x}{x} = \lim\limits_{x \to 0}\left(\dfrac{\sin x}{x} \cdot \dfrac{1}{\cos x}\right) = 1$.

(5) $\lim\limits_{x \to 0} \dfrac{\tan x - \sin x}{x^3} = \lim\limits_{x \to 0} \dfrac{\sin x(1 - \cos x)}{x^3 \cos x} = \lim\limits_{x \to 0} \dfrac{2\sin x\sin^2\dfrac{x}{2}}{x^3 \cos x}$

$= \lim\limits_{x \to 0}\left[\dfrac{\sin x}{x} \cdot \dfrac{\sin^2\dfrac{x}{2}}{\left(\dfrac{x}{2}\right)^2} \cdot \dfrac{1}{2\cos x}\right] = 1 \times 1 \times \dfrac{1}{2} = \dfrac{1}{2}$.

(6) 令 $\arctan x = t$, 则 $x = \tan t, x \to 0$ 等价于 $t \to 0$, 于是

$$\lim\limits_{x \to 0} \dfrac{\arctan x}{x} = \lim\limits_{t \to 0} \dfrac{t}{\tan t} = \lim\limits_{t \to 0}\left(\dfrac{t}{\sin t} \cdot \cos t\right) = 1.$$

(7) 令 $\dfrac{1}{x} = t$, 则当 $x \to +\infty$ 时, $t \to 0^+$. 于是 $\lim\limits_{x \to +\infty} x\sin\dfrac{1}{x} = \lim\limits_{t \to 0^+} \dfrac{\sin t}{t} = 1$.

(8) $\dfrac{\sin^2 x - \sin^2 a}{x-a} = \dfrac{(\sin x + \sin a)(\sin x - \sin a)}{x-a} = \dfrac{2\cos\dfrac{x+a}{2} \cdot \sin\dfrac{x-a}{2}}{x-a} \cdot (\sin x + \sin a)$

$\qquad = \cos\dfrac{x+a}{2} \cdot \dfrac{\sin\dfrac{x-a}{2}}{\dfrac{x-a}{2}} \cdot (\sin x + \sin a).$

所以 $\lim\limits_{x\to a} \dfrac{\sin^2 x - \sin^2 a}{x-a} = \sin s\, 4x \cdot (\sin a + \sin a) = \sin 2a.$

(9) $\lim\limits_{x\to 0} \dfrac{\sin 4x}{\sqrt{x+1}-1} = \lim\limits_{x\to 0} \dfrac{\sin 4x \cdot (\sqrt{x+1}+1)}{(\sqrt{x+1}-1)(\sqrt{x+1}+1)} = \lim\limits_{x\to 0} \dfrac{(\sqrt{x+1}+1)\sin 4x}{x}$

$\qquad = \lim\limits_{x\to 0} \dfrac{4(\sqrt{x+1}+1)\sin 4x}{4x} = 8.$

(10) $\lim\limits_{x\to 0} \dfrac{\sqrt{1-\cos x^2}}{1-\cos x} = \lim\limits_{x\to 0} \dfrac{\sqrt{2\sin^2\dfrac{x^2}{2}}}{2\sin^2\dfrac{x}{2}} = \lim\limits_{x\to 0} \dfrac{\sqrt{\left(\dfrac{\sin\dfrac{x^2}{2}}{\dfrac{x^2}{2}}\right)^2}}{\left(\dfrac{\sin\dfrac{x}{2}}{\dfrac{x}{2}}\right)^2} \cdot \dfrac{\dfrac{x^2}{\sqrt 2}}{\dfrac{x^2}{2}} = \sqrt 2.$

2. 求下列极限:

(1) $\lim\limits_{x\to\infty}\left(1-\dfrac{2}{x}\right)^{-x}$;

(2) $\lim\limits_{x\to 0}(1+\alpha x)^{\frac{1}{x}}$ (α 为给定实数);

(3) $\lim\limits_{x\to 0}(1+\tan x)^{\cot x}$;

(4) $\lim\limits_{x\to 0}\left(\dfrac{1+x}{1-x}\right)^{\frac{1}{x}}$;

(5) $\lim\limits_{x\to +\infty}\left(\dfrac{3x+2}{3x-1}\right)^{2x-1}$;

(6) $\lim\limits_{x\to +\infty}\left(1+\dfrac{\alpha}{x}\right)^{\beta x}$ (α,β 为给定实数).

解 (1) $\lim\limits_{x\to\infty}\left(1-\dfrac{2}{x}\right)^{-x} = \lim\limits_{x\to\infty}\left[\left(1-\dfrac{2}{x}\right)^{-\frac{x}{2}}\right]^2 = e^2.$

(2) $\lim\limits_{x\to 0}(1+\alpha x)^{\frac{1}{x}} = \lim\limits_{x\to 0}\left[(1+\alpha x)^{\frac{1}{\alpha x}}\right]^{\alpha} = e^{\alpha}.$

(3) $\lim\limits_{x\to 0}(1+\tan x)^{\cot x} = \lim\limits_{x\to 0}(1+\tan x)^{\frac{1}{\tan x}} = e.$

(4) $\lim\limits_{x\to 0}\left(\dfrac{1+x}{1-x}\right)^{\frac{1}{x}} = \lim\limits_{x\to 0}\left(1+\dfrac{2x}{1-x}\right)^{\frac{1}{x}} = \lim\limits_{x\to 0}\left[\left(1+\dfrac{2x}{1-x}\right)^{\frac{1-x}{2x}}\right]^{\frac{2}{1-x}} = e^2.$

(5) $\lim\limits_{x\to +\infty}\left(\dfrac{3x+2}{3x-1}\right)^{2x-1} = \lim\limits_{x\to +\infty}\left(1+\dfrac{3}{3x-1}\right)^{2x-1} = \lim\limits_{x\to +\infty}\left[\left(1+\dfrac{3}{3x-1}\right)^{\frac{3x-1}{3}}\right]^{\frac{3(2x-1)}{3x-1}} = e^2.$

(6) $\lim\limits_{x\to +\infty}\left(1+\dfrac{\alpha}{x}\right)^{\beta x} = \lim\limits_{x\to +\infty}\left[\left(1+\dfrac{\alpha}{x}\right)^{\frac{x}{\alpha}}\right]^{\alpha\beta} = e^{\alpha\beta}.$

3. 证明: $\lim\limits_{x\to 0}\left\{\lim\limits_{n\to\infty}\left[\cos x\cos\dfrac{x}{2}\cos\dfrac{x}{2^2}\cdots\cos\dfrac{x}{2^n}\right]\right\} = 1.$

证 当 $x=0$ 时, $\lim\limits_{x\to 0}\left\{\lim\limits_{n\to\infty}\left[\cos x\cos\dfrac{x}{2}\cos\dfrac{x}{2^2}\cdots\cos\dfrac{x}{2^n}\right]\right\} = 1.$

当 $x\neq 0$ 时,因为 $\sin x = 2\cos\dfrac{x}{2}\sin\dfrac{x}{2} = 2^2\cos\dfrac{x}{2}\cos\dfrac{x}{2^2}\sin\dfrac{x}{2^2}$

$\qquad = \cdots = 2^n\cos\dfrac{x}{2}\cos\dfrac{x}{2^2}\cdots\cos\dfrac{x}{2^n}\sin\dfrac{x}{2^n},$

故

$$\lim\limits_{n\to\infty}\left[\cos x\cos\dfrac{x}{2}\cos\dfrac{x}{2^2}\cdots\cos\dfrac{x}{2^n}\right]$$

$$= \lim_{n \to \infty} \left[\cos x \cos \frac{x}{2} \cos \frac{x}{2^2} \cdots \cos \frac{x}{2^n} \cdot 2^n \sin \frac{x}{2^n} \cdot \frac{1}{2^n \sin \frac{x}{2^n}} \right]$$

$$= \lim_{n \to \infty} \left[\cos x \cdot \frac{\sin x}{2^n} \cdot \frac{1}{\sin \frac{x}{2^n}} \right] = \lim_{n \to \infty} \left[\cos x \cdot \frac{\sin x}{x} \cdot \frac{\frac{x}{2^n}}{\sin \frac{x}{2^n}} \right] = \frac{\sin x \cos x}{x},$$

故 $\lim\limits_{x \to 0} \left\{ \lim\limits_{n \to \infty} \left[\cos x \cos \frac{x}{2} \cos \frac{x}{2^2} \cdots \cos \frac{x}{2^n} \right] \right\} = \lim\limits_{x \to 0} \frac{\sin x}{x} \cdot \cos x = 1.$

4. 利用归结原则计算下列极限：

(1) $\lim\limits_{n \to \infty} \sqrt{n} \sin \frac{\pi}{n}$；(2) $\lim\limits_{n \to \infty} \left(1 + \frac{1}{n} + \frac{1}{n^2} \right)^n.$

解 (1) 令 $f(x) = \sqrt{x} \sin \frac{\pi}{x}$，则有 $\lim\limits_{x \to +\infty} \sqrt{x} \sin \frac{\pi}{x} = \lim\limits_{x \to +\infty} \frac{\pi}{\sqrt{x}} \cdot \frac{\sin \frac{\pi}{x}}{\frac{\pi}{x}} = 0,$

由归结原则得 $\lim\limits_{n \to \infty} \sqrt{n} \sin \frac{\pi}{n} = 0.$

(2) 令 $f(x) = \left(1 + \frac{1}{x} + \frac{1}{x^2} \right)^x$，则

$$\lim_{x \to +\infty} f(x) = \lim_{x \to +\infty} \left(1 + \frac{x+1}{x^2} \right)^{\frac{x^2}{x+1} \cdot \frac{x+1}{x}} = \lim_{x \to +\infty} \left[\left(1 + \frac{x+1}{x^2} \right)^{\frac{x^2}{x+1}} \right]^{\frac{x+1}{x}} = e,$$

由归结原则得 $\lim\limits_{n \to \infty} \left(1 + \frac{1}{n} + \frac{1}{n^2} \right)^n = e.$

归纳总结：归结原则为数列极限转化为函数极限提供了理论依据. 以后的学习中会经常用到这一方法，需熟练掌握.

习题 3.5 解答

---

1. 证明下列各式：

(1) $2x - x^2 = O(x)$ $(x \to 0)$；

(2) $x \sin \sqrt{x} = O(x^{\frac{3}{2}})$ $(x \to 0^+)$；

(3) $\sqrt{1+x} - 1 = o(1)$ $(x \to 0)$；

(4) $(1+x)^n = 1 + nx + o(x)$ $(x \to 0)$ （n 为正整数）；

(5) $2x^3 + x^2 = O(x^3)$ $(x \to \infty)$；

(6) $o(g(x)) \pm o(g(x)) = o(g(x))$ $(x \to x_0)$；

(7) $o(g_1(x)) \cdot o(g_2(x)) = o(g_1(x) g_2(x))$ $(x \to x_0)$.

证 (1) $\lim\limits_{x \to 0} \frac{2x - x^2}{x} = \lim\limits_{x \to 0} (2 - x) = 2$，由函数极限的局部有界性知，$\frac{2x - x^2}{x}$ 在 $U^{\circ}(0)$ 内有界，故 $2x - x^2 = O(x)(x \to 0).$

(2) $\lim\limits_{x \to 0^+} \frac{x \sin \sqrt{x}}{x^{\frac{3}{2}}} = \lim\limits_{x \to 0^+} \frac{\sin \sqrt{x}}{\sqrt{x}} = 1$，由函数极限的局部有界性知，$\frac{x \sin \sqrt{x}}{x^{\frac{3}{2}}}$ 在 $U^{\circ}_+(0)$ 内有界，故 $x \sin \sqrt{x} = O(x^{\frac{3}{2}})(x \to 0^+).$

(3) 由 $\lim\limits_{x \to 0}(\sqrt{1+x} - 1) = \sqrt{1+0} - 1 = 0$ 知 $\sqrt{1+x} - 1 = o(1)(x \to 0)$.

(4) 因为

$$\lim_{x \to 0}\frac{(1+x)^n - (1+nx)}{x} = \lim_{x \to 0}\frac{x^n + C_n^{n-1}x^{n-1} + \cdots + C_n^2 x^2}{x}$$
$$= \lim_{x \to 0}(x^{n-1} + C_n^{n-1}x^{n-2} + \cdots + C_n^2 x) = 0,$$

所以 $(1+x)^n - (1+nx) = o(x)(x \to 0)$,即 $(1+x)^n = 1 + nx + o(x)(x \to 0)$.

(5) $\lim\limits_{x \to \infty}\dfrac{2x^3 + x^2}{x^3} = \lim\limits_{x \to \infty}\left(2 + \dfrac{1}{x}\right) = 2 + 0 = 2$,因此,在某个 $U(+\infty)$ 上,$\dfrac{2x^3 + x^2}{x^3}$ 有界,故 $2x^3 + x^2$
$= O(x^3)(x \to \infty)$.

(6) 设 $f_1(x) = o(g(x)), f_2(x) = o(g(x))$,则 $\lim\limits_{x \to x_0}\dfrac{f_1(x)}{g(x)} = 0, \lim\limits_{x \to x_0}\dfrac{f_2(x)}{g(x)} = 0$,故

$$\lim_{x \to x_0}\frac{f_1(x) \pm f_2(x)}{g(x)} = \lim_{x \to x_0}\left[\frac{f_1(x)}{g(x)} \pm \frac{f_2(x)}{g(x)}\right] = \lim_{x \to x_0}\frac{f_1(x)}{g(x)} \pm \lim_{x \to x_0}\frac{f_2(x)}{g(x)} = 0.$$

故 $o(g(x)) \pm o(g(x)) = o(g(x))(x \to x_0)$.

(7) 设 $f_1(x) = o(g_1(x)), f_2(x) = o(g_2(x))$,则 $\lim\limits_{x \to x_0}\dfrac{f_1(x)}{g_1(x)} = \lim\limits_{x \to x_0}\dfrac{f_2(x)}{g_2(x)} = 0$,故

$$\lim_{x \to x_0}\frac{f_1(x)f_2(x)}{g_1(x)g_2(x)} = \lim_{x \to x_0}\frac{f_1(x)}{g_1(x)} \cdot \lim_{x \to x_0}\frac{f_2(x)}{g_2(x)} = 0.$$

故 $o(g_1(x)) \cdot o(g_2(x)) = o(g_1(x)g_2(x))(x \to x_0)$.

2. 应用定理 3.12 求下列极限:

(1) $\lim\limits_{x \to \infty}\dfrac{x\arctan\dfrac{1}{x}}{x - \cos x}$; (2) $\lim\limits_{x \to 0}\dfrac{\sqrt{1+x^2} - 1}{1 - \cos x}$.

定理 3.12:设函数 f, g, h 在 $U^\circ(x_0)$ 上有定义,且有 $f(x) \sim g(x)(x \to x_0)$.

(ⅰ) 若 $\lim\limits_{x \to x_0} f(x)h(x) = A$,则 $\lim\limits_{x \to x_0} g(x)h(x) = A$;

(ⅱ) 若 $\lim\limits_{x \to x_0}\dfrac{h(x)}{f(x)} = B$,则 $\lim\limits_{x \to x_0}\dfrac{h(x)}{g(x)} = B$.

解 (1) 因为 $\arctan\dfrac{1}{x} \sim \dfrac{1}{x}(x \to \infty)$,故由定理 3.12 可得

$$\lim_{x \to \infty}\frac{x\arctan\dfrac{1}{x}}{x - \cos x} = \lim_{x \to \infty}\frac{x \cdot \dfrac{1}{x}}{x - \cos x} = \lim_{x \to \infty}\frac{\dfrac{1}{x}}{1 - \dfrac{\cos x}{x}} = \frac{0}{1 - 0} = 0.$$

(2) 因为 $\sqrt{1+x^2} - 1 \sim \dfrac{1}{2}x^2, 1 - \cos x \sim \dfrac{1}{2}x^2(x \to 0)$,故由定理 3.12 可得

$$\lim_{x \to 0}\frac{\sqrt{1+x^2} - 1}{1 - \cos x} = \lim_{x \to 0}\frac{\dfrac{1}{2}x^2}{\dfrac{1}{2}x^2} = 1.$$

3. 证明定理 3.13.

定理 3.13:(ⅰ) 设 f 在 $U^\circ(x_0)$ 上有定义且不等于 0. 若 f 为 $x \to x_0$ 时的无穷小量,则 $\dfrac{1}{f}$ 为 $x \to x_0$ 时的无穷大量.

(ⅱ) 若 g 为 $x \to x_0$ 时的无穷大量,则 $\dfrac{1}{g}$ 为 $x \to x_0$ 时的无穷小量.

证 (ⅰ) 因为 f 在 $U^\circ(x_0)$ 上有定义且不等于 0,故 $\dfrac{1}{f}$ 在 $U^\circ(x_0)$ 上也有定义. $\forall G > 0$,由 $\lim\limits_{x \to x_0} f(x) = 0$,

对 $\dfrac{1}{G} > 0, \exists \delta > 0$,当 $0 < |x - x_0| < \delta$ 时,有 $|f(x)| < \dfrac{1}{G}$,即 $\left|\dfrac{1}{f(x)}\right| > G$. 故 $\dfrac{1}{f}$ 为 $x \to x_0$ 时的

无穷大量.

（ii）因为 g 为 $x \to x_0$ 时的无穷大量，故 $\forall \varepsilon > 0$，对 $\dfrac{1}{\varepsilon} > 0$，$\exists \delta > 0$，当 $0 < |x - x_0| < \delta$ 时，有

$|g(x)| > \dfrac{1}{\varepsilon}$，即 $\left| \dfrac{1}{g(x)} \right| < \varepsilon$. 故 $\lim\limits_{x \to x_0} \dfrac{1}{g(x)} = 0$，即 $\dfrac{1}{g}$ 为 $x \to x_0$ 时的无穷小量.

4. 求下列函数所表示曲线的渐近线：

$(1) y = \dfrac{1}{x}$; $\qquad\qquad\qquad (2) y = \arctan x$; $\qquad\qquad\qquad (3) y = \dfrac{3x^3 + 4}{x^2 - 2x}$.

解 (1) 由 $\lim\limits_{x \to \infty} \dfrac{f(x)}{x} = \lim\limits_{x \to \infty} \dfrac{1}{x^2} = 0$，得 $k = 0$. 再由 $\lim\limits_{x \to \infty} [f(x) - kx] = \lim\limits_{x \to \infty} \dfrac{1}{x} = 0$，得 $b = 0$. 故该曲线有

水平渐近线 $y = 0$. 又由 $\lim\limits_{x \to 0} f(x) = \lim\limits_{x \to 0} \dfrac{1}{x} = \infty$，故此曲线有垂直渐近线 $x = 0$.

(2) 由 $\lim\limits_{x \to \infty} \dfrac{f(x)}{x} = \lim\limits_{x \to \infty} \dfrac{\arctan x}{x} = 0$，得 $k = 0$.

由 $\lim\limits_{x \to +\infty} [f(x) - kx] = \lim\limits_{x \to +\infty} \arctan x = \dfrac{\pi}{2}$，得 $b_1 = \dfrac{\pi}{2}$.

由 $\lim\limits_{x \to -\infty} [f(x) - kx] = \lim\limits_{x \to -\infty} \arctan x = -\dfrac{\pi}{2}$，得 $b_2 = -\dfrac{\pi}{2}$.

故此曲线有两条渐近线 $y = \pm \dfrac{\pi}{2}$.

(3) 由 $\lim\limits_{x \to \infty} \dfrac{f(x)}{x} = \lim\limits_{x \to \infty} \dfrac{3x^3 + 4}{x^3 - 2x^2} = 3$，得 $k = 3$.

再由 $\lim\limits_{x \to \infty} [f(x) - kx] = \lim\limits_{x \to \infty} \dfrac{4 + 6x^2}{x^2 - 2x} = 6$，得 $b = 6$.

故该曲线的斜渐近线方程为 $y = 3x + 6$.

又因为 $\lim\limits_{x \to 0} f(x) = \infty$，$\lim\limits_{x \to 2} f(x) = \infty$，所以，该曲线有垂直渐近线 $x = 0$ 和 $x = 2$.

5. 试确定 α 的值，使下列函数与 x^α（当 $x \to 0$ 时）为同阶无穷小量：

$(1) \sin 2x - 2\sin x$; $\qquad\qquad\qquad (2) \dfrac{1}{1+x} - (1-x)$;

$(3) \sqrt{1 + \tan x} - \sqrt{1 - \sin x}$; $\qquad\qquad (4) \sqrt[5]{3x^2 - 4x^3}$.

解 (1) 当 $x \to 0$ 时，

$$\sin 2x - 2\sin x = 2\sin x \cos x - 2\sin x = 2\sin x(\cos x - 1) \sim 2x \cdot \left(-\dfrac{x^2}{2}\right) = -x^3,$$

故当 $\alpha = 3$ 时，$\sin 2x - 2\sin x$ 与 x^α 为同阶无穷小量（当 $x \to 0$ 时）.

(2) 当 $x \to 0$ 时，$\dfrac{1}{1+x} - (1-x) = \dfrac{x^2}{1+x} \sim x^2$，

故当 $\alpha = 2$ 时，$\dfrac{1}{1+x} - (1-x)$ 与 x^α 为同阶无穷小量（当 $x \to 0$ 时）.

(3) 当 $x \to 0$ 时，$\sqrt{1 + \tan x} - \sqrt{1 - \sin x} = \dfrac{\tan x + \sin x}{\sqrt{1 + \tan x} + \sqrt{1 - \sin x}}$

$$= \dfrac{\tan x(1 + \cos x)}{\sqrt{1 + \tan x} + \sqrt{1 - \sin x}} \sim x,$$

故当 $\alpha = 1$ 时，$\sqrt{1 + \tan x} - \sqrt{1 - \sin x}$ 与 x^α 为同阶无穷小量（当 $x \to 0$ 时）.

(4) 当 $x \to 0$ 时，$\sqrt[5]{3x^2 - 4x^3} = x^{\frac{2}{5}} \sqrt[5]{3 - 4x} \sim \sqrt[5]{3} x^{\frac{2}{5}}$，

故当 $\alpha = \dfrac{2}{5}$ 时，$\sqrt[5]{3x^2 - 4x^3}$ 与 x^α 为同阶无穷小量（当 $x \to 0$ 时）.

> 归纳总结:无穷小量的阶描述的是函数收敛于 0 时的速度.

6. 试确定 α 的值,使下列函数与 x^{α}(当 $x \to \infty$ 时)为同阶无穷大量:

(1) $\sqrt{x^2+x^5}$; (2) $x+x^2(2+\sin x)$; (3) $(1+x)(1+x^2)\cdots(1+x^n)$.

解 (1) 因为 $\lim\limits_{x \to \infty} \dfrac{\sqrt{x^2+x^5}}{\sqrt{x^5}} = \lim\limits_{x \to \infty} \sqrt{\dfrac{1}{x^3}+1} = 1$,所以,当 $\alpha = \dfrac{5}{2}$ 时,$\sqrt{x^2+x^5}$ 与 x^{α} 为同阶无穷大量

(当 $x \to \infty$ 时).

(2) 因为当 $|x|>2$ 时,有

$$\frac{1}{2} < \left| \frac{x+x^2(2+\sin x)}{x^2} \right| = \left| \frac{1}{x}+2+\sin x \right| < 1+2+1 = 4,$$

所以,当 $\alpha = 2$ 时,$x+x^2(2+\sin x)$ 与 x^{α} 为同阶无穷大量(当 $x \to \infty$ 时).

(3) $\lim\limits_{x \to \infty} \dfrac{(1+x)(1+x^2)\cdots(1+x^n)}{x \cdot x^2 \cdots x^n} = \lim\limits_{x \to \infty} \left(\dfrac{1}{x}+1 \right)\left(\dfrac{1}{x^2}+1 \right)\cdots\left(\dfrac{1}{x^n}+1 \right) = 1,$

故当 $\alpha = 1+2+\cdots+n = \dfrac{n(n+1)}{2}$ 时,$(1+x)(1+x^2)\cdots(1+x^n)$ 与 x^{α} 为同阶无穷大量

(当 $x \to \infty$ 时).

7. 证明:若 S 为无上界数集,则存在一递增数列 $\{x_n\} \subset S$,使得 $x_n \to +\infty(n \to \infty)$.

证 因 S 无上界,故 $\forall M>0$,$\exists x_0 \in S$,使 $x_0 > M$. 特别地,

对 $M_1 = 1$,$\exists x_1 \in S$,使 $x_1 > M_1$,

对 $M_2 = \max\{2, x_1\}$,$\exists x_2 \in S$,使 $x_2 > M_2$,即 $x_2 > 2$ 且 $x_2 > x_1$,

对 $M_3 = \max\{3, x_2\}$,$\exists x_3 \in S$,使 $x_3 > M_3$,即 $x_3 > 3$ 且 $x_3 > x_2$,

......

对于 $M_n = \max\{n, x_{n-1}\}$,$\exists x_n \in S$,使 $x_n > M_n$,即 $x_n > n$ 且 $x_n > x_{n-1}$,

如此继续下去,可得单调递增数列 $\{x_n\} \subset S$ 且 $\lim\limits_{n \to \infty} x_n = +\infty$.

8. 设 $\lim\limits_{x \to x_0} f(x) = \infty$,$\lim\limits_{x \to x_0} g(x) = b \neq 0$. 证明:$\lim\limits_{x \to x_0} f(x)g(x) = \infty$.

证 因为 f 为 $x \to x_0$ 时的无穷大量,所以 $\forall G>0$,$\exists \delta_1 > 0$,当 $x \in U^{\circ}(x_0; \delta_1)$ 时,有 $|f(x)| > \dfrac{2G}{|b|}$.

又因为 $\lim\limits_{x \to x_0} g(x) = b \neq 0$,所以 $\lim\limits_{x \to x_0} |g(x)| = |b|$,由函数极限的局部保号性知,$\exists \delta_0 > 0$,$\forall x \in$

$U^{\circ}(x_0; \delta_0)$,有 $|g(x)| > \dfrac{|b|}{2}$. 取 $\delta = \min\{\delta_0, \delta_1\}$,则当 $x \in U^{\circ}(x_0; \delta)$ 时,有

$$|f(x)g(x)| > \frac{2G}{|b|} \cdot \frac{|b|}{2} = G.$$

故 $\lim\limits_{x \to x_0} f(x)g(x) = \infty$.

9. 设 $f(x) \sim g(x)(x \to x_0)$,证明:

$$f(x)-g(x) = o(f(x)) \text{ 或 } f(x)-g(x) = o(g(x)).$$

证 因为 $f(x) \sim g(x)(x \to x_0)$,所以 $\lim\limits_{x \to x_0} \dfrac{f(x)}{g(x)} = 1$.

故 $\lim\limits_{x \to x_0} \dfrac{f(x)-g(x)}{f(x)} = \lim\limits_{x \to x_0} \left(1 - \dfrac{g(x)}{f(x)} \right) = 0$(当 $x \in U^{\circ}(x_0)$,$f(x) \neq 0$ 时),即

$$f(x)-g(x) = o(f(x)).$$

或 $\lim\limits_{x \to x_0} \dfrac{f(x) - g(x)}{g(x)} = \lim\limits_{x \to x_0} \left(\dfrac{f(x)}{g(x)} - 1 \right) = 0$（当 $x \in U^\circ(x_0), g(x) \neq 0$ 时），即

$$f(x) - g(x) = o(g(x)).$$

10. 写出并证明 $\lim\limits_{x \to +\infty} f(x) = +\infty$ 的归结原则.

证　$\lim\limits_{x \to +\infty} f(x) = +\infty \Leftrightarrow \forall \{x_n\}$ 且 $\lim\limits_{n \to \infty} x_n = +\infty$，有 $\lim\limits_{n \to \infty} f(x_n) = +\infty$.

必要性：$\forall G > 0$，由 $\lim\limits_{x \to +\infty} f(x) = +\infty$ 知，$\exists X > 0$，当 $x > X$ 时，有 $f(x) > G$.

又由 $\forall \{x_n\}, \lim\limits_{n \to \infty} x_n = +\infty$，故上述 $X > 0, \exists N$，当 $n > N$ 时，有 $x_n > X$.

故当 $n > N$ 时，有 $f(x_n) > G$，即 $\lim\limits_{n \to \infty} f(x_n) = +\infty$.

充分性：（反证法）若 $\lim\limits_{x \to +\infty} f(x) \neq +\infty$，则 $\exists G_0 > 0, \forall X > 0, \exists x^* > X$，使得 $f(x^*) \leqslant G_0$.

特别地，对于 $X = 1, \exists x_1 > 1$，使 $f(x_1) \leqslant G_0$，

对于 $X = 2, \exists x_2 > 2$，使 $f(x_2) \leqslant G_0$，

…………

对于 $X = n, \exists x_n > n$，使 $f(x_n) \leqslant G_0$.

如此继续下去，可得数列 $\{x_n\}$ 且 $\lim\limits_{n \to \infty} x_n = +\infty$，但 $\lim\limits_{n \to \infty} f(x_n) \neq +\infty$，矛盾.

故 $\lim\limits_{x \to +\infty} f(x) = +\infty$.

第三章总练习题解答

1. 求下列极限：

(1) $\lim\limits_{x \to 3^-} (x - [x])$;

(2) $\lim\limits_{x \to 1^+} ([x] + 1)^{-1}$;

(3) $\lim\limits_{x \to +\infty} \left[\sqrt{(a+x)(b+x)} - \sqrt{(a-x)(b-x)} \right]$;

(4) $\lim\limits_{x \to +\infty} \dfrac{x}{\sqrt{x^2 - a^2}}$;

(5) $\lim\limits_{x \to -\infty} \dfrac{x}{\sqrt{x^2 - a^2}}$;

(6) $\lim\limits_{x \to 0} \dfrac{\sqrt{1+x} - \sqrt{1-x}}{\sqrt[3]{1+x} - \sqrt[3]{1-x}}$;

(7) $\lim\limits_{x \to 1} \left(\dfrac{m}{1 - x^m} - \dfrac{n}{1 - x^n} \right)$（$m, n$ 为正整数）.

解　(1) 当 $2 < x < 3$ 时，$[x] = 2, \lim\limits_{x \to 3^-} (x - [x]) = \lim\limits_{x \to 3^-} (x - 2) = 1$.

(2) 当 $1 < x < 2$ 时，$[x] = 1, \lim\limits_{x \to 1^+} ([x] + 1)^{-1} = \lim\limits_{x \to 1^+} (1 + 1)^{-1} = \dfrac{1}{2}$.

(3) $\lim\limits_{x \to +\infty} \left[\sqrt{(a+x)(b+x)} - \sqrt{(a-x)(b-x)} \right]$

$= \lim\limits_{x \to +\infty} \dfrac{2(a+b)x}{\sqrt{(a+x)(b+x)} + \sqrt{(a-x)(b-x)}}$

$= \lim\limits_{x \to +\infty} \dfrac{2(a+b)}{\sqrt{\left(\dfrac{a}{x} + 1 \right) \left(\dfrac{b}{x} + 1 \right)} + \sqrt{\left(\dfrac{a}{x} - 1 \right) \left(\dfrac{b}{x} - 1 \right)}}$

$= a + b$.

(4) $\lim\limits_{x \to +\infty} \dfrac{x}{\sqrt{x^2 - a^2}} = \lim\limits_{x \to +\infty} \dfrac{1}{\sqrt{1 - \left(\dfrac{a}{x} \right)^2}} = 1$.

(5) $\lim\limits_{x \to -\infty} \dfrac{x}{\sqrt{x^2 - a^2}} = \lim\limits_{x \to -\infty} \dfrac{\dfrac{x}{|x|}}{\sqrt{1 - \left(\dfrac{a}{x} \right)^2}} = \lim\limits_{x \to -\infty} \dfrac{-1}{\sqrt{1 - \left(\dfrac{a}{x} \right)^2}} = -1$.

(6) $\lim\limits_{x\to 0}\dfrac{\sqrt{1+x}-\sqrt{1-x}}{\sqrt[3]{1+x}-\sqrt[3]{1-x}}=\lim\limits_{x\to 0}\dfrac{(1+x)-(1-x)}{(\sqrt[3]{1+x}-\sqrt[3]{1-x})\cdot(\sqrt{1+x}+\sqrt{1-x})}$

$\qquad\qquad =\lim\limits_{x\to 0}\dfrac{(\sqrt[3]{1+x})^2+(\sqrt[3]{1-x})^2+\sqrt[3]{(1+x)(1-x)}}{\sqrt{1+x}+\sqrt{1-x}}$

$\qquad\qquad =\dfrac{3}{2}.$

(7) 设 $k>1$ 且 k 是一个正整数，则

$$\dfrac{x^k-1}{x-1}=\dfrac{(x-1)(x^{k-1}+x^{k-2}+\cdots+x+1)}{x-1}=x^{k-1}+x^{k-2}+\cdots+x+1,$$

所以 $\lim\limits_{x\to 1}\dfrac{x^k-1}{x-1}=k.$

又 $\dfrac{m}{1-x^m}-\dfrac{n}{1-x^n}=\dfrac{m(1+x+\cdots+x^{n-1})-mn+mn-n(1+x+\cdots+x^{m-1})}{(1-x)(1+x+\cdots+x^{m-1})(1+x+\cdots+x^{n-1})}$

$\qquad\qquad =\dfrac{m[(x-1)+\cdots+(x^{n-1}-1)]-n[(x-1)+\cdots+(x^{m-1}-1)]}{(1-x)(1+x+\cdots+x^{m-1})(1+x+\cdots+x^{n-1})}$

$\qquad\qquad =\dfrac{-1}{(1+x+\cdots+x^{m-1})(1+x+\cdots+x^{n-1})}\cdot$

$\qquad\qquad \left[m\left(1+\dfrac{x^2-1}{x-1}+\cdots+\dfrac{x^{n-1}-1}{x-1}\right)-n\left(1+\dfrac{x^2-1}{x-1}+\cdots+\dfrac{x^{m-1}-1}{x-1}\right)\right],$

所以

$$\lim\limits_{x\to 1}\left(\dfrac{m}{1-x^m}-\dfrac{n}{1-x^n}\right)=\dfrac{-1}{mn}\{m[1+2+\cdots+(n-1)]-n[1+2+\cdots+(m-1)]\}=\dfrac{m-n}{2}.$$

2. 分别求出满足下述条件的常数 a 与 b：

(1) $\lim\limits_{x\to+\infty}\left(\dfrac{x^2+1}{x+1}-ax-b\right)=0$；   (2) $\lim\limits_{x\to-\infty}\left(\sqrt{x^2-x+1}-ax-b\right)=0$；

(3) $\lim\limits_{x\to+\infty}\left(\sqrt{x^2-x+1}-ax-b\right)=0.$

【思路探索】 如果 $\lim\limits_{x\to\infty}(f(x)-ax-b)=0$，则由渐近线的定义知，直线 $y=ax+b$ 为曲线 $y=f(x)$ 的渐近线．反过来也成立．因此，可以按照求渐近线的方法求 a,b．

解 (1) $a=\lim\limits_{x\to+\infty}\dfrac{\frac{x^2+1}{x+1}}{x}=\lim\limits_{x\to+\infty}\dfrac{x^2+1}{x^2+x}=1,$

$\qquad b=\lim\limits_{x\to+\infty}\left(\dfrac{x^2+1}{x+1}-x\right)=\lim\limits_{x\to+\infty}\dfrac{1-x}{x+1}=-1.$

(2) $a=\lim\limits_{x\to-\infty}\dfrac{\sqrt{x^2-x+1}}{x}=-\lim\limits_{x\to-\infty}\sqrt{1-\dfrac{1}{x}+\dfrac{1}{x^2}}=-1,$

$\qquad b=\lim\limits_{x\to-\infty}\left(\sqrt{x^2-x+1}+x\right)=\lim\limits_{x\to-\infty}\dfrac{1-x}{\sqrt{x^2-x+1}-x}=\lim\limits_{x\to-\infty}\dfrac{1-\frac{1}{x}}{\sqrt{1-\frac{1}{x}+\frac{1}{x^2}}+1}=\dfrac{1}{2}.$

(3) $a=\lim\limits_{x\to+\infty}\dfrac{\sqrt{x^2-x+1}}{x}=\lim\limits_{x\to+\infty}\sqrt{1-\dfrac{1}{x}+\dfrac{1}{x^2}}=1,$

$\qquad b=\lim\limits_{x\to+\infty}\left(\sqrt{x^2-x+1}-x\right)=\lim\limits_{x\to+\infty}\dfrac{1-x}{\sqrt{x^2-x+1}+x}=\lim\limits_{x\to+\infty}\dfrac{\frac{1}{x}-1}{\sqrt{1-\frac{1}{x}+\frac{1}{x^2}}+1}=-\dfrac{1}{2}.$

3. 试分别举出符合下列要求的函数 f：

(1) $\lim\limits_{x \to 2} f(x) \neq f(2)$；　　　　　(2) $\lim\limits_{x \to 2} f(x)$ 不存在.

解　(1) 令 $f(x) = \begin{cases} x, & x \neq 2, \\ 0, & x = 2, \end{cases}$ 则 $\lim\limits_{x \to 2} f(x) = 2$，而 $f(2) = 0$，故 $\lim\limits_{x \to 2} f(x) \neq f(2)$.

(2) 令 $f(x) = \sin \dfrac{1}{x-2}$，则 $\lim\limits_{x \to 2} f(x)$ 不存在.

4. 试给出函数 f 的例子，使 $f(x) > 0$ 恒成立，而在某一点 x_0 处有 $\lim\limits_{x \to x_0} f(x) = 0$. 这同极限的局部保号性有矛盾吗？

解　令 $f(x) = \begin{cases} x^2, & x \neq 0, \\ 1, & x = 0, \end{cases}$ 在实数集 $\mathbf{R}$ 上 $f(x) > 0$ 恒成立，而 $\lim\limits_{x \to 0} f(x) = 0$. 这与极限的局部保号性不矛盾，因为函数极限的局部保号性定理的题设要求是 $\lim\limits_{x \to 0} f(x) = A \neq 0$.

5. 设 $\lim\limits_{x \to a} f(x) = A$，$\lim\limits_{u \to A} g(u) = B$，在何种条件下能由此推出 $\lim\limits_{x \to a} g(f(x)) = B$？

解　如果存在某 $U^{\circ}(a)$，使得在 $U^{\circ}(a)$ 上 $f(x) \neq A$，则由题设条件能推出 $\lim\limits_{x \to a} g(f(x)) = B$.

证明如下：

由 $\lim\limits_{u \to A} g(u) = B$ 知，对 $\forall \varepsilon > 0$，$\exists \eta > 0$，当 $0 < |u - A| < \eta$ 时，有 $|g(u) - B| < \varepsilon$. 又由 $\lim\limits_{x \to a} f(x) = A$，对上述 $\eta > 0$，$\exists \delta > 0$，当 $0 < |x - a| < \delta$ 时，有 $|f(x) - A| < \eta$. 由于 $f(x) \neq A (x \in U^{\circ}(a))$，所以当 $0 < |x - a| < \delta$ 时，有 $0 < |f(x) - A| < \eta$，故 $|g(f(x)) - B| < \varepsilon$，即 $\lim\limits_{x \to a} g(f(x)) = B$.

6. 设 $f(x) = x\cos x$. 试作数列

(1) $\{x_n\}$ 使得 $x_n \to \infty (n \to \infty)$，　　$f(x_n) \to 0 (n \to \infty)$；

(2) $\{y_n\}$ 使得 $y_n \to \infty (n \to \infty)$，　　$f(y_n) \to +\infty (n \to \infty)$；

(3) $\{z_n\}$ 使得 $z_n \to \infty (n \to \infty)$，　　$f(z_n) \to -\infty (n \to \infty)$.

解　(1) 令 $x_n = n\pi + \dfrac{\pi}{2}$，则 $x_n \to \infty (n \to \infty)$，又 $f(x_n) = \left(n\pi + \dfrac{\pi}{2}\right)\cos\left(n\pi + \dfrac{\pi}{2}\right) = 0$，故 $f(x_n) \to 0 (n \to \infty)$.

(2) 令 $y_n = 2n\pi$，则 $y_n \to \infty (n \to \infty)$，又 $f(y_n) = 2n\pi\cos 2n\pi = 2n\pi$，故 $f(y_n) \to +\infty (n \to \infty)$.

(3) 令 $z_n = (2n+1)\pi$，则 $z_n \to \infty (n \to \infty)$，又 $f(z_n) = (2n+1)\pi\cos(2n+1)\pi = (-2n-1)\pi$，故 $f(z_n) \to -\infty (n \to \infty)$.

归纳总结：这可以说明：(1) $f(x) = x\cos x$ 在 $x \to \infty$ 时极限不存在；(2) 无界不是无穷大（两者的关系见习题 2-1 第 7 题归纳总结）.

7. 证明：若数列 $\{a_n\}$ 满足下列条件之一，则 $\{a_n\}$ 是无穷大数列：

(1) $\lim\limits_{n \to \infty} \sqrt[n]{|a_n|} = r > 1$；

(2) $\lim\limits_{n \to \infty} \left| \dfrac{a_{n+1}}{a_n} \right| = s > 1$　$(a_n \neq 0, n = 1, 2, \cdots)$.

证　(1) 因为 $\lim\limits_{n \to \infty} \sqrt[n]{|a_n|} = r > 1$，取 q 满足 $1 < q < r$，则 $\exists N$，当 $n > N$ 时，有 $\sqrt[n]{|a_n|} > q$；当 $n > N$ 时，有 $|a_n| > q^n$. 又因 $\lim\limits_{n \to \infty} q^n = +\infty$，所以 $\{a_n\}$ 也是无穷大数列.

(2) 因为 $\lim\limits_{n \to \infty} \left| \dfrac{a_{n+1}}{a_n} \right| = s > 1$，取 r 满足 $1 < r < s$，则 $\exists N$，当 $n \geq N$ 时，有 $\left| \dfrac{a_{n+1}}{a_n} \right| > r$.

故当 $n > N$ 时，$|a_n| = |a_N| \cdot \left| \dfrac{a_{N+1}}{a_N} \right| \cdot \left| \dfrac{a_{N+2}}{a_{N+1}} \right| \cdots \left| \dfrac{a_n}{a_{n-1}} \right| > |a_N| r^{n-N} = \dfrac{|a_N|}{r^N} \cdot r^n$.

又因 $r > 1$，所以 $\lim\limits_{n \to \infty} \dfrac{|a_N|}{r^N} r^n = +\infty$，因此 $\{a_n\}$ 是无穷大数列.

8. 利用第 7 题(1) 的结论求极限：

(1) $\lim\limits_{n\to\infty}\left(1+\dfrac{1}{n}\right)^{n^2}$；　　　　　　(2) $\lim\limits_{n\to\infty}\left(1-\dfrac{1}{n}\right)^{n^2}$.

解　(1) $\lim\limits_{n\to\infty}\sqrt[n]{\left(1+\dfrac{1}{n}\right)^{n^2}}=\lim\limits_{n\to\infty}\left(1+\dfrac{1}{n}\right)^{n}=\mathrm{e}>1$,

根据第 7 题(1) 的结论有 $\lim\limits_{n\to\infty}\left(1+\dfrac{1}{n}\right)^{n^2}=+\infty$.

(2) $\lim\limits_{n\to\infty}\sqrt[n]{\left(1-\dfrac{1}{n}\right)^{n^2}}=\lim\limits_{n\to\infty}\left[\left(1-\dfrac{1}{n}\right)^{-n}\right]^{-1}=\dfrac{1}{\mathrm{e}}<1$,

于是 $\lim\limits_{n\to\infty}\sqrt[n]{\left[\left(1-\dfrac{1}{n}\right)^{n^2}\right]^{-1}}=\mathrm{e}>1$, 所以 $\lim\limits_{n\to\infty}\dfrac{1}{\left(1-\dfrac{1}{n}\right)^{n^2}}=+\infty$.

故 $\lim\limits_{n\to\infty}\left(1-\dfrac{1}{n}\right)^{n^2}=0$.

9. 设 $\lim\limits_{n\to\infty}a_n=+\infty$,证明

(1) $\lim\limits_{n\to\infty}\dfrac{1}{n}(a_1+a_2+\cdots+a_n)=+\infty$；

(2) 若 $a_n>0(n=1,2,\cdots)$,则 $\lim\limits_{n\to\infty}\sqrt[n]{a_1a_2\cdots a_n}=+\infty$.

证　(1) $\forall G>0$,由 $\lim\limits_{n\to\infty}a_n=+\infty$ 知,$\exists N_1$,当 $n>N_1$ 时,有 $a_n>3G$. 再由 $\lim\limits_{n\to\infty}\dfrac{n-N_1}{n}=1>\dfrac{2}{3}$ 知,

$\exists N_2$,当 $n>N_2$ 时,有 $\dfrac{n-N_1}{n}>\dfrac{2}{3}$. 又 $\lim\limits_{n\to\infty}\dfrac{a_1+a_2+\cdots+a_{N_1}}{n}=0$,所以 $\exists N_3$,当 $n>N_3$ 时,有

$$\dfrac{a_1+a_2+\cdots+a_{N_1}}{n}>-G.$$

取 $N=\max\{N_1,N_2,N_3\}$,则当 $n>N$ 时,有

$$\begin{aligned}\dfrac{a_1+a_2+\cdots+a_n}{n}&=\dfrac{a_{N_1+1}+a_{N_1+2}+\cdots+a_n}{n}+\dfrac{a_1+a_2+\cdots+a_{N_1}}{n}\\&>\dfrac{n-N_1}{n}\cdot3G-G\\&>\dfrac{2}{3}\times3G-G\\&=G.\end{aligned}$$

故 $\lim\limits_{n\to\infty}\dfrac{1}{n}(a_1+a_2+\cdots+a_n)=+\infty$.

(2) 由 $\lim\limits_{n\to\infty}a_n=+\infty$,知 $\lim\limits_{n\to\infty}\dfrac{1}{a_n}=0$,则 $\lim\limits_{n\to\infty}\sqrt[n]{\dfrac{1}{a_1}\cdot\dfrac{1}{a_2}\cdots\dfrac{1}{a_n}}=0$,即 $\lim\limits_{n\to\infty}\dfrac{1}{\sqrt[n]{a_1a_2\cdots a_n}}=0$,故

$$\lim\limits_{n\to\infty}\sqrt[n]{a_1a_2\cdots a_n}=+\infty.$$

10. 利用上题结果求极限：

(1) $\lim\limits_{n\to\infty}\sqrt[n]{n!}$；　　　　(2) $\lim\limits_{n\to\infty}\dfrac{\ln(n!)}{n}$.

解　(1) 令 $a_n=n$,则 $a_n>0$,且 $\lim\limits_{n\to\infty}a_n=+\infty$. 由第 9 题(2) 得 $\lim\limits_{n\to\infty}\sqrt[n]{n!}=\lim\limits_{n\to\infty}\sqrt[n]{a_1a_2\cdots a_n}=+\infty$.

(2) 令 $a_n=\ln n$,则 $\lim\limits_{n\to\infty}a_n=+\infty$,由第 9 题(1) 得

$$\lim\limits_{n\to\infty}\dfrac{\ln(n!)}{n}=\lim\limits_{n\to\infty}\dfrac{\ln1+\ln2+\cdots+\ln n}{n}=+\infty.$$

11. 设 f 为 $U_-^\circ(x_0)$ 上的单调递增函数. 证明:若存在数列 $\{x_n\} \subset U_-^\circ(x_0)$ 且 $x_n \to x_0(n \to \infty)$,使得 $\lim\limits_{n \to \infty} f(x_n)$ $= A$,则有 $f(x_0 - 0) = \sup\limits_{x \in U_-^\circ(x_0)} f(x) = A$.

证　先证 $f(x)$ 在 $U_-^\circ(x_0)$ 内有界.

由 $\lim\limits_{n \to \infty} f(x_n) = A$ 知,对 $\varepsilon_0 = 1$,$\exists N_1$,当 $n > N_1$ 时,有 $|f(x_n) - A| < 1$,故此时有
$$f(x_n) < |A| + 1.$$

设 $\xi \in U_-^\circ(x_0)$,则 $\xi < x_0$. 由 $\lim\limits_{n \to \infty} x_n = x_0$,得 $\lim\limits_{n \to \infty}(x_n - \xi) = x_0 - \xi > 0$.

由极限的保号性知,$\exists N_2$,当 $n > N_2$ 时,有 $x_n - \xi > 0$. 由 $f(x)$ 的单调递增性知,此时有 $f(\xi) \leqslant$ $f(x_n)$. 取 $N = \max\{N_1, N_2\}$,则当 $n > N$ 时,有 $f(\xi) \leqslant f(x_n) \leqslant |A| + 1$. 故 $f(x)$ 在 $U_-^\circ(x_0)$ 内有上界.

由确界原理知,$f(x)$ 有上确界. 令 $\beta = \sup\limits_{x \in U_-^\circ(x_0)} f(x)$,则 $\forall \varepsilon > 0$,$\exists x' \in U_-^\circ(x_0)$,使得 $f(x') > \beta -$ ε. 故当 $x \in U_-^\circ(x_0; x_0 - x')$ 时,有
$$\beta - \varepsilon < f(x') \leqslant f(x) \leqslant \beta < \beta + \varepsilon.$$

故 $\lim\limits_{x \to x_0^-} f(x) = f(x_0 - 0) = \beta$. 由归结原则得 $\lim\limits_{n \to \infty} f(x_n) = \beta$,故 $\beta = A$,即
$$f(x_0 - 0) = \sup\limits_{x \in U_-^\circ(x_0)} f(x) = A.$$

12. 设函数 f 在 $(0, +\infty)$ 上满足 $f(2x) = f(x)$,且 $\lim\limits_{x \to +\infty} f(x) = A$. 证明:$f(x) \equiv A, x \in (0, +\infty)$.

证　由 $\lim\limits_{x \to +\infty} f(x) = A$ 知,对 $\forall \varepsilon > 0$,$\exists X > 0$,当 $x > X$ 时,有 $A - \varepsilon < f(x) < A + \varepsilon$.

$\forall x \in (0, +\infty)$,由于 $\lim\limits_{n \to \infty} 2^n x = +\infty$,所以 $\exists N$,使得 $2^N x > X$. 由 $f(2x) = f(x)$ 得,$f(x) = f(2x)$ $= \cdots = f(2^N x)$. 因为 $2^N x > X$,所以 $A - \varepsilon < f(x) < A + \varepsilon$;即 $\forall x \in (0, +\infty)$,有 $|f(x) - A| <$ ε. 再由 $\varepsilon > 0$ 的任意性知,$f(x) = A$;由 $x \in (0, +\infty)$ 的任意性知 $f(x) \equiv A$.

13. 设函数 f 在 $(0, +\infty)$ 上满足 $f(x^2) = f(x)$,且 $\lim\limits_{x \to 0^+} f(x) = \lim\limits_{x \to +\infty} f(x) = f(1)$. 证明:$f(x) \equiv f(1), x \in$ $(0, +\infty)$.

证　设 $x_0 \in (0, 1)$,令 $x_n = x_0^{2^n} (n = 1, 2, \cdots)$,则 $\lim\limits_{n \to \infty} x_n = 0$. 由归结原则得
$$\lim\limits_{n \to \infty} f(x_n) = \lim\limits_{x \to 0^+} f(x) = f(1).$$

由 $f(x^2) = f(x)$,得
$$f(x_n) = f(x_0^{2^n}) = f(x_0^{2^{n-1}}) = \cdots = f(x_0),$$
故 $f(x_0) = \lim\limits_{n \to \infty} f(x_n) = f(1)$.

同理,由 $x_0 \in (1, +\infty)$ 也可推出 $f(x_0) = f(1)$. 故 $f(x) \equiv f(1), x \in (0, +\infty)$.

14. 设函数 f 定义在 $(a, +\infty)$ 上,f 在每一个有限区间 (a, b) 上有界,并满足 $\lim\limits_{x \to +\infty}[f(x+1) - f(x)] = A$. 证明 $\lim\limits_{x \to +\infty} \dfrac{f(x)}{x} = A$.

证　设正整数 $n_0 \in (a, +\infty)$,$|f|$ 在区间 $[n_0, n_0 + 1]$ 上有上界 M.

当 $x > n_0 + 1$,有
$$\frac{f(x)}{x} = \left\{ \frac{[f(x) - f(x-1)] + \cdots + [f(x - ([x] - n_0 - 1)) - f(x - ([x] - n_0))]}{[x] - n_0} \right.$$
$$\left. + \frac{f(x - ([x] - n_0))}{[x] - n_0} \right\} \cdot \frac{[x] - n_0}{x},$$

由 $0 \leqslant x - [x] < 1$ 得 $n_0 \leqslant x - ([x] - n_0) < n_0 + 1$,故 $|f(x - ([x] - n_0))| \leqslant M$,

$\lim\limits_{x \to +\infty} \dfrac{f(x - ([x] - n_0))}{[x] - n_0} = 0$. 再由 $\lim\limits_{x \to +\infty} \dfrac{[x] - n_0}{x} = 1$ 和第二章总练习题第 3 题(1) 得
$$\lim\limits_{x \to +\infty} \frac{f(x)}{x} = \lim\limits_{x \to +\infty}[f(x) - f(x-1)] = A.$$

四、自测题

——— 第三章自测题 ———

一、判断题(每题 2 分,共 12 分)

1. 设 $\lim\limits_{x \to x_0} f(x) = A, \lim\limits_{x \to x_0} g(x) = B$,且在 x_0 的某邻域 $U(x_0)$ 内有 $f(x) < g(x)$,则 $A < B$. ( )

2. 若 $\lim\limits_{x \to 0} f(x^2)$ 存在,则 $\lim\limits_{x \to 0} f(x) = \lim\limits_{x \to 0} f(x^2)$. ( )

3. $\lim\limits_{x \to x_0} f(x) = A \Leftrightarrow \lim\limits_{x \to x_0^+} f(x) = \lim\limits_{x \to x_0^-} f(x) = A$. ( )

4. 无穷小量与有界量的乘积仍为无穷小量. ( )

5. $\lim\limits_{x \to 0} \dfrac{\tan x - \sin x}{\sin x^3} = \lim\limits_{x \to 0} \dfrac{x - x}{\sin x^3} = 0$. ( )

6. 若 $\lim\limits_{x \to a} f(x) = A$,且在某 $U^{\circ}(a)$ 内 $f(x) \neq A, \lim\limits_{u \to A} g(u) = B$,则 $\lim\limits_{x \to a} g(f(x)) = B$. ( )

二、叙述下列概念或定理(每题 4 分,共 16 分)

7. $\lim\limits_{x \to x_0} f(x) \neq A$.

8. $\lim\limits_{x \to +\infty} f(x)$ 不存在.

9. $x \to x_0$ 时的归结原则.

10. 函数极限 $\lim\limits_{x \to x_0} f(x)$ 的柯西准则.

三、用定义证明(每题 5 分,共 10 分)

11. 证明:$\lim\limits_{x \to 2} \dfrac{x^2 + x - 2}{x^2 - 5x + 4} = -2$.

12. 若 $\lim\limits_{x \to x_0} f(x) = A, \lim\limits_{x \to x_0} g(x) = B \neq 0$,则 $\lim\limits_{x \to x_0} \dfrac{f(x)}{g(x)} = \dfrac{A}{B}$.

四、计算题,写出必要的计算过程(每题 7 分,共 42 分)

13. 求 $\lim\limits_{x \to 0} \dfrac{\sqrt[3]{1+x} - 1}{x}$.

14. $\lim\limits_{x \to +\infty} (\sqrt{x^2 + x + 1} - ax - b) = 0$,求 a 和 b 的值.

15. 求 $\lim\limits_{x \to 0} (3x + e^x)^{\frac{2}{x}}$.

16. 求 $\lim\limits_{x \to 0} \arccos \dfrac{\sqrt{1+x} - 1}{\tan x}$.

17. 求 $\lim\limits_{x \to +\infty} \dfrac{\sqrt{x + \sqrt{x + \sqrt{x}}}}{\sqrt{2x + 1}}$.

18. 求 $\lim\limits_{x \to 0} \left(\dfrac{4 + e^{\frac{1}{x}}}{2 + e^{\frac{4}{x}}} + \dfrac{\sin x}{|x|} \right)$.

五、证明题,写出必要的证明过程(每题 10 分,共 20 分)

19. 证明:极限 $\lim\limits_{x \to 0} f(x)$ 存在的充要条件是函数 $f(x)$ 在 x_0 处的左、右极限都存在且相等.

20. 设 $f(x)$ 在 $(0, +\infty)$ 内满足 $f(2x) = f(x)$,且 $\lim\limits_{x \to +\infty} f(x) = A$,证明:$f(x) \equiv A, x \in (0, +\infty)$.

——— 第三章自测题解答 ———

一、1. × 2. × 3. √ 4. √ 5. × 6. √

二、7. 解　设函数 f 在点 x_0 的某个空心邻域 $U°(x_0;\delta')$ 内有定义，A 为定数. $\exists \varepsilon_0 > 0$，对任意正数 $\delta(<\delta')$，总有 $x' \in U°(x_0;\delta)$，使得 $|f(x')-A| \geqslant \varepsilon_0$.

8. 解　设函数 $f(x)$ 在 $U(+\infty)$ 内有定义. $\forall A \in \mathbf{R}$，$\exists \varepsilon_0 > 0$，对 $\forall M > 0$，$\exists x' > M$，使得 $|f(x')-A| \geqslant \varepsilon_0$.

9. 解　设 f 在 $U°(x_0;\delta')$ 内有定义. $\lim\limits_{x\to x_0} f(x)$ 存在的充要条件是：对任何含于 $U°(x_0;\delta')$ 且以 x_0 为极限的数列 $\{x_n\}$，$\lim\limits_{n\to\infty} f(x_n)$ 都存在且相等.

10. 解　设函数 f 在 $U°(x_0;\delta')$ 上有定义. $\lim\limits_{x\to x_0} f(x)$ 存在的充要条件是：$\forall \varepsilon > 0$，$\exists \delta > 0$ 且 $\delta < \delta'$，使得对 $\forall x',x'' \in U°(x_0;\delta)$，有 $|f(x')-f(x'')| < \varepsilon$.

三、11. 证　$\forall \varepsilon > 0$，$|x-2| < 1$ 时，有

$$\left| \frac{x^2+x-2}{x^2-5x+4} - (-2) \right| = \left| \frac{3(x-2)}{x-4} \right| < 3|x-2|,$$

取 $\delta = \min\left\{\dfrac{\varepsilon}{3}, 1\right\}$，则当 $|x-2| < \delta$ 时，有

$$\left| \frac{x^2+x-2}{x^2-5x+4} - (-2) \right| < \varepsilon,$$

所以 $\lim\limits_{x\to 2} \dfrac{x^2+x-2}{x^2-5x+4} = -2$.

12. 证　因为 $\lim\limits_{x\to x_0} f(x) = A$，$\lim\limits_{x\to x_0} g(x) = B \neq 0$，所以由极限的定义和极限的保号性知，对 $\forall \varepsilon > 0$，$\exists \delta > 0$，当 $|x-x_0| < \delta$ 时，有

$$|f(x)-A| < \frac{|B|}{4}\varepsilon, \quad |g(x)-B| < \frac{B^2}{4(|A|+1)}\varepsilon, \quad |g(x)| \geqslant \frac{|B|}{2},$$

故当 $|x-x_0| < \delta$ 时，有

$$\left| \frac{f(x)}{g(x)} - \frac{A}{B} \right| = \frac{|B[f(x)-A] - A[g(x)-B]|}{|Bg(x)|}$$

$$\leqslant \frac{|f(x)-A|}{|g(x)|} + \frac{|A[g(x)-B]|}{|Bg(x)|}$$

$$\leqslant \frac{2}{|B|}|f(x)-A| + \frac{2|A|}{B^2}|g(x)-B|$$

$$< \frac{\varepsilon}{2} + \frac{\varepsilon}{2} = \varepsilon.$$

故 $\lim\limits_{x\to x_0} \dfrac{f(x)}{g(x)} = \dfrac{A}{B}$.

四、13. 解　$\lim\limits_{x\to 0} \dfrac{\sqrt[3]{1+x}-1}{x} = \lim\limits_{x\to 0} \dfrac{1}{1 + \sqrt[3]{1+x} + (\sqrt[3]{1+x})^2} = \dfrac{1}{3}$.

14. 解　首先易知 $a > 0$. 由于

$$\sqrt{x^2+x+1} - ax - b = \frac{(1-a^2)x^2 + (1-2ab)x + 1 - b^2}{\sqrt{x^2+x+1} + ax + b},$$

所以要使 $\lim\limits_{x\to +\infty} (\sqrt{x^2+x+1} - ax - b) = 0$ 成立，必有

$$\begin{cases} 1 - a^2 = 0, \\ 1 - 2ab = 0, \end{cases}$$

解得 $a = 1, b = \dfrac{1}{2}$.

15. 解　$\lim\limits_{x\to 0} (3x + e^x)^{\frac{2}{x}} = \lim\limits_{x\to 0} [(1 + 3x + e^x - 1)^{\frac{1}{3x+e^x-1}}]^{\frac{2}{x}(3x+e^x-1)} = e^8$.

其中 $\lim\limits_{x\to 0} \dfrac{2}{x}(3x + e^x - 1) = 6 + 2\lim\limits_{x\to 0} \dfrac{e^x-1}{x} = 8$.

16. 解　由 $\tan x \sim x$，故

$$\lim_{x \to 0} \frac{\sqrt{1+x}-1}{\tan x} = \lim_{x \to 0} \frac{\sqrt{1+x}-1}{x} = \lim_{x \to 0} \frac{1}{1+\sqrt{1+x}} = \frac{1}{2}.$$

又由函数连续性知 $\lim\limits_{x \to 0} \arccos \dfrac{\sqrt{1+x}-1}{\tan x} = \dfrac{\pi}{3}$.

17. 解　分子，分母同时除以 $\sqrt{x}$ 得

$$\lim_{x \to +\infty} \frac{\sqrt{x+\sqrt{x+\sqrt{x}}}}{\sqrt{2x+1}} = \lim_{x \to +\infty} \frac{\sqrt{1+\sqrt{\frac{1}{x}+\sqrt{\frac{1}{x^3}}}}}{\sqrt{2+\frac{1}{x}}} = \frac{\sqrt{2}}{2}.$$

18. 解　显然需要考虑左右极限：

$$\lim_{x \to 0^+}\left(\frac{4+\mathrm{e}^{\frac{1}{x}}}{2+\mathrm{e}^{\frac{4}{x}}}+\frac{\sin x}{|x|}\right) = \lim_{u \to +\infty} \frac{4+\mathrm{e}^u}{2+\mathrm{e}^{4u}}+1 = 0+1 = 1;$$

$$\lim_{x \to 0^-}\left(\frac{4+\mathrm{e}^{\frac{1}{x}}}{2+\mathrm{e}^{\frac{4}{x}}}+\frac{\sin x}{|x|}\right) = \lim_{u \to -\infty} \frac{4+\mathrm{e}^u}{2+\mathrm{e}^{4u}}-1 = 2-1 = 1.$$

故 $\lim\limits_{x \to 0}\left(\dfrac{4+\mathrm{e}^{\frac{1}{x}}}{2+\mathrm{e}^{\frac{4}{x}}}+\dfrac{\sin x}{|x|}\right) = 1$.

五、19. 证　必要性：设 $\lim\limits_{x \to x_0} f(x) = A$，则 $\forall \varepsilon > 0, \exists \delta > 0$，使得当 $0 < |x-x_0| < \delta$ 时有

$$|f(x)-A| < \varepsilon,$$

故当 $x_0 < x < x_0+\delta$ 时，有 $|f(x)-A| < \varepsilon$，即 $f(x)$ 在 x_0 处的右极限存在且等于 A；
当 $x_0-\delta < x < x_0$ 时，有 $|f(x)-A| < \varepsilon$，即 $f(x)$ 在 x_0 处的左极限存在也等于 A.
故 $f(x)$ 在 x_0 处的左、右极限都存在且相等.
充分性：设 $\lim\limits_{x \to x_0^+} f(x) = \lim\limits_{x \to x_0^-} f(x) = A$，则 $\forall \varepsilon > 0, \exists \delta_1 > 0$，当 $x_0 < x < x_0+\delta_1$ 时，有 $|f(x)-A| < \varepsilon$；$\exists \delta_2 > 0$，当 $x_0-\delta_2 < x < x_0$ 时，有 $|f(x)-A| < \varepsilon$.
取 $\delta = \min\{\delta_1, \delta_2\}$，则当 $0 < |x-x_0| < \delta$ 时，有

$$|f(x)-A| < \varepsilon.$$

故极限 $\lim\limits_{x \to x_0} f(x)$ 存在且等于 A.

20. 证　由 $f(2x) = f(x)$ 知，对 $\forall x \in (0, +\infty)$，有 $f(x) = f(2^n x), n \in \mathbf{N}$. 从而由 $\lim\limits_{x \to \infty} f(x) = A$ 和归结原则可得，$f(x) = \lim\limits_{n \to \infty} f(2^n x) = A$，故 $f(x) \equiv A, x \in (0, +\infty)$.

第四章 函数的连续性

一、 主要内容归纳

1. 定义

设函数 f 在某 $U(x_0)$ 内有定义.若 $\lim\limits_{x \to x_0} f(x) = f(x_0)$,则称 $f(x)$ 在点 x_0 处**连续**;

设函数 f 在某 $U_+(x_0)$ $(U_-(x_0))$ 内有定义.若 $\lim\limits_{x \to x_0^+} f(x) = f(x_0)$ $(\lim\limits_{x \to x_0^-} f(x) = f(x_0))$,则称 f 在点 x_0 处**右(左)连续**.

若 $f(x)$ 在开区间 (a,b) 内每一点都连续,则称 f 为开区间 (a,b) 内的**连续函数**;

若 $f(x)$ 在 (a,b) 内每一点都连续且在左端点右连续,右端点左连续,则称 f 在闭区间 $[a,b]$ 上连续.

2. 间断点及其分类

设函数 f 在某 $U^o(x_0)$ 内有定义.若 f 在点 x_0 处无定义,或 f 在 x_0 处有定义而不连续,则称点 x_0 为 f 的**间断点**.

(1)若 $f(x_0-0)$ 与 $f(x_0+0)$ 都存在且相等,但不等于 $f(x_0)$ 或 $f(x)$ 在 x_0 处无定义,则称点 x_0 为 $f(x)$ 的**可去间断点**.

(2)若 $f(x_0-0)$ 与 $f(x_0+0)$ 都存在但不相等,则称点 x_0 为 $f(x)$ 的**跳跃间断点**.可去间断点和跳跃间断点统称为**第一类间断点**.

(3)若 $f(x_0-0)$ 与 $f(x_0+0)$ 中至少有一个不存在时,则称点 x_0 为 $f(x)$ 的**第二类间断点**.特别地,若 $f(x_0-0)$ 与 $f(x_0+0)$ 中至少有一个为无穷时,则称点 x_0 为 $f(x)$ 的**无穷间断点**.

3. 连续函数的局部性质

(1)**局部有界性** 若函数 f 在点 x_0 处连续,则 f 在某邻域 $U(x_0)$ 内有界.

(2)**局部保号性** 若函数 f 在点 x_0 处连续,且 $f(x_0) > 0$(或 <0),则对任何正数 $r < f(x_0)$(或 $-r > f(x_0)$),存在某 $U(x_0)$,使得对 $\forall x \in U(x_0)$,有 $f(x) > r$(或 $f(x) < -r$).

(3)**四则运算** 若 f 和 g 在点 x_0 处连续,则 $f \pm g$,$f \cdot g$,$\dfrac{f}{g}$(这里 $g(x_0) \neq 0$)也在点 x_0 处连续.

(4)**复合函数的连续性**

①若函数 f 在点 x_0 处连续,g 在点 u_0 处连续,$u_0 = f(x_0)$,则复合函数 $g \circ f$ 在点 x_0 处连续.

②若点 x_0 为函数 f 的可去间断点, $\lim\limits_{x \to x_0} f(x) = a$, 且 g 在 $u = a$ 处连续, 则

$$\lim_{x \to x_0} g(f(x)) = g(\lim_{x \to x_0} f(x)).$$

4. 闭区间上连续函数的基本性质

(1)**最值定理** 若 f 在闭区间 $[a,b]$ 上连续, 则 f 在 $[a,b]$ 上有最大值与最小值.

(2)**有界性定理** 若 f 在闭区间 $[a,b]$ 上连续, 则 f 在 $[a,b]$ 上有界.

(3)**介值性定理** 设 f 在闭区间 $[a,b]$ 上连续, 且 $f(a) \neq f(b)$, μ 为介于 $f(a)$ 与 $f(b)$ 之间的任何实数($f(a) < \mu < f(b)$ 或 $f(a) > \mu > f(b)$), 则至少存在一点 $x_0 \in (a,b)$, 使得 $f(x_0) = \mu$.

(4)**根的存在定理** 若 f 在闭区间 $[a,b]$ 上连续, 且 $f(a)f(b) < 0$, 则至少存在一点 $x_0 \in (a,b)$, 使得 $f(x_0) = 0$, 即方程 $f(x) = 0$ 在 (a,b) 内至少有一个根.

(5)**反函数的连续性定理** 若函数 f 在 $[a,b]$ 上严格单调且连续, 则反函数 f^{-1} 在定义域 $[f(a), f(b)]$ 或 $[f(b), f(a)]$ 上连续.

(6)**一致连续性定理** 若函数 f 在闭区间 $[a,b]$ 上连续, 则 f 在 $[a,b]$ 上一致连续, 即 $\forall \varepsilon > 0$, $\exists \delta > 0$, $\forall x', x'' \in [a,b]$, 只要 $|x' - x''| < \delta$, 就有 $|f(x') - f(x'')| < \varepsilon$.

5. 初等函数的连续性

一切基本初等函数都是其定义域上的连续函数. 任何初等函数都是在其定义区间上的连续函数.

二、 经典例题解析及解题方法总结

【例1】 证明:函数 $f(x) = \dfrac{x+3}{x^2-1}$ 在 $x = 2$ 处连续.

证 $\forall \varepsilon > 0$, 当 $|x-2| < \dfrac{1}{2}$ 时, 有

$$|f(x) - f(2)| = \left| \frac{x+3}{x^2-1} - \frac{5}{3} \right| = \frac{|5x+7| \, |x-2|}{3|x^2-1|} < \frac{20}{3}|x-2|.$$

取 $\delta = \min\left\{ \dfrac{1}{2}, \dfrac{3}{20}\varepsilon \right\}$, 则当 $|x-2| < \delta$ 时, 有 $|f(x) - f(2)| < \varepsilon$. 故 $f(x)$ 在 $x = 2$ 处连续.

● **方法总结**

f 在 x_0 处连续 $\Leftrightarrow \lim\limits_{x \to x_0} f(x) = f(x_0) \Leftrightarrow \lim\limits_{\Delta x \to 0} \Delta y = 0 \Leftrightarrow \forall \varepsilon > 0$, $\exists \delta > 0$, 当 $|x - x_0| < \delta$ 时, 有 $|f(x) - f(x_0)| < \varepsilon$. 所以本题也可以利用前两个等价定义来证明.

【例2】 设函数 $f(x)$ 在 $[a,b]$ 上连续且恒大于零, 按 $\varepsilon - \delta$ 定义证明 $\dfrac{1}{f(x)}$ 在 $[a,b]$ 上连续.

证 由 $f(x)$ 在 $[a,b]$ 上连续知, $f(x)$ 在 $[a,b]$ 上有最小值 $m > 0$. 对 $\forall x_0 \in (a,b)$, 由 $f(x)$ 在 x_0 处连续知, $\forall \varepsilon > 0$, $\exists \delta > 0$, 当 $|x - x_0| < \delta$ 时, 有 $|f(x) - f(x_0)| < m^2\varepsilon$.

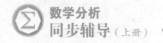

所以当 $|x-x_0|<\delta$ 时,有
$$\left|\frac{1}{f(x)}-\frac{1}{f(x_0)}\right|=\frac{|f(x)-f(x_0)|}{f(x)f(x_0)}\leqslant\frac{1}{m^2}|f(x)-f(x_0)|<\varepsilon.$$

故 $\dfrac{1}{f(x)}$ 在点 x_0 处连续. 当 $x_0=a$(或 $x_0=b$)时,只需将上面的 $|x-x_0|<\delta$ 改为 $a<x_0<a+\delta$ (或 $b-\delta<x_0<b$)即可. 综上可知,$f(x)$ 在 $[a,b]$ 上连续.

【例3】 设 $f(x)$ 在 $(0,1)$ 内有定义,且函数 $e^x f(x)$ 与 $e^{-f(x)}$ 在 $(0,1)$ 内单调递增. 证明:$f(x)$ 在 $(0,1)$ 内连续.

证 对 $\forall x_0\in(0,1)$,首先证明 $\lim\limits_{x\to x_0^+}f(x)=f(x_0)$. 由 $e^x f(x)$ 单调递增知,当 $x>x_0$ 时,有 $e^x f(x)\geqslant e^{x_0}f(x_0)$,即 $e^{x_0-x}f(x_0)\leqslant f(x)$. 又因为 $e^{-f(x)}\geqslant e^{-f(x_0)}$,所以 $-f(x)\geqslant -f(x_0)$,即 $f(x)\leqslant f(x_0)$. 综上,$e^{x_0-x}f(x_0)\leqslant f(x)\leqslant f(x_0)$. 由迫敛性定理知 $\lim\limits_{x\to x_0^+}f(x)=f(x_0)$.

同理 $\lim\limits_{x\to x_0^-}f(x)=f(x_0)$. 故 $f(x)$ 在 x_0 处连续,由 $x_0\in(0,1)$ 的任意性知 $f(x)$ 在 $(0,1)$ 内连续.

方法总结

要证明函数 f 在某区间 I 上连续,只要证明 $\forall x_0\in I,\lim\limits_{x\to x_0}f(x)=f(x_0)$ 即可.

【例4】 若函数 f 是区间 I 上一一对应的连续函数,则 f 是 I 上的严格单调函数.

证 反证法. 若 f 在 I 上不是严格单调的,则必 $\exists x_1,x_2,x_3$ 且满足 $x_1<x_2<x_3$,使得
$$(f(x_1)-f(x_2))(f(x_2)-f(x_3))<0.$$
不妨设 $f(x_1)>f(x_2),f(x_2)<f(x_3)$. 取满足下列条件的实数 $\mu:f(x_2)<\mu<\min\{f(x_1),f(x_3)\}$. 分别在区间 $[x_1,x_2]$、$[x_2,x_3]$ 上应用连续函数的介值定理可得,$\exists\xi_1,\xi_2$ 满足 $x_1<\xi_1<x_2,x_2<\xi_2<x_3$,使得 $f(\xi_1)=f(\xi_2)=\mu$,此与 f 是一一对应的矛盾.

方法总结

我们知道一一对应的函数不一定是严格单调的,但是对于连续函数而言,严格单调的充要条件是一一对应的.

【例5】 研究函数 $f(x)=\lim\limits_{n\to\infty}\dfrac{x^n-1}{x^n+1}$ 的连续性.

解 当 $|x|>1$ 时,$f(x)=\lim\limits_{n\to\infty}\dfrac{1-\frac{1}{x^n}}{1+\frac{1}{x^n}}=1$;

当 $|x|<1$ 时,$f(x)=\lim\limits_{n\to\infty}\dfrac{x^n-1}{x^n+1}=-1$;

当 $x=1$ 时,$f(x)=0$;

当 $x=-1$ 时，$f(x)$ 无定义. 所以 $f(x)=\begin{cases} -1, & |x|<1, \\ 0, & x=1, \\ 1, & |x|>1. \end{cases}$

由于 $\lim\limits_{x\to 1^-} f(x)=-1\neq f(1)$，故 $f(x)$ 在 $x=1$ 处不连续. $f(x)$ 在 $x=-1$ 处无定义，从而也不连续.

所以，$f(x)$ 在 $(-\infty,-1)\bigcup(-1,1)\bigcup(1,+\infty)$ 上连续.

● **方法总结** ⋯⋯⋯⋯⋯⋯⋯⋯⋯⋯⋯⋯⋯⋯⋯⋯⋯⋯⋯⋯⋯⋯⋯⋯⋯⋯⋯⋯⋯⋯⋯⋯

对于带极限运算的函数，一般先求出它的表达式，然后再讨论它的连续性.

【例6】 讨论下列函数的连续性.

(1) $f(x)=\begin{cases} \dfrac{x^2-1}{x(x-1)}, & x\neq 0, \\ 0, & x=0; \end{cases}$ (2) $f(x)=\lim\limits_{t\to+\infty}\dfrac{\ln(1+\mathrm{e}^{xt})}{\ln(1+\mathrm{e}^t)}$.

解 (1) 由初等函数的连续性知 $f(x)$ 在 $x\neq 0,1$ 时连续.

因为 $\lim\limits_{x\to 1} f(x)=\lim\limits_{x\to 1}\dfrac{x^2-1}{x(x-1)}=\lim\limits_{x\to 1}\dfrac{x+1}{x}=2$，所以 $x=1$ 是 $f(x)$ 的第一类间断点且为可去

间断点. 又因为 $\lim\limits_{x\to 0} f(x)=\lim\limits_{x\to 0}\dfrac{x+1}{x}=\infty$，所以 $x=0$ 是 $f(x)$ 的第二类间断点.

(2) 当 $x=0$ 时，$f(x)=\lim\limits_{t\to+\infty}\dfrac{\ln 2}{\ln(1+\mathrm{e}^t)}=0$；

当 $x<0$ 时，因为 $\lim\limits_{t\to+\infty}\mathrm{e}^{xt}=0$，则 $f(x)=\lim\limits_{t\to+\infty}\dfrac{\ln(1+\mathrm{e}^{xt})}{\ln(1+\mathrm{e}^t)}=0$；

当 $x>0$ 时，$f(x)=\lim\limits_{t\to+\infty}\dfrac{\ln(1+\mathrm{e}^{xt})}{\ln(1+\mathrm{e}^t)}=\lim\limits_{t\to+\infty}\dfrac{\ln\left[\mathrm{e}^{xt}\left(1+\dfrac{1}{\mathrm{e}^{xt}}\right)\right]}{\ln\left[\mathrm{e}^t\left(1+\dfrac{1}{\mathrm{e}^t}\right)\right]}=\lim\limits_{t\to+\infty}\dfrac{xt+\ln\left(1+\dfrac{1}{\mathrm{e}^{xt}}\right)}{t+\ln\left(1+\dfrac{1}{\mathrm{e}^t}\right)}=x.$

所以 $f(x)=\begin{cases} 0, & x\leqslant 0, \\ x, & x>0 \end{cases}$ 在 **R** 上连续.

【例7】 讨论函数 $f(x)=\begin{cases} x(1-x), & x\text{ 为有理数}, \\ x(1+x), & x\text{ 为无理数} \end{cases}$ 的连续性.

解 先证 $f(x)$ 在 $x=0$ 处连续. $\forall \varepsilon>0$，当 $|x|<\dfrac{1}{2}$ 时，有

$$1+|x|<\dfrac{3}{2}, |f(x)-f(0)|=|f(x)|\leqslant |x|(1+|x|)<\dfrac{3}{2}|x|.$$

取 $\delta=\min\left\{\dfrac{1}{2},\dfrac{2}{3}\varepsilon\right\}$，则当 $|x|<\delta$ 时，便有 $|f(x)-f(0)|<\varepsilon$. 故 $f(x)$ 在 $x=0$ 处连续.

再证 $f(x)$ 在任何非零点 x_0 处均不连续. 分别取有理数列 $\{r_n\}$ 和无理数列 $\{s_n\}$，且均收敛于 x_0，则

$$\lim_{n\to\infty} f(r_n)=\lim_{n\to\infty} r_n(1-r_n)=x_0(1-x_0), \quad \lim_{n\to\infty} f(s_n)=\lim_{n\to\infty} s_n(1+s_n)=x_0(1+x_0).$$

若 $f(x)$ 在 x_0 处连续，则有 $x_0(1-x_0)=x_0(1+x_0)$，从而 $x_0=0$，这与 $x_0\neq 0$ 矛盾.

综上，$f(x)$ 只在 $x=0$ 处连续.

【例 8】 讨论 $f(x)=\begin{cases} \sin \pi x, & x \text{ 为有理数}, \\ 0, & x \text{ 为无理数} \end{cases}$ 的连续性.

解 当 $x_0\neq m$（整数）时，在 x_0 的右侧取有理数列 $\{p_n\}$ 及无理数列 $\{q_n\}$，且当 $n\to\infty$ 时，$p_n\to x_0,q_n\to x_0$. 于是有

$$f(p_n)=\sin \pi p_n\to\sin \pi x_0\neq 0 \ (n\to\infty), \quad f(q_n)=0 \ (n\to\infty).$$

故 $\lim\limits_{x\to x_0^+} f(x)$ 不存在. 因此 $x_0\neq m$ 是 f 的第二类间断点.

当 $x_0=m$ 时，对有理数 x，因为 $|f(x)-f(x_0)|=|\sin \pi x-\sin \pi x_0|\leqslant\pi|x-x_0|$，于是，对 $\forall\varepsilon>0$，取 $\delta=\dfrac{\varepsilon}{\pi}$，当 $|x-x_0|<\delta$ 时，有 $|f(x)-f(x_0)|<\varepsilon$；对无理数 x，$|f(x)-f(x_0)|=0<\varepsilon$. 所以 $x_0=m$ 是 f 的连续点.

【例 9】 若 $f(x)=\begin{cases} 1, & x\geqslant 0, \\ -1, & x<0, \end{cases}$ $g(x)=\sin x$. 求函数 $f[g(x)]$ 的定义域，并讨论 $f[g(x)]$ 的连续性.

解 复合函数为 $f[g(x)]=\begin{cases} 1, & \sin x\geqslant 0, \\ -1, & \sin x<0, \end{cases}$ 因为 $\sin x$ 的定义域为 $(-\infty,+\infty)$，所以 $f[g(x)]$ 的定义域为 $(-\infty,+\infty)$. 又因为当 $2n\pi\leqslant x\leqslant(2n+1)\pi$ 时，$\sin x\geqslant 0$，$f[g(x)]=1$；当 $(2n+1)\pi<x<(2n+2)\pi$ 时，$\sin x<0$，$f[g(x)]=-1(n=0,\pm 1,\cdots)$.

可以看出在 $x=n\pi$（$n=0,\pm 1,\cdots$）时函数的左右极限都存在但不相等，所以 $x=n\pi$（$n=0,\pm 1,\cdots$）为其第一类间断点且为跳跃间断点；除去这些点，$f[g(x)]$ 处处连续.

【例 10】 设 $f(x)=\begin{cases} x^\alpha \sin\dfrac{1}{x^\beta}, & x\neq 0, \\ 0, & x=0, \end{cases}$ 当 α,β 取何值时，$f(x)$ 在 $x=0$ 处连续？

解 (1)$\alpha>0$ 时，因为 $\left|x^\alpha \sin\dfrac{1}{x^\beta}\right|\leqslant|x^\alpha|$，所以 $\lim\limits_{x\to 0} f(x)=0=f(0)$，故 $f(x)$ 在 $x=0$ 处连续.

(2)$\beta<0$ 时，因为 $x^\alpha \sin\dfrac{1}{x^\beta}\sim x^{\alpha-\beta}\ (x\to 0)$，所以当 $\alpha-\beta>0$ 时，$f(x)$ 在 $x=0$ 处连续；当 $\alpha-\beta\leqslant 0$ 时，$f(x)$ 在 $x=0$ 处间断.

(3)$\alpha=0,\beta=0$，$f(x)=\sin 1\neq 0(x\neq 0)$. $\alpha=0,\beta>0$ 时，$f(x)=\sin\dfrac{1}{x^\beta}$，$\lim\limits_{x\to 0}\sin\dfrac{1}{x^\beta}$ 不存在. 此时，$f(x)$ 在 $x=0$ 处间断.

(4)$\alpha<0,\beta\geqslant 0$ 时，$\lim\limits_{x\to 0} x^\alpha \sin\dfrac{1}{x^\beta}$ 不存在，故 $f(x)$ 在 $x=0$ 处间断.

综上所述，当 $\alpha>0$ 或 $\beta<0$ 且 $\alpha-\beta>0$ 时，$f(x)$ 在 $x=0$ 处连续；其他情况下，$f(x)$ 在 $x=$

0 处间断.

【例 11】 设 $f(x)$ 在 $[a,b]$ 上连续,$\forall x,y\in[a,b]$,满足 $a\leqslant f(x)\leqslant b$ 且 $|f(x)-f(y)|\leqslant \alpha|x-y|$,其中 $0\leqslant\alpha<1$. 证明:存在唯一的 $\overline{x}\in[a,b]$,使得 $f(\overline{x})=\overline{x}$.

证 任取 $x_0\in[a,b]$,令 $x_n=f(x_{n-1})$ $(n=1,2,\cdots)$,则由 $a\leqslant f(x)\leqslant b$ 知,$\{x_n\}\subset[a,b]$ 且
$$|x_{n+1}-x_n|=|f(x_n)-f(x_{n-1})|\leqslant\alpha|x_n-x_{n-1}|,$$
递推可得 $|x_{n+1}-x_n|\leqslant\alpha^n|x_1-x_0|$,所以对 $\forall p\in\mathbf{N}_+$,有
$$|x_{n+p}-x_n|\leqslant|x_{n+p}-x_{n+p-1}|+|x_{n+p-1}-x_{n+p-2}|+\cdots+|x_{n+1}-x_n|$$
$$\leqslant(\alpha^{n+p-1}+\alpha^{n+p-2}+\cdots+\alpha^n)|x_1-x_0|$$
$$=\alpha^n\frac{1-\alpha^p}{1-\alpha}|x_1-x_0|<\frac{\alpha^n}{1-\alpha}|x_1-x_0|,$$
故数列 $\{x_n\}$ 为 Cauchy 列,因而 $\{x_n\}$ 收敛,不妨设 $\lim_{n\to\infty}x_n=\overline{x}$. 由 $\{x_n\}\subset[a,b]$ 知 $\overline{x}\in[a,b]$,由于 $f(x)$ 连续,在 $x_n=f(x_{n-1})$ 两边取极限得 $f(\overline{x})=\overline{x}$.

下证唯一性. 假设又有 $\overline{y}\in[a,b]$,$\overline{y}\neq\overline{x}$,使 $f(\overline{y})=\overline{y}$,则 $|f(\overline{y})-f(\overline{x})|=|\overline{y}-\overline{x}|$. 另一方面,由题设条件 $|f(\overline{y})-f(\overline{x})|\leqslant\alpha|\overline{y}-\overline{x}|$ $(0\leqslant\alpha<1)$,故 $|\overline{y}-\overline{x}|\leqslant\alpha|\overline{y}-\overline{x}|<|\overline{y}-\overline{x}|$,矛盾. 因此 $\overline{x}$ 是唯一的.

【例 12】 证明函数 $y=\sin x^2$ 在 $[0,+\infty)$ 上不一致连续.

证 取 $x_n=\sqrt{2n\pi+\frac{\pi}{2}}$,$y_n=\sqrt{2n\pi}$,则 $x_n,y_n\in[0,+\infty)$,且
$$\lim_{n\to\infty}(x_n-y_n)=\lim_{n\to\infty}\left(\sqrt{2n\pi+\frac{\pi}{2}}-\sqrt{2n\pi}\right)=\lim_{n\to\infty}\frac{\frac{\pi}{2}}{\sqrt{2n\pi+\frac{\pi}{2}}+\sqrt{2n\pi}}=0.$$

但 $\lim_{n\to\infty}(f(x_n)-f(y_n))=1\neq0$,故 $f(x)=\sin x^2$ 在 $[0,+\infty)$ 上不一致连续.

方法总结

证明 $f(x)$ 在区间 I 上不一致连续的方法:
(1) $\exists\varepsilon_0>0$,$\forall\delta>0$,$\exists x',x''\in I$,虽有 $|x'-x''|<\delta$,但有 $|f(x')-f(x'')|\geqslant\varepsilon_0$.
(2) $\exists\{x_n\},\{y_n\}\subset I$,$\lim_{n\to\infty}(x_n-y_n)=0$,但 $\lim_{n\to\infty}[f(x_n)-f(y_n)]\neq0$.

【例 13】 设 f 为 $\mathbf{R}$ 上的连续周期函数. 证明:f 在 $\mathbf{R}$ 上有最大值与最小值.

证 设 f 的周期为 T,由于 f 在闭区间 $[0,T]$ 上连续,故有最大值 $f(\xi)$ 和最小值 $f(\eta)$,$\xi,\eta\in[0,T]$. 对 $\forall x\in(-\infty,+\infty)$,则 $\exists k>0$,使得 $x\in[kT,(k+1)T]$,于是 $x-kT\in[0,T]$,从而有 $f(\eta)\leqslant f(x)=f(x-kT)\leqslant f(\xi)$. 所以
$$f(\xi)=\max\{f(x)\mid-\infty<x<+\infty\},\quad f(\eta)=\min\{f(x)\mid-\infty<x<+\infty\}.$$

【例 14】 设 I 为有限区间. 证明:若 f 在 I 上一致连续,则 f 在 I 上有界. 举例说明此结论在 I 为无限区间时不一定成立.

证 设 I 为有限区间,其左、右端点分别为 a,b. 由于 f 在 I 上一致连续,故对 $\varepsilon=1$,$\exists\delta>0(\delta<\frac{b-a}{2})$,当 $x',x''\in I$ 且 $|x'-x''|<\delta$ 时,有 $|f(x')-f(x'')|<1$. 令 $a_1=a+\frac{\delta}{2}$,$b_1=b-\frac{\delta}{2}$,则 $a<a_1<b_1<b$. 由于 f 在 $[a_1,b_1]$ 上连续,故 f 在 $[a_1,b_1]$ 上有界,即 $\exists M_1>0$,对 $\forall x\in[a_1,b_1]$,有 $|f(x)|\leqslant M_1$.

当 $x\in[a,a_1]\bigcap I$ 时,因 $0<a_1-x<\frac{\delta}{2}<\delta$,故 $|f(x)-f(a_1)|<1$,从而 $|f(x)|\leqslant|f(a_1)|+1$;同理当 $x\in[b_1,b]\bigcap I$ 时,有 $|f(x)|\leqslant|f(b_1)|+1$.

令 $M=\max\{M_1,|f(a_1)|+1,|f(b_1)|+1\}$,则对一切 $x\in I$,必有 $|f(x)|\leqslant M$. 故 f 在 I 上有界.

若 I 为无限区间,则 $f(x)$ 在 I 上未必有界. 例如 $f(x)=\sqrt{x}$,$x\in[0,+\infty)$,则易知 $f(x)$ 在 $[0,+\infty)$ 上一致连续,但 $\lim\limits_{x\to+\infty}\sqrt{x}=+\infty$,故 $f(x)$ 在 $[0,+\infty)$ 上无界.

【例 15】 证明:$f(x)=\dfrac{\sin x}{x}$ 在 $(0,+\infty)$ 上一致连续.

证 $f(x)$ 在 $(0,1]$ 上连续,且 $\lim\limits_{x\to0}f(x)=1$. 令

$$F(x)=\begin{cases}1, & x=0,\\ \dfrac{\sin x}{x}, & x\in(0,+\infty),\end{cases}$$

则 $F(x)$ 在 $[0,+\infty)$ 上连续. 又 $\lim\limits_{x\to+\infty}F(x)=\lim\limits_{x\to+\infty}\dfrac{\sin x}{x}=0$,故 $F(x)$ 在 $[0,+\infty)$ 上一致连续,从而 $F(x)$ 在 $(0,+\infty)$ 上一致连续,即 $f(x)$ 在 $(0,+\infty)$ 上一致连续.

【例 16】 证明:在 (a,b) 内的连续函数 f 为一致连续的充要条件是 $f(a+0)$ 与 $f(b-0)$ 都存在.

证 必要性:设 f 在 (a,b) 内一致连续,则 $\forall\varepsilon>0$,$\exists\delta>0$,当 $x',x''\in(a,b)$ 且 $|x'-x''|<\delta$ 时,有 $|f(x')-f(x'')|<\varepsilon$. 特别当 $x',x''\in(a,a+\delta)$ 时,有 $|x'-x''|<\delta$,从而也有 $|f(x')-f(x'')|<\varepsilon$,由函数极限的柯西准则知 $f(a+0)$ 存在且为有限值;同理可证 $f(b-0)$ 存在且为有限值.

充分性:设 f 在 (a,b) 内连续,$f(a+0)$、$f(b-0)$ 存在且为有限值,补充定义:
$$f(a)=f(a+0),\quad f(b)=f(b-0),$$
则 f 在 $[a,b]$ 上连续,从而一致连续. 因此 f 在 (a,b) 内一致连续.

【例 17】 设 f 在 (a,b) 内连续,且 $\lim\limits_{x\to a^+}f(x)=\lim\limits_{x\to b^-}f(x)=0$. 证明:$f$ 在 (a,b) 内有最大值或最小值.

证 若 $f(x)\equiv0$,$x\in(a,b)$,则结论成立.

若 $f(x)\not\equiv0$,则存在一点 $x_1\in(a,b)$,使得 $f(x_1)\neq0$,令 $F(x)=\begin{cases}0, & x=a,b,\\ f(x), & x\in(a,b),\end{cases}$ 则 F 在 $[a,b]$ 上连续,故可取得最大值与最小值.

若 $f(x_1)>0$，则 F 在 $[a,b]$ 上的最大值必为正数，而 $F(a)=F(b)=0$，故 F 的最大值只能在 (a,b) 内取得．由于 $\forall x\in(a,b)$，$F(x)=f(x)$，所以 f 在 (a,b) 内有最大值．

若 $f(x_1)<0$，同理可证 f 在 (a,b) 内有最小值．

【例18】　设 $f(x)$ 在 $[a,b]$ 上单调递增，$f(a)\geqslant a$，$f(b)\leqslant b$. 证明：$\exists x_0\in[a,b]$，使得 $f(x_0)=x_0$.

证　若 $f(a)=a$ 或 $f(b)=b$，结论成立．

下面假设 $f(a)>a$，$f(b)<b$，记 $E=\{x\mid f(x)>x,x\in[a,b]\}$. 因为 $a\in E$，故 E 非空且有上界 b，从而必有上确界，记 $x_0=\sup E$.

下证 $f(x_0)=x_0$. 对 $\forall x\in E$，有 $x\leqslant x_0$，又 $f(x)$ 在 $[a,b]$ 上递增，故 $f(x)\leqslant f(x_0)$.

又 $x\in E$，故有 $x<f(x)\leqslant f(x_0)$，即 $f(x_0)$ 为 E 的一个上界，从而有 $x_0\leqslant f(x_0)$.

另一方面，由于 $f(x)$ 在 $[a,b]$ 上递增，于是有 $a<x_0\leqslant f(x_0)\leqslant f(b)<b$，由此得出 $f(x_0)\leqslant f(f(x_0))$，即 $f(x_0)\in E$. 而 $x_0=\sup E$，故有 $f(x_0)\leqslant x_0$，于是 $f(x_0)=x_0$，$x_0\in(a,b)$.

综上所述，$f(x_0)=x_0$，$x_0\in[a,b]$ 成立．

【例19】　设 f 在 $[a,b]$ 上连续 $\exists\{x_n\}\subset[a,b]$，使 $\lim\limits_{n\to\infty}f(x_n)=A$. 证明：$\exists x_0\in[a,b]$，使得 $f(x_0)=A$.

证　由 $\{x_n\}\subset[a,b]$ 为有界数列，由致密性定理，$\{x_n\}$ 存在收敛子列 $\{x_{n_k}\}$，设 $\lim\limits_{k\to\infty}x_{n_k}=x_0$. 由于 $\{x_{n_k}\}\subset[a,b]$，故 $x_0\in[a,b]$，由 $\lim\limits_{n\to\infty}f(x_n)=A$，$\{f(x_{n_k})\}\subset\{f(x_n)\}$，知 $\lim\limits_{k\to\infty}f(x_{n_k})=A$. 又 f 在 x_0 点连续，故 $f(x_0)=f(\lim\limits_{k\to\infty}x_{n_k})=\lim\limits_{k\to\infty}f(x_{n_k})=A$，即 $\exists x_0\in[a,b]$，使得 $f(x_0)=A$.

【例20】　设 f 定义在 (a,b) 上．证明：若对 (a,b) 内任一收敛点列 $\{x_n\}$，极限 $\lim\limits_{n\to\infty}f(x_n)$ 都存在，则 f 在 (a,b) 内一致连续．

证　用反证法．若 f 在 (a,b) 内不一致连续，则 $\exists\varepsilon_0>0$，$\forall\delta>0$，$\exists x',x''\in(a,b)$，虽有 $|x'-x''|<\delta$，但有 $|f(x')-f(x'')|\geqslant\varepsilon_0$. 取 $\delta_n=\dfrac{1}{n}$，可得 $x_n',x_n''\in(a,b)$，虽有 $|x_n'-x_n''|<\dfrac{1}{n}$，但有 $|f(x_n')-f(x_n'')|\geqslant\varepsilon_0$.

在 $[a,b]$ 上对 $\{x_n'\}$ 应用致密性定理，则存在子列 $\{x_{n_k}'\}\subset\{x_n'\}$，使得 $\lim\limits_{k\to\infty}x_{n_k}'=\xi\in[a,b]$，于是也有 $\lim\limits_{k\to\infty}x_{n_k}''=\xi$. 构造数列

$$\{z_n\}=\left\{x_{n_1}',x_{n_1}'',x_{n_2}',x_{n_2}'',\cdots,x_{n_k}',x_{n_k}'',\cdots\right\},$$

显然 $\{z_n\}$ 收敛，而 $|f(x_{n_k}')-f(x_{n_k}'')|\geqslant\varepsilon_0$，即 $\{f(z_n)\}$ 不收敛，与题设矛盾，因而 f 在 (a,b) 上一致连续．

【例21】　设函数 f 在 $[a,+\infty)$ 上连续，且有斜渐近线，即存在数 b 与 c，使得 $\lim\limits_{x\to+\infty}[f(x)-bx-c]=0$. 证明：$f$ 在 $[a,+\infty)$ 上一致连续．

证　由条件 $\lim\limits_{x\to+\infty}[f(x)-bx-c]=0$（$b\neq0$）知，$\forall\varepsilon>0$，$\exists X>a$，当 $x>X$ 时，有 $|f(x)-bx-c|<\dfrac{\varepsilon}{3}$. 故当 $x',x''>X$ 时，有

$$|f(x')-f(x'')|=|f(x')-bx'-c-(f(x'')-bx''-c)+b(x'-x'')|$$
$$\leqslant|f(x')-bx'-c|+|f(x'')-bx''-c|+b|x'-x''|$$
$$<\frac{2}{3}\varepsilon+b|x'-x''|.$$

又 $f(x)$ 在 $[a,X+1]$ 上一致连续，故 $\exists\delta_1>0$，当 $x',x''\in[a,X+1]$ 且 $|x'-x''|<\delta_1$ 时，有 $|f(x')-f(x'')|<\varepsilon$. 取 $\delta=\min\{\delta_1,\frac{\varepsilon}{3b},1\}$，可以验证 $\forall x',x''\in[a,+\infty)$，当 $|x'-x''|<\delta$ 时，有 $|f(x')-f(x'')|<\varepsilon$. 这是因为，若 $x',x''\in[X,+\infty)$ 或 $x',x''\in[a,X]$ 时易见结论成立；若 $x'\in[a,X],x''\in[X,+\infty)$ 时，因为 $|x'-x''|<1$，所以 $x''\in[a,X+1]$，因而结论也成立. 于是 $f(x)$ 在 $[a,+\infty)$ 上一致连续.

【例 22】 函数 $f(x)$ 在有界区间 I 上一致连续 $\Leftrightarrow$ 当 $\{a_n\}$ 是 I 上的任何柯西数列时，$\{f(a_n)\}$ 也是柯西数列.

证 必要性：已知 $f(x)$ 在 I 上一致连续，即 $\forall\varepsilon>0$，$\exists\delta>0$，$\forall x_1,x_2\in I$，且 $|x_1-x_2|<\delta$，有 $|f(x_1)-f(x_2)|<\varepsilon$. 又 $\{a_n\}$ 是柯西数列，即 $\exists N\in\mathbf{N}_+$，$\forall n,m>N$，有 $|a_n-a_m|<\delta$，因而有 $|f(a_n)-f(a_m)|<\varepsilon$，即 $\{f(a_n)\}$ 也是柯西列.

充分性：假设 $f(x)$ 在区间 I 上不一致连续，则 $\exists\varepsilon_0>0$，$\forall\delta=\frac{1}{n}>0$ $(n\in\mathbf{N}_+)$，$\exists a'_n,a''_n\in I$，满足 $|a'_n-a''_n|<\frac{1}{n}$，但 $|f(a'_n)-f(a''_n)|\geqslant\varepsilon_0$.

因区间 I 有界，由致密性定理，数列 $\{a'_n\}$ 存在收敛子列 $\{a'_{n_k}\}$，设 $a'_{n_k}\to x_0$ $(k\to\infty)$，且已知 $|a'_{n_k}-a''_{n_k}|<\frac{1}{n_k}$，故当 $k\to\infty$ 时，$\frac{1}{n_k}\to0$，$a'_{n_k}\to x_0$，得到 $a''_{n_k}\to x_0$. 把收敛的两个子列 $\{a'_{n_k}\}$ 与 $\{a''_{n_k}\}$ 的项交替组成一个新数列

$$\{a'_{n_1},a''_{n_1},a'_{n_2},a''_{n_2},\cdots,a'_{n_k},a''_{n_k},\cdots\},$$

它是收敛的，从而是柯西数列. 但当 k 充分大时，$|f(a'_{n_k})-f(a''_{n_k})|\geqslant\varepsilon_0$，即 $\{f(a'_{n_1}),f(a''_{n_1}),f(a'_{n_2}),f(a''_{n_2}),\cdots,f(a'_{n_k}),f(a''_{n_k}),\cdots\}$ 不是柯西数列，与已知条件矛盾. 所以 $f(x)$ 在 I 上一致连续.

方法总结

关于函数一致连续的等价叙述：

（ⅰ）$f(x)$ 在闭区间 $[a,b]$ 上一致连续 $\Leftrightarrow$ $f(x)$ 在闭区间 $[a,b]$ 上连续；

（ⅱ）$f(x)$ 在开区间 (a,b) 内一致连续 $\Leftrightarrow$ $f(x)$ 在开区间 (a,b) 内连续，且 $f(a+0)$ 与 $f(b-0)$ 存在；

（ⅲ）$f(x)$ 在区间 I 上一致连续 $\Leftrightarrow$ 对区间 I 上任意两个数列 $\{x_n\}$，$\{y_n\}$，当 $\lim\limits_{n\to\infty}(x_n-y_n)=0$ 时，有 $\lim\limits_{n\to\infty}[f(x_n)-f(y_n)]=0$；

（ⅳ）$f(x)$ 在有界区间 I 上一致连续 $\Leftrightarrow$ 当 $\{a_n\}$ 是 I 上的任意柯西数列时，$\{f(a_n)\}$ 也是柯西数列.

三、 教材习题解答

$$\text{————} \quad \text{习题 4.1 解答} \quad \text{————}$$

1. 按定义证明下列函数在其定义域内连续：

(1) $f(x) = \dfrac{1}{x}$；　　　　　　　　　　(2) $f(x) = |x|$.

证 (1) $f(x) = \dfrac{1}{x}$ 的定义域为 $D = (-\infty, 0) \bigcup (0, +\infty)$.

$\forall x_0 \in D, \forall \varepsilon > 0$，由于当 $|x - x_0| < \dfrac{|x_0|}{2}$ 时，有

$$|x| = |(x - x_0) + x_0| \geqslant |x_0| - |x - x_0| > |x_0| - \frac{|x_0|}{2} = \frac{|x_0|}{2},$$

$$\left| \frac{1}{x} - \frac{1}{x_0} \right| = \frac{|x - x_0|}{|x x_0|} < \frac{2}{x_0^2} |x - x_0|,$$

取 $\delta = \min\left\{ \dfrac{|x_0|}{2}, \dfrac{x_0^2}{2}\varepsilon \right\} > 0$，则当 $|x - x_0| < \delta$ 时，有 $\left| \dfrac{1}{x} - \dfrac{1}{x_0} \right| < \varepsilon$.

所以 $f(x) = \dfrac{1}{x}$ 在点 x_0 处连续，由 x_0 的任意性知 $f(x) = \dfrac{1}{x}$ 在其定义域内连续.

(2) $f(x)$ 的定义域是 $\mathbf{R}$，任取 $x_0 \in \mathbf{R}, \forall \varepsilon > 0$，由于 $\big| |x| - |x_0| \big| \leqslant |x - x_0|$，取 $\delta = \varepsilon$，则当 $|x - x_0| < \delta$ 时，有 $|f(x) - f(x_0)| < \varepsilon$. 于是，$f(x) = |x|$ 在点 x_0 处连续，由 x_0 的任意性知，$f(x) = |x|$ 在其定义域内连续.

2. 指出下列函数的间断点并说明其类型：

(1) $f(x) = x + \dfrac{1}{x}$；　　　　　　　　(2) $f(x) = \dfrac{\sin x}{|x|}$；

(3) $f(x) = [|\cos x|]$；　　　　　　　　(4) $f(x) = \operatorname{sgn}|x|$；

(5) $f(x) = \operatorname{sgn}(\cos x)$；　　　　　　(6) $f(x) = \begin{cases} x, & x \text{ 为有理数}, \\ -x, & x \text{ 为无理数}; \end{cases}$

(7) $f(x) = \begin{cases} \dfrac{1}{x + 7}, & -\infty < x < -7, \\ x, & -7 \leqslant x \leqslant 1, \\ (x - 1)\sin \dfrac{1}{x - 1}, & 1 < x < +\infty. \end{cases}$

解 (1) $f(x)$ 仅有一个间断点 $x = 0$. 因为

$$\lim_{x \to 0^+} f(x) = +\infty, \lim_{x \to 0^-} f(x) = -\infty,$$

所以 $x = 0$ 为第二类间断点.

(2) $f(x)$ 仅有一个间断点 $x = 0$. 因为

$$\lim_{x \to 0^+} \frac{\sin x}{|x|} = \lim_{x \to 0^+} \frac{\sin x}{x} = 1, \lim_{x \to 0^-} \frac{\sin x}{|x|} = \lim_{x \to 0^-} \left(-\frac{\sin x}{x} \right) = -1,$$

所以 $x = 0$ 是 $f(x)$ 的第一类间断点且为跳跃间断点.

(3) $f(x) = [|\cos x|] = \begin{cases} 0, & x \neq n\pi, \\ 1, & x = n\pi, \end{cases} (n \in \mathbf{Z})$. 因为 $\lim\limits_{x \to n\pi} f(x) = 0$，而 $f(n\pi) = 1$，所以 $x = n\pi (n \in \mathbf{Z})$ 是 $f(x)$ 的第一类间断点且为可去间断点.

(4) 由 $\operatorname{sgn}|x| = \begin{cases} 0, & x = 0, \\ 1, & x \neq 0, \end{cases}$ 知 $\lim\limits_{x \to 0} f(x) = 1$，而 $f(0) = 0$. 于是 $x = 0$ 为 $f(x)$ 的第一类间断点且为可去间断点.

$(5)f(x) = \operatorname{sgn}(\cos x) = \begin{cases} 1, & x \in \left(2k\pi - \dfrac{\pi}{2}, 2k\pi + \dfrac{\pi}{2}\right), \\ 0, & x = 2k\pi \pm \dfrac{\pi}{2}, \\ -1, & x \in \left(2k\pi + \dfrac{\pi}{2}, 2k\pi + \dfrac{3}{2}\pi\right), \end{cases}$ 其中 $k \in \mathbf{Z}$.

因为

$$\lim_{x \to \left(2k + \frac{\pi}{2}\right)^+} f(x) = -1, \quad \lim_{x \to \left(2k + \frac{\pi}{2}\right)^-} f(x) = 1,$$

$$\lim_{x \to \left(2k\pi - \frac{\pi}{2}\right)^+} f(x) = 1, \quad \lim_{x \to \left(2k\pi - \frac{\pi}{2}\right)^-} f(x) = -1,$$

所以 $x = 2k\pi \pm \dfrac{\pi}{2}(k \in \mathbf{Z})$ 为函数 $f(x)$ 的第一类间断点且为跳跃间断点.

(6) 当 $x_0 \neq 0$ 时，取有理数列 $\{x'_n\}$ 和无理数列 $\{x''_n\}$ 使得 $x'_n < x_0, x'_n \to x_0 (n \to \infty), x''_n < x_0, x''_n \to x_0 (n \to \infty)$. 所以 $\lim\limits_{n \to \infty} f(x'_n) = x_0$. 而 $\lim\limits_{n \to \infty} f(x''_n) = \lim\limits_{n \to \infty}(-x''_n) = -x_0$. 由于 $x_0 \neq -x_0$，根据函数极限的归结原则，$\lim\limits_{x \to x_0^-} f(x)$ 不存在. 因此，当 $x_0 \neq 0$ 时，$x = x_0$ 是函数 $f(x)$ 的第二类间断点.

(7) $\lim\limits_{x \to (-7)^-} f(x) = \lim\limits_{x \to (-7)^-} \dfrac{1}{x+7} = -\infty$，故 $x = -7$ 为函数 $f(x)$ 的第二类间断点.

由 $\lim\limits_{x \to 1^-} f(x) = \lim\limits_{x \to 1^-} x = 1, \lim\limits_{x \to 1^+} f(x) = \lim\limits_{x \to 1^+}(x-1)\sin\dfrac{1}{x-1} = 0$，可得于是，$f(1-0) \neq f(1+0)$，故 $x = 1$ 是函数 $f(x)$ 的第一类间断点且为跳跃间断点.

3. 延拓下列函数，使其在 $\mathbf{R}$ 上连续：

$(1)f(x) = \dfrac{x^3 - 8}{x - 2};$ $\qquad (2)f(x) = \dfrac{1 - \cos x}{x^2};$ $\qquad (3)f(x) = x\cos\dfrac{1}{x}.$

解 $(1)f(x)$ 在点 $x = 2$ 处无定义，由

$$\lim_{x \to 2} f(x) = \lim_{x \to 2} \frac{x^3 - 8}{x - 2} = \lim_{x \to 2}(x^2 + 2x + 4) = 12,$$

知 $x = 2$ 为 $f(x)$ 的第一类间断点且为可去间断点.

令 $F(x) = \begin{cases} f(x), & x \neq 2, \\ 12, & x = 2, \end{cases}$ 则 $F(x)$ 为 $f(x)$ 在 $\mathbf{R}$ 上的延拓，且在 $\mathbf{R}$ 上连续.

$(2)f(x)$ 在点 $x = 0$ 处无定义，而

$$\lim_{x \to 0} f(x) = \lim_{x \to 0} \frac{1 - \cos x}{x^2} = \lim_{x \to 0} \frac{2\sin^2 \frac{x}{2}}{x^2} = \frac{1}{2},$$

故 $x = 0$ 是函数 $f(x)$ 的第一类间断点且为可去间断点. 令

$$F(x) = \begin{cases} f(x), & x \neq 0, \\ \dfrac{1}{2}, & x = 0, \end{cases}$$

则 $F(x)$ 为 $f(x)$ 在 $\mathbf{R}$ 上的延拓，且在 $\mathbf{R}$ 上连续.

$(3)f(x)$ 在点 $x = 0$ 处无定义，而 $\lim\limits_{x \to 0} f(x) = \lim\limits_{x \to 0} x\cos\dfrac{1}{x} = 0$，所以 $x = 0$ 是函数 $f(x)$ 的第一类间断点且为可去间断点. 令 $F(x) = \begin{cases} f(x), & x \neq 0, \\ 0, & x = 0, \end{cases}$ 则 $F(x)$ 为 $f(x)$ 在 $\mathbf{R}$ 上的延拓，且在 $\mathbf{R}$ 上连续，

4. 证明:若 f 在点 x_0 处连续,则 $|f|$ 与 f^2 也在点 x_0 处连续. 又问:若 $|f|$ 或 f^2 在 I 上连续,那么 f 在 I 上是否必连续?

证 因为 $f(x)$ 在点 x_0 处连续,所以 $\forall \varepsilon > 0, \exists \delta > 0$,当 $|x - x_0| < \delta$ 时,有
$$|f(x) - f(x_0)| < \varepsilon.$$

(1) 由不等式 $||a| - |b|| \leqslant |a - b|$ 知,当 $|x - x_0| < \delta$ 时,有
$$||f(x)| - |f(x_0)|| \leqslant |f(x) - f(x_0)| < \varepsilon,$$

故 $|f(x)|$ 在点 x_0 处连续.

(2) 由 $f^2 = |f| \cdot |f|$,而 $|f|$ 在点 x_0 处连续,故 $f^2(x)$ 在点 x_0 处连续.

(3) 当 $|f|$ 或 f^2 在 I 上连续时,f 在 I 上不一定连续.

例如,$f(x) = \begin{cases} 1, & x \text{ 为有理数}, \\ -1, & x \text{ 为无理数}, \end{cases}$ 则 $|f|$ 与 f^2 为常值函数,在 $\mathbf{R}$ 上处处连续,但 $f(x)$ 在 $\mathbf{R}$ 上不连续.

5. 设当 $x \neq 0$ 时,$f(x) \equiv g(x)$,而 $f(0) \neq g(0)$. 证明:f 与 g 两者中至多有一个在 $x = 0$ 处连续.

【思路探索】 若 $f(x)$ 在点 $x = 0$ 处连续,则 $\lim\limits_{x \to 0} f(x) = f(0)$. 同理,若 $g(x)$ 在点 $x = 0$ 处也连续,则 $\lim\limits_{x \to 0} g(x) = g(0)$,与极限的唯一性矛盾.

证 反证法. 假设 $f(x), g(x)$ 都在 $x = 0$ 处连续,则 $\lim\limits_{x \to 0} f(x) = f(0), \lim\limits_{x \to 0} g(x) = g(0)$. 因为 $x \neq 0$ 时, $f(x) \equiv g(x)$,所以 $\lim\limits_{x \to 0} f(x) = \lim\limits_{x \to 0} g(x)$,从而有 $f(0) = g(0)$,这与题设 $f(0) \neq g(0)$ 矛盾. 故 f 与 g 两者中至多有一个在 $x = 0$ 处连续.

6. 设 f 为区间 I 上的单调函数. 证明:若 $x_0 \in I$ 为 f 的间断点,则 x_0 必是 f 的第一类间断点.

证 不妨设 $f(x)$ 为 I 上的单调递增函数. $x_0 \in I$ 若不是 I 的端点,则存在 x_0 的某邻域 $U(x_0) \subset I$,使得 $f(x)$ 在 $U_-(x_0)$ 上单调递增且以 $f(x_0)$ 为上界,$f(x)$ 在 $U_+(x_0)$ 上单调递增且以 $f(x_0)$ 为下界,由函数极限的单调有界定理知 $\lim\limits_{x \to x_0^+} f(x)$ 与 $\lim\limits_{x \to x_0^-} f(x)$ 都存在. 故若 x_0 为 f 的间断点,则 x_0 必是 f 的第一类间断点.

当 x_0 为 I 的左(右)端点时,由单调有界定理知 $f(x)$ 在 x_0 的右(左)极限存在,故若 x_0 为间断点,则必为第一类间断点.

7. 设函数 f 只有可去间断点,定义 $g(x) = \lim\limits_{y \to x} f(y)$. 证明:$g$ 为连续函数.

证 设 $f(x)$ 的连续点集为 D,间断点集为 E. 由 $f(x)$ 只有可去间断点及 $g(x)$ 的定义可知,$g(x)$ 在 $G = D \cup E$ 上处处有定义. $\forall x_0 \in G$,由 $g(x_0) = \lim\limits_{y \to x_0} f(y)$ 知,对 $\forall \varepsilon > 0, \exists \delta > 0, \forall y \in U^o(x_0; \delta) \cap D$,有
$$|f(y) - g(x_0)| < \frac{\varepsilon}{2}.$$

对 $\forall x \in U(x_0; \delta)$,由 $g(x) = \lim\limits_{y \to x} f(y)$,对 $\frac{\varepsilon}{2} > 0, \exists \delta_1 > 0$,使得 $U^o(x; \delta_1) \subset U(x_0; \delta)$,且对 $\forall y \in U^o(x; \delta_1) \cap D$,有
$$|f(y) - g(x)| < \frac{\varepsilon}{2}.$$

取定 $y \in U^o(x; \delta_1)$,有
$$|g(x) - g(x_0)| \leqslant |g(x) - f(y)| + |g(x_0) - f(y)| < \varepsilon.$$

故 $\lim\limits_{x \to x_0} g(x) = g(x_0)$,即 $g(x)$ 在点 x_0 处连续. 由 x_0 的任意性知,$g(x)$ 在 G 上连续.

8. 设 f 为 $\mathbf{R}$ 上的单调函数,定义 $g(x) = f(x+0)$. 证明:g 在 $\mathbf{R}$ 上每一点都右连续.

证 由题6知 $f(x)$ 在 $\mathbf{R}$ 上只有第一类间断点,即 $\forall x \in \mathbf{R}$,$f(x+0)$ 与 $f(x-0)$ 都存在,从而 $g(x)$ 的定义域为 $\mathbf{R}$. 设 $f(x)$ 的连续点集为 D,间断点集为 E,则 $\mathbf{R} = D \cup E$. $\forall x_0 \in \mathbf{R}$,下证 $g(x)$ 在点 x_0

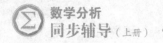
处右连续. 因为 $g(x_0) = \lim\limits_{y \to x_0^+} f(y)$, 所以 $\forall \varepsilon > 0, \exists \delta > 0, \forall y \in U_+^\circ(x_0; \delta) \bigcap D$, 有

$$| f(y) - g(x_0) | < \frac{\varepsilon}{2}.$$

对 $\forall x \in U_+(x_0; \delta)$, 因为 $g(x) = \lim\limits_{y \to x^+} f(y)$, 所以对上述 $\varepsilon > 0, \exists \delta_1 > 0$, 使得 $U_+(x; \delta_1) \subset U(x_0; \delta)$, 且 $\forall y \in U_+^\circ(x; \delta_1) \bigcap D \subset U_+(x_0; \delta) \bigcap D$, 有 $| f(y) - g(x) | < \frac{\varepsilon}{2}$. 取定 $y \in U_+^\circ(x; \delta_1) \bigcap D$, 由上述两个不等式得

$$| g(x) - g(x_0) | \leqslant | g(x) - f(y) | + | g(x_0) - f(y) | < \varepsilon.$$

故 $\lim\limits_{x \to x_0^+} g(x) = g(x_0)$, 即 $g(x)$ 在点 x_0 处连续. 由 x_0 的任意性知, $g(x)$ 在 $\mathbf{R}$ 上且每一点右连续.

9. 举出定义在 $[0,1]$ 上分别符合下述要求的函数:

(1) 只在 $\frac{1}{2}, \frac{1}{3}$ 和 $\frac{1}{4}$ 三点不连续的函数;

(2) 只在 $\frac{1}{2}, \frac{1}{3}$ 和 $\frac{1}{4}$ 三点连续的函数;

(3) 只在 $\frac{1}{n} (n = 1, 2, 3, \cdots)$ 上间断的函数;

(4) 只在 $x = 0$ 处右连续, 而在其他点都不连续的函数.

【思路探索】 对只在某些点不连续的函数, 构造起来比较容易, 可以找在这些点无定义的初等函数, 而对只在某些点连续的函数, 则一般利用黎曼函数在有理点连续或狄利克雷函数来构造.

解 (1) $f(x) = \dfrac{1}{\left(x - \frac{1}{2}\right)\left(x - \frac{1}{3}\right)\left(x - \frac{1}{4}\right)}$.

(2) $f(x) = \begin{cases} \left(x - \frac{1}{2}\right)\left(x - \frac{1}{3}\right)\left(x - \frac{1}{4}\right), & x \text{ 为有理数}, \\ 0, & x \text{ 为无理数}. \end{cases}$

(3) $f(x) = \dfrac{1}{\sin \frac{\pi}{x}}$.

(4) $f(x) = \begin{cases} \sqrt{x}, & x \text{ 为} [0,1] \text{ 上的有理数}, \\ 0, & x \text{ 为} [0,1] \text{ 上的无理数}. \end{cases}$

习题 4.2 解答

1. 讨论复合函数 $f \circ g$ 与 $g \circ f$ 的连续性, 设

(1) $f(x) = \operatorname{sgn} x, g(x) = 1 + x^2$;

(2) $f(x) = \operatorname{sgn} x, g(x) = (1 - x^2)x$.

解 (1) $(f \circ g)(x) = \operatorname{sgn}(1 + x^2) = 1$, 显然 $f \circ g$ 在 $\mathbf{R}$ 上连续.

又 $(g \circ f)(x) = 1 + (\operatorname{sgn} x)^2 = \begin{cases} 1, & x = 0, \\ 2, & x \neq 0, \end{cases}$ 故 $x = 0$ 为 $g \circ f$ 的可去间断点, 即 $g \circ f$ 在 $(-\infty, 0) \bigcup (0, +\infty)$ 上连续.

(2) $(f \circ g)(x) = \operatorname{sgn}((1 - x^2)x) = \begin{cases} 1, & x < -1 \text{ 或 } 0 < x < 1, \\ 0, & x = 0, -1, 1, \\ -1, & -1 < x < 0 \text{ 或 } x > 1. \end{cases}$

于是

$$\lim_{x\to1^-}(f\circ g)=1,\ \lim_{x\to1^+}(f\circ g)=-1,\ \lim_{x\to0^-}(f\circ g)=-1,$$

$$\lim_{x\to0^+}(f\circ g)=1,\ \lim_{x\to(-1)^-}(f\circ g)=1,\ \lim_{x\to(-1)^+}(f\circ g)=-1.$$

故 $f\circ g$ 在 $x=-1,0,1$ 处有跳跃间断点,在其他点连续.

因为 $(g\circ f)(x)=[1-(\operatorname{sgn}x)^2]\operatorname{sgn}x=0$,所以 $g\circ f$ 处处连续.

2. 设 f,g 在点 x_0 处连续,证明:

(1) 若 $f(x_0)>g(x_0)$,则 $\exists U(x_0;\delta)$,使在领域上有 $f(x)>g(x)$;

(2) 若在某 $U^\circ(x_0)$ 上有 $f(x)>g(x)$,则 $f(x_0)\geqslant g(x_0)$.

证 (1) 令 $F(x)=f(x)-g(x)$,则 $F(x_0)=f(x_0)-g(x_0)>0$,由 f,g 在点 x_0 处连续可知,$F(x)$ 在 x_0 处也连续. 所以 $\lim\limits_{x\to x_0}F(x)=F(x_0)>\dfrac{F(x_0)}{2}>0$,根据连续函数的局部保号性,$\exists U(x_0)$,对 $\forall x\in U(x_0)$,有 $F(x)>\dfrac{F(x_0)}{2}>0$,于是,当 $x\in U(x_0)$ 时,$f(x)>g(x)$.

(2)(反证法) 若 $f(x_0)<g(x_0)$,则由(1) 知,$\exists\bigcup(x_0)$,$\forall x\in\bigcup(x_0)$,有 $f(x)<g(x)$,矛盾. 故 $f(x_0)\geqslant g(x_0)$.

3. 设 f,g 在区间 I 上连续. 记 $F(x)=\max\{f(x),g(x)\}$,$G(x)=\min\{f(x),g(x)\}$.

证明 F 和 G 也都在 I 上连续.

提示:利用第一章总练习题 1.

证 由第一章总练习题 1 可知,

$$F(x)=\frac{1}{2}[f(x)+g(x)+|f(x)-g(x)|],$$

$$G(x)=\frac{1}{2}[f(x)+g(x)-|f(x)-g(x)|].$$

再由习题 4.1 的第 4 题知 F 和 G 都在 I 上连续.

4. 设 f 为 $\mathbf{R}$ 上的连续函数,常数 $c>0$. 记

$$F(x)=\begin{cases}-c,&f(x)<-c,\\f(x),&|f(x)|\leqslant c,\\c,&f(x)>c.\end{cases}$$

证明 F 在 $\mathbf{R}$ 上连续.

提示:$F(x)=\max\{-c,\min\{c,f(x)\}\}$.

证 因为

$$f(x)<-c\Rightarrow f(x)+c<0,\quad f(x)-c<0,$$
$$|f(x)|\leqslant c\Rightarrow -c\leqslant f(x)\leqslant c\Rightarrow f(x)+c>0,\quad f(x)-c<0,$$
$$f(x)>c\Rightarrow f(x)+c>0,\quad f(x)-c>0,$$

所以

$$F(x)=\frac{|f(x)+c|-|f(x)-c|}{2}.$$

由连续函数的四则运算知 $f(x)+c,f(x)-c\in C(\mathbf{R})$,由连续函数的绝对值也连续(由连续函数定义)知 $|f(x)+c|,|f(x)-c|\in C(\mathbf{R})$,再由连续函数的四则运算知 $F(x)\in C(\mathbf{R})$.

5. 设 $f(x)=\sin x,g(x)=\begin{cases}x-\pi,&x\leqslant0,\\x+\pi,&x>0.\end{cases}$

证明:复合函数 $f\circ g$ 在 $x=0$ 处连续,但 g 在 $x=0$ 处不连续.

证 $(f\circ g)(x)=\begin{cases}\sin(x-\pi),&x\leqslant0,\\\sin(x+\pi),&x>0\end{cases}=\begin{cases}\sin(x-\pi+2\pi),&x\leqslant0,\\\sin(x+\pi),&x>0\end{cases}=\sin(x+\pi)=-\sin x,$

故 $f \circ g$ 在 $x = 0$ 处连续.

由 $\lim\limits_{x \to 0^-} g(x) = \lim\limits_{x \to 0^-}(x - \pi) = -\pi$, $\lim\limits_{x \to 0^+} g(x) = \lim\limits_{x \to 0^+}(x + \pi) = \pi$, 可知 g 在 $x = 0$ 处不连续.

6. 设 f 在 $[a, +\infty)$ 上连续, 且 $\lim\limits_{x \to +\infty} f(x)$ 存在. 证明: f 在 $[a, +\infty)$ 上有界. 又问: f 在 $[a, +\infty)$ 上必有最大值或最小值吗?

证 设 $\lim\limits_{x \to +\infty} f(x) = A$, 则对于 $\varepsilon = 1$, $\exists X > \max\{a, 0\}$, 当 $x > X$ 时, 有 $|f(x) - A| < 1$. 于是, 当 $x > X$ 时, 有 $|f(x)| < |A| + 1$. 因为 f 在 $[a, +\infty)$ 上连续, 所以 f 在闭区间 $[a, X]$ 上也连续. 根据闭区间上连续函数的有界性定理知, $\exists M_1 > 0$, 当 $x \in [a, X]$ 时, 有 $|f(x)| < M_1$. 于是, 对 $\forall x \in [a, +\infty)$, 有 $|f(x)| < \max\{M_1, |A| + 1\}$, 即 f 在 $[a, +\infty)$ 上有界.

f 在 $[a, +\infty)$ 上不一定有最大值和最小值. 例如, $f(x) = \dfrac{1}{x}$ 在 $[1, +\infty)$ 上连续, 且有 $\lim\limits_{x \to +\infty} \dfrac{1}{x} = 0$, 但 $f(x)$ 在 $[1, +\infty)$ 上无最小值; $f(x) = -\dfrac{1}{x}$ 在 $[1, +\infty)$ 上连续且 $\lim\limits_{x \to +\infty}\left(-\dfrac{1}{x}\right) = 0$, 但 $f(x)$ 在 $[1, +\infty)$ 上无最大值.

归纳总结: f 至少可以取到最大值和最小值中的一个.

7. 若对任何充分小的 $\varepsilon > 0$, f 在 $[a + \varepsilon, b - \varepsilon]$ 上连续, 能否由此推出 f 在 (a, b) 上连续?

证 能. 证法如下: $\forall x_0 \in (a, b)$, 取 $\varepsilon = \min\left\{\dfrac{b - x_0}{2}, \dfrac{x_0 - a}{2}\right\} > 0$, 则 $x_0 \in [a + \varepsilon, b - \varepsilon]$, 由题设知 $f(x)$ 在 $[a + \varepsilon, b - \varepsilon]$ 上连续, 从而在 x_0 处连续. 由 $x_0 \in (a, b)$ 的任意性知, $f(x)$ 在 (a, b) 内连续.

8. 求极限:

(1) $\lim\limits_{x \to \frac{\pi}{4}}(\pi - x)\tan x$; (2) $\lim\limits_{x \to 1^+} \dfrac{x\sqrt{1 + 2x} - \sqrt{x^2 - 1}}{x + 1}$.

解 (1) $\lim\limits_{x \to \frac{\pi}{4}}(\pi - x)\tan x = \left(\pi - \dfrac{\pi}{4}\right)\tan\dfrac{\pi}{4} = \dfrac{3}{4}\pi$.

(2) 该函数在 $x = 1$ 处为右连续, 于是

$$\lim\limits_{x \to 1^+} \dfrac{x\sqrt{1 + 2x} - \sqrt{x^2 - 1}}{x + 1} = \dfrac{1 \cdot \sqrt{1 + 2 \cdot 1} - \sqrt{1^2 - 1}}{1 + 1} = \dfrac{\sqrt{3}}{2}.$$

9. 证明: 若 f 在 $[a, b]$ 上连续, 且对任何 $x \in [a, b]$, $f(x) \neq 0$, 则 f 在 $[a, b]$ 上恒正或恒负.

证 (反证法) 若结论不真, 则必 $\exists x_1, x_2 \in [a, b]$, 不妨设 $x_1 < x_2$, 使 $f(x_1) < 0$, $f(x_2) > 0$. 因 $f(x)$ 在 $[a, b]$ 上连续, 从而 $f(x)$ 在 $[x_1, x_2]$ 上连续, 由根的存在定理知, $\exists \xi \in (x_1, x_2) \subset (a, b)$, 使 $f(\xi) = 0$, 此与题设相矛盾, 故 $f(x)$ 在 $[a, b]$ 上恒正或恒负.

10. 证明: 任一实系数奇次方程至少有一个实根.

证 设奇次方程为 $a_0 x^n + a_1 x^{n-1} + \cdots + a_{n-1} x + a_n = 0$, 其中 n 为奇数, $a_0 \neq 0$. 不妨设 $a_0 > 0$, 令 $f(x) = a_0 x^n + a_1 x^{n-1} + \cdots + a_{n-1} x + a_n$, 则

$$\lim\limits_{x \to -\infty} f(x) = \lim\limits_{x \to -\infty} x^n\left(a_0 + \dfrac{a_1}{x} + \cdots + \dfrac{a_n}{x^n}\right) = -\infty,$$

$$\lim\limits_{x \to +\infty} f(x) = \lim\limits_{x \to +\infty} x^n\left(a_0 + \dfrac{a_1}{x} + \cdots + \dfrac{a_n}{x^n}\right) = +\infty,$$

由 $\lim\limits_{x \to +\infty} f(x) = +\infty$ 知, $\exists x_1 > 0$, 使得 $f(x_1) > 0$. 由 $\lim\limits_{x \to -\infty} f(x) = -\infty$ 知, $\exists x_2 < 0$, 使得 $f(x_2) < 0$. 于是, $f(x_1)$ 与 $f(x_2)$ 异号. 由根的存在定理知, $f(x) = 0$ 在 (x_2, x_1) 内至少有一个根. 故任一实系数奇次方程至少有一个实根.

11. 试用一致连续的定义证明: 若 f, g 都在区间 I 上一致连续, 则 $f + g$ 也在 I 上一致连续.

证 因为 f, g 在区间 I 上一致连续, 所以 $\forall \varepsilon > 0$, $\exists \delta_1 > 0$, $\delta_2 > 0$, 当 $x', x'' \in I$, 且 $|x' - x''| < \delta_1$ 时,

有 $|f(x')-f(x'')|<\dfrac{\varepsilon}{2}$；当 $x',x''\in I$，且 $|x'-x''|<\delta_2$ 时，有 $|g(x')-g(x'')|<\dfrac{\varepsilon}{2}$.

取 $\delta=\min\{\delta_1,\delta_2\}$，则当 $x',x''\in I$，且 $|x'-x''|<\delta$ 时，有

$$|(f(x')+g(x'))-(f(x'')+g(x''))|=|f(x')-f(x'')+g(x')-g(x'')|$$
$$\leqslant|f(x')-f(x'')|+|g(x')-g(x'')|<\varepsilon.$$

故 $f+g$ 在 I 上一致连续.

12. 证明 $f(x)=\sqrt{x}$ 在 $[0,+\infty)$ 上一致连续.

提示：$[0,+\infty)=[0,1]\bigcup[1,+\infty)$，利用定理 4.9 和例 10 的结论.

证　**方法一**　$[0,+\infty)=[0,1]\bigcup[1,+\infty)$，

由 $f(x)=\sqrt{x}$ 在闭区间 $[0,1]$ 上连续及一致连续定理可知，$f(x)$ 在 $[0,1]$ 上一致连续.

对 $\forall x',x''\in[1,+\infty)$，有

$$|f(x')-f(x'')|=|\sqrt{x'}-\sqrt{x''}|=\frac{|x'-x''|}{\sqrt{x'}+\sqrt{x''}}\leqslant\frac{|x'-x''|}{2},$$

故 $\forall\varepsilon>0$，取 $\delta=2\varepsilon$，$\forall x',x''\in[1,+\infty)$，且 $|x'-x''|<\delta$，有 $|f(x')-f(x'')|\leqslant\dfrac{|x'-x''|}{2}<\varepsilon$. 由定义知，$f(x)$ 在 $[1,+\infty)$ 上一致连续.

综上，$f(x)=\sqrt{x}$ 在 $[0,+\infty)$ 上一致连续.

方法二　$\forall\varepsilon>0$，由于 $\forall x_1,x_2\in[0,+\infty)$，有

$$|f(x_1)-f(x_2)|=|\sqrt{x_1}-\sqrt{x_2}|\leqslant\sqrt{|x_1-x_2|},$$

取 $\delta=\varepsilon^2$，则当 $x_1,x_2\in[0,+\infty)$，且 $|x_1-x_2|<\delta$ 时，有

$$|f(x_1)-f(x_2)|=|\sqrt{x_1}-\sqrt{x_2}|<\varepsilon.$$

故 $f(x)=\sqrt{x}$ 在 $[0,+\infty)$ 上一致连续.

13. 证明：$f(x)=x^2$ 在 $[a,b]$ 上一致连续，但在 $(-\infty,+\infty)$ 上不一致连续.

证　先证 $f(x)=x^2$ 在 $[a,b]$ 上一致连续. $\forall\varepsilon>0$，由于 $\forall x_1,x_2\in[a,b]$，有

$$|f(x_1)-f(x_2)|=|x_1^2-x_2^2|=|x_1+x_2||x_1-x_2|<2(|a|+|b|)|x_1-x_2|,$$

取 $\delta=\dfrac{\varepsilon}{2(|a|+|b|)}$，则 $\forall x_1,x_2\in[a,b]$ 且 $|x_1-x_2|<\delta$，有 $|f(x_1)-f(x_2)|<\varepsilon$. 故 $f(x)=x^2$ 在 $[a,b]$ 上一致连续.

再证在 $(-\infty,+\infty)$ 上不一致连续.

取 $x_n=n+\dfrac{1}{n}$，$y_n=n$，则 $x_n,y_n\in(-\infty,+\infty)$，$\lim\limits_{n\to\infty}(x_n-y_n)=\lim\limits_{n\to\infty}\dfrac{1}{n}=0$，但 $\lim\limits_{n\to\infty}(f(x_n)-f(y_n))$

$=\lim\limits_{n\to\infty}\left[\left(n+\dfrac{1}{n}\right)^2-n^2\right]=2\neq0$，故 $f(x)$ 在 $(-\infty,+\infty)$ 上不一致连续.

14. 设函数 f 在区间 I 上满足**利普希茨(Lipschitz)**条件，即存在常数 $L>0$，使得对 I 上任意两点 x',x''，都有

$$|f(x')-f(x'')|\leqslant L|x'-x''|.$$

证明 f 在 I 上一致连续.

证　$\forall\varepsilon>0$，取 $\delta=\dfrac{\varepsilon}{L}$，则当 $x',x''\in I$ 且 $|x'-x''|<\delta$ 时，有

$$|f(x')-f(x'')|\leqslant L|x'-x''|<L\cdot\frac{\varepsilon}{L}=\varepsilon.$$

故 f 在 I 上一致连续.

15. 证明 $\sin x$ 在 $(-\infty,+\infty)$ 上一致连续.

证　$\forall\varepsilon>0$，由于 $\forall x',x''\in(-\infty,+\infty)$，有

$$| \sin x' - \sin x'' | = \left| 2\cos\frac{x'+x''}{2}\sin\frac{x'-x''}{2} \right|$$

$$\leqslant 2\left| \sin\frac{x'-x''}{2} \right| \leqslant 2 \cdot \frac{|x'-x''|}{2} = |x'-x''|.$$

取 $\delta = \varepsilon$，则 $\forall x', x'' \in (-\infty, +\infty)$，且 $|x'-x''| < \delta$，有 $|\sin x' - \sin x''| < \varepsilon$. 故 $\sin x$ 在 $(-\infty, +\infty)$ 上一致连续.

16. 设函数 f 满足第 6 题的条件. 证明 f 在 $[a, +\infty)$ 上一致连续.

证　设 $\lim\limits_{x \to +\infty} f(x) = A$，则 $\forall \varepsilon > 0, \exists X > a, \forall x', x'' \in (X, +\infty)$，有

$$| f(x') - f(x'') | < \varepsilon. \tag{①}$$

由 $f(x)$ 在 $[a, X+1]$ 上连续知，$f(x)$ 在 $[a, X+1]$ 上一致连续. 所以对上述 $\varepsilon > 0, \exists \delta_1 > 0, \forall x', x'' \in [a, X+1]$，只要 $|x'-x''| < \delta$，就有 $|f(x') - f(x'')| < \varepsilon$. 　　　　　　　　②

取 $\delta = \min\{1, \delta_1\}$，则 $\forall x', x'' \in [a, +\infty)$ 且 $|x'-x''| < \delta, x', x''$ 要么同属于 $[a, X+1]$，要么同属于 $(X, +\infty)$，从而由①②知 $|f(x') - f(x'')| < \delta$，即 $f(x)$ 在 $[a, +\infty)$ 上一致连续.

17. 设函数 f 在 $[0, 2a]$ 上连续，且 $f(0) = f(2a)$. 证明：存在点 $x_0 \in [0, a]$，使得 $f(x_0) = f(x_0 + a)$.

证　作辅助函数 $F(x) = f(x) - f(x+a), x \in [0, a]$. 由 $f(x)$ 在 $[0, 2a]$ 上连续可知 $F(x)$ 在 $[0, a]$ 上连续. $F(0) = f(0) - f(a), F(a) = f(a) - f(2a) = f(a) - f(0)$. 若 $f(0) = f(a)$，则取 $x_0 = 0$ 或 $x_0 = a$，即有 $f(x_0) = f(x_0 + a)$.

若 $f(0) \neq f(a)$，则 $F(0) \cdot F(a) < 0$. 由根的存在定理知，$\exists x_0 \in (0, a)$，使得 $F(x_0) = 0$，即 $f(x_0) = f(x_0 + a)$.

综上，$\exists x_0 \in [0, a]$，使得 $f(x_0) = f(x_0 + a)$.

18. 设 f 为 $[a, b]$ 上的增函数，其值域为 $[f(a), f(b)]$. 证明 f 在 $[a, b]$ 上连续.

证　因 f 为 $[a, b]$ 上的单调递增函数，所以 $\forall x_0 \in [a, b], f(x_0 - 0)$ 与 $f(x_0 + 0)$ 都存在（$x_0 = a$ 时，$f(a+0)$ 存在，$x_0 = b$ 时，$f(b-0)$ 存在）. 下证：当 $x_0 \in (a, b)$ 时，$f(x_0 - 0) = f(x_0) = f(x_0 + 0)$.
反证法. 若不然，不妨设 $f(x_0 - 0) \neq f(x_0)$，因 $f(x)$ 在 $[a, b]$ 上单调递增，所以 $f(x_0 - 0) < f(x_0)$，且当 $a \leqslant x < x_0$ 时，$f(x) \leqslant f(x_0 - 0)$；当 $x_0 < x \leqslant b$ 时，$f(x_0) \leqslant f(x)$.
这说明对 $\forall x \in [a, b], f(x)$ 不能取得 $(f(x_0 - 0), f(x_0))$ 内的实数. 而 $(f(x_0 - 0), f(x_0)) \subset [f(a), f(b)]$，与 $f(x)$ 的值域为 $[f(a), f(b)]$ 相矛盾. 所以 $f(x_0 - 0) = f(x_0) = f(x_0 + 0)$，即 $f(x)$ 在 x_0 处连续. 由 $x_0 \in (a, b)$ 的任意性知，$f(x)$ 在 (a, b) 内连续.
同理可证 $f(x)$ 在 $x = a, b$ 处连续. 故 $f(x)$ 在 $[a, b]$ 上连续.

19. 设 f 在 $[a, b]$ 上连续，$x_1, x_2, \cdots, x_n \in [a, b]$. 证明：存在 $\xi \in [a, b]$，使得

$$f(\xi) = \frac{1}{n}[f(x_1) + f(x_2) + \cdots + f(x_n)].$$

证　不妨设 $f(x_1), f(x_2), \cdots, f(x_n)$ 中最小者为 $f(x_1)$，最大者为 $f(x_n)$，则有

$$f(x_1) = \frac{1}{n} \cdot nf(x_1) \leqslant \frac{1}{n}[f(x_1) + f(x_2) + \cdots + f(x_n)] \leqslant \frac{1}{n} \cdot nf(x_n) = f(x_n).$$

若 $f(x_1) = \frac{1}{n}\sum\limits_{i=1}^{n} f(x_i)$ 或 $f(x_n) = \frac{1}{n}\sum\limits_{i=1}^{n} f(x_i)$，则取 $\xi = x_1$ 或 x_n 即可；

若 $f(x_1) < \frac{1}{n}\sum\limits_{i=1}^{n} f(x_i) < f(x_n)$，对 $f(x)$ 在区间 $[x_1, x_n]$（或 $[x_n, x_1]$）上应用连续函数的介值定

理，可知 $\exists \xi \in (x_1, x_n)$（或 (x_n, x_1)）使得 $f(\xi) = \frac{1}{n}\sum\limits_{i=1}^{n} f(x_i)$.

20. 证明 $f(x) = \cos\sqrt{x}$ 在 $[0, +\infty)$ 上一致连续.

提示：$[0, +\infty) = [0, 1] \cup [1, +\infty)$，在 $[1, +\infty)$ 上成立不等式

$$\left| \cos\sqrt{x'} - \cos\sqrt{x''} \right| \leqslant \left| \sqrt{x'} - \sqrt{x''} \right| \leqslant |x'-x''|.$$

证　**方法一**　$[0,+\infty)=[0,1]\bigcup[1,+\infty)$，由 $f(x)=\cos\sqrt{x}$ 在$[0,1]$上连续，根据一致连续性定理知，$f(x)$ 在$[0,1]$上一致连续.

$\forall\varepsilon>0$，由于 $\forall x',x''\in[1,+\infty)$，有

$$|f(x')-f(x'')|=\left|\cos\sqrt{x'}-\cos\sqrt{x''}\right|\leqslant\left|\sqrt{x'}-\sqrt{x''}\right|\leqslant|x'-x''|,$$

取 $\delta=\varepsilon$，$\forall x',x''\in[1,+\infty)$，且 $|x'-x''|<\delta$，便有 $|f(x')-f(x'')|<\varepsilon$. 由定义知，$f(x)$ 在$[1,+\infty)$ 上一致连续.

综上，根据本节例 12 的结论知 $f(x)=\cos\sqrt{x}$ 在$[0,+\infty)$ 上一致连续.

方法二　$\forall\varepsilon>0$，由于 $\forall x_1,x_2\in[0,+\infty)$，有

$$|f(x_1)-f(x_2)|=|\cos\sqrt{x_1}-\cos\sqrt{x_2}|=2\left|\sin\frac{\sqrt{x_1}+\sqrt{x_2}}{2}\sin\frac{\sqrt{x_1}-\sqrt{x_2}}{2}\right|$$

$$\leqslant 2\left|\sin\frac{\sqrt{x_1}-\sqrt{x_2}}{2}\right|\leqslant|\sqrt{x_1}-\sqrt{x_2}|\leqslant\sqrt{|x_1-x_2|},$$

取 $\delta=\varepsilon^2$，则当 $x_1,x_2\in[0,+\infty)$，且 $|x_1-x_2|<\delta$ 时，有 $|f(x_1)-f(x_2)|<\varepsilon$. 故 $f(x)$ 在$[0,+\infty)$ 上一致连续.

$$=\!=\!=\!=\!=\!=\!=\!=\ \text{习题 4.3 解答}\ =\!=\!=\!=\!=\!=\!=\!=$$

1. 求下列极限：

(1) $\displaystyle\lim_{x\to0}\frac{e^x\cos x+5}{1+x^2+\ln(1-x)}$;

(2) $\displaystyle\lim_{x\to+\infty}(\sqrt{x+\sqrt{x+\sqrt{x}}}-\sqrt{x})$;

(3) $\displaystyle\lim_{x\to0^+}\left(\sqrt{\frac{1}{x}+\sqrt{\frac{1}{x}+\sqrt{\frac{1}{x}}}}-\sqrt{\frac{1}{x}-\sqrt{\frac{1}{x}+\sqrt{\frac{1}{x}}}}\right)$;

(4) $\displaystyle\lim_{x\to+\infty}\frac{\sqrt{x+\sqrt{x+\sqrt{x}}}}{\sqrt{x+1}}$;

(5) $\displaystyle\lim_{x\to0}(1+\sin x)^{\cot x}$.

解　(1) $\displaystyle\lim_{x\to0}\frac{e^x\cos x+5}{1+x^2+\ln(1-x)}=\frac{e^0\cos 0+5}{1+0+\ln(1-0)}=6.$

(2) $\displaystyle\lim_{x\to+\infty}(\sqrt{x+\sqrt{x+\sqrt{x}}}-\sqrt{x})=\lim_{x\to+\infty}\frac{\sqrt{x+\sqrt{x}}}{\sqrt{x+\sqrt{x+\sqrt{x}}}+\sqrt{x}}$

$$=\lim_{x\to+\infty}\frac{\sqrt{1+\dfrac{1}{\sqrt{x}}}}{\sqrt{1+\dfrac{\sqrt{1+\dfrac{1}{\sqrt{x}}}}{\sqrt{x}}}+1}=\frac{\sqrt{1+0}}{\sqrt{1+0}+1}=\frac{1}{2}.$$

(3) $\displaystyle\lim_{x\to0^+}\left(\sqrt{\frac{1}{x}+\sqrt{\frac{1}{x}+\sqrt{\frac{1}{x}}}}-\sqrt{\frac{1}{x}-\sqrt{\frac{1}{x}+\sqrt{\frac{1}{x}}}}\right)$

$$=\lim_{x\to0^+}\frac{2\sqrt{\dfrac{1}{x}+\sqrt{\dfrac{1}{x}}}}{\sqrt{\dfrac{1}{x}+\sqrt{\dfrac{1}{x}+\sqrt{\dfrac{1}{x}}}}+\sqrt{\dfrac{1}{x}-\sqrt{\dfrac{1}{x}+\sqrt{\dfrac{1}{x}}}}}$$

$$=\lim_{x\to0^+}\frac{2\sqrt{1+\sqrt{x}}}{\sqrt{1+\sqrt{x+x\sqrt{x}}}+\sqrt{1-\sqrt{x+x\sqrt{x}}}}=\frac{2\sqrt{1+0}}{\sqrt{1+0}+\sqrt{1-0}}=1.$$

(4) $\lim\limits_{x\to+\infty}\dfrac{\sqrt{x+\sqrt{x+\sqrt{x}}}}{\sqrt{x+1}}=\lim\limits_{x\to+\infty}\dfrac{\sqrt{1+\sqrt{\dfrac{1}{x}+x^{-3/2}}}}{\sqrt{1+\dfrac{1}{x}}}=\dfrac{\sqrt{1+0}}{\sqrt{1+0}}=1.$

(5) $\lim\limits_{x\to0}(1+\sin x)^{\cot x}=\lim\limits_{x\to0}\left[(1+\sin x)^{\frac{1}{\sin x}}\right]^{\cos x}=e^1=e.$

2. 设 $\lim\limits_{n\to\infty}a_n=a>0,\lim\limits_{n\to\infty}b_n=b,$证明 $\lim\limits_{n\to\infty}(a_n)^{b_n}=a^b.$

提示：$(a_n)^{b_n}=e^{b_n\ln a_n}.$

证　因为 $\lim\limits_{n\to\infty}a_n=a>0,$所以 $\exists N,$当 $n>N$ 时，有 $a_n>0,$于是 $\lim\limits_{n\to\infty}(a_n)^{b_n}=\lim\limits_{n\to\infty}e^{b_n\ln a_n}.$又因为 $\lim\limits_{n\to\infty}b_n\ln a_n$ $=b\ln a,$所以 $\lim\limits_{n\to\infty}(a_n)^{b_n}=e^{b\ln a}=a^b.$

第四章总练习题解答

1. 设函数 f 在 (a,b) 内连续，且 $f(a+0)$ 与 $f(b-0)$ 为有限值. 证明：

(1) f 在 (a,b) 内有界；

(2) 若存在 $\xi\in(a,b),$使得 $f(\xi)\geqslant\max\{f(a+0),f(b-0)\},$则 f 在 (a,b) 内能取到最大值；

(3) f 在 (a,b) 内一致连续.

证　令 $F(x)=\begin{cases}f(x),&x\in(a,b),\\f(a+0),&x=a,\\f(b-0),&x=b.\end{cases}$

(1) 因为 f 在 (a,b) 内连续，所以 $F(x)$ 在 $[a,b]$ 上连续. 所以 $F(x)$ 在 $[a,b]$ 上有界，从而 $F(x)$ 在 (a,b) 内亦有界，即 f 在 (a,b) 内有界.

(2) 因为 $F(x)$ 在 $[a,b]$ 上连续，所以 $F(x)$ 在 $[a,b]$ 上能取到最大值.

又因为 $\exists\xi\in(a,b),$使 $f(\xi)\geqslant\max\{f(a+0),f(b-0)\},$即 $F(\xi)\geqslant\max\{f(a+0),f(b-0)\}.$

所以 $F(x)$ 在 $[a,b]$ 上的最大值可以在 (a,b) 内取得，即 $f(x)$ 在 (a,b) 内能取到最大值.

(3) 由(1)知 $F(x)$ 在 $[a,b]$ 上连续，所以 $F(x)$ 在 $[a,b]$ 上一致连续，从而在 (a,b) 内一致连续，即 $f(x)$ 在 (a,b) 内一致连续.

2. 设函数 f 在 (a,b) 内连续，且 $f(a+0)=f(b-0)=+\infty.$证明：f 在 (a,b) 内能取到最小值.

证　在 (a,b) 内任取一点 $x_0.$因为 $f(a+0)=\lim\limits_{x\to a^+}f(x)=+\infty,$取 $M=|f(x_0)|,$则 $\exists\delta_1>0,$使得当 $a<x<a+\delta_1$ 时，有

$$f(x)>|f(x_0)|\geqslant f(x_0).\tag{①}$$

同理，$\exists\delta_2>0,$使得当 $b-\delta_2<x<b$ 时，有

$$f(x)>|f(x_0)|\geqslant f(x_0).\tag{②}$$

由 f 在 (a,b) 内连续可知，f 在区间 $[a+\delta_1,b-\delta_2]$ 上连续，由闭区间连续函数的最值定理知，f 在 $[a+\delta_1,b-\delta_2]$ 上有最小值点 $\xi,$即 $\exists\xi\in[a+\delta_1,b-\delta_2],$对 $\forall x\in[a+\delta_1,b-\delta_2]$ 都有

$$f(x)\geqslant f(\xi).\tag{③}$$

由式①②③知，f 在 (a,b) 内能取得最小值.

3. 设函数 f 在区间 I 上连续，证明：

(1) 若对任何有理数 $r\in I,$有 $f(r)=0,$则在 I 上 $f(x)\equiv0;$

(2) 若对任意两个有理数 $r_1,r_2,r_1<r_2,$有 $f(r_1)<f(r_2),$则 f 在 I 上严格增.

证　(1) 设 x_0 为 I 中的任一无理数，由有理数的稠密性知，存在有理数列 $\{r_n\}\subset I,$使 $r_n\to x_0(n\to\infty).$由 f 的连续性得 $\lim\limits_{n\to\infty}f(r_n)=f(x_0),$又因为 $f(r_n)=0(n=1,2,\cdots),$所以 $f(x_0)=0.$当 $r\in I$ 为有理数时，$f(r)$ 也为0，于是，在 I 上 $f(x)\equiv0.$

(2) **方法一** 设有两个实数 $x_1, x_2 \in I$,由实数的稠密性知,存在有理数 r_1, r_2,使得 $r_1, r_2 \in I$,并且 $x_1 < r_1 < r_2 < x_2$.因为 $f(x)$ 在 I 上连续,所以 $f(x)$ 在 x_1, x_2 两点处连续.由 $r_1 < r_2$ 可知,$f(r_2) > f(r_1)$.且存在有理数列 $\{r_n^{(1)}\}, \{r_n^{(2)}\}, \{r_n^{(1)}\} \subset (x_1, r_1), \{r_n^{(2)}\} \subset (r_2, x_2)$ 且 $r_n^{(1)} \to x_1, r_n^{(2)} \to x_2 (n \to \infty)$,由 f 在 I 上的连续性及归结原则,有

$$f(x_1) = \lim_{n \to \infty} f(r_n^{(1)}) \leqslant f(r_1), \quad f(x_2) = \lim_{n \to \infty} f(r_n^{(2)}) \geqslant f(r_2),$$

由 $f(r_1) < f(r_2)$ 可知 $f(x_1) < f(x_2)$,故 $f(x)$ 在 I 上严格增加.

方法二 对 $\forall x_1, x_2 \in I, x_1 < x_2$,下证 $f(x_1) < f(x_2)$.由实数稠密性可知,存在有理数 r_1, r_2,使

$$x_1 < r_1 < r_2 < x_2.$$

且存在严格单调递减的有理数列 $\{r'_n\} \subset (x_1, r_1)$,使得 $\lim\limits_{n \to \infty} r'_n = x_1$.

存在严格单调递增的有理数列 $\{r''_n\} \subset (r_2, x_2)$,使得 $\lim\limits_{n \to \infty} r''_n = x_2$.

由 f 在区间 I 上连续可知

$$\lim_{n \to \infty} f(r'_n) = f(x_1), \lim_{n \to \infty} f(r''_n) = f(x_2).$$

又因为

$$r'_n < r_1 < r_2 < r''_n \Rightarrow f(r'_n) < f(r_1) < f(r_2) < f(r''_n).$$

令 $n \to \infty$ 可得

$$f(x_1) \leqslant f(r_1) < f(r_2) \leqslant f(x_2),$$

即 $f(x_1) < f(x_2)$,故 $f(x)$ 在 I 上严格单调递增.

4. 设 a_1, a_2, a_3 为正数,$\lambda_1 < \lambda_2 < \lambda_3$.证明:方程

$$\frac{a_1}{x - \lambda_1} + \frac{a_2}{x - \lambda_2} + \frac{a_3}{x - \lambda_3} = 0$$

在区间 (λ_1, λ_2) 与 (λ_2, λ_3) 内各有一个根.

提示:考虑 $f(x) = a_1(x - \lambda_2)(x - \lambda_3) + a_2(x - \lambda_1)(x - \lambda_3) + a_3(x - \lambda_1)(x - \lambda_2)$.

证 **方法一** 设辅助函数

$$f(x) = a_1(x - \lambda_2)(x - \lambda_3) + a_2(x - \lambda_1)(x - \lambda_3) + a_3(x - \lambda_1)(x - \lambda_2),$$

则 $f(x)$ 为连续函数.

由于 $a_1, a_2, a_3 > 0, \lambda_1 < \lambda_2 < \lambda_3$,故有

$$f(\lambda_1) = a_1(\lambda_1 - \lambda_2)(\lambda_1 - \lambda_3) > 0,$$
$$f(\lambda_2) = a_2(\lambda_2 - \lambda_1)(\lambda_2 - \lambda_3) < 0,$$
$$f(\lambda_3) = a_3(\lambda_3 - \lambda_1)(\lambda_3 - \lambda_2) > 0,$$

由根的存在定理,必 $\exists \xi_1 \in (\lambda_1, \lambda_2)$ 和 $\xi_2 \in (\lambda_2, \lambda_3)$ 使得 $f(\xi_1) = f(\xi_2) = 0$.

令 $g(x) = \dfrac{a_1}{x - \lambda_1} + \dfrac{a_2}{x - \lambda_2} + \dfrac{a_3}{x - \lambda_3} = \dfrac{f(x)}{(x - \lambda_1)(x - \lambda_2)(x - \lambda_3)}$,则

$$g(\xi_1) = \frac{f(\xi_1)}{(\xi_1 - \lambda_1)(\xi_1 - \lambda_2)(\xi_1 - \lambda_3)} = 0,$$

$$g(\xi_2) = \frac{f(\xi_2)}{(\xi_2 - \lambda_1)(\xi_2 - \lambda_2)(\xi_2 - \lambda_3)} = 0,$$

即 $g(x) = \dfrac{a_1}{x - \lambda_1} + \dfrac{a_2}{x - \lambda_2} + \dfrac{a_3}{x - \lambda_3}$ 在 (λ_1, λ_2) 与 (λ_2, λ_3) 内各有一个根.

方法二 令 $f(x) = \dfrac{a_1}{x - \lambda_1} + \dfrac{a_2}{x - \lambda_2} + \dfrac{a_3}{x - \lambda_3}$,因为 $\lim\limits_{x \to \lambda_1^+} f(x) = +\infty, \lim\limits_{x \to \lambda_2^-} f(x) = -\infty$,所以 $\exists x_1$, $x_2 \in (\lambda_1, \lambda_2)$ 且 $x_1 < x_2$,使得 $f(x_1) > 0, f(x_2) < 0$.由连续函数根的存在定理知,存在 $\xi_1 \in (x_1, x_2)$,使得 $f(\xi_1) = 0$,故方程 $f(x) = 0$ 在 (λ_1, λ_2) 内有一个根.同理可证,方程 $f(x) = 0$ 在 (λ_2, λ_3) 内也有一个根.

5. 设 f 在 $[a,b]$ 上连续，且对任何 $x \in [a,b]$，存在 $y \in [a,b]$，使得

$$|f(y)| \leqslant \frac{1}{2}|f(x)|.$$

证明：存在 $\xi \in [a,b]$，使得 $f(\xi) = 0$.

提示：函数 $|f|$ 在 $[a,b]$ 上有最小值 $m = f(\xi)$，若 $m = 0$，则已得证；若 $m > 0$，可得矛盾.

证 由 $f(x)$ 在 $[a,b]$ 上连续可知，$|f(x)| = \sqrt{f^2(x)}$ 在 $[a,b]$ 上也连续. 由连续函数的最大、最小值定理知，$|f(x)|$ 在 $[a,b]$ 上有最小值. 设这个最小值为 $m = |f(\xi)|$. 若 $m = 0$，则 $f(\xi) = 0$，命题得证. 若 $m > 0$，由题设知 $\exists \eta \in [a,b]$，使得

$$|f(\eta)| \leqslant \frac{1}{2}|f(\xi)| = \frac{1}{2}m < m.$$

这与 m 是 $|f(x)|$ 在 $[a,b]$ 上的最小值矛盾.

于是 $m = 0$，即 $\exists \xi \in [a,b]$，使得 $f(\xi) = 0$.

6. 设 f 在 $[a,b]$ 上连续，$x_1, x_2, \cdots, x_n \in [a,b]$，另有一组正数 $\lambda_1, \lambda_2, \cdots, \lambda_n$ 满足 $\lambda_1 + \lambda_2 + \cdots + \lambda_n = 1$. 证明：存在一点 $\xi \in [a,b]$，使得

$$f(\xi) = \lambda_1 f(x_1) + \lambda_2 f(x_2) + \cdots + \lambda_n f(x_n).$$

注：习题 4.2 第 19 题是本题的特例，其中 $\lambda_1 = \lambda_2 = \cdots = \lambda_n = \dfrac{1}{n}$.

证 由连续函数的最大、最小值定理知，$f(x)$ 在 $[a,b]$ 上有最小值 m 和最大值 M. 于是 $\forall x \in [a,b]$，有 $m \leqslant f(x) \leqslant M$. 由 $\lambda_1, \lambda_2, \cdots, \lambda_n > 0$ 和 $\lambda_1 + \lambda_2 + \cdots + \lambda_n = 1$ 得

$$m = (\lambda_1 + \lambda_2 + \cdots + \lambda_n)m \leqslant \lambda_1 f(x_1) + \lambda_2 f(x_2) + \cdots + \lambda_n f(x_n)$$
$$\leqslant (\lambda_1 + \lambda_2 + \cdots + \lambda_n)M = M.$$

由介值定理知，$\exists \xi \in [a,b]$，使得 $f(\xi) = \lambda_1 f(x_1) + \lambda_2 f(x_2) + \cdots + \lambda_n f(x_n)$.

7. 设 f 在 $[0, +\infty)$ 上连续，满足 $0 \leqslant f(x) \leqslant x, x \in [0, +\infty)$. 设 $a_1 \geqslant 0, a_{n+1} = f(a_n), n = 1, 2, \cdots$. 证明：

(1) $\{a_n\}$ 为收敛数列；

(2) 设 $\lim\limits_{n \to \infty} a_n = t$，则有 $f(t) = t$；

(3) 若条件改为 $0 \leqslant f(x) < x, x \in (0, +\infty)$，则 $t = 0$.

证 (1) 由 $a_{n+1} = f(a_n) \leqslant a_n$ 知，数列 $\{a_n\}$ 为单调递减数列. 由 $a_1 \geqslant 0, a_{n+1} = f(a_n) \geqslant 0$ 知，数列 $\{a_n\}$ 有界. 根据单调有界定理，$\{a_n\}$ 为收敛数列.

(2) 设 $\lim\limits_{n \to \infty} a_n = t$，由于 f 在 $[0, +\infty)$ 上连续，在 $a_{n+1} = f(a_n)$ 两边取极限，得 $\lim\limits_{n \to \infty} a_{n+1} = \lim\limits_{n \to \infty} f(a_n) = f(\lim\limits_{n \to \infty} a_n)$，因此 $f(t) = t$.

(3) 此时 (1)(2) 的结论仍成立. 因为当 $x \in (0, +\infty)$ 时，$f(x) < x$. 所以由 $f(t) = t$ 可推出 $t = 0$.

8. 设 f 在 $[0,1]$ 上连续，$f(0) = f(1)$. 证明：对任何正整数 n，$\exists \xi \in [0,1]$，使得

$$f\left(\xi + \frac{1}{n}\right) = f(\xi).$$

提示：$n = 1$ 时，取 $\xi = 0$. $n > 1$ 时，令 $F(x) = f\left(x + \dfrac{1}{n}\right) - f(x)$，则有

$$F(0) + F\left(\frac{1}{n}\right) + \cdots + F\left(\frac{n-1}{n}\right) = 0.$$

证 当 $n = 1$ 时，取 $\xi = 0$，则有 $f(\xi) = f(0) = f(1) = f\left(\xi + \dfrac{1}{n}\right)$，命题得证.

当 $n > 1$ 时，令 $F(x) = f\left(x + \dfrac{1}{n}\right) - f(x)$，则有

$$F(0) + F\left(\frac{1}{n}\right) + \cdots + F\left(\frac{n-1}{n}\right)$$
$$= \left[f\left(\frac{1}{n}\right) - f(0)\right] + \left[f\left(\frac{2}{n}\right) - f\left(\frac{1}{n}\right)\right] + \cdots + \left[f(1) - f\left(\frac{n-1}{n}\right)\right]$$
$$= -f(0) + f(1) = 0.$$

若 $F(0),F\left(\dfrac{1}{n}\right),\cdots,F\left(\dfrac{n-1}{n}\right)$ 中有一个为 0,设 $F\left(\dfrac{k}{n}\right)=0$,则令 $\xi=\dfrac{k}{n}$,有 $f\left(\xi+\dfrac{1}{n}\right)=f(\xi)$,命题得证.

若 $F(0),F\left(\dfrac{1}{n}\right),\cdots,F\left(\dfrac{n-1}{n}\right)$ 全不为 0,则必存在两点 $x_i=\dfrac{i}{n}$,$x_2=\dfrac{j}{n}$,其中 $0\leqslant i<j\leqslant n-1$,使得 $F(x_1)F(x_2)<0$. f 在 $[0,1]$ 上连续,因而 $F(x)$ 在 $[x_1,x_2]$ 上也连续. 由根的存在定理知,存在一点 $\xi\in[x_1,x_2]$,使得

$$F(\xi)=f\left(\xi+\dfrac{1}{n}\right)-f(\xi)=0.$$

故对任何正整数 n,$\exists\,\xi\in[0,1]$,使得 $f\left(\xi+\dfrac{1}{n}\right)=f(\xi)$.

9. 设 f 在 $x=0$ 处连续,且对任何 $x,y\in\mathbf{R}$,有
$$f(x+y)=f(x)+f(y).$$
证明:(1)f 在 $\mathbf{R}$ 上连续;(2)$f(x)=f(1)x$.

提示:(1) 易见 $\lim\limits_{x\to 0}f(x)=f(0)=0\Rightarrow\lim\limits_{x\to x_0}f(x)=\lim\limits_{x\to x_0}[f(x-x_0)+f(x_0)]=f(x_0)$;

(2) 对整数 $p,q(\neq 0)$ 有 $f(p)=pf(1)$,$f\left(\dfrac{1}{q}\right)=\dfrac{1}{q}f(1)\Rightarrow$ 对有理数 r 有 $f(r)=rf(1)\Rightarrow$ 结论.

证 (1) 由 $f(x+y)=f(x)+f(y)$ 可知 $f(0+0)=2f(0)$,于是 $f(0)=0$. 由 f 在 $x=0$ 处连续可得 $\lim\limits_{x\to 0}f(x)=f(0)=0$,并且对 $\forall\,x_0\in\mathbf{R}$,有
$$\lim_{x\to x_0}f(x)=\lim_{x\to x_0}[f(x-x_0)+f(x_0)]=\lim_{x\to x_0}f(x-x_0)+\lim_{x\to x_0}f(x_0)=0+f(x_0)=f(x_0),$$
故 f 在 $\mathbf{R}$ 上连续.

(2) 对整数 $p,q(\neq 0)$ 有
$$f(p)=f(1+1+\cdots+1)=f(1)+f(1)+\cdots+f(1)=pf(1),$$
$$f(1)=f\left(\dfrac{1}{q}+\dfrac{1}{q}+\cdots+\dfrac{1}{q}\right)=qf\left(\dfrac{1}{q}\right).$$

所以 $f\left(\dfrac{p}{q}\right)=f\left(\dfrac{1}{q}+\dfrac{1}{q}+\cdots+\dfrac{1}{q}\right)=pf\left(\dfrac{1}{q}\right)=\dfrac{p}{q}f(1)$.

于是对任何有理数 r 有 $f(r)=rf(1)$.

对任何无理数 α,取有理数列 $\{r_n\}$,使 $\lim\limits_{n\to\infty}r_n=\alpha$.

由 f 在 $\mathbf{R}$ 上连续,有 $f(\alpha)=\lim\limits_{n\to\infty}f(r_n)=\lim\limits_{n\to\infty}r_nf(1)=f(1)\alpha$.

故对 $\forall\,x\in\mathbf{R},f(x)=f(1)x$.

10. 设定义在 $\mathbf{R}$ 上的函数 f 在 $0,1$ 两点连续,且对任何 $x\in\mathbf{R}$,有 $f(x^2)=f(x)$. 证明 f 为常量函数.

提示:易见 f 偶,对任何 $x\in\mathbf{R}^+$,$f(x)=f(x^{\frac{1}{2n}})\to f(1)(n\to\infty)$,从而当 $x\neq 0$ 时
$$f(x)=f(1),f(0)=\lim_{x\to 0}f(x)=f(1).$$

证 由 $f(x)=f(x^2)$,得 $f(-x)=f((-x)^2)=f(x^2)=f(x)$,故 $f(x)$ 是偶函数. 因为 $f(x)=f(x^2)$,所以
$$f(\sqrt[2n]{x})=f(\sqrt[2n-1]{x})=\cdots=f(x^{\frac{1}{2}})=f(x).$$

因为 f 在 $x=1$ 处连续,所以当 $x>0$ 时,
$$f(x)=\lim_{n\to\infty}f(\sqrt[2n]{x})=f\left(\lim_{n\to\infty}\sqrt[2n]{x}\right)=f(1).$$

而当 $x<0$ 时,$f(x)=f(-x)=f(1)$,又
$$f(0)=\lim_{x\to 0}f(x)=\lim_{x\to 0}f(1)=f(1).$$

故 f 为常量函数.

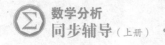

11. 设 $0 \leqslant \alpha \leqslant 1$. 证明：$f(x) = x^\alpha$ 在区间 $[0, +\infty)$ 上一致连续.

   证　当 $\alpha = 1$ 时，$f(x) = x$ 在 $[0, +\infty)$ 上显然一致连续.

   当 $\alpha = 0$ 时，结果显然成立.

   当 $0 < \alpha < 1$ 时，利用一个显然成立的不等式：$\forall x \in [0, 1]$，有

   $$(1-x)^\alpha + x^\alpha \geqslant (1-x) + x = 1,$$

   即 $1 - x^\alpha \leqslant (1-x)^\alpha$，可导出：$\forall x_1, x_2 \in [0, +\infty)$，$x_1 > x_2$，有

   $$x_1^\alpha - x_2^\alpha = x_1^\alpha \left[1 - \left(\frac{x_2}{x_1} \right)^\alpha \right] \leqslant x_1^\alpha \left(1 - \frac{x_2}{x_1} \right)^\alpha = (x_1 - x_2)^\alpha,$$

   因此，$\forall \varepsilon > 0$，取 $\delta = \varepsilon^{\frac{1}{\alpha}}$，$\forall x_1, x_2 \in [0, +\infty)$，当 $|x_1 - x_2| < \delta$ 时，有

   $$|x_1^\alpha - x_2^\alpha| < |x_1 - x_2|^\alpha < \varepsilon.$$

   因此，$f(x) = x^\alpha$ 在 $[0, +\infty)$ 上一致连续.

12. 设 $f(x)$ 是区间 $[a, b]$ 上的一个非常数的连续函数，M, m 分别是最大、最小值，证明：存在 $[\alpha, \beta] \subset [a, b]$，使得

   (1) $m < f(x) < M$，$x \in (\alpha, \beta)$；

   (2) $f(\alpha), f(\beta)$ 恰好是 $f(x)$ 在 $[a, b]$ 上的最大、最小值（最小、最大值）.

   【思路探索】　这里的 α 与 β 实际上是两个相邻的最大值点和最小值点，α 和 β 之间再没有最值点.

   证　**方法一**　因为 $f(x)$ 是 $[a, b]$ 上的一个非常数的连续函数，所以 $m < M$.

   不妨设 $\alpha_1, \beta_1 \in [a, b]$，$\alpha_1 < \beta_1$，使 $f(\alpha_1) = m$，$f(\beta_1) = M$.

   若对 $\forall x \in (\alpha_1, \beta_1)$，有 $m < f(x) < M$，则结论成立.

   否则，即 $\exists x_0 \in (\alpha_1, \beta_1)$，有 $f(x_0) = m$ 或 $f(x_0) = M$.

   当 $f(x_0) = m$ 时，取 $\alpha_2 = x_0$，$\beta_2 = \beta_1$，则有 $[\alpha_2, \beta_2] \subset [a, b]$，使得

   $$f(\alpha_2) = m, f(\beta_2) = M.$$

   当 $f(x_0) = M$ 时，取 $\alpha_2 = \alpha_1$，$\beta_2 = x_0$，则有 $[\alpha_2, \beta_2] \subset [a, b]$，使得

   $$f(\alpha_2) = m, f(\beta_2) = M.$$

   即总存在 $[\alpha_2, \beta_2]$，$f(\alpha_2) = m$，$f(\beta_2) = M$，且 $[\alpha_2, \beta_2] \subset [\alpha_1, \beta_1]$.

   重复上述过程：若对 $\forall x \in (\alpha_2, \beta_2)$，有 $m < f(x) < M$，则结论成立.

   否则，即 $\exists x_1 \in (\alpha_2, \beta_2)$，有 $f(x_1) = m$ 或 $f(x_1) = M$.

   当 $f(x_1) = m$ 时，取 $\alpha_3 = x_1$，$\beta_3 = \beta_2$，有 $[\alpha_3, \beta_3] \subset [\alpha_2, \beta_2]$，且 $f(\alpha_3) = m$，$f(\beta_3) = M$.

   当 $f(x_1) = M$ 时，取 $\alpha_3 = \alpha_2$，$\beta_3 = x_1$，有 $[\alpha_3, \beta_3] \subset [\alpha_2, \beta_2]$，且 $f(\alpha_3) = m$，$f(\beta_3) = M$.

   这样再重复上述过程，得到 $[\alpha, \beta] \subset [a, b]$，使 $m < f(x) < M$，$x \in (\alpha, \beta)$.

   此时结论成立. 或者 $\exists [\alpha_n, \beta_n] \subset [a, b]$，且 $[\alpha_{n+1}, \beta_{n+1}] \subset [\alpha_n, \beta_n]$，使

   $$f(\alpha_n) = m, f(\beta_n) = M, n = 1, 2, 3, \cdots,$$

   此时，因为 $\{\alpha_n\}$ 单调递增且有上界，$\{\beta_n\}$ 单调递减且有下界，所以 $\exists \alpha, \beta \in [a, b]$，使

   $$\lim_{n \to \infty} \alpha_n = \alpha, \lim_{n \to \infty} \beta_n = \beta, 且 \alpha_n \leqslant \alpha \leqslant \beta \leqslant \beta_n.$$

   假如 $\alpha = \beta$，由于 $f(\alpha_n) = m$，$f(\beta_n) = M$，$f(x)$ 是连续函数，可以推出

   $$\lim_{n \to \infty} f(\alpha_n) = f(\alpha) = m, \lim_{n \to \infty} f(\beta_n) = f(\beta) = M,$$

   即 $m = M$，矛盾.

   所以 $\alpha < \beta$. 并且 $\forall x \in (\alpha, \beta)$，有 $m < f(x) < M$，$f(\alpha)$ 是 $f(x)$ 在 $[a, b]$ 上的最小值，$f(\beta)$ 是 $f(x)$ 在 $[a, b]$ 上的最大值.

   方法二　因为 $f(x)$ 是 $[a, b]$ 上的一个非常数的连续函数，所以 $m < M$. 不妨设 $x_1, x_2 \in [a, b]$，x_1

$< x_2$,使 $f(x_1) = m, f(x_2) = M.$

记 $E = \{x \mid a \leqslant x \leqslant x_2, f(x) = m\}$,则 $x_1 \in E$,从而 E 非空有界,故 $\sup E$ 存在,记为 $\alpha = \sup E$. 事实上,由上确界的定义,$\exists \{x_n\} \subset E, \lim\limits_{n \to \infty} x_n = \alpha$,又 $f(x) \in C[a, b]$,从而 $\lim\limits_{n \to \infty} f(x_n) = f(\alpha)$,由 $f(x_n) = m, n \in \mathbf{N}$,所以 $f(\alpha) = m.$ 于是 $\alpha \in E, \alpha < x_2$ 且 $\forall x \in (\alpha, x_2)$ 有

$$m < f(\alpha). \tag{①}$$

记 $F = \{x \mid \alpha \leqslant x \leqslant x_2, f(x) = M\}$,则 $x_2 \in F$,从而 F 非空有界. 故 $\inf F$ 存在,记为 $\beta = \inf F$,则同理可知 $f(\beta) = M.$ 于是 $\beta \in F$ 且 $\forall x \in (\alpha, \beta)$ 有

$$f(x) < M \tag{②}$$

由 ①② 可得 $\forall x \in (\alpha, \beta)$ 有 $m < f(x) < M.$

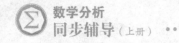
四、自测题

第四章自测题

一、判断题（每题 2 分，共 12 分）

1. 若 $|f|$ 在点 x_0 处连续，则 $f(x)$ 在 x_0 处也连续. （ ）

2. 若 $\forall \varepsilon > 0, f \in C[a+\varepsilon, b-\varepsilon]$，则 $f \in C(a,b)$. （ ）

3. 若 $f \in C(\mathbf{R})$ 且为周期函数，则 f 在 $\mathbf{R}$ 上有最大、最小值. （ ）

4. 任一实系数奇次方程至少有一个实根. （ ）

5. 若 f 在 I 上一致连续，则 f 在 I 上一定有界. （ ）

6. 若 $f \in C(a,b)$，且 $f(a+0) = f(b-0) = +\infty$，则 f 在 (a,b) 内能取得最小值. （ ）

二、叙述下列概念或定理（每题 4 分，共 16 分）

7. $f(x)$ 在点 x_0 处连续.

8. $f(x)$ 在 $[a,b]$ 上不一致连续.

9. $f(x)$ 在 (a,b) 上一致连续.

10. 一致连续性定理.

三、用定义证明（每题 5 分，共 10 分）

11. 证明：$f(x) = \begin{cases} \dfrac{x^2 - 3x - 4}{x^2 + 2x - 24}, & x \neq 4, \\ \dfrac{1}{2}, & x = 4 \end{cases}$ 在 $x = 4$ 处连续（用 $\varepsilon-\delta$ 语言证明）.

12. 证明：$f(x) = \ln x$ 在 $[1, +\infty)$ 上一致连续.

四、计算题，写出必要的计算过程（每题 7 分，共 42 分）

13. 设 $f(x) = \begin{cases} 1, & x \geqslant 0, \\ -1, & x < 0, \end{cases}$ $g(x) = \sin x$，讨论 $f[g(x)]$ 的连续性.

14. 求 $f(x) = \lim\limits_{t \to x} \left(\dfrac{\sin t}{\sin x} \right)^{\frac{x}{\sin t - \sin x}}$，指出 $f(x)$ 的间断点，并判断间断点的类型.

15. 判断函数 $f(x) = \sin^2 x$ 在 $(-\infty, +\infty)$ 上的一致连续性.

16. 设函数 $f(x)$ 在区间 I 上一致连续.

   (1) 若 I 是有限区间，问 $f(x)$ 在 I 上是否有界？

   (2) 若 I 是无限区间，问 $f(x)$ 在 I 上是否有界？

   上述问题，若对，请证明；若不对，请举反例.

17. 设函数 $f(x)$ 在 $(-\infty, +\infty)$ 上连续，$\lim\limits_{x \to -\infty} f(x)$ 和 $\lim\limits_{x \to +\infty} f(x)$ 都存在，证明：$f(x)$ 在 $(-\infty, +\infty)$ 上有界.

18. 设 $f(x) = \lim\limits_{n \to \infty} \dfrac{x^{2n-1} + ax^2 + bx}{x^{2n} + 1}$ 在 $(-\infty, +\infty)$ 上连续，求常数 a、b 的值.

五、证明题，写出必要的证明过程（每题 10 分，共 20 分）

19. 设 $f(x)$ 在 $[a, a+2\alpha]$ 上连续. 证明：$\exists x \in [a, a+\alpha]$ 使得

$$f(x+\alpha) - f(x) = \frac{1}{2} \left[f(a+2\alpha) - f(a) \right].$$

20. 用 $\varepsilon-\delta$ 语言证明：若 $y = f(u)$ 在点 u_0 处连续，$u = \varphi(x)$ 在点 x_0 处连续，且 $u_0 = \varphi(x_0)$，则 $f[\varphi(x)]$ 在点 x_0 处连续.

第四章自测题解答

一、1.× 2.√ 3.√ 4.√ 5.× 6.√

二、7.解 设函数 $f(x)$ 在某 $U(x_0)$ 上有定义.若 $\lim\limits_{x \to x_0} f(x) = f(x_0)$,则称 $f(x)$ 在点 x_0 处连续.

8.解 $\exists \varepsilon_0 > 0, \forall \delta > 0, \exists x, y \in [a,b]$,虽有 $|x-y| < \delta$,但有 $|f(x)-f(y)| \geqslant \varepsilon_0$.

9.解 $\forall \varepsilon > 0, \exists \delta > 0, \forall x, y \in (a,b)$,只要 $|x-y| < \delta$,就有 $|f(x)-f(y)| < \varepsilon$.

10.解 若函数 $f(x)$ 在闭区间 $[a,b]$ 上连续,则 $f(x)$ 在 $[a,b]$ 上一致连续.

三、11.证 $\forall \varepsilon > 0$,由于当 $|x-4| < 1$ 时,有

$$\left| \frac{x^2-3x-4}{x^2+2x-24} - \frac{1}{2} \right| = \left| \frac{x-4}{2(x+6)} \right| < \frac{1}{18}|x-4|,$$

取 $\delta = \min\{18\varepsilon, 1\}$,则当 $|x-4| < \delta$ 时,有 $\left| \frac{x^2-3x-4}{x^2+2x-24} - \frac{1}{2} \right| < \varepsilon$.

所以 $f(x)$ 在 $x = 4$ 处连续.

12.证 $\forall \varepsilon > 0$,取 $\delta = \varepsilon, \forall x', x'' \in [1, +\infty)$,只要 $|x'-x''| < \delta$,就有

$$|f(x')-f(x'')| = |\ln x' - \ln x''| = \left| \ln\left(1 + \frac{x'-x''}{x''}\right) \right| \leqslant \frac{|x'-x''|}{x''}$$
$$\leqslant |x'-x''| < \varepsilon.$$

所以 $f(x) = \ln x$ 在 $[1, +\infty)$ 上一致连续.

四、13.解 由于 $x = 0$ 为 $f(x)$ 的间断点,因此 $f[g(x)]$ 的可能间断点为 $g(x) = 0$ 的点.

当 $2k\pi \leqslant x \leqslant (2k+1)\pi$ 时,有 $\sin x \geqslant 0$;当 $(2k+1)\pi < x < (2k+2)\pi$ 时,有 $\sin x < 0$. 故

$$f[g(x)] = \begin{cases} 1, & 2k\pi \leqslant x \leqslant (2k+1)\pi, \\ -1, & (2k+1)\pi < x < (2k+2)\pi. \end{cases}$$

这样

$$\lim\limits_{x \to 2k\pi^-} f[g(x)] = -1 \neq f[g(2k\pi)] = 1;$$
$$\lim\limits_{x \to (2k+1)\pi^+} f[g(x)] = -1 \neq f[g((2k+1)\pi)] = 1.$$

所以 $f(x)$ 在 $x = k\pi(k \in \mathbf{Z})$ 点均不连续,其他点连续.

14.解 由于

$$f(x) = \lim\limits_{t \to x} \left(\frac{\sin t}{\sin x} \right)^{\frac{x}{\sin t - \sin x}} = \lim\limits_{t \to x} \left[\left(1 + \frac{\sin t - \sin x}{\sin x} \right)^{\frac{\sin x}{\sin t - \sin x}} \right]^{\frac{x}{\sin x}} = e^{\frac{x}{\sin x}},$$

$x = k\pi(k \in \mathbf{Z})$ 为 $f(x)$ 的间断点,由于

$$\lim\limits_{x \to 0} f(x) = \lim\limits_{x \to 0} e^{\frac{x}{\sin x}} = e,$$

所以 $x = 0$ 为 $f(x)$ 的可去间断点. 又当 $k \neq 0$ 时,$\lim\limits_{x \to k\pi} e^{\frac{x}{\sin x}}$ 不存在,所以 $x = k\pi(k \in \mathbf{Z}, k \neq 0)$ 为 $f(x)$ 的第二类间断点.

15.解 $\forall \varepsilon > 0$,由于对 $\forall x', x'' \in (-\infty, +\infty)$,有

$$|f(x')-f(x'')| = |\sin^2 x' - \sin^2 x''| \leqslant 2|\sin x' - \sin x''| = 2\left| 2\cos\frac{x'+x''}{2} \sin\frac{x'-x''}{2} \right|$$
$$\leqslant 2|x'-x''|,$$

取 $\delta = \frac{\varepsilon}{2}$,对 $\forall x', x'' \in (-\infty, +\infty)$,只要 $|x'-x''| < \delta$,就有 $|\sin^2 x' - \sin^2 x''| < \varepsilon$.

所以 $f(x) = \sin^2 x$ 在 $(-\infty, +\infty)$ 上一致连续.

16.解 (1) 正确.假设 $I = (a,b)$,因为 $f(x)$ 在区间 I 上一致连续,所以对 $\forall \varepsilon > 0, \exists \delta > 0$,当 x_1,

$x_2 \in (a,b)$,且 $|x_1 - x_2| < \delta$,有 $|f(x_1) - f(x_2)| < \varepsilon$. 故对 $\forall x_1, x_2 \in (a,b)$,当 $a < x_1 < a + \delta, a < x_2 < a + \delta$ 时,有 $|x_1 - x_2| < \delta$,因而有
$$|f(x_1) - f(x_2)| < \varepsilon.$$

由 Cauchy 收敛准则知,$\lim\limits_{x \to a^+} f(x)$ 存在,同理 $\lim\limits_{x \to b^-} f(x)$ 存在.

补充定义使得 $f(a) = \lim\limits_{x \to a^+} f(x), f(b) = \lim\limits_{x \to b^-} f(x)$,于是 $f(x)$ 在 $[a,b]$ 上连续,所以 $f(x)$ 在 $[a,b]$ 上有界,故 $f(x)$ 在 I 上有界.

(2) 不一定有界. 反例:$f(x) = x, I = (-\infty, +\infty)$.

17. 解　令 $\lim\limits_{x \to -\infty} f(x) = a_1, \lim\limits_{x \to +\infty} f(x) = a_2$,由极限的保号性知,$\exists A > 0$,当 $x < -A$ 时,$|f(x)| \leqslant |a_1| + 1$;当 $x > A$ 时,$|f(x)| \leqslant |a_2| + 1$. 由于 $f(x)$ 在 $[-A, A]$ 上连续,所以 $\exists M_1 > 0$,使得当 $x \in [-A, A]$ 时,有 $|f(x)| \leqslant M_1$.

取 $M = \max\{M_1, |a_1| + 1, |a_2| + 1\}$,则当 $x \in (-\infty, +\infty)$ 时,有 $|f(x)| \leqslant M$,即 $f(x)$ 在 $(-\infty, +\infty)$ 上有界.

18. 解　当 $|x| < 1$ 时,$f(x) = ax^2 + bx$;

当 $x = 1$ 时,$f(1) = \dfrac{1}{2}(1 + a + b)$;

当 $x = -1$ 时,$f(-1) = \dfrac{1}{2}(-1 + a - b)$;

当 $|x| > 1$ 时,有 $f(x) = \lim\limits_{n \to \infty} \dfrac{x^{2n-1}(1 + ax^{-2n+3} + bx^{-2n+2})}{x^{2n}(1 + x^{-2n})} = \dfrac{1}{x}$.

即
$$f(x) = \begin{cases} \dfrac{1}{x}, & x < -1, \\ \dfrac{1}{2}(-1 + a - b), & x = -1, \\ ax^2 + bx, & |x| < 1, \\ \dfrac{1}{2}(1 + a + b), & x = 1, \\ \dfrac{1}{x}, & x > 1. \end{cases}$$

$f(x)$ 在 $x = -1$ 处连续 $\Leftrightarrow -1 = \dfrac{1}{2}(-1 + a - b) = a - b$;

$f(x)$ 在 $x = 1$ 处连续 $\Leftrightarrow 1 = \dfrac{1}{2}(1 + a + b) = a + b$. 解得 $a = 0, b = 1$.

五、19. 证　令 $g(x) = f(x + \alpha) - f(x) - \dfrac{1}{2}[f(a + 2\alpha) - f(a)]$,则

$g(a) = f(a + \alpha) - \dfrac{1}{2}[f(a + 2\alpha) + f(a)], g(a + \alpha) = \dfrac{1}{2}[f(a + 2\alpha) + f(a)] - f(a + \alpha)$.

若 $g(a) = 0$,取 $x = a$ 即可;

若 $g(a + \alpha) = 0$,取 $x = a + \alpha$ 即可;

若 $g(a) \neq 0$ 且 $g(a + \alpha) \neq 0$,则 $g(a) \cdot g(a + \alpha) < 0$. 由连续函数的介值定理知结论成立.

20. 证　由条件知 $\forall \varepsilon > 0, \exists \delta_1 > 0$,当 $|u - u_0| < \delta_1$ 时,有
$$|f(u) - f(u_0)| < \varepsilon.$$

对上述 $\delta_1 > 0, \exists \delta > 0$,当 $|x - x_0| < \delta$ 时,有
$$|u - u_0| < \delta_1.$$

故有　　　　　　　$|f(\varphi(x)) - f(\varphi(x_0))| = |f(u) - f(u_0)| < \varepsilon$,

所以 $f(\varphi(x))$ 在点 x_0 处连续.

第五章 导数和微分

一、主要内容归纳

1. 导数的定义 设 $y=f(x)$ 在 $U(x_0;\delta)$ 内有定义,若极限 $\lim\limits_{x\to x_0}\dfrac{f(x)-f(x_0)}{x-x_0}$ 存在,则称函数 f 在点 x_0 处**可导**,并称该极限为函数 f 在点 x_0 处的**导数**,记作 $f'(x_0)$,$y'(x_0)$ 或 $\dfrac{\mathrm{d}y}{\mathrm{d}x}\Big|_{x=x_0}$.

若记 $x=x_0+\Delta x$,则导数又可表示为

$$f'(x_0)=\lim_{x\to x_0}\frac{f(x)-f(x_0)}{x-x_0}=\lim_{\Delta x\to 0}\frac{f(x_0+\Delta x)-f(x_0)}{\Delta x}=\lim_{\Delta x\to 0}\frac{\Delta y}{\Delta x}.$$

设 $y=f(x)$ 在 $U_+(x_0;\delta)$ 有定义,若极限 $\lim\limits_{\Delta x\to 0^+}\dfrac{\Delta y}{\Delta x}=\lim\limits_{\Delta x\to 0^+}\dfrac{f(x_0+\Delta x)-f(x_0)}{\Delta x}$ 存在,则称该极限值为 f 在点 x_0 处的**右导数**,记作 $f'_+(x_0)$.类似地,我们可定义**左导数** $f'_-(x_0)=\lim\limits_{\Delta x\to 0^-}\dfrac{f(x_0+\Delta x)-f(x_0)}{\Delta x}$.右导数和左导数统称为**单侧导数**.

函数 $f(x)$ 在 x_0 处可导的充要条件为 $f'_+(x_0)=f'_-(x_0)$.

若函数 f 在点 x_0 可导,则 f 在点 x_0 处连续.

2. 导数的几何意义 $y=f(x)$ 在点 x_0 处的导数 $f'(x_0)$ 在几何上表示曲线 $y=f(x)$ 在点 $M(x_0,f(x_0))$ 处的切线斜率.

曲线 $y=f(x)$ 在点 M 处的切线方程是 $y=f(x_0)+f'(x_0)(x-x_0)$,

曲线 $y=f(x)$ 在点 M 处的法线方程是 $y=f(x_0)-\dfrac{1}{f'(x_0)}(x-x_0)\,(f'(x_0)\neq 0)$.

3. 极值、极值点 若 f 在 $U(x_0)$ 内对 $\forall x\in U(x_0)$ 有 $f(x_0)\geqslant f(x)\,(f(x_0)\leqslant f(x))$,则称函数 f 在 x_0 处取得**极大(小)值**,称点 x_0 为**极大(小)值点**.极大值与极小值统称为**极值**,极大值点与极小值点统称为**极值点**.

4. 费马定理 设函数 $f(x)$ 在点 x_0 处的某邻域内有定义,且在点 x_0 处可导,若点 x_0 为 f 的极值点,则必有 $f'(x_0)=0$.

费马定理的几何意义:若函数 $f(x)$ 在极值点 $x=x_0$ 处可导,那么在这点的切线平行于 x 轴,称满足方程 $f'(x)=0$ 的点为**稳定点**.

5. 导数的四则运算法则 设函数 $u(x)$,$v(x)$ 在点 x 处可导,则

$(1)\,[u(x)\pm v(x)]'=u'(x)\pm v'(x)$;

(2) $[u(x)v(x)]' = u'(x)v(x) + u(x)v'(x)$;

(3) $\left[\dfrac{u(x)}{v(x)}\right]' = \dfrac{u'(x)v(x) - u(x)v'(x)}{v^2(x)}$ ($v(x) \neq 0$).

6. 基本初等函数的导数公式

(1) $(c)' = 0$ (c 为常数).

(2) $(x^\alpha)' = \alpha x^{\alpha-1}$ (α 为常数).

(3) $(a^x)' = a^x \ln a$ ($a>0, a \neq 1$), $(e^x)' = e^x$.

(4) $(\log_a x)' = \dfrac{1}{x \ln a}$ ($a>0, a \neq 1$), $(\ln x)' = \dfrac{1}{x}$.

(5) $(\sin x)' = \cos x$, $(\cos x)' = -\sin x$, $(\tan x)' = \sec^2 x$, $(\cot x)' = -\csc^2 x$,

$\quad (\sec x)' = \sec x \tan x$, $(\csc x)' = -\csc x \cot x$.

(6) $(\arcsin x)' = \dfrac{1}{\sqrt{1-x^2}}$, $(\arccos x)' = -\dfrac{1}{\sqrt{1-x^2}}$, $(\arctan x)' = \dfrac{1}{1+x^2}$,

$\quad (\text{arccot}\, x)' = -\dfrac{1}{1+x^2}$.

7. 复合函数的求导法则 设 $u = \varphi(x)$ 在点 x_0 处可导，$y = f(u)$ 在点 $u_0 = \varphi(x_0)$ 处可导，则复合函数 $f(\varphi(x))$ 在点 x_0 处可导，且 $\left[f(\varphi(x))\right]' \Big|_{x=x_0} = f'(u_0)\varphi'(x_0) = f'(\varphi(x_0))\varphi'(x_0)$.

8. 反函数的求导法则 设 $y = f(x)$ 为 $x = \varphi(y)$ 的反函数，若 $\varphi(y)$ 在点 y_0 的某邻域内连续，严格单调且 $\varphi'(y_0) \neq 0$，则 $f(x)$ 在点 $x_0 (x_0 = \varphi(y_0))$ 处可导，且 $f'(x_0) = \dfrac{1}{\varphi'(y_0)}$.

9. 参变量函数的导数 若曲线由参变量方程 $\begin{cases} x = \varphi(t), \\ y = \psi(t) \end{cases}$ ($\alpha \leqslant t \leqslant \beta$) 表示，其中 $\varphi(t)$ 和 $\psi(t)$ 可导，且 $\varphi'(t) \neq 0$，则由它所表示的函数的导数为 $\dfrac{\mathrm{d}y}{\mathrm{d}x} = \dfrac{\psi'(t)}{\varphi'(t)}$.

若曲线由极坐标方程 $r = r(\theta)$ 表示，其中 $r(\theta)$ 可导，则由它所表示的函数的导数为 $\dfrac{\mathrm{d}y}{\mathrm{d}x} = \dfrac{r'(\theta)\tan\theta + r(\theta)}{r'(\theta) - r(\theta)\tan\theta}$. 曲线 $r = r(\theta)$ 上的切线与切点向径夹角的正切为 $\tan\varphi = \dfrac{r(\theta)}{r'(\theta)}$.

10. 光滑曲线的切线方程和法线方程 设曲线 $C: \begin{cases} x = \varphi(t), \\ y = \psi(t), \end{cases}$ $\alpha \leqslant t \leqslant \beta$，其中 φ, ψ 在 $[\alpha, \beta]$ 上都存在连续导函数，且 $\varphi'^2(t) + \psi'^2(t) \neq 0$，则称 C 是**光滑曲线**. 光滑曲线上任何点都存在切线，且切线与 x 轴正向夹角 $\alpha(t)$ 是 t 的连续函数.

光滑曲线 C 在点 $(\varphi(t), \psi(t))$ 处的切线方程为 $(Y - \psi(t))\varphi'(t) - (X - \varphi(t))\psi'(t) = 0$;

法线方程为 $(Y - \psi(t))\psi'(t) + (X - \varphi(t))\varphi'(t) = 0$.

11. 函数的高阶导数的定义 若函数 $f(x)$ 的导函数 $f'(x)$ 在点 x_0 处可导，则称 $f'(x)$ 在点 x_0 的导数为 $f(x)$ 在点 x_0 处的**二阶导数**，记作 $f''(x_0)$，即 $f''(x_0) =$

$$\lim_{x \to x_0} \frac{f'(x)-f'(x_0)}{x-x_0},$$ 称 $f(x)$ 在点 x_0 处**二阶可导**. 若 $f(x)$ 在区间 I 上每一点都二阶可导,则得到一个定义在 I 上的二阶可导函数,记为 $f''(x),x \in I$.

一般地,可由 $f(x)$ 的 $n-1$ 阶导函数定义 $f(x)$ 的 n 阶导函数. 二阶及二阶以上的导数统称为**高阶导数**,$f(x)$ 的 n 阶导函数记作 $f^{(n)}(x),y^{(n)}$ 或 $\dfrac{\mathrm{d}^n y}{\mathrm{d}x^n}$.

12. 高阶求导法则　若函数 $u(x),v(x)$ 均有 n 阶导数,则

(ⅰ) $[u(x)\pm v(x)]^{(n)}=u^{(n)}(x)\pm v^{(n)}(x)$;

(ⅱ) $(u(x)v(x))^{(n)}=\sum\limits_{k=0}^{n} C_n^k u^{(k)}(x)v^{(n-k)}(x).$

13. 基本高阶导数公式

$(1)(a^x)^{(n)}=a^x\ln^n a \ (a>0,a \neq 1),\ (\mathrm{e}^x)^{(n)}=\mathrm{e}^x$;

$(2)(\sin x)^{(n)}=\sin(x+\dfrac{n\pi}{2}),\ [\sin(ax+b)]^{(n)}=a^n\sin\left(ax+b+\dfrac{n\pi}{2}\right)$;

$(3)(\cos x)^{(n)}=\cos(x+\dfrac{n\pi}{2}),\ [\cos(ax+b)]^{(n)}=a^n\cos\left(ax+b+\dfrac{n\pi}{2}\right)$;

$(4)(x^m)^{(n)}=m(m-1)\cdots(m-n+1)x^{m-n} \quad (m \geqslant n)$;

$(5)(\ln x)^{(n)}=\dfrac{(-1)^{n-1}(n-1)!}{x^n}$;

$(6)\left(\dfrac{1}{x+a}\right)^{(n)}=\dfrac{(-1)^n n!}{(x+a)^{n+1}}$;

$(7)\left(\dfrac{1}{1-x}\right)^{(n)}=\dfrac{n!}{(1-x)^{n+1}}.$

14. 参变量方程的二阶导数　设 $\varphi(t),\psi(t)$ 在 $[\alpha,\beta]$ 上二阶可导,则由参变量方程 $\begin{cases} x=\varphi(t),\\ y=\psi(t), \end{cases} t \in [\alpha,\beta]$ 所确定的函数的二阶导数为 $\dfrac{\mathrm{d}^2 y}{\mathrm{d}x^2}=\dfrac{\psi''(t)\varphi'(t)-\psi'(t)\varphi''(t)}{[\varphi'(t)]^3}.$

15. 微分的定义　函数 $y=f(x)$ 在点 x_0 处的增量如果可以表示为

$$\Delta y=f(x_0+\Delta x)-f(x_0)=A\Delta x+o(\Delta x),$$

其中 A 与 Δx 无关,则称函数 $f(x)$ 在点 x_0 处**可微**,$A\Delta x$ 称为函数 $f(x)$ 在点 x_0 处的**微分**,记作 $\mathrm{d}y$,即 $\mathrm{d}y=f'(x_0)\Delta x=f'(x_0)\mathrm{d}x.$

由可微定义知:$f(x)$ 在 x_0 处可微 $\Leftrightarrow f(x)$ 在 x_0 处可导. 若函数 $f(x)$ 在区间 I 上每一点都可微,则称 $f(x)$ 为 I 上的**可微函数**,在 I 上任一点处的微分为 $\mathrm{d}y=f'(x)\mathrm{d}x.$

16. 微分的运算法则

$(1)\mathrm{d}[u(x)\pm v(x)]=\mathrm{d}u(x)\pm\mathrm{d}v(x)$;

$(2)\mathrm{d}[u(x)v(x)]=v(x)\mathrm{d}u(x)+u(x)\mathrm{d}v(x)$;

$(3)\mathrm{d}\left(\dfrac{u(x)}{v(x)}\right)=\dfrac{v(x)\mathrm{d}u(x)-u(x)\mathrm{d}v(x)}{v^2(x)}$;

$(4)\mathrm{d}(f(g(x)))=f'(u)g'(x)\mathrm{d}x,$ 其中 $u=g(x).$

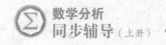

17. 一阶微分形式的不变性　　设函数 $u=\varphi(x)$ 在点 x 处可微，函数 $y=f(u)$ 在相应的点 $u=\varphi(x)$ 处可微，则复合函数 $y=f[\varphi(x)]$ 在点 x 处可微，且有

$$\mathrm{d}y=f'(\varphi(x))\varphi'(x)\mathrm{d}x=f'(u)\mathrm{d}u.$$

这表明，不论 u 是自变量还是中间变量，函数 $y=f(u)$ 的微分形式都是一样的，这个性质称为**一阶微分形式的不变性**.

18. 高阶微分　　若函数 $f(x)$ 二阶可导，则 $f(x)$ 的二阶微分为 $\mathrm{d}^2y=f''(x)\mathrm{d}x^2$.
若 $f(x)$ 是 n 阶可导的，则 $f(x)$ 的 n 阶微分为 $\mathrm{d}^ny=f^{(n)}(x)\mathrm{d}x^n$. 对 $n\geqslant2$ 的 n 阶微分统称为**高阶微分**.

19. 微分在近似计算中的应用

(1)**函数值的近似计算**　　$f(x_0+\Delta x)\approx f(x_0)+f'(x_0)\Delta x$.

(2)**误差估计**　　设量 y 由函数 $y=f(x)$ 经计算得到，x_0 是 x 的近似值，若 x_0 的误差限为 δ_x，即 $|\Delta x|=|x-x_0|\leqslant\delta_x$，$f(x_0)$ 是 $f(x)$ 的近似值，则可得到 y 的**绝对误差限**和**相对误差限**分别为

$$|\Delta y|=|f'(x_0)|\delta_x,\qquad\left|\frac{\Delta y}{f(x_0)}\right|=\left|\frac{f'(x_0)}{f(x_0)}\right|\delta_x.$$

二、 经典例题解析及解题方法总结

【例 1】　设 $f(x)$ 在点 a 处可导，求下列极限：

(1) $\lim\limits_{h\to0}\dfrac{f(a+h)-f(a-h)}{h}$；　　　　　(2) $\lim\limits_{h\to0}\dfrac{f(a+2h)-f(a)}{h}$；

(3) $\lim\limits_{x\to0}\dfrac{f(a+\alpha x)-f(a-\beta x)}{x}(\alpha\beta\neq0)$；　　(4) $\lim\limits_{n\to\infty}n\left[f(a+\dfrac{1}{n})-f(a)\right]$.

解　(1)　$\lim\limits_{h\to0}\dfrac{f(a+h)-f(a-h)}{h}=\lim\limits_{h\to0}\dfrac{f(a+h)-f(a)+f(a)-f(a-h)}{h}$

$\qquad=\lim\limits_{h\to0}\left[\dfrac{f(a+h)-f(a)}{h}+\dfrac{f(a)-f(a-h)}{h}\right]$

$\qquad=\lim\limits_{h\to0}\dfrac{f(a+h)-f(a)}{h}+\lim\limits_{h\to0}\dfrac{f(a-h)-f(a)}{-h}=2f'(a).$

(2) $\lim\limits_{h\to0}\dfrac{f(a+2h)-f(a)}{h}=2\lim\limits_{h\to0}\dfrac{f(a+2h)-f(a)}{2h}=2f'(a).$

(3) $\lim\limits_{x\to0}\dfrac{f(a+\alpha x)-f(a-\beta x)}{x}=\lim\limits_{x\to0}\dfrac{f(a+\alpha x)-f(a)+f(a)-f(a-\beta x)}{x}$

$\qquad=\lim\limits_{x\to0}\dfrac{f(a+\alpha x)-f(a)}{x}+\lim\limits_{x\to0}\dfrac{f(a)-f(a-\beta x)}{x}=(\alpha+\beta)f'(a).$

(4) $\lim\limits_{n\to\infty}n\left[f(a+\dfrac{1}{n})-f(a)\right]=\lim\limits_{n\to\infty}\dfrac{f(a+\dfrac{1}{n})-f(a)}{\dfrac{1}{n}}=f'(a).$

【例2】　讨论函数 $f(x)=|x-1|\ln(1+x^2)$ 在 $x=1$ 处的连续性与可导性.

解　因为 $\lim\limits_{x\to 1}f(x)=\lim\limits_{x\to 1}|x-1|\ln(1+x^2)=0=f(1)$，所以 $f(x)$ 在 $x=1$ 处连续.

又因为

$$\lim_{x\to 1^-}\frac{f(x)-f(1)}{x-1}=\lim_{x\to 1^-}\frac{|x-1|\ln(1+x^2)}{x-1}=\lim_{x\to 1^-}\frac{(1-x)\ln(1+x^2)}{x-1}=-\ln 2,$$

$$\lim_{x\to 1^+}\frac{f(x)-f(1)}{x-1}=\lim_{x\to 1^+}\frac{|x-1|\ln(1+x^2)}{x-1}=\lim_{x\to 1^+}\frac{(x-1)\ln(1+x^2)}{x-1}=\ln 2,$$

因此 $f(x)$ 在 $x=1$ 处不可导.

● **方法总结**

函数在一点处不可导的情况有以下几种：①函数在该点处不连续；②左右导数存在但不相等；③左右导数中至少有一个不存在；④左右导数中至少有一个是无穷大.

【例3】　设 $\varphi(x)=\begin{cases} x^2\sin\dfrac{1}{x}, & x\neq 0, \\ 0, & x=0, \end{cases}$　函数 $f(x)$ 在 $x=0$ 处可导，证明：$f([\varphi(x)])$ 在 $x=0$ 处的导数为 0.

证　$\lim\limits_{x\to 0}\dfrac{f[\varphi(x)]-f[\varphi(0)]}{x}=\lim\limits_{x\to 0}\dfrac{f\left(x^2\sin\dfrac{1}{x}\right)-f(0)}{x^2\sin\dfrac{1}{x}}\cdot x\sin\dfrac{1}{x}$

$$=\lim_{x\to 0}\frac{f\left(x^2\sin\dfrac{1}{x}\right)-f(0)}{x^2\sin\dfrac{1}{x}}\cdot\lim_{x\to 0}x\sin\frac{1}{x}$$

$$=f'(0)\cdot 0=0,$$

即 $f[\varphi(x)]$ 在 $x=0$ 处的导数为 0.

【例4】　设 $f(x)=x-[x]$，求 $f'(x)$.

解　当 $n<x<n+1$（n 为整数）时，

$$f'(x)=\lim_{\Delta x\to 0}\frac{f(x+\Delta x)-f(x)}{\Delta x}=\lim_{\Delta x\to 0}\frac{x+\Delta x-[x+\Delta x]-x+[x]}{\Delta x}=1;$$

当 x 为整数时，$f(x)$ 间断，$f'(x)$ 不存在.

【例5】　讨论下列函数的可导性：

$$f(x)=\begin{cases} x, & x \text{ 为有理数}, \\ -x, & x \text{ 为无理数}; \end{cases}\qquad g(x)=\begin{cases} x^2, & x \text{ 为有理数}, \\ -x^2, & x \text{ 为无理数}. \end{cases}$$

解　首先讨论 $f(x)$ 的可导性. 当 $x_0=0$ 时，因为

$$\frac{f(x_0+\Delta x)-f(x_0)}{\Delta x}=\begin{cases} 1, & \Delta x \text{ 为有理数}, \\ -1, & \Delta x \text{ 为无理数}, \end{cases}$$

所以 $\lim\limits_{\Delta x \to 0} \dfrac{f(x_0 + \Delta x) - f(x_0)}{\Delta x}$ 不存在,即 $f(x)$ 在点 0 处不可导.

当 $x_0 \neq 0$ 时,$f(x_0)$ 在 x_0 处不连续,于是 $f(x)$ 在点 x_0 处也不可导.

然后讨论 $g(x)$ 的可导性.

当 $x_0 = 0$ 时,$\dfrac{g(x_0 + \Delta x) - g(x_0)}{\Delta x} = \begin{cases} \Delta x, & \Delta x \text{ 为有理数}, \\ -\Delta x, & \Delta x \text{ 为无理数}, \end{cases}$ 故

$$\lim\limits_{\Delta x \to 0} \dfrac{g(x_0 + \Delta x) - g(x_0)}{\Delta x} = 0, \text{即 } g'(0) = 0;$$

当 $x_0 \neq 0$ 时,$g(x)$ 在点 x_0 处不连续,于是 $g(x)$ 在点 x_0 处不可导.

【例6】 设 $f(x)$ 定义在 $[-a, a]$ $(a > 0)$ 上,且 $|f(x)| \leqslant x^2$,证明:$f'(0) = 0$.

证 由 $|f(x)| \leqslant x^2$,可得 $f(0) = 0$. 又因为 $\left| \dfrac{f(x) - f(0)}{x} \right| \leqslant \dfrac{x^2}{|x|} = |x|$,于是 $\lim\limits_{x \to 0} \left| \dfrac{f(x) - f(0)}{x} \right| = 0$,故 $f'(0) = 0$.

【例7】 设函数 $f(x), g(x)$ 定义在 $[a, b]$ 上,$x_0 \in (a, b)$,满足 $f(x_0) = g(x_0)$,且 $f'_-(x_0) = g'_+(x_0)$,又定义 $h(x) = \begin{cases} f(x), & x \leqslant x_0, \\ g(x), & x > x_0. \end{cases}$ 证明:$h(x)$ 在点 x_0 处可导.

证 因为 $f(x_0) = g(x_0)$,故

$$h'_+(x_0) = \lim\limits_{x \to x_0^+} \dfrac{h(x) - h(x_0)}{x - x_0} = \lim\limits_{x \to x_0^+} \dfrac{g(x) - f(x_0)}{x - x_0} = \lim\limits_{x \to x_0^+} \dfrac{g(x) - g(x_0)}{x - x_0} = g'_+(x_0);$$

同理可证 $h'_-(x_0) = f'_-(x_0)$. 由 $f'_-(x_0) = g'_+(x_0)$ 可得 $h'_+(x_0) = h'_-(x_0)$,所以 $h(x)$ 在点 x_0 处可导.

【例8】 证明:若 $|f(x)|$ 在点 a 处可导,$f(x)$ 在点 a 处连续,则 $f(x)$ 在点 a 处也可导.

证 若 $f(a) \neq 0$,由连续函数的局部保号性,存在邻域 $U(a)$,使得 $f(x)$ 在 $U(a)$ 中保持定号,于是 $|f(x)|$ 在点 a 可导,即为 $f(x)$ 在点 a 处可导.

若 $f(a) = 0$,则点 a 是函数 $|f(x)|$ 的极小值点,因 $|f(x)|$ 在点 a 处可导,由费马定理有

$$|f'(a)| = 0, \quad \text{即} \lim\limits_{\Delta x \to 0} \dfrac{|f(a + \Delta x)| - |f(a)|}{\Delta x} = 0,$$

由于 $f(a) = 0$,所以 $\lim\limits_{\Delta x \to 0} \dfrac{|f(a + \Delta x) - f(a)|}{\Delta x} = 0$,于是 $f'(a) = 0$.

【例9】 设函数 $f(x)$ 在 $x_0 \in [a, b]$ 上可导,$\{\alpha_n\}$ 和 $\{\beta_n\}$ 满足 $a \leqslant \alpha_n < x_0 < \beta_n \leqslant b$,且 $\lim\limits_{n \to \infty} \alpha_n = x_0$,$\lim\limits_{n \to \infty} \beta_n = x_0$,证明:$\lim\limits_{n \to \infty} \dfrac{f(\beta_n) - f(\alpha_n)}{\beta_n - \alpha_n} = f'(x_0)$.

证 因为 $f(x)$ 在 x_0 处可导,故由归结原则知

$$f'(x_0) = \lim\limits_{x \to x_0} \dfrac{f(x) - f(x_0)}{x - x_0} = \lim\limits_{\alpha_n \to x_0} \dfrac{f(\alpha_n) - f(x_0)}{\alpha_n - x_0} = \lim\limits_{\beta_n \to x_0} \dfrac{f(\beta_n) - f(x_0)}{\beta_n - x_0},$$

又

$$\frac{f(\beta_n)-f(\alpha_n)}{\beta_n-\alpha_n}-f'(x_0)$$

$$=\frac{\beta_n-x_0}{\beta_n-\alpha_n}\left\{\frac{f(\beta_n)-f(x_0)}{\beta_n-x_0}-f'(x_0)\right\}+\frac{x_0-\alpha_n}{\beta_n-\alpha_n}\left\{\frac{f(\alpha_n)-f(x_0)}{\alpha_n-x_0}-f'(x_0)\right\},$$

且

$$\left|\frac{\beta_n-x_0}{\beta_n-\alpha_n}\right|<1, \quad \left|\frac{\alpha_n-x_0}{\beta_n-\alpha_n}\right|<1.$$

根据无穷小的性质,有 $\lim\limits_{n\to\infty}\dfrac{f(\beta_n)-f(\alpha_n)}{\beta_n-\alpha_n}=f'(x_0)$.

【例 10】 设函数 $f(x)$ 在点 x 处可导,过曲线上点 $P(x,f(x))$ 处的切线和法线与 x 轴交于点 N 和点 M,点 P 在 x 轴上的投影为点 T(图 5-1).证明:

$$|NT|=\left|\frac{f(x)}{f'(x)}\right|, \quad |TM|=|f(x)\cdot f'(x)|,$$

$$|PN|=\left|\frac{f(x)}{f'(x)}\right|\sqrt{1+f'^2(x)}, \quad |PM|=|f(x)|\sqrt{1+f'^2(x)}.$$

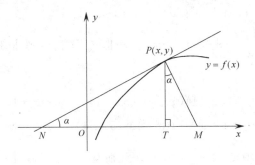

图 5-1

证 由导数的几何意义,若过点 P 的切线与 x 轴交角为 α,则 $\tan\alpha=f'(x)$. 由 $\dfrac{|PT|}{|NT|}=|\tan\alpha|$,而 $|PT|=|f(x)|$,于是 $|NT|=\dfrac{|f(x)|}{|f'(x)|}$. 由图中 $\triangle TPM$ 可见 $\dfrac{|TM|}{|PT|}=|\tan\alpha|$,即 $|TM|=|f(x)\cdot f'(x)|$.由此得到

$$|PN|=\sqrt{|NT|^2+|PT|^2}=\sqrt{\left|\frac{f(x)}{f'(x)}\right|^2+f^2(x)}=\left|\frac{f(x)}{f'(x)}\right|\sqrt{1+f'^2(x)}.$$

$$|PM|=\sqrt{|TM|^2+|PT|^2}=\sqrt{f^2(x)f'^2(x)+f^2(x)}=|f(x)|\sqrt{1+f'^2(x)}.$$

【例 11】 设 $f(x)=\dfrac{2}{\sqrt{a^2-b^2}}\arctan\left(\sqrt{\dfrac{a-b}{a+b}}\tan\dfrac{x}{2}\right)$ $(a>b\geqslant 0)$,求 $f'(x)$.

解 由复合函数求导法,得

$$f'(x)=\frac{2}{\sqrt{a^2-b^2}}\cdot\frac{1}{1+\dfrac{a-b}{a+b}\tan^2\dfrac{x}{2}}\cdot\sqrt{\frac{a-b}{a+b}}\cdot\sec^2\frac{x}{2}\cdot\frac{1}{2}$$

$$= \frac{1}{\sqrt{a^2-b^2}} \frac{a+b}{(a+b)+(a-b)\tan^2 \frac{x}{2}} \cdot \frac{\sqrt{a^2-b^2}}{a+b} \cdot \sec^2 \frac{x}{2}$$

$$= \frac{1}{(a+b)\cos^2 \frac{x}{2}+(a-b)\sin^2 \frac{x}{2}} = \frac{1}{a+b\cos x}.$$

【例 12】 求下列函数的导数：

(1) $y=|(x-1)^2(x+1)^3|$；

(2) $y= \dfrac{e^{-x^2}\arcsin e^{-x^2}}{\sqrt{1-e^{-2x^2}}}$ $(x \neq 0)$；

(3) $y=x\ln \arctan \dfrac{1}{1+x}$；

(4) $y= \dfrac{(2x+3)^4\sqrt{x-6}}{\sqrt[3]{x+1}}$；

(5) $y=x^{x^a}+x^{a^x}+a^{x^x}$ $(a>0, x>0)$；

(6) $y=(\ln x)^{e^x}$.

解 (1) $y= \begin{cases} (x-1)^2(x+1)^3, & x \geqslant -1, \\ -(x-1)^2(x+1)^3, & x<-1. \end{cases}$

$y'= \begin{cases} (x-1)(x+1)^2(5x-1), & x>-1, \\ -(x-1)(x+1)^2(5x-1), & x<-1. \end{cases}$

又 $y'_+(-1)= \lim\limits_{x \to -1^+} \dfrac{(x-1)^2(x+1)^3}{x+1} = \lim\limits_{x \to -1^+}(x-1)^2(x+1)^2=0$，同理可得 $y'_-(-1)=0$，于是 $y'(-1)=0$. 故

$$y'= \begin{cases} (x-1)(x+1)^2(5x-1), & x \geqslant -1, \\ -(x-1)(x+1)^2(5x-1), & x<-1. \end{cases}$$

(2) 令 $t=\arcsin e^{-x^2}, 0<e^{-x^2}<1, 0<t<\dfrac{\pi}{2}$，则 $\sin t=e^{-x^2}, \sqrt{1-e^{-2x^2}}=\cos t$，所以

$$y= \frac{t\sin t}{\cos t}=t\tan t, \qquad \frac{dy}{dx}=\frac{dy}{dt} \cdot \frac{dt}{dx}.$$

由于

$$\frac{dy}{dt}=\tan t+\frac{t}{\cos^2 t}=\frac{e^{-x^2}}{\sqrt{1-e^{-2x^2}}}+\frac{\arcsin e^{-x^2}}{1-e^{-2x^2}}, \qquad \frac{dt}{dx}=\frac{-2xe^{-x^2}}{\sqrt{1-e^{-2x^2}}},$$

所以 $\dfrac{dy}{dx}=-2xe^{-x^2} \Big[\dfrac{e^{-x^2}}{1-e^{-2x^2}}+\dfrac{\arcsin e^{-x^2}}{(1-e^{-2x^2})^{\frac{3}{2}}} \Big]$.

(3) $y'=\ln \arctan \dfrac{1}{1+x}+x \cdot \dfrac{1}{\arctan \dfrac{1}{1+x}} \cdot \dfrac{1}{1+\Big(\dfrac{1}{1+x}\Big)^2} \cdot \Big[-\dfrac{1}{(1+x)^2} \Big]$

$$=\ln \arctan \frac{1}{1+x}-\frac{x}{(x^2+2x+2)\arctan \dfrac{1}{1+x}}.$$

(4) 方程两边取对数得

$$\ln y = 4\ln(2x+3) + \frac{1}{2}\ln(x-6) - \frac{1}{3}\ln(x+1).$$

求导得

$$\frac{1}{y}y' = 4 \cdot \frac{2}{2x+3} + \frac{1}{2} \cdot \frac{1}{x-6} - \frac{1}{3} \cdot \frac{1}{x+1} = \frac{50x^2 - 207x - 243}{6(2x+3)(x-6)(x+1)},$$

于是

$$y' = \frac{(2x+3)^4(x-6)^{\frac{1}{2}}}{(x+1)^{\frac{1}{3}}}\left[\frac{50x^2 - 207x - 243}{6(2x+3)(x-6)(x+1)}\right]$$

$$= \frac{(2x+3)^3(50x^2 - 207x - 243)}{6(x-6)^{\frac{1}{2}}(x+1)^{\frac{4}{3}}}(x \neq 6, x \neq -1).$$

(5) $y' = x^{x^a}\left(ax^{a-1}\ln x + \frac{x^a}{x}\right) + x^{a^x}\left(a^x\ln a \cdot \ln x + \frac{a^x}{x}\right) + a^{x^x}x^x\ln a(1+\ln x)$

$$= x^{a-1}x^{x^a}(1+a\ln x) + a^x x^{a^x}\left(\frac{1}{x} + \ln a \cdot \ln x\right) + x^x a^{x^x}\ln a(1+\ln x).$$

(6) **方法一**　方程两边取对数 $\ln y = e^x\ln\ln x$，两边关于 x 求导得

$$\frac{y'}{y} = e^x\ln\ln x + e^x \cdot \frac{1}{\ln x} \cdot \frac{1}{x} = e^x\left(\ln\ln x + \frac{1}{x\ln x}\right).$$

所以 $y' = (\ln x)^{e^x} \cdot e^x\left(\ln\ln x + \frac{1}{x\ln x}\right).$

方法二　因为 $y = e^{e^x\ln\ln x}$，所以

$$y' = e^{e^x\ln\ln x}\left[e^x\ln\ln x\right]' = (\ln x)^{e^x}\left[e^x\ln\ln x + \frac{e^x}{x\ln x}\right]$$

$$= (\ln x)^{e^x} \cdot e^x\left(\ln\ln x + \frac{1}{x\ln x}\right).$$

● **方法总结**

　　求幂指函数的导数一般有两种方法：(1)对数求导法；(2)化成指数函数，再利用复合函数的求导法则来求. 如本题第(6)小题.

　　当函数的表达式是连乘积、商、幂以及形如$\left[f(x)\right]^{\varphi(x)}$的幂指函数时，用对数求导法较为方便.

【例13】　讨论函数 $f(x) = \begin{cases} \dfrac{x}{1+e^{\frac{1}{x}}}, & x \neq 0, \\ 0, & x = 0 \end{cases}$　的导数.

解　当 $x \neq 0$ 时，$f'(x) = \dfrac{1+e^{\frac{1}{x}}+\frac{1}{x}e^{\frac{1}{x}}}{(1+e^{\frac{1}{x}})^2} = \dfrac{1+(1+\frac{1}{x})e^{\frac{1}{x}}}{(1+e^{\frac{1}{x}})^2}$；

当 $x=0$ 时，$f'_+(0)=\lim\limits_{x\to 0^+}\dfrac{\frac{x}{1+\mathrm{e}^{\frac{1}{x}}}-0}{x}=\lim\limits_{x\to 0^+}\dfrac{1}{1+\mathrm{e}^{\frac{1}{x}}}=0$，$\quad f'_-(0)=\lim\limits_{x\to 0^-}\dfrac{1}{1+\mathrm{e}^{\frac{1}{x}}}=1$，

于是 f 在 $x=0$ 处不可导.

【例 14】 设曲线方程为 $\begin{cases}x=\mathrm{e}^{at}\cos^2 t, \\ y=\mathrm{e}^{at}\sin^2 t,\end{cases}$ 求 $\dfrac{\mathrm{d}y}{\mathrm{d}x}$.

解 $\dfrac{\mathrm{d}y}{\mathrm{d}t}=a\mathrm{e}^{at}\sin^2 t+2\mathrm{e}^{at}\sin t\cos t$，$\dfrac{\mathrm{d}x}{\mathrm{d}t}=a\mathrm{e}^{at}\cos^2 t-2\mathrm{e}^{at}\sin t\cos t$，于是

$$\frac{\mathrm{d}y}{\mathrm{d}x}=\frac{\dfrac{\mathrm{d}y}{\mathrm{d}t}}{\dfrac{\mathrm{d}x}{\mathrm{d}t}}=\frac{a\sin^2 t+2\sin t\cos t}{a\cos^2 t-2\sin t\cos t}=\frac{a\sin^2 t+\sin 2t}{a\cos^2 t-\sin 2t}.$$

【例 15】 设阿基米德螺线的方程为 $r=a\theta$，求 $\dfrac{\mathrm{d}y}{\mathrm{d}x}$.

解 由求导公式，得 $\dfrac{\mathrm{d}y}{\mathrm{d}x}=\dfrac{r'(\theta)\tan\theta+r(\theta)}{r'(\theta)-r(\theta)\tan\theta}=\dfrac{a\tan\theta+a\theta}{a-a\theta\tan\theta}=\dfrac{\tan\theta+\theta}{1-\theta\tan\theta}$.

【例 16】 设函数 $f(t)$ 二阶可导，$f''(t)\neq 0$，$\begin{cases}x=f'(t), \\ y=tf'(t)-f(t),\end{cases}$ 求 $\dfrac{\mathrm{d}y}{\mathrm{d}x},\dfrac{\mathrm{d}^2 y}{\mathrm{d}x^2}$.

解 $\dfrac{\mathrm{d}y}{\mathrm{d}t}=f'(t)+tf''(t)-f'(t)=tf''(t)$，$\quad\dfrac{\mathrm{d}x}{\mathrm{d}t}=f''(t)$，

$$\frac{\mathrm{d}y}{\mathrm{d}x}=\frac{\dfrac{\mathrm{d}y}{\mathrm{d}t}}{\dfrac{\mathrm{d}x}{\mathrm{d}t}}=\frac{tf''(t)}{f''(t)}=t, \quad \frac{\mathrm{d}^2 y}{\mathrm{d}x^2}=\frac{\dfrac{\mathrm{d}}{\mathrm{d}t}\left(\dfrac{\mathrm{d}y}{\mathrm{d}x}\right)}{\dfrac{\mathrm{d}x}{\mathrm{d}t}}=\frac{\dfrac{\mathrm{d}}{\mathrm{d}t}(t)}{f''(t)}=\frac{1}{f''(t)}.$$

【例 17】 已知方程 $r=\dfrac{a}{1-\cos\theta}$ 确定 y 是 x 的函数，求 $\dfrac{\mathrm{d}y}{\mathrm{d}x}$.

解 $\begin{cases}x=r\cos\theta=\dfrac{a}{1-\cos\theta}\cos\theta, \\ y=r\sin\theta=\dfrac{a}{1-\cos\theta}\sin\theta,\end{cases}$

故 $\dfrac{\mathrm{d}y}{\mathrm{d}x}=\dfrac{\dfrac{\mathrm{d}y}{\mathrm{d}\theta}}{\dfrac{\mathrm{d}x}{\mathrm{d}\theta}}=\dfrac{\dfrac{a\cos\theta(1-\cos\theta)-a\sin^2\theta}{(1-\cos\theta)^2}}{\dfrac{-a\sin\theta(1-\cos\theta)-a\cos\theta\sin\theta}{(1-\cos\theta)^2}}=\dfrac{1-\cos\theta}{\sin\theta}=\csc\theta-\cot\theta$.

● **方法总结** ··

对于极坐标方程 $r=r(\theta)$ 确定的函数求导一般有两种方法：

(1)直接由求导公式 $\dfrac{\mathrm{d}y}{\mathrm{d}x}=\dfrac{r'(\theta)\tan\theta+r(\theta)}{r'(\theta)-r(\theta)\tan\theta}$ 来求；

(2)先将极坐标方程化为参数方程，再利用参数方程求导法则来求.

三、教材习题解答

习题 5.1 解答

1. 已知直线运动方程为

$$s = 10t + 5t^2,$$

分别令 $\Delta t = 1, 0.1, 0.01$，求从 $t = 4$ 至 $t = 4 + \Delta t$ 这一段时间内运动的平均速度及 $t = 4$ 时的瞬时速度.

解　$\Delta s = s(t + \Delta t) - s(t) = 10(4 + \Delta t) + 5(4 + \Delta t)^2 - 10 \times 4 - 5 \times 4^2 = 50\Delta t + 5\Delta t^2$，

$$\bar{v} = \frac{\Delta s}{\Delta t} = \frac{50\Delta t + 5\Delta t^2}{\Delta t} = 50 + 5\Delta t,$$

令 $\Delta t = 1, 0.1, 0.01$，可求得平均速度分别为 $55, 50.5, 50.05$.

$$v(4) = \lim_{\Delta t \to 0} \frac{\Delta s}{\Delta t} = \lim_{\Delta t \to 0} (50 + 5\Delta t) = 50,$$

即 $t = 4$ 时的瞬时速度 $v = 50$.

2. 等速旋转的角速度等于旋转角与对应时间的比，试由此给出变速旋转的角速度的定义.

解　设旋转角 θ 与时间的函数关系为 $\theta = \theta(t)$，则时刻 t 到 $t + \Delta t$ 内的平均角速度为

$$\frac{\Delta \theta}{\Delta t} = \frac{\theta(t + \Delta t) - \theta(t)}{\Delta t}.$$

而时刻 t 的角速度定义为 $\lim_{\Delta t \to 0} \frac{\Delta \theta}{\Delta t} = \lim_{\Delta t \to 0} \frac{\theta(t + \Delta t) - \theta(t)}{\Delta t}$.

3. 设 $f(x_0) = 0, f'(x_0) = 4$，试求极限 $\lim_{\Delta x \to 0} \frac{f(x_0 + \Delta x)}{\Delta x}$.

解　因为 $f(x_0) = 0, f'(x_0) = 4$，所以

$$\lim_{\Delta x \to 0} \frac{f(x_0 + \Delta x)}{\Delta x} = \lim_{\Delta x \to 0} \frac{f(x_0 + \Delta x) - f(x_0)}{\Delta x} = f'(x_0) = 4.$$

4. 设 $f(x) = \begin{cases} x^2, & x \geqslant 3, \\ ax + b, & x < 3, \end{cases}$ 试确定 a, b 的值，使 f 在 $x = 3$ 处可导.

解　$f'_+(3) = \lim_{x \to 3^+} \frac{f(x) - f(3)}{x - 3} = \lim_{x \to 3^+} \frac{x^2 - 9}{x - 3} = 6$，

$f'_-(3) = \lim_{x \to 3^-} \frac{f(x) - f(3)}{x - 3} = \lim_{x \to 3^-} \frac{ax + b - 9}{x - 3}$

$= \lim_{x \to 3^-} \frac{a(x - 3) + 3a + b - 9}{x - 3} = \lim_{x \to 3^-} \left(a + \frac{3a + b - 9}{x - 3} \right)$，

$f'(3)$ 存在的充要条件是 $f'_+(3) = f'_-(3)$.

于是，$\lim_{x \to 3^-} \left(a + \frac{3a + b - 9}{x - 3} \right) = 6$，故 $a = 6, 3a + b - 9 = 0$，于是，$a = 6, b = -9$.

5. 试确定曲线 $y = \ln x$ 上哪些点的切线平行于下列直线:

(1) $y = x - 1$；　　　(2) $y = 2x - 3$.

解　曲线 $y = \ln x$ 在点 x 处的切线斜率为 $k = (\ln x)' = \frac{1}{x}$.

(1) 直线 $y = x - 1$ 的斜率为 1. 由 $\frac{1}{x} = 1$ 得 $x = 1$，故曲线 $y = \ln x$ 上点 $(1, 0)$ 处的切线平行于直线 $y = x - 1$.

(2) 直线 $y = 2x - 3$ 的斜率为 2. 由 $\frac{1}{x} = 2$ 得 $x = \frac{1}{2}$，故曲线 $y = \ln x$ 上点 $\left(\frac{1}{2}, -\ln 2 \right)$ 处的切线

平行于直线 $y = 2x - 3$.

6. 求下列曲线在指定点 P 的切线方程与法线方程：

(1) $y = \dfrac{x^2}{4}, P(2,1)$；　　　(2) $y = \cos x, P(0,1)$.

解　(1) $y' = \left(\dfrac{x^2}{4}\right)' = \dfrac{x}{2}, y'\Big|_{x=2} = 1$，故切线方程为 $y - 1 = x - 2$，即 $y = x - 1$.

法线斜率为 -1，法线方程为 $y - 1 = -(x - 2)$，即 $y = -x + 3$.

(2) $y' = -\sin x, y'\Big|_{x=0} = 0$，故切线方程为 $y = 1$，法线方程为 $x = 0$.

7. 求下列函数的导函数：

(1) $f(x) = |x|^3$；　　　(2) $f(x) = \begin{cases} x + 1, & x \geqslant 0, \\ 1, & x < 0. \end{cases}$

解　(1) $f(x) = \begin{cases} x^3, & x \geqslant 0, \\ -x^3, & x < 0, \end{cases}$

当 $x > 0$ 时，$f'(x) = 3x^2$；当 $x < 0$ 时，$f'(x) = -3x^2$；

当 $x = 0$ 时，

$$f'_+(0) = \lim_{x \to 0^+} \dfrac{x^3 - 0}{x - 0} = 0, f'_-(0) = \lim_{x \to 0^-} \dfrac{-x^3 - 0}{x - 0} = 0,$$

故 $f'(0) = 0$.

综上所述

$$f'(x) = \begin{cases} 3x^2, & x \geqslant 0, \\ -3x^2, & x < 0. \end{cases}$$

(2) 当 $x > 0$ 时，$f'(x) = 1$；当 $x < 0$ 时，$f'(x) = 0$；

当 $x = 0$ 时，

$$f'_+(0) = \lim_{x \to 0^+} \dfrac{x + 1 - 1}{x - 0} = 1, f'_-(0) = \lim_{x \to 0^-} \dfrac{1 - 1}{x - 0} = 0.$$

因 $f'_+(0) \neq f'_-(0)$，故 $f(x)$ 在 $x = 0$ 处不可导. 因此

$$f'(x) = \begin{cases} 1, & x > 0, \\ 不存在, & x = 0, \\ 0, & x < 0. \end{cases}$$

8. 设函数

$$f(x) = \begin{cases} x^m \sin \dfrac{1}{x}, & x \neq 0, \\ 0, & x = 0 \end{cases} \quad (m \text{ 为正整数}).$$

试问：(1) m 等于何值时，f 在 $x = 0$ 处连续；

(2) m 等于何值时，f 在 $x = 0$ 处可导.

解　(1) 当 $m > 0$ 时，$\lim_{x \to 0} x^m \sin \dfrac{1}{x} = 0 = f(0)$. 故当 m 为正整数时，f 在 $x = 0$ 处连续.

(2) $\lim_{x \to 0} \dfrac{f(x) - f(0)}{x - 0} = \lim_{x \to 0} \dfrac{x^m \sin \dfrac{1}{x} - 0}{x} = \lim_{x \to 0} x^{m-1} \sin \dfrac{1}{x}$，

当 $m - 1 > 0$，即 $m > 1$ 时，$\lim_{x \to 0} x^{m-1} \sin \dfrac{1}{x} = 0$；

当 $m - 1 = 0$ 时，$\lim_{x \to 0} x^{m-1} \sin \dfrac{1}{x} = \lim_{x \to 0} \sin \dfrac{1}{x}$ 不存在.

故当正整数 $m \geqslant 2$ 时，f 在 $x = 0$ 处可导.

> **归纳总结**：若不限定 m 为正整数，而是正实数，会怎么样呢？

9. 求下列函数的稳定点：

    (1) $f(x) = \sin x - \cos x$;   (2) $f(x) = x - \ln x$.

解   (1) $f'(x) = \cos x + \sin x = \sqrt{2}\sin\left(x + \dfrac{\pi}{4}\right)$.

    由 $f'(x) = 0$ 得 $\sin\left(x + \dfrac{\pi}{4}\right) = 0$，解得 $x = k\pi - \dfrac{\pi}{4}, k \in \mathbf{Z}$.

    故 $f(x) = \sin x - \cos x$ 的稳定点是 $x = k\pi - \dfrac{\pi}{4}, k \in \mathbf{Z}$.

    (2) $f'(x) = 1 - \dfrac{1}{x}$，由 $f'(x) = 0$ 得 $x = 1$. 故 $f(x)$ 的稳定点是 $x = 1$.

10. 设函数 f 在点 x_0 处存在左、右导数，试证 f 在点 x_0 处连续.

   证   因为 f 在点 x_0 处的左、右导数 $f'_-(x_0)$，$f'_+(x_0)$ 都存在，所以

$$\lim_{x \to x_0^+}(f(x) - f(x_0)) = \lim_{x \to x_0^+}\frac{f(x) - f(x_0)}{x - x_0} \cdot (x - x_0) = f'_+(x_0) \cdot 0 = 0,$$

   所以 $f(x)$ 在点 x_0 处右连续.

   同理 $f(x)$ 在点 x_0 处左连续. 故 $f(x)$ 在点 x_0 处连续.

> **归纳总结**：遇到由可导条件证明连续的题目，如本题，可以遵循左可导 $\Rightarrow$ 左连续，右可导 $\Rightarrow$ 右连续，左、右可导 $\Rightarrow$ 连续. 注意，这里不要求左、右导数相等（即可导）.

11. 设 $g(0) = g'(0) = 0$，$f(x) = \begin{cases} g(x)\sin\dfrac{1}{x}, & x \neq 0, \\ 0, & x = 0, \end{cases}$ 求 $f'(0)$.

   解 $f'(0) = \lim\limits_{x \to 0}\dfrac{f(x) - f(0)}{x - 0} = \lim\limits_{x \to 0}\dfrac{g(x)\sin\dfrac{1}{x}}{x} = \lim\limits_{x \to 0}\sin\dfrac{1}{x} \cdot \dfrac{g(x)}{x}$，

   因为 $\left|\sin\dfrac{1}{x}\right| \leqslant 1$，$\lim\limits_{x \to 0}\dfrac{g(x)}{x} = \lim\limits_{x \to 0}\dfrac{g(x) - g(0)}{x - 0} = g'(0) = 0$，根据无穷小量与有界变量的乘积仍是

   无穷小量知 $f'(0) = 0$.

12. 设 f 是定义在 $\mathbf{R}$ 上的函数，且对任何 $x_1, x_2 \in \mathbf{R}$，都有

$$f(x_1 + x_2) = f(x_1) \cdot f(x_2).$$

   若 $f'(0) = 1$，证明对任何 $x \in \mathbf{R}$，都有 $f'(x) = f(x)$.

   证   由 $f(x_1 + x_2) = f(x_1)f(x_2)$ 得

$$f(x) = f(x + 0) = f(x)f(0),$$

   即 $f(x)[1 - f(0)] = 0$，于是 $f(0) = 1$ 或者 $f(x) = 0$.

   若 $f(x) \equiv 0$，则 $f'(x) \equiv 0$，这与题设 $f'(0) = 1$ 矛盾，所以 $f(0) = 1$.

   对 $\forall x \in \mathbf{R}$，有

$$\begin{aligned}
f'(x) &= \lim_{\Delta x \to 0}\frac{f(x + \Delta x) - f(x)}{\Delta x} = \lim_{\Delta x \to 0}\frac{f(x)f(\Delta x) - f(x)}{\Delta x} \\
&= \lim_{\Delta x \to 0}\frac{f(x)[f(\Delta x) - 1]}{\Delta x} = f(x)\lim_{\Delta x \to 0}\frac{f(\Delta x) - f(0)}{\Delta x} \\
&= f(x)f'(0) = f(x).
\end{aligned}$$

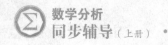

13. 证明:若 $f'(x_0)$ 存在,则 $\lim\limits_{\Delta x \to 0} \dfrac{f(x_0 + \Delta x) - f(x_0 - \Delta x)}{\Delta x} = 2f'(x_0)$.

证　　$\lim\limits_{\Delta x \to 0} \dfrac{f(x_0 + \Delta x) - f(x_0 - \Delta x)}{\Delta x}$

$$= \lim\limits_{\Delta x \to 0} \dfrac{f(x_0 + \Delta x) - f(x_0) + f(x_0) - f(x_0 - \Delta x)}{\Delta x}$$

$$= \lim\limits_{\Delta x \to 0} \dfrac{f(x_0 + \Delta x) - f(x_0)}{\Delta x} + \lim\limits_{\Delta x \to 0} \dfrac{f(x_0 - \Delta x) - f(x_0)}{-\Delta x}$$

$$= f'(x_0) + f'(x_0) = 2f'(x_0).$$

14. 证明:若函数 f 在 $[a,b]$ 上连续,且 $f(a) = f(b) = K$, $f'_+(a)f'_-(b) > 0$,则至少有一点 $\xi \in (a,b)$,使 $f(\xi) = K$.

证　**方法一**　用反证法.如果在 (a,b) 内不存在 ξ,使 $f(\xi) = K$,则当 $x \in (a,b)$ 时, $f(x) > K$(或 $f(x) < K$)总成立.否则,若存在 $x_1, x_2 \in (a,b)$,使得 $f(x_1) > K$, $f(x_2) < K$.根据连续函数的介值定理,存在 $\xi \in (a,b)$,使得 $f(\xi) = K$.这与假设矛盾.

不妨设当 $x \in (a,b)$ 时, $f(x) > K$.再由 $f(a) = f(b) = K$ 可得

$$f'_+(a) = \lim\limits_{x \to a^+} \dfrac{f(x) - f(a)}{x - a} = \lim\limits_{x \to a^+} \dfrac{f(x) - K}{x - a} \geqslant 0,$$

$$f'_-(b) = \lim\limits_{x \to b^-} \dfrac{f(x) - f(b)}{x - b} = -\lim\limits_{x \to b^-} \dfrac{f(x) - K}{b - x} \leqslant 0,$$

故 $f'_+(a)f'_-(b) \leqslant 0$.这与题设 $f'_+(a)f'_-(b) > 0$ 矛盾.故在 (a,b) 内至少存在一点 ξ,使 $f(\xi) = K$.

方法二　令 $F(x) = f(x) - k$, $x \in [a,b]$,则 $F(x)$ 在 $[a,b]$ 上连续, $F(a) = F(b) = 0$,
$F'_+(a)F'_-(b) = f'_+(a)f'_-(b) > 0$.下证 $\exists \xi \in (a,b)$,使 $F(\xi) = 0$.
不妨设 $F'_+(a) > 0$, $F'_-(b) > 0$.

由 $F'_+(a) = \lim\limits_{x \to a^+} \dfrac{F(x) - F(a)}{x - a} = \lim\limits_{x \to a^+} \dfrac{F(x)}{x - a} > 0$,则 $\exists \delta_1 > 0 \left(\delta_1 < \dfrac{b-a}{2}\right)$,当 $x \in (a, a + \delta_1)$ 时,

有 $F(x) > 0$.特别地有 $F\left(a + \dfrac{\delta_1}{2}\right) > 0$.

由 $F'_-(b) = \lim\limits_{x \to b^-} \dfrac{F(x) - F(b)}{x - b} = \lim\limits_{x \to b^-} \dfrac{F(x)}{x - b} > 0$,则 $\exists \delta_2 > 0 \left(\delta_2 < \dfrac{b-a}{2}\right)$,当 $x \in (b - \delta_2, b)$ 时,

有 $F(x) < 0$.特别地有 $F\left(b - \dfrac{\delta_2}{2}\right) < 0$.

由根的存在定理知, $\exists \xi \in \left(a + \dfrac{\delta_1}{2}, b - \dfrac{\delta_2}{2}\right) \subset (a,b)$,使 $F(\xi) = 0$,即 $f(\xi) = K$.

15. 设有一吊桥,其铁链成抛物线形,两端系于相距100m高度相同的支柱上,铁链之最低点在悬点下10m处,求铁链与支柱所成之角.

解　建立如图5-2所示的坐标系,则悬点 A, B 的坐标分别为 $(50,10)$ 和 $(-50,10)$.由此得铁链的方程为 $y = \dfrac{x^2}{250}$.于是 $y' = \dfrac{x}{125}$.

$k = y'\big|_{x=50} = \dfrac{2}{5}$,铁链与支柱所成之角 $\theta = \dfrac{\pi}{2} - \arctan\dfrac{2}{5}$.

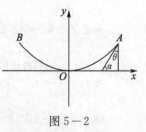

图 5-2

16. 在曲线 $y = x^3$ 上取一点 P,过 P 的切线与该曲线交于 Q,证明:曲线在 Q 处的切线斜率正好是 P 处切线斜率的四倍.

解　设点 P 坐标为 (x_0, x_0^3).由 $y' = 3x^2$ 得该曲线过点 P 的切线斜率 $k_1 = 3x_0^2$,切线方程为 $y - x_0^3 = 3x_0^2(x - x_0)$,即 $y = 3x_0^2 x - 2x_0^3$.由方程组 $y = x^3$, $y = 3x_0^2 x - 2x_0^3$ 解出切线与曲线的交点为 $Q(-2x_0, -8x_0^3)$.曲线 $y = x^3$ 在 Q 点的切线斜率 $k_2 = y'\big|_{x=-2x_0} = 3x^2\big|_{x=-2x_0} = 12x_0^2$.因此, $k_2 = 4k_1$,即曲线在 Q 处的切线斜率正好是 P 处切线斜率的四倍.

17. 设 $f(x) = x^n + a_1 x^{n-1} + \cdots + a_n$ 的最大零点为 x_0. 证明：$f'(x_0) \geqslant 0$.

【思路探索】 关键是弄清 x_0 是 $f(x)$ 的最大零点的含义.

证 因为 x_0 是 $f(x)$ 的最大零点，所以 $f(x)$ 在 $(x_0, +\infty)$ 上恒正或恒负，即当 $x \in (x_0, +\infty)$ 时，$f(x)$ 与 $\lim\limits_{x \to +\infty} f(x)$ 的符号一致.

又因为 $\lim\limits_{x \to +\infty} f(x) = +\infty$，所以 $\forall x \in (x_0, +\infty)$ 时，$f(x) > 0$.

因此 $f'(x_0) = f'_+(x_0) = \lim\limits_{x \to x_0^+} \dfrac{f(x) - f(x_0)}{x - x_0} = \lim\limits_{x \to x_0^+} \dfrac{f(x)}{x - x_0} \geqslant 0$.

▨▨▨▨ 习题 5.2 解答 ▨▨▨▨

1. 求下列函数在指定点的导数：

(1) 设 $f(x) = 3x^4 + 2x^3 + 5$，求 $f'(0), f'(1)$；

(2) 设 $f(x) = \dfrac{x}{\cos x}$，求 $f'(0), f'(\pi)$；

(3) 设 $f(x) = \sqrt{1 + \sqrt{x}}$，求 $f'(0), f'(1), f'(4)$.

解 (1) $f'(x) = 12x^3 + 6x^2$，$f'(0) = 0$，$f'(\pi) = 18$.

(2) $f'(x) = \dfrac{\cos x - x \cdot (-\sin x)}{\cos^2 x} = \dfrac{\cos x + x \sin x}{\cos^2 x}$，$f'(0) = 1$，$f'(\pi) = -1$.

(3) 当 $x > 0$ 时，$f'(x) = \dfrac{1}{2}(1 + \sqrt{x})^{-\frac{1}{2}} \cdot \dfrac{1}{2} \cdot x^{-\frac{1}{2}} = \dfrac{1}{4\sqrt{x}\sqrt{1 + \sqrt{x}}}$.

故 $f'(1) = \dfrac{\sqrt{2}}{8}$，$f'(4) = \dfrac{\sqrt{3}}{24}$.

$x = 0$ 为 $f(x)$ 的定义域的端点，所以在 $x = 0$ 处只能讨论单侧导数.

$$f'_+(0) = \lim_{x \to 0^+} \frac{\sqrt{1 + \sqrt{x}} - \sqrt{1}}{x - 0} = \lim_{x \to 0^+} \frac{1}{\sqrt{x}(\sqrt{1 + \sqrt{x}} + 1)} = +\infty,$$

所以 $f'_+(0)$ 不存在.

2. 求下列函数的导数：

(1) $y = 3x^2 + 2$；

(2) $y = \dfrac{1 - x^2}{1 + x + x^2}$；

(3) $y = x^n + nx$；

(4) $y = \dfrac{x}{m} + \dfrac{m}{x} + 2\sqrt{x} + \dfrac{2}{\sqrt{x}}$；

(5) $y = x^3 \log_3 x$；

(6) $y = e^x \cos x$；

(7) $y = (x^2 + 1)(3x - 1)(1 - x^3)$；

(8) $y = \dfrac{\tan x}{x}$；

(9) $y = \dfrac{x}{1 - \cos x}$；

(10) $y = \dfrac{1 + \ln x}{1 - \ln x}$；

(11) $y = (\sqrt{x} + 1)\arctan x$；

(12) $y = \dfrac{1 + x^2}{\sin x + \cos x}$.

解 (1) $y' = 6x$.

(2) $y' = \dfrac{(-2x)(1 + x + x^2) - (1 - x^2)(1 + 2x)}{(1 + x + x^2)^2} = -\dfrac{1 + 4x + x^2}{(1 + x + x^2)^2}$.

(3) $y' = nx^{n-1} + n$.

(4) $y' = \dfrac{1}{m} - \dfrac{m}{x^2} + 2 \times \dfrac{1}{2} \cdot \dfrac{1}{\sqrt{x}} + 2 \times \left(-\dfrac{1}{2}\right) \cdot \dfrac{1}{x\sqrt{x}} = \dfrac{1}{m} - \dfrac{m}{x^2} + \dfrac{1}{\sqrt{x}} - \dfrac{1}{x\sqrt{x}}$.

(5)$y' = 3x^2 \log_3 x + x^3 \dfrac{1}{x\ln 3} = 3x^2 \log_3 x + \dfrac{x^2}{\ln 3}$.

(6)$y' = e^x \cos x - e^x \sin x = e^x(\cos x - \sin x)$.

(7)$y' = (x^2+1)'(3x-1)(1-x^3) + (x^2+1)(3x-1)'(1-x^3) + (x^2+1)(3x-1)(1-x^3)'$

$= 2x(3x-1)(1-x^3) + (x^2+1) \cdot 3(1-x^3) + (x^2+1)(3x-1)(-3x^2)$

$= -18x^5 + 5x^4 - 12x^3 + 12x^2 - 2x + 3$.

(8)$y' = \dfrac{(\tan x)' \cdot x - \tan x \cdot x'}{x^2} = \dfrac{x\sec^2 x - \tan x}{x^2}$.

(9)$y' = \dfrac{x'(1-\cos x) - x(1-\cos x)'}{(1-\cos x)^2} = \dfrac{1-\cos x - x\sin x}{(1-\cos x)^2}$.

(10)$y' = \dfrac{(1+\ln x)'(1-\ln x) - (1+\ln x)(1-\ln x)'}{(1-\ln x)^2} = \dfrac{\dfrac{1}{x}(1-\ln x) + \dfrac{1}{x}(1+\ln x)}{(1-\ln x)^2}$

$= \dfrac{2}{x(1-\ln x)^2}$.

(11)$y' = (\sqrt{x}+1)'\arctan x + (\sqrt{x}+1)(\arctan x)' = \dfrac{\arctan x}{2\sqrt{x}} + \dfrac{\sqrt{x}+1}{1+x^2}$.

(12)$y' = \dfrac{(1+x^2)'(\sin x + \cos x) - (1+x^2)(\sin x + \cos x)'}{(\sin x + \cos x)^2}$

$= \dfrac{2x(\sin x + \cos x) - (1+x^2)(\cos x - \sin x)}{(\sin x + \cos x)^2}$.

3. 求下列函数的导函数：

(1)$y = x\sqrt{1-x^2}$;

(2)$y = (x^2-1)^3$;

(3)$y = \left(\dfrac{1+x^2}{1-x}\right)^3$;

(4)$y = \ln(\ln x)$;

(5)$y = \ln(\sin x)$;

(6)$y = \lg(x^2+x+1)$;

(7)$y = \ln(x+\sqrt{1+x^2})$;

(8)$y = \ln \dfrac{\sqrt{1+x} - \sqrt{1-x}}{\sqrt{1+x} + \sqrt{1-x}}$;

(9)$y = (\sin x + \cos x)^3$;

(10)$y = \cos^3 4x$;

(11)$y = \sin\sqrt{1+x^2}$;

(12)$y = (\sin x^2)^3$;

(13)$y = \arcsin\dfrac{1}{x}$;

(14)$y = (\arctan x^3)^2$;

(15)$y = \operatorname{arccot}\dfrac{1+x}{1-x}$;

(16)$y = \arcsin(\sin^2 x)$;

(17)$y = e^{x+1}$;

(18)$y = 2^{\sin x}$;

(19)$y = x^{\sin x}$;

(20)$y = x^{x^x}$;

(21)$y = e^{-x}\sin 2x$;

(22)$y = \sqrt{x+\sqrt{x+\sqrt{x}}}$;

(23)$y = \sin(\sin(\sin x))$;

(24)$y = \sin\left(\dfrac{x}{\sin\left(\dfrac{x}{\sin x}\right)}\right)$;

(25)$y = (x-a_1)^{a_1}(x-a_2)^{a_2}\cdots(x-a_n)^{a_n}$;

(26)$y = \dfrac{1}{\sqrt{a^2-b^2}}\arcsin\dfrac{a\sin x + b}{a+b\sin x}$.

解　(1)$y' = 1 \cdot \sqrt{1-x^2} + x(\sqrt{1-x^2})' = \sqrt{1-x^2} + x \cdot \dfrac{1}{2\sqrt{1-x^2}} \cdot (1-x^2)'$

$= \sqrt{1-x^2} + \dfrac{x}{2\sqrt{1-x^2}} \cdot (-2x) = \dfrac{(1-x^2)-x^2}{\sqrt{1-x^2}} = \dfrac{1-2x^2}{\sqrt{1-x^2}}$.

$(2)y' = 3(x^2-1)^2(x^2-1)' = 3(x^2-1)^2 \cdot 2x = 6x(x^2-1)^2.$

$(3)y' = 3\left(\dfrac{1+x^2}{1-x}\right)^2\left(\dfrac{1+x^2}{1-x}\right)' = 3\left(\dfrac{1+x^2}{1-x}\right)^2\dfrac{2x(1-x)-(-1)(1+x^2)}{(1-x)^2}$

$\qquad = 3\left(\dfrac{1+x^2}{1-x}\right)^2\dfrac{1+2x-x^2}{(1-x)^2} = \dfrac{3(1+x^2)^2(1+2x-x^2)}{(1-x)^4}$

$(4)y' = \dfrac{1}{\ln x}(\ln x)' = \dfrac{1}{x\ln x}.$

$(5)y' = \dfrac{1}{\sin x}(\sin x)' = \dfrac{\cos x}{\sin x} = \cot x.$

$(6)y' = \dfrac{1}{\ln 10}\dfrac{1}{x^2+x+1}(x^2+x+1)' = \dfrac{2x+1}{\ln 10 \cdot (x^2+x+1)}.$

$(7)y' = \dfrac{(x+\sqrt{1+x^2}\,)'}{x+\sqrt{1+x^2}} = \dfrac{1}{x+\sqrt{1+x^2}}\left(1+\dfrac{2x}{2\sqrt{1+x^2}}\right)$

$\qquad = \dfrac{1}{x+\sqrt{1+x^2}} \cdot \dfrac{\sqrt{1+x^2}+x}{\sqrt{1+x^2}} = \dfrac{1}{\sqrt{1+x^2}}.$

$(8)y = \ln\dfrac{\sqrt{1+x}-\sqrt{1-x}}{\sqrt{1+x}+\sqrt{1-x}} = \ln\dfrac{(\sqrt{1+x}-\sqrt{1-x}\,)^2}{(\sqrt{1+x}+\sqrt{1-x}\,)(\sqrt{1+x}-\sqrt{1-x}\,)}$

$\qquad\qquad = \ln\dfrac{(1+x)+(1-x)-2\sqrt{1-x^2}}{(1+x)-(1-x)}$

$\qquad\qquad = \ln\dfrac{1-\sqrt{1-x^2}}{x}$

$\qquad\qquad = \ln(1-\sqrt{1-x^2}\,)-\ln x,$

故 $y' = \dfrac{1}{1-\sqrt{1-x^2}} \cdot \dfrac{x}{\sqrt{1-x^2}} - \dfrac{1}{x} = \dfrac{1}{x\sqrt{1-x^2}}.$

$(9)y' = 3(\sin x+\cos x)^2(\cos x-\sin x) = 3\cos 2x(\cos x+\sin x).$

$(10)y' = 3\cos^2 4x \cdot (-\sin 4x) \cdot 4 = -12\cos^2 4x\sin 4x = -6\cos 4x\sin 8x.$

$(11)y' = \cos\sqrt{1+x^2} \cdot \dfrac{1}{2\sqrt{1+x^2}} \cdot 2x = \dfrac{x\cos\sqrt{1+x^2}}{\sqrt{1+x^2}}.$

$(12)y' = 3(\sin x^2)^2 \cdot \cos x^2 \cdot 2x = 6x(\sin x^2)^2\cos x^2 = 3x\sin x^2\sin 2x^2.$

$(13)y' = \dfrac{1}{\sqrt{1-\left(\frac{1}{x}\right)^2}}\left(-\dfrac{1}{x^2}\right) = -\dfrac{1}{|x|\sqrt{x^2-1}}.$

$(14)y' = 2\arctan x^3 \cdot \dfrac{1}{1+(x^3)^2} \cdot 3x^2 = \dfrac{6x^2}{1+x^6}\arctan x^3.$

$(15)y' = -\dfrac{1}{1+\left(\frac{1+x}{1-x}\right)^2} \cdot \dfrac{1 \cdot (1-x)-(-1) \cdot (1+x)}{(1-x)^2} = \dfrac{-2}{(1-x)^2+(1+x)^2}$

$\qquad = -\dfrac{1}{1+x^2}.$

$(16)y' = \dfrac{1}{\sqrt{1-\sin^4 x}}2\sin x\cos x = \dfrac{\sin 2x}{\sqrt{1-\sin^4 x}}.$

$(17)y' = e^{x+1}.$

$(18)y' = 2^{\sin x} \cdot \ln 2 \cdot \cos x.$

(19) 对函数式取对数,得 $\ln y = \sin x\ln x.$ 两边求导,得

$$\dfrac{y'}{y} = \cos x\ln x + \dfrac{\sin x}{x}, y' = x^{\sin x}\left(\cos x\ln x + \dfrac{\sin x}{x}\right).$$

(20) 对函数式取对数,得 $\ln y = x^x \ln x$,两边再取对数,得

$$\ln(\ln y) = \ln(x^x \ln x) = \ln(\ln x) + x\ln x,$$

两边求导,得 $\dfrac{1}{\ln y} \cdot \dfrac{1}{y} \cdot y' = \dfrac{1}{\ln x} \cdot \dfrac{1}{x} + \ln x + x \cdot \dfrac{1}{x}$,

所以 $y' = \ln y \cdot y \cdot \left(\dfrac{1}{x\ln x} + \ln x + 1 \right) = x^{x^x} \cdot x^x \ln x \left(\dfrac{1}{x\ln x} + \ln x + 1 \right)$

$$= x^{x^x} \cdot x^x \cdot \left(\dfrac{1}{x} + \ln^2 x + \ln x \right).$$

(21) $y' = e^{-x} \cdot (-1) \cdot \sin 2x + 2e^{-x}\cos 2x = e^{-x}(2\cos 2x - \sin 2x)$.

(22) $y' = \dfrac{1}{2\sqrt{x + \sqrt{x + \sqrt{x}}}} \left[1 + \dfrac{1}{2\sqrt{x + \sqrt{x}}} \left(1 + \dfrac{1}{2\sqrt{x}} \right) \right]$

$$= \dfrac{4\sqrt{x}\ \sqrt{x + \sqrt{x}} + 2\sqrt{x} + 1}{8\sqrt{x}\ \sqrt{x + \sqrt{x}}\ \sqrt{x + \sqrt{x + \sqrt{x}}}}.$$

(23) $y' = \cos(\sin(\sin x)) \cdot \cos(\sin x) \cdot \cos x$.

(24) $y' = \cos\left(\dfrac{x}{\sin\left(\dfrac{x}{\sin x}\right)} \right) \cdot \dfrac{\sin\left(\dfrac{x}{\sin x}\right) - x\cos\left(\dfrac{x}{\sin x}\right) \cdot \dfrac{\sin x - x\cos x}{\sin^2 x}}{\sin^2\left(\dfrac{x}{\sin x}\right)}$.

(25) $\ln y = \sum\limits_{i=1}^{n} a_i \ln(x - a_i)$, $y' = y\sum\limits_{i=1}^{n} \dfrac{a_i}{x - a_i} = \left(\prod\limits_{i=1}^{n} (x - a_i)^{a_i} \right) \left(\sum\limits_{i=1}^{n} \dfrac{a_i}{x - a_i} \right)$.

(26) $y' = \dfrac{1}{\sqrt{a^2 - b^2}} \cdot \dfrac{1}{\sqrt{1 - \left(\dfrac{a\sin x + b}{a + b\sin x} \right)^2}} \cdot \dfrac{a\cos x(a + b\sin x) - b\cos x(a\sin x + b)}{(a + b\sin x)^2}$

$$= \dfrac{1}{\sqrt{a^2 - b^2}} \cdot \dfrac{|a + b\sin x|}{\sqrt{a^2 - b^2} \cdot |\cos x|} \cdot \dfrac{(a^2 - b^2)\cos x}{(a + b\sin x)^2}$$

$$= \dfrac{\cos x}{|\cos x| |a + b\sin x|}.$$

4. 对下列各函数计算 $f'(x), f'(x+1), f'(x-1)$.

　　(1) $f(x) = x^3$;　　　(2) $f(x+1) = x^3$;　　　(3) $f(x-1) = x^3$.

　解　(1) $f'(x) = 3x^2, f'(x+1) = 3(x+1)^2, f'(x-1) = 3(x-1)^2$.

　　　(2) $f(x) = (x-1)^3, f'(x) = 3(x-1)^2, f'(x+1) = 3x^2, f'(x-1) = 3(x-2)^2$.

　　　(3) $f(x) = (x+1)^3, f'(x) = 3(x+1)^2, f'(x+1) = 3(x+2)^2, f'(x-1) = 3x^2$.

5. 已知 g 为可导函数,a 为实数,试求下列函数 f 的导数:

　　(1) $f(x) = g(x + g(a))$;　　　　　　　　(2) $f(x) = g(x + g(x))$;

　　(3) $f(x) = g(xg(a))$;　　　　　　　　　(4) $f(x) = g(xg(x))$.

　解　(1) $f'(x) = g'(x + g(a))$.

　　　(2) $f'(x) = g'(x + g(x))[x + g(x)]' = g'(x + g(x))[1 + g'(x)]$.

　　　(3) $f'(x) = g'(xg(a))g(a) = g(a)g'(g(a)x)$.

　　　(4) $f'(x) = g'(xg(x)) \cdot (xg(x))' = g'(xg(x)) \cdot [g(x) + xg'(x)]$.

6. 设 f 为可导函数,证明:若 $x = 1$ 时,有 $\dfrac{\mathrm{d}}{\mathrm{d}x}f(x^2) = \dfrac{\mathrm{d}}{\mathrm{d}x}f^2(x)$,则必有 $f'(1) = 0$ 或 $f(1) = 1$.

　证　由复合函数求导法则,有

$$\dfrac{\mathrm{d}}{\mathrm{d}x}f(x^2) = f'(x^2) \cdot 2x, \quad \dfrac{\mathrm{d}}{\mathrm{d}x}f^2(x) = 2f(x) \cdot f'(x).$$

由题设 $x = 1$ 时 $\dfrac{\mathrm{d}}{\mathrm{d}x}f(x^2) = \dfrac{\mathrm{d}}{\mathrm{d}x}f^2(x)$,得 $2f'(1)[f(1) - 1] = 0$,故 $f'(1) = 0$ 或 $f(1) = 1$.

7. 定义**双曲函数**如下：

双曲正弦函数 $\sin h\,x = \dfrac{e^x - e^{-x}}{2}$；双曲余弦函数 $\cos h\,x = \dfrac{e^x + e^{-x}}{2}$；

双曲正切函数 $\tan h\,x = \dfrac{\sin h\,x}{\cos h\,x}$；双曲余切函数 $\cot h\,x = \dfrac{\cos h\,x}{\sin h\,x}$．

证明：(1) $(\sin h\,x)' = \cos h\,x$；　　　　　　　(2) $(\cos h\,x)' = \sin h\,x$；

(3) $(\tan h\,x)' = \dfrac{1}{\cos h^2 x}$；　　　　　　(4) $(\cot h x)' = -\dfrac{1}{\sin h^2 x}$．

证　(1) $(\sin h\,x)' = \left(\dfrac{e^x - e^{-x}}{2}\right)' = \dfrac{e^x + e^{-x}}{2} = \cos h\,x$．

(2) $(\cos h\,x)' = \left(\dfrac{e^x + e^{-x}}{2}\right)' = \dfrac{e^x - e^{-x}}{2} = \sin h\,x$．

(3) $(\tan h\,x)' = \left(\dfrac{\sin h\,x}{\cos h\,x}\right)' = \dfrac{(\sin h\,x)'\cos h\,x - \sin h\,x(\cos h\,x)'}{\cos h^2 x} = \dfrac{\cos h^2 x - \sin h^2 x}{\cos h^2 x}$

$= \dfrac{1}{\cos h^2 x}$．

(4) $(\cot h\,x)' = \left(\dfrac{\cos h\,x}{\sin h\,x}\right)' = \dfrac{(\cos h\,x)'\sin h\,x - \cos h\,x(\sin h\,x)'}{\sin h^2 x} = \dfrac{\sin h^2 x - \cos h^2 x}{\sin h^2 x}$

$= -\dfrac{1}{\sin h^2 x}$．

8. 求下列函数的导数：

(1) $y = \sin h^3 x$；　　　　　　　　　(2) $y = \cos h(\sin h\,x)$；

(3) $y = \ln(\cos h\,x)$；　　　　　　　(4) $y = \arctan(\tan h\,x)$．

解　(1) $y' = 3\sin h^2 x\cos h\,x$．

(2) $y' = \sin h(\sin h\,x)\cos h\,x$．

(3) $y' = \dfrac{1}{\cos h\,x} \cdot \sin h\,x = \tan h\,x$．

(4) $y' = \dfrac{1}{1 + \tan h^2 x} \cdot \dfrac{1}{\cos h^2 x} = \dfrac{1}{\sin h^2 x + \cos h^2 x}$．

9. 以 $\operatorname{arsin} h\,x$，$\operatorname{arcos} h\,x$，$\operatorname{artan} h\,x$，$\operatorname{arcot} h\,x$ 分别表示各双曲函数的反函数．试求下列函数的导数：

(1) $y = \operatorname{arsin} h\,x$；　　　　　　　(2) $y = \operatorname{arcos} h\,x$；

(3) $y = \operatorname{artan} h\,x$；　　　　　　　(4) $y = \operatorname{arcot} h\,x$；

(5) $y = \operatorname{artan} h\,x - \operatorname{arcot} h\,\dfrac{1}{x}$；　　　(6) $y = \operatorname{arsin} h(\tan x)$．

【思路探索】　按反函数的求导法则，函数 $y = f^{-1}(x)$ 的导函数为 $y' = \left.\dfrac{1}{f'(y)}\right|_{y = f^{-1}(x)}$．

解　(1) $y' = \dfrac{1}{(\sin h\,y)'} = \dfrac{1}{\cos h\,y} = \dfrac{1}{\cos h(\operatorname{arsin} h\,x)}$．

由 $\cos h^2 x - \sin h^2 x = 1$ 得 $\cos h\,x = \sqrt{1 + \sin h^2 x}$，把上式中的 x 替换为 $\operatorname{arsin} h\,x$，得 $\cos h(\operatorname{arsin}$

$h\,x) = \sqrt{1 + x^2}$，于是 $y' = \dfrac{1}{\sqrt{1 + x^2}}$．

(2) $y' = \dfrac{1}{(\cos h\,y)'} = \dfrac{1}{\sin h\,y} = \dfrac{1}{\sin h(\operatorname{arcos} h\,x)} = \dfrac{1}{\sqrt{x^2 - 1}}$．

(3) $y' = (\operatorname{artan} h\,x)' = \dfrac{1}{(\tan h\,y)'} = \cos h^2 y = \dfrac{\cos h^2 y}{\cos h^2 y - \sin h^2 y}$

$= \dfrac{1}{1 - \tan h^2 y} = \dfrac{1}{1 - x^2}(|x| < 1)$．

$(4)y' = \dfrac{1}{(\cot h\, y)'} = -\sin h^2 y = -\dfrac{\sin h^2 y}{\cos h^2 y - \sin h^2 y} = \dfrac{1}{1 - \cot h^2 y} = \dfrac{1}{1 - x^2}(\mid x \mid > 1).$

$(5)y' = (\operatorname{artan} h\, x)' - \left(\operatorname{arcot} h\, \dfrac{1}{x}\right)' = \dfrac{1}{1 - x^2} - \dfrac{-1}{\left(\dfrac{1}{x}\right)^2 - 1} \cdot \left(\dfrac{1}{x}\right)'$

$$= \dfrac{1}{1 - x^2} + \dfrac{x^2}{1 - x^2} \cdot \left(-\dfrac{1}{x^2}\right) = 0.$$

(6) 由(1)得，$y' = \dfrac{1}{\sqrt{1 + \tan^2 x}} \sec^2 x = \mid \sec x \mid.$

习题 5.3 解答

1. 求下列由参量方程所确定的导数$\dfrac{\mathrm{d}y}{\mathrm{d}x}$：

$(1)\begin{cases} x = \cos^4 t, \\ y = \sin^4 t \end{cases}$ 在 $t = \dfrac{\pi}{3}$ 处；

$(2)\begin{cases} x = \dfrac{t}{1+t}, \\ y = \dfrac{1-t}{1+t} \end{cases}$ 在 $t > 0$ 处.

解 (1) $\dfrac{\mathrm{d}y}{\mathrm{d}t} = 4\sin^3 t \cos t, \dfrac{\mathrm{d}x}{\mathrm{d}t} = 4\cos^3 t(-\sin t)$，故

$$\dfrac{\mathrm{d}y}{\mathrm{d}x} = \dfrac{\mathrm{d}y}{\mathrm{d}t} \Big/ \dfrac{\mathrm{d}x}{\mathrm{d}t} = \dfrac{4\sin^3 t \cos t}{-4\cos^3 t \sin t} = \dfrac{-\sin^2 t}{\cos^2 t} = -\tan^2 t.$$

当 $t = \dfrac{\pi}{3}$ 时，$\dfrac{\mathrm{d}y}{\mathrm{d}x} = -\tan^2 \dfrac{\pi}{3} = -3.$

(2) $\dfrac{\mathrm{d}y}{\mathrm{d}t} = \dfrac{(1-t)'(1+t) - (1+t)'(1-t)}{(1+t)^2} = -\dfrac{2}{(1+t)^2}$，

$\dfrac{\mathrm{d}x}{\mathrm{d}t} = \dfrac{t'(1+t) - (1+t)'t}{(1+t)^2} = \dfrac{1}{(1+t)^2}$，

故 $\dfrac{\mathrm{d}y}{\mathrm{d}x} = \dfrac{\mathrm{d}y}{\mathrm{d}t} \Big/ \dfrac{\mathrm{d}x}{\mathrm{d}t} = -\dfrac{2}{(1+t)^2} \Big/ \dfrac{1}{(1+t)^2} = -2(t > 0).$

2. 设 $\begin{cases} x = a(t - \sin t), \\ y = a(1 - \cos t), \end{cases}$ 求 $\dfrac{\mathrm{d}y}{\mathrm{d}x}\Big|_{t = \frac{\pi}{2}}, \dfrac{\mathrm{d}y}{\mathrm{d}x}\Big|_{t = \pi}.$

解 $\dfrac{\mathrm{d}x}{\mathrm{d}t} = a(1 - \cos t), \dfrac{\mathrm{d}y}{\mathrm{d}t} = a\sin t$，故

$$\dfrac{\mathrm{d}y}{\mathrm{d}x} = \dfrac{\mathrm{d}y}{\mathrm{d}t} \Big/ \dfrac{\mathrm{d}x}{\mathrm{d}t} = \dfrac{a\sin t}{a(1 - \cos t)} = \dfrac{\sin t}{1 - \cos t}.$$

故 $\dfrac{\mathrm{d}y}{\mathrm{d}x}\Big|_{t = \frac{\pi}{2}} = \dfrac{\sin \dfrac{\pi}{2}}{1 - \cos \dfrac{\pi}{2}} = 1, \dfrac{\mathrm{d}y}{\mathrm{d}x}\Big|_{t = \pi} = \dfrac{\sin \pi}{1 - \cos \pi} = 0.$

3. 设曲线方程 $x = 1 - t^2, y = t - t^2$，求它在下列点处的切线方程与法线方程：

$(1)t = 1$；

$(2)t = \dfrac{\sqrt{2}}{2}.$

解 $\dfrac{\mathrm{d}x}{\mathrm{d}t} = -2t, \dfrac{\mathrm{d}y}{\mathrm{d}t} = 1 - 2t, \dfrac{\mathrm{d}y}{\mathrm{d}x} = \dfrac{\mathrm{d}y}{\mathrm{d}t} \Big/ \dfrac{\mathrm{d}x}{\mathrm{d}t} = \dfrac{2t - 1}{2t}.$

$(1)\dfrac{\mathrm{d}y}{\mathrm{d}x}\Big|_{t = 1} = \dfrac{1}{2}, x_0 = 0, y_0 = 0.$

于是曲线在点(x_0, y_0)处的切线方程为 $y - 0 = \dfrac{1}{2}(x - 0)$，即 $y = \dfrac{x}{2}$，

法线方程为 $y-0=-2(x-0)$，即 $y=-2x$.

(2) $\dfrac{\mathrm{d}y}{\mathrm{d}x}\Big|_{t=\frac{\sqrt{2}}{2}}=\dfrac{\sqrt{2}-1}{\sqrt{2}}, x\left(\dfrac{\sqrt{2}}{2}\right)=\dfrac{1}{2}, y\left(\dfrac{\sqrt{2}}{2}\right)=\dfrac{\sqrt{2}-1}{2},$

于是曲线在点 $\left(\dfrac{1}{2},\dfrac{\sqrt{2}-1}{2}\right)$ 处的切线方程为 $y-\dfrac{\sqrt{2}-1}{2}=\dfrac{\sqrt{2}-1}{\sqrt{2}}\left(x-\dfrac{1}{2}\right),$ 即

$$y=\frac{\sqrt{2}-1}{\sqrt{2}}x+\frac{3}{4}\sqrt{2}-1.$$

法线方程为 $y-\dfrac{\sqrt{2}-1}{2}=-\dfrac{\sqrt{2}}{\sqrt{2}-1}\left(x-\dfrac{1}{2}\right),$ 即 $y=-(2+\sqrt{2})x+\sqrt{2}+\dfrac{1}{2}.$

4. 证明曲线 $\begin{cases} x=a(\cos t+t\sin t), \\ y=a(\sin t-t\cos t) \end{cases}$ 上任一点的法线到原点距离等于 a.

证　设 $t=t_0$ 所对应的点为 (x_0,y_0)，则

$$\frac{\mathrm{d}y}{\mathrm{d}x}=\frac{\mathrm{d}y}{\mathrm{d}t}\Big/\frac{\mathrm{d}x}{\mathrm{d}t}=\frac{a(\cos t-\cos t+t\sin t)}{a(-\sin t+\sin t+t\cos t)}=\frac{\sin t}{\cos t}=\tan t,$$

$\dfrac{\mathrm{d}y}{\mathrm{d}x}\Big|_{(x_0,y_0)}=\tan t_0$，法线斜率为 $-\dfrac{1}{\tan t_0}=-\cot t_0,$

所以过点 (x_0,y_0) 的法线方程为

$$y-a(\sin t_0-t_0\cos t_0)=-\cot t_0[x-a(\cos t_0+t_0\sin t_0)],$$

化简得 $x\cos t_0+y\sin t_0-a=0.$

原点到法线的距离

$$d=\frac{|\cos t_0\cdot 0+\sin t_0\cdot 0-a|}{\sqrt{\cos^2 t_0+\sin^2 t_0}}=a.$$

5. 证明：圆 $r=2a\sin\theta(a>0)$ 上任一点的切线与向径的夹角等于向径的极角.

证　设切线与向径的夹角为 φ，由教材第五章 §3 的公式(5) 得

$$\tan\varphi=\frac{r(\theta)}{r'(\theta)}=\frac{2a\sin\theta}{2a\cos\theta}=\tan\theta,$$

而当 $x\in[0,\pi)$ 时，$\tan x$ 为单值函数，因而由 $\tan\varphi=\tan\theta$ 可推出 $\varphi=\theta$，即圆上任一点的切线与向径夹角等于向径的极角.

6. 求心形线 $r=a(1+\cos\theta)$ 的切线与切点向径之间的夹角.

解　$$\tan\varphi=\frac{r(\theta)}{r'(\theta)}=\frac{a(1+\cos\theta)}{a(-\sin\theta)}=\frac{1+\cos\theta}{-\sin\theta}.$$

由半角公式 $\tan\dfrac{\theta}{2}=\dfrac{\sin\theta}{1+\cos\theta}$，得 $\tan\varphi=-\cot\dfrac{\theta}{2}=\tan\dfrac{\theta+\pi}{2}.$

故当 $0\leqslant\theta<\pi$ 时，$\varphi=\dfrac{\theta+\pi}{2}$；当 $\pi\leqslant\theta<2\pi$ 时，$\varphi=\dfrac{\theta+\pi}{2}-\pi=\dfrac{\theta-\pi}{2}.$

═══════ ╲╲╲╲ **习题 5.4 解答** ╱╱╱╱ ═══════

1. 求下列函数在指定点的高阶导数：

(1) $f(x)=3x^3+4x^2-5x-9$，求 $f''(1),f'''(1),f^{(4)}(1)$；

(2) $f(x)=\dfrac{x}{\sqrt{1+x^2}}$，求 $f''(0),f''(1),f''(-1)$.

解　(1) $f'(x)=9x^2+8x-5,f''(x)=18x+8,f'''(x)=18,f^{(4)}(x)=0,$

$f''(1)=26,f'''(1)=18,f^{(4)}(1)=0.$

(2) $f'(x) = \dfrac{\sqrt{1+x^2} - \dfrac{x^2}{\sqrt{1+x^2}}}{1+x^2} = \dfrac{1}{(1+x^2)^{\frac{3}{2}}}$,

$f''(x) = -\dfrac{3}{2} \cdot (1+x^2)^{-\frac{5}{2}} \cdot 2x = -3x(1+x^2)^{-\frac{5}{2}}$,

$f''(0) = 0 = 0, f''(1) = -\dfrac{3}{4\sqrt{2}}, f''(-1) = \dfrac{3}{4\sqrt{2}}$.

2. 设函数 f 在 $x=1$ 处二阶可导,证明:若 $f'(1) = 0, f''(1) = 0$,则在 $x=1$ 处有

$$\dfrac{\mathrm{d}}{\mathrm{d}x}f(x^2) = \dfrac{\mathrm{d}^2}{\mathrm{d}x^2}f^2(x).$$

证　$\dfrac{\mathrm{d}}{\mathrm{d}x}f(x^2) = f'(x^2) \cdot 2x, \dfrac{\mathrm{d}}{\mathrm{d}x}f^2(x) = 2f(x)f'(x)$.

$\dfrac{\mathrm{d}^2}{\mathrm{d}x^2}f^2(x) = \dfrac{\mathrm{d}}{\mathrm{d}x}[2f(x)f'(x)] = 2[f'(x)]^2 + 2f(x)f''(x)$.

由 $f'(1) = 0, f''(1) = 0$ 得

$$\dfrac{\mathrm{d}}{\mathrm{d}x}f(x^2)\Big|_{x=1} = f'(1) \cdot 2 = 0, \dfrac{\mathrm{d}^2}{\mathrm{d}x^2}f^2(x)\Big|_{x=1} = 2[f'(1)]^2 + 2f(1)f''(1) = 0,$$

故当 $x=1$ 时,$\dfrac{\mathrm{d}}{\mathrm{d}x}f(x^2) = \dfrac{\mathrm{d}^2}{\mathrm{d}x^2}f^2(x)$.

3. 求下列函数的高阶导数:

(1) $f(x) = x\ln x$,求 $f''(x)$;　　　　　　　　(2) $f(x) = \mathrm{e}^{-x^2}$,求 $f'''(x)$;

(3) $f(x) = \ln(1+x)$,求 $f^{(5)}(x)$;　　　　　　(4) $f(x) = x^3\mathrm{e}^x$,求 $f^{(10)}(x)$.

解　(1) $f'(x) = \ln x + x \cdot \dfrac{1}{x} = 1 + \ln x, f''(x) = \dfrac{1}{x}$.

(2) $f'(x) = \mathrm{e}^{-x^2} \cdot (-2x) = -2x\mathrm{e}^{-x^2}$,

$f''(x) = -2\mathrm{e}^{-x^2} - 2x\mathrm{e}^{-x^2} \cdot (-2x) = \mathrm{e}^{-x^2}(4x^2 - 2)$,

$f'''(x) = (-2x) \cdot \mathrm{e}^{-x^2}(4x^2 - 2) + \mathrm{e}^{-x^2} \cdot 8x = (12x - 8x^3)\mathrm{e}^{-x^2}$.

(3) $f'(x) = \dfrac{1}{1+x}, f''(x) = -(1+x)^{-2}, f'''(x) = -(-2)(1+x)^{-3} = 2(1+x)^{-3}$,

$f^{(4)}(x) = 2 \cdot (-3) \cdot (1+x)^{-4} = -6(1+x)^{-4}, f^{(5)}(x) = (-6)(-4)(1+x)^{-5} = \dfrac{24}{(1+x)^5}$.

(4) $(x^3)' = 3x^2, (x^3)'' = 6x, (x^3)''' = 6, (x^3)^{(n)} = 0(n = 4,5,6,\cdots)$,

$(\mathrm{e}^x)^{(n)} = \mathrm{e}^x(n = 1,2,\cdots)$.

由莱布尼茨公式有

$$f^{(10)}(x) = (x^3\mathrm{e}^x)^{(10)} = \sum_{k=0}^{10}\mathrm{C}_{10}^k(x^3)^{(k)}(\mathrm{e}^x)^{(10-k)}$$

$$= \mathrm{C}_{10}^0 \cdot x^3 \cdot \mathrm{e}^x + \mathrm{C}_{10}^1 \cdot 3x^2 \cdot \mathrm{e}^x + \mathrm{C}_{10}^2 \cdot 6x \cdot \mathrm{e}^x + \mathrm{C}_{10}^3 \cdot 6 \cdot \mathrm{e}^x$$

$$= \mathrm{e}^x(x^3 + 30x^2 + 270x + 720).$$

4. 设 f 为二阶可导函数,求下列各函数的二阶导数:

(1) $y = f(\ln x)$;　　　　(2) $y = f(x^n), n \in \mathbf{N}_+$;　　　　(3) $y = f[f(x)]$.

证　(1) $y' = f'(\ln x) \cdot \dfrac{1}{x} = \dfrac{1}{x}f'(\ln x)$,

$y'' = -\dfrac{1}{x^2}f'(\ln x) + \dfrac{1}{x}f''(\ln x)\dfrac{1}{x} = \dfrac{1}{x^2}[f''(\ln x) - f'(\ln x)]$.

(2) $y' = f'(x^n) \cdot nx^{n-1} = nx^{n-1}f'(x^n)$,

$y'' = n(n-1)x^{n-2}f'(x^n) + nx^{n-1}f''(x^n) \cdot nx^{n-1}$

$$= n(n-1)x^{n-2}f'(x^n)+(nx^{n-1})^2f''(x^n).$$

$(3)\,y'=f'[f(x)]\cdot f'(x),$

$\quad y''=f''[f(x)]\cdot f'(x)\cdot f'(x)+f'[f(x)]\cdot f''(x)$

$\quad\ \ =f''[f(x)][f'(x)]^2+f'[f(x)]f''(x).$

5. 求下列函数的 n 阶导数：

$(1)\,y=\ln x$；

$(2)\,y=a^x(a>0,a\neq1)$；

$(3)\,y=\dfrac{1}{x(1-x)}$；

$(4)\,y=\dfrac{\ln x}{x}$；

$(5)\,f(x)=\dfrac{x^n}{1-x}$；

$(6)\,y=\mathrm{e}^{ax}\sin bx(a,b\ 均为实数)$.

解　$(1)\,y'=\dfrac{1}{x}=x^{-1},y''=-x^{-2},y'''=(-1)(-2)x^{-3},\cdots,$

$\quad y^{(n)}=(-1)(-2)\cdots[-(n-1)]x^{-n}=\dfrac{(-1)^{n-1}(n-1)!}{x^n}.$

$(2)\,y'=a^x\ln a,y''=a^x\ln a\ln a=a^x\ln^2a,\cdots,y^{(n)}=a^x\ln^na.$

$(3)\,y=\dfrac{1}{x(1-x)}=\dfrac{1}{x}+\dfrac{1}{1-x},$

同(1) 易求 $\left(\dfrac{1}{x}\right)^{(n)}=\dfrac{(-1)^nn!}{x^{n+1}},\left(\dfrac{1}{1-x}\right)^{(n)}=\dfrac{n!}{(1-x)^{n+1}},$

所以 $y^{(n)}=\dfrac{(-1)^nn!}{x^{n+1}}+\dfrac{n!}{(1-x)^{n+1}}=n!\left[\dfrac{(-1)^n}{x^{n+1}}+\dfrac{1}{(1-x)^{n+1}}\right].$

$(4)\,\left(\dfrac{1}{x}\right)^{(n)}=\dfrac{(-1)^nn!}{x^{n+1}},(\ln x)^{(n)}=\dfrac{(-1)^{n-1}(n-1)!}{x^n},$

由莱布尼茨公式得

$$y^{(n)}=\sum_{k=0}^n C_n^k(\ln x)^{(k)}\left(\dfrac{1}{x}\right)^{(n-k)}$$

$$=\ln x\cdot(-1)^n\cdot n!\cdot x^{-(n+1)}+\sum_{k=1}^n\dfrac{n!}{k!(n-k)!}\cdot\dfrac{(-1)^{k-1}(k-1)!}{x^k}\cdot\dfrac{(-1)^{n-k}(n-k)!}{x^{n-k+1}}$$

$$=\dfrac{(-1)^nn!\ln x}{x^{n+1}}+\dfrac{(-1)^{n-1}n!}{x^{n+1}}\sum_{k=1}^n\dfrac{1}{k}=\dfrac{(-1)^nn!}{x^{n+1}}\left(\ln x-\sum_{k=1}^n\dfrac{1}{k}\right).$$

$(5)\,f(x)=\dfrac{x^n}{1-x}=\dfrac{x^n-1+1}{1-x}=\dfrac{1}{1-x}-\dfrac{1-x^n}{1-x}$

$$=\dfrac{1}{1-x}-(1+x+\cdots+x^{n-1})=\dfrac{1}{1-x}-\sum_{k=0}^{n-1}x^k,$$

又因当 $n>k$ 时，$(x^k)^{(n)}=0$，所以 $f^{(n)}(x)=\left(\dfrac{1}{1-x}\right)^{(n)}=\dfrac{n!}{(1-x)^{n+1}}.$

$(6)\,y'=a\mathrm{e}^{ax}\sin bx+b\mathrm{e}^{ax}\cos bx=\mathrm{e}^{ax}(a\sin bx+b\cos bx)$

$$=\sqrt{a^2+b^2}\,\mathrm{e}^{ax}\left(\dfrac{a}{\sqrt{a^2+b^2}}\sin bx+\dfrac{b}{\sqrt{a^2+b^2}}\cos bx\right).$$

设 $\sin\varphi=\dfrac{b}{\sqrt{a^2+b^2}},\cos\varphi=\dfrac{a}{\sqrt{a^2+b^2}}$，则

$$y'=\sqrt{a^2+b^2}\,\mathrm{e}^{ax}(\cos\varphi\sin bx+\sin\varphi\cos bx)$$

$$=(a^2+b^2)^{\frac{1}{2}}\mathrm{e}^{ax}\sin(bx+\varphi),$$

$$y''=(a^2+b^2)^{\frac{1}{2}}[a\mathrm{e}^{ax}\sin(bx+\varphi)+b\mathrm{e}^{ax}\cos(bx+\varphi)]$$

$$=(a^2+b^2)\mathrm{e}^{ax}\sin(bx+2\varphi),$$

$\cdots$

$$y^{(n)} = (a^2 + b^2)^{\frac{n}{2}} e^{ax} \sin(bx + n\varphi).$$

6. 求由下列参量方程所确定的函数的二阶导数 $\dfrac{d^2 y}{dx^2}$：

(1) $\begin{cases} x = a\cos^3 t, \\ y = a\sin^3 t; \end{cases}$ (2) $\begin{cases} x = e^t \cos t, \\ y = e^t \sin t. \end{cases}$

解 (1) $\dfrac{dy}{dt} = 3a\sin^2 t \cos t, \dfrac{dx}{dt} = -3a\cos^2 t \sin t,$

所以 $\dfrac{dy}{dx} = \dfrac{dy}{dt} / \dfrac{dx}{dt} = \dfrac{3a\sin^2 t\cos t}{-3a\cos^2 t\sin t} = -\tan t.$

$$\dfrac{d^2 y}{dx^2} = \dfrac{d\left(\dfrac{dy}{dx}\right)/dt}{dx/dt} = \dfrac{-\sec^2 t}{-3a\cos^2 t \sin t} = \dfrac{1}{3a\cos^4 t \sin t}.$$

(2) $\dfrac{dy}{dt} = e^t \sin t + e^t \cos t = e^t(\sin t + \cos t),$

$$\dfrac{dx}{dt} = e^t \cos t - e^t \sin t = e^t(\cos t - \sin t),$$

所以 $\dfrac{dy}{dx} = \dfrac{dy}{dt} / \dfrac{dx}{dt} = \dfrac{e^t(\sin t + \cos t)}{e^t(\cos t - \sin t)} = \dfrac{\cos t + \sin t}{\cos t - \sin t}.$

$$d\left(\dfrac{dy}{dx}\right)/dt = \dfrac{(\cos t + \sin t)'(\cos t - \sin t) - (\cos t - \sin t)'(\cos t + \sin t)}{(\cos t - \sin t)^2}$$

$$= \dfrac{(\cos t - \sin t)^2 + (\cos t + \sin t)^2}{(\cos t - \sin t)^2} = \dfrac{2}{(\cos t - \sin t)^2},$$

所以 $\dfrac{d^2 y}{dx^2} = \dfrac{d\left(\dfrac{dy}{dx}\right)/dt}{dx/dt} = \dfrac{2}{e^t(\cos t - \sin t)^3}.$

7. 研究函数 $f(x) = |x^3|$ 在 $x = 0$ 处的各阶导数.

解 首先计算 $f'(0)$：因为 $f(x) = |x^3| = \begin{cases} -x^3, & x < 0, \\ x^3, & x \geqslant 0, \end{cases}$

$$f'(0) = \lim_{x \to 0} \dfrac{f(x) - f(0)}{x} = \lim_{x \to 0} \dfrac{|x^3| - 0}{x} = \lim_{x \to 0} x|x| = 0.$$

故 $f'(x) = \begin{cases} -3x^2, & x < 0, \\ 3x^2, & x \geqslant 0. \end{cases}$

然后计算二阶导数：由于

$$f''_-(0) = \lim_{x \to 0^-} \dfrac{f'(x) - f'(0)}{x - 0} = \lim_{x \to 0^-} \dfrac{-3x^2}{x} = 0,$$

$$f''_+(0) = \lim_{x \to 0^+} \dfrac{3x^2}{x} = 0,$$

所以 $f''(0) = 0$，故 $f''(x) = \begin{cases} -6x, & x < 0, \\ 6x, & x \geqslant 0. \end{cases}$

再计算三阶导数：由于

$$f'''_-(0) = \lim_{x \to 0^-} \dfrac{f''(x) - f''(0)}{x - 0} = \lim_{x \to 0^-} \dfrac{-6x}{x} = -6,$$

$$f'''_+(0) = \lim_{x \to 0^+} \dfrac{6x}{x} = 6,$$

所以 $f'''(0)$ 不存在. 总之 $f'(0) = f''(0) = 0$，当 $n \geqslant 3$ 时，$f^{(n)}(0)$ 不存在.

8. 设函数 $y = f(x)$ 在点 x 处三阶可导，且 $f'(x) \neq 0$. 若 $f(x)$ 存在反函数 $x = f^{-1}(y)$，试用 $f'(x), f''(x)$ 以及 $f'''(x)$ 表示 $(f^{-1})'''(y)$.

解 $(f^{-1})'(y) = \dfrac{1}{f'(x)}$,

$(f^{-1})''(y) = [(f^{-1})'(y)]' = \dfrac{\mathrm{d}}{\mathrm{d}x}\left(\dfrac{1}{f'(x)}\right) \cdot \dfrac{\mathrm{d}x}{\mathrm{d}y} = -\dfrac{f''(x)}{(f'(x))^2} \cdot \dfrac{1}{f'(x)} = -\dfrac{f''(x)}{[f'(x)]^3}$,

$(f^{-1})'''(y) = [(f^{-1})''(y)]' = \dfrac{\mathrm{d}}{\mathrm{d}x}\left(-\dfrac{f''(x)}{[f'(x)]^3}\right) \cdot \dfrac{\mathrm{d}x}{\mathrm{d}y}$

$\qquad = -\dfrac{f'''(x) \cdot [f'(x)]^3 - f''(x) \cdot 3[f'(x)]^2 \cdot f''(x)}{[f'(x)]^6} \cdot \dfrac{1}{f'(x)}$

$\qquad = \dfrac{3[f''(x)]^2 - f'(x)f'''(x)}{[f'(x)]^5}$.

9. 设 $y = \arctan x$.

(1) 证明它满足方程 $(1+x^2)y'' + 2xy' = 0$;

(2) 求 $y^{(n)}\big|_{x=0}$.

解 (1) 由 $y' = \dfrac{1}{1+x^2}$ 得 $(1+x^2)y' = 1$,两边对 x 求导得 $2xy' + (1+x^2)y'' = 0$,得证.

(2) 用莱布尼茨公式对 $(1+x^2)y' = 1$ 两边求 n 阶导数得到

$$(1+x^2)y^{(n+1)} + 2nxy^{(n)} + n(n-1)y^{(n-1)} = 0,$$

令 $x = 0$,得 $y^{(n+1)}\big|_{x=0} = -n(n-1)y^{(n-1)}\big|_{x=0}$,又因 $y(0) = 0, y'(0) = 1$,

从而 $y^{(n)}\big|_{x=0} = \begin{cases} 0, & n = 2k, \\ (-1)^k(2k)!, & n = 2k+1, \end{cases}$ 其中 $k = 0,1,2,3,\cdots$.

10. 设 $y = \arcsin x$.

(1) 证明它满足方程 $(1-x^2)y^{(n+2)} - (2n+1)xy^{(n+1)} - n^2 y^{(n)} = 0 (n \geq 0)$;

(2) 求 $y^{(n)}\big|_{x=0}$.

解 (1) $y' = \dfrac{1}{\sqrt{1-x^2}}, y'' = \left(\dfrac{1}{\sqrt{1-x^2}}\right)' = \dfrac{x}{(1-x^2)^{\frac{3}{2}}} = \dfrac{x}{1-x^2} \cdot y'$,

故 $(1-x^2)y'' - xy' = 0$,即当 $n = 0$ 时,原命题成立.

对 $(1-x^2)y'' - xy' = 0$ 两边求 n 阶导数,得

$$\left[(1-x^2)y^{(n+2)} - 2nxy^{(n+1)} - n(n-1)y^{(n)}\right] - \left[xy^{(n+1)} + ny^{(n)}\right] = 0,$$

即 $(1-x^2)y^{(n+2)} - (2n+1)xy^{(n+1)} - n^2 y^{(n)} = 0, n \geq 1$,

故当 $n \geq 0$ 时,原命题成立.

(2) 把 $x = 0$ 代入 $(1-x^2)y^{(n+2)} - (2n+1)xy^{(n+1)} - n^2 y^{(n)} = 0$ 得 $y^{(n+2)}\big|_{x=0} = n^2 y^{(n)}\big|_{x=0}$,

又因为 $y'\big|_{x=0} = 1, y''\big|_{x=0} = 0$,所以

$$y^{(n)}\big|_{x=0} = \begin{cases} 0, & n = 2m, \\ [(2m-1)!!]^2, & n = 2m+1, \end{cases} m = 0,1,2,3,\cdots.$$

11. 证明函数

$$f(x) = \begin{cases} \mathrm{e}^{-\frac{1}{x^2}}, & x \neq 0, \\ 0, & x = 0 \end{cases}$$

在 $x = 0$ 处 n 阶可导且 $f^{(n)}(0) = 0$,其中 n 为任意正整数.

证 由于 $f'(0) = \lim\limits_{x \to 0} \dfrac{f(x) - f(0)}{x} = \lim\limits_{x \to 0} \dfrac{\mathrm{e}^{-\frac{1}{x^2}}}{x} = \lim\limits_{t \to \infty} \dfrac{t}{\mathrm{e}^{t^2}} = 0$. 假设 $f^{(k)}(0) = 0$,下证 $f^{(k+1)}(0) = 0$.

事实上,$f^{(k)}(x) = p_k\left(\dfrac{1}{x}\right)\mathrm{e}^{-\frac{1}{x^2}}(x \neq 0)$,其中 $p_k\left(\dfrac{1}{x}\right)$ 是 $\dfrac{1}{x}$ 的某个多项式.

当 $n = k+1$ 时,由导数的定义得

$$f^{(k+1)}(0) = \lim_{x \to 0} \frac{f^{(k)}(x) - f^{(k)}(0)}{x - 0} = \lim_{x \to 0} \frac{p_k\left(\frac{1}{x}\right)e^{-\frac{1}{x^2}}}{x} = \lim_{t \to \infty} \frac{tp_k(t)}{e^{t^2}} = 0.$$

由数学归纳法可知 $f(x)$ 在 $x = 0$ 处 n 阶可导且 $f^{(n)}(0) = 0$,其中 n 为任意正整数.

======== 习题 5.5 解答 ========

1. 若 $x = 1$,而 $\Delta x = 0.1, 0.01$. 试问对于 $y = x^2$, Δy 与 dy 之差分别是多少?

解 $\Delta y = f(x + \Delta x) - f(x) = (x + \Delta x)^2 - x^2 = 2x\Delta x + (\Delta x)^2$,

$dy = f'(x)\Delta x = 2x\Delta x$, $\Delta y - dy = 2x\Delta x + (\Delta x)^2 - 2x\Delta x = (\Delta x)^2$,

当 $\Delta x = 0.1$ 时, $\Delta y - dy = 0.1^2 = 0.01$;

当 $\Delta x = 0.01$ 时, $\Delta y - dy = 0.01^2 = 0.0001$.

2. 求下列函数的微分:

(1) $y = x + 2x^2 - \frac{1}{3}x^3 + x^4$;

(2) $y = x\ln x - x$;

(3) $y = x^2 \cos 2x$;

(4) $y = \dfrac{x}{1 - x^2}$;

(5) $y = e^{ax}\sin bx$;

(6) $y = \arcsin\sqrt{1 - x^2}$.

解 (1) $dy = \left(x + 2x^2 - \frac{1}{3}x^3 + x^4\right)'dx = (1 + 4x - x^2 + 4x^3)dx$.

(2) $dy = (x\ln x - x)'dx = \left(\ln x + x \cdot \frac{1}{x} - 1\right)dx = \ln x\, dx$.

(3) $dy = (x^2 \cos 2x)'dx = (2x\cos 2x - 2x^2\sin 2x)dx$.

(4) $dy = \dfrac{d(x)(1 - x^2) - xd(1 - x^2)}{(1 - x^2)^2} = \dfrac{(1 - x^2)dx + 2x^2 dx}{(1 - x^2)^2} = \dfrac{1 + x^2}{(1 - x^2)^2}dx$.

(5) $dy = d(e^{ax}\sin bx) = \sin bx\, d(e^{ax}) + e^{ax}d(\sin bx) = ae^{ax}\sin bx\, dx + be^{ax}\cos bx\, dx$

$= e^{ax}(a\sin bx + b\cos bx)dx$

(6) $dy = \dfrac{1}{\sqrt{1 - \left(\sqrt{1 - x^2}\right)^2}}d\left(\sqrt{1 - x^2}\right) = \dfrac{1}{\sqrt{x^2}} \cdot \dfrac{d(1 - x^2)}{2\sqrt{1 - x^2}} = \dfrac{1}{|x|} \cdot \dfrac{-2x dx}{2\sqrt{1 - x^2}}$

$= -\dfrac{x}{|x|\sqrt{1 - x^2}}dx$.

3. 求下列函数的高阶微分:

(1) 设 $u(x) = \ln x, v(x) = e^x$, 求 $d^3(uv), d^3\left(\dfrac{u}{v}\right)$;

(2) 设 $u(x) = e^{\frac{x}{2}}, v(x) = \cos 2x$, 求 $d^3(uv), d^3\left(\dfrac{u}{v}\right)$.

解 (1) $d(uv) = e^x d(\ln x) + \ln x\, d(e^x) = e^x\left(\frac{1}{x} + \ln x\right)dx$,

$d^2(uv) = d[d(uv)] = d\left[e^x\left(\frac{1}{x} + \ln x\right)dx\right]$

$= \left[\left(\frac{1}{x} + \ln x\right)d(e^x) + e^x d\left(\frac{1}{x} + \ln x\right)\right]dx$

$= \left[e^x\left(\frac{1}{x} + \ln x\right) + e^x\left(-\frac{1}{x^2} + \frac{1}{x}\right)\right]dx^2 = e^x\left(\ln x + \frac{2}{x} - \frac{1}{x^2}\right)dx^2$,

$d^3(uv) = d[d^2(uv)] = d\left[e^x\left(\ln x + \frac{2}{x} - \frac{1}{x^2}\right)dx^2\right]$

$$= \left(\ln x + \frac{2}{x} - \frac{1}{x^2}\right)\mathrm{d}x^2 \cdot \mathrm{d}(e^x) + e^x \mathrm{d}x^2 \cdot \mathrm{d}\left(\ln x + \frac{2}{x} - \frac{1}{x^2}\right)$$

$$= e^x\left(\ln x + \frac{2}{x} - \frac{1}{x^2}\right)\mathrm{d}x^3 + e^x\left(\frac{1}{x} - \frac{2}{x^2} + \frac{2}{x^3}\right)\mathrm{d}x^3$$

$$= e^x\left(\ln x + \frac{3}{x} - \frac{3}{x^2} + \frac{2}{x^3}\right)\mathrm{d}x^3,$$

$$\mathrm{d}\left(\frac{u}{v}\right) = \frac{e^x \mathrm{d}(\ln x) - \ln x \cdot \mathrm{d}(e^x)}{e^{2x}} = \frac{\dfrac{e^x}{x}\mathrm{d}x - \ln x \cdot e^x \mathrm{d}x}{e^{2x}} = \frac{\dfrac{1}{x} - \ln x}{e^x}\mathrm{d}x,$$

$$\mathrm{d}^2\left(\frac{u}{v}\right) = \mathrm{d}\left[\mathrm{d}\left(\frac{u}{v}\right)\right] = \mathrm{d}\left[\left[\frac{\dfrac{1}{x} - \ln x}{e^x}\right]\mathrm{d}x\right]$$

$$= \frac{e^x \mathrm{d}\left(\dfrac{1}{x} - \ln x\right) - \left(\dfrac{1}{x} - \ln x\right)\mathrm{d}(e^x)}{e^{2x}}\mathrm{d}x = \frac{-\dfrac{1}{x^2} - \dfrac{1}{x} - \dfrac{1}{x} + \ln x}{e^x}\mathrm{d}x^2$$

$$= \frac{\ln x - \dfrac{2}{x} - \dfrac{1}{x^2}}{e^x}\mathrm{d}x^2,$$

$$\mathrm{d}^3\left(\frac{u}{v}\right) = \mathrm{d}\left[\mathrm{d}^2\left(\frac{u}{v}\right)\right] = \mathrm{d}\left(\frac{\ln x - \dfrac{2}{x} - \dfrac{1}{x^2}}{e^x}\right)\mathrm{d}x^2$$

$$= \frac{e^x\left(\ln x - \dfrac{2}{x} - \dfrac{1}{x^2}\right)' - \left(\ln x - \dfrac{2}{x} - \dfrac{1}{x^2}\right)(e^x)'}{e^{2x}}\mathrm{d}x^3$$

$$= \frac{\dfrac{2}{x^3} + \dfrac{3}{x^2} + \dfrac{3}{x} - \ln x}{e^x}\mathrm{d}x^3.$$

(2)$\mathrm{d}(uv) = \mathrm{d}(e^{\frac{x}{2}}\cos 2x) = \cos 2x \mathrm{d}(e^{\frac{x}{2}}) + e^{\frac{x}{2}}\mathrm{d}(\cos 2x)$

$$= \frac{1}{2}e^{\frac{x}{2}}\cos 2x \mathrm{d}x - 2e^{\frac{x}{2}}\sin 2x \mathrm{d}x = e^{\frac{x}{2}}\left(\frac{1}{2}\cos 2x - 2\sin 2x\right)\mathrm{d}x,$$

$$\mathrm{d}^2(uv) = \mathrm{d}[\mathrm{d}(uv)] = \mathrm{d}\left[e^{\frac{x}{2}}\left(\frac{1}{2}\cos 2x - 2\sin 2x\right)\mathrm{d}x\right]$$

$$= \left[(e^{\frac{x}{2}})'\left(\frac{1}{2}\cos 2x - 2\sin 2x\right) + e^{\frac{x}{2}}\left(\frac{1}{2}\cos 2x - 2\sin 2x\right)'\right]\mathrm{d}x^2$$

$$= \left[\frac{1}{2}e^{\frac{x}{2}}\left(\frac{1}{2}\cos 2x - 2\sin 2x\right) + e^{\frac{x}{2}}(-\sin 2x - 4\cos 2x)\right]\mathrm{d}x^2$$

$$= e^{\frac{x}{2}}\left(-2\sin 2x - \frac{15}{4}\cos 2x\right)\mathrm{d}x^2,$$

$$\mathrm{d}^3(uv) = \mathrm{d}[\mathrm{d}^2(uv)] = \left[e^{\frac{x}{2}}\left(-2\sin 2x - \frac{15}{4}\cos 2x\right)\right]'\mathrm{d}x^3$$

$$= \left[e^{\frac{x}{2}}\cdot\frac{1}{2}\left(-2\sin 2x - \frac{15}{4}\cos 2x\right) + e^{\frac{x}{2}}\left(-4\cos 2x + \frac{15}{2}\sin 2x\right)\right]\mathrm{d}x^3$$

$$= e^{\frac{x}{2}}\left(\frac{13}{2}\sin 2x - \frac{47}{8}\cos 2x\right)\mathrm{d}x^3,$$

$$\mathrm{d}^3\left(\frac{u}{v}\right) = \mathrm{d}^3(e^{\frac{x}{2}}\sec 2x) = (e^{\frac{x}{2}}\sec 2x)'''\mathrm{d}x^3$$

$$= \left[(e^{\frac{x}{2}})'''\sec 2x + 3(e^{\frac{x}{2}})''(\sec 2x)' + 3(e^{\frac{x}{2}})'(\sec 2x)'' + e^{\frac{x}{2}}(\sec 2x)'''\right]\mathrm{d}x^3$$

$$= \left[\frac{1}{8}e^{\frac{x}{2}}\sec 2x + \frac{3}{2}e^{\frac{x}{2}}\sec 2x \tan 2x + 6e^{\frac{x}{2}}\sec 2x(1 + 2\tan^2 2x)\right.$$

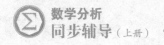
$$+ 8e^{\frac{x}{2}} \sec 2x \tan 2x (5 + 6\tan^2 2x) \Bigg] dx^3$$

$$= e^{\frac{x}{2}} \sec 2x \left(48\tan^3 2x + 12\tan^2 2x + \frac{83}{2} \tan 2x + \frac{49}{8} \right) dx^3.$$

4. 利用微分求近似值：

(1) $\sqrt[3]{1.02}$；　　(2) $\lg 2.7$；　　(3) $\tan 45°10'$；　　(4) $\sqrt{26}$.

解　(1) 令 $y = \sqrt[3]{x}$，$x_0 = 1$，$\Delta x = 0.02$，则 $dy\big|_{x=1} = \frac{1}{3} x^{-\frac{2}{3}} dx\big|_{x=1} = \frac{1}{3} \times 0.02 \approx 0.0067$，

$$f(x_0 + \Delta x) \approx f(x_0) + dy\big|_{x=1} \approx 1 + 0.0067 = 1.0067, \text{ 即 } \sqrt[3]{1.02} \approx 1.0067.$$

(2) 令 $f(x) = \lg x$，$x_0 = 3$，$\Delta x = -0.3$，则

$$f(x_0) = \lg 3, f'(x_0) = \frac{1}{x} \lg e\big|_{x=x_0} = \frac{\lg e}{3},$$

由 $f(x_0 + \Delta x) \approx f(x_0) + f'(x_0)\Delta x$ 得

$$\lg 2.7 = \lg(3 - 0.3) \approx \lg 3 + \frac{\lg e}{3} \times (-0.3) \approx 0.4335.$$

(3) 令 $f(x) = \tan x$，$x_0 = 45° = \frac{\pi}{4}$，$\Delta x = 10' = \frac{\pi}{1080}$，则 $f(x_0) = \tan \frac{\pi}{4} = 1$，

$$f'(x_0) = \sec^2 x\big|_{x=\frac{\pi}{4}} = 2, \text{ 所以 } \tan 45°10' = \tan(x_0 + \Delta x) \approx 1 + 2 \times \frac{\pi}{1080} \approx 1.0058.$$

(4) $\sqrt{26} = \sqrt{25 + 1}$，令 $f(x) = \sqrt{x}$，$x_0 = 25$，$\Delta x = 1$，则 $f(x_0) = 5$，

$$f'(x_0) = (\sqrt{x})'\big|_{x=25} = \frac{1}{10}, \text{ 所以 } \sqrt{26} \approx 5 + \frac{1}{10} \times 1 = 5.1.$$

5. 为了使计算出球的体积准到 1%，问度量半径为 r 时允许发生的相对误差至多应为多少？

解　球的体积公式为 $V = \frac{4}{3} \pi r^3$，于是 $\Delta V \approx V'(r)\Delta r = 4\pi r^2 \Delta r$，$\dfrac{\Delta V}{V} \approx \dfrac{4\pi r^2 \Delta r}{\frac{4}{3}\pi r^3} = \left| \dfrac{3\Delta r}{r} \right|$，由 $\left| \dfrac{\Delta V}{V} \right| \leqslant 1\%$

得 $\left| \dfrac{3\Delta r}{r} \right| \leqslant 0.01$，解得 $\left| \dfrac{\Delta r}{r} \right| \leqslant \dfrac{1}{300} \approx 0.33\%$，即测量半径为 r 时允许发生的相对误差至多应为 0.33%.

6. 检验一个半径为 2m，中心角为 $55°$ 的工件面积（图 5—3），现可直接测量其中心角或此角所对的弦长，设量角最大误差为 $0.5°$，量弦长最大误差为 3mm，试问用哪一种方法检验的结果较为精确.

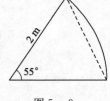

图 5—3

【思路探索】　本题就是判断用哪一种测量方法所计算的工件面积的绝对误差更小. 在工件半径不变（或无须测量）的情况下，只需将每种测量方法的误差统一为角度误差，或统一为弦长误差，再比较大小即可（以下统一为弦长误差）.

解　设弦长为 l，则

$$l = 2 \times 2 \times \sin \frac{\alpha}{2},$$

其中 α 为中心角，$\Delta\alpha$ 为量角误差，从而当 $\alpha_0 = 55°$ 时由量角引起的弦长误差为

$$|\Delta l| \approx |dl| = \left| 2\cos\frac{\alpha_0}{2} \right| |\Delta\alpha|.$$

又因为量角时的最大误差为 $|\Delta\alpha| = 0.5° = \dfrac{\pi}{360}$，因此由量角引起的弦长最大误差为

$$|\Delta l| \approx |dl| = 2\cos\frac{55°}{2} \cdot \frac{\pi}{360} = 0.8870 \times \frac{\pi}{180} \approx 0.015 > 0.003.$$

因此，由上面的讨论可知，用直接测量此角所对的弦长方法检验，所得的结果较为准确.

=== 第五章总练习题解答 ===

1. 设 $y = \dfrac{ax+b}{cx+d}$, 证明:

$(1)\, y' = \dfrac{1}{(cx+d)^2}\begin{vmatrix} a & b \\ c & d \end{vmatrix}$; $(2)\, y^{(n)} = (-1)^{n+1}\dfrac{n!\,c^{n-1}}{(cx+d)^{n+1}}\begin{vmatrix} a & b \\ c & d \end{vmatrix}$.

证 $(1)\, y' = \left(\dfrac{ax+b}{cx+d}\right)' = \dfrac{(ax+b)'(cx+d)-(cx+d)'(ax+b)}{(cx+d)^2}$

$\qquad = \dfrac{a(cx+d)-c(ax+b)}{(cx+d)^2} = \dfrac{1}{(cx+d)^2}\begin{vmatrix} a & b \\ c & d \end{vmatrix}$.

(2) 用数学归纳法证明. 由 (1) 知, 当 $n = 1$ 时, 命题成立.

假设当 $n = k$ 时, 命题成立, 则当 $n = k+1$ 时,

$$y^{(k+1)} = (y^{(k)})' = \left[(-1)^{k+1}\dfrac{k!\,c^{k-1}}{(cx+d)^{k+1}}\begin{vmatrix} a & b \\ c & d \end{vmatrix}\right]'$$

$$= (-1)^{k+1} k!\,c^{k-1}\begin{vmatrix} a & b \\ c & d \end{vmatrix}(-1)(k+1)\dfrac{c}{(cx+d)^{k+2}}$$

$$= (-1)^{k+2}\dfrac{(k+1)!\,c^{k}}{(cx+d)^{k+2}}\begin{vmatrix} a & b \\ c & d \end{vmatrix}.$$

即当 $n = k+1$ 时, 命题也成立. 于是 (2) 的结论得证.

2. 证明下列函数在 $x = 0$ 处不可导:

$(1)\, f(x) = x^{\frac{2}{3}}$; $(2)\, f(x) = |\ln|x-1||$.

解 (1) 因为 $\lim\limits_{x \to 0}\dfrac{f(x)-f(0)}{x-0} = \lim\limits_{x \to 0}\dfrac{x^{\frac{2}{3}}}{x} = \lim\limits_{x \to 0}\dfrac{1}{\sqrt[3]{x}} = \infty$, 所以 $f(x) = x^{\frac{2}{3}}$ 在 $x = 0$ 处不可导.

(2) 先求 $f'_-(0)$, 当 $x \leqslant 0$ 时, $f(x) = \ln(1-x)$.

于是 $f'_-(0) = \lim\limits_{x \to 0^-}\dfrac{\ln(1-x)}{x} = \lim\limits_{x \to 0^-}\dfrac{-x}{x} = -1$.

再求 $f'_+(0)$, 当 $0 \leqslant x < 1$ 时, $f(x) = -\ln(1-x)$, 于是

$$f'_+(0) = \lim\limits_{x \to 0^+}\dfrac{-\ln(1-x)}{x} = -\lim\limits_{x \to 0^+}\dfrac{-x}{x} = 1.$$

因为 $f'_+(0) \neq f'_-(0)$, 所以 $f(x) = |\ln|x-1||$ 在 $x = 0$ 处不可导.

3. (1) 举出一个连续函数, 它仅在已知点 $a_1, a_2, \cdots, a_n$ 处不可导;

(2) 举出一个函数, 它仅在点 $a_1, a_2, \cdots, a_n$ 处可导.

解 (1) 由于函数 $f(x) = |x|$ 仅在原点处不可导, 其余点处可导也连续, 从而 $|x-a_1|$ 仅在 $x = a_1$ 处不可导, 其他点处可导, 进而 $|x-a_1| + |x-a_2|$ 或 $|x-a_1| \cdot |x-a_2|$ 仅在点 a_1, a_2 处不可导,

其余点可导 …… 依此进行, 可得函数 $f(x) = \sum\limits_{k=1}^{n}|x-a_k|$ 或 $f(x) = \prod\limits_{k=1}^{n}|x-a_k|$ 仅在已知点 $a_1, a_2, \cdots, a_n$ 不可导.

(2) 由于狄利克雷函数 $D(x) = \begin{cases} 1, & x\ \text{为有理数}, \\ 0, & x\ \text{为无理数} \end{cases}$ 处处不可导且不连续, 可知 $(x-a_1)^2 D(x)$ 仅在 $x = a_1$ 处可导且导数为 0, 其他点处不可导, 进而 $(x-a_1)^2 (x-a_2)^2 D(x)$ 仅在 $x = a_1, a_2$ 处可导, 其他点

不可导 …… 依此进行, 可得函数 $f(x) = \prod\limits_{k=1}^{n}(x-a_k)^2 \cdot D(x)$ 仅在点 $a_1, a_2, \cdots, a_n$ 处可导.

4. 证明：

(1) 可导的偶函数，其导函数为奇函数；

(2) 可导的奇函数，其导函数为偶函数；

(3) 可导的周期函数，其导函数仍为周期函数.

证　**方法一**　(1) 设 $f(x)$ 为偶函数，则对 $\forall x \in D(f)$，有 $-x \in D(f)$，且有 $f(-x) = f(x)$，则

$$f'(-x) = \lim_{\Delta x \to 0} \frac{f(-x + \Delta x) - f(-x)}{\Delta x} = \lim_{\Delta x \to 0} \frac{f(x - \Delta x) - f(x)}{\Delta x}$$

$$= -\lim_{\Delta x \to 0} \frac{f(x - \Delta x) - f(x)}{-\Delta x} = -f'(x),$$

故 $f'(x)$ 是奇函数.

(2) 设 $f(x)$ 为奇函数，则对 $\forall x \in D(f)$，有 $-x \in D(f)$，且有 $f(-x) = -f(x)$，则

$$f'(-x) = \lim_{\Delta x \to 0} \frac{f(-x + \Delta x) - f(-x)}{\Delta x} = \lim_{\Delta x \to 0} \frac{-f(x - \Delta x) + f(x)}{\Delta x}$$

$$= \lim_{\Delta x \to 0} \frac{f(x - \Delta x) - f(x)}{-\Delta x} = f'(x),$$

故 $f'(x)$ 是偶函数.

(3) 设 $f(x)$ 是以 T 为周期的周期函数，则对 $\forall x \in D(f)$，有 $x + T \in D(f)$，且有

$$f'(x + T) = \lim_{\Delta x \to 0} \frac{f(x + T + \Delta x) - f(x + T)}{\Delta x} = \lim_{\Delta x \to 0} \frac{f(x + \Delta x) - f(x)}{\Delta x} = f'(x),$$

故 $f'(x)$ 也是以 T 为周期的周期函数.

方法二　(1) 设 $f(x)$ 为偶函数，则对 $\forall x \in D(f)$，有 $-x \in D(f)$，且有 $f(-x) = f(x)$，两边对 x 求导得

$$-f'(-x) = f'(x)，即 f'(-x) = -f'(x).$$

故 $f'(x)$ 为奇函数.

(2) 设 $f(x)$ 为奇函数，则对 $\forall x \in D(f)$，有 $-x \in D(f)$，且有 $f(-x) = -f(x)$，两边对 x 求导得

$$-f'(-x) = f'(x)，即 f'(-x) = f'(x).$$

故 $f'(x)$ 为偶函数.

(3) 设 $f(x)$ 是以 T 为周期的周期函数，则对 $\forall x \in D(f)$，有 $x + T \in D(f)$，且有 $f(x + T) = f(x)$，两边对 x 求导得

$$f'(x + T) = f'(x),$$

故 $f'(x)$ 也是以 T 为周期的周期函数.

5. 对下列命题，若认为是正确的，请给予证明；若认为是错误的，请举一反例予以否定：

(1) 设 $f = \varphi + \psi$，若 f 在点 x_0 处可导，则 φ, ψ 在点 x_0 处可导；

(2) 设 $f = \varphi + \psi$，若 φ 在点 x_0 处可导，ψ 在点 x_0 处不可导，则 f 在点 x_0 处一定不可导；

(3) 设 $f = \varphi \cdot \psi$，若 f 在点 x_0 处可导，则 φ, ψ 在点 x_0 处可导；

(4) 设 $f = \varphi \cdot \psi$，若 φ 在点 x_0 处可导，ψ 在点 x_0 处不可导，则 f 在点 x_0 处一定不可导.

解　(1) 命题错误. 如取 $\varphi(x) = |x|, \psi(x) = -|x|$，则 $f(x) = 0, f(x)$ 在 $x_0 = 0$ 处可导. 而 $\varphi(x)$ 与 $\psi(x)$ 在 $x_0 = 0$ 处都不可导.

(2) 命题正确. 反证法. 假如 f 在点 x_0 处可导，又因 φ 在点 x_0 处也可导，则 $\psi = f - \varphi$ 在 x_0 处也可导. 这与题设矛盾.

(3) 命题错误. 如取 $\varphi(x) \equiv 0, \psi(x) = D(x)$（狄利克雷函数），则 $f(x) \equiv 0$，处处可导. 但 $\psi(x)$ 处处不可导.

(4) 命题错误. 如取 $\varphi(x) \equiv 0, \psi(x) = |x|$，则 $\varphi(x) \equiv 0$ 在 $x_0 = 0$ 处可导，ψ 在 $x_0 = 0$ 处不可导，而 $f(x) = 0$ 在 $x_0 = 0$ 处可导.

6. 设 $\varphi(x)$ 在点 a 处连续, $f(x) = |x-a|\varphi(x)$, 求 $f'_-(a)$ 和 $f'_+(a)$. 问在什么条件下 $f'(a)$ 存在?

解
$$f'_-(a) = \lim_{x \to a^-} \frac{f(x) - f(a)}{x - a} = \lim_{x \to a^-} \frac{|x-a|\varphi(x) - 0}{x - a} = -\varphi(a),$$
$$f'_+(a) = \lim_{x \to a^+} \frac{f(x) - f(a)}{x - a} = \lim_{x \to a^+} \frac{|x-a|\varphi(x) - 0}{x - a} = \varphi(a),$$

故当且仅当 $\varphi(a) = 0$ 时, $f'(a)$ 存在且等于 0.

7. 设 f 为可导函数, 求下列各函数的一阶导数:

(1) $y = f(e^x)e^{f(x)}$; (2) $y = f(f(f(x)))$.

解 (1) $y' = [f(e^x)]'e^{f(x)} + [e^{f(x)}]'f(e^x) = e^x f'(e^x)e^{f(x)} + e^{f(x)}f'(x)f(e^x)$
$$= e^{f(x)}[e^x f'(e^x) + f'(x)f(e^x)].$$

(2) $y' = f'(f(f(x)))f'(f(x))f'(x)$.

8. 设 φ, ψ 为可导函数, 求 y':

(1) $y = \sqrt{[\varphi(x)]^2 + [\psi(x)]^2}$; (2) $y = \arctan \dfrac{\varphi(x)}{\psi(x)}$;

(3) $y = \log_{\varphi(x)} \psi(x)$ $(\varphi, \psi > 0, \varphi \neq 1)$.

解 (1) $y' = \dfrac{1}{2\sqrt{\varphi^2(x) + \psi^2(x)}} \cdot [2\varphi(x)\varphi'(x) + 2\psi(x)\psi'(x)] = \dfrac{\varphi(x)\varphi'(x) + \psi(x)\psi'(x)}{\sqrt{\varphi^2(x) + \psi^2(x)}}$.

(2) $y' = \dfrac{1}{1 + \left[\dfrac{\varphi(x)}{\psi(x)}\right]^2} \cdot \dfrac{\varphi'(x)\psi(x) - \varphi(x)\psi'(x)}{\psi^2(x)} = \dfrac{\varphi'(x)\psi(x) - \varphi(x)\psi'(x)}{\varphi^2(x) + \psi^2(x)}$.

(3) $y' = \left[\dfrac{\ln \psi(x)}{\ln \varphi(x)}\right]' = \dfrac{\ln \varphi(x)[\ln \psi(x)]' - [\ln \varphi(x)]'\ln \psi(x)}{[\ln \varphi(x)]^2}$

$= \dfrac{\ln \varphi(x)\dfrac{\psi'(x)}{\psi(x)} - \dfrac{\varphi'(x)}{\varphi(x)}\ln \psi(x)}{[\ln \varphi(x)]^2} = \dfrac{\psi'(x)\varphi(x)\ln \varphi(x) - \varphi'(x)\psi(x)\ln \psi(x)}{\varphi(x)\psi(x)\ln^2 \varphi(x)}$.

9. 设 $f_{ij}(x)(i, j = 1, 2, \cdots, n)$ 为可导函数, 证明:

$$\frac{d}{dx} \begin{vmatrix} f_{11}(x) & f_{12}(x) & \cdots & f_{1n}(x) \\ f_{21}(x) & f_{22}(x) & \cdots & f_{2n}(x) \\ \vdots & \vdots & & \vdots \\ f_{n1}(x) & f_{n2}(x) & \cdots & f_{nn}(x) \end{vmatrix} = \sum_{k=1}^{n} \begin{vmatrix} f_{11}(x) & f_{12}(x) & \cdots & f_{1n}(x) \\ f_{21}(x) & f_{22}(x) & \cdots & f_{2n}(x) \\ \vdots & \vdots & & \vdots \\ f'_{k1}(x) & f'_{k2}(x) & \cdots & f'_{kn}(x) \\ \vdots & \vdots & & \vdots \\ f_{n1}(x) & f_{n2}(x) & \cdots & f_{nn}(x) \end{vmatrix}.$$

并利用这个结果求 $F'(x)$:

(1) $F(x) = \begin{vmatrix} x-1 & 1 & 2 \\ -3 & x & 3 \\ -2 & -3 & x+1 \end{vmatrix}$; (2) $F(x) = \begin{vmatrix} x & x^2 & x^3 \\ 1 & 2x & 3x^2 \\ 0 & 2 & 6x \end{vmatrix}$.

解 令 $D(x)$ 表示以函数 $f_{ij}(x)$ 为元素的 n 阶行列式 $(f_{ij}(x))_{n \times n}$. $B_k(x)$ 表示将 $D(x)$ 的第 k 行换为 $f'_{k1}(x), f'_{k2}(x), \cdots, f'_{kn}(x)$, 其余元素都不变的行列式. 根据行列式的定义

$$D(x) = \sum_{j_1 j_2 \cdots j_n} (-1)^{\tau(j_1 j_2 \cdots j_n)} f_{1j_1}(x) f_{2j_2}(x) \cdots f_{nj_n}(x),$$

$$B_k(x) = \sum_{j_1 j_2 \cdots j_n} (-1)^{\tau(j_1 j_2 \cdots j_n)} f_{1j_1}(x) \cdots f_{k-1, j_{k-1}}(x) f'_{kj_k}(x) f_{k+1, j_{k+1}}(x) \cdots f_{nj_n}(x),$$

由莱布尼茨公式和求和符号 $\sum$ 的交换性质有

$$\frac{d}{dx} D(x) = \sum_{j_1 j_2 \cdots j_n} (-1)^{\tau(j_1 j_2 \cdots j_n)} [f_{1j_1}(x) f_{2j_2}(x) \cdots f_{nj_n}(x)]'$$

$$= \sum_{j_1 j_2 \cdots j_j} \left[(-1)^{\tau(j_1 j_2 \cdots j_n)} \sum_{k=1}^{n} f_{1j_1}(x) \cdots f_{k-1,j_{k-1}}(x) f'_{kj_k}(x) f_{k+1,j_{k+1}}(x) \cdots f_{nj_n}(x) \right]$$

$$= \sum_{k=1}^{n} \sum_{j_1 j_2 \cdots j_n} \left[(-1)^{\tau(j_1 j_2 \cdots j_n)} f_{1j_1}(x) \cdots f_{k-1,j_{k-1}}(x) f'_{kj_k}(x) f_{k+1,j_{k+1}}(x) \cdots f_{nj_n}(x) \right]$$

$$= \sum_{k=1}^{n} B_k(x).$$

$(1) F'(x) = \begin{vmatrix} 1 & 0 & 0 \\ -3 & x & 3 \\ -2 & -3 & x+1 \end{vmatrix} + \begin{vmatrix} x-1 & 1 & 2 \\ 0 & 1 & 0 \\ -2 & -3 & x+1 \end{vmatrix} + \begin{vmatrix} x-1 & 1 & 2 \\ -3 & x & 3 \\ 0 & 0 & 1 \end{vmatrix}$

$\qquad = \begin{vmatrix} x & 3 \\ -3 & x+1 \end{vmatrix} + \begin{vmatrix} x-1 & 2 \\ -2 & x+1 \end{vmatrix} + \begin{vmatrix} x-1 & 1 \\ -3 & x \end{vmatrix}$

$\qquad = x^2 + x + 9 + x^2 - 1 + 4 + x^2 - x + 3 = 3x^2 + 15.$

$(2) F'(x) = \begin{vmatrix} 1 & 2x & 3x^2 \\ 1 & 2x & 3x^2 \\ 0 & 2 & 6x \end{vmatrix} + \begin{vmatrix} x & x^2 & x^3 \\ 0 & 2 & 6x \\ 0 & 2 & 6x \end{vmatrix} + \begin{vmatrix} x & x^2 & x^3 \\ 1 & 2x & 3x^2 \\ 0 & 0 & 6 \end{vmatrix}$

$\qquad = 0 + 0 + 6 \begin{vmatrix} x & x^2 \\ 1 & 2x \end{vmatrix} = 6(2x^2 - x^2) = 6x^2.$

四、自测题

=======第五章自测题=======

一、判断题(每题 2 分,共 10 分)

1. 若函数 $f(x)$ 在点 x_0 处可导,则 $f(x)$ 在点 x_0 处连续.   (   )

2. 设函数 $f(x)$ 在点 x_0 的某邻域内有定义.若点 x_0 为 $f(x)$ 的极值点,则必有 $f'(x_0) = 0$.   (   )

3. 可导的偶函数,其导函数为奇函数.   (   )

4. 设 $f = \varphi \cdot \psi$. 若 f 在点 x_0 处可导,则 φ 和 ψ 在点 x_0 处都可导.   (   )

5. $(\sin x^2)' = \cos x^2$.   (   )

二、用定义证明(每题 5 分,共 10 分)

6. 证明:若 $f'(x_0)$ 存在,则 $\lim\limits_{\Delta x \to 0} \dfrac{f(x_0 + \Delta x) - f(x_0 - \Delta x)}{\Delta x} = 2f'(x_0)$.

7. 证明:$(\arctan x)' = \dfrac{1}{1 + x^2}$.

三、计算题,写出必要的计算过程(每题 10 分,共 60 分)

8. 设 $f(x)$ 在 $x = 0$ 的某个邻域内连续,且 $f(0) = 0$,$\lim\limits_{x \to 0} \dfrac{f(x)}{1 - \cos x} = 2$.

    (1) 求 $f'(0)$;

    (2) 求 $\lim\limits_{x \to 0} \dfrac{f(x)}{x^2}$;

    (3) 证明:$f(x)$ 在点 $x = 0$ 处取得极小值.

9. 设 $\begin{cases} x = 3t^3 + 3, \\ y = 3^t + 3, \end{cases}$ 求 $\dfrac{\mathrm{d}y}{\mathrm{d}x}, \dfrac{\mathrm{d}^2 y}{\mathrm{d}x^2}$.

10. 设 $f(x) = \begin{cases} \mathrm{e}^x(\sin x + \cos x), & x \leqslant 0, \\ ax^2 + bx + c, & x > 0, \end{cases}$ 确定常数 a, b, c,使 $f''(x)$ 在 $(-\infty, +\infty)$ 内存在.

11. 已知 $f(x) = (x - a)^2 \varphi(x)$,其中 $\varphi'(x)$ 在 $x = a$ 的某邻域内连续,求 $f''(a)$.

12. 设函数 $f(x) = \begin{cases} x^a \sin \dfrac{1}{x}, & x > 0, \\ 0, & x = 0. \end{cases}$ 讨论 $f(x)$ 的连续性、可导性及导函数的连续性.

13. 设函数 $f(x)$ 连续,$f'(0)$ 存在,且 $\forall x, y \in \mathbf{R}$,有 $f(x + y) = \dfrac{f(x) + f(y)}{1 - 4f(x)f(y)}$. 讨论 $f(x)$ 在 $\mathbf{R}$ 上的可微性.

四、证明题,写出必要的证明过程(每题 10 分,共 20 分)

14. 设 $f(x)$ 在点 a 处连续且 $|f(x)|$ 在点 a 处可导. 证明:$f(x)$ 在点 a 处可导.

15. 设 $\varphi(x) = \begin{cases} x^2 \sin \dfrac{1}{x}, & x \neq 0, \\ 0, & x = 0, \end{cases}$ 函数 $f(x)$ 在 $x = 0$ 处可导,证明:$f(\varphi(x))$ 在 $x = 0$ 处的导数为 0.

=======第五章自测题解答=======

一、1. $\checkmark$ 2. $\times$ 3. $\checkmark$ 4. $\times$ 5. $\times$

二、6. 证 $\lim\limits_{\Delta x \to 0} \dfrac{f(x_0 + \Delta x) - f(x_0 - \Delta x)}{\Delta x}$

$$= \lim_{\Delta x \to 0} \frac{f(x_0 + \Delta x) - f(x_0)}{\Delta x} + \lim_{\Delta x \to 0} \frac{f(x_0 - \Delta x) - f(x_0)}{-\Delta x}$$

$$= 2f'(x_0).$$

7. 证　$\dfrac{\arctan(x + \Delta x) - \arctan x}{\Delta x} = \dfrac{\arctan \dfrac{\Delta x}{1 + x(x + \Delta x)}}{\Delta x}$

$$= \frac{\arctan \dfrac{\Delta x}{1 + x(x + \Delta x)}}{\dfrac{\Delta x}{1 + x(x + \Delta x)}} \cdot \frac{1}{1 + x(x + \Delta x)}$$

于是

$$(\arctan x)' = \lim_{\Delta x \to 0} \frac{\arctan(x + \Delta x) - \arctan x}{\Delta x}$$

$$= \lim_{\Delta x \to 0} \frac{\arctan \dfrac{\Delta x}{1 + x(x + \Delta x)}}{\dfrac{\Delta x}{1 + x(x + \Delta x)}} \cdot \frac{1}{1 + x(x + \Delta x)}$$

$$= \frac{1}{1 + x^2}.$$

三、8. 解　(1) 由于 $\lim\limits_{x \to 0} \dfrac{1 - \cos x}{x} = \lim\limits_{x \to 0} \dfrac{\dfrac{x^2}{2}}{x} = \lim\limits_{x \to 0} \dfrac{x}{2} = 0$, 故

$$f'(0) = \lim_{x \to 0} \frac{f(x) - f(0)}{x} = \lim_{x \to 0} \frac{f(x)}{1 - \cos x} \cdot \frac{1 - \cos x}{x} = 0.$$

(2) 由于 $\lim\limits_{x \to 0} \dfrac{1 - \cos x}{x^2} = \lim\limits_{x \to 0} \dfrac{\dfrac{x^2}{2}}{x^2} = \dfrac{1}{2}$, 故

$$\lim_{x \to 0} \frac{f(x)}{x^2} = \lim_{x \to 0} \frac{f(x)}{1 - \cos x} \cdot \frac{1 - \cos x}{x^2} = 1.$$

(3) 由(2)的结论和极限的局部保号性可知, $\exists \delta > 0$, 当 $|x| < \delta$ 时, 有 $f(x) \geqslant \dfrac{1}{2} x^2 \geqslant f(0)$ 成立, 所以 $f(x)$ 在点 $x = 0$ 处取得极小值.

9. 解　由参变量函数的导数公式知

$$\frac{\mathrm{d}y}{\mathrm{d}x} = \frac{y'(t)}{x'(t)} = \frac{3^t \ln 3}{9t^2},$$

$$\frac{\mathrm{d}^2 y}{\mathrm{d}x^2} = \frac{\mathrm{d}}{\mathrm{d}x}\left(\frac{\mathrm{d}y}{\mathrm{d}x}\right) = \left(\frac{3^t \ln 3}{9t^2}\right)' \frac{1}{9t^2} = \frac{(t \ln 3 - 2)3^t \ln 3}{81t^5}.$$

10. 解　由于 $f''(x)$ 在 $(-\infty, +\infty)$ 处处存在, 所以 $f(x), f'(x)$ 在 $(-\infty, +\infty)$ 内连续可导.

由于 $\lim\limits_{x \to 0^+} f(x) = \lim\limits_{x \to 0^+} (ax^2 + bx + c) = c$, $\lim\limits_{x \to 0^-} f(x) = \lim\limits_{x \to 0^-} \mathrm{e}^x(\sin x + \cos x) = 1$, 所以 $c = 1$.

由于 $f'_+(0) = \lim\limits_{x \to 0^+} \dfrac{ax^2 + bx}{x} = b$, $f'_-(0) = \lim\limits_{x \to 0^-} \dfrac{\mathrm{e}^x(\sin x + \cos x) - 1}{x} = 2$, 所以 $b = 2$.

于是有

$$f'(x) = \begin{cases} 2\mathrm{e}^x \cos x, & x \leqslant 0, \\ 2ax + 2, & x > 0. \end{cases}$$

又由于

$$f''_+(0) = \lim_{x \to 0^+} \frac{2ax}{x} = 2a, \quad f''_-(0) = \lim_{x \to 0^-} \frac{2\mathrm{e}^x \cos x - 2}{x} = 2,$$

所以 $a = 1$.

11. 解　因为 $f'(x) = 2(x - a)\varphi(x) + (x - a)^2 \varphi'(x)$, 故 $f'(a) = 0$. 由二阶导数定义得

$$f''(a) = \lim_{x \to a} \frac{f'(x) - f'(a)}{x - a} = \lim_{x \to a} \frac{2(x-a)\varphi(x) + (x-a)^2\varphi'(x)}{x - a} = 2\varphi(a).$$

12.解　显然 $x > 0$ 时，$f(x)$ 连续且可导.下面考虑 $x = 0$ 的情况：

连续性：当 $\alpha > 0$ 时，根据 $\sin\frac{1}{x}$ 为有界量，显然有

$$\lim_{x \to 0^+} f(x) = \lim_{x \to 0^+} x^\alpha \sin\frac{1}{x} = 0 = f(0).$$

所以此时 $f(x)$ 在点 $x = 0$ 处右连续.

当 $\alpha \leqslant 0$ 时，取 $x_n = \dfrac{1}{2n\pi + \dfrac{\pi}{2}}$，显然有 $x_n \to 0^+ (n \to \infty)$，但是

$$\lim_{n \to \infty} f(x_n) = \lim_{n \to \infty} \frac{1}{\left(2n\pi + \dfrac{\pi}{2}\right)^\alpha} \sin\left(2n\pi + \frac{\pi}{2}\right) = \lim_{n \to \infty} \left(2n\pi + \frac{\pi}{2}\right)^{-\alpha} \neq 0 = f(0).$$

这说明 $f(x)$ 在 $x = 0$ 处不连续.

可导性：由连续性可知只需讨论 $\alpha > 0$ 的情况. 由于

$$\frac{f(x) - f(0)}{x - 0} = x^{\alpha - 1} \sin\frac{1}{x}.$$

显然 $\alpha > 1$ 时，$\lim\limits_{x \to 0^+} x^{\alpha-1} \sin\dfrac{1}{x} = 0$，这说明此时 $f(x)$ 在 $x = 0$ 处可导；

当 $0 < \alpha \leqslant 1$ 时，$\lim\limits_{x \to 0^+} x^{\alpha-1} \sin\dfrac{1}{x}$ 不存在，即此时 $f(x)$ 在 $x = 0$ 处不可导.

导函数的连续性：由可导性可知 $\alpha > 1$ 时，函数 $f(x)$ 可导，且

$$f'(x) = \begin{cases} \alpha x^{\alpha-1} \sin\dfrac{1}{x} - x^{\alpha-2} \cos\dfrac{1}{x}, & x > 0, \\ 0, & x = 0. \end{cases}$$

易知 $\alpha > 2$ 时，有 $\lim\limits_{x \to 0^+} f'(x) = 0 = f'(0)$，即 $f'(x)$ 在 $[0, +\infty)$ 上连续；

但是当 $1 < \alpha \leqslant 2$ 时，此时极限 $\lim\limits_{x \to 0^+} f'(x)$ 不存在，即 $f'(x)$ 在 $x = 0$ 处不连续.

综上可得，$\alpha > 0$ 时，函数连续；$\alpha > 1$ 时，函数可导；$\alpha > 2$ 时，导函数连续.

13.解　令 $x = y = 0$，由条件 $f(0) = \dfrac{2f(0)}{1 - 4f^2(0)}$，即 $f(0) = 0$，所以

$$f'(0) = \lim_{h \to 0} \frac{f(h) - f(0)}{h} = \lim_{h \to 0} \frac{f(h)}{h}.$$

由上式，对 $\forall x \in \mathbf{R}$，有

$$\begin{aligned}
\lim_{h \to 0} \frac{f(x+h) - f(x)}{h} &= \lim_{h \to 0} \frac{\dfrac{f(x) + f(h)}{1 - 4f(x)f(h)} - f(x)}{h} \\
&= \lim_{h \to 0} \frac{f(h)[1 + 4f^2(x)]}{h[1 - 4f(x)f(h)]} \\
&= f'(0)[1 + 4f^2(x)],
\end{aligned}$$

所以

$$f'(x) = f'(0)[1 + 4f^2(x)],$$

即 $f(x)$ 在 $\mathbf{R}$ 上可微.

四、14.证　（ⅰ）若 $f(a) = 0$，当 $x > a$ 时，$\dfrac{|f(x)|}{x - a} \geqslant 0$；当 $x < a$ 时，$\dfrac{|f(x)|}{x - a} \leqslant 0$.

所以

$$\lim_{x \to a} \frac{|f(x)| - |f(a)|}{x - a} = \lim_{x \to a} \frac{|f(x)|}{x - a} = 0 \Rightarrow \lim_{x \to a} \frac{f(x) - f(a)}{x - a} = 0.$$

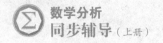
（ⅱ）若 $f(a) > 0$. 因为 $f(x)$ 在点 a 处连续，所以 $\exists \delta > 0$，当 $|x-a| < \delta$ 时，有 $f(x) > \dfrac{f(a)}{2} > 0$. 故

$$\lim_{x \to a} \frac{|f(x)| - |f(a)|}{x-a} = \lim_{x \to a} \frac{f(x) - f(a)}{x-a},$$

即 $f(x)$ 在点 a 处可导.

（ⅲ）同理，若 $f(a) < 0$，有

$$\lim_{x \to a} \frac{|f(x)| - |f(a)|}{x-a} = -\lim_{x \to a} \frac{f(x) - f(a)}{x-a},$$

即 $f(x)$ 在点 a 处可导.

15. 证 $\dfrac{f(\varphi(x)) - f(\varphi(0))}{x} = \dfrac{f\left(x^2 \sin \dfrac{1}{x}\right) - f(0)}{x} = \dfrac{f\left(x^2 \sin \dfrac{1}{x}\right) - f(0)}{x^2 \sin \dfrac{1}{x}} \cdot x \sin \dfrac{1}{x},$

因 $f(x)$ 在 $x = 0$ 处可导，且 $\left|\sin \dfrac{1}{x}\right| \leqslant 1, \forall x \in R$，故

$$\lim_{x \to 0} \frac{f(\varphi(x)) - f(\varphi(0))}{x} = \lim_{x \to 0} \frac{f\left(x^2 \sin \dfrac{1}{x}\right) - f(0)}{x^2 \sin \dfrac{1}{x}} \cdot x \sin \dfrac{1}{x} = f'(0) \cdot \lim_{x \to 0} x \sin \dfrac{1}{x} = 0,$$

即 $f(\varphi(x))$ 在 $x = 0$ 处的导数为 0.

第六章 微分中值定理及其应用

一、主要内容归纳

1. 罗尔(Rolle)中值定理 若函数 f 满足如下条件：

（ⅰ）f 在闭区间 $[a,b]$ 上连续；

（ⅱ）f 在开区间 (a,b) 内可导；

（ⅲ）$f(a)=f(b)$，则

在 (a,b) 内至少存在一点 ξ，使 $f'(\xi)=0$.

2. 拉格朗日(Lagrange)中值定理 若函数 f 满足如下条件：

（ⅰ）f 在闭区间 $[a,b]$ 上连续；

（ⅱ）f 在开区间 (a,b) 内可导，则

在 (a,b) 内至少存在一点 ξ，使得 $f'(\xi)=\dfrac{f(b)-f(a)}{b-a}$.

3. 导数极限定理 设函数 f 在点 x_0 的某邻域 $U(x_0)$ 内连续，在 $U^o(x_0)$ 内可导，且极限 $\lim\limits_{x\to x_0} f'(x)$ 存在，则 f 在点 x_0 处可导，且 $f'(x_0)=\lim\limits_{x\to x_0} f'(x)$.

4. 函数单调性的判别法

(1) 设函数 $f(x)$ 在区间 I 上可导，则 $f(x)$ 在 I 上递增（减）的充要条件是
$$f'(x)\geqslant 0\ (\leqslant 0).$$

(2) 若函数 f 在 (a,b) 内可导，则 f 在 (a,b) 内严格增（减）的充要条件：

（ⅰ）对 $\forall x\in(a,b)$，有 $f'(x)\geqslant 0(f'(x)\leqslant 0)$；

（ⅱ）在 (a,b) 内的任何子区间上 $f'(x)\not\equiv 0$.

(3) 设函数 f 在区间 I 上可微，若 $f'(x)>0(f'(x)<0)$，则 f 在 I 上严格增（减）.

5. 达布定理 若函数 f 在 $[a,b]$ 上可导，且 $f'_+(a)\neq f'_-(b)$，k 为介于 $f'_+(a)$ 与 $f'_-(b)$ 之间的任一实数，则至少存在一点 $\xi\in(a,b)$，使得 $f'(\xi)=k$.

推论 设函数 $f(x)$ 在区间 I 上满足 $f'(x)\neq 0$，那么 $f(x)$ 在区间 I 上严格单调.

6. 柯西(Cauchy)中值定理 设函数 f 和 g 满足：

（ⅰ）在 $[a,b]$ 上都连续；

（ⅱ）在 (a,b) 内都可导；

（ⅲ）$f'(x)$ 和 $g'(x)$ 不同时为零；

（ⅳ）$g(a)\neq g(b)$，则

$\exists \xi \in (a,b)$，使得 $\dfrac{f'(\xi)}{g'(\xi)} = \dfrac{f(b)-f(a)}{g(b)-g(a)}$.

注：（ⅲ）和（ⅳ）可由 $g'(x) \neq 0, x \in (a,b)$ 得到.

7. 不定式极限

（1）$\dfrac{0}{0}$ 型不定式极限　若函数 f 和 g 满足：

（ⅰ）$\lim\limits_{x \to x_0} f(x) = \lim\limits_{x \to x_0} g(x) = 0$；

（ⅱ）在点 x_0 的某空心邻域 $U^o(x_0)$ 内两者都可导，且 $g'(x) \neq 0$；

（ⅲ）$\lim\limits_{x \to x_0} \dfrac{f'(x)}{g'(x)} = A$（$A$ 可为实数，也可为 $\pm\infty, \infty$），则

$$\lim_{x \to x_0} \frac{f(x)}{g(x)} = \lim_{x \to x_0} \frac{f'(x)}{g'(x)} = A.$$

（对 $x \to x_0^+, x \to x_0^-, x \to \pm\infty, x \to \infty$，只要相应地修正条件（ⅱ）中的邻域，也可有同样的结论.）

（2）$\dfrac{*}{\infty}$ 型不定式极限　若函数 f 和 g 满足：

（ⅰ）$\lim\limits_{x \to x_0^+} g(x) = \infty$；

（ⅱ）在 x_0 的某右邻域 $U_+^o(x_0)$ 内两者都可导，且 $g'(x) \neq 0$；

（ⅲ）$\lim\limits_{x \to x_0^+} \dfrac{f'(x)}{g'(x)} = A$（$A$ 可为实数，也可为 $\pm\infty, \infty$），则 $\lim\limits_{x \to x_0^+} \dfrac{f(x)}{g(x)} = \lim\limits_{x \to x_0^+} \dfrac{f'(x)}{g'(x)} = A$.

（对于 $x \to x_0^-, x \to x_0$ 或 $x \to \pm\infty, x \to \infty$ 等情形也有相同的结论.）

（3）**其他类型不定式极限**　$0 \cdot \infty, \infty - \infty, 1^\infty, 0^0, \infty^0$ 等类型的不定式可以通过四则运算或变换 $u(x) = e^{\ln u(x)}$（$u(x) > 0$）化为 $\dfrac{0}{0}$ 或 $\dfrac{\infty}{\infty}$ 型的不定式极限.

（4）以导数为工具研究不定式极限的方法称为**洛必达法则**.

8. 带有佩亚诺(Peano)型余项的泰勒(Taylor)公式
若函数 $f(x)$ 在点 x_0 处存在直至 n 阶导数，则有

$$f(x) = f(x_0) + f'(x_0)(x-x_0) + \frac{f''(x_0)}{2!}(x-x_0)^2 + \cdots + \frac{f^{(n)}(x_0)}{n!}(x-x_0)^n + o((x-x_0)^n),$$

①

①式称为**带有佩亚诺型余项的泰勒公式**. 若令①中的 $x_0 = 0$，则

$$f(x) = f(0) + f'(0)x + \frac{f''(0)}{2!}x^2 + \cdots + \frac{f^{(n)}(0)}{n!}x^n + o(x^n),$$

②

②式称为**带有佩亚诺型余项的麦克劳林公式**.

9. 带有拉格朗日(Lagrange)型余项的泰勒公式

泰勒定理　若函数 f 在 $[a,b]$ 上存在直至 n 阶的连续导函数，在 (a,b) 内存在 $n+1$ 阶导函数，则对任意给定的 $x, x_0 \in [a,b]$，至少存在一点 $\xi \in (a,b)$，使得

$$f(x)=f(x_0)+f'(x_0)(x-x_0)+\frac{f''(x_0)}{2!}(x-x_0)^2+\cdots+\frac{f^{(n)}(x_0)}{n!}(x-x_0)^n$$

$$+\frac{f^{(n+1)}(\xi)}{(n+1)!}(x-x_0)^{n+1}, \qquad ③$$

其中 $\xi=x_0+\theta(x-x_0),\theta\in(0,1)$. 称 $R_n(x)=\frac{f^{(n+1)}(\xi)}{(n+1)!}(x-x_0)^{n+1}$ 为**拉格朗日型余项**. 称③

为**带有拉格朗日型余项的泰勒公式**. 当 $x_0=0$ 时,得到泰勒公式

$$f(x)=f(0)+f'(0)x+\frac{f''(0)}{2!}x^2+\cdots+\frac{f^{(n)}(0)}{n!}x^n+\frac{f^{(n+1)}(\theta x)}{(n+1)!}x^{n+1} \quad (0<\theta<1), \quad ④$$

④式称为**带有拉格朗日型余项的麦克劳林公式**.

10. 常用的六个麦克劳林展开式

$(1)\,e^x=1+x+\frac{x^2}{2!}+\cdots+\frac{x^n}{n!}+\frac{e^{\theta x}}{(n+1)!}x^{n+1}, \quad 0<\theta<1,\ x\in(-\infty,+\infty);$

$(2)\,\sin x=x-\frac{x^3}{3!}+\frac{x^5}{5!}-\cdots+(-1)^{m-1}\frac{x^{2m-1}}{(2m-1)!}+(-1)^m\frac{\cos\theta x}{(2m+1)!}x^{2m+1},$

$$0<\theta<1,\ x\in(-\infty,+\infty);$$

$(3)\,\cos x=1-\frac{x^2}{2!}+\frac{x^4}{4!}-\cdots+(-1)^m\frac{x^{2m}}{(2m)!}+(-1)^{m+1}\frac{\cos\theta x}{(2m+2)!}x^{2m+2},$

$$0<\theta<1,\ x\in(-\infty,+\infty);$$

$(4)\,\ln(1+x)=x-\frac{x^2}{2}+\frac{x^3}{3}-\cdots+(-1)^{n-1}\frac{x^n}{n}+(-1)^n\frac{x^{n+1}}{(n+1)(1+\theta x)^{n+1}},$

$$0<\theta<1,\ x>-1;$$

$(5)\,(1+x)^\alpha=1+\alpha x+\frac{\alpha(\alpha-1)}{2!}x^2+\cdots+\frac{\alpha(\alpha-1)\cdots(\alpha-n+1)}{n!}x^n$

$$+\frac{\alpha(\alpha-1)\cdots(\alpha-n)}{(n+1)!}(1+\theta x)^{\alpha-n-1}x^{n+1}, \qquad 0<\theta<1,\ x>-1;$$

$(6)\,\frac{1}{1-x}=1+x+x^2+\cdots+x^n+\frac{x^{n+1}}{(1-\theta x)^{n+2}}, \quad 0<\theta<1,\ |x|<1.$

11. 极值的必要条件

若函数 $f(x)$ 在点 x_0 处可导,且 x_0 为 $f(x)$ 的极值点,则 $f'(x_0)=0$,称 x_0 为 $f(x)$ 的**稳定点**或**驻点**.

12. 极值的充分条件

(1)**极值的第一充分条件** 设 $f(x)$ 在点 x_0 处连续,在某邻域 $U^o(x_0;\delta)$ 内可导.

(i)若当 $x\in(x_0-\delta,x_0)$ 时 $f'(x)\leqslant0$,当 $x\in(x_0,x_0+\delta)$ 时 $f'(x)\geqslant0$,则 $f(x)$ 在点 x_0 处取得极小值;

(ii)若当 $x\in(x_0-\delta,x_0)$ 时 $f'(x)\geqslant0$,当 $x\in(x_0,x_0+\delta)$ 时 $f'(x)\leqslant0$,则 $f(x)$ 在点 x_0 处取得极大值.

(2)**极值的第二充分条件** 设 $f(x)$ 在 x_0 的某邻域 $U(x_0;\delta)$ 内一阶可导,在 $x=x_0$ 处二阶可导,且 $f'(x_0)=0,f''(x_0)\neq0$.

(i)若 $f''(x_0)<0$,则 $f(x)$ 在 x_0 处取得极大值;

（ⅱ）若 $f''(x_0)>0$，则 $f(x)$ 在 x_0 处取得极小值.

(3) 极值的第三充分条件 设 $f(x)$ 在 x_0 的某邻域内存在直到 $n-1$ 阶导函数，在 x_0 处 n 阶可导，且

$$f^{(k)}(x_0)=0 \ (k=1,2,\cdots,n-1), \quad f^{(n)}(x_0)\neq 0,$$

则（ⅰ）当 n 为偶数时，$f(x)$ 在 x_0 处取得极值，且当 $f^{(n)}(x_0)<0$ 时取极大值，$f^{(n)}(x_0)>0$ 时取极小值.

（ⅱ）当 n 为奇数时，$f(x)$ 在 x_0 处不取极值.

13. 函数的最大值与最小值 设 $f(x)$ 在区间 I 上连续，并且在 I 上仅有唯一的极值点 x_0. 若 x_0 是 $f(x)$ 的极大（小）值点，则 x_0 必是 $f(x)$ 在 I 上的最大（小）值点.

14. 凸（凹）函数的定义 设 $f(x)$ 为定义在区间 I 上的函数，若对 $\forall x_1,x_2\in I$ 和任意实数 $\lambda\in(0,1)$，总有

$$f(\lambda x_1+(1-\lambda)x_2)\leqslant \lambda f(x_1)+(1-\lambda)f(x_2)$$

$$(f(\lambda x_1+(1-\lambda)x_2)\geqslant \lambda f(x_1)+(1-\lambda)f(x_2)),$$

则称 $f(x)$ 为 I 上的**凸（凹）函数**. 若上述不等式改为严格的不等式，则相应的函数称为**严格凸（凹）函数**. 若 $-f(x)$ 为区间 I 上的（严格）凸函数，则 $f(x)$ 为区间 I 上的（严格）凹函数.

15. 凸函数的判别法

(1) 判别法 1 $f(x)$ 为 I 上的（严格）凸函数的充要条件是：对于 I 上任意三点 $x_1<x_2<x_3$，总有

$$\left(\frac{f(x_2)-f(x_1)}{x_2-x_1}<\frac{f(x_3)-f(x_2)}{x_3-x_2}\right) \quad \frac{f(x_2)-f(x_1)}{x_2-x_1}\leqslant\frac{f(x_3)-f(x_2)}{x_3-x_2}.$$

(2) 判别法 2 $f(x)$ 为 I 上的凸函数的充要条件是：对于 I 上任意三点 $x_1<x_2<x_3$，总有

$$\frac{f(x_2)-f(x_1)}{x_2-x_1}\leqslant\frac{f(x_3)-f(x_1)}{x_3-x_1}\leqslant\frac{f(x_3)-f(x_2)}{x_3-x_2}.$$

(3) 判别法 3 设 $f(x)$ 为区间 I 上的可导函数，则下述论断互相等价：

（ⅰ）$f(x)$ 为 I 上的凸函数；

（ⅱ）$f'(x)$ 为 I 上的增函数；

（ⅲ）对 $\forall x_1,x_2\in I$，有 $f(x_2)\geqslant f(x_1)+f'(x_1)(x_2-x_1)$.

(4) 判别法 4 设 $f(x)$ 为区间 I 上的二阶可导函数，则在 I 上 $f(x)$ 为凸（凹）函数的充要条件是

$$f''(x)\geqslant 0 \ (f''(x)\leqslant 0), \quad x\in I.$$

16. 延森（Jensen）不等式 若 $f(x)$ 为 $[a,b]$ 上凸函数，则对 $\forall x_i\in[a,b],\lambda_i>0 \ (i=1,2,\cdots,n),\sum\limits_{i=1}^{n}\lambda_i=1$，有 $f\left(\sum\limits_{i=1}^{n}\lambda_i x_i\right)\leqslant\sum\limits_{i=1}^{n}\lambda_i f(x_i)$.

17. 拐点的定义 设曲线 $y=f(x)$ 在点 $(x_0,f(x_0))$ 处有穿过曲线的切线，且在切点近旁，曲线在切线的两侧分别是严格凸和严格凹的，这时称点 $(x_0,f(x_0))$ 为曲线 $y=f(x)$ 的**拐点**.

18. 拐点的判别法

拐点的必要条件 若 $f(x)$ 在 x_0 处二阶可导,则 $(x_0, f(x_0))$ 为曲线 $y=f(x)$ 的拐点的必要条件是 $f''(x_0)=0$.

拐点的充分条件 设 $f(x)$ 在 x_0 处可导,在某邻域 $U^o(x_0)$ 内二阶可导. 若在 $U^o_+(x_0)$ 和 $U^o_-(x_0)$ 上 $f''(x)$ 的符号相反,则 $(x_0, f(x_0))$ 为曲线 $y=f(x)$ 的拐点.

19. 作函数图像的一般程序

(1) 先讨论函数的定义域;

(2) 考察函数的初等特性:如奇偶性、周期性、对称性等;

(3) 求函数的某些特殊点:如与坐标轴的交点、不连续点、不可导点等;

(4) 确定函数的稳定点、单调区间、极值点、凸凹区间及拐点等;

(5) 讨论曲线的渐近线;

(6) 通过列表综合上述结果,作函数图像.

20. 求方程近似解的一种数值解法——牛顿切线法

牛顿切线法的基本思想是构造一收敛点列 $\{x_n\}$,使其极限 $\lim\limits_{n\to\infty} x_n = \xi$ 恰好是方程 $f(x)=0$ 的解. 因此当 n 充分大时,x_n 可作为 ξ 的近似值.

二、 经典例题解析及解题方法总结

【例 1】 证明:若 $f(x) \geqslant 0$,其中 $x \in (a,b)$,且 $f'''(x)$ 存在,$f(x)=0$ 有两个相异实根,则 $\exists c \in (a,b)$,使得 $f'''(c)=0$.

证 因为 $f(x)=0$ 在区间 (a,b) 中有两个相异实根,所以 $\exists x_1, x_2 \in (a,b)$,$x_1 < x_2$ 使得 $f(x_1)=f(x_2)=0$. 又 $f(x) \geqslant 0$,$\forall x \in (a,b)$,故 x_1, x_2 必然是 $f(x)$ 的局部极小值点. 由费马定理可得 $f'(x_1)=f'(x_2)=0$. 由于 $f'''(x)$ 存在,故 $f''(x)$,$f'(x)$ 存在且 $f''(x)$,$f'(x)$,$f(x)$ 均在 (a,b) 连续.

在 $[x_1, x_2] \subset (a,b)$ 内使用罗尔定理,$\exists \xi \in (x_1, x_2)$,使得 $f'(\xi)=0$. 同理,$\exists \xi_1 \in (x_1, \xi)$,$\xi_2 \in (\xi, x_2)$,使得 $f''(\xi_1)=f''(\xi_2)=0$. 再次使用罗尔定理,$\exists c \in (\xi_1, \xi_2) \subset (a,b)$,使得 $f'''(c)=0$.

【例 2】 证明:若 $\dfrac{a_0}{1} + \dfrac{a_1}{2} + \cdots + \dfrac{a_n}{n+1} = 0$,则至少存在一点 $x_0 \in (0,1)$,使

$$a_0 + a_1 x_0 + \cdots + a_n x_0^n = 0.$$

分析 问题的关键在于构造一个函数 $f(x)$,使得 $f'(x_0) = a_0 + a_1 x_0 + \cdots + a_n x_0^n$ 且在 $[0,1]$ 中满足罗尔定理的条件. 于是 $f(x) = a_0 x + \dfrac{a_1}{2} x^2 + \cdots + \dfrac{a_n}{n+1} x^{n+1}$.

证 设 $f(x) = a_0 x + \dfrac{a_1}{2} x^2 + \cdots + \dfrac{a_n}{n+1} x^{n+1}$,$x \in [0,1]$,显然 $f(0)=f(1)=0$,且 $f(x)$ 在 $[0,1]$ 上连续,$f(x)$ 在 $(0,1)$ 内可导,由罗尔定理,至少存在一点 $x_0 \in (0,1)$,使 $f'(x_0)=0$,即

$$a_0 + a_1 x_0 + \cdots + a_n x_0^n = 0.$$

【例3】 设 $f'(x)$ 在 $[a,b]$ 上连续,在 (a,b) 内可导,$f(a) \cdot f(b) > 0$,$f(a) \cdot f(\frac{a+b}{2}) < 0$. 证明:在 (a,b) 内至少有一点 ξ,使 $f'(\xi) = f(\xi)$.

证 不妨设 $f(a) > 0$,则 $f(b) > 0$,$f(\frac{a+b}{2}) < 0$. 令 $F(x) = e^{-x} f(x)$,则 $F(x) \in C[a,b]$ 且

$$F(a) = e^{-a} f(a) > 0, \quad F(\frac{a+b}{2}) = e^{-\frac{a+b}{2}} f(\frac{a+b}{2}) < 0, \quad F(b) = e^{-b} f(b) > 0.$$

由根的存在定理知,至少存在一点 $\xi_1 \in (a, \frac{a+b}{2})$,使 $F(\xi_1) = 0$;至少存在一点 $\xi_2 \in (\frac{a+b}{2}, b)$,使 $F(\xi_2) = 0$. 在区间 $[\xi_1, \xi_2]$ 上对 $F(x)$ 使用罗尔定理,则 $\exists \xi \in (\xi_1, \xi_2) \subset (a,b)$,使 $F'(\xi) = 0$,即 $e^{-\xi} f'(\xi) - e^{-\xi} f(\xi) = 0$,从而 $f'(\xi) = f(\xi)$.

【例4】 设 $a, b > 0$,证明:$\exists \xi \in (a,b)$,使 $ae^b - be^a = (1-\xi)e^\xi (a-b)$.

证 将等式变形,得

$$\frac{1}{b} e^{\frac{1}{b}} - \frac{1}{a} e^{\frac{1}{a}} = (1-\xi) e^{\frac{1}{\xi}} \left(\frac{1}{b} - \frac{1}{a}\right),$$

在 $\left[\frac{1}{b}, \frac{1}{a}\right]$ 上对函数 $f(x) = x e^{\frac{1}{x}}$,应用拉格朗日中值定理,即得上式. 两边同乘 ab 即得

$$ae^b - be^a = (1-\xi) e^\xi (a-b), \quad \xi \in (a,b).$$

【例5】 设 $f(x)$ 在 $[a,b]$ 上连续,在 (a,b) 内可导,且 $f(a) = f(b) = 1$,证明:$\exists \xi, \eta \in (a,b)$,使 $e^{\eta-\xi} [f(\eta) + f'(\eta)] = 1$.

证 上式可化为 $e^\eta [f(\eta) + f'(\eta)] = e^\xi$,为此,作辅助函数 $F(x) = e^x f(x)$,则 $F(x)$ 满足拉格朗日中值定理条件,且 $F(a) = e^a f(a) = e^a$,$F(b) = e^b f(b) = e^b$. 因此,存在 $\eta \in (a,b)$,使

$$\frac{F(b) - F(a)}{b-a} = \frac{e^b - e^a}{b-a} = F'(\eta) = e^\eta [f(\eta) + f'(\eta)].$$

又 $g(x) = e^x$ 在 $[a,b]$ 上满足拉格朗日中值定理条件,故 $\exists \xi \in (a,b)$,使 $\frac{e^b - e^a}{b-a} = e^\xi$.

综上所述,$\exists \xi, \eta \in (a,b)$,使 $e^\eta [f(\eta) + f'(\eta)] = e^\xi$,即 $e^{\eta-\xi} [f(\eta) + f'(\eta)] = 1$.

【例6】 利用导数极限定理证明:导函数不能具有第一类间断点.

证 首先用反证法证明导函数 $f'(x)$ 不能有可去间断点. 若点 x_0 为 $f'(x)$ 的可去间断点,则 $\lim\limits_{x \to x_0} f'(x)$ 存在;而 $f(x)$ 在点 x_0 处连续,故由导数极限定理,有 $\lim\limits_{x \to x_0} f'(x) = f'(x_0)$. 这与点 x_0 为 $f'(x)$ 的可去间断点相矛盾.

再用反证法证明 $f'(x)$ 不能有跳跃间断点. 若 $f'(x)$ 有跳跃间断点 x_0,则存在左、右邻域 $U_-(x_0)$,$U_+(x_0)$,$f(x)$ 在这两个邻域上连续,且 $\lim\limits_{x \to x_0^+} f'(x)$ 和 $\lim\limits_{x \to x_0^-} f'(x)$ 存在,于是 $f(x)$ 在 $U_-(x_0)$ 和 $U_+(x_0)$ 上满足单侧导数极限定理的条件,即有

$$f'_-(x_0) = f'(x_0 - 0), \quad f'_+(x_0) = f'(x_0 + 0),$$

由于 $f'(x_0 - 0) \neq f'(x_0 + 0)$,因此 $f'_+(x_0) \neq f'_-(x_0)$,这与 $f(x)$ 在点 x_0 处可导矛盾.

综上证得导函数不能有第一类间断点.

【例7】 设 $f(x)$ 在 $[a,b]$ 上连续,(a,b) 内可导,$0<a<b$,证明:$\exists \xi \in (a,b)$,使

$$\frac{f(b)-f(a)}{b-a}=(a^2+ab+b^2)\frac{f'(\xi)}{3\xi^2}.$$

分析 上述关系式可改写为 $\dfrac{f(b)-f(a)}{b^3-a^3}=\dfrac{f'(\xi)}{3\xi^2}$,因此对 $f(x),g(x)=x^3$ 在 $[a,b]$ 上应用柯西中值定理即可.

证 令 $g(x)=x^3$,则 $f(x),g(x)$ 在 $[a,b]$ 上连续,在 (a,b) 内可导,且 $g'(x)\neq0,x\in(a,b)$.由柯西中值定理知 $\exists \xi \in (a,b)$,使 $\dfrac{f(b)-f(a)}{g(b)-g(a)}=\dfrac{f'(\xi)}{g'(\xi)}$,即 $\dfrac{f(b)-f(a)}{b^3-a^3}=\dfrac{f'(\xi)}{3\xi^2}$,即

$$\frac{f(b)-f(a)}{b-a}=(a^2+ab+b^2)\frac{f'(\xi)}{3\xi^2}.$$

【例8】 设函数 $f(x)$ 在 $[a,b]$ 上连续,在 (a,b) 内可导,且 $f'(x)\neq0$.证明:$\exists \xi,\eta \in (a,b)$,使 $\dfrac{f'(\xi)}{f'(\eta)}=\dfrac{e^b-e^a}{b-a}\cdot e^{-\eta}$.

证 令 $g(x)=e^x$,则 $g(x)$ 与 $f(x)$ 在 $[a,b]$ 上满足柯西中值定理条件,故由柯西中值定理,$\exists \eta \in (a,b)$,使得

$$\frac{f(b)-f(a)}{e^b-e^a}=\frac{f'(\eta)}{e^\eta}, \quad 即 \quad \frac{f(b)-f(a)}{b-a}=\frac{(e^b-e^a)e^{-\eta}}{b-a}\cdot f'(\eta).$$

又 $f(x)$ 在 $[a,b]$ 上满足拉格朗日中值定理条件,故 $\exists \xi \in (a,b)$,使 $\dfrac{f(b)-f(a)}{b-a}=f'(\xi)$.由题设 $f'(x)\neq0$ 知,$f'(\eta)\neq0$,从而 $\dfrac{f'(\xi)}{f'(\eta)}=\dfrac{e^b-e^a}{b-a}\cdot e^{-\eta}$.

【例9】 设 $f(x)$ 在 $[a,b](b>a>0)$ 上连续,在 (a,b) 内可导.证明:$\exists \xi,\eta \in (a,b)$,使得 $f'(\xi)=\dfrac{(b+a)f'(\eta)}{2\eta}$.

证 由于 $f(x),g(x)=x^2$ 在 $[a,b]$ 上连续,在 (a,b) 内可导;又 $0<a<b$,因此 $g'(x)=2x\neq0,x\in(a,b)$.于是由柯西中值定理,$\exists \eta \in (a,b)$,使得 $\dfrac{f'(\eta)}{2\eta}=\dfrac{f(b)-f(a)}{b^2-a^2}$.于是

$$\frac{(b+a)f'(\eta)}{2\eta}=\frac{f(b)-f(a)}{b-a},$$

再由拉格朗日中值定理,$\exists \xi \in (a,b)$,使得 $\dfrac{f(b)-f(a)}{b-a}=f'(\xi)$.于是 $\exists \xi,\eta \in (a,b)$,使得

$$f'(\xi)=\frac{(b+a)f'(\eta)}{2\eta}.$$

【例10】 设函数 $f(x)$ 在 $[a,b]$ 上连续,在 (a,b) 内二阶可导,则 $\exists \xi \in (a,b)$,使得

$$f(b)-2f(\frac{a+b}{2})+f(a)=\frac{(b-a)^2}{4}f''(\xi).$$

证 **方法一** 设 $F(x)=f(x)-2f(\dfrac{x+a}{2})+f(a),G(x)=\dfrac{(x-a)^2}{4},x\in[a,b]$,则有

$$F(a)=G(a)=0, \quad F(b)=f(b)-2f(\frac{a+b}{2})+f(a), \quad G(b)=\frac{(b-a)^2}{4},$$

$$F'(x) = f'(x) - f'(\frac{x+a}{2}), \quad G'(x) = \frac{x-a}{2},$$

由 $F(x), G(x)$ 在 $[a,b]$ 处连续,在 (a,b) 内可导,$G'(x) \neq 0, x \in (a,b)$,于是由柯西中值定理,

$\exists \xi_1 \in (a,b)$,使得 $\dfrac{F(b)-F(a)}{G(b)-G(a)} = \dfrac{f'(\xi_1) - f'(\frac{\xi_1+a}{2})}{\frac{\xi_1-a}{2}}$.

再在区间 $[\frac{\xi_1+a}{2}, \xi_1] \subset (a,b)$ 上对 $f'(x)$ 应用拉格朗日中值定理,$\exists \xi \in (\frac{\xi_1+a}{2}, \xi_1) \subset (a,b)$,

使得 $\dfrac{f'(\xi_1) - f'(\frac{\xi_1+a}{2})}{\frac{\xi_1-a}{2}} = \dfrac{f'(\xi_1) - f'(\frac{\xi_1+a}{2})}{\xi_1 - \frac{\xi_1+a}{2}} = f''(\xi)$,

于是有 $f(b) - 2f(\frac{a+b}{2}) + f(a) = \dfrac{(b-a)^2}{4} f''(\xi)$.

方法二 作辅助函数 $F(x) = f(x + \frac{b-a}{2}) - f(x), x \in [a, \frac{a+b}{2}]$,于是

$$F(\frac{a+b}{2}) - F(a) = f(b) - 2f(\frac{a+b}{2}) + f(a).$$

在 $[a, \frac{a+b}{2}]$ 上对 $F(x)$ 应用拉格朗日中值定理,$\exists \xi_1 \in (a, \frac{a+b}{2})$,使得

$$F(\frac{a+b}{2}) - F(a) = \left[f'(\xi_1 + \frac{b-a}{2}) - f'(\xi_1) \right] \cdot \frac{b-a}{2}.$$

再在 $[\xi_1, \xi_1 + \frac{b-a}{2}]$ 上对 $f'(x)$ 应用拉格朗日中值定理,$\exists \xi \in (\xi_1, \xi_1 + \frac{b-a}{2}) \subset (a,b)$,使得

$f'(\xi_1 + \frac{b-a}{2}) - f'(\xi_1) = f''(\xi) \cdot \frac{b-a}{2}$,因而有

$$f(b) - 2f(\frac{a+b}{2}) + f(b) = \frac{(b-a)^2}{4} f''(\xi).$$

【例 11】 函数 $f(x)$ 在 $[0, x]$ 上的拉格朗日中值公式为 $f(x) - f(0) = f'(\theta x) x$,其中 $0 < \theta < 1$,且 θ 是与 $f(x)$ 及 x 有关的量,对 $f(x) = \arctan x$,求当 $x \to 0^+$ 时 θ 的极限值.

解 $f(0) = \arctan 0 = 0, f'(x) = \dfrac{1}{1+x^2}$,

$$f(x) = \arctan x = f(0) + f'(\theta x) \cdot x = \frac{1}{1 + (\theta x)^2} \cdot x,$$

解得 $\theta^2 = \dfrac{x - \arctan x}{x^2 \arctan x}$. 则

$$\lim_{x \to 0^+} \frac{x - \arctan x}{x^2 \arctan x} = \lim_{x \to 0^+} \frac{x - \arctan x}{x^3} = \lim_{x \to 0^+} \frac{1 - \frac{1}{1+x^2}}{3x^2} = \frac{1}{3} \lim_{x \to 0^+} \frac{1}{1+x^2} = \frac{1}{3}.$$

由 $0 < \theta < 1$,得 $\lim_{x \to 0^+} \theta = \dfrac{\sqrt{3}}{3}$.

【例 12】 设函数 $f(x)$ 在 $[0,2]$ 上二阶可导,且在 $[0,2]$ 上有 $|f(x)|\leqslant 1$, $|f''(x)|\leqslant 1$. 证明在 $[0,2]$ 上,有 $|f'(x)|\leqslant 2$.

证 对 $\forall x\in[0,2]$,把 $f(2)$, $f(0)$ 在点 x 处展开成带有拉格朗日型余项的二阶泰勒公式,有

$$f(0)=f(x)-f'(x)x+\frac{f''(\xi_1)}{2!}x^2, \quad 0<\xi_1<x,$$

$$f(2)=f(x)+f'(x)(2-x)+\frac{f''(\xi_2)}{2!}(2-x)^2, \quad x<\xi_2<2,$$

上面两式相减后有

$$2f'(x)=f(2)-f(0)-\frac{f''(\xi_2)}{2}(2-x)^2+\frac{f''(\xi_1)}{2}x^2.$$

再利用 $|f(x)|\leqslant 1$, $|f''(x)|\leqslant 1$,可得

$$2|f'(x)|\leqslant 2+\frac{x^2+(2-x)^2}{2}=2+(x-1)^2+1\leqslant 4.$$

于是有 $|f'(x)|\leqslant 2$.

● **方法总结** ┈┈┈┈┈┈┈┈┈┈┈┈┈┈┈┈┈┈┈┈┈┈┈┈┈┈┈┈┈┈┈┈┈┈┈┈┈┈┈

本题结论有一个有趣的力学解释:在 2 秒时间内,如果运动路程和运动加速度都不超过 1,则在该时间段内的运动速度绝不会超过 2.

【例 13】 求下列极限

$(1)\lim\limits_{x\to+\infty}\dfrac{\ln x}{x^\varepsilon}$ $(\varepsilon>0)$; $\quad(2)\lim\limits_{x\to+\infty}\dfrac{x^b}{\mathrm{e}^{cx}}$ $(c>0,b>0)$; $\quad(3)\lim\limits_{x\to 0^+}x^\varepsilon\ln x$ $(\varepsilon>0)$.

解 $(1)\lim\limits_{x\to+\infty}\dfrac{\ln x}{x^\varepsilon}=\lim\limits_{x\to+\infty}\dfrac{\frac{1}{x}}{\varepsilon x^{\varepsilon-1}}=\lim\limits_{x\to+\infty}\dfrac{1}{\varepsilon\cdot x^\varepsilon}=0.$

(2)当 b 为正整数时,多次应用洛必达法则后,有

$$\lim\limits_{x\to+\infty}\frac{x^b}{\mathrm{e}^{cx}}=\lim\limits_{x\to+\infty}\frac{bx^{b-1}}{c\mathrm{e}^{cx}}=\lim\limits_{x\to+\infty}\frac{b(b-1)x^{b-2}}{c^2\mathrm{e}^{cx}}=\cdots=\lim\limits_{x\to+\infty}\frac{b!}{c^b\mathrm{e}^{cx}}=0;$$

当 b 为正实数时,$x>1$ 时有 $\dfrac{x^{[b]}}{\mathrm{e}^{cx}}\leqslant\dfrac{x^b}{\mathrm{e}^{cx}}\leqslant\dfrac{x^{[b]+1}}{\mathrm{e}^{cx}}$. 上面已经证得 $\lim\limits_{x\to+\infty}\dfrac{x^{[b]}}{\mathrm{e}^{cx}}=\lim\limits_{x\to+\infty}\dfrac{x^{[b]+1}}{\mathrm{e}^{cx}}=0$,

由函数极限的迫敛性可得 $\lim\limits_{x\to+\infty}\dfrac{x^b}{\mathrm{e}^{cx}}=0.$

$(3)\lim\limits_{x\to 0^+}x^\varepsilon\ln x=\lim\limits_{x\to 0^+}\dfrac{\ln x}{\frac{1}{x^\varepsilon}}=\lim\limits_{x\to 0^+}\dfrac{\frac{1}{x}}{-\varepsilon\cdot\frac{1}{x^{\varepsilon+1}}}=\lim\limits_{x\to 0^+}\dfrac{x^\varepsilon}{-\varepsilon}=0.$

【例 14】 证明不等式

$(1)\mathrm{e}^x-1>(1+x)\ln(1+x)$ $(x>0)$; $\qquad(2)\mathrm{e}^x\geqslant 1+x$,等号仅在 $x=0$ 时成立;

$(3)\mathrm{e}^{-2x}>\dfrac{1-x}{1+x}$ $(0<x<1)$.

证 （1）设 $f(x)=e^x-1-(1+x)\ln(1+x),x\in[0,+\infty),f'(x)=e^x-1-\ln(1+x)$,

$f''(x)=e^x-\dfrac{1}{1+x}$,当 $x>0$ 时,$e^x>1,\dfrac{1}{1+x}<1$,所以 $f''(x)>0$,故 $f'(x)$ 是严格单调递增函数.

又 $f'(0)=0$,故当 $x\in(0,+\infty)$ 时,$f'(x)>0,f(x)$ 是严格单调递增的.

又 $f(0)=0$,故 $f(x)>0$ $(x>0)$,所以 $e^x-1>(1+x)\ln(1+x)$ $(x>0)$.

（2）设 $f(x)=e^x-1-x,f'(x)=e^x-1$,令 $f'(x)=0$,得 $x=0$.当 $x>0$ 时,$f'(x)>0$;

当 $x<0$ 时,$f'(x)<0$.故 $x=0$ 是 $f(x)$ 的极小值点,且是最小值点.所以 $f(x)\geqslant f(0)=0$,

$\forall x\in \mathbf{R}$,即 $e^x\geqslant 1+x$,等号仅在 $x=0$ 时成立.

（3）**方法一**　　$\ln(1+x)=x-\dfrac{x^2}{2}+\dfrac{2x^3}{3!}\dfrac{1}{(1+\xi_1)^3}$,　$0<\xi_1<x<1$;

$$\ln(1-x)=-x-\dfrac{x^2}{2}-\dfrac{2x^3}{3!}\dfrac{1}{(1+\xi_2)^3},\quad 0<\xi_2<x<1.$$

$\ln\dfrac{1-x}{1+x}=\ln(1-x)-\ln(1+x)=-2x-\dfrac{2x^3}{3!}\Big[\dfrac{1}{(1+\xi_1)^3}+\dfrac{1}{(1+\xi_2)^3}\Big]<-2x.$

从而 $e^{-2x}>\dfrac{1-x}{1+x}$ $(0<x<1)$.

方法二　令 $f(x)=e^{-2x}-\dfrac{1-x}{1+x},x\in[0,1)$,则 $f(0)=0$,

$$f'(x)=-2e^{-2x}+\dfrac{2}{(1+x)^2}=\dfrac{2}{(1+x)^2 e^{2x}}\big[e^{2x}-(1+x)^2\big].$$

令 $g(x)=e^{2x}-(1+x)^2,x\in[0,1)$,则 $g(0)=0$ 且 $g'(x)=2e^{2x}-2(1+x),g'(0)=0$,

$g''(0)=4e^{2x}-2>0$.

所以 $g'(x)$ 在 $[0,1)$ 单调增加,$g'(x)>g'(0)=0$,所以 $g(x)>g(0)=0$.

因而 $f(x)$ 在 $[0,1)$ 单调增加,故 $f(x)>f(0)=0$.从而原不等式成立.

● **方法总结** ··

　　证明不等式常用的方法有:(1)单调性方法,(2)极值方法,(3)凸性方法,(4)泰勒公式法,(5)利用已知的著名不等式,如平均值不等式、赫尔德不等式、延森不等式等.

【例 15】 已知 $x>0$,证明:$x-\dfrac{x^2}{2}<\ln(1+x)<x$.

证 令 $f(x)=x-\ln(1+x),x\in[0,+\infty)$,则 $f'(x)=1-\dfrac{1}{1+x}>0$ $(x>0)$.所以 $f(x)$

在 $[0,+\infty)$ 内严格单调递增,又 $f(0)=0$,因此 $f(x)>f(0)=0$ $(x>0)$.此即 $x>\ln(1+x)$.

再令 $g(x)=\ln(1+x)-x+\dfrac{x^2}{2},x\in[0,+\infty)$,则 $g'(x)=\dfrac{1}{1+x}-1+x=\dfrac{x^2}{1+x}>0$ $(x>0)$.

所以 $g(x)$ 在 $[0,+\infty)$ 内严格单调递增,又 $g(0)=0$.从而 $g(x)>g(0)=0$ $(x>0)$,即

$\ln(1+x)>x-\dfrac{x^2}{2}$.综上得 $x-\dfrac{x^2}{2}<\ln(1+x)<x$ $(x>0)$.

三、教材习题解答

======= 习题 6.1 解答 =======

1. 试讨论下列函数在指定区间上是否存在一点 ξ，使 $f'(\xi)=0$：

$(1)f(x)=\begin{cases} x\sin\dfrac{1}{x}, & 0<x\leqslant\dfrac{1}{\pi}, \\ 0, & x=0; \end{cases}$ $\quad(2)f(x)=|x|,-1\leqslant x\leqslant 1.$

解 $(1)f(x)$ 在 $\left(0,\dfrac{1}{\pi}\right]$ 上连续，又因为

$$\lim_{x\to 0^+}f(x)=\lim_{x\to 0^+}x\sin\frac{1}{x}=0=f(0),$$

所以 $f(x)$ 在 $x=0$ 处右连续. 故 $f(x)$ 在 $\left[0,\dfrac{1}{\pi}\right]$ 上连续.

$$f'(x)=\sin\frac{1}{x}+x\cos\frac{1}{x}\cdot\left(-\frac{1}{x^2}\right)=\sin\frac{1}{x}-\frac{1}{x}\cos\frac{1}{x},x\in\left(0,\frac{1}{\pi}\right),$$

故 $f(x)$ 在 $\left(0,\dfrac{1}{\pi}\right)$ 内可导，且 $f(0)=f\left(\dfrac{1}{\pi}\right)=0$. 根据罗尔定理知，$\exists\xi\in\left(0,\dfrac{1}{\pi}\right)$，使 $f'(\xi)=0$.

$(2)f'_-(0)=\lim_{x\to 0^-}\dfrac{|x|-0}{x-0}=-1,f'_+(0)=\lim_{x\to 0^+}\dfrac{|x|-0}{x-0}=1,$

所以 $f(x)=|x|$ 在 $x=0$ 处不可导.

则 $f(x)=|x|$ 在 $[-1,1]$ 上不满足罗尔定理的条件.

当 $0<x<1$ 时，$f(x)=|x|=x$，所以 $f'(x)=1$；

当 $-1<x<0$ 时，$f(x)=|x|=-x$，所以 $f'(x)=-1$.

故函数 $f(x)$ 在区间 $(-1,1)$ 内不存在 ξ，使 $f'(\xi)=0$.

2. 证明：(1) 方程 $x^3-3x+c=0$（这里 c 为常数）在区间 $[0,1]$ 上不可能有两个不同的实根.

(2) 方程 $x^n+px+q=0$（n 为正整数，p,q 为实数）当 n 为偶数时至多有两个实根，当 n 为奇数时至多有三个实根.

证 (1) 令 $f(x)=x^3-3x+c$，假设在区间 $[0,1]$ 上有两个不同的实根 x_1,x_2，不妨设 $x_1<x_2$，则 $f(x_1)=f(x_2)=0$. 由罗尔定理知，$\exists\xi\in(x_1,x_2)\subset(0,1)$，使得 $f'(\xi)=0$，但由 $f'(x)=3x^2-3=0$ 得 $x=\pm 1$，这是不可能的. 所以方程 $x^3-3x+c=0$ 在区间 $[0,1]$ 上不可能有两个不同的实根.

(2) 令 $f(x)=x^n+px+q$，则 $f'(x)=nx^{n-1}+p$. 当 $n\leqslant 3$ 时，显然成立，当 $n\geqslant 4$ 时，

(ⅰ) 设 n 为正偶数. 如果方程 $x^n+px+q=0$ 有三个以上的实根，则存在实数 x_1,x_2,x_3，使得 $x_1<x_2<x_3$，并且 $f(x_1)=f(x_2)=f(x_3)=0$. 根据罗尔定理，$\exists\xi_1\in(x_1,x_2),\xi_2\in(x_2,x_3)$，使得 $f'(\xi_1)=f'(\xi_2)=0$，但这是不可能的. 因为 $f'(x)=0$ 是奇次方程 $nx^{n-1}+p=0$，它在实数集 $\mathbf{R}$ 上有且仅有一个实根 $x=\sqrt[n-1]{-\dfrac{p}{n}}$. 故方程 $x^n+px+q=0$ 当 n 为偶数时至多有两个实根.

(ⅱ) 设 n 为正奇数. 如果方程 $x^n+px+q=0$ 有四个不同的实根，则根据罗尔定理，存在 ξ_1,ξ_2,ξ_3，使得 $\xi_1<\xi_2<\xi_3$，并且 $f'(\xi_1)=f'(\xi_2)=f'(\xi_3)=0$，但这是不可能的. 因为 $f'(x)=0$ 是偶次方程 $nx^{n-1}+p=0$，它在实数集 $\mathbf{R}$ 上最多只有两个实根. 故方程 $x^n+px+q=0$ 当 n 为奇数时至多有三个实根.

3. 证明定理 6.2 推论 2.

定理 6.2 推论 2：若函数 f 和 g 均在区间 I 上可导，且 $f'(x)\equiv g'(x),x\in I$，则在区间 I 上 $f(x)$ 与 $g(x)$

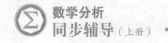

只相差某一常数,即 $f(x) = g(x) + c$(c 为某一常数).

证　令 $h(x) = f(x) - g(x)$,则在 I 上有 $h'(x) = f'(x) - g'(x) = 0$,根据定理 6.2 推论 1 知 $h(x)$ 为 I 上的常量函数,即 $h(x) = f(x) - g(x) = c$,亦即 $f(x) = g(x) + c$(c 为某一常数).

4. 证明:(1) 若函数 f 在 $[a,b]$ 上可导,且 $f'(x) \geqslant m$,则 $f(b) \geqslant f(a) + m(b-a)$;

(2) 若函数 f 在 $[a,b]$ 上可导,且 $|f'(x)| \leqslant M$,则 $|f(b) - f(a)| \leqslant M(b-a)$;

(3) 对任意实数 x_1, x_2,都有 $|\sin x_1 - \sin x_2| \leqslant |x_1 - x_2|$.

证　(1) 因为 $f(x)$ 在 $[a,b]$ 上满足拉格朗日中值定理的条件,所以 $\exists \xi \in (a,b)$,使 $f'(\xi) = \dfrac{f(b) - f(a)}{b - a}$,又因为 $f'(x) \geqslant m$,故 $\dfrac{f(b) - f(a)}{b - a} \geqslant m$,即 $f(b) \geqslant f(a) + m(b-a)$.

(2) 因为 $f(x)$ 在 $[a,b]$ 上满足拉格朗日中值定理的条件,所以 $\exists \xi \in (a,b)$,使 $f'(\xi) = \dfrac{f(b) - f(a)}{b - a}$,又因为 $|f'(x)| \leqslant M$,故 $\left|\dfrac{f(b) - f(a)}{b - a}\right| \leqslant M$. 即 $|f(b) - f(a)| \leqslant M(b-a)$.

(3) 当 $x_1 = x_2$ 时,结论成立. 当 $x_1 \neq x_2$ 时,不妨设 $x_1 < x_2$,令 $f(x) = \sin x$,则 $f'(x) = \cos x$, $|f'(x)| \leqslant 1$,由(2) 的结论知, $|\sin x_1 - \sin x_2| \leqslant |x_1 - x_2|$.

5. 应用拉格朗日中值定理证明下列不等式:

(1) $\dfrac{b-a}{b} < \ln \dfrac{b}{a} < \dfrac{b-a}{a}$,其中 $0 < a < b$;

(2) $\dfrac{h}{1+h^2} < \arctan h < h$,其中 $h > 0$.

证　(1) 令 $f(x) = \ln x$,则 $f(x)$ 在 $[a,b]$ 上满足拉格朗日中值定理的条件,故至少存在一点 $\xi \in (a,b)$,使得

$$f'(\xi) = \frac{f(b) - f(a)}{b - a} = \frac{\ln b - \ln a}{b - a},$$

而 $f'(\xi) = \dfrac{1}{\xi}$. 于是, $\dfrac{1}{\xi} = \dfrac{\ln b - \ln a}{b - a}$,由 $0 < a < \xi < b$ 知 $\dfrac{1}{b} < \dfrac{1}{\xi} < \dfrac{1}{a}$,故 $\dfrac{1}{b} < \dfrac{\ln b - \ln a}{b - a} < \dfrac{1}{a}$,即 $\dfrac{b-a}{b} < \ln \dfrac{b}{a} < \dfrac{b-a}{a}$.

(2) 令 $f(x) = \arctan x$,则 $f(x)$ 在 $[0,h]$ 上满足拉格朗日中值定理的条件,于是 $\exists \xi \in (0,h)$,使得 $\arctan h - \arctan 0 = \dfrac{h}{1+\xi^2}$. 又由 $0 < \xi < h$,得 $\dfrac{h}{1+h^2} < \dfrac{h}{1+\xi^2} < h$,故 $\dfrac{h}{1+h^2} < \arctan h < h$.

6. 确定下列函数的单调区间:

(1) $f(x) = 3x - x^2$; 　　　　　　　　(2) $f(x) = 2x^2 - \ln x$;

(3) $f(x) = \sqrt{2x - x^2}$; 　　　　　　(4) $f(x) = \dfrac{x^2 - 1}{x}$.

解　(1) $f'(x) = 3 - 2x$,故在 $\left(-\infty, \dfrac{3}{2}\right]$ 上, $f'(x) \geqslant 0$, $f(x)$ 单调递增;在 $\left[\dfrac{3}{2}, +\infty\right)$ 上, $f'(x) \leqslant 0$, $f(x)$ 单调递减.

(2) $f(x)$ 的定义域为 $(0, +\infty)$, $f'(x) = 4x - \dfrac{1}{x} = \dfrac{4}{x}\left(x^2 - \dfrac{1}{4}\right)$.

因此,在 $\left(0, \dfrac{1}{2}\right]$ 上, $f'(x) \leqslant 0$, $f(x)$ 单调递减;在 $\left[\dfrac{1}{2}, +\infty\right)$ 上, $f'(x) \geqslant 0$, $f(x)$ 单调递增.

(3) $f(x)$ 的定义域为 $0 \leqslant x \leqslant 2$. $f'(x) = \dfrac{2 - 2x}{2\sqrt{2x - x^2}} = \dfrac{1 - x}{\sqrt{2x - x^2}}$,

故在 $[0,1]$ 上, $f'(x) \geqslant 0$, $f(x)$ 单调递增;在 $[1,2]$ 上, $f'(x) \leqslant 0$, $f(x)$ 单调递减.

(4) $f(x)$ 的定义域为 $(-\infty, 0) \bigcup (0, +\infty)$, $f'(x) = \dfrac{x^2 + 1}{x^2} > 0$,故 $f(x)$ 在 $(-\infty, 0)$ 和 $(0, +\infty)$ 上均为单调递增.

7. 应用函数的单调性证明下列不等式:

(1) $\tan x > x - \dfrac{x^3}{3}, x \in \left(0, \dfrac{\pi}{2}\right)$;　　　　(2) $\dfrac{2x}{\pi} < \sin x < x, x \in \left(0, \dfrac{\pi}{2}\right)$;

(3) $x - \dfrac{x^2}{2} < \ln(1+x) < x - \dfrac{x^2}{2(1+x)}, x > 0$.

证　(1) 令 $f(x) = \tan x - x + \dfrac{x^3}{3}, x \in \left[0, \dfrac{\pi}{2}\right)$, 则

$$f'(x) = \sec^2 x - 1 + x^2 = \tan^2 x + x^2 > 0, x \in \left(0, \dfrac{\pi}{2}\right).$$

所以 $f(x)$ 在 $\left(0, \dfrac{\pi}{2}\right)$ 内严格单调递增.

又因 $f(x)$ 在 $x = 0$ 连续, 所以当 $0 < x < \dfrac{\pi}{2}$ 时, $f(x) > f(0) = 0$, 故 $\tan x > x - \dfrac{x^3}{3}$.

(2) 先证明 $\sin x < x$. 令 $f(x) = x - \sin x, x \in \left[0, \dfrac{\pi}{2}\right)$, 则 $f'(x) = 1 - \cos x > 0, x \in \left(0, \dfrac{\pi}{2}\right)$.

于是在 $\left(0, \dfrac{\pi}{2}\right)$ 内, $f(x)$ 严格单调递增. 又因为 $f(x)$ 在 $x = 0$ 处连续, 所以 $f(x) = x - \sin x > f(0)$

$= 0$, 即 $x > \sin x, x \in \left(0, \dfrac{\pi}{2}\right)$.

再证 $\dfrac{2x}{\pi} < \sin x$. 令 $g(x) = \dfrac{\sin x}{x}$, 则 $g'(x) = \dfrac{x\cos x - \sin x}{x^2} = \dfrac{(x - \tan x)\cos x}{x^2}$.

令 $h(x) = x - \tan x, x \in \left[0, \dfrac{\pi}{2}\right)$, 则 $h'(x) = 1 - \sec^2 x = -\tan^2 x < 0, x \in \left(0, \dfrac{\pi}{2}\right)$,

因此 $h(x)$ 在 $\left(0, \dfrac{\pi}{2}\right)$ 内严格单调递减. 又因 $h(x)$ 在 $x = 0$ 处连续, 故 $h(x) < h(0) = 0$, 因此, $g'(x)$

$< 0, x \in \left(0, \dfrac{\pi}{2}\right)$. 于是, $g(x)$ 在 $\left(0, \dfrac{\pi}{2}\right)$ 内严格单调递减, 又因为 $g(x)$ 在 $x = \dfrac{\pi}{2}$ 处连续, 所以当 x

$\in \left(0, \dfrac{\pi}{2}\right)$ 时, $g(x) > g\left(\dfrac{\pi}{2}\right) = \dfrac{2}{\pi}$, 故当 $x \in \left(0, \dfrac{\pi}{2}\right)$ 时, $\dfrac{2x}{\pi} < \sin x$.

(3) 令 $f(x) = x - \dfrac{x^2}{2(1+x)} - \ln(1+x), x \geqslant 0; g(x) = \ln(1+x) - x + \dfrac{x^2}{2}, x \geqslant 0$,

则 $f(0) = 0, g(0) = 0$,

$$f'(x) = 1 - \dfrac{x^2 + 2x}{2(1+x)^2} - \dfrac{1}{1+x} = \dfrac{x^2}{2(1+x)^2} > 0, x > 0;$$

$$g'(x) = \dfrac{1}{1+x} - 1 + x = \dfrac{x^2}{1+x} > 0, x > 0.$$

所以当 $x > 0$ 时, $f(x) > f(0) = 0, g(x) > g(0) = 0$, 由此可得

$$x - \dfrac{x^2}{2} < \ln(1+x) < x - \dfrac{x^2}{2(1+x)}, x > 0.$$

8. 以 $S(x)$ 记由 $(a, f(a)), (b, f(b)), (x, f(x))$ 三点组成的三角形面积, 试对 $S(x)$ 应用罗尔中值定理证明拉格朗日中值定理.

证　由拉格朗日中值定理的题设知, $f(x)$ 在 $[a, b]$ 上连续, 在 (a, b) 内可导. 由 $(a, f(a)), (b, f(b)), (x, f(x))$ 三点组成的三角形面积为

$$S(x) = \dfrac{1}{2} \begin{vmatrix} a & f(a) & 1 \\ b & f(b) & 1 \\ x & f(x) & 1 \end{vmatrix}.$$

由题设知, 函数 $S(x)$ 在 $[a, b]$ 上连续, 在 (a, b) 内可导. 又因为 $S(a) = S(b) = 0$, 所以由罗尔定理, $\exists \xi \in (a, b)$, 使得 $S'(\xi) = 0$, 由

$$S'(x) = -\frac{a}{2}f'(x) + \frac{b}{2}f'(x) + \frac{1}{2}[f(a) - f(b)]$$

得，$f(b) - f(a) = f'(\xi)(b-a)$.

9. 设 f 为 $[a,b]$ 上二阶可导函数，$f(a) = f(b) = 0$，并存在一点 $c \in (a,b)$，使得 $f(c) > 0$. 证明至少存在一点 $\xi \in (a,b)$，使得 $f''(\xi) < 0$.

证　因为 $f(x)$ 在 $[a,c]$ 及 $[c,b]$ 上满足拉格朗日中值定理，故 $\exists \xi_1 \in (a,c)$，使 $f'(\xi_1) = \dfrac{f(c) - f(a)}{c-a} = $

$\dfrac{f(c)}{c-a} > 0$，$\exists \xi_2 \in (c,b)$，使 $f'(\xi_2) = \dfrac{f(b) - f(c)}{b-c} = -\dfrac{f(c)}{b-c} < 0$. 于是有 $f'(\xi_1) > f'(\xi_2)$，$a < \xi_1 <$

$\xi_2 < b$，又因为 $f'(x)$ 在 $[\xi_1, \xi_2]$ 上可导，由拉格朗日中值定理知，$\exists \xi \in (\xi_1, \xi_2) \subset (a,b)$，使得

$$f''(\xi) = \frac{f'(\xi_1) - f'(\xi_2)}{\xi_1 - \xi_2} < 0.$$

10. 设函数 f 在 (a,b) 内可导，且 f' 单调. 证明 f' 在 (a,b) 内连续.

证　**方法一**　不妨设 $f'(x)$ 在 (a,b) 上单调递增. 设 $x_0 \in (a,b)$，则 $f'(x)$ 在某个 $U_-(x_0)$ 内单调递增且以 $f'(x_0)$ 为上界，在 $U_+(x_0)$ 内单调递增且以 $f'(x_0)$ 为下界. 根据单调有界定理知，极限 $\lim\limits_{x \to x_0^-} f'(x)$ 和 $\lim\limits_{x \to x_0^+} f'(x)$ 都存在. 再由导数极限定理知

$$\lim_{x \to x_0^-} f'(x) = f'_-(x_0),\ \lim_{x \to x_0^+} f'(x) = f'_+(x_0).$$

因为 $f(x)$ 在 x_0 处可导，所以 $f'_-(x_0) = f'_+(x_0) = f'(x_0)$. 于是 $\lim\limits_{x \to x_0} f'(x) = f'(x_0)$. 由 x_0 的任意性知，$f'(x)$ 在 (a,b) 内连续.

方法二　由 $f'(x)$ 单调知，$f'(x)$ 只有第一类间断点，又导函数不存在第一类间断点，故 $f'(x)$ 在 (a,b) 内连续.

11. 设 $p(x)$ 为多项式，α 为 $p(x) = 0$ 的 r 重实根. 证明 α 必定是 $p'(x) = 0$ 的 $r-1$ 重实根.

证　因为 α 为 $p(x) = 0$ 的 r 重实根，所以 $p(x) = q(x)(x-\alpha)^r$，其中 $q(x)$ 为多项式，且 $q(\alpha) \neq 0$，于是

$$p'(x) = r(x-\alpha)^{r-1}q(x) + (x-\alpha)^r q'(x) = (x-\alpha)^{r-1}[rq(x) + (x-\alpha)q'(x)],$$

又因 $[rq(x) + (x-\alpha)q'(x)]|_{x=\alpha} = rq(\alpha) \neq 0$，故 α 是 $p'(x) = 0$ 的 $r-1$ 重实根.

12. 证明：设 f 为 n 阶可导函数，若方程 $f(x) = 0$ 有 $n+1$ 个相异的实根，则方程 $f^{(n)}(x) = 0$ 至少有一个实根.

证　设方程 $f(x) = 0$ 的 $n+1$ 个相异的实根为 $x_1, x_2, \cdots, x_{n+1}$，并且 $x_1 < x_2 < \cdots < x_{n+1}$. 对 $f(x)$ 在区间 $[x_k, x_{k+1}]$ $(k = 1,2,\cdots,n)$ 上应用罗尔定理知，$\exists \xi_{1k} \in (x_k, x_{k+1})$，使得 $f'(\xi_{1k}) = 0 (k = 1,2,\cdots, n)$，即 $f'(x) = 0$ 至少有 n 个相异实根. 再对 $f'(x)$ 在 $n-1$ 个区间 $[\xi_{1k}, \xi_{1,k+1}]$ $(k = 1,2,\cdots,n-1)$ 上应用罗尔定理知，$\exists \xi_{2k} \in (\xi_{1k}, \xi_{1,k+1})$，使得 $f''(\xi_{2k}) = 0 (k = 1,2,\cdots,n-1)$，即 $f''(x) = 0$ 至少有 $n-1$ 个相异实根. 如此继续下去可得，$f'''(x) = 0$ 至少有 $n-2$ 个相异实根，$\cdots$，$f^{(n)}(x) = 0$ 至少有一个实根.

13. 设 $a > 0$. 证明函数 $f(x) = x^3 + ax + b$ 存在唯一的零点.

证　因为 $\lim\limits_{x \to -\infty} f(x) = -\infty$，$\lim\limits_{x \to +\infty} f(x) = +\infty$，所以 $\exists x_1, x_2$，使 $f(x_1) < 0$，$f(x_2) > 0$，则由 $f(x)$ 连续知，$f(x)$ 在 x_1, x_2 之间至少存在一个零点.

又因 $f'(x) = 3x^2 + a > 0$，所以 $f(x)$ 在 $(-\infty, +\infty)$ 上严格单调递增，所以 $f(x)$ 存在唯一的零点.

14. 证明：$\dfrac{\tan x}{x} > \dfrac{x}{\sin x}$，$x \in \left(0, \dfrac{\pi}{2}\right)$.

证　令 $f(x) = \sin x \tan x - x^2$，$x \in \left[0, \dfrac{\pi}{2}\right)$，则

$$f'(x) = \sin x(1 + \sec^2 x) - 2x,$$

$$f''(x) = \cos x(1 + \sec^2 x) + 2\sin x \sec^2 x \tan x - 2 = \left(\cos x + \frac{1}{\cos x} - 2\right) + 2\sec x \tan^2 x > 0,$$

于是 $f'(x)$ 在 $\left[0,\dfrac{\pi}{2}\right)$ 上严格递增,$f'(x) > f'(0) = 0, x \in \left(0,\dfrac{\pi}{2}\right)$.

故 $f(x)$ 在 $\left(0,\dfrac{\pi}{2}\right)$ 上严格递增,当 $x \in \left(0,\dfrac{\pi}{2}\right)$ 时,$f(x) > f(0) = 0$,即

$$\sin x \tan x - x^2 > 0, \quad \frac{\tan x}{x} > \frac{x}{\sin x}.$$

15. 证明:若函数 f,g 在区间 $[a,b]$ 上可导,且 $f'(x) > g'(x)$,$f(a) = g(a)$,则在 $(a,b]$ 上有 $f(x) > g(x)$.

证 令 $F(x) = f(x) - g(x), x \in [a,b]$,则

$$F(a) = f(a) - g(a) = 0, F'(x) = f'(x) - g'(x) > 0.$$

于是,$F(x)$ 在 $[a,b]$ 上严格单调递增,故当 $x \in (a,b]$ 时,$F(x) > F(a) = 0$,即 $f(x) > g(x)$.

习题 6.2 解答

1. 试问函数 $f(x) = x^2, g(x) = x^3$ 在区间 $[-1,1]$ 上能否应用柯西中值定理得到相应的结论,为什么?

解 显然,$f(x)$ 和 $g(x)$ 在区间 $[-1,1]$ 上连续,在区间 $(-1,1)$ 上可导,$f'(x) = 2x, g'(x) = 3x^2, f'(0) = g'(0) = 0$,所以,柯西中值定理的第 3 个条件(不同时为零)得不到满足,不能应用柯西中值定理得到相应的结论.

2. 设函数 f 在 $[a,b]$ 上连续,在 (a,b) 内可导.证明:$\exists \xi \in (a,b)$,使得

$$2\xi[f(b) - f(a)] = (b^2 - a^2)f'(\xi).$$

证 令 $F(x) = x^2[f(b) - f(a)] - (b^2 - a^2)f(x)$,由 $f(x)$ 在 $[a,b]$ 上连续,在 (a,b) 上可导可知,$F(x)$ 在 $[a,b]$ 上连续,在 (a,b) 上可导,且有 $F(a) = F(b) = a^2 f(b) - b^2 f(a)$,故由罗尔定理知,$\exists \xi \in (a,b)$,使得 $F'(\xi) = 0$,即 $2\xi[f(b) - f(a)] = (b^2 - a^2)f'(\xi)$.

注:本题不能对 $f(x)$ 和 x^2 在 $[a,b]$ 上应用柯西中值定理,请思考为什么?

3. 设函数 f 在点 a 处具有连续的二阶导数.证明:

$$\lim_{h \to 0} \frac{f(a+h) + f(a-h) - 2f(a)}{h^2} = f''(a).$$

证 两次运用洛必达法则,得

$$\begin{aligned}\lim_{h \to 0} \frac{f(a+h) + f(a-h) - 2f(a)}{h^2} &= \lim_{h \to 0} \frac{f'(a+h) - f'(a-h)}{2h} \\ &= \lim_{h \to 0} \frac{f''(a+h) + f''(a-h)}{2} = f''(a).\end{aligned}$$

> **归纳总结**:若把条件减弱为 $f''(a)$ 存在,也可以得到同样的结论,但只能使用一次洛必达法则,一次导数定义.

4. 设 $0 < \alpha < \beta < \dfrac{\pi}{2}$,证明存在 $\theta \in (\alpha, \beta)$,使得 $\dfrac{\sin \alpha - \sin \beta}{\cos \beta - \cos \alpha} = \cot \theta$.

证 令 $f(x) = \sin x, g(x) = \cos x$,则 $f(x), g(x)$ 在 $[\alpha, \beta]$ 上连续,在 (α, β) 内可导,$f'(x) = \cos x, g'(x) = -\sin x$,于是当 $x \in [\alpha, \beta] \subset \left(0, \dfrac{\pi}{2}\right)$ 时,$g'(x) \neq 0$,故由柯西中值定理,$\exists \theta \in (\alpha, \beta)$,使得

$$\frac{\sin \beta - \sin \alpha}{\cos \beta - \cos \alpha} = \frac{\cos \theta}{-\sin \theta}, \quad \text{即} \quad \frac{\sin \alpha - \sin \beta}{\cos \beta - \cos \alpha} = \frac{\cos \theta}{\sin \theta} = \cot \theta.$$

5. 求下列不定式极限:

(1) $\displaystyle\lim_{x \to 0} \frac{e^x - 1}{\sin x}$;

(2) $\displaystyle\lim_{x \to \frac{\pi}{6}} \frac{1 - 2\sin x}{\cos 3x}$;

(3) $\displaystyle\lim_{x \to 0} \frac{\ln(1+x) - x}{\cos x - 1}$;

(4) $\lim\limits_{x\to 0}\dfrac{\tan x-x}{x-\sin x}$;　　(5) $\lim\limits_{x\to\frac{\pi}{2}}\dfrac{\tan x-6}{\sec x+5}$;　　(6) $\lim\limits_{x\to 0}\left(\dfrac{1}{x}-\dfrac{1}{e^x-1}\right)$;

(7) $\lim\limits_{x\to 0}(\tan x)^{\sin x}$;　　(8) $\lim\limits_{x\to 1}x^{\frac{1}{1-x}}$;　　(9) $\lim\limits_{x\to 0}(1+x^2)^{\frac{1}{x}}$;

(10) $\lim\limits_{x\to 0^+}\sin x\ln x$;　　(11) $\lim\limits_{x\to 0}\left(\dfrac{1}{x^2}-\dfrac{1}{\sin^2 x}\right)$;　　(12) $\lim\limits_{x\to 0}\left(\dfrac{\tan x}{x}\right)^{\frac{1}{x^2}}$.

解　(1) $\lim\limits_{x\to 0}\dfrac{e^x-1}{\sin x}=\lim\limits_{x\to 0}\dfrac{(e^x-1)'}{(\sin x)'}=\lim\limits_{x\to 0}\dfrac{e^x}{\cos x}=1.$

(2) $\lim\limits_{x\to\frac{\pi}{6}}\dfrac{1-2\sin x}{\cos 3x}=\lim\limits_{x\to\frac{\pi}{6}}\dfrac{(1-2\sin x)'}{(\cos 3x)'}=\lim\limits_{x\to\frac{\pi}{6}}\dfrac{-2\cos x}{-3\sin 3x}=\dfrac{\sqrt{3}}{3}.$

(3) $\lim\limits_{x\to 0}\dfrac{\ln(1+x)-x}{\cos x-1}=\lim\limits_{x\to 0}\dfrac{\dfrac{1}{1+x}-1}{-\sin x}=\lim\limits_{x\to 0}\dfrac{-\dfrac{1}{(1+x)^2}}{-\cos x}=1.$

(4) $\lim\limits_{x\to 0}\dfrac{\tan x-x}{x-\sin x}=\lim\limits_{x\to 0}\dfrac{\sec^2 x-1}{1-\cos x}=\lim\limits_{x\to 0}\dfrac{\tan^2 x}{1-\cos x}=\lim\limits_{x\to 0}\dfrac{x^2}{\dfrac{x^2}{2}}=2.$

(5) $\lim\limits_{x\to\frac{\pi}{2}}\dfrac{\tan x-6}{\sec x+5}=\lim\limits_{x\to\frac{\pi}{2}}\dfrac{\sec^2 x}{\sec x\tan x}=\lim\limits_{x\to\frac{\pi}{2}}\dfrac{1}{\sin x}=1.$

(6) $\lim\limits_{x\to 0}\left(\dfrac{1}{x}-\dfrac{1}{e^x-1}\right)=\lim\limits_{x\to 0}\dfrac{e^x-1-x}{x(e^x-1)}=\lim\limits_{x\to 0}\dfrac{e^x-1}{e^x-1+xe^x}=\lim\limits_{x\to 0}\dfrac{e^x}{e^x+e^x+xe^x}=\dfrac{1}{2}.$

(7) $\lim\limits_{x\to 0}(\tan x)^{\sin x}=\lim\limits_{x\to 0}e^{\sin x\cdot\ln\tan x},$

因为 $\lim\limits_{x\to 0}\sin x\cdot\ln\tan x=\lim\limits_{x\to 0}\dfrac{\ln\tan x}{\dfrac{1}{\sin x}}=\lim\limits_{x\to 0}\dfrac{\dfrac{1}{\tan x}\cdot\sec^2 x}{-\dfrac{1}{\sin^2 x}\cdot\cos x}=\lim\limits_{x\to 0}\dfrac{\sin x}{-\cos^2 x}=0,$所以

$$\lim\limits_{x\to 0}(\tan x)^{\sin x}=e^0=1.$$

(8) $\lim\limits_{x\to 1}x^{\frac{1}{1-x}}=\lim\limits_{x\to 1}e^{\frac{1}{1-x}\cdot\ln x}=e^{\lim\limits_{x\to 1}\frac{\ln x}{1-x}}=e^{\lim\limits_{x\to 1}\frac{\frac{1}{x}}{-1}}=e^{-1}=\dfrac{1}{e}.$

(9) $\lim\limits_{x\to 0}(1+x^2)^{\frac{1}{x}}=\lim\limits_{x\to 0}e^{\frac{1}{x}\ln(1+x^2)}=e^{\lim\limits_{x\to 0}\frac{\ln(1+x^2)}{x}}=e^{\lim\limits_{x\to 0}\frac{2x}{1+x^2}}=e^0=1.$

(10) $\lim\limits_{x\to 0^+}\sin x\ln x=\lim\limits_{x\to 0^+}\dfrac{\ln x}{\dfrac{1}{\sin x}}=\lim\limits_{x\to 0^+}\dfrac{\dfrac{1}{x}}{-\dfrac{\cos x}{\sin^2 x}}=\lim\limits_{x\to 0^+}\dfrac{-\sin^2 x}{x\cos x}=\lim\limits_{x\to 0^+}\dfrac{\sin x}{x}\cdot(-\tan x)=0.$

(11) $\lim\limits_{x\to 0}\left(\dfrac{1}{x^2}-\dfrac{1}{\sin^2 x}\right)=\lim\limits_{x\to 0}\dfrac{\sin^2 x-x^2}{x^2\sin^2 x}=\lim\limits_{x\to 0}\dfrac{\sin x+x}{x}\cdot\dfrac{\sin x-x}{x\sin^2 x}$

$\qquad=\lim\limits_{x\to 0}\dfrac{\sin x+x}{x}\cdot\lim\limits_{x\to 0}\dfrac{\sin x-x}{x^3}=2\lim\limits_{x\to 0}\dfrac{\cos x-1}{3x^2}=-\dfrac{1}{3}.$

(12) $\lim\limits_{x\to 0}\left(\dfrac{\tan x}{x}\right)^{\frac{1}{x^2}}=\lim\limits_{x\to 0}e^{\frac{1}{x^2}\ln\frac{\tan x}{x}},$

因为 $\lim\limits_{x\to 0}\dfrac{\ln\dfrac{\tan x}{x}}{x^2}=\lim\limits_{x\to 0}\dfrac{\dfrac{x}{\tan x}\cdot\dfrac{\sec^2 x\cdot x-\tan x}{x^2}}{2x}=\lim\limits_{x\to 0}\dfrac{x\sec^2 x-\tan x}{2x^2\tan x}$

$\qquad=\lim\limits_{x\to 0}\dfrac{x\sec^2 x-\tan x}{2x^3}=\lim\limits_{x\to 0}\dfrac{\sec^2 x+2x\sec^2 x\tan x-\sec^2 x}{6x^2}$

$\qquad=\lim\limits_{x\to 0}\dfrac{2\sin x}{6x}\cdot\dfrac{1}{\cos^3 x}=\dfrac{1}{3},$

所以

$$\lim_{x \to 0}\left(\frac{\tan x}{x}\right)^{\frac{1}{x^2}} = e^{\frac{1}{3}}.$$

6. 设函数 f 在点 a 的某个邻域上具有二阶导数. 证明:对充分小的 h,存在 $\theta,0 < \theta < 1$,使得

$$\frac{f(a+h)+f(a-h)-2f(a)}{h^2} = \frac{f''(a+\theta h)+f''(a-\theta h)}{2}.$$

证　设 f 在 $U(a;\delta)$ 内具有二阶导数. 不妨设 $0 < h < \delta$,令 $F(x) = f(a+x)+f(a-x)$,$G(x) = x^2$,则 $F(x)$ 与 $G(x)$ 在 $[0,h]$ 上满足柯西中值定理的条件,故 $\exists \xi \in (0,h)$,使得

$$\frac{F(h)-F(0)}{G(h)-G(0)} = \frac{f(a+h)+f(a-h)-2f(a)}{h^2-0^2}$$

$$= \frac{F'(\xi)}{G'(\xi)} = \frac{f'(a+\xi)-f'(a-\xi)}{2\xi},$$

再令 $H(x) = f'(a+x)-f'(a-x)$,则 $H(x)$ 在 $[0,\xi]$ 上满足拉格朗日中值定理的条件,故有 $H(\xi)$ $-H(0) = H'(\xi_1)(\xi-0)$,其中 $\xi_1 \in (0,\xi)$. 于是

$$f'(a+\xi)-f'(a-\xi) = [f''(a+\xi_1)+f''(a-\xi_1)]\xi,$$

从而

$$\frac{f'(a+\xi)-f'(a-\xi)}{2\xi} = \frac{[f''(a+\xi_1)+f''(a-\xi_1)]\xi}{2\xi}$$

$$= \frac{f''(a+\xi_1)+f''(a-\xi_1)}{2},$$

令 $\theta = \frac{\xi_1}{h}$,则有 $0 < \theta < 1$,且

$$\frac{f(a+h)+f(a-h)-2f(a)}{h^2} = \frac{f''(a+\theta h)+f''(a-\theta h)}{2}.$$

7. 求下列不定式极限:

(1) $\displaystyle\lim_{x \to 1} \frac{\ln \cos(x-1)}{1-\sin \frac{\pi x}{2}}$;

(2) $\displaystyle\lim_{x \to +\infty}(\pi-2\arctan x)\ln x$;

(3) $\displaystyle\lim_{x \to 0^+} x^{\sin x}$;

(4) $\displaystyle\lim_{x \to \frac{\pi}{4}}(\tan x)^{\tan 2x}$;

(5) $\displaystyle\lim_{x \to 0}\left[\frac{\ln(1+x)^{1+x}}{x^2} - \frac{1}{x}\right]$;

(6) $\displaystyle\lim_{x \to 0}\left(\cot x - \frac{1}{x}\right)$;

(7) $\displaystyle\lim_{x \to 0}\frac{(1+x)^{\frac{1}{x}}-e}{x}$;

(8) $\displaystyle\lim_{x \to +\infty}\left(\frac{\pi}{2}-\arctan x\right)^{\frac{1}{\ln x}}$.

解　(1) $\displaystyle\lim_{x \to 1}\frac{\ln \cos(x-1)}{1-\sin\frac{\pi x}{2}} = \lim_{x \to 1}\frac{\dfrac{-\sin(x-1)}{\cos(x-1)}}{-\dfrac{\pi}{2}\cos\frac{\pi x}{2}} = \lim_{x \to 1}\frac{2\tan(x-1)}{\pi\cos\frac{\pi x}{2}} = \lim_{x \to 1}\frac{-4\sec^2(x-1)}{\pi^2\sin\frac{\pi x}{2}} = -\frac{4}{\pi^2}.$

(2) $\displaystyle\lim_{x \to +\infty}(\pi-2\arctan x)\ln x = \lim_{x \to +\infty}\frac{\pi-2\arctan x}{\dfrac{1}{\ln x}} = \lim_{x \to +\infty}\frac{-\dfrac{2}{1+x^2}}{-\dfrac{1}{x}\cdot\dfrac{1}{\ln^2 x}} = \lim_{x \to +\infty}\frac{2x\ln^2 x}{1+x^2}$

$$= \lim_{x \to +\infty}\frac{2\ln^2 x + 4x\ln x \cdot \dfrac{1}{x}}{2x} = \lim_{x \to +\infty}\frac{2\ln^2 x + 4\ln x}{2x}$$

$$= \lim_{x \to +\infty}\frac{4\ln x \cdot \dfrac{1}{x} + \dfrac{4}{x}}{2} = \lim_{x \to +\infty}\frac{2\ln x + 2}{x} = \lim_{x \to +\infty}\frac{\dfrac{2}{x}}{1} = 0.$$

(3) $\displaystyle\lim_{x \to 0^+} x^{\sin x} = \lim_{x \to 0^+} e^{\sin x \ln x}$,

因为 $\displaystyle\lim_{x \to 0^+}\sin x \ln x = \lim_{x \to 0^+}\frac{\ln x}{\dfrac{1}{\sin x}} = \lim_{x \to 0^+}\frac{\dfrac{1}{x}}{-\dfrac{\cos x}{\sin^2 x}} = \lim_{x \to 0^+}\frac{-\sin^2 x}{x\cos x} = \lim_{x \to 0^+}\frac{-\sin x}{\cos x} = 0,$

所以 $\lim\limits_{x \to 0^+} x^{\sin x} = e^0 = 1$.

(4) $\lim\limits_{x \to \frac{\pi}{4}} (\tan x)^{\tan 2x} = \lim\limits_{x \to \frac{\pi}{4}} e^{\tan 2x \ln \tan x}$,

因为 $\lim\limits_{x \to \frac{\pi}{4}} \tan 2x \ln \tan x = \lim\limits_{x \to \frac{\pi}{4}} \dfrac{\ln \tan x}{\cot 2x} = \lim\limits_{x \to \frac{\pi}{4}} \dfrac{\sec^2 x \cdot \dfrac{1}{\tan x}}{-2\csc^2 2x} = \lim\limits_{x \to \frac{\pi}{4}} (-\sin 2x) = -1$,

所以 $\lim\limits_{x \to \frac{\pi}{4}} (\tan x)^{\tan 2x} = e^{-1} = \dfrac{1}{e}$.

(5) $\lim\limits_{x \to 0} \left[\dfrac{\ln(1+x)^{1+x}}{x^2} - \dfrac{1}{x} \right] = \lim\limits_{x \to 0} \dfrac{(1+x)\ln(1+x) - x}{x^2} = \lim\limits_{x \to 0} \dfrac{\ln(1+x) + \dfrac{1+x}{1+x} - 1}{2x}$

$$= \lim\limits_{x \to 0} \dfrac{\ln(1+x)}{2x} = \lim\limits_{x \to 0} \dfrac{\dfrac{1}{1+x}}{2} = \dfrac{1}{2}.$$

(6) $\lim\limits_{x \to 0} \left(\cot x - \dfrac{1}{x} \right) = \lim\limits_{x \to 0} \left(\dfrac{\cos x}{\sin x} - \dfrac{1}{x} \right) = \lim\limits_{x \to 0} \dfrac{x\cos x - \sin x}{x \sin x} = \lim\limits_{x \to 0} \dfrac{x\cos x - \sin x}{x^2}$

$$= \lim\limits_{x \to 0} \dfrac{\cos x - x\sin x - \cos x}{2x}$$

$$= -\dfrac{1}{2} \lim\limits_{x \to 0} \sin x = 0.$$

(7) $\lim\limits_{x \to 0} \dfrac{(1+x)^{\frac{1}{x}} - e}{x} = \lim\limits_{x \to 0} \dfrac{\left[(1+x)^{\frac{1}{x}} - e \right]'}{x'} = \lim\limits_{x \to 0} \left[(1+x)^{\frac{1}{x}} \right]'$

$$= \lim\limits_{x \to 0} \left[e^{\frac{\ln(1+x)}{x}} \right]' = \lim\limits_{x \to 0} e^{\frac{1}{x}\ln(1+x)} \cdot \dfrac{\dfrac{x}{1+x} - \ln(1+x)}{x^2}$$

$$= \lim\limits_{x \to 0} (1+x)^{\frac{1}{x}} \cdot \lim\limits_{x \to 0} \dfrac{\dfrac{x}{1+x} - \ln(1+x)}{x^2}$$

$$= e \cdot \lim\limits_{x \to 0} \dfrac{\dfrac{1}{(1+x)^2} - \dfrac{1}{1+x}}{2x}$$

$$= e \cdot \lim\limits_{x \to 0} \dfrac{-1}{2(1+x)^2} = -\dfrac{e}{2}.$$

(8) $\lim\limits_{x \to +\infty} \left(\dfrac{\pi}{2} - \arctan x \right)^{\frac{1}{\ln x}} = \lim\limits_{x \to +\infty} e^{\frac{\ln\left(\frac{\pi}{2} - \arctan x \right)}{\ln x}}$,

因为 $\lim\limits_{x \to +\infty} \dfrac{\ln\left(\dfrac{\pi}{2} - \arctan x \right)}{\ln x} = \lim\limits_{x \to +\infty} \dfrac{\dfrac{1}{\dfrac{\pi}{2} - \arctan x} \cdot \dfrac{-1}{1+x^2}}{\dfrac{1}{x}} = \lim\limits_{x \to +\infty} \dfrac{x^2}{1+x^2} \cdot \dfrac{-\dfrac{1}{x}}{\dfrac{\pi}{2} - \arctan x}$

$$= \lim\limits_{x \to +\infty} \dfrac{x^2}{1+x^2} \cdot \lim\limits_{x \to +\infty} \dfrac{-\dfrac{1}{x}}{\dfrac{\pi}{2} - \arctan x}$$

$$= \lim\limits_{x \to +\infty} \dfrac{\dfrac{1}{x^2}}{\dfrac{-1}{1+x^2}} = \lim\limits_{x \to +\infty} \dfrac{-(1+x^2)}{x^2} = -1,$$

所以 $\lim\limits_{x \to +\infty} \left(\dfrac{\pi}{2} - \arctan x \right)^{\frac{1}{\ln x}} = e^{-1} = \dfrac{1}{e}$.

8. 设 $f(0) = 0$，f' 在原点的某邻域上连续，且 $f'(0) \neq 0$. 证明：$\lim\limits_{x \to 0^+} x^{f(x)} = 1$.

证 因为 $\lim\limits_{x \to 0^+} x^{f(x)} = \lim\limits_{x \to 0^+} e^{f(x)\ln x}$，而

$$\lim_{x \to 0^+} f(x)\ln x = \lim_{x \to 0^+} \frac{f(x) - f(0)}{x} \cdot x\ln x = \lim_{x \to 0^+} \frac{f(x) - f(0)}{x} \cdot \lim_{x \to 0^+} x\ln x$$
$$= f'(0) \times 0 = 0,$$

所以 $\lim\limits_{x \to 0^+} x^{f(x)} = e^0 = 1$.

注：本题题设条件可将"$f'(x)$ 在原点的某领域内连续，且 $f'(0) \neq 0$"减弱为"$f'(0)$ 存在".

9. 证明定理 6.7 中 $\lim\limits_{x \to +\infty} f(x) = 0$，$\lim\limits_{x \to +\infty} g(x) = 0$ 情形时的洛必达法则. 要证的命题是：

若函数 $f(x)$ 和 $g(x)$ 满足：

（ⅰ）$\lim\limits_{x \to +\infty} f(x) = 0$，$\lim\limits_{x \to +\infty} g(x) = 0$；

（ⅱ）$f(x), g(x)$ 在 $+\infty$ 的某邻域 $(M_0, +\infty)$ 内可导，且 $g'(x) \neq 0$；

（ⅲ）$\lim\limits_{x \to +\infty} \dfrac{f'(x)}{g'(x)} = A$（$A$ 可为实数，也可为 $\pm\infty$ 或 ∞），则

$$\lim_{x \to +\infty} \frac{f(x)}{g(x)} = \lim_{x \to +\infty} \frac{f'(x)}{g'(x)} = A.$$

证 作变换 $t = \dfrac{1}{x}$，则 $x \to +\infty$ 时，$t \to 0^+$，于是

$$\lim_{t \to 0^+} f\left(\frac{1}{t}\right) = 0,\ \lim_{t \to 0^+} g\left(\frac{1}{t}\right) = 0,\ \lim_{t \to 0^+} \frac{f'\left(\frac{1}{t}\right)}{g'\left(\frac{1}{t}\right)} = A,$$

由于 $f\left(\dfrac{1}{t}\right), g\left(\dfrac{1}{t}\right)$ 在 $\left(0, \dfrac{1}{|M_0|}\right)$ 上满足定理 6.7 的条件，所以

$$\lim_{t \to 0^+} \frac{f\left(\frac{1}{t}\right)}{g\left(\frac{1}{t}\right)} = \lim_{t \to 0^+} \frac{f'\left(\frac{1}{t}\right)\left(-\frac{1}{t^2}\right)}{g'\left(\frac{1}{t}\right)\left(-\frac{1}{t^2}\right)} = \lim_{t \to 0^+} \frac{f'\left(\frac{1}{t}\right)}{g'\left(\frac{1}{t}\right)} = A,$$

故 $\lim\limits_{x \to +\infty} \dfrac{f(x)}{g(x)} = \lim\limits_{t \to 0^+} \dfrac{f\left(\frac{1}{t}\right)}{g\left(\frac{1}{t}\right)} = A = \lim\limits_{x \to +\infty} \dfrac{f'(x)}{g'(x)}$.

10. 证明：$f(x) = x^3 e^{-x^2}$ 为有界函数.

证
$$\lim_{x \to \infty} f(x) = \lim_{x \to \infty} x^3 e^{-x^2} = \lim_{x \to \infty} \frac{x^3}{e^{x^2}} = \lim_{x \to \infty} \frac{3x^2}{2x e^{x^2}}$$
$$= \frac{3}{2} \lim_{x \to \infty} \frac{x}{e^{x^2}} = \frac{3}{2} \lim_{x \to \infty} \frac{1}{2x e^{x^2}} = 0,$$

因此，对于 $\varepsilon_0 = 1$，$\exists X > 0$，当 $|x| > X$ 时，有 $|f(x)| < \varepsilon_0 = 1$. 在 $[-X, X]$ 上，由连续函数的有界性定理知，$\exists M_1 > 0$，当 $x \in [-X, X]$ 时，有 $|f(x)| \leqslant M_1$. 取 $M = \max\{1, M_1\}$，则 $\forall x \in (-\infty, +\infty)$，有 $|f(x)| < M$. 故 $f(x) = x^3 e^{-x^2}$ 为有界函数.

══ 习题 6.3 解答 ══

1. 求下列函数带佩亚诺型余项的麦克劳林公式：

（1）$f(x) = \dfrac{1}{\sqrt{1+x}}$；　　　　（2）$f(x) = \arctan x$ 到含 x^5 的项；

（3）$f(x) = \tan x$ 到含 x^5 的项.

解　$(1) f'(x) = -\dfrac{1}{2}(1+x)^{-\frac{3}{2}}, f''(x) = \left(-\dfrac{1}{2}\right)\left(-\dfrac{3}{2}\right)(1+x)^{-\frac{5}{2}}, \cdots,$

$f^{(n)}(x) = (-1)^n \cdot \dfrac{(2n-1)!!}{2^n}(1+x)^{-\frac{2n+1}{2}}$，因此 $f^{(n)}(0) = (-1)^n \dfrac{(2n-1)!!}{2^n}.$

$f(x)$ 带佩亚诺型余项的麦克劳林公式为

$$f(x) = 1 - \dfrac{1}{2}x + \dfrac{1 \cdot 3}{2! \cdot 2^2}x^2 + \cdots + (-1)^n \dfrac{(2n-1)!!}{n! 2^n}x^n + o(x^n).$$

$(2) f'(x) = \dfrac{1}{1+x^2}, f''(x) = -\dfrac{2x}{(1+x^2)^2} = -2x(1+x^2)^{-2},$

$f'''(x) = -2(1+x^2)^{-2} + (-2x) \cdot (-2)(1+x^2)^{-3} \cdot 2x$

$\qquad = -2(1+x^2)^{-2} + 8x^2(1+x^2)^{-3},$

$f^{(4)}(x) = 4(1+x^2)^{-3} \cdot 2x + 16x(1+x^2)^{-3} + 8x^2 \cdot (-3)(1+x^2)^{-4} \cdot 2x$

$\qquad = 24x(1+x^2)^{-3} - 48x^3(1+x^2)^{-4}.$

故 $f(0) = 0, f'(0) = 1, f''(0) = 0, f'''(0) = -2, f^{(4)}(0) = 0,$

$f^{(5)}(0) = \lim\limits_{x \to 0} \dfrac{f^{(4)}(x) - f^{(4)}(0)}{x - 0} = 24.$

因此，$\arctan x = x - \dfrac{1}{3}x^3 + \dfrac{1}{5}x^5 + o(x^5).$

$(3) f'(x) = \sec^2 x, f''(x) = 2\sec^2 x \tan x, f'''(x) = 4\sec^2 x \tan^2 x + 2\sec^4 x,$

$f^{(4)}(x) = 8\sec^2 x \tan^3 x + 16\sec^4 x \tan x.$

故有 $f(0) = 0, f'(0) = 1, f''(0) = 0, f'''(0) = 2, f^{(4)}(0) = 0,$

$f^{(5)}(0) = \lim\limits_{x \to 0} \dfrac{f^{(4)}(x) - f^{(4)}(0)}{x - 0} = 16.$

因此，$\tan x = x + \dfrac{1}{3}x^3 + \dfrac{2}{15}x^5 + o(x^5).$

2. 按例 4 的方法求下列极限：

$(1) \lim\limits_{x \to 0} \dfrac{\mathrm{e}^x \sin x - x(1+x)}{x^3};$ $\qquad\qquad (2) \lim\limits_{x \to \infty}\left[x - x^2 \ln\left(1 + \dfrac{1}{x}\right)\right];$

$(3) \lim\limits_{x \to 0} \dfrac{1}{x}\left(\dfrac{1}{x} - \cot x\right).$

解　(1) 因为 $\mathrm{e}^x = 1 + x + \dfrac{x^2}{2!} + o(x^2), \sin x = x - \dfrac{x^3}{3!} + o(x^3),$

所以 $\mathrm{e}^x \sin x = x + x^2 + \dfrac{x^3}{3} + o(x^3).$

故 $\lim\limits_{x \to 0} \dfrac{\mathrm{e}^x \sin x - x(1+x)}{x^3} = \lim\limits_{x \to 0} \dfrac{x + x^2 + \dfrac{x^3}{3} + o(x^3) - x(1+x)}{x^3}$

$\qquad\qquad\qquad\qquad\qquad = \lim\limits_{x \to 0}\left[\dfrac{1}{3} + \dfrac{o(x^3)}{x^3}\right] = \dfrac{1}{3}.$

(2) 因为 $\ln\left(1 + \dfrac{1}{x}\right) = \dfrac{1}{x} - \dfrac{1}{2x^2} + o\left(\dfrac{1}{x^2}\right),$ 所以

$$\lim\limits_{x \to \infty}\left[x - x^2 \ln\left(1 + \dfrac{1}{x}\right)\right] = \lim\limits_{x \to \infty}\left[x - x^2\left(\dfrac{1}{x} - \dfrac{1}{2x^2} + o\left(\dfrac{1}{x^2}\right)\right)\right]$$

$$= \lim\limits_{x \to \infty}\left[\dfrac{1}{2} + o(1)\right] = \dfrac{1}{2}.$$

$(3) \lim\limits_{x \to 0} \dfrac{1}{x}\left(\dfrac{1}{x} - \cot x\right) = \lim\limits_{x \to 0} \dfrac{\sin x - x\cos x}{x^2 \sin x}$

$$= \lim_{x \to 0} \frac{\left[x - \frac{1}{3!}x^3 + o(x^3)\right] - x\left[1 - \frac{1}{2!}x^2 + o(x^2)\right]}{x^3}$$

$$= \lim_{x \to 0} \frac{\frac{1}{3}x^3 + o(x^3)}{x^3} = \lim_{x \to 0}\left[\frac{1}{3} + \frac{o(x^3)}{x^3}\right] = \frac{1}{3}.$$

3. 求下列函数在指定点处带拉格朗日余项的泰勒公式:

(1) $f(x) = x^3 + 4x^2 + 5$, 在 $x = 1$ 处;   (2) $f(x) = \dfrac{1}{1+x}$, 在 $x = 0$ 处.

解   (1) $f'(x) = 3x^2 + 8x, f''(x) = 6x + 8, f'''(x) = 6$, 当 $n > 3$ 时, $f^{(n)}(x) = 0$.

因此, $f(1) = 10, f'(1) = 11, f''(1) = 14, f'''(1) = 6$, 当 $n > 3$ 时, $f^{(n)}(1) = 0$.

故所求泰勒公式为

$$f(x) = 10 + \frac{11}{1!}(x-1) + \frac{14}{2!}(x-1)^2 + \frac{6}{3!}(x-1)^3 + 0$$
$$= 10 + 11(x-1) + 7(x-1)^2 + (x-1)^3,$$

其拉格朗日型余项为 0.

(2) $f'(x) = -\dfrac{1}{(1+x)^2}, f''(x) = \dfrac{2}{(1+x)^3}, \cdots, f^{(n)}(x) = \dfrac{(-1)^n n!}{(1+x)^{n+1}}$.

因此, $f(0) = 1, f'(0) = -1, f''(0) = 2, \cdots, f^{(n)}(0) = (-1)^n n!$.

故 $f(x) = 1 - x + x^2 - x^3 + x^4 - \cdots + (-1)^n x^n + (-1)^{n+1}\dfrac{x^{n+1}}{(1+\theta x)^{n+2}} (0 < \theta < 1)$.

4. 估计下列近似公式的绝对误差:

(1) $\sin x \approx x - \dfrac{x^3}{6}$, 当 $|x| \leqslant \dfrac{1}{2}$;   (2) $\sqrt{1+x} \approx 1 + \dfrac{x}{2} - \dfrac{x^2}{8}, x \in [0, 1]$.

解   (1) $\sin x$ 的麦克劳林公式为

$$\sin x = x - \frac{x^3}{3!} + \frac{x^5}{5!}\cos\theta x (0 < \theta < 1),$$

当 $|x| \leqslant \dfrac{1}{2}$ 时, 绝对误差的估计为

$$|R_4(x)| = \left|\frac{x^5}{5!}\cos\theta x\right| \leqslant \frac{1}{2^5 \cdot 5!} = \frac{1}{3\,840}.$$

(2) 由 $(1+x)^\alpha$ 的带有拉格朗日型余项的麦克劳林公式得

$$\sqrt{1+x} = (1+x)^{\frac{1}{2}} = 1 + \frac{1}{2}x - \frac{1}{8}x^2 + \frac{1}{16}(1+\theta x)^{-\frac{5}{2}}x^3 (0 < \theta < 1).$$

当 $x \in [0, 1]$ 时, $|R_2(x)| = \left|\dfrac{1}{16}(1+\theta x)^{-\frac{5}{2}}x^3\right| \leqslant \dfrac{1}{16}$.

5. 计算:(1) 数 e 准确到 10^{-9}; (2) $\ln 2.7$ 准确到 10^{-5}.

解   (1) 由 $e^x = 1 + x + \dfrac{x^2}{2!} + \cdots + \dfrac{x^n}{n!} + \dfrac{e^{\theta x}}{(n+1)!}x^{n+1} (0 < \theta < 1)$, 取 $x = 1$ 得

$$e = 1 + 1 + \frac{1}{2!} + \cdots + \frac{1}{n!} + \frac{e^\theta}{(n+1)!}.$$

故

$$|R_n(1)| = \frac{e^\theta}{(n+1)!} < \frac{3}{(n+1)!} < 10^{-9}.$$

解得 $n \geqslant 12$. 取 $n = 12$ 得

$$e \approx 1 + 1 + \frac{1}{2!} + \cdots + \frac{1}{12!} \approx 2.718\,281\,828.$$

(2) $\ln 2.7 = \ln\left(e\dfrac{2.7 - e + e}{e}\right) = \ln[e(1 - 0.006\,7)] = 1 + \ln(1 - 0.006\,7),$

$$\ln(1-x) = -x - \frac{x^2}{2} - \frac{x^3}{3} - \cdots - \frac{x^n}{n} - \frac{x^{n+1}}{(n+1)(1-\theta x)^{n+1}} \quad (0 < \theta < 1),$$

$$|R_n(0.006\ 7)| \leqslant \frac{0.006\ 7^{n+1}}{(n+1)(1-0.006\ 7)^{n+1}} \leqslant \left(\frac{0.006\ 7}{1-0.006\ 7}\right)^{n+1} \approx 0.006\ 7^{n+1}.$$

当 $n = 2$ 时，有 $|R_n(0.006\ 7)| < 10^{-5}$，因此，

$$\ln 2.7 \approx 1 + \left(-0.006\ 7 - \frac{0.006\ 7^2}{2}\right) \approx 0.993\ 27.$$

习题 6.4 解答

1. 求下列函数的极值：

(1) $f(x) = 2x^3 - x^4$；　　　　　(2) $f(x) = \dfrac{2x}{1+x^2}$；

(3) $f(x) = \dfrac{(\ln x)^2}{x}$；　　　　　(4) $f(x) = \arctan x - \dfrac{1}{2}\ln(1+x^2)$.

解　(1) $f'(x) = 6x^2 - 4x^3, f''(x) = 12x - 12x^2, f'''(x) = 12 - 24x$,

由 $f'(x) = 0$，即 $6x^2 - 4x^3 = 0$ 得 $f(x)$ 的稳定点为 $x = 0$ 和 $x = \dfrac{3}{2}$.

因为 $f'(0) = f''(0) = 0, f'''(0) = 12$，由极值的第三充分条件知，$f(x)$ 在 $x = 0$ 处不取极值.

因为 $f'\left(\dfrac{3}{2}\right) = 0, f''\left(\dfrac{3}{2}\right) = -9$，由极值的第二充分条件知，$f(x)$ 在 $x = \dfrac{3}{2}$ 处取极大值，极大值为

$f\left(\dfrac{3}{2}\right) = \dfrac{27}{16}$.

(2) $f'(x) = \dfrac{2(1+x^2) - 2x \cdot 2x}{(1+x^2)^2} = \dfrac{2(1-x^2)}{(1+x^2)^2}$,

$f''(x) = \dfrac{-4x(1+x^2)^2 - 4(1-x^2)(1+x^2) \cdot 2x}{(1+x^2)^4} = \dfrac{4x(x^2-3)}{(1+x^2)^3}$,

由 $f'(x) = 0$ 得稳定点为 $x = \pm 1$.

因为 $f''(1) = -1 < 0$，故 $x = 1$ 是 $f(x)$ 的极大值点，极大值为 $f(1) = 1$；

因为 $f''(-1) = 1 > 0$，故 $x = -1$ 是 $f(x)$ 的极小值点，极小值为 $f(-1) = -1$.

(3) $f'(x) = \dfrac{2\ln x \cdot \dfrac{1}{x} \cdot x - (\ln x)^2}{x^2} = \dfrac{2\ln x - (\ln x)^2}{x^2}$,

$f''(x) = \dfrac{\left(\dfrac{2}{x} - 2\ln x \cdot \dfrac{1}{x}\right) \cdot x^2 - 2x[2\ln x - (\ln x)^2]}{x^4} = \dfrac{2 - 6\ln x + 2(\ln x)^2}{x^3}$,

由 $f'(x) = 0$ 得稳定点为 $x = 1$ 和 $x = e^2$.

因为 $f''(1) = 2 > 0$，故 $x = 1$ 是 $f(x)$ 的极小值点，极小值为 $f(1) = 0$；

因为 $f''(e^2) = -\dfrac{2}{e^6} < 0$，故 $x = e^2$ 是 $f(x)$ 的极大值点，极大值为 $f(e^2) = \dfrac{4}{e^2}$.

(4) $f'(x) = \dfrac{1}{1+x^2} - \dfrac{2x}{2(1+x^2)} = \dfrac{1-x}{1+x^2}$,

$f''(x) = \dfrac{-(1+x^2) - 2x(1-x)}{(1+x^2)^2} = \dfrac{-1 - 2x + x^2}{(1+x^2)^2}$,

由 $f'(x) = 0$ 得稳定点为 $x = 1$，因为 $f''(1) = -\dfrac{1}{2} < 0$，故 $x = 1$ 是 $f(x)$ 的极大值点，极大值为

$f(1) = \dfrac{\pi}{4} - \dfrac{1}{2}\ln 2$.

2. 设

$$f(x) = \begin{cases} x^4 \sin^2 \dfrac{1}{x}, & x \neq 0, \\ 0, & x = 0. \end{cases}$$

(1) 证明：$x = 0$ 是极小值点；

(2) 说明 f 在极小值点 $x = 0$ 是否满足极值的第一充分条件或第二充分条件.

解 (1) 当 $x \neq 0$ 时，$f(x) = x^4 \sin^2 \dfrac{1}{x} \geqslant 0$，而 $f(0) = 0$，故 $x = 0$ 是 $f(x)$ 的极小值点.

(2) 因为 $\lim\limits_{x \to 0} f(x) = \lim\limits_{x \to 0} x^4 \sin^2 \dfrac{1}{x} = 0$，所以 $f(x)$ 在 $x = 0$ 处连续.

当 $x \neq 0$ 时，$f'(x) = 4x^3 \sin^2 \dfrac{1}{x} - x^2 \sin \dfrac{2}{x}$. 由导数的定义得 $f'(0) = \lim\limits_{x \to 0} \dfrac{x^4 \sin^2 \dfrac{1}{x} - 0}{x} = 0$.

取 $x_k = \dfrac{1}{k\pi + \dfrac{\pi}{4}}, y_k = \dfrac{1}{k\pi + \dfrac{3\pi}{4}} (k = 1, 2, \cdots)$，则 $x_k > 0, y_k > 0, \lim\limits_{k \to \infty} x_k = \lim\limits_{k \to \infty} y_k = 0$，于是对

$\forall \delta > 0$，总 $\exists x_k, y_k \in (0, \delta)$，使得 $f'(x_k) < 0, f'(y_k) > 0$，所以 $f(x)$ 在极小值点 $x = 0$ 处不满足第一充分条件.

又因为 $f''(0) = \lim\limits_{x \to 0} \dfrac{f'(x) - f'(0)}{x - 0} = \lim\limits_{x \to 0} \left(4x^2 \sin^2 \dfrac{1}{x} - x \sin \dfrac{2}{x} \right) = 0$，故 $f(x)$ 在极小值点 $x = 0$ 处也不满足第二充分条件.

归纳总结：可以继续验证，$f(x)$ 在极小值点 $x = 0$ 处也不满足第三充分条件.

3. 证明：若函数 f 在点 x_0 有 $f'_+(x_0) < 0 \quad (> 0), f'_-(x_0) > 0 \quad (< 0)$，则 x_0 为 f 的极大 (小) 值点.

证 假设 $f'_+(x_0) < 0, f'_-(x_0) > 0$. 由 $f'_+(x_0) = \lim\limits_{x \to x_0^+} \dfrac{f(x) - f(x_0)}{x - x_0} < 0$ 及函数极限的局部保号性知，$\exists \delta_1$

> 0，当 $x \in (x_0, x_0 + \delta_1)$ 时，有 $\dfrac{f(x) - f(x_0)}{x - x_0} < 0$，此时有 $f(x) < f(x_0)$；由 $f'_-(x_0) =$

$\lim\limits_{x \to x_0^-} \dfrac{f(x) - f(x_0)}{x - x_0} > 0$ 可知，$\exists \delta_2 > 0$，当 $x \in (x_0 - \delta_2, x_0)$ 时，有 $\dfrac{f(x) - f(x_0)}{x - x_0} > 0$，此时有 $f(x) <$

$f(x_0)$. 取 $\delta = \min\{\delta_1, \delta_2\}$，则当 $x \in U(x_0; \delta)$ 时，$f(x) \leqslant f(x_0)$，故 x_0 为 f 的极大值点.

同理可证，当 $f'_+(x_0) > 0, f'_-(x_0) < 0$ 时，x_0 为 f 的极小值点.

4. 求下列函数在给定区间上的最大值、最小值：

(1) $y = x^5 - 5x^4 + 5x^3 + 1, [-1, 2]$；   (2) $y = 2\tan x - \tan^2 x, \left[0, \dfrac{\pi}{2}\right)$；

(3) $y = \sqrt{x} \ln x, (0, +\infty)$.

解 (1) $y' = 5x^4 - 20x^3 + 15x^2 = 5x^2(x-1)(x-3)$，由 $y' = 0$ 得 $x = 0, 1, 3$. 由于 $3 \notin [-1, 2]$，故舍去. $y(-1) = -10, y(0) = 1, y(1) = 2, y(2) = -7$，比较它们的大小可知，函数在 $x = -1$ 处取最小值 -10，在 $x = 1$ 处取最大值 2.

(2) 令 $t = \tan x$，由 $x \in \left[0, \dfrac{\pi}{2}\right)$ 知 $t \in [0, +\infty)$.

$$y = 2\tan x - \tan^2 x = 2t - t^2 = -(t-1)^2 + 1,$$

于是，当 $t = 1$，即 $x = \dfrac{\pi}{4}$ 时，函数取最大值 1.

又因为 $\lim\limits_{x \to \frac{\pi}{2}^-} (2\tan x - \tan^2 x) = -\infty$，所以最小值不存在.

(3) $y' = \dfrac{1}{2\sqrt{x}}\ln x + \dfrac{\sqrt{x}}{x} = \dfrac{\ln x + 2}{2\sqrt{x}}$,由 $y' = 0$ 得 $x = e^{-2}$.

当 $0 < x < e^{-2}$ 时，$y' < 0$；当 $e^{-2} < x < +\infty$ 时，$y' > 0$. 故函数在 $x = e^{-2}$ 处取最小值，最小值为 $y(e^{-2}) = -\dfrac{2}{e}$. 又因为 $\lim\limits_{x\to+\infty}\sqrt{x}\ln x = +\infty$，故最大值不存在.

5. 设 $f(x)$ 在区间 I 上连续，并且在 I 上仅有唯一的极值点 x_0. 证明：若 x_0 是 f 的极大（小）值点，则 x_0 必是 $f(x)$ 在 I 上的最大（小）值点.

证 （反证法）只对 x_0 是 f 的极大值点的情形进行证明. 假设 x_0 不是 $f(x)$ 在 I 上的最大值点，则存在一点 $x_1 \in I$，使得 $f(x_1) > f(x_0)$（不妨设 $x_1 < x_0$）. 由连续函数的最大最小值定理知，$f(x)$ 在 $[x_1, x_0] \subset I$ 上存在最小值 m. 因为 $f(x_1) > f(x_0)$，而 x_0 是 $f(x)$ 的一个极大值点，所以 $\exists\, x_2 \in (x_1, x_0)$，使 $f(x_2) = m$. 取 $\delta = \min\{x_0 - x_2, x_2 - x_1\}$，则当 $x \in U(x_2; \delta)$ 时，$f(x) \geqslant m = f(x_2)$，即 x_2 是 $f(x)$ 的一个极小值点，这与在 I 上仅有唯一极值点 x_0 矛盾. 故原命题成立.

6. 把长为 l 的线段截为两段，问怎样能使以这两段线为边所组成的矩形的面积最大？

解 设一段线长为 x，则另一段线长为 $l - x$，矩形的面积为 $f(x) = x(l - x)$. 因此，$f'(x) = l - 2x$，由 $f'(x) = 0$ 得 $x = \dfrac{l}{2}$，又因为 $f''\left(\dfrac{l}{2}\right) = -2 < 0$，故 $x = \dfrac{l}{2}$ 是 $f(x)$ 的极大值点. 因此当两段线长度均为 $\dfrac{l}{2}$ 时，矩形面积最大.

7. 有一个无盖的圆柱形容器，当给定体积为 V 时，要使容器的表面积最小，问底的半径与容器高的比例应该怎样？

解 设底的半径为 r，则 $V = \pi r^2 h$，容器的高 $h = \dfrac{V}{\pi r^2}$，容器的表面积

$$S(r) = 2\pi r h + \pi r^2 = \pi r^2 + \dfrac{2V}{r}.$$

因此，$S'(r) = 2\pi r - \dfrac{2V}{r^2}$，由 $S'(r) = 0$ 得 $r = \sqrt[3]{\dfrac{V}{\pi}}$.

又因为 $S''(r) = 2\pi + \dfrac{4V}{r^3}$，$S''\left(\sqrt[3]{\dfrac{V}{\pi}}\right) = 6\pi > 0$，故 $r = \sqrt[3]{\dfrac{V}{\pi}}$ 是 $S(r)$ 的极小值点，此时 $h = \dfrac{V}{\pi r^2} = \sqrt[3]{\dfrac{V}{\pi}}$，故 $\dfrac{r}{h} = 1$，即当底的半径与容器的高的比例为 $1:1$ 时，容器的表面积为最小.

8. 设用某仪器进行测量时，读得 n 次实验数据为 $a_1, a_2, \cdots, a_n$. 问以怎样的数值 x 表达所要测量的真值，才能使它与这 n 个数之差的平方和为最小？

解 x 与这 n 个数之差的平方和为 $f(x) = \sum\limits_{i=1}^{n}(x - a_i)^2$，于是 $f'(x) = 2\sum\limits_{i=1}^{n}(x - a_i)$. 由 $f'(x) = 0$ 得 $x = \dfrac{1}{n}\sum\limits_{i=1}^{n}a_i$，又因为 $f''(x) = 2n > 0$，故 $x = \dfrac{1}{n}\sum\limits_{i=1}^{n}a_i$ 为最小值点，因此 $x = \dfrac{1}{n}\sum\limits_{i=1}^{n}a_i$ 时，它与这 n 个数之差的平方和为最小.

9. 求一正数 a，使它与其倒数之和最小.

解 令 $f(a) = a + \dfrac{1}{a}(a > 0)$，则 $f'(a) = 1 - \dfrac{1}{a^2}$，由 $f'(a) = 0$ 得 $a = \pm 1$，$a = -1$ 舍去，得 $a = 1$.

$f''(a) = \dfrac{2}{a^3}$，故 $f''(1) = 2 > 0$，$a = 1$ 是 $f(a)$ 的极小值点. 因此，当 $a = 1$ 时，它与其倒数之和最小，最小值为 2.

10. 求下列函数的极值：

(1) $f(x) = |x(x^2 - 1)|$；　　　　(2) $f(x) = \dfrac{x(x^2 + 1)}{x^4 - x^2 + 1}$；　　　　(3) $f(x) = (x - 1)^2(x + 1)^3$.

解　(1) $f(x)=\begin{cases}x(1-x^2),x\le-1,0<x\le1,\\x(x^2-1),-1<x\le0,x>1.\end{cases}$　　$f'(x)=\begin{cases}1-3x^2,x<-1,0<x<1,\\不存在,x=-1,0,1,\\3x^2-1,-1<x<0,x>1.\end{cases}$

$f''(x)=\begin{cases}-6x,x<-1,0<x<1,\\6x,-1<x<0,x>1.\end{cases}$ 令 $f'(x)=0$ 得 $x=\pm\dfrac{\sqrt3}{3}$.

$f''\left(\dfrac{\sqrt3}{3}\right)=-2\sqrt3<0,f''\left(-\dfrac{\sqrt3}{3}\right)=-2\sqrt3<0.$

故 $x=\pm\dfrac{\sqrt3}{3}$ 都是 $f(x)$ 的极大值点,极大值为 $f\left(\pm\dfrac{\sqrt3}{3}\right)=\dfrac{2\sqrt3}{9}$.

显然, $x=-1,0,1$ 均是 $f(x)$ 的极小值点,极小值为 0.

(2) $f'(x)=\dfrac{(3x^2+1)(x^4-x^2+1)-x(x^2+1)(4x^3-2x)}{(x^4-x^2+1)^2}=-\dfrac{x^6+4x^4-4x^2-1}{(x^4-x^2+1)^2}.$

由 $f'(x)=0$ 得 $x=1$ 和 $x=-1$.

$f''(x)=\dfrac{-(6x^5+16x^3-8x)(x^4-x^2+1)^2+(x^6+4x^4-4x^2-1)\cdot2(x^4-x^2+1)(4x^3-2x)}{(x^4-x^2+1)^4},$

因此, $f''(1)=-14<0,f''(-1)=14>0.$ 故 $x=1$ 是 $f(x)$ 的极大值点,极大值为 $f(1)=2;x=$
-1 是 $f(x)$ 的极小值点,极小值为 $f(-1)=-2.$

(3) $f'(x)=2(x-1)(x+1)^3+3(x^2-1)^2=(x^2-1)[2(x+1)^2+3(x^2-1)]$
$\qquad\ =(x^2-1)(5x^2+4x-1)=(x^2-1)(x+1)(5x-1)$
$\qquad\ =(x-1)(x+1)^2(5x-1),$
$\quad f''(x)=(x+1)^2(5x-1)+2(x+1)(x-1)(5x-1)+5(x+1)^2(x-1)$
$\qquad\ =(x+1)[(5x^2+4x-1)+2(5x^2-6x+1)+5(x^2-1)]$
$\qquad\ =4(x+1)(5x^2-2x-1),$

由 $f'(x)=0$ 得 $x=1,-1,\dfrac15.$

由于 $f''(-1)=0,f'''(-1)=24\ne0,$ 故 $x=-1$ 不是 $f(x)$ 的极值点;

$f''\left(\dfrac15\right)=-\dfrac{144}{25}<0,$ 故 $x=\dfrac15$ 是极大值点,极大值为 $f\left(\dfrac15\right)=\dfrac{3\,456}{3\,125};$

$f''(1)=16>0,$ 故 $x=1$ 是 $f(x)$ 的极小值点,极小值为 $f(1)=0.$

11. 设 $f(x)=a\ln x+bx^2+x$ 在 $x_1=1,x_2=2$ 处都取得极值,试求 a 与 b;并问这时 f 在 x_1 与 x_2 是取得
极大值还是极小值?

解　$f'(x)=\dfrac{a}{x}+2bx+1,$ 由 $f'(1)=0,f'(2)=0$ 得 $\begin{cases}a+2b+1=0,\\\dfrac{a}{2}+4b+1=0,\end{cases}$ 解得 $a=-\dfrac23,b=-\dfrac16.$

$f''(x)=-\dfrac{a}{x^2}+2b=\dfrac{2}{3x^2}-\dfrac13.$ 故 $f''(1)=\dfrac13>0,f''(2)=-\dfrac16<0.$

因此, f 在 $x_1=1$ 处取得极小值,在 $x_2=2$ 处取得极大值.

12. 在抛物线 $y^2=2px$ 上哪一点的法线被抛物线所截之线段为最短?

解　设 $M_0(x_0,y_0)$ 为抛物线 $y^2=2px$ 上的一点,则过该点的切线斜率为 $\dfrac{\mathrm{d}y}{\mathrm{d}x}\Big|_{x=x_0}=\dfrac{1}{\dfrac{\mathrm{d}x}{\mathrm{d}y}}\Big|_{x=x_0}=\dfrac{p}{y_0},$ 故

点 M_0 处的法线方程为 $y-y_0=-\dfrac{y_0}{p}(x-x_0).$

设法线与抛物线 $y^2=2px$ 的另一交点为 $(x_1,y_1),$ 则由韦达定理可知,两交点的距离 d 满足

$$d^2=(x_1-x_0)^2+(y_1-y_0)^2=\dfrac{4(y_0^2+p^2)^3}{y_0^4}.$$

令 $f(y) = \dfrac{4(y^2 + p^2)^3}{y^4}$，则 $f'(y) = \dfrac{8(p^2 + y^2)^2(y^2 - 2p^2)}{y^5}$，由 $f'(y) = 0$ 得 $y = \pm\sqrt{2}\,p$. 故所求点的坐标为 $(p, \pm\sqrt{2}\,p)$.

13. 要把货物从运河边上 A 城运往与运河相距为 $BC = a\,\mathrm{km}$ 的 B 城（图 $6-1$），轮船运费的单价是 α 元 $/\mathrm{km}$，火车运费的单价是 β 元 $/\mathrm{km}(\beta > \alpha)$，试求运河边上的一点 M，修建铁路 MB，使 $A \rightarrow M \rightarrow B$ 的总运费最省.

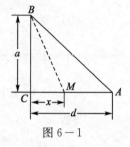

图 $6-1$

解　设 $CM = x$，则 $BM = \sqrt{x^2 + a^2}$，总运费 $f(x) = \beta\sqrt{x^2 + a^2} + (d - x)\alpha$，

$f'(x) = \dfrac{\beta}{2\sqrt{x^2 + a^2}} \cdot 2x - \alpha$，由 $f'(x) = 0$ 得 $x_0 = \pm\dfrac{a\alpha}{\sqrt{\beta^2 - \alpha^2}}$，舍去负

值，$x_0 = \dfrac{a\alpha}{\sqrt{\beta^2 - \alpha^2}}$. 经检验，$f''(x_0) > 0$，故 M 点距 C 点的距离为

$\dfrac{a\alpha}{\sqrt{\beta^2 - \alpha^2}}\,\mathrm{km}$ 时，总运费最省.

＝＝＝＝ 习题 6.5 解答 ＝＝＝＝

1. 确定下列函数的凸性区间与拐点：

(1) $y = 2x^3 - 3x^2 - 36x + 25$；　　　　(2) $y = x + \dfrac{1}{x}$；　　　　(3) $y = x^2 + \dfrac{1}{x}$；

(4) $y = \ln(x^2 + 1)$；　　　　(5) $y = \dfrac{1}{1 + x^2}$.

解　(1) $y' = 6x^2 - 6x - 36$，$y'' = 12x - 6$.

由 $y'' = 0$ 得 $x = \dfrac{1}{2}$，当 $x < \dfrac{1}{2}$ 时，$y'' < 0$；当 $x > \dfrac{1}{2}$ 时，$y'' > 0$.

故 y 的凹区间为 $\left(-\infty, \dfrac{1}{2}\right)$，凸区间为 $\left(\dfrac{1}{2}, +\infty\right)$，拐点为 $\left(\dfrac{1}{2}, \dfrac{13}{2}\right)$.

(2) $y' = 1 - \dfrac{1}{x^2}$，$y'' = \dfrac{2}{x^3}$. 当 $x \in (-\infty, 0)$ 时，$y'' < 0$；当 $x \in (0, +\infty)$ 时，$y'' > 0$，

故 y 的凹区间为 $(-\infty, 0)$，凸区间为 $(0, +\infty)$.

由于 $y'' = 0$ 无实根，故没有拐点.

(3) $y' = 2x - \dfrac{1}{x^2}$，$y'' = 2 + \dfrac{2}{x^3}$. 由 $y'' = 0$ 得 $x = -1$.

当 $-1 < x < 0$ 时，$y'' < 0$；当 $x < -1$ 或 $x > 0$ 时，$y'' > 0$.

故 y 的凹区间为 $(-1, 0)$，凸区间为 $(-\infty, -1)$ 和 $(0, +\infty)$，拐点为 $(-1, 0)$.

(4) $y' = \dfrac{2x}{x^2 + 1}$，$y'' = \dfrac{2(x^2 + 1) - 2x \cdot 2x}{(x^2 + 1)^2} = \dfrac{2(1 - x^2)}{(x^2 + 1)^2}$，由 $y'' = 0$ 得 $x = \pm 1$.

当 $x < -1$ 或 $x > 1$ 时，$y'' < 0$；当 $-1 < x < 1$ 时，$y'' > 0$. 故 y 的凹区间为 $(-\infty, -1)$ 和 $(1, +\infty)$，

凸区间为 $(-1, 1)$，拐点为 $(-1, \ln 2)$ 和 $(1, \ln 2)$.

(5) $y' = \dfrac{-2x}{(1 + x^2)^2}$，$y'' = \dfrac{-2(1 + x^2)^2 + 4x(1 + x^2) \cdot 2x}{(1 + x^2)^4} = \dfrac{2(3x^2 - 1)}{(1 + x^2)^3}$，

由 $y'' = 0$ 得 $x = \pm\dfrac{\sqrt{3}}{3}$. 当 $x \in \left(-\dfrac{\sqrt{3}}{3}, \dfrac{\sqrt{3}}{3}\right)$ 时，$y'' < 0$；

当 $x \in \left(-\infty, -\dfrac{\sqrt{3}}{3}\right) \cup \left(\dfrac{\sqrt{3}}{3}, +\infty\right)$ 时，$y'' > 0$.

故 y 的凹区间为 $\left(-\dfrac{\sqrt{3}}{3}, \dfrac{\sqrt{3}}{3}\right)$，凸区间为 $\left(-\infty, -\dfrac{\sqrt{3}}{3}\right)$ 和 $\left(\dfrac{\sqrt{3}}{3}, +\infty\right)$，拐点为 $\left(\pm\dfrac{\sqrt{3}}{3}, \dfrac{3}{4}\right)$.

2. 问 a 和 b 为何值时,点 $(1,3)$ 为曲线 $y = ax^3 + bx^2$ 的拐点?

    解 $y' = 3ax^2 + 2bx, y'' = 6ax + 2b.$ 由 $(1,3)$ 为曲线的拐点知,$f''(1) = 0, f(1) = 3$,由此得
$$\begin{cases} a+b=3, \\ 6a+2b=0, \end{cases} \text{解得 } a = -\frac{3}{2}, b = \frac{9}{2}.$$

3. 证明:

    (1) 若 f 为凸函数,λ 为非负实数,则 λf 为凸函数;

    (2) 若 f, g 均为凸函数,则 $f + g$ 为凸函数;

    (3) 若 f 为区间 I 上凸函数,g 为 $J \supset f(I)$ 上凸增函数,则 $g \circ f$ 为 I 上凸函数.

    证 (1) 设 f 为定义在区间 I 上的凸函数,由凸函数的定义可知,对 $\forall x_1, x_2 \in I$ 和 $\forall \mu \in (0,1)$,总有
$$f(\mu x_1 + (1-\mu)x_2) \leqslant \mu f(x_1) + (1-\mu)f(x_2).$$
两边同乘非负实数 λ,得到
$$\lambda f(\mu x_1 + (1-\mu)x_2) \leqslant \lambda \mu f(x_1) + \lambda(1-\mu)f(x_2),$$
即 $(\lambda f)(\mu x_1 + (1-\mu)x_2) \leqslant \mu(\lambda f)(x_1) + (1-\mu)(\lambda f)(x_2)$,

故 λf 为凸函数.

    (2) 设 f, g 均为区间 I 上的凸函数,由凸函数的定义知,对 $\forall x_1, x_2 \in I$ 和 $\forall \lambda \in (0,1)$,总有
$$f(\lambda x_1 + (1-\lambda)x_2) \leqslant \lambda f(x_1) + (1-\lambda)f(x_2),$$
$$g(\lambda x_1 + (1-\lambda)x_2) \leqslant \lambda g(x_1) + (1-\lambda)g(x_2),$$
两式相加得到
$$f(\lambda x_1 + (1-\lambda)x_2) + g(\lambda x_1 + (1-\lambda)x_2) \leqslant \lambda[f(x_1) + g(x_1)] + (1-\lambda)[f(x_2) + g(x_2)],$$
故 $f + g$ 为凸函数.

    (3) 由凸函数的定义可知,对 $\forall x_1, x_2 \in I, \lambda \in (0,1)$ 有
$$f(\lambda x_1 + (1-\lambda)x_2) \leqslant \lambda f(x_1) + (1-\lambda)f(x_2).$$
因为 g 为 $J \supset f(I)$ 上的增函数,所以
$$g[f(\lambda x_1 + (1-\lambda)x_2)] \leqslant g[\lambda f(x_1) + (1-\lambda)f(x_2)],$$
又因为 g 为凸函数,所以
$$g[\lambda f(x_1) + (1-\lambda)f(x_2)] \leqslant \lambda g[f(x_1)] + (1-\lambda)g[f(x_2)],$$
由这两个式子可得
$$(g \circ f)(\lambda x_1 + (1-\lambda)x_2) \leqslant \lambda(g \circ f)(x_1) + (1-\lambda)(g \circ f)(x_2),$$
故 $g \circ f$ 为 I 上的凸函数.

4. 设 f 为区间 I 上严格凸函数. 证明:若 $x_0 \in I$ 为 f 的极小值点,则 x_0 为 f 在 I 上唯一的极小值点.

    证 (反证法) 若 f 有异于 x_0 的另一极小值点 $x_1 \in I$,不妨设 $f(x_1) \geqslant f(x_0)$. 由 f 是 I 上的严格凸函数知,对 $\forall \lambda \in (0,1)$,总有
$$f(\lambda x_0 + (1-\lambda)x_1) < \lambda f(x_0) + (1-\lambda)f(x_1) < \lambda f(x_1) + (1-\lambda)f(x_1) = f(x_1).$$
因此,对 $\forall \delta > 0$,只要 λ 充分接近 0,总有 $x = \lambda x_0 + (1-\lambda)x_1 \in U^{\circ}(x_1; \delta) \bigcap I$,但是 $f(x) < f(x_1)$,这与 x_1 是 f 的极小值点矛盾. 故 x_0 是 f 在 I 上的唯一极小值点.

5. 应用凸函数概念证明如下不等式:

    (1) 对任意实数 a, b,有 $\mathrm{e}^{\frac{a+b}{2}} \leqslant \frac{1}{2}(\mathrm{e}^a + \mathrm{e}^b)$;

    (2) 对任何非负实数 a, b,有 $2\arctan\left(\frac{a+b}{2}\right) \geqslant \arctan a + \arctan b.$

    证 (1) 令 $f(x) = \mathrm{e}^x$,则 $f''(x) = \mathrm{e}^x > 0$ 恒成立,故 $f(x)$ 是 $(-\infty, +\infty)$ 上的凸函数,故由定义知,对任意实数 a, b,有 $f\left(\frac{1}{2}a + \frac{1}{2}b\right) \leqslant \frac{1}{2}f(a) + \frac{1}{2}f(b)$,即 $\mathrm{e}^{\frac{a+b}{2}} \leqslant \frac{1}{2}(\mathrm{e}^a + \mathrm{e}^b)$.

    (2) 令 $f(x) = \arctan x$,则 $f'(x) = \frac{1}{1+x^2}, f''(x) = -\frac{2x}{(1+x^2)^2}$,当 $x \geqslant 0$ 时,$f''(x) \leqslant 0$,从而 $f(x)$

是 $[0,+\infty)$ 上的凹函数. 故由定义可知,对任意非负实数 a,b,有

$$f\left(\frac{1}{2}a+\frac{1}{2}b\right)\geqslant \frac{1}{2}f(a)+\frac{1}{2}f(b),\text{即 } \arctan\frac{a+b}{2}\geqslant \frac{1}{2}(\arctan a+\arctan b).$$

6. 证明: $\sin \pi x\leqslant \frac{\pi^2}{2}x(1-x)$,其中 $x\in[0,1]$.

证　令 $f(x)=\sin \pi x-\frac{\pi^2}{2}x(1-x),x\in[0,1]$.

因为 $f'(x)=\pi\cos \pi x-\frac{\pi^2}{2}(1-2x)$,

$$f''(x)=-\pi^2\sin \pi x-\frac{\pi^2}{2}(-2)=\pi^2(1-\sin \pi x)\geqslant 0,$$

所以函数 $f(x)$ 在 $[0,1]$ 上是凸函数.

因此 $f(x)\leqslant \max\{f(0),f(1)\}$,而 $f(0)=0,f(1)=0$.

所以 $f(x)\leqslant 0$,即 $\sin \pi x\leqslant \frac{\pi^2}{2}x(1-x),x\in[0,1]$.

7. 证明:若 f,g 均为区间 I 上的凸函数,则 $F(x)=\max\{f(x),g(x)\}$ 也是 I 上的凸函数.

证　因为 f,g 均为区间 I 上的凸函数,所以对 $\forall x_1,x_2\in I$ 及 $\lambda\in(0,1)$,总有

$$f(\lambda x_1+(1-\lambda)x_2)\leqslant \lambda f(x_1)+(1-\lambda)f(x_2), \qquad ①$$
$$g(\lambda x_1+(1-\lambda)x_2)\leqslant \lambda g(x_1)+(1-\lambda)g(x_2), \qquad ②$$

由 $F(x)=\max\{f(x),g(x)\}$,故 $f(x_1)\leqslant F(x_1),f(x_2)\leqslant F(x_2),g(x_1)\leqslant F(x_1),g(x_2)\leqslant F(x_2)$,于是

$$\lambda f(x_1)+(1-\lambda)f(x_2)\leqslant \lambda F(x_1)+(1-\lambda)F(x_2), \qquad ③$$
$$\lambda g(x_1)+(1-\lambda)g(x_2)\leqslant \lambda F(x_1)+(1-\lambda)F(x_2), \qquad ④$$

由 ①—④ 得

$$\max\{f(\lambda x_1+(1-\lambda)x_2),g(\lambda x_1+(1-\lambda)x_2)\}\leqslant \lambda F(x_1)+(1-\lambda)F(x_2),$$

即 $F(\lambda x_1+(1-\lambda)x_2)\leqslant \lambda F(x_1)+(1-\lambda)F(x_2)$,故 $F(x)$ 是 I 上的凸函数.

8. 证明:(1) f 为区间 I 上凸函数的充要条件是对 I 上任意三点 $x_1<x_2<x_3$,恒有

$$\Delta=\begin{vmatrix} 1 & x_1 & f(x_1) \\ 1 & x_2 & f(x_2) \\ 1 & x_3 & f(x_3) \end{vmatrix}\geqslant 0;$$

(2) f 为严格凸函数的充要条件是 $\Delta>0$.

证
$$\Delta=\begin{vmatrix} 1 & x_1 & f(x_1) \\ 1 & x_2 & f(x_2) \\ 1 & x_3 & f(x_3) \end{vmatrix}=\begin{vmatrix} 1 & x_1 & f(x_1) \\ 0 & x_2-x_1 & f(x_2)-f(x_1) \\ 0 & x_3-x_2 & f(x_3)-f(x_2) \end{vmatrix}$$

$$=(x_2-x_1)(x_3-x_2)\left(\frac{f(x_3)-f(x_2)}{x_3-x_2}-\frac{f(x_2)-f(x_1)}{x_2-x_1}\right).$$

因为 $x_1<x_2<x_3$,所以 $(x_2-x_1)(x_3-x_2)>0$. 又由于 f 为凸函数(严格凸函数) 的充要条件是

$\frac{f(x_2)-f(x_1)}{x_2-x_1}\leqslant(<)\frac{f(x_3)-f(x_2)}{x_3-x_2}$,故 f 为凸函数的充要条件是 $\Delta\geqslant 0$,f 为严格凸函数的充要

条件是 $\Delta>0$.

9. 应用延森不等式证明:

(1) 设 $a_i>0(i=1,2,\cdots,n)$,有 $\dfrac{n}{\dfrac{1}{a_1}+\dfrac{1}{a_2}+\cdots+\dfrac{1}{a_n}}\leqslant \sqrt[n]{a_1a_2\cdots a_n}\leqslant \dfrac{a_1+a_2+\cdots+a_n}{n}$.

(2) 设 $a_i,b_i>0(i=1,2,\cdots,n)$,有 $\displaystyle\sum_{i=1}^{n}a_ib_i\leqslant\left(\sum_{i=1}^{n}a_i^p\right)^{\frac{1}{p}}\left(\sum_{i=1}^{n}b_i^q\right)^{\frac{1}{q}}$,其中 $p>1,q>1,\dfrac{1}{p}+\dfrac{1}{q}=1$.

证　(1) 设 $f(x) = -\ln x$, 则 $f'(x) = -\dfrac{1}{x}$, $f''(x) = \dfrac{1}{x^2}$. 由 $f''(x) > 0$ 可知, $f(x) = -\ln x$ 为 $(0, +\infty)$ 上的严格凸函数. 根据延森不等式, 有

$$f\left(\frac{a_1 + a_2 + \cdots + a_n}{n}\right) \leqslant \frac{1}{n}\left[f(a_1) + f(a_2) + \cdots + f(a_n)\right],$$

即

$$-\ln \frac{a_1 + a_2 + \cdots + a_n}{n} \leqslant \frac{1}{n}(-\ln a_1 - \ln a_2 - \cdots - \ln a_n),$$

因而 $\dfrac{a_1 + a_2 + \cdots + a_n}{n} \geqslant \sqrt[n]{a_1 a_2 \cdots a_n}$, 把这个不等式中的 n 个正数换成 $\dfrac{1}{a_i}$, 则得到

$$\sqrt[n]{\frac{1}{a_1}\frac{1}{a_2}\cdots\frac{1}{a_n}} \leqslant \frac{\dfrac{1}{a_1} + \dfrac{1}{a_2} + \cdots + \dfrac{1}{a_n}}{n},$$

故 $\dfrac{n}{\dfrac{1}{a_1} + \dfrac{1}{a_2} + \cdots + \dfrac{1}{a_n}} \leqslant \sqrt[n]{a_1 a_2 \cdots a_n}$, 于是原不等式得证.

(2) 设 $a > 0, b > 0, p > 1, q > 1, \dfrac{1}{p} + \dfrac{1}{q} = 1$, 由 (1) 知 $-\ln x$ 为凸函数, 令 $x_1 = a^p, x_2 = b^q, \lambda_1 = \dfrac{1}{p}, \lambda_2 = \dfrac{1}{q}$, 代入 $-\ln(\lambda_1 x_1 + \lambda_2 x_2) \leqslant -\lambda_1 \ln x_1 - \lambda_2 \ln x_2$, 得

$$-\ln\left(\frac{a^p}{p} + \frac{b^q}{q}\right) \leqslant -\frac{1}{p}\ln a^p - \frac{1}{q}\ln b^q,$$

于是 $\dfrac{a^p}{p} + \dfrac{b^q}{q} \geqslant ab$, 令 $a = \dfrac{a_k}{\left(\sum\limits_{i=1}^{n} a_i^p\right)^{\frac{1}{p}}}, b = \dfrac{b_k}{\left(\sum\limits_{i=1}^{n} b_i^q\right)^{\frac{1}{q}}}$, 得

$$\frac{a_k b_k}{\left(\sum\limits_{i=1}^{n} a_i^p\right)^{\frac{1}{p}}\left(\sum\limits_{i=1}^{n} b_i^q\right)^{\frac{1}{q}}} \leqslant \frac{1}{p}\frac{a_k^p}{\sum\limits_{i=1}^{n} a_i^p} + \frac{1}{q}\frac{b_k^q}{\sum\limits_{i=1}^{n} b_i^q},$$

不等式两端同时乘 $\left(\sum\limits_{i=1}^{n} a_i^p\right)^{\frac{1}{p}}\left(\sum\limits_{i=1}^{n} b_i^q\right)^{\frac{1}{q}}$, 再将 $k = 1, 2, \cdots, n$ 时的不等式两端分别相加, 得

$$\sum_{i=1}^{n} a_i b_i \leqslant \left(\sum_{i=1}^{n} a_i^p\right)^{\frac{1}{p}}\left(\sum_{i=1}^{n} b_i^q\right)^{\frac{1}{q}}.$$

10. 求证: 圆内接 n 边形的面积最大者必为正 n 边形 $(n \geqslant 3)$.

证　设圆的半径为 R, 各边对应的圆心角分别为 $\theta_1, \theta_2, \cdots, \theta_n$, 因 $\sin x$ 在 $[0, \pi]$ 上为凹函数, 利用延森不等式得

$$S = \frac{1}{2}R^2(\sin\theta_1 + \sin\theta_2 + \cdots + \sin\theta_n) = \frac{n}{2}R^2 \cdot \frac{\sin\theta_1 + \sin\theta_2 + \cdots + \sin\theta_n}{n}$$

$$\leqslant \frac{n}{2}R^2 \cdot \sin\frac{\theta_1 + \theta_2 + \cdots + \theta_n}{n} = \frac{n}{2}R^2 \sin\frac{2\pi}{n}.$$

当且仅当 $\theta_1 = \theta_2 = \cdots = \theta_n = \dfrac{2\pi}{n}$, 即多边形为正多边形时取等号.

习题 6.6 解答

按函数作图步骤, 作下列函数图像:

(1) $y = x^3 + 6x^2 - 15x - 20$;　　　　(2) $y = \dfrac{x^2}{2(1+x)^2}$;　　　　(3) $y = x - 2\arctan x$;

(4) $y = xe^{-x}$;　　　　(5) $y = 3x^5 - 5x^3$;　　　　(6) $y = e^{-x^2}$;

(7) $y = (x-1)x^{\frac{2}{3}}$;　　　　(8) $y = |x|^{\frac{2}{3}}(x-2)^2$.

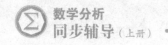

解 （1）函数 $y=x^3+6x^2-15x-20$ 的定义域为 $(-\infty,+\infty)$，容易求得曲线与坐标轴交于以下几点：

$(-1,0),\left(\dfrac{-5+\sqrt{105}}{2},0\right),\left(\dfrac{-5-\sqrt{105}}{2},0\right),(0,-20)$.

$y'=3x^2+12x-15$，由 $y'=0$ 得稳定点为 $x=-5,1$. $y''=6x+12$，由 $y''=0$ 得 $x=-2$.

x	$(-\infty,-5)$	-5	$(-5,-2)$	-2	$(-2,1)$	1	$(1,+\infty)$
y'	$+$	0	$-$	$-$	$-$	0	$+$
y''	$-$	$-$	$-$	0	$+$	$+$	$+$
y	增凹 ↗	极大值 $f(-5)=80$	减凹 ↘	拐点 $(-2,26)$	减凸 ↘	极小值 $f(1)=-28$	增凸 ↗

函数图像如图 6-2 所示.

（2）函数 $y=\dfrac{x^2}{2(1+x)^2}$ 的定义域为 $(-\infty,-1)\bigcup(-1,+\infty)$. 曲线与坐标轴交于点 $(0,0)$.

$y'=\dfrac{2x\cdot 2(1+x)^2-4x^2(1+x)}{4(1+x)^4}=\dfrac{x}{(1+x)^3}$，由 $y'=0$ 得 $x=0$.

$y''=\dfrac{(1+x)^3-3x(1+x)^2}{(x+1)^6}=\dfrac{1-2x}{(1+x)^4}$，由 $y''=0$ 得 $x=\dfrac{1}{2}$.

由 $\lim\limits_{x\to-1}\dfrac{x^2}{2(1+x)^2}=\infty$ 知，曲线有垂直渐近线 $x=-1$；

由 $\lim\limits_{x\to\infty}\dfrac{x^2}{2(1+x)^2}=\dfrac{1}{2}$ 知，曲线有水平渐近线 $y=\dfrac{1}{2}$.

x	$(-\infty,-1)$	-1	$(-1,0)$	0	$\left(0,\dfrac{1}{2}\right)$	$\dfrac{1}{2}$	$\left(\dfrac{1}{2},+\infty\right)$
y'	$+$	不存在	$-$	0	$+$	0	$+$
y''	$+$	不存在	$+$	$+$	$+$	0	$-$
y	增凸 ↗	不存在	减凹 ↘	极小值 0	增凸 ↗	拐点 $\left(\dfrac{1}{2},\dfrac{1}{18}\right)$	增凹 ↗

函数图像如图 6-3 所示.

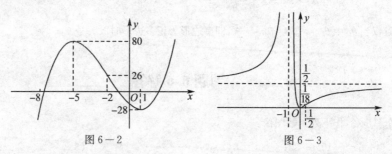

图 6-2　　　　　图 6-3

（3）函数 $y=x-2\arctan x$ 的定义域为 $(-\infty,+\infty)$，它是一个奇函数，曲线经过原点 $(0,0)$.

$y'=1-\dfrac{2}{1+x^2}=\dfrac{x^2-1}{1+x^2}$，由 $y'=0$ 得 $x=\pm 1$.

$$y'' = \frac{2x(1+x^2) - 2x(x^2-1)}{(1+x^2)^2} = \frac{4x}{(1+x^2)^2}, 由 y'' = 0 得 x = 0.$$

由 $\lim\limits_{x \to +\infty} \frac{y}{x} = \lim\limits_{x \to +\infty} \frac{1 - 2\arctan x}{x} = 1$, $\lim\limits_{x \to +\infty} (y - x) = \lim\limits_{x \to +\infty} (-2\arctan x) = -\pi$,

$\lim\limits_{x \to -\infty} (y - x) = \lim\limits_{x \to -\infty} (-2\arctan x) = \pi$ 知, 曲线有两条斜渐近线 $y = x \pm \pi$.

x	$(-\infty, -1)$	-1	$(-1, 0)$	0	$(0, 1)$	1	$(1, +\infty)$
y'	$+$	0	$-$	$-$	$-$	0	$+$
y''	$-$	$-$	$-$	0	$+$	$+$	$+$
y	增凹 $\nearrow$	极大值 $\frac{\pi}{2} - 1$	减凹 $\searrow$	拐点 $(0, 0)$	减凸 $\searrow$	极小值 $1 - \frac{\pi}{2}$	增凸 $\nearrow$

函数图像如图 6-4 所示.

(4) 函数 $y = xe^{-x}$ 的定义域 $(-\infty, +\infty)$, 曲线与坐标轴交于点 $(0, 0)$,

$y' = e^{-x} - xe^{-x} = \frac{1-x}{e^x}$, 由 $y' = 0$ 得 $x = 1$.

$y'' = -e^{-x} - (1-x)e^{-x} = (x-2)e^{-x}$, 由 $y'' = 0$ 得 $x = 2$.

由 $\lim\limits_{x \to +\infty} y = \lim\limits_{x \to +\infty} \frac{x}{e^x} = 0$ 知, 曲线有水平渐近线 $y = 0$.

x	$(-\infty, 1)$	1	$(1, 2)$	2	$(2, +\infty)$
y'	$+$	0	$-$	$-$	$-$
y''	$-$	$-$	$-$	0	$+$
y	增凹 $\nearrow$	极大值 $\frac{1}{e}$	减凹 $\searrow$	拐点 $\left(2, \frac{2}{e^2}\right)$	减凸 $\searrow$

函数图像如图 6-5 所示.

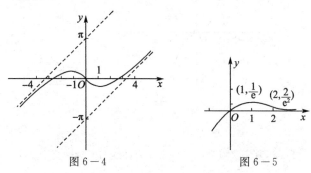

图 6-4 　　　　　　　　　　　图 6-5

(5) 函数 $y = 3x^5 - 5x^3$ 的定义域为 $(-\infty, +\infty)$, 为奇函数. 曲线与坐标轴的交点为 $(0, 0)$, $\left(-\frac{\sqrt{15}}{3}, 0\right)$, $\left(\frac{\sqrt{15}}{3}, 0\right)$.

$y' = 15x^4 - 15x^2$, 由 $y' = 0$ 得 $x = 0, \pm 1$. $y'' = 60x^3 - 30x$, 由 $y'' = 0$ 得 $x = 0, \pm \frac{\sqrt{2}}{2}$.

x	0	$\left(0,\dfrac{\sqrt{2}}{2}\right)$	$\dfrac{\sqrt{2}}{2}$	$\left(\dfrac{\sqrt{2}}{2},1\right)$	1	$(1,+\infty)$
y'	0	$-$	$-$	$-$	0	$+$
y''	0	$-$	0	$+$	$+$	$+$
y	拐点 $(0,0)$	减凹 ↘	拐点 $\left(\dfrac{\sqrt{2}}{2},-\dfrac{7}{8}\sqrt{2}\right)$	减凸 ↘	极小值 -2	增凸 ↗

函数图像如图 6－6 所示.

（6）$y=e^{-x^2}$ 的定义域为 $(-\infty,+\infty)$，是一个偶函数. 曲线在 x 轴上方，与坐标轴的交点为 $(0,1)$.

$y'=-2xe^{-x^2}$，由 $y'=0$ 得 $x=0$.

$y''=-2e^{-x^2}+4x^2e^{-x^2}=2e^{-x^2}(2x^2-1)$，令 $y''=0$ 得 $x=\pm\dfrac{\sqrt{2}}{2}$.

因为 $\lim\limits_{x\to\infty}e^{-x^2}=0$，所以曲线有水平渐近线 $y=0$.

x	0	$\left(0,\dfrac{\sqrt{2}}{2}\right)$	$\dfrac{\sqrt{2}}{2}$	$\left(\dfrac{\sqrt{2}}{2},+\infty\right)$
y'	0	$-$	$-$	$-$
y''	$-$	$-$	0	$+$
y	极大值 1	减凹 ↘	拐点 $\left(\dfrac{\sqrt{2}}{2},e^{-\frac{1}{2}}\right)$	增凸 ↘

函数图像如图 6－7 所示.

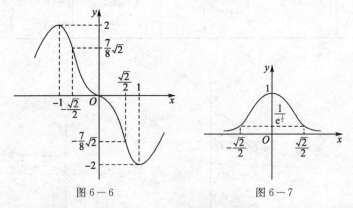

图 6－6　　　　图 6－7

（7）$y=(x-1)x^{\frac{2}{3}}$，其定义域为 $(-\infty,+\infty)$. 曲线与坐标轴交于点 $(0,0)$，$(1,0)$.

$y'=\dfrac{5}{3}x^{\frac{2}{3}}-\dfrac{2}{3}x^{-\frac{1}{3}}=\dfrac{5x-2}{3x^{\frac{1}{3}}}$. 由 $y'=0$ 得 $x=\dfrac{2}{5}$；

$y''=\dfrac{10}{9}x^{-\frac{1}{3}}+\dfrac{2}{9}x^{-\frac{4}{3}}=\dfrac{2(5x+1)}{9x^{\frac{4}{3}}}$，令 $y''=0$ 得 $x=-\dfrac{1}{5}$.

x	$\left(-\infty,-\dfrac{1}{5}\right)$	$-\dfrac{1}{5}$	$\left(-\dfrac{1}{5},0\right)$	0	$\left(0,\dfrac{2}{5}\right)$	$\dfrac{2}{5}$	$\left(\dfrac{2}{5},+\infty\right)$
y'	$+$	$+$	$+$	不存在	$-$	0	$+$
y''	$-$	0	$+$	不存在	$+$	$+$	$+$
y	增凹 ↗	拐点 $\left(-\dfrac{1}{5},-\dfrac{6\sqrt[3]{5}}{25}\right)$	增凸 ↗	极大值 0	减凸 ↘	极小值 $-\dfrac{3\sqrt[3]{20}}{25}$	增凸 ↗

函数图像如图 6－8 所示.

(8) $y=|x|^{\frac{2}{3}}(x-2)^2$,其定义域为 $(-\infty,+\infty)$. 曲线交坐标轴于点 $(0,0),(2,0)$.

当 $x\neq 0$ 时,$y'=\dfrac{2}{3}x^{-\frac{1}{3}}(x-2)^2+2x^{\frac{2}{3}}(x-2)=\dfrac{4}{3}x^{-\frac{1}{3}}(x-2)(2x-1)$,令 $y'=0$,得 $x=\dfrac{1}{2}$ 或 $x=2$.

当 $x\neq 0$ 时,$y''=\dfrac{8}{9}x^{-\frac{4}{3}}(5x^2-5x-1)$,令 $y''=0$,得 $x=\dfrac{1}{2}\pm\dfrac{3}{10}\sqrt{5}$. 令 $x_1=\dfrac{1}{2}-\dfrac{3}{10}\sqrt{5}$,$x_2=\dfrac{1}{2}+\dfrac{3}{10}\sqrt{5}$.

x	$(-\infty,x_1)$	x_1	$(x_1,0)$	0	$\left(0,\dfrac{1}{2}\right)$	$\dfrac{1}{2}$	$\left(\dfrac{1}{2},x_2\right)$	x_2	$(x_2,2)$	2	$(2,+\infty)$
y'	$-$	$-$	$-$	不存在	$+$	0	$-$			0	$+$
y''	$+$	0	$-$	不存在	$-$		$-$	0	$+$	$+$	$+$
y	减凸 ↘	拐点 $(x_1,f(x_1))$	减凹 ↘	极小值 0	增凸 ↗	极大值 $\dfrac{9}{8}\sqrt[3]{2}$	减凹 ↘	拐点 $(x_2,f(x_2))$	减凸 ↘	极小值 0	增凸 ↘

函数图像如图 6－9 所示.

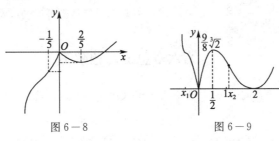

图 6－8　　　　　　图 6－9

习题 6.7 解答

1. 求 $\dfrac{x^3}{3}-x^2+2=0$ 的实根,精确到三位有效数字.

解　设 $f(x)=\dfrac{x^3}{3}-x^2+2$,则 $f'(x)=x^2-2x=x(x-2)$.

当 $x<0$ 时,$f'(x)>0$,于是 $f(x)$ 在 $(-\infty,0]$ 上严格单调递增;又因为 $f(0)=2>0$,$\displaystyle\lim_{x\to-\infty}f(x)=$

$-\infty$,所以方程在$(-\infty,0]$上存在唯一实根;

当$0<x<2$时,$f'(x)<0$,于是$f(x)$在$[0,2]$上严格单调递减.

因为$f(2)=\dfrac{2}{3}>0$,所以方程在$[0,2]$上没有实根;

当$x>2$时,$f'(x)>0$,于是$f(x)$在$[2,+\infty)$上严格单调递增.

因为$f(2)=\dfrac{2}{3}>0$,所以方程在$[2,+\infty)$上没有实根,因此,方程的唯一实根在$(-\infty,0)$内,由于 $f(-2)=-\dfrac{14}{3}$,该实根位于$(-2,0)$. 在$(-2,0)$上,$f'(x)=x(x-2)>0$,$f''(x)=2x-2<0$.故 用牛顿切线法求近似根应取$x_0=-2$.迭代过程如下:

$$x_1=-2-\frac{f(-2)}{f'(-2)}\approx-1.417,$$

$$x_2=-1.417-\frac{f(-1.417)}{f'(-1.417)}\approx-1.219,$$

$$x_3=-1.219-\frac{f(-1.219)}{f'(-1.219)}\approx-1.196,$$

$$x_4=-1.196-\frac{f(-1.196)}{f'(-1.196)}\approx-1.195.$$

因此,取$\xi\approx-1.20$作为近似根.

2. 求方程$x=0.538\sin x+1$的根的近似值,精确到0.001.

解 设$f(x)=x-0.538\sin x-1$.因为$f'(x)=1-0.538\cos x>0$,所以$f(x)$在$(-\infty,+\infty)$上严 格单调递增. 由于$f(1)=-0.538\sin 1<0$,$f(2)=1-0.538\sin 2>0$,所以实根在区间$(1,2)$内. 在区间上,$f'(x)=1-0.538\cos x>0$,$f''(x)=0.538\sin x>0$.

于是取$x_0=2$,$x_1=2-\dfrac{f(2)}{f'(2)}\approx2-\dfrac{0.51}{1.219}\approx1.582$.接下来,估计近似根$x_1$的误差,$|f'(x)|$在 $[1,2]$上的最小值为$m=f'(1)\approx0.707$,而$f(x_1)\approx1.582-0.538\sin 1.582-1\approx0.044$,故 $|x_1-\xi|\leqslant\dfrac{|f(x_1)|}{m}\approx\dfrac{0.044}{0.707}\approx0.062$,不满足精度要求,继续迭代. $x_2=1.582-\dfrac{f(1.582)}{f'(1.582)}\approx$ $1.582-0.044=1.538$. 由于$f(x_2)=0.538(1-\sin 1.538)\approx0.000\,053\,8$,所以$|x_2-\xi|\leqslant$ $\dfrac{|f(x_2)|}{m}=\dfrac{0.000\,053\,8}{0.707}\approx0.000\,076<0.001$,已经精确到$0.001$,故取近似根$\xi\approx1.538$.

第六章总练习题解答

1. 证明:若$f(x)$在有限开区间(a,b)内可导,且$\lim\limits_{x\to a^+}f(x)=\lim\limits_{x\to b^-}f(x)$,则至少存在一点$\xi\in(a,b)$,使$f'(\xi)$ $=0$.

证 补充定义$f(x)$在a,b的值如下:$f(a)=f(b)=\lim\limits_{x\to a^+}f(x)=\lim\limits_{x\to b^-}f(x)$,则$f(x)$在闭区间$[a,b]$上 满足罗尔定理的条件,于是存在一点$\xi\in(a,b)$,使得$f'(\xi)=0$.

2. 证明:若$x>0$,则

(1) $\sqrt{x+1}-\sqrt{x}=\dfrac{1}{2\sqrt{x+\theta(x)}}$,其中$\dfrac{1}{4}\leqslant\theta(x)\leqslant\dfrac{1}{2}$;

(2) $\lim\limits_{x\to0^+}\theta(x)=\dfrac{1}{4}$,$\lim\limits_{x\to+\infty}\theta(x)=\dfrac{1}{2}$.

证 (1)令$f(t)=\sqrt{t}$,在$[x,x+1]$上应用拉格朗日中值定理,得$\sqrt{x+1}-\sqrt{x}=\dfrac{1}{2\sqrt{x+\theta(x)}}$,$0<\theta(x)$

<1. 从这个等式中解出 $\theta(x)$ 得，$\theta(x)=\dfrac{1}{4}+\dfrac{\sqrt{x^2+x}-x}{2}$.

因为 $x>0$，所以 $\theta(x)>\dfrac{1}{4}$. 又因为

$$\frac{\sqrt{x^2+x}-x}{2}=\frac{x}{2(\sqrt{x^2+x}+x)}=\frac{1}{2\left(\sqrt{1+\frac{1}{x}}+1\right)}<\frac{1}{2},$$

所以 $\dfrac{1}{4}<\theta(x)<\dfrac{1}{2}$.

(2) $\lim\limits_{x\to 0^+}\theta(x)=\lim\limits_{x\to 0}\left(\dfrac{1}{4}+\dfrac{\sqrt{x^2+x}-x}{2}\right)=\dfrac{1}{4}$,

$$\lim_{x\to+\infty}\theta(x)=\lim_{x\to+\infty}\left(\frac{1}{4}+\frac{\sqrt{x^2+x}-x}{2}\right)=\lim_{x\to+\infty}\left[\frac{1}{4}+\frac{1}{2\left(\sqrt{1+\frac{1}{x}}+1\right)}\right]=\frac{1}{2}.$$

3. 设函数 f 在 $[a,b]$ 上连续，在 (a,b) 上可导，且 $a\cdot b>0$. 证明存在 $\xi\in(a,b)$，使得
$$\frac{1}{a-b}\begin{vmatrix} a & b \\ f(a) & f(b) \end{vmatrix}=f(\xi)-\xi f'(\xi).$$

证 令 $F(x)=\dfrac{f(x)}{x}$，$G(x)=\dfrac{1}{x}$，$x\in[a,b]$，则函数 F 和 G 在 $[a,b]$ 上满足柯西中值定理的条件. 因此，$\exists\xi\in(a,b)$，使得

$$\frac{1}{a-b}\begin{vmatrix} a & b \\ f(a) & f(b) \end{vmatrix}=\frac{\frac{f(b)}{b}-\frac{f(a)}{a}}{\frac{1}{b}-\frac{1}{a}}=\frac{F(b)-F(a)}{G(b)-G(a)}=\frac{F'(\xi)}{G'(\xi)}=\frac{\frac{\xi f'(\xi)-f(\xi)}{\xi^2}}{-\frac{1}{\xi^2}}$$
$$=f(\xi)-\xi f'(\xi).$$

4. 设 f 在 $[a,b]$ 上三阶可导，证明存在 $\xi\in(a,b)$，使得
$$f(b)=f(a)+\frac{1}{2}(b-a)[f'(a)+f'(b)]-\frac{1}{12}(b-a)^3 f'''(\xi).$$

证 令 $F(x)=f(x)-f(a)-\dfrac{1}{2}(x-a)[f'(a)+f'(x)]$，$G(x)=(x-a)^3$，则 $F(x),G(x)$ 在 $[a,b]$ 上满足柯西中值定理的条件，因此，$\exists\xi_1\in(a,b)$，使得
$$\frac{F(b)-F(a)}{G(b)-G(a)}=\frac{F'(\xi_1)}{G'(\xi_1)}.$$

又因为 $F(a)=0$，$G(a)=0$，$F'(x)=f'(x)-\dfrac{1}{2}[f'(a)+f'(x)]-\dfrac{1}{2}(x-a)f''(x)$，$G'(x)=3(x-a)^2$，$F'(a)=G'(a)=0$，所以
$$\frac{F(b)}{G(b)}=\frac{F(b)-F(a)}{G(b)-G(a)}=\frac{F'(\xi_1)}{G'(\xi_1)}=\frac{F'(\xi_1)-F'(a)}{G'(\xi_1)-G'(a)},$$

在 $[a,\xi_1]$ 上对 $F'(x),G'(x)$ 应用柯西中值定理可得，$\exists\xi\in(a,\xi_1)\subset(a,b)$，使得 $\dfrac{F(b)}{G(b)}=\dfrac{F''(\xi)}{G''(\xi)}$，由 $F''(x)=-\dfrac{1}{2}(x-a)f'''(x)$，$G''(x)=6(x-a)$ 可得

$$\frac{F(b)}{G(b)}=\frac{f(b)-f(a)-\frac{1}{2}(b-a)[f'(a)+f'(b)]}{(b-a)^3}=\frac{F''(\xi)}{G''(\xi)}$$
$$=\frac{-\frac{1}{2}(\xi-a)f'''(\xi)}{6(\xi-a)}=-\frac{f'''(\xi)}{12},$$

因此 $f(b) = f(a) + \dfrac{1}{2}(b-a)[f'(a)+f'(b)] - \dfrac{1}{12}(b-a)^3 f'''(\xi)$.

5. 对 $f(x) = \ln(1+x)$ 应用拉格朗日中值定理,试证:对 $x > 0$,有
$$0 < \frac{1}{\ln(1+x)} - \frac{1}{x} < 1.$$

证 令 $f(x) = \ln(1+x)$,则 $f'(x) = \dfrac{1}{1+x}$.

对 $f(x) = \ln(1+x)$ 在 $[0,x]$ 上应用拉格朗日中值定理得
$$\ln(1+x) = \ln(1+x) - \ln 1 = \frac{x}{1+\theta x}, 0 < \theta < 1,$$

因此,$\dfrac{1}{\ln(1+x)} = \dfrac{1+\theta x}{x}$,$\dfrac{1}{\ln(1+x)} - \dfrac{1}{x} = \dfrac{1+\theta x}{x} - \dfrac{1}{x} = \theta \in (0,1)$,故
$$0 < \frac{1}{\ln(1+x)} - \frac{1}{x} < 1.$$

6. 设 $a_1, a_2, \cdots, a_n$ 为 n 个正数,且
$$f(x) = \left(\frac{a_1^x + a_2^x + \cdots + a_n^x}{n}\right)^{\frac{1}{x}}.$$

证明:(1) $\lim\limits_{x\to 0} f(x) = \sqrt[n]{a_1 a_2 \cdots a_n}$;   (2) $\lim\limits_{x\to +\infty} f(x) = \max\{a_1, a_2, \cdots, a_n\}$.

证 (1) 由洛必达法则得
$$\lim_{x\to 0} \ln f(x) = \lim_{x\to 0} \frac{\ln(a_1^x + a_2^x + \cdots + a_n^x) - \ln n}{x}$$
$$= \lim_{x\to 0} \frac{a_1^x \ln a_1 + a_2^x \ln a_2 + \cdots + a_n^x \ln a_n}{a_1^x + a_2^x + \cdots + a_n^x} = \frac{\ln(a_1 a_2 \cdots a_n)}{n}.$$

于是,$\lim\limits_{x\to 0} f(x) = \lim\limits_{x\to 0} e^{\ln f(x)} = e^{\frac{\ln(a_1 a_2 \cdots a_n)}{n}} = \sqrt[n]{a_1 a_2 \cdots a_n}$.

(2) 设 $a_j = \max\{a_1, a_2, \cdots, a_n\}$,有
$$a_j \left(\frac{1}{n}\right)^{\frac{1}{x}} \leqslant f(x) \leqslant \left(\frac{n a_j^x}{n}\right)^{\frac{1}{x}} = a_j.$$

因为 $\lim\limits_{x\to +\infty} \left(\dfrac{1}{n}\right)^{\frac{1}{x}} = 1$,由迫敛性可知,$\lim\limits_{x\to +\infty} f(x) = a_j = \max\{a_1, a_2, \cdots, a_n\}$.

7. 求下列极限:

(1) $\lim\limits_{x\to 1^-} (1-x^2)^{\frac{1}{\ln(1-x)}}$;   (2) $\lim\limits_{x\to 0} \dfrac{x e^x - \ln(1+x)}{x^2}$;   (3) $\lim\limits_{x\to 0} \dfrac{x^2 \sin \dfrac{1}{x}}{\sin x}$.

解 (1) $\lim\limits_{x\to 1^-} (1-x^2)^{\frac{1}{\ln(1-x)}} = \lim\limits_{x\to 1^-} e^{\frac{\ln(1-x^2)}{\ln(1-x)}}$,因为
$$\lim_{x\to 1^-} \frac{\ln(1-x^2)}{\ln(1-x)} = \lim_{x\to 1^-} \frac{\dfrac{-2x}{1-x^2}}{\dfrac{-1}{1-x}} = \lim_{x\to 1^-} \frac{2x(1-x)}{1-x^2} = \lim_{x\to 1^-} \frac{2x}{1+x} = 1,$$

所以
$$\lim_{x\to 1^-} (1-x^2)^{\frac{1}{\ln(1-x)}} = e.$$

(2) $\lim\limits_{x\to 0} \dfrac{x e^x - \ln(1+x)}{x^2} = \lim\limits_{x\to 0} \dfrac{e^x + x e^x - \dfrac{1}{1+x}}{2x} = \lim\limits_{x\to 0} \dfrac{e^x (1+x)^2 - 1}{2x(1+x)}$
$$= \lim_{x\to 0} \frac{e^x (1+x)^2 + 2 e^x (1+x)}{2 + 4x} = \frac{3}{2}.$$

(3) $\lim\limits_{x\to 0}\dfrac{x^2\sin\dfrac{1}{x}}{\sin x}=\lim\limits_{x\to 0}\dfrac{x\sin\dfrac{1}{x}}{\dfrac{\sin x}{x}}=\dfrac{0}{1}=0.$

8. 设 $h>0$,函数 f 在 $U(a;h)$ 上具有 $n+2$ 阶连续导数,且 $f^{(n+2)}(a)\neq 0$,f 在 $U(a;h)$ 上的泰勒公式为

$$f(a+h)=f(a)+f'(a)h+\cdots+\dfrac{f^{(n)}(a)}{n!}h^n+\dfrac{f^{(n+1)}(a+\theta h)}{(n+1)!}h^{n+1},0<\theta<1.$$

证明:$\lim\limits_{h\to 0}\theta=\dfrac{1}{n+2}.$

证　f 在 $U(a;h)$ 上的带拉格朗日型余项的泰勒公式为

$$f(a+h)=f(a)+f'(a)h+\cdots+\dfrac{f^{(n)}(a)}{n!}h^n+\dfrac{f^{(n+1)}(a+\theta h)}{(n+1)!}h^{n+1},0<\theta<1,\qquad ①$$

f 在 $U(a;h)$ 上的带佩亚诺型余项的泰勒公式为

$$f(a+h)=f(a)+f'(a)h+\cdots+\dfrac{f^{(n)}(a)}{n!}h^n+\dfrac{f^{(n+1)}(a)}{(n+1)!}h^{n+1}+\dfrac{f^{(n+2)}(a)}{(n+2)!}h^{n+2}+o(h^{n+2}),\qquad ②$$

① 式减 ② 式,得

$$\dfrac{f^{(n+1)}(a+\theta h)-f^{(n+1)}(a)}{(n+1)!}h^{n+1}=\dfrac{f^{(n+2)}(a)}{(n+2)!}h^{n+2}+o(h^{n+2}),$$

两边同除以 h^{n+2} 得

$$\dfrac{f^{(n+1)}(a+\theta h)-f^{(n+1)}(a)}{(n+1)!h}=\dfrac{f^{(n+2)}(a)}{(n+2)!}+\dfrac{o(h^{n+2})}{h^{n+2}},$$

在上式两边令 $h\to 0$ 得

$$\dfrac{f^{(n+2)}(a)}{(n+1)!}\lim\limits_{h\to 0}\theta=\dfrac{f^{(n+2)}(a)}{(n+2)!},$$

因 $f^{(n+2)}(a)\neq 0$,故 $\lim\limits_{h\to 0}\theta=\dfrac{1}{n+2}.$

9. 设 $k>0$,试问 k 为何值时,方程 $\arctan x-kx=0$ 存在正实根.

解　令 $f(x)=\arctan x-kx$,则 $f'(x)=\dfrac{1}{1+x^2}-k$,$f(0)=0.$

若 $\arctan x-kx=0$ 存在正实根 x_0,由罗尔定理,$\exists\xi\in(0,x_0)$,使得 $f'(\xi)=0$,即 $\dfrac{1}{1+\xi^2}-k=0$,

$k=\dfrac{1}{1+\xi^2}$,于是 $0<k<1$. 反之,如果 $0<k<1$,那么

$$f'(0)=\left(\dfrac{1}{1+x^2}-k\right)\Big|_{x=0}=1-k>0.$$

因此,$\lim\limits_{h\to 0^+}\dfrac{f(h)-f(0)}{h}=\lim\limits_{h\to 0^+}\dfrac{f(h)}{h}>0$,因而 $\exists h_1>0$,使得 $\dfrac{f(h_1)}{h_1}>0$,由此得 $f(h_1)>0$. 因为 $\lim\limits_{x\to+\infty}f(x)=\lim\limits_{x\to+\infty}(\arctan x-kx)=-\infty$,所以 $\exists h_2>h_1$,使得 $f(h_2)<0$. 在区间 $[h_1,h_2]$ 上应用连续函数根的存在定理可得,$\exists\eta\in(h_1,h_2)$,使得 $f(\eta)=0$,即方程 $\arctan x-kx=0$ 有正实根 η. 综上所述,原方程存在正实根,当且仅当 $0<k<1$.

10. 证明:对任一多项式 $p(x)$,一定存在 x_1 与 x_2,使 $p(x)$ 在 $(-\infty,x_1)$ 与 $(x_2,+\infty)$ 上分别严格单调.

证　设 $p(x)=a_0x^n+a_1x^{n-1}+\cdots+a_{n-1}x+a_n$,$a_0\neq 0$. 不妨设 $a_0>0$,则

$$p'(x)=na_0x^{n-1}+(n-1)a_1x^{n-2}+\cdots+a_{n-1}.$$

当 n 为偶数时,$n-1$ 为奇数,此时有 $\lim\limits_{x\to-\infty}p'(x)=-\infty$,$\lim\limits_{x\to+\infty}p'(x)=+\infty$. 故 $\exists x_1<0,x_2>0$,使得 当 $x<x_1$ 时,$p'(x)<0$,当 $x>x_2$ 时,$p'(x)>0$. 因此,$p(x)$ 在 $(-\infty,x_1)$ 上严格递减,在 $(x_2,+\infty)$ 上严格递增.

当 n 为奇数时,$n-1$ 为偶数,则 $\lim\limits_{x\to-\infty}p'(x)=\lim\limits_{x\to+\infty}p'(x)=+\infty$,故 $\exists x_0>0$,使得当 $|x|>x_0$ 时,

$p'(x) > 0$. 令 $x_1 = -x_0, x_2 = x_0$，则 $p(x)$ 在 $(-\infty, x_1)$ 与 $(x_2, +\infty)$ 上分别严格单调递增.

11. 讨论函数

$$f(x) = \begin{cases} \dfrac{x}{2} + x^2 \sin \dfrac{1}{x}, & x \neq 0, \\ 0, & x = 0. \end{cases}$$

(1) 在 $x = 0$ 处是否可导?

(2) 是否存在 $x = 0$ 的一个邻域，使 f 在该邻域上单调?

解　(1) $\lim\limits_{x \to 0} \dfrac{f(x) - f(0)}{x - 0} = \lim\limits_{x \to 0} \dfrac{\dfrac{x}{2} + x^2 \sin \dfrac{1}{x}}{x} = \lim\limits_{x \to 0} \left(\dfrac{1}{2} + x \sin \dfrac{1}{x} \right) = \dfrac{1}{2}$，故 $f(x)$ 在 $x = 0$ 处可导.

(2) 当 $x \neq 0$ 时，$f'(x) = \dfrac{1}{2} + 2x \sin \dfrac{1}{x} - \cos \dfrac{1}{x}$，对一切正整数 k 有，$f'\left(\dfrac{1}{2k\pi}\right) = -\dfrac{1}{2}$，

$f'\left(\dfrac{1}{(2k+1)\pi}\right) = \dfrac{3}{2}$. 由 $\lim\limits_{k \to \infty} \dfrac{1}{2k\pi} = \lim\limits_{k \to \infty} \dfrac{1}{(2k+1)\pi} = 0$，故 $f(x)$ 在 $x = 0$ 的任何邻域上都不单调.

12. 设函数 f 在 $[a, b]$ 上二阶可导，$f'(a) = f'(b) = 0$. 证明存在一点 $\xi \in (a, b)$，使得

$$|f''(\xi)| \geqslant \dfrac{4}{(b-a)^2} |f(b) - f(a)|.$$

证　$f(x)$ 在 $x = a$ 和 $x = b$ 处的一阶泰勒公式分别为

$$f(x) = f(a) + \dfrac{f''(\xi_1)}{2}(x-a)^2, \xi_1 \in (a, b),$$

$$f(x) = f(b) + \dfrac{f''(\xi_2)}{2}(x-b)^2, \xi_2 \in (a, b),$$

由此得到

$$f\left(\dfrac{a+b}{2}\right) = f(a) + \dfrac{f''(\xi_1)}{2}\left(\dfrac{a+b}{2} - a\right)^2$$

$$= f(b) + \dfrac{f''(\xi_2)}{2}\left(\dfrac{a+b}{2} - b\right)^2, \xi_1, \xi_2 \in (a, b).$$

于是

$$|f(b) - f(a)| = \dfrac{1}{2}\left(\dfrac{b-a}{2}\right)^2 |f''(\xi_1) - f''(\xi_2)|$$

$$\leqslant \dfrac{(b-a)^2}{8} \left(|f''(\xi_1)| + |f''(\xi_2)| \right)$$

$$\leqslant \dfrac{(b-a)^2}{4} |f''(\xi)|.$$

其中 $\xi = \xi_1$ 或 ξ_2，并且满足 $|f''(\xi)| = \max\{ |f''(\xi_1)|, |f''(\xi_2)| \}$，即

$$|f''(\xi)| \geqslant \dfrac{4}{(b-a)^2} |f(b) - f(a)|.$$

13. 设函数 f 在 $[0, a]$ 上具有二阶导数，且 $|f''(x)| \leqslant M$，f 在 $(0, a)$ 上取得最大值. 试证

$$|f'(0)| + |f'(a)| \leqslant Ma.$$

证　设 f 在 $(0, a)$ 上的点 x_0 处取得最大值，于是 x_0 是 f 的一个极值点. 由于 $x_0 \in (0, a)$，并且 f 在 $(0, a)$ 上具有二阶导数，根据费马定理，$f'(x_0) = 0$. 分别在区间 $[0, x_0]$，$[x_0, a]$ 上对 $f'(x)$ 应用拉格朗日中值定理，得到

$$|f'(0)| = |f'(x_0) - f'(0)| = |f''(\xi_1)(x_0 - 0)| = |f''(\xi_1)| x_0,$$

$$|f'(a)| = |f'(a) - f'(x_0)| = |f''(\xi_2)(a - x_0)| = |f''(\xi_2)| (a - x_0),$$

其中 $\xi_1 \in (0, x_0), \xi_2 \in (x_0, a)$. 因为 $|f''(\xi_1)| \leqslant M$，$|f''(\xi_2)| \leqslant M$，所以

$$|f'(0)| + |f'(a)| = |f''(\xi_1)| x_0 + |f''(\xi_2)| (a - x_0) \leqslant Mx_0 + M(a - x_0) = Ma.$$

14. 设 f 在 $[0, +\infty)$ 上可微,且 $0 \leqslant f'(x) \leqslant f(x)$,$f(0) = 0$. 证明:在 $[0, +\infty)$ 上 $f(x) \equiv 0$.

　　证　令 $g(x) = \mathrm{e}^{-x} f(x)$,$x \in [0, +\infty)$,则 $g(0) = 0$,$g(x) \geqslant 0$. 因为 $f'(x) \leqslant f(x)$,所以
$$g'(x) = -\mathrm{e}^{-x} f(x) + \mathrm{e}^{-x} f'(x) = \mathrm{e}^{-x}(f'(x) - f(x)) \leqslant 0, x \in [0, +\infty).$$
因此,g 为 $[0, +\infty)$ 上的单调递减函数. 于是,$0 \leqslant g(x) \leqslant g(0) = 0$,$x \in [0, +\infty)$,故 $g(x) \equiv 0$,由此得在 $[0, +\infty)$ 上,$f(x) \equiv 0$.

15. 设 $f(x)$ 满足 $f''(x) + f'(x) g(x) - f(x) = 0$,其中 $g(x)$ 为任一函数. 证明:若 $f(x_0) = f(x_1) = 0 (x_0 < x_1)$,则 f 在 $[x_0, x_1]$ 上恒等于 0.

　　证　(反证法) 因为 $f(x)$ 存在二阶导数,故 $f(x)$ 在 $[x_0, x_1]$ 上连续. 由最大最小值定理知,$f(x)$ 在 $[x_0, x_1]$ 上存在最大值和最小值. 设 $f(x)$ 在 $[x_0, x_1]$ 上的最大值为 M,最小值为 m,并且 $f(\xi) = M$. 现证 $M = m = 0$. 假设 $M \neq 0$,因为 $f(x_0) = f(x_1) = 0$,故 $M > 0$. 因此,$\xi \in (x_0, x_1)$,由费马定理知 $f'(\xi) = 0$. 再由 $f''(x) + f'(x) g(x) - f(x) = 0$ 得 $f''(\xi) = f(\xi) = M > 0$,于是 $f(\xi)$ 为 $f(x)$ 的一个严格极小值. 这与 $f(\xi)$ 为最大值矛盾,故 $M = 0$. 同理可证 $m = 0$,所以在 $[x_0, x_1]$ 上,$f(x) \equiv 0$.

16. 证明:定圆内接正 n 边形面积将随 n 的增加而增加.

　　证　设圆的半径为 R,则该圆的内接正 n 边形面积 $S_n = n \cdot \dfrac{1}{2} R^2 \sin \dfrac{2\pi}{n}$,

令 $f(x) = \dfrac{R^2}{2} x \sin \dfrac{2\pi}{x} (x \geqslant 3)$,则
$$f'(x) = \frac{R^2}{2} \sin \frac{2\pi}{x} - \frac{R^2 \pi}{x} \cos \frac{2\pi}{x} = R^2 \sin \frac{\pi}{x} \cos \frac{\pi}{x} - \frac{R^2 \pi}{x} \left(\cos^2 \frac{\pi}{x} - \sin^2 \frac{\pi}{x} \right)$$
$$= R^2 \cos^2 \frac{\pi}{x} \left(\tan \frac{\pi}{x} - \frac{\pi}{x} \right) + \frac{\pi R^2}{x} \sin^2 \frac{\pi}{x}.$$

由此可知,当 $x \geqslant 3$ 时,$f'(x) > 0$,故 $f(x)$ 在 $[3, +\infty)$ 上严格单调递增. 因此,数列 $\{S_n\}$ 严格单调递增,即圆内接正 n 边形面积将随 n 的增加而增加.

17. 证明:f 为 I 上凸函数的充要条件是对任何 $x_1, x_2 \in I$,函数
$$\varphi(\lambda) = f(\lambda x_1 + (1-\lambda) x_2)$$
为 $[0, 1]$ 上的凸函数.

　　证　充分性:设 $\varphi(x)$ 为 $[0, 1]$ 上的凸函数,则对 $\exists x_1, x_2 \in I$ 及 $\lambda \in (0, 1)$,有
$$f[\lambda x_1 + (1-\lambda) x_2] = \varphi(\lambda) = \varphi[\lambda \cdot 1 + (1-\lambda) \cdot 0]$$
$$\leqslant \lambda \varphi(1) + (1-\lambda) \varphi(0) = \lambda f(x_1) + (1-\lambda) f(x_2).$$
故 $f(x)$ 为 I 上的凸函数.

必要性:设 $f(x)$ 为 I 上的凸函数,则对 $\forall \lambda_1, \lambda_2 \in [0, 1]$ 及 $\mu \in (0, 1)$ 有
$$\varphi[\mu \lambda_1 + (1-\mu) \lambda_2] = f\{[\mu \lambda_1 + (1-\mu) \lambda_2] x_1 + [1 - \mu \lambda_1 - (1-\mu) \lambda_2] x_2\}$$
$$= f\{\mu[\lambda_1 x_1 + (1-\lambda_1) x_2] + (1-\mu)[\lambda_2 x_1 + (1-\lambda_2) x_2]\}$$
$$\leqslant \mu f(\lambda_1 x_1 + (1-\lambda_1) x_2) + (1-\mu) f(\lambda_2 x_1 + (1-\lambda_2) x_2)$$
$$= \mu \varphi(\lambda_1) + (1-\mu) \varphi(\lambda_2).$$
故 $\varphi(x)$ 为 $[0, 1]$ 上的凸函数.

18. 证明:(1) 设 f 在 $(a, +\infty)$ 上可导,若 $\lim\limits_{x \to +\infty} f(x)$,$\lim\limits_{x \to +\infty} f'(x)$ 都存在,则 $\lim\limits_{x \to +\infty} f'(x) = 0$.

　　(2) 设 f 在 $(a, +\infty)$ 上 n 阶可导,若 $\lim\limits_{x \to +\infty} f(x)$ 和 $\lim\limits_{x \to +\infty} f^{(n)}(x)$ 都存在,则
$$\lim_{x \to +\infty} f^{(k)}(x) = 0 \quad (k = 1, 2, \cdots, n).$$

　　证　(1) 设 $x \in (a, +\infty)$,由拉格朗日中值定理得
$$f(x+1) - f(x) = f'(x + \theta) \quad (0 < \theta < 1).$$
因为 $\lim\limits_{x \to +\infty} f(x+1)$,$\lim\limits_{x \to +\infty} f(x)$ 都存在且相等,所以有 $\lim\limits_{x \to +\infty} f'(x + \theta) = 0$,故 $\lim\limits_{x \to +\infty} f'(x) = 0$.

　　(2) 把函数 $f(x+k) (k = 1, 2, \cdots, n-1)$ 在点 x 处展开为 $n-1$ 阶泰勒公式得
$$f(x+k) = f(x) + \frac{f'(x)}{1!} k + \cdots + \frac{f^{(n-1)}(x)}{(n-1)!} k^{n-1} + \frac{f^{(n)}(\xi_k)}{n!} k^n,$$

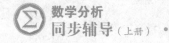

其中 $k=1,2,\cdots,n-1,x<\xi_k<x+k$. 把 $f'(x),f''(x),\cdots,f^{(n-1)}(x)$ 看作未知数,解上述线性方程组.设这个线性方程组的系数矩阵为 A,则

$$|A|=\Big(\prod_{i=1}^{n-1}\frac{1}{i!}\Big)\begin{vmatrix}1 & 1 & \cdots & 1\\ 2 & 2^2 & \cdots & 2^{n-1}\\ \vdots & \vdots & & \vdots\\ n-1 & (n-1)^2 & \cdots & (n-1)^{n-1}\end{vmatrix}$$

$$=\Big(\prod_{i=1}^{n-1}\frac{1}{i!}\Big)\begin{vmatrix}1 & 1 & 1 & \cdots & 1\\ 0 & 1 & 2 & \cdots & n-1\\ 0 & 1^2 & 2^2 & \cdots & (n-1)^2\\ \vdots & \vdots & \vdots & & \vdots\\ 0 & 1^{n-1} & 2^{n-1} & \cdots & (n-1)^{n-1}\end{vmatrix}.$$

由范德蒙德行列式的求值公式知,$|A|\neq 0$.因此,$f'(x),f''(x),\cdots,f^{(n-1)}(x)$ 可以表示为 $f(x+k)$ $-f(x),f^{(n)}(\xi)(k=1,2,\cdots,n-1)$ 的线性组合.由 $\lim\limits_{x\to+\infty}f(x),\lim\limits_{x\to+\infty}f^{(n)}(x)$ 存在可得 $\lim\limits_{x\to+\infty}(f(x+k)$ $-f(x))=0,\lim\limits_{x\to+\infty}f^{(n)}(\xi_k)$ 存在(其中 $x<\xi_k<x+k,k=1,2,\cdots,n-1$).因此,$\lim\limits_{x\to+\infty}f^{(k)}(x)$ 存在(k $=1,2,\cdots,n-1$).根据(1)的结论,由 $\lim\limits_{x\to+\infty}f^{(k-1)}(x),\lim\limits_{x\to+\infty}f^{(k)}(x)$ 的存在性可知 $\lim\limits_{x\to+\infty}f^{(k)}(x)=0(k=$ $1,2,\cdots,n)$.

19. 设 f 为 $(-\infty,+\infty)$ 上的二阶可导函数.若 f 在 $(-\infty,+\infty)$ 上有界,则存在 $\xi\in(-\infty,+\infty)$,使 $f''(\xi)$ $=0$.

证　先证 $f''(x)$ 在 $(-\infty,+\infty)$ 上不能恒为正,也不能恒为负.用反证法,不妨假设恒有 $f''(x)>0,x\in$ $(-\infty,+\infty)$,则 $\exists x_0\in(-\infty,+\infty)$,使得 $f'(x_0)\neq 0$.不妨设 $f'(x_0)>0$,由泰勒定理,

$$f(x)=f(x_0)+f'(x_0)(x-x_0)+\frac{f''(\xi)}{2!}(x-x_0)^2(\xi\text{ 介于 }x_0,x\text{ 之间}).$$

因此,$\lim\limits_{x\to+\infty}f(x)=+\infty$,这与 $f(x)$ 在 $(-\infty,+\infty)$ 上有界矛盾.

故 $\exists a,b$,使得 $f''(a)<0,f''(b)>0$.对 $f'(x)$ 应用达布定理可知,$\exists\xi\in(a,b)$ 使得 $f''(\xi)=0$,原命题得证.

四、 自测题

第六章自测题

一、判断题(每题 2 分,共 10 分)

1. 设 $f(x)$ 为 **R** 上的可导函数. 若 $f'(x) = 0$ 没有实根,则方程 $f(x) = 0$ 至多只有一个实根. ( )

2. 若 $f(x)$ 和 $g(x)$ 均在区间 I 上可导,且 $f'(x) \equiv g'(x), x \in I$,则在 I 上 $f(x) = g(x)$. ( )

3. 若 $\lim\limits_{x \to x_0} \dfrac{f'(x)}{g'(x)}$ 不存在,则 $\lim\limits_{x \to x_0} \dfrac{f(x)}{g(x)}$ 也不存在. ( )

4. 设 $f(x)$ 在 x_0 的某邻域 $U(x_0)$ 内一阶可导,在点 x_0 处二阶可导,且 $f'(x_0) = 0$,则当 $f''(x_0) < 0$ 时,$f(x)$ 在点 x_0 取得极小值. ( )

5. 函数的最值只可能在稳定点或端点处取得. ( )

二、计算题,写出必要的计算过程(每题 10 分,共 60 分)

6. 求 $\lim\limits_{x \to 1}(2-x)^{\tan\frac{\pi x}{2}}$.

7. 求 $\lim\limits_{x \to +\infty}(\sqrt[6]{x^6 + x^5} - \sqrt[6]{x^6 - x^5})$.

8. 设 $f(x)$ 在点 a 处可导,且 $f(a) \neq 0$. 求 $\lim\limits_{n \to \infty}\left[\dfrac{f\left(a + \dfrac{1}{n}\right)}{f(a)}\right]^n$.

9. 求极限 $\lim\limits_{x \to 0}\dfrac{\tan(\tan x) - \sin(\sin x)}{\tan x - \sin x}$.

10. 求 $\lim\limits_{n \to a} n\left[e^2 - \left(1 + \dfrac{1}{n}\right)^{2n}\right]$.

11. 求 $\lim\limits_{x \to \infty}\left(\ln \dfrac{x + \sqrt{x^2+1}}{x + \sqrt{x^2-1}} \cdot \ln^{-2}\dfrac{x+1}{x-1}\right)$.

三、证明题,写出必要的证明过程(每题 10 分,共 30 分)

12. 设 $f(x)$ 在整个实轴上具有二阶导数,且 $\lim\limits_{x \to 0}\dfrac{f(x)}{x} = 0, f(1) = 0$,证明:在 $(0,1)$ 内至少存在一点 β,使得 $f''(\beta) = 0$.

13. 设 $f''(a)$ 存在且不为 $0, h \neq 0$,根据 Lagrange 中值定理有 $f(a+h) - f(a) = f'(a+\theta h)$ $h(0 < \theta < 1)$. 证明:$\lim\limits_{h \to 0}\theta = \dfrac{1}{2}$.

14. 设 $f(x)$ 在 $[a,b]$ 上连续,在 (a,b) 内可导,且 $f(a) = f(b) = 1$. 证明:$\exists \xi, \eta \in (a,b)$,使 $e^{\eta - \xi}[f(\eta) + f'(\eta)] = 1$.

第六章自测题解答

一、1. √ 2. × 3. × 4. × 5. ×

二、6.**解** 令 $y = (2-x)^{\tan\frac{\pi x}{2}}$,则由 L'Hospital 法则得

$$\ln y = \tan\frac{\pi x}{2}\ln(2-x) \to \frac{2}{\pi}(x \to 1),$$

故

$$\lim_{x \to 1}(2-x)^{\tan\frac{\pi x}{2}} = e^{\frac{2}{\pi}}.$$

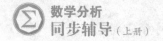
7. 解　由 Taylor 展开式得

$$\lim_{x\to+\infty}\left(\sqrt[6]{x^6+x^5}-\sqrt[6]{x^6-x^5}\right)=\lim_{x\to+\infty}x\left[\left(1+\frac{1}{x}\right)^{\frac{1}{6}}-\left(1-\frac{1}{x}\right)^{\frac{1}{6}}\right]$$

$$=\lim_{x\to+\infty}x\left[\left(1+\frac{1}{6x}+o\left(\frac{1}{x}\right)\right)-\left(1-\frac{1}{6x}+o\left(\frac{1}{x}\right)\right)\right]$$

$$=\frac{1}{3}.$$

8. 解　因为

$$f\left(a+\frac{1}{n}\right)=f(a)+f'(a)\frac{1}{n}+o\left(\frac{1}{n}\right),$$

所以

$$\frac{f\left(a+\frac{1}{n}\right)}{f(a)}=1+\frac{f'(a)}{f(a)}\frac{1}{n}+o\left(\frac{1}{n}\right),$$

故

$$\lim_{n\to\infty}\left[\frac{f\left(a+\frac{1}{n}\right)}{f(a)}\right]^n=\lim_{n\to\infty}\left[1+\frac{f'(a)}{f(a)}\frac{1}{n}+o\left(\frac{1}{n}\right)\right]^n=\mathrm{e}^{\frac{f'(a)}{f(a)}}.$$

9. 解　由 $\tan x=x+\dfrac{x^3}{3}+o(x^3),\sin x=x-\dfrac{x^3}{6}+o(x^3),$ 可得

$$\tan(\tan x)=\tan\left(x+\frac{x^3}{3}+o(x^3)\right)$$

$$=x+\frac{x^3}{3}+o(x^3)+\frac{x^3}{3}+o(x^3)$$

$$=x+\frac{2}{3}x^3+o(x^3),$$

$$\sin(\sin x)=\sin\left(x-\frac{x^3}{6}+o(x^3)\right)$$

$$=x-\frac{x^3}{6}+o(x^3)-\frac{x^3}{6}+o(x^3)$$

$$=x-\frac{x^3}{3}+o(x^3).$$

于是，原极限 $=\displaystyle\lim_{x\to0}\frac{x+\dfrac{2}{3}x^3+o(x^3)-x+\dfrac{x^3}{3}+o(x^3)}{x+\dfrac{1}{3}x^3+o(x^3)-x+\dfrac{x^3}{6}+o(x^3)}=\lim_{x\to0}\frac{x^3+o(x^3)}{\dfrac{x^3}{2}+o(x^3)}=2.$

10. 解　由等价无穷小替换和 Taylor 展开可得

$$原极限=\mathrm{e}^2\lim_{n\to\infty}n\left[1-\left(1+\frac{1}{n}\right)^{2n}\cdot\mathrm{e}^{-2}\right]$$

$$=\mathrm{e}^2\lim_{n\to\infty}n\left[1-\mathrm{e}^{2n\ln\left(1+\frac{1}{n}\right)-2}\right]=\mathrm{e}^2\lim_{n\to\infty}n\left[2-2n\ln\left(1+\frac{1}{n}\right)\right]$$

$$=2\mathrm{e}^2\lim_{n\to\infty}n^2\left[\frac{1}{n}-\left(\frac{1}{n}-\frac{1}{2n^2}+o\left(\frac{1}{n^2}\right)\right)\right]=\mathrm{e}^2.$$

11. 解　该题无论是化成 $\dfrac{0}{0}$ 型还是 $\dfrac{\infty}{\infty}$ 型的不定式，都非常复杂，但用等价无穷小量替换可使问题简化.

因为

$$\ln\frac{x+\sqrt{x^2+1}}{x+\sqrt{x^2-1}}=\ln\left(1+\frac{\sqrt{x^2+1}-\sqrt{x^2-1}}{x+\sqrt{x^2-1}}\right)\sim\frac{\sqrt{x^2+1}-\sqrt{x^2-1}}{x+\sqrt{x^2-1}},$$

$$\frac{\sqrt{x^2+1}-\sqrt{x^2-1}}{x+\sqrt{x^2-1}} = \frac{2}{(x+\sqrt{x^2-1})(\sqrt{x^2+1}+\sqrt{x^2-1})} \sim \frac{2}{2x \cdot 2x} = \frac{1}{2x^2} (x \to \infty),$$

$$\ln\left(\frac{x+1}{x-1}\right) = \ln\left(1+\frac{2}{x-1}\right) \sim \frac{2}{x-1}(x \to \infty),$$

所以原极限 $= \lim\limits_{x \to \infty} \frac{1}{2x^2}\left(\frac{2}{x-1}\right)^{-2} = \lim\limits_{x \to \infty} \frac{1}{2x^2}\left(\frac{x-1}{2}\right)^2 = \frac{1}{8}.$

三、12. 证
$$f(0) = \lim_{x \to 0} f(x) = \lim_{x \to 0} \frac{f(x)}{x}x = 0,$$

$$f'(0) = \lim_{x \to 0} \frac{f(x)-f(0)}{x} = \lim_{x \to 0} \frac{f(x)}{x} = 0.$$

因为 $f(0) = f(1) = 0$, 所以由 Rolle 定理知 $\exists \alpha \in (0,1)$, 使得 $f'(\alpha) = 0.$ 又 $f'(0) = 0$, 从而再由 Rolle 定理知 $\exists \beta \in (0,\alpha) \subset (0,1)$, 使得 $f''(\beta) = 0.$

13. 证 由题设的表达式可得
$$\frac{f(a+h)-f(a)-f'(a)h}{\theta h^2} = \frac{f'(a+\theta h)-f'(a)}{\theta h}.$$

因为 $f''(a)$ 存在, 所以
$$\lim_{h \to 0} \frac{f(a+h)-f(a)-f'(a)h}{\theta h^2} = \lim_{h \to 0} \frac{f'(a+\theta h)-f'(a)}{\theta h} = f''(a).$$

又由 L'Hospital 法则知
$$\lim_{h \to 0} \frac{f(a+h)-f(a)-f'(a)h}{h^2} = \lim_{h \to 0} \frac{f'(a+h)-f'(a)}{2h} = \frac{f''(a)}{2},$$

从而由极限的四则运算知 $\lim\limits_{h \to 0} \theta = \frac{1}{2}.$

14. 证 将结论变形为
$$e^{\eta}[f(\eta) + f'(\eta)] = e^{\xi},$$

或
$$[e^x f(x)]' \big|_{x=\eta} = e^{\xi}.$$

由上式左端可见, 首先应对 $e^x f(x)$ 在 $[a,b]$ 上应用 Lagrange 中值定理, 即 $\exists \eta \in (a,b)$, 使
$$\frac{e^b f(b) - e^a f(a)}{b-a} = [e^x f(x)]' \big|_{x=\eta}.$$

注意到 $f(b) = f(a) = 1$, 则上式变为
$$\frac{e^b - e^a}{b-a} = [e^x f(x)]' \big|_{x=\eta}.$$

再对 e^x 在 $[a,b]$ 上应用 Lagrange 中值定理知, $\exists \xi \in (a,b)$, 使
$$\frac{e^b - e^a}{b-a} = e^{\xi}.$$

综上可知, 结论成立.

第七章 实数的完备性

1. 区间套和区间套定理

定义　设闭区间列$\{[a_n,b_n]\}$具有如下性质：

（ⅰ）$[a_n,b_n]\supset[a_{n+1},b_{n+1}]$，$n=1,2,\cdots$；

（ⅱ）$\lim\limits_{n\to\infty}(b_n-a_n)=0$，

则称$\{[a_n,b_n]\}$为**闭区间套**，简称**区间套**.

区间套定理　若$\{[a_n,b_n]\}$是一个区间套，则在实数系中存在唯一的一点ξ，使得$\xi\in[a_n,b_n]$，$n=1,2,\cdots$，即$a_n\leqslant\xi\leqslant b_n$，$n=1,2,\cdots$.

推论　若$\xi\in[a_n,b_n](n=1,2,\cdots)$是区间套$\{[a_n,b_n]\}$所确定的点，则对$\forall\varepsilon>0$，$\exists N>0$，当$n>N$时，有$[a_n,b_n]\subset U(\xi;\varepsilon)$.

2. 聚点和聚点定理

定义 1　设S为数轴上的点集，ξ为定点（$\xi\in S$或$\xi\bar{\in}S$）. 若ξ的任何邻域内都含有S中无穷多个点，则称ξ为点集S的一个**聚点**.

定义 2　对于点集S，若点ξ的任何ε邻域内都含有S中异于ξ的点，即$U^o(\xi,\varepsilon)\bigcap S\neq\varnothing$，则称$\xi$为$S$的一个**聚点**.

定义 3　若存在各项互异的收敛数列$\{x_n\}\subset S$，则其极限$\lim\limits_{n\to\infty}x_n=\xi$称为$S$的一个**聚点**.

聚点定理　实轴上的任一有界无限点集S至少有一个聚点.

致密性定理　有界数列必含有收敛子列.

3. 开覆盖和有限覆盖定理

定义　设S为数轴上的点集，H为开区间的集合（即H的每一个元素都是形如(α,β)的开区间）. 若S中任何一点都含在H中至少一个开区间内，则称H为S的一个**开覆盖**，或称H覆盖S. 若H中开区间的个数是无限（有限）的，则称H为S的一个**无限开覆盖**（**有限开覆盖**）.

有限覆盖定理　设H为闭区间$[a,b]$的一个（无限）开覆盖，则从H中可选出有限个开区间来覆盖$[a,b]$.

4. 实数完备性基本定理的等价性

(1)确界原理；(2)单调有界定理；(3)区间套定理；(4)有限覆盖定理；(5)聚点定理和致密性定义；(6)柯西收敛准则. 这六个基本定理是相互等价的，可按(1)⇒(2)⇒(3)⇒(4)⇒(5)⇒(6)⇒(1)的顺序给予证明. 这六个基本定理中任何一个都可以作为实数完备性的定义.

5. 数列的聚点

定义　若在数 a 的任一邻域内含有数列 $\{x_n\}$ 的无限多个项,则称 a 为数列 $\{x_n\}$ 的一个**聚点**. 数列的聚点为其收敛子列的极限,若需要找出数列的所有聚点只要找出所有收敛子列的极限即可.

定理　有界点列(数列)$\{x_n\}$ 至少有一个聚点,且存在最大聚点与最小聚点.

6. 数列的上极限和下极限

有界数列(点列)$\{x_n\}$ 的最大聚点 $\overline{A}$ 与最小聚点 $\underline{A}$ 分别称为 $\{x_n\}$ 的**上极限**与**下极限**,记作 $\overline{A}=\varlimsup\limits_{n\to\infty} x_n$,$\underline{A}=\varliminf\limits_{n\to\infty} x_n$.

任何有界数列必存在上、下极限.

7. 上、下极限的充要条件

(1)设 $\{x_n\}$ 为有界数列,则 $\overline{A}$ 为 $\{x_n\}$ 的上极限 $\Leftrightarrow \forall\varepsilon>0,\exists N>0$,当 $n>N$ 时,有 $x_n<\overline{A}+\varepsilon$;存在子列 $\{x_{n_k}\},x_{n_k}>\overline{A}-\varepsilon,k=1,2,\cdots\Leftrightarrow$ 对 $\forall\alpha>\overline{A},\{x_n\}$ 中大于 α 的项至多有限个;对 $\forall\beta<\overline{A},\{x_n\}$ 中大于 β 的项有无限多个 $\Leftrightarrow\overline{A}=\lim\limits_{n\to\infty}\sup\limits_{k\geqslant n}\{x_k\}$.

(2)设 $\{x_n\}$ 为有界数列,则 $\underline{A}$ 为 $\{x_n\}$ 的下极限 $\Leftrightarrow\forall\varepsilon>0,\exists N>0$,当 $n>N$ 时,有 $x_n>\underline{A}-\varepsilon$;存在子列 $\{x_{n_k}\}$,$x_{n_k}<\underline{A}+\varepsilon,k=1,2,\cdots\Leftrightarrow$ 对 $\forall\beta<\underline{A},\{x_n\}$ 中小于 β 的项至多有限个;对 $\forall\alpha>\underline{A},\{x_n\}$ 中小于 α 的项有无限多个 $\Leftrightarrow\underline{A}=\lim\limits_{n\to\infty}\inf\limits_{k\geqslant n}\{x_k\}$.

8. 上、下极限的性质

(1)$\lim\limits_{n\to\infty} x_n=A\Leftrightarrow\varlimsup\limits_{n\to\infty} x_n=\varliminf\limits_{n\to\infty} x_n=A$.

(2)对任何有界数列 $\{x_n\}$ 有 $\varliminf\limits_{n\to\infty} x_n\leqslant\varlimsup\limits_{n\to\infty} x_n$.

(3)设有界数列 $\{x_n\},\{y_n\}$ 满足:$\exists N_0>0$,当 $n>N_0$ 时,有 $x_n\leqslant y_n$,则

$$\varlimsup\limits_{n\to\infty} x_n\leqslant\varlimsup\limits_{n\to\infty} y_n,\quad \varliminf\limits_{n\to\infty} x_n\leqslant\varliminf\limits_{n\to\infty} y_n.$$

(4)若 $\{x_n\},\{y_n\}$ 为有界数列,则

$$\varliminf\limits_{n\to\infty} x_n+\varliminf\limits_{n\to\infty} y_n\leqslant\varliminf\limits_{n\to\infty}(x_n+y_n),\quad \varlimsup\limits_{n\to\infty}(x_n+y_n)\leqslant\varlimsup\limits_{n\to\infty} x_n+\varlimsup\limits_{n\to\infty} y_n.$$

二、经典例题解析及解题方法总结

【例1】　试利用区间套定理证明确界原理.

证　设数集 S 非空且有上界 M. 因其非空,故有 $a_0\in S$,不妨设 a_0 不是 S 的上界(否则 a_0 为 S 的最大元,即为 S 的上确界),记 $[a_1,b_1]=[a_0,M]$.

将 $[a_1,b_1]$ 二等分,其中必有一子区间,其右端点为 S 的上界,但左端点不是 S 的上界,记为 $[a_2,b_2]$. 再将 $[a_2,b_2]$ 二等分,其中必有一子区间,其右端点为 S 的上界,而左端点不是 S 的上界,记为 $[a_3,b_3]$. 依此类推,得到一区间套 $\{[a_n,b_n]\}$,其中 b_n 恒为 S 的上界,a_n 恒非 S 的上界,且 $b_n-a_n=\dfrac{1}{2}(b_{n-1}-a_{n-1})=\dfrac{1}{2^{n-1}}(b_1-a_1)=\dfrac{M-a_0}{2^{n-1}}\to 0(n\to\infty)$.

由区间套定理,存在唯一的 $\xi\in[a_n,b_n](n=1,2,\cdots)$.

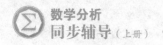

现证 ξ 即为 $\sup S$：

(1) $\forall x \in S$，有 $x \leqslant b_n$，令 $n \to \infty$，得 $x \leqslant \xi$，即 ξ 为 S 的上界.

(2) $\forall \varepsilon > 0$，由 $\lim\limits_{n \to \infty} a_n = \xi$，故 $\exists a_n > \xi - \varepsilon$；由于 a_n 不是 S 的上界，因此 $\exists x^* \in S$，使 $x^* > a_n > \xi - \varepsilon$. 所以 ξ 是 S 的最小上界，即 $\sup S = \xi$.

同理可证有下界的非空数集必有下确界.

● 方法总结

> 应用区间套定理的关键是针对要证明的数学命题，构造恰当的区间套. 一方面，这样的区间套必须是闭、缩、套，即
> $$\lim_{n \to \infty}(b_n - a_n) = 0, \quad [a_n, b_n] \supset [a_{n+1}, b_{n+1}].$$
> 另一方面，也是最重要的，要把欲证命题的本质属性保留在区间套的每一个闭区间中. 前者是区间套定理本身条件的要求，保证诸区间 $[a_n, b_n]$ 存在唯一公共点 ξ；后者则把证明整个区间 $[a, b]$ 上所具有某性质的问题归结为 ξ 点邻域 $U(\xi, \delta)$ 的性质，圆满实现由"整体"向"局部"的转化.

【例2】 证明："ξ 为点集 S 的聚点"的下述定义等价：

(1) $\forall \delta > 0$，在 $U(\xi; \delta)$ 内含有 S 中无限多个点；

(2) $\forall \delta > 0$，在 $U^o(\xi; \delta)$ 内含有 S 中至少一个点；

(3) $\exists \{x_n\} \subset S, x_n \neq x_m \ (n \neq m)$ 使 $\lim\limits_{n \to \infty} x_n = \xi$.

证 (1)$\Rightarrow$(2)：显然.

(2)$\Rightarrow$(3)：因为对 $\forall \delta > 0$，$\exists x \in U^o(\xi; \delta) \bigcap S$，故

$$\text{取 } \delta_1 = 1, \exists x_1 \in U^o(\xi; \delta_1) \bigcap S,$$

$$\text{取 } \delta_2 = \min\left\{\frac{1}{2}, |\xi - x_1|\right\} > 0, \exists x_2 \in U^o(\xi; \delta_2) \bigcap S, \cdots,$$

$$\text{取 } \delta_n = \min\left\{\frac{1}{2^{n-1}}, |\xi - x_{n-1}|\right\} > 0, \exists x_n \in U^o(\xi; \delta_n) \bigcap S, \cdots.$$

显然 $\{x_n\} \subset S, x_n \neq x_m \ (n \neq m)$，且 $\lim\limits_{n \to \infty} x_n = \xi$.

(3)$\Rightarrow$(1)：由 $\lim\limits_{n \to \infty} x_n = \xi$，可知对 $\forall \delta > 0$，$\exists N$，$\forall n > N$，有 $x_n \in U(\xi; \delta)$，因 $\{x_n\}$ 是 S 中互不相同点的点列，故 $U(\xi; \delta)$ 内含 S 中无限多个点.

【例3】 用确界原理证明单调有界定理.

证 不妨设数列 $\{a_n\}$ 单调递增，且数集 $\{a_n\}$ 有上界，由确界原理知，$\{a_n\}$ 存在上确界，设 $\sup\{a_n | n \in \mathbf{N}_+\} = a$. 由上确界定义，对 $\forall n \in \mathbf{N}_+$，有 $a_n \leqslant a$；$\forall \varepsilon > 0$，$\exists N \in \mathbf{N}_+$，有 $a - \varepsilon < a_N$. 又数列 $\{a_n\}$ 单调递增，从而，当 $n > N$ 时，有 $a_N \leqslant a_n$，故 $a - \varepsilon < a_N \leqslant a_n \leqslant a < a + \varepsilon$，所以当 $n > N$ 时，有 $|a_n - a| < \varepsilon$. 即单调递增有上界数列 $\{a_n\}$ 存在极限 a.

类似可证单调递减有下界数列 $\{a_n\}$ 也存在极限 a'.

● **方法总结** ⋯⋯⋯⋯⋯⋯⋯⋯⋯⋯⋯⋯⋯⋯⋯⋯⋯⋯⋯⋯⋯⋯⋯⋯

　　应用确界原理的关键在于使用已知条件构造一个有界数集,使它的确界就是欲证命题中所需要的具有某性质 p 的数,进而证明了该数有性质 p.

【例4】　试用有限覆盖定理证明区间套定理.

　　证　设 $\{[a_n,b_n]\}$ 为区间套,要证存在唯一的 ξ,使 $a_n\leqslant\xi\leqslant b_n$ $(n=1,2,\cdots)$.

　　若对 $\forall x\in[a_1,b_1]$ 都不是 $\{[a_n,b_n]\}$ 的公共点,于是 $\exists n_x$,使得 $x\notin[a_{n_x},b_{n_x}]$,故 $\exists\varepsilon_x>0$,使 $U(x;\varepsilon_x)\bigcap[a_{n_x},b_{n_x}]=\varnothing$. 设 $H=\{U(x;\varepsilon_x)\,|\,x\in[a_1,b_1]\}$,它是 $[a_1,b_1]$ 的无限开覆盖. 由有限覆盖定理,$\exists\{U(x_i;\varepsilon_{x_i})\,|\,i=1,2,\cdots,n\}\subset H$,就能覆盖 $[a_1,b_1]$. 现取 $m>\max\limits_{1\leqslant i\leqslant n}\{n_{x_i}\}$,则有 $[a_m,b_m]\bigcap\bigcup\limits_{i=1}^{n}U(x_i,\varepsilon_{x_i})=\varnothing$,而 $\bigcup\limits_{i=1}^{n}U(x_i,\varepsilon_{x_i})\supset[a_1,b_1]$,此与 $[a_m,b_m]\subset[a_1,b_1]$ 相矛盾.

　　由此可知,存在 ξ,使得 $a_n\leqslant\xi\leqslant b_n$,$n=1,2,\cdots$.

　　下证 ξ 的唯一性. 若存在 ξ' 也满足 $a_n\leqslant\xi'\leqslant b_n$,$n=1,2,\cdots$,则有 $|\xi-\xi'|\leqslant b_n-a_n$,$n=1,2,\cdots$. 从而 $|\xi-\xi'|\leqslant\lim\limits_{n\to\infty}(b_n-a_n)=0$,故 $\xi'=\xi$.

● **方法总结** ⋯⋯⋯⋯⋯⋯⋯⋯⋯⋯⋯⋯⋯⋯⋯⋯⋯⋯⋯⋯⋯⋯⋯⋯

　　关于实数连续性的各个定理都是相互等价的,它们以不同的方式描述了同一个问题——实数集具有连续性,这是极限理论赖以生存的基础. 这六个定理中,有限覆盖定理的着眼是闭区间的整体,而其他几个定理的着眼是一点的局部. 由于它们在形式上有这种区别,所以在证明问题中也就具有不同的功用. 凡是证明的结论涉及到闭区间的问题,可考虑使用有限覆盖定理,凡是证明的结论涉及到一点的问题,可考虑使用其他的几个等价定理. 但是,应用反证法,整体(即闭区间)与局部(即一点)又可以相互转化.

【例5】　证明:若函数 $f(x)$ 在 $[a,b]$ 上无界,则必存在 $[a,b]$ 上某点,使得 $f(x)$ 在该点的任意邻域内无界.

　　证　用反证法.

　　若 $\forall x\in[a,b]$,$\exists\delta_x>0$,使得 $f(x)$ 在 $U(x;\delta_x)$ 中有界,则令 $H=\{U(x;\delta_x)\,|\,x\in[a,b]\}$,它是 $[a,b]$ 的一个无限开覆盖. 由有限覆盖定理,存在 $H^*=\{U(x_i;\delta_{x_i})\,|\,1\leqslant i\leqslant k\}\subset H$ 为 $[a,b]$ 的有限开覆盖. 由于 $f(x)$ 在每个 $U(x_i;\delta_{x_i})$ 内有界,因此 $f(x)$ 在 $[a,b]$ 上有界,这与 $f(x)$ 在 $[a,b]$ 上无界矛盾.

【例6】　证明:$\{x_n\}$ 为有界数列 $\Leftrightarrow\{x_n\}$ 的任一子列都存在收敛子列.

　　证　必要性:设 $\{x_n\}$ 为有界数列,则其任一子列 $\{x_{n_k}\}$ 也都有界. 由致密性定理知 $\{x_{n_k}\}$ 必定存在收敛子列 $\{x_{n_{k_i}}\}$.

　　充分性:设 $\{x_n\}$ 的任一子列都存在收敛子列. 假设 $\{x_n\}$ 为无界数列,则必有某一子列 $\{x_{n_k}\}$,使 $\lim\limits_{k\to\infty}|x_{n_k}|=+\infty$. 因此,$\{x_{n_k}\}$ 的一切子列 $\{x_{n_{k_i}}\}$ 都是无穷大量,这与 $\{x_{n_k}\}$ 必有收敛子列相矛盾,所以 $\{x_n\}$ 为有界数列.

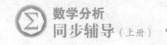

三、教材习题解答

习题 7.1 解答

1. 证明：数集 $\left\{(-1)^n+\dfrac{1}{n}\right\}$ 有且只有两个聚点 $\xi_1=-1$ 和 $\xi_2=1$.

【思路探索】 利用聚点定义.

解 令数集 $S=\left\{(-1)^n+\dfrac{1}{n}\right\}$，数列 $x_n=(-1)^{2n}+\dfrac{1}{2n}$，$y_n=(-1)^{2n+1}+\dfrac{1}{2n+1}$，则 $\{x_n\},\{y_n\}\subset S$，$\lim\limits_{n\to\infty}x_n=1,\lim\limits_{n\to\infty}y_n=-1$，数列 $\{x_n\},\{y_n\}$ 各项互异，根据定义 2 知，1 和 -1 是 S 的两个聚点.

对 $\forall x_0\in\mathbf{R},x_0\neq 1$ 且 $x_0\neq-1$，令 $\delta=\min\{|x_0-1|,|x_0-(-1)|\}$. 由 $\dfrac{1}{n}<\dfrac{\delta}{2}$ 得 $n>\dfrac{2}{\delta}$，取 $N=\left[\dfrac{2}{\delta}\right]$，则当 $n>N$ 时，或者有 $(-1)^n+\dfrac{1}{n}\in U\left(-1;\dfrac{\delta}{2}\right)$，或者有 $(-1)^n+\dfrac{1}{n}\in U\left(1;\dfrac{\delta}{2}\right)$，总之 $(-1)^n+\dfrac{1}{n}\notin U\left(x_0;\dfrac{\delta}{2}\right)$，由定义 2 知 x_0 不是 S 的聚点，故数集 $\left\{(-1)^n+\dfrac{1}{n}\right\}$ 有且只有 1 和 -1 两个聚点.

2. 证明：任何有限数集都没有聚点.

【思路探索】 利用定义直接证明.

证 设有限数集为 S. 由聚点 ξ 的定义，在 ξ 的任何邻域内都含有 S 中无穷多个点，而 S 只有有限个点，所以 S 没有聚点.

3. 设 $\{(a_n,b_n)\}$ 是一个严格开区间套，即满足
$$a_1<a_2<\cdots<a_n<b_n<\cdots<b_2<b_1,$$
且 $\lim\limits_{n\to\infty}(b_n-a_n)=0$. 证明：存在唯一的一点 ξ，使得
$$a_n<\xi<b_n,n=1,2,\cdots.$$

【思路探索】 直接利用区间套定理证明.

证 由题设知，$\{[a_n,b_n]\}$ 是一个闭区间套. 由区间套定理知，存在唯一的点 ξ，使得 $a_n\leqslant\xi\leqslant b_n,n=1,2,\cdots$. 又因为 $a_{n-1}<a_n<b_n<b_{n-1}$，所以 $a_{n-1}<\xi<b_{n-1},n=2,3,\cdots$，即 $a_n<\xi<b_n,n=1,2,\cdots$. 由于满足 $a_n\leqslant\xi\leqslant b_n,n=1,2,\cdots$ 的 ξ 是唯一的，从而满足 $a_n<\xi<b_n,n=1,2,\cdots$ 的 ξ 至多有一个，于是证明了存在唯一的一点 ξ 属于每一个开区间 (a_n,b_n)，即 $a_n<\xi<b_n,n=1,2,\cdots$.

4. 试举例说明：在有理数集上，确界原理、单调有界定理、聚点定理和柯西收敛准则一般都不能成立.

【思路探索】 利用实数完备性基本定理的有关知识.

解 设 $a_n=\left(1+\dfrac{1}{n}\right)^n,b_n=\left(1+\dfrac{1}{n}\right)^{n+1}(n=1,2,\cdots)$，

则 $\{a_n\}$ 是单调递增的有理数列，$\{b_n\}$ 是单调递减的有理数列，且 $\lim\limits_{n\to\infty}b_n=\lim\limits_{n\to\infty}a_n=e$(无理数).

（i）点集 $\{a_n\}$ 非空有上界，但在有理数集内无上确界；点集 $\{b_n\}$ 非空有下界，但在有理数集内无下确界.

（ii）数列 $\{a_n\}$ 单调递增有上界，但在有理数集内无极限；$\{b_n\}$ 单调递减有下界，但在有理数集内无极限.

（iii）$\{a_n\}$ 是有界无限点集，但在有理数集内无聚点.

（iv）数列 $\{a_n\}$ 满足 Cauchy 收敛准则条件，但在有理数集内没有极限.

5. 设 $H = \left\{ \left(\dfrac{1}{n+2}, \dfrac{1}{n} \right) \mid n = 1, 2, \cdots \right\}$. 问:

(1) H 能否覆盖 $(0,1)$?

(2) 能否从 H 中选出有限个开区间覆盖(ⅰ) $\left(0, \dfrac{1}{2} \right)$, (ⅱ) $\left(\dfrac{1}{100}, 1 \right)$?

【思路探索】　用定义直接验证.

解　(1) $\forall x_0 \in (0,1)$, 有 $\dfrac{1}{x_0} > 1$. $\exists n_0 \in \mathbf{N}$, 有 $n_0 < \dfrac{1}{x_0} \leqslant n_0 + 1$, 所以 $\dfrac{1}{n_0 + 2} < \dfrac{1}{n_0 + 1} \leqslant x_0 < \dfrac{1}{n_0}$, 即

$x_0 \in \left(\dfrac{1}{n_0 + 2}, \dfrac{1}{n_0} \right) \in H$. 故 H 能覆盖 $(0,1)$.

(2) 记 $I_k = \left(\dfrac{1}{k+1}, \dfrac{1}{k} \right)$, 设从 H 中选出 m 个开区间, 分别是 $I_{k_1}, I_{k_2}, \cdots, I_{k_m}$, 令 $k = \max\{k_1, k_2, \cdots,$

$k_m\}$, 则并集 $A = I_{k_1} \bigcup I_{k_2} \bigcup \cdots \bigcup I_{k_m}$ 的下确界为 $\dfrac{1}{k_0 + 2}$, 所以 $\left(0, \dfrac{1}{2} \right)$ 的子集 $\left(0, \dfrac{1}{k_0 + 2} \right] \not\subset A$, 实

际上, $\left(0, \dfrac{1}{k_0 + 2} \right) \bigcap A = \varnothing$. 故不能从 H 中选出有限个开区间来覆盖 $\left(0, \dfrac{1}{2} \right)$.

从 H 中选出 98 个开区间 $I_1, I_2, \cdots, I_{98}$, 显然这些开区间覆盖了 $\left(\dfrac{1}{100}, 1 \right)$. 故可以从 H 中选出有限个

开区间覆盖 $\left(\dfrac{1}{100}, 1 \right)$.

6. 证明: 闭区间 $[a,b]$ 的全体聚点的集合是 $[a,b]$ 本身.

【思路探索】　用定义直接验证.

证　$\forall \delta > 0$, 不妨设 $\delta < b - a$, 则 $U_+(a; \delta) \bigcap [a,b] = [a, a + \delta] \subseteq [a,b]$.

由实数集的稠密性知, 集合 $[a, a + \delta)$ 中有无穷多个实数, 故 a 是 $[a,b]$ 的一个聚点.

同理, b 也是 $[a,b]$ 的一个聚点.

$\forall x_0 \in (a,b), \delta > 0$, 不妨设 $\delta < \min\{x_0 - a, b - x_0\}$, 则 $U(x_0; \delta) \bigcap [a,b] = (x_0 - \delta, x_0 + \delta) \subseteq$

$[a,b]$, 故 x_0 的任意邻域内都含有 $[a,b]$ 中的无穷多个点, 从而 x_0 为 $[a,b]$ 的一个聚点. 即 $[a,b]$ 的所

有点都是 $[a,b]$ 的聚点.

设 $y_0 \notin [a,b]$, 令 $\delta = \min\{|y_0 - a|, |y_0 - b|\}$, 则 $\delta > 0, U(y_0; \delta) \bigcap [a,b] = \varnothing$, 即 y_0 不是 $[a,b]$

的聚点.

故闭区间 $[a,b]$ 的全体聚点的集合是 $[a,b]$ 本身.

7. 设 $\{x_n\}$ 为单调数列. 证明: 若 $\{x_n\}$ 存在聚点, 则必是唯一的, 且为 $\{x_n\}$ 的确界.

【思路探索】　利用聚点的定义.

证　设 $\{x_n\}$ 是一个单调递增数列, ξ 为 $\{x_n\}$ 的聚点.

先证聚点是唯一的.

假设 ξ, η 是 $\{x_n\}$ 的两个不相等的聚点, 不妨设 $\xi < \eta$. 令 $\delta = \eta - \xi$, 则 $\delta > 0$, 按聚点的定义,

$U\left(\eta; \dfrac{\delta}{2} \right)$ 中含有无穷多个 $\{x_n\}$ 中的点, 设 $x_{n_1} \in U\left(\eta; \dfrac{\delta}{2} \right)$, 则当 $n > n_1$ 时, $x_n > \eta - \dfrac{\delta}{2} = \xi + \dfrac{\delta}{2}$,

于是 $U\left(\xi; \dfrac{\delta}{2} \right)$ 中只能含有 $\{x_n\}$ 中有限多个点, 这与 ξ 是聚点矛盾. 因此, 若 $\{x_n\}$ 存在聚点, 则必是唯

一的.

(ⅰ) 先证 ξ 是 $\{x_n\}$ 的一个上界. 假设 ξ 不是 $\{x_n\}$ 的一个上界, 于是 $\exists x_N > \xi$, 取 $\varepsilon = x_N - \xi$, 则在 ξ

的邻域 $U(\xi; \varepsilon)$ 内最多只有 $\{x_n\}$ 有限多个点: $x_1, x_2, \cdots, x_{N-1}$, 这与 ξ 为 $\{x_n\}$ 的聚点相矛盾.

(ⅱ) 再证 ξ 是 $\{x_n\}$ 的最小上界. 事实上, 对 $\forall \varepsilon > 0$, 在 ξ 的邻域 $U(\xi; \varepsilon)$ 内有 $\{x_n\}$ 中无限多个点, 设

$x_N \in U(\xi; \varepsilon)$, 从而 $x_N > \xi - \varepsilon$. 所以 $\xi = \sup\{x_n\}$.

综上, 若 $\{x_n\}$ 有聚点, 则必唯一, 恰为 $\{x_n\}$ 的确界.

8. 试用有限覆盖定理证明聚点定理.

【思路探索】 用反证法.

证　设 S 是实轴上的一个有界无限点集,并且 $S\subseteq[-M,M]$.假设 S 没有聚点,则 $\forall x\in[-M,M]$ 都不是 S 的聚点,因此,$\exists\delta_x>0$,使得 $U(x;\delta_x)$ 中只含有 S 中有限多个点.同时,开区间集 $H=\{U(x;\delta_x)\mid x\in[-M,M]\}$ 是 $[-M,M]$ 的一个开覆盖.由有限覆盖定理知,存在 $[-M,M]$ 的一个有限开覆盖,设为 $U(x_1;\delta_{x_1}),U(x_2;\delta_{x_2}),\cdots,U(x_m;\delta_{x_m})$,它们也是 S 的一个覆盖.因为每一个 $U(x_i;\delta_{x_i})(i=1,2,\cdots,m)$ 中只含有 S 中有限多个点,故 S 是一个有限集.这与题设矛盾.故实轴上的任一有界无限点集 S 至少有一个聚点.

9. 试用聚点定理证明柯西收敛准则.

证　必要性:设 $\{a_n\}$ 收敛,令 $\lim\limits_{n\to\infty}a_n=a$,则 $\forall\varepsilon>0,\exists N$,当 $n,m>N$ 时,有 $|a_n-a|<\dfrac{\varepsilon}{2},|a_m-a|<\dfrac{\varepsilon}{2}$,所以

$$|a_n-a_m|=|a_n-a+a-a_m|\leqslant|a_n-a|+|a_m-a|<\frac{\varepsilon}{2}+\frac{\varepsilon}{2}=\varepsilon.$$

充分性:设 $\forall\varepsilon>0,\exists N>0,\forall m,n>N,|a_n-a_m|<\varepsilon$,要证数列 $\{a_n\}$ 收敛.

先证数列 $\{a_n\}$ 有界.对于 $\varepsilon=1,\exists N>0$,当 $n>N$ 时,有 $|a_n-a_{N+1}|<1$,故 $|a_n|<|a_{N+1}|+1$.令 $M=\max\{|a_1|,|a_2|,\cdots,|a_N|,|a_N|+1\}$,则 $|a_n|<M,n=1,2,\cdots$,所以数列 $\{a_n\}$ 有界.

其次证明数列 $\{a_n\}$ 有收敛的子列.

若集 $S=\{a_n\mid n=1,2,\cdots\}$ 是有限集,则数列 $\{a_n\}$ 有常数子列,当然收敛.

若集 S 是无限集,并且 S 是有界的,由聚点定理知 S 有聚点,设 S 的聚点为 ξ.再由聚点定义知存在互异的收敛子列 $\{a_{n_k}\}\subset\{a_n\}$,使得 $\lim\limits_{k\to\infty}a_{n_k}=\xi$.

最后证明 $\lim\limits_{n\to\infty}a_n=\xi$.由题设 $\forall\varepsilon>0,\exists N_1>0,\forall m,n>N_1,|a_m-a_n|<\varepsilon$.再由 $\lim\limits_{k\to\infty}a_{n_k}=\xi$,知 $\exists N_2>0,\forall k>N_2,|a_{n_k}-\xi|<\varepsilon$.现在,取 $N=\max\{N_1,N_2\}$,当 $n>N$ 时,任取 $k>N$ 有

$$|a_n-\xi|\leqslant|a_n-a_{n_k}|+|a_{n_k}-\xi|<\varepsilon+\varepsilon=2\varepsilon.$$

所以 $\lim\limits_{n\to\infty}a_n=\xi$.

10. 用有限覆盖定理证明根的存在性定理.

证　　设 f 在 $[a,b]$ 连续,不妨设 $f(a)<0,f(b)>0$.由连续函数的局部保号性,$\exists\delta>0$,使得在 $[a,a+\delta)$ 内 $f(x)<0$,在 $(b-\delta,b]$ 内 $f(x)>0$.

假设对 $\forall x_0\in(a,b),f(x_0)\neq0$,则由连续函数的局部保号性,存在 x_0 的某邻域 $U(x_0;\delta_{x_0})=(x_0-\delta_{x_0},x_0+\delta_{x_0})$,使得在此邻域内 $f(x)\neq0$ 且 $f(x)$ 的符号与 $f(x_0)$ 的符号相同.令

$$H=\{(x-\delta_x,x+\delta_x)\mid x\in(a,b)\}\bigcup\{[a-\delta,a+\delta)\}\bigcup\{(b-\delta,b+\delta]\},$$

则 H 是 $[a,b]$ 的一个开覆盖,由有限覆盖定理,存在 H 的一个有限子覆盖

$$H^*=\{(x_i-\delta_i,x_i+\delta_i)\mid i=1,2,\cdots,n\}\bigcup\{[a-\delta,a+\delta)\}\bigcup\{(b-\delta,b+\delta]\}$$

覆盖 $[a,b]$,显然 $(x_i-\delta_i,x_i+\delta_i)\bigcap(x_{i+1}-\delta_{i+1},x_{i+1}+\delta_{i+1})\neq\varnothing(i=1,2,\cdots,n-1)$,这样任意相邻区间中 f 符号相同,由传递性可知 $(x_i-\delta_i,x_i+\delta_i)(i=1,2,\cdots,n)$ 函数符号相同,这与 $f(a)<0,f(b)>0$ 矛盾.故 $\exists x_0\in(a,b)$,使 $f(x_0)=0$.

11. 用有限覆盖定理证明连续函数的一致连续性定理.

证　一致连续性定理:若函数 $f(x)$ 在闭区间 $[a,b]$ 上连续,则 $f(x)$ 在 $[a,b]$ 上一致连续.

因为 $f(x)$ 在 $[a,b]$ 上连续,所以对于 $\forall x\in[a,b],\forall\varepsilon>0,\exists\delta_x>0,\forall x'\in U(x;\delta_x)\bigcap[a,b]$,有

$$|f(x')-f(x)|<\frac{\varepsilon}{2}.$$

取 $H=\left\{U\left(x;\dfrac{\delta_x}{2}\right)\mid x\in[a,b]\right\}$,则 H 是 $[a,b]$ 的无限开覆盖.

由有限覆盖定理,从中可以选出有限个开区间覆盖$[a,b]$.不妨设选出的有限个开区间为

$$U\left(x_i;\frac{\delta_{x_i}}{2}\right),i=1,2,\cdots,n.$$

取$\delta=\min\left\{\frac{\delta_{x_i}}{2}\mid i=1,2,\cdots,n\right\}$,则$\forall x',x''\in[a,b]$,不妨设$x'\in U\left(x_1;\frac{\delta_{x_1}}{2}\right)$,即$|x'-x_1|<\frac{\delta_{x_1}}{2}$. 当$|x'-x''|<\delta$时,由于

$$|x''-x_1|=|x''-x'+x'-x_1|\leqslant|x''-x'|+|x'-x_1|<\delta+\frac{\delta_{x_1}}{2}\leqslant\delta_{x_1},$$

因此 $\begin{aligned}|f(x')-f(x'')|&=|f(x')-f(x_1)+f(x_1)-f(x'')|\\&\leqslant|f(x')-f(x_1)|+|f(x_1)-f(x'')|\\&<\frac{\varepsilon}{2}+\frac{\varepsilon}{2}=\varepsilon,\end{aligned}$

由一致连续定义可知,f在$[a,b]$上一致连续.

习题 7.2 解答

1. 求以下数列的上、下极限:

(1)$\{1+(-1)^n\}$;　　　(2)$\left\{(-1)^n\frac{n}{2n+1}\right\}$;　　　(3)$\{2n+1\}$;

(4)$\left\{\frac{2n}{n+1}\sin\frac{n\pi}{4}\right\}$;　　　(5)$\left\{\frac{n^2+1}{n}\sin\frac{\pi}{n}\right\}$;　　　(6)$\left\{\sqrt[n]{\left|\cos\frac{n\pi}{3}\right|}\right\}$.

解 (1)当n为偶数时,$1+(-1)^n=2$;当n为奇数时,$1+(-1)^n=0$,而数列$\{1+(-1)^n\}$没有其他的聚点.故$\varlimsup\limits_{n\to\infty}[1+(-1)^n]=2,\varliminf\limits_{n\to\infty}[1+(-1)^n]=0$.

(2)令$a_n=(-1)^n\frac{n}{2n+1}$,则由数列$\{a_n\}$的偶数项、奇数项组成的数列分别是

$$b_n=(-1)^{2n}\frac{2n}{4n+1}=\frac{2n}{4n+1},c_n=(-1)^{2n-1}\frac{2n-1}{4n-1}=-\frac{2n-1}{4n-1}.$$

因为$\lim\limits_{n\to\infty}b_n=\frac{1}{2},\lim\limits_{n\to\infty}c_n=-\frac{1}{2}$,所以$\frac{1}{2}$和$-\frac{1}{2}$都是数列$\{a_n\}$的聚点,由于$\{a_n\}$没有其他的聚点,因此$\varlimsup\limits_{n\to\infty}a_n=\frac{1}{2},\varliminf\limits_{n\to\infty}a_n=-\frac{1}{2}$.

(3)因为$\lim\limits_{n\to\infty}(2n+1)=+\infty$,故$\varlimsup\limits_{n\to\infty}(2n+1)=\varliminf\limits_{n\to\infty}(2n+1)=+\infty$.

(4)$\lim\limits_{n\to\infty}\frac{2n}{n+1}=2$,数列$\left\{\sin\frac{n\pi}{4}\right\}$的项有5个不同的值:$-1,-\frac{\sqrt{2}}{2},0,\frac{\sqrt{2}}{2}$和1,显然,$\varlimsup\limits_{n\to\infty}\sin\frac{n\pi}{4}=1$,$\varliminf\limits_{n\to\infty}\sin\frac{n\pi}{4}=-1$.故$\varlimsup\limits_{n\to\infty}\frac{2n}{n+1}\sin\frac{n\pi}{4}=2,\varliminf\limits_{n\to\infty}\frac{2n}{(n+1)}\sin\frac{n\pi}{4}=-2$.

(5)因$\lim\limits_{n\to\infty}\frac{n^2+1}{n}\sin\frac{\pi}{n}=\lim\limits_{n\to\infty}\pi\frac{(n^2+1)}{n^2}\frac{\sin\frac{\pi}{n}}{\frac{\pi}{n}}=\pi$,故$\varlimsup\limits_{n\to\infty}\frac{n^2+1}{n}\sin\frac{\pi}{n}=\varliminf\limits_{n\to\infty}\frac{n^2+1}{n}\sin\frac{\pi}{n}=\pi$.

(6)因为$\frac{1}{2}\leqslant\left|\cos\frac{n\pi}{3}\right|\leqslant1$,所以$\frac{1}{\sqrt[n]{2}}\leqslant x_n\leqslant1$,而$\lim\limits_{n\to\infty}\frac{1}{\sqrt[n]{2}}=1$,由迫敛性可知$\lim\limits_{n\to\infty}\sqrt[n]{\left|\cos\frac{n\pi}{3}\right|}=1$,

故 $$\varlimsup\limits_{n\to\infty}\sqrt[n]{\left|\cos\frac{n\pi}{3}\right|}=\varliminf\limits_{n\to\infty}\sqrt[n]{\left|\cos\frac{n\pi}{3}\right|}=1.$$

2. 设 $\{a_n\}$,$\{b_n\}$ 为有界数列,证明：

(1) $\varliminf\limits_{n\to\infty} a_n = -\varlimsup\limits_{n\to\infty}(-a_n)$;

(2) $\varliminf\limits_{n\to\infty} a_n + \varliminf\limits_{n\to\infty} b_n \leqslant \varliminf\limits_{n\to\infty}(a_n + b_n)$;

(3) 若 $a_n > 0, b_n > 0 (n = 1,2,\cdots)$,则 $\varliminf\limits_{n\to\infty} a_n \varliminf\limits_{n\to\infty} b_n \leqslant \varliminf\limits_{n\to\infty} a_n b_n$, $\varlimsup\limits_{n\to\infty} a_n \varlimsup\limits_{n\to\infty} b_n \geqslant \varlimsup\limits_{n\to\infty} a_n b_n$;

(4) 若 $a_n > 0, \varliminf\limits_{n\to\infty} a_n > 0$,则 $\varlimsup\limits_{n\to\infty} \dfrac{1}{a_n} = \dfrac{1}{\varliminf\limits_{n\to\infty} a_n}$.

证 (1) 由 $\{a_n\}$ 为有界数列知,$\{-a_n\}$ 也是有界数列,故 $\varliminf\limits_{n\to\infty} a_n$ 与 $\varlimsup\limits_{n\to\infty}(-a_n)$ 都存在.

设 $A = \varliminf\limits_{n\to\infty} a_n$,则 $\forall \varepsilon > 0, \exists N$,当 $n > N$ 时,有 $a_n > A - \varepsilon$,且存在子列 $\{a_{n_k}\}$,使 $a_{n_k} < A + \varepsilon$.

于是,对于 $\{-a_n\}$,当 $n > N$ 时,有 $-a_n < -A + \varepsilon$,且存在子列 $\{-a_{n_k}\}$,使 $-a_{n_k} > -A - \varepsilon$.

按上极限、下极限的定义,有 $\varlimsup\limits_{n\to\infty}(-a_n) = -A$,即 $\varliminf\limits_{n\to\infty} a_n = -\varlimsup\limits_{n\to\infty}(-a_n)$.

(2) 设 $\varliminf\limits_{n\to\infty} a_n = a, \varliminf\limits_{n\to\infty} b_n = b$,由定义 7.7 知,$\forall \varepsilon > 0, \exists N$,当 $n > N$ 时,有 $a_n > a - \varepsilon, b_n > b - \varepsilon$,

此时有 $a_n + b_n > a + b - 2\varepsilon$,由上、下极限的保不等式性可得 $\varliminf\limits_{n\to\infty}(a_n + b_n) \geqslant a + b - 2\varepsilon$,由 $\varepsilon > 0$ 的任意性可得

$$\varliminf\limits_{n\to\infty}(a_n + b_n) \geqslant a + b = \varliminf\limits_{n\to\infty} a_n + \varliminf\limits_{n\to\infty} b_n,\text{ 即 } \varliminf\limits_{n\to\infty} a_n + \varliminf\limits_{n\to\infty} b_n \leqslant \varliminf\limits_{n\to\infty}(a_n + b_n).$$

(3) 设 $\varliminf\limits_{n\to\infty} a_n = a, \varliminf\limits_{n\to\infty} b_n = b$,由定理 7.7 知,$\forall \varepsilon > 0, \exists N$,当 $n > N$ 时,有 $a_n > a - \varepsilon, b_n > b - \varepsilon$,

由此得

$$a_n b_n > (a - \varepsilon)(b - \varepsilon) = ab - \varepsilon(a + b) + \varepsilon^2,$$

由上、下极限的保不等式性有

$$\varliminf\limits_{n\to\infty}(a_n b_n) \geqslant ab - \varepsilon(a + b) + \varepsilon^2.$$

由 $\varepsilon > 0$ 的任意性可知,$\varliminf\limits_{n\to\infty} a_n \cdot \varliminf\limits_{n\to\infty} b_n \leqslant \varliminf\limits_{n\to\infty} a_n b_n$.

同理可证,$\varlimsup\limits_{n\to\infty} a_n \varlimsup\limits_{n\to\infty} b_n \geqslant \varlimsup\limits_{n\to\infty} a_n b_n$.

(4) 存在 $\{a_n\}$ 的子列 $\{a_{n_k}\}$,使得 $\varlimsup\limits_{n\to\infty} \dfrac{1}{a_n} = \lim\limits_{k\to\infty} \dfrac{1}{a_{n_k}} = \dfrac{1}{\lim\limits_{k\to\infty} a_{n_k}} \leqslant \dfrac{1}{\varliminf\limits_{n\to\infty} a_n}$.

又存在另一子列 $\{a_{m_k}\}$,使得 $\dfrac{1}{\varliminf\limits_{n\to\infty} a_n} = \dfrac{1}{\lim\limits_{k\to\infty} a_{m_k}} = \lim\limits_{k\to\infty} \dfrac{1}{a_{m_k}} \leqslant \varlimsup\limits_{n\to\infty} \dfrac{1}{a_n}$.

因此 $\varlimsup\limits_{n\to\infty} \dfrac{1}{a_n} = \dfrac{1}{\varliminf\limits_{n\to\infty} a_n}$.

3. 证明：若 $\{a_n\}$ 为递增数列,则 $\varlimsup\limits_{n\to\infty} a_n = \lim\limits_{n\to\infty} a_n$.

【思路探索】 考虑有界与无界两种情况.

证 若 $\{a_n\}$ 无界,则 $\lim\limits_{n\to\infty} a_n = \varlimsup\limits_{n\to\infty} a_n = +\infty$,等式成立.

若 $\{a_n\}$ 有界,由单调有界原理可得 $\lim\limits_{n\to\infty} a_n$ 存在,从而 $\varlimsup\limits_{n\to\infty} a_n = \lim\limits_{n\to\infty} a_n$.

4. 证明：若 $a_n > 0 (n = 1,2,\cdots)$ 且 $\varlimsup\limits_{n\to\infty} a_n \cdot \varlimsup\limits_{n\to\infty} \dfrac{1}{a_n} = 1$,则数列 $\{a_n\}$ 收敛.

证 **方法一** 由题设条件知

$$0 < \varlimsup\limits_{n\to\infty} a_n < +\infty, \quad 0 < \varlimsup\limits_{n\to\infty} \dfrac{1}{a_n} < +\infty. \qquad (*)$$

由于 $a_n > 0, n \in \mathbf{N}^+$,故

$$1 = \varliminf\limits_{n\to\infty}\left(a_n \cdot \dfrac{1}{a_n}\right) \leqslant \varliminf\limits_{n\to\infty} a_n \cdot \varlimsup\limits_{n\to\infty} \dfrac{1}{a_n} \leqslant \varlimsup\limits_{n\to\infty}\left(a_n \cdot \dfrac{1}{a_n}\right) = 1,$$

故 $\varliminf\limits_{n\to\infty}a_n\cdot\varlimsup\limits_{n\to\infty}\dfrac{1}{a_n}=1$. 又由条件 $\varlimsup\limits_{n\to\infty}a_n\cdot\varliminf\limits_{n\to\infty}\dfrac{1}{a_n}=1$ 可得

$$\varliminf\limits_{n\to\infty}a_n\cdot\varlimsup\limits_{n\to\infty}\dfrac{1}{a_n}=\varlimsup\limits_{n\to\infty}a_n\cdot\varliminf\limits_{n\to\infty}\dfrac{1}{a_n}.$$

再注意到 $(*)$ 式,可知

$$\varliminf\limits_{n\to\infty}a_n=\varlimsup\limits_{n\to\infty}a_n=a\,(0<a<+\infty).$$

故 $\lim\limits_{n\to\infty}a_n$ 存在有限,因此 $\{a_n\}$ 收敛.

方法二 由 $a_n>0,n\in\mathbf{N}^+$ 可知,$\varliminf\limits_{n\to\infty}a_n\geqslant0$. 如果 $\varliminf\limits_{n\to\infty}a_n=0$,则 $\varlimsup\limits_{n\to\infty}\dfrac{1}{a_n}=+\infty$.

而由 $\varliminf\limits_{n\to\infty}a_n\cdot\varlimsup\limits_{n\to\infty}\dfrac{1}{a_n}=1$ 可知,$0<\varlimsup\limits_{n\to\infty}\dfrac{1}{a_n}<+\infty$,矛盾.

于是 $\varliminf\limits_{n\to\infty}a_n>0$,从而存在 $\{a_n\}$ 的子列 $\{a_{n_k}\}$,使得

$$\dfrac{1}{\varliminf\limits_{n\to\infty}a_n}=\dfrac{1}{\lim\limits_{k\to\infty}a_{n_k}}=\lim\limits_{k\to\infty}\dfrac{1}{a_{n_k}}\leqslant\varlimsup\limits_{n\to\infty}\dfrac{1}{a_n}.$$

又存在另一子列 $\{a_{m_k}\}$,使得

$$\varlimsup\limits_{n\to\infty}\dfrac{1}{a_n}=\lim\limits_{k\to\infty}\dfrac{1}{a_{m_k}}=\dfrac{1}{\varliminf\limits_{k\to\infty}a_{m_k}}\leqslant\dfrac{1}{\varliminf\limits_{n\to\infty}a_n}.$$

故 $\varlimsup\limits_{n\to\infty}\dfrac{1}{a_n}=\dfrac{1}{\varliminf\limits_{n\to\infty}a_n}$. 再由条件 $\varliminf\limits_{n\to\infty}a_n\cdot\varlimsup\limits_{n\to\infty}\dfrac{1}{a_n}=1$ 可得

$$\varliminf\limits_{n\to\infty}a_n=\varlimsup\limits_{n\to\infty}a_n=a\,(0<a<+\infty).$$

故 $\lim\limits_{n\to\infty}a_n$ 存在且有限,因此 $\{a_n\}$ 收敛.

5. 证明定理 7.8.

定理 7.8(上、下极限的保不等式性) 设有界数列 $\{a_n\},\{b_n\}$ 满足:存在 $N_0>0$,当 $n>N_0$ 时,有 $a_n\leqslant b_n$,则

$$\varlimsup\limits_{n\to\infty}a_n\leqslant\varlimsup\limits_{n\to\infty}b_n,\ \varliminf\limits_{n\to\infty}a_n\leqslant\varliminf\limits_{n\to\infty}b_n.$$

特别地,若 α,β 为常数,又 $\exists N_0>0$,当 $n>N_0$ 时,有 $\alpha\leqslant a_n\leqslant\beta$,则

$$\alpha\leqslant\varliminf\limits_{n\to\infty}a_n\leqslant\varlimsup\limits_{n\to\infty}a_n\leqslant\beta.$$

【思路探索】 利用定义证明.

证 用反证法.设 $\varlimsup\limits_{n\to\infty}a_n=A,\varlimsup\limits_{n\to\infty}b_n=B$,假设 $A>B$,取 $\varepsilon=\dfrac{A-B}{2}>0$,由 $\varlimsup\limits_{n\to\infty}a_n=A$ 知,$\{a_n\}$ 中满足 $a_n>A-\varepsilon=B+\varepsilon$ 的项有无穷多个. 因为当 $n>N_0$ 时,$b_n\geqslant a_n$,所以 $\{b_n\}$ 中满足 $b_n>B+\varepsilon$ 的项有无穷多个. 这与 $\varlimsup\limits_{n\to\infty}b_n=B$ 矛盾. 故 $\varlimsup\limits_{n\to\infty}a_n\leqslant\varlimsup\limits_{n\to\infty}b_n$.

同理可证 $\varliminf\limits_{n\to\infty}a_n\leqslant\varliminf\limits_{n\to\infty}b_n$.

特别地,若 $n>N_0$ 时,有 $\alpha\leqslant a_n\leqslant\beta$,由已知结论和 $\varliminf\limits_{n\to\infty}\alpha=\varlimsup\limits_{n\to\infty}\alpha=\lim\limits_{n\to\infty}\alpha=\alpha,\varliminf\limits_{n\to\infty}\beta=\varlimsup\limits_{n\to\infty}\beta=\lim\limits_{n\to\infty}\beta=\beta$ 可得 $\alpha\leqslant\varliminf\limits_{n\to\infty}a_n\leqslant\varlimsup\limits_{n\to\infty}a_n\leqslant\beta$.

6. 证明定理 7.9.

定理 7.9 设 $\{x_n\}$ 为有界数列.

(1) $\overline{A}$ 为 $\{x_n\}$ 上极限的充要条件是 $\overline{A}=\lim\limits_{n\to\infty}\sup\limits_{k\geqslant n}\{x_k\}$;

(2) $\underline{A}$ 为 $\{x_n\}$ 下极限的充要条件是 $\underline{A}=\lim\limits_{n\to\infty}\inf\limits_{k\geqslant n}\{x_k\}$.

【思路探索】 利用定义证明.

证 (1) 必要性:因 $\{x_n\}$ 为有界数列,所以 $\varlimsup\limits_{n\to\infty}x_n$ 为有限值,设 $\varlimsup\limits_{n\to\infty}x_n=\overline{A}$,于是由定理 7.7 知,$\forall\varepsilon>0$,

$\{x_n\}$ 中能使 $x_n > \bar{A} + \dfrac{\varepsilon}{2}$ 的项至多有有限个，设这有限个中的下标的最大者为 N，则当 $n > N$ 时，

有 $x_n \leqslant \bar{A} + \dfrac{\varepsilon}{2}$，从而 $\sup\limits_{k \geqslant N+1}\{x_k\} \leqslant \bar{A} + \dfrac{\varepsilon}{2} < \bar{A} + \varepsilon$.

又由于对上述 $\varepsilon > 0$，$\{x_n\}$ 中能满足 $x_n > \bar{A} - \varepsilon$ 的项必有无限多个，故对 $\forall n$，总有 $\sup\limits_{k \geqslant n}\{x_k\} > \bar{A} - \varepsilon$，

于是当 $n > N$ 时，有 $\bar{A} - \varepsilon < \sup\limits_{k \geqslant n}\{x_k\} < \bar{A} + \varepsilon$，所以

$$\lim_{n \to \infty} \sup_{k \geqslant n}\{x_k\} = \bar{A}.$$

充分性：设 $\lim\limits_{n \to \infty} \sup\limits_{k \geqslant n}\{x_k\} = \bar{A}(\bar{A}$ 为有限值)，记 $A_n = \sup\limits_{k \geqslant n}\{x_k\}$，则 $\{A_n\}$ 单调递减且 $\bar{A} = \lim\limits_{n \to \infty} A_n$ $= \inf\{A_n\}$.

于是，$\forall \varepsilon > 0$，$\exists N$，当 $n > N$ 时，有 $\bar{A} \leqslant A_n = \sup\limits_{k \geqslant n}\{x_k\} < \bar{A} + \varepsilon$，从而 $\{x_n\}$ 中满足 $x_n > \bar{A} + \varepsilon$ 的项至多有有限个，满足 $x_n > \bar{A} - \varepsilon$ 的项必有无限多个(若 $\exists \varepsilon_0 > 0$，在 $(\bar{A} - \varepsilon_0, +\infty)$ 内至多含有 $\{x_n\}$ 的有限多项，即 $\exists n_0$，当 $n > n_0$ 时，有 $x_n \leqslant \bar{A} - \varepsilon$，从而 $A_n = \sup\limits_{k \geqslant n}\{x_k\} \leqslant \bar{A} - \varepsilon(n > n_0)$，所以 $\bar{A} = \lim\limits_{n \to \infty} A_n \leqslant \bar{A} - \varepsilon$，矛盾)，故 $\overline{\lim\limits_{n \to \infty}} x_n = \bar{A}$.

同理可证(2).

第七章总练习题解答

1. 设 E' 是集合 E 的全体聚点所成的点集，x_0 是 E' 的一个聚点. 试证：$x_0 \in E'$.

【思路探索】 只需证明 x_0 是集合 E 的聚点.

证 因为 x_0 是 E' 的一个聚点，所以 $\forall \varepsilon > 0$，有 $U^{\circ}(x_0;\varepsilon) \bigcap E' \neq \varnothing$.

设 $x' \in U^{\circ}(x_0;\varepsilon) \bigcap E'$. 又因为 E' 是集合 E 的全体聚点所成的点集，因此 x' 是 E 的一个聚点.

所以 $U^{\circ}(x';\min\{\varepsilon, \varepsilon - | x_0 - x' |\}) \bigcap E \neq \varnothing$.

又因为 $U^{\circ}(x';\min\{\varepsilon, \varepsilon - | x_0 - x' |\}) \subset U^{\circ}(x_0;\varepsilon)$，因此，$U^{\circ}(x_0;\varepsilon) \bigcap E \neq \varnothing$，即 x_0 是 E 的一个聚点，所以 $x_0 \in E'$.

2. 用确界原理证明有限覆盖定理.

证 构造集合 $S = \{x \mid a < x \leqslant b, [a,x]$ 能被 H 中有限个开区间覆盖$\}$.

显然，S 有上界. 又因为 H 覆盖闭区间 $[a,b]$，所以存在一个开区间 $(\alpha,\beta) \in H$，使 $a \in (\alpha,\beta)$.

取 $x \in (\alpha,\beta) \bigcap [a,b]$，则 $[a,x] \subset (\alpha,\beta)$，即 $[a,x]$ 能被 H 中的有限个开区间覆盖.

从而 $x \in S$，即 $S \neq \varnothing$.

由确界原理可知，$\exists \xi = \sup S$. 下面证明 $\xi = b$.

用反证法. 若 $\xi \neq b$，则 $a < \xi < b$，由 H 覆盖闭区间 $[a,b]$ 知，必 $\exists (\alpha_1,\beta_1) \in H$，使 $\xi \in (\alpha_1,\beta_1)$，取 x_1 和 x_2，使 $\alpha_1 < x_1 < \xi < x_2 < \beta_1$，则 $x_1 \in S$，所以 $[a,x_1]$ 能被 H 中有限个开区间覆盖，把 (α_1,β_1) 加上，就得到 $[a,x_2]$ 也能被 H 中有限个开区间所覆盖，所以 $x_2 \in S$. 这与 $\xi = \sup S$ 矛盾.

所以 $\xi = b$，定理结论成立.

*3. 设 $\lim\limits_{n \to \infty} x_n = A < B = \overline{\lim\limits_{n \to \infty}} x_n$，$\lim\limits_{n \to \infty}(x_{n+1} - x_n) = 0$. 试证：数列 $\{x_n\}$ 的聚点全体恰为闭区间 $[A,B]$.

证 显然 A,B 都是 $\{x_n\}$ 的聚点，只要证明 $\forall x \in (A,B)$ 都是 $\{x_n\}$ 的聚点即可.

事实上，$\forall x \in (A,B)$，如果 x 不是 $\{x_n\}$ 的聚点，则 $\exists \varepsilon_0 > 0 \left(\varepsilon_0 < \dfrac{1}{2}\min\{| x - A |, | x - B |\}\right)$，使得 $U(x;\varepsilon_0)$ 至多含有 $\{x_n\}$ 的有限多项.

又因为 A,B 都是 $\{x_n\}$ 的聚点，因此在 $(A, x - \varepsilon_0)$，$(x + \varepsilon_0, B)$ 内均含有 $\{x_n\}$ 中的无限多项，因此对 $\forall N$，$\exists n > N$，使得 x_n, x_{n+1} 分别在 $(A, x - \varepsilon_0)$，$(x + \varepsilon_0, B)$ 内，这与 $\lim\limits_{n \to \infty}(x_{n+1} - x_n) = 0$ 矛盾.

四、自测题

第七章自测题

证明题,写出必要的证明过程(每题 10 分,共 100 分)

1. 设 $f(x)$ 在 $[a,b]$ 上有定义,且在每点处函数的极限存在,证明:$f(x)$ 在 $[a,b]$ 上有界.

2. 设 $f(x)$ 在有限区间 I 上有定义,满足 $\forall x \in I, \exists \delta_x > 0$,使得 $f(x)$ 在 $(x - \delta_x, x + \delta_x) \bigcap I$ 上有界.
   (1) 证明:当 $I = [a,b](0 < b - a < +\infty)$ 时,$f(x)$ 在 I 上有界.
   (2) 当 $I = (a,b)$ 时,$f(x)$ 是否有界?

3. 设 $\{f_n(x)\}$ 为 $[0,1]$ 上的一个连续函数列,若对 $\forall x_0 \in [0,1]$,$\{f_n(x_0)\}$ 是有界数列.用闭区间套定理证明:存在 $[0,1]$ 的一个长度不为 0 的子区间及常数 C,使得 $|f_n(x)| \leqslant C, x \in [c,d], n = 1, 2, \cdots$.

4. 叙述闭区间套定理和闭区间上连续函数的有界性定理,并用闭区间套定理证明有界性定理.

5. 叙述(Ⅰ)有限覆盖定理和(Ⅱ)魏尔斯特拉斯(Weierstrass)定理(致密性定理),并用(Ⅰ)证明(Ⅱ).

6. 利用任何单调有界数列一定有极限证明:如果非空实数集合 A 有上界,则一定有上确界.

7. 设 $f(x)$ 在闭区间 $[a,b]$ 上无界,证明:
   (1) $\exists \{x_n\} \subset [a,b]$,使得 $\lim\limits_{n \to \infty} f(x_n) = \infty$;
   (2) $\exists c \in [a,b]$,使得对 $\forall \delta > 0, f(x)$ 在 $(c - \delta, c + \delta) \bigcap [a,b]$ 上无界.

8. 设 $f(x)$ 在 $[a,b]$ 上无界,证明:对 $\forall \delta > 0$,在 $[a,b]$ 上至少存在一个 x_0 使得 $f(x)$ 在 x_0 的 δ 邻域内无界.

9. 设 $\{x_n\}$ 为无界数列,但非无穷大量,证明:存在两个子列,一个是无穷大量,另一个是收敛子列.

10. 设 $f(x,y)$ 在 $I_1 = \{(x,y) \mid 0 \leqslant x \leqslant 1, 0 \leqslant y \leqslant 1\}$ 上有定义,在 $I_0 = \{(x,y) \mid 0 \leqslant x \leqslant 1, y = 0\}$ 上连续,证明:$\exists \delta > 0$,使得 $f(x,y)$ 在 $I_\delta = \{(x,y) \mid 0 \leqslant x \leqslant 1, 0 \leqslant y \leqslant \delta\}$ 上有界.

第七章自测题解答

1. **证** $\forall x_0 \in [a,b]$,由条件可设 $\lim\limits_{x \to x_0} f(x) = A$,故 $\exists M_0$ 使得 $\forall x \in U(x_0, \delta_{x_0})$,有
$$|f(x)| \leqslant M_0,$$
则 $\{U(x, \delta_x) \mid x \in (a,b)\}$ 是 $[a,b]$ 的开覆盖,由有限覆盖定理知存在有限子覆盖,不妨设 $U(x_1, \delta_{x_1}), \cdots, U(x_m, \delta_{x_m})$ 覆盖 $[a,b]$,且 $|f(x)| \leqslant M_i, \forall x \in U(x_i, \delta_{x_i})(i = 1, 2, \cdots)$.

令 $M = \max\{M_1, M_2, \cdots, M_m\}$,则 $|f(x)| \leqslant M, \forall x \in [a,b]$,即 $f(x)$ 在 $[a,b]$ 上有界.

2. **解** (1) $\forall x \in I, \exists \delta_x$,令 $I_x = (x - \delta_x, x + \delta_x) \bigcap I$,由假设 $f(x)$ 在 I_x 上有界,则 $\{I_x \mid x \in [a,b]\}$ 为 $[a,b]$ 的开覆盖,由有限覆盖定理知存在 $I_1, I_2, \cdots, I_m$ 使得 $[a,b] \subset \bigcup\limits_{i=1}^{m} I_i$.

记 M_i 使得 $|f(x)| \leqslant M_i, \forall x \in I_i$,取 $M = \max\{M_1, M_2, \cdots, M_m\}$,则 $\forall x \in [a,b]$,有 $|f(x)| \leqslant M$.

(2) 不一定.设 $I = (0,1), f(x) = \dfrac{1}{x}$,则 $f(x)$ 满足假设,但 $f(x)$ 在 $(0,1)$ 上无界.

3. **证** 反证法.假设 $\{f_n(x)\}$ 在任何(非空)子区间上都不一致有界,则 $\exists x_1 \in [0,1]$ 及 $n_1 \in \mathbf{N}$,使得 $f_{n_1}(x_1) > 1$.又因 f_{n_1} 连续,根据保号性,在含 x_1 的某个闭子区间 $\Delta_1 \subset [0,1]$ 上,恒有 $f_{n_1}(x) > 1$. $\{f_n(x)\}$ 在 Δ_1 上仍不一致有界,所以存 $\exists_2 \in \Delta_1$ 及 $n_2 \in \mathbf{N}$,使得 $f_{n_2}(x_2) > 2$.

根据连续保号性,存在闭子区间 $\Delta_2 \subset \Delta_1$,使得 Δ_2 上恒有 $f_{n_2}(x) > 2$.如此继续下去,便得一串闭区间
$$\Delta_1 \supset \Delta_2 \supset \cdots \supset \Delta_k \supset \cdots,$$
在 Δ_k 上恒有 $f_{n_k}(x) > k$.利用闭区间套定理知,$\exists x_0 \in \Delta_k(k = 1, 2, \cdots)$,从而 $f_{n_k}(x_0) > k(k = 1,$

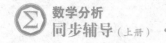

$2,\cdots$),所以$\{f_n(x)\}$在$x_0\in[0,1]$处无界,与已知条件矛盾,结论得证.

4.证 闭区间套定理:设有闭区间列$\{[a_n,b_n]\}$满足

（ⅰ）$[a_{n+1},b_{n+1}]\subset[a_n,b_n]$,$n=1,2,\cdots$;

（ⅱ）$\lim\limits_{n\to\infty}(b_n-a_n)=0$,

则存在唯一的$\xi\in[a_n,b_n](n=1,2,\cdots)$,且$\lim\limits_{n\to\infty}a_n=\lim\limits_{n\to\infty}b_n=\xi$.

闭区间上连续函数的有界性定理:若函数$f(x)$在闭区间$[a,b]$上连续,则$f(x)$在$[a,b]$上有界.

反证法.假设$f(x)$在$[a,b]$上无界,令$a_1=a,b_1=b$.由于$f(x)$在$[a_1,b_1]$上无界,所以$f(x)$必在$\left[a_1,\dfrac{a_1+b_1}{2}\right]$或$\left[\dfrac{a_1+b_1}{2},b_1\right]$上无界.若在$\left[a_1,\dfrac{a_1+b_1}{2}\right]$上无界,令$a_2=a_1,b_2=\dfrac{a_1+b_1}{2}$,否则令$a_2=\dfrac{a_1+b_1}{2},b_2=b_1$.从而有$[a_2,b_2]\subset[a_1,b_1],b_2-a_2=\dfrac{1}{2}(b_1-a_1)$,$f(x)$在$[a_2,b_2]$上无界.如此

继续可得闭区间列$\{[a_n,b_n]\}$满足$[a_{n+1},b_{n+1}]\subset[a_n,b_n]$,$n=1,2,\cdots,b_n-a_n=\dfrac{1}{2^{n-1}}(b_1-a_1)$,且$f(x)$在$[a_n,b_n]$上无界.

于是由闭区间套定理知存在唯一的$\xi\in[a_n,b_n](n=1,2,\cdots)$,且$\lim\limits_{n\to\infty}a_n=\lim\limits_{n\to\infty}b_n=\xi$.因为$f(x)$在闭区间$[a,b]$上连续,所以$\exists\delta>0$,使得$|f(x)|\leqslant|f(\xi)|+1,x\in U(\xi,\delta)$.

又当n充分大时有$[a_n,b_n]\subset U(\xi,\delta)$,这与$f(x)$在$[a_n,b_n]$上无界矛盾,所以结论得证.

5.解 （Ⅰ）有限覆盖定理:若H为闭区间$[a,b]$的一个开覆盖,则在H中必存在有限个开区间覆盖$[a,b]$.

（Ⅱ）Weierstrass定理（致密性定理）:有界数列必存在收敛子列.

证 反证法.设数列$\{x_n\},x_n\in[a,b](n=1,2,\cdots)$.若$\{x_n\}$中无收敛子列,则对$\forall x\in[a,b],x$不是$\{x_n\}$中任一子列的极限.由此可知,$\exists\delta_x>0$,在$(x-\delta_x,x+\delta_x)$中至多只含有$\{x_n\}$中的有限项.于是,得一满足上述条件的开区间族$H=\{(x-\delta_x,x+\delta_x)\mid x\in[a,b]\}$,显然$H$为$[a,b]$的一个开覆盖.由有限覆盖定理,$H$中存在有限个开区间$H_k=(x_k-\delta_{x_k},x_k+\delta_{x_k})(k=1,\cdots,n)$,$\bigcup\limits_{k=1}^{n}H_k\supset[a,b]$,根据$H_k$的构造性质可知,$\bigcup\limits_{k=1}^{n}H_k$中也只含有$\{x_n\}$中的有限项,从而$[a,b]$中也含有$\{x_n\}$的有限项,矛盾,所以结论得证.

6.证 设M是集合A的上界,若A有最大值,则最大值即为上确界.

现设A无最大值,$\forall x_0\in A$,将$[x_0,M]$二等分,若右半区间含有A中的点,则记右半区间为$[a_1,b_1]$,否则就记左半区间为$[a_1,b_1]$.然后再将$[a_1,b_1]$二等分,用同样的方法选记$[a_2,b_2]$,如此下去,便得一闭区间套$\{[a_n,b_n]\}$,且

$$b_n-a_n=\dfrac{1}{2^n}(M-x_0)\to0(n\to\infty).$$

由闭区间套定理存在唯一的$\xi\in[a_n,b_n],n=1,2,\cdots$,且$\lim\limits_{n\to\infty}a_n=\lim\limits_{n\to\infty}b_n=\xi$,则$\xi$为$A$的上确界.

7.证 (1)因$f(x)$在闭区间$[a,b]$上无界,故$\exists x_1\in[a,b]$,使得$|f(x_1)|>1$.同样$\exists x_2\in[a,b]$,使得$|f(x_2)|>\max\{2,|f(x_1)|\}$.如此继续,可得$\{x_n\}\subset[a,b]$,满足$|f(x_{n+1})|>\max\{n+1,|f(x_n)|\}$,所以$\lim\limits_{n\to\infty}f(x_n)=\infty$.

(2)由致密性定理知,(1)中的数列$\{x_n\}$存在收敛子列$\{x_{n_k}\}$,记$\lim\limits_{k\to\infty}x_{nk}=c$,则$c$就是满足要求的点.

8.证 反证法.若对$\forall\delta>0$,在$[a,b]$上不存在x_0使$f(x)$在x_0的δ邻域内无界.对$\forall x_0\in[a,b]$,均有$f(x)$在$U(x_0,\delta)$内有界,因为$[a,b]$为闭区间,由有限覆盖定理,所以存在$x_1,x_2,\cdots,x_k$,则$\sum\limits_{i=1}^{k}U(x_i,\delta)\supset[a,b]$,使$f(x)$在$\sum\limits_{i=1}^{k}U(x_i,\delta)$内有界,即$f(x)$在$[a,b]$上有界,矛盾,结论得证.

9.证 首先证明存在无穷大的子列.

由$\{x_n\}$无界知,$\forall M,\exists x_n$,使$|x_n|>M$.对于$M_1=1,\exists x_{n_1}$,使$|x_{n_1}|>1$;对$M_2=\max\{2,|x_{n_1}|\}$,

$\exists x_{n_2}$,使 $|x_{n_2}|>M_2$;$\cdots$;对 $M_k=\max\{k,|x_{n_{k-1}}|\}$,$\exists x_{n_k}$,使 $|x_{n_k}|>M_n$. 如此继续下去得到 $\{x_{n_k}\}$,且 $|x_{n_k}|>\max\{k,|x_{n_{k-1}}|\}$,$k=1,2,\cdots$,所以 $\{|x_{n_k}|\}$ 为无穷大量.

其次证明存在收敛子列.

因为 $\{x_n\}$ 非无穷大量,即 $\lim\limits_{n\to\infty}x_n\neq\infty$,故 $\exists M>0$,$\forall N$,$\exists n_0>N$,使得 $|x_{n_0}|\leqslant M$.

特别地,对于 $N_1=1$,$\exists n_1>1$,使得 $|x_{n_1}|\leqslant M$;

对于 $N_2=n_1$,$\exists n_2>n_1$,使得 $|x_{n_2}|\leqslant M$;

对于 $N_3=n_2$,$\exists n_3>n_2$,使得 $|x_{n_3}|\leqslant M$;

$\cdots\cdots$

对于 $N_k=n_{k-1}$,$\exists n_k>n_{k-1}$,使得 $|x_{n_k}|\leqslant M$.

这样继续下去,可得 $\{x_n\}$ 的一个子列 $\{x_{n_k}\}$,满足 $|x_{n_k}|\leqslant M$,即 $\{x_{n_k}\}$ 有界. 由致密性定理知,$\{x_{n_k}\}$ 必有一收敛的子列 $\{x_{n_k}^{(1)}\}$.

10. 证 因为 $f(x,y)$ 在 I_0 上连续,由连续函数的局部有界性,对 $\forall x'\in[0,1]$,都 $\exists U(x',\delta_{x'})$ 及 $M_{x'}>0$,使得

$$|f(x)|\leqslant M_{x'},x\in U(x',\delta_{x'})\bigcap I_1,$$

其中 $U(x',\delta_{x'})=\{(x,y)\in I_1\mid|x-x'|<\delta_{x'},y<\delta_{x'}\}$.

考虑 $H=\{U(x',\delta_{x'})\mid x'\in[0,1]\}$,显然 H 是 $[0,1]$ 的一个开覆盖. 由有限覆盖定理知,存在 H 的一个有限子集

$$H^*=\{U(x_i,\delta_i)\mid x_i\in[0,1],i=1,2,\cdots,k\}$$

覆盖了 $[0,1]$,且 $\exists M_1,M_2,\cdots,M_k>0$,使得对 $\forall x\in U(x_i,\delta_i)\bigcap I_1$ 有 $|f(x)|\leqslant M_i$,$i=1,2,\cdots,k$. 令 $M=\max\limits_{1\leqslant i\leqslant k}M_i$,$\delta=\min\limits_{1\leqslant i\leqslant k}\delta_i$,则对 $\forall x\in I_\delta$,x 必属于某个 $U(x_i,\delta_i)$,所以 $|f(x)|\leqslant M_i\leqslant M$.

第八章 不定积分

1. 原函数与不定积分

定义 设函数 f 与 F 在区间 I 上都有定义. 若 $F'(x)=f(x),x\in I$, 则称 F 为 f 在区间 I 上的一个**原函数**. 函数 f 在区间 I 上的全体原函数称为 f 在 I 上的**不定积分**, 记作 $\int f(x)\mathrm{d}x$, 其中称 $\int$ 为积分号, $f(x)$ 为被积函数, $f(x)\mathrm{d}x$ 为被积表达式, x 为积分变量.

若 $F(x)$ 是 $f(x)$ 的一个原函数, 则 $\int f(x)\mathrm{d}x=F(x)+C$, 其中 C 是任意常数, 又称 C 为积分常数.

2. 原函数的存在定理

若函数 f 在区间 I 上连续, 则 f 在 I 上存在原函数 F, 即 $F'(x)=f(x),x\in I$. 由此由定理易知:

(1) 若 $f(x)$ 在 I 上有原函数 $F(x)$, 则 $F(x)+C$ 也是 $f(x)$ 在 I 上的原函数;

(2) $f(x)$ 在 I 上的任意两个原函数只相差一个常数.

3. 不定积分的基本性质

(1) $\int f'(x)\mathrm{d}x=f(x)+C$; (2) $\dfrac{\mathrm{d}}{\mathrm{d}x}\Big[\int f(x)\mathrm{d}x\Big]=f(x)$;

(3) $\int [k_1 f(x)+k_2 g(x)]\mathrm{d}x=k_1\int f(x)\mathrm{d}x+k_2\int g(x)\mathrm{d}x(k_1,k_2$ 不同时为零$)$.

4. 基本积分公式

(1) $\int 0\mathrm{d}x=C$; (2) $\int 1\mathrm{d}x=\int \mathrm{d}x=x+C$;

(3) $\int x^a\mathrm{d}x=\dfrac{x^{a+1}}{a+1}+C\ (a\neq -1,x>0)$; (4) $\int \dfrac{1}{x}\mathrm{d}x=\ln|x|+C(x\neq 0)$;

(5) $\int \mathrm{e}^x\mathrm{d}x=\mathrm{e}^x+C$; (6) $\int a^x\mathrm{d}x=\dfrac{a^x}{\ln a}+C\ (a>0,a\neq 1)$;

(7) $\int \cos ax\mathrm{d}x=\dfrac{1}{a}\sin ax+C\ (a\neq 0)$; (8) $\int \sin ax\mathrm{d}x=-\dfrac{1}{a}\cos ax+C\ (a\neq 0)$;

(9) $\int \sec^2 x\mathrm{d}x=\tan x+C$; (10) $\int \csc^2 x\mathrm{d}x=-\cot x+C$;

(11) $\int \sec x\cdot\tan x\mathrm{d}x=\sec x+C$; (12) $\int \csc x\cdot\cot x\mathrm{d}x=-\csc x+C$;

(13) $\int \dfrac{\mathrm{d}x}{\sqrt{1-x^2}} = \arcsin x + C = -\arccos x + C_1$;

(14) $\int \dfrac{\mathrm{d}x}{1+x^2} = \arctan x + C = -\operatorname{arccot} x + C_1$;

(15) $\int \sec x \mathrm{d}x = \ln|\sec x + \tan x| + C$; (16) $\int \csc x \mathrm{d}x = \ln|\csc x - \cot x| + C$.

5. 第一换元积分法（凑微分法） 设函数 $f(x)$ 在区间 I 上有定义，$\varphi(t)$ 在区间 J 上可导，且 $\varphi(J) \subseteq I$. 如果不定积分 $\int f(x)\mathrm{d}x = F(x) + C$ 在 I 上存在，则不定积分 $\int f(\varphi(t))\varphi'(t)\mathrm{d}t$ 在 J 上也存在，且

$$\int f(\varphi(t))\varphi'(t)\mathrm{d}t = F(\varphi(t)) + C.$$

6. 第二换元积分法（代入换元法） 设函数 $f(x)$ 在区间 I 上有定义，$\varphi(t)$ 在区间 J 上可导，$\varphi(J) = I$，且 $x = \varphi(t)$ 在区间 J 上存在反函数 $t = \varphi^{-1}(x), x \in I$. 如果不定积分 $\int f(x)\mathrm{d}x$ 在 I 上存在，则当不定积分 $\int f(\varphi(t))\varphi'(t)\mathrm{d}t = G(t) + C$ 在 J 上存在时，在 I 上有

$$\int f(x)\mathrm{d}x = G(\varphi^{-1}(x)) + C.$$

7. 分部积分法 若 $u(x)$ 与 $v(x)$ 可导，不定积分 $\int u'(x)v(x)\mathrm{d}x$ 存在，则 $\int u(x)v'(x)\mathrm{d}x$ 也存在，并有

$$\int u(x)v'(x)\mathrm{d}x = u(x)v(x) - \int u'(x)v(x)\mathrm{d}x.$$

8. 有理函数 由两个多项式函数的商所表示的函数，其一般形式为

$$R(x) = \frac{P(x)}{Q(x)} = \frac{\alpha_0 x^n + \alpha_1 x^{n-1} + \cdots + \alpha_n}{\beta_0 x^m + \beta_1 x^{m-1} + \cdots + \beta_m},$$

其中 n, m 为非负整数，$\alpha_0, \alpha_1, \cdots, \alpha_n$ 与 $\beta_0, \beta_1, \cdots, \beta_m$ 都是常数，且 $\alpha_0 \neq 0, \beta_0 \neq 0$. 若 $m > n$，则称它为**真分式**；若 $m \leqslant n$，则称它为**假分式**. 由多项式的除法可知，假分式总能化为一个多项式与一个真分式之和.

9. 有理函数的不定积分

可以用待定系数法或赋值法将有理真分式分解为若干个部分分式之和. 有理真分式的不定积分可归结为两种形式的不定积分：

(1) $\int \dfrac{\mathrm{d}x}{(x-a)^n} = \begin{cases} \ln|x-a| + C, & n=1, \\[2mm] \dfrac{1}{(1-n)(x-a)^{n-1}} + C, & n>1; \end{cases}$

(2) $\int \dfrac{Mx+N}{(x^2+px+q)^n}\mathrm{d}x = M\int \dfrac{t\mathrm{d}t}{(t^2+r^2)^n} + L\int \dfrac{\mathrm{d}t}{(t^2+r^2)^n}$（其中 $t = x + \dfrac{p}{2}, L = N - \dfrac{p}{2}M$）.

当 $n=1$ 时，有 $\int \dfrac{t}{t^2+r^2}\mathrm{d}t = \dfrac{1}{2}\ln(t^2+r^2) + C$，$\int \dfrac{\mathrm{d}t}{t^2+r^2} = \dfrac{1}{r}\arctan\dfrac{t}{r} + C$.

当 $n\geqslant 2$ 时,有 $\displaystyle\int\frac{t\mathrm{d}t}{(t^2+r^2)^n}=\frac{1}{2(1-n)(t^2+r^2)^{n-1}}+C,$

$$I_n=\int\frac{\mathrm{d}t}{(t^2+r^2)^n}=\frac{t}{2r^2(n-1)(t^2+r^2)^{n-1}}+\frac{2n-3}{2r^2(n-1)}I_{n-1}.$$

10. 三角函数有理式的不定积分

由 $u(x),v(x)$ 及常数经过有限次四则运算所得到的函数称为 $u(x),v(x)$ 的**有理式**,并用 $R(u(x),v(x))$ 表示. $\displaystyle\int R(\sin x,\cos x)\mathrm{d}x$ 是三角函数有理式的不定积分.

(1)常用代换有万能代换(半角代换).令 $\tan\dfrac{x}{2}=t$,则

$$\sin x=\frac{2t}{1+t^2},\quad \cos x=\frac{1-t^2}{1+t^2},\tan x=\frac{2t}{1-t^2},\mathrm{d}x=\frac{2\mathrm{d}t}{1+t^2}.$$

(2)若 $R(-\sin x,\cos x)=-R(\sin x,\cos x)$ 或 $R(\sin x,-\cos x)=-R(\sin x,\cos x)$ 成立,令 $\cos x=t$ 或 $\sin x=t$ 计算不定积分.

(3)若 $R(-\sin x,-\cos x)=R(\sin x,\cos x)$ 成立,可令 $\tan x=t$ 计算不定积分.

11. 某些无理根式的不定积分

(1) $\displaystyle\int R\left(x,\sqrt[n]{\frac{ax+b}{cx+d}}\right)\mathrm{d}x$ 型不定积分,其中 $n>1,ad-bc\neq 0$. 令 $t=\sqrt[n]{\dfrac{ax+b}{cx+d}}$,即可化为 t 的有理函数的积分,利用有理函数积分法计算.

(2) $\displaystyle\int R(x,\sqrt{ax^2+bx+c})\mathrm{d}x$ 型积分,其中 $a>0$ 时 $b^2-4ac\neq 0;a<0$ 时 $b^2-4ac>0$. 令 $u=x+\dfrac{b}{2a},k^2=\left|\dfrac{4ac-b^2}{4a^2}\right|$,则二次三项式 ax^2+bx+c 必可化为以下三种情形之一:

$$|a|(u^2+k^2),\quad |a|(u^2-k^2),\quad |a|(k^2-u^2).$$

从而上述不定积分可转化为以下三种类型之一:

$$\int R(u,\sqrt{u^2+k^2})\mathrm{d}u,\quad \int R(u,\sqrt{u^2-k^2})\mathrm{d}u,\quad \int R(u,\sqrt{k^2-u^2})\mathrm{d}u,$$

分别令 $u=k\tan t,u=k\sec t,u=k\sin t$,代换后化为三角函数有理式不定积分来计算.

12. 欧拉变换 对二次三项式 ax^2+bx+c,有三种类型的欧拉变换:

(1)若 $a>0$,令 $\sqrt{ax^2+bx+c}=\sqrt{a}x\pm t$;

(2)若 $c>0$,令 $\sqrt{ax^2+bx+c}=xt\pm\sqrt{c}$;

(3)若 $\sqrt{ax^2+bx+c}=\sqrt{a(x-x_1)(x-x_2)}$,令 $\sqrt{ax^2+bx+c}=t(x-x_1)$.

二、 经典例题解析及解题方法总结

【例1】 计算下列不定积分.

(1) $\displaystyle\int\frac{\mathrm{d}x}{(x+3)(x+7)}$;

(2) $\displaystyle\int\frac{3x^4+2x^2+1}{x^2+1}\mathrm{d}x$;

(3) $\displaystyle\int\frac{x^3}{(x-1)^{100}}\mathrm{d}x$;

(4) $\displaystyle\int\frac{x^2+x-1}{x^3-2x^2+x-2}\mathrm{d}x$.

解　(1) $\int \dfrac{dx}{(x+3)(x+7)}=\int \dfrac{1}{4}\Big(\dfrac{1}{x+3}-\dfrac{1}{x+7}\Big)dx=\dfrac{1}{4}\big[\ln|x+3|-\ln|x+7|\big]+C$

$\qquad\qquad\qquad\qquad\quad=\dfrac{1}{4}\ln\Big|\dfrac{x+3}{x+7}\Big|+C.$

(2) $\int \dfrac{3x^4+2x^2+1}{x^2+1}dx=\int \Big(3x^2-1+\dfrac{2}{x^2+1}\Big)dx=x^3-x+2\arctan x+C.$

(3) $x^3=\big[(x-1)+1\big]^3=(x-1)^3+3(x-1)^2+3(x-1)+1$,故

$\qquad \int \dfrac{x^3}{(x-1)^{100}}dx=\int \Big[\dfrac{1}{(x-1)^{97}}+\dfrac{3}{(x-1)^{98}}+\dfrac{3}{(x-1)^{99}}+\dfrac{1}{(x-1)^{100}}\Big]dx$

$\qquad\qquad\qquad\qquad\quad=-\Big[\dfrac{1}{96(x-1)^{96}}+\dfrac{3}{97(x-1)^{97}}+\dfrac{3}{98(x-1)^{98}}+\dfrac{1}{99(x-1)^{99}}\Big]+C.$

(4) $\dfrac{x^2+x-1}{x^3-2x^2+x-2}=\dfrac{(x^2+1)+(x-2)}{(x^2+1)(x-2)}=\dfrac{1}{x-2}+\dfrac{1}{x^2+1}$,故

$\qquad \int \dfrac{x^2+x-1}{x^3-2x^2+x-2}dx=\int \Big(\dfrac{1}{x-2}+\dfrac{1}{x^2+1}\Big)dx=\ln|x-2|+\arctan x+C.$

● 方法总结 ....

　　拆项、拼项是将复杂函数化为简单函数的常用手段,拆得巧妙,拼得合理,可以极大地简化不定积分的计算.

【例2】　用不同的方法计算 $\int \sin 2x\,dx$,并解释不同结果的合理性.

解　有三种解法如下:

$$\int \sin 2x\,dx=2\int \sin x\cos x\,dx=2\int \sin x\,d(\sin x)=\sin^2 x+C_1;$$

$$\int \sin 2x\,dx=2\int \sin x\cos x\,dx=-2\int \cos x\,d(\cos x)=-\cos^2 x+C_2;$$

$$\int \sin 2x\,dx=\dfrac{1}{2}\int \sin 2x\,d(2x)=-\dfrac{1}{2}\cos 2x+C_3.$$

因为 $-\cos^2 x+C_2=\sin^2 x-1+C_2$,所以当 $C_1=C_2-1$ 时,前两式就相等了,即前两个结果只相差一个常数,故在全体原函数的意义下是相等的. 又

$$-\dfrac{1}{2}\cos 2x+C_3=-\dfrac{1}{2}(\cos^2 x-\sin^2 x)+C_3=-\cos^2 x+\dfrac{1}{2}+C_3,$$

所以后两式也只相差一个常数,它们在全体原函数的意义上也是相等的.

● 方法总结 ....

　　利用不同的变形求解同一个不定积分,会造成这些结果形式上的差别,但是这些结果允许相差一个常数. 若对这些结果求导,总能得到被积函数,就说明这些结果全是正确的.

【例3】 计算下列不定积分.

(1) $\int \sqrt{\dfrac{a+x}{a-x}}\,dx$；

(2) $\int \dfrac{dx}{x^4+x^2-6}$；

(3) $\int \tan \sqrt{1+x^2}\ \dfrac{x\,dx}{\sqrt{1+x^2}}$；

(4) $\int \dfrac{1}{x(x^6+4)}\,dx$.

解 (1) $\displaystyle\int \sqrt{\dfrac{a+x}{a-x}}\,dx=\int \dfrac{(a+x)\,dx}{\sqrt{a^2-x^2}}=a\int \dfrac{dx}{\sqrt{a^2-x^2}}+\int \dfrac{x\,dx}{\sqrt{a^2-x^2}}$

$$=a\arcsin \dfrac{x}{a}+\left(-\dfrac{1}{2}\right)\int \left(a^2-x^2\right)^{-\frac{1}{2}}d(a^2-x^2)$$

$$=a\arcsin \dfrac{x}{a}-\sqrt{a^2-x^2}+C.$$

(2) $\displaystyle\int \dfrac{dx}{x^4+x^2-6}=\int \dfrac{dx}{(x^2-2)(x^2+3)}=\dfrac{1}{5}\int \left(\dfrac{1}{x^2-2}-\dfrac{1}{x^2+3}\right)dx$

$$=\dfrac{\sqrt{2}}{20}\ln \left|\dfrac{x-\sqrt{2}}{x+\sqrt{2}}\right|-\dfrac{\sqrt{3}}{15}\arctan \dfrac{x}{\sqrt{3}}+C.$$

(3) $\displaystyle\int \tan \sqrt{1+x^2}\ \dfrac{x\,dx}{\sqrt{1+x^2}}=\int \dfrac{\sin \sqrt{1+x^2}}{\cos \sqrt{1+x^2}}\,d(\sqrt{1+x^2})$

$$=-\int \dfrac{d(\cos \sqrt{1+x^2})}{\cos \sqrt{1+x^2}}=-\ln \left|\cos \sqrt{1+x^2}\right|+C.$$

(4) $\displaystyle\int \dfrac{1}{x(x^6+4)}\,dx=\dfrac{1}{4}\int \left(\dfrac{1}{x}-\dfrac{x^5}{x^6+4}\right)dx=\dfrac{1}{4}\ln |x|-\dfrac{1}{24}\int \dfrac{d(x^6+4)}{x^6+4}$

$$=\dfrac{1}{4}\ln |x|-\dfrac{1}{24}\ln |x^6+4|+C=\dfrac{1}{24}\ln \dfrac{x^6}{x^6+4}+C.$$

【例4】 计算下列不定积分.

(1) $\int \dfrac{\ln(1+x)-\ln x}{x(x+1)}\,dx$；

(2) $\int \dfrac{x+1}{x(1+xe^x)}\,dx$；

(3) $\int \dfrac{x+\sin x}{1+\cos x}\,dx$；

(4) $\int e^x \dfrac{1+\sin x}{1+\cos x}\,dx$.

解 (1) $\displaystyle\int \dfrac{\ln(1+x)-\ln x}{x(x+1)}\,dx=\int \left(\dfrac{1}{x}-\dfrac{1}{x+1}\right)[\ln(1+x)-\ln x]\,dx$

$$=-\int [\ln(1+x)-\ln x]\,d[\ln(1+x)-\ln x]$$

$$=-\dfrac{1}{2}[\ln(1+x)-\ln x]^2+C=\ln \left|\dfrac{x}{1+x}\right|+C.$$

(2) $\displaystyle\int \dfrac{x+1}{x(1+xe^x)}\,dx=\int \dfrac{e^x(x+1)}{xe^x(1+xe^x)}\,dx=\int \dfrac{d(xe^x)}{xe^x(1+xe^x)}=\int \left(\dfrac{1}{xe^x}-\dfrac{1}{1+xe^x}\right)d(xe^x)$

$$=\ln \left|\dfrac{xe^x}{1+xe^x}\right|+C=x+\ln \left|\dfrac{x}{1+xe^x}\right|+C.$$

(3) $\displaystyle\int \dfrac{x+\sin x}{1+\cos x}\,dx=\int \left(\dfrac{\sin x}{1+\cos x}+\dfrac{x}{1+\cos x}\right)dx=\int d\left(x\cdot \dfrac{\sin x}{1+\cos x}\right)=\dfrac{x\sin x}{1+\cos x}+C.$

(4) $\dfrac{1+\sin x}{1+\cos x}=\dfrac{\sin x}{1+\cos x}+\dfrac{1}{1+\cos x}$，$\dfrac{1}{1+\cos x}=\left(\dfrac{\sin x}{1+\cos x}\right)'$，从而

$$\int e^x\dfrac{1+\sin x}{1+\cos x}dx=\int e^x\left(\dfrac{\sin x}{1+\cos x}+\dfrac{1}{1+\cos x}\right)dx=\int d\left(\dfrac{e^x\sin x}{1+\cos x}\right)=\dfrac{e^x\sin x}{1+\cos x}+C.$$

● **方法总结**

求不定积分时，注意使用如下凑微分形式：

$$\int e^{ax}\left[a\varphi(bx)+b\varphi'(bx)\right]dx=\int d\left[e^{ax}\varphi(bx)\right].$$

【例5】 计算下列不定积分.

(1) $\displaystyle\int\dfrac{1}{\sqrt{1+\sin x}}dx$；　　　　　　(2) $\displaystyle\int\dfrac{x^{2n-1}}{1+x^n}dx$；

(3) $\displaystyle\int\dfrac{\cos x-\sin x}{1+\sin x\cos x}dx$；　　　　(4) $\displaystyle\int\dfrac{dx}{\sqrt{(x-a)(b-x)}}$.

解 (1) $\displaystyle\int\dfrac{dx}{\sqrt{1+\sin x}}$

$$=\int\dfrac{dx}{\sqrt{1+\cos\left(\dfrac{\pi}{2}-x\right)}}=\int\dfrac{dx}{\sqrt{2\cos^2\left(\dfrac{\pi}{4}-\dfrac{x}{2}\right)}}$$

$$=-\sqrt{2}\int\dfrac{d\left(\dfrac{\pi}{4}-\dfrac{x}{2}\right)}{\cos\left(\dfrac{\pi}{4}-\dfrac{x}{2}\right)}=-\sqrt{2}\ln\left|\sec\left(\dfrac{\pi}{4}-\dfrac{x}{2}\right)+\tan\left(\dfrac{\pi}{4}-\dfrac{x}{2}\right)\right|+C.$$

(2) $\displaystyle\int\dfrac{x^{2n-1}}{1+x^n}dx=\int\dfrac{x^n\cdot x^{n-1}}{1+x^n}dx=\dfrac{1}{n}\int\dfrac{x^n+1-1}{1+x^n}d(x^n)=\dfrac{1}{n}\int dx^n-\dfrac{1}{n}\int\dfrac{d(1+x^n)}{1+x^n}$

$$=\dfrac{x^n}{n}-\dfrac{1}{n}\ln|x^n+1|+C.$$

(3) $\displaystyle\int\dfrac{\cos x-\sin x}{1+\sin x\cos x}dx=\int\dfrac{2(\cos x-\sin x)}{2+2\sin x\cos x}dx=\int\dfrac{2}{1+(\cos x+\sin x)^2}d(\sin x+\cos x)$

$$=2\arctan(\cos x+\sin x)+C.$$

(4) $\displaystyle\int\dfrac{dx}{\sqrt{(x-a)(b-x)}}=\int\dfrac{2d(\sqrt{x-a})}{\sqrt{b-x}}=2\int\dfrac{d(\sqrt{x-a})}{\sqrt{(\sqrt{b-a})^2-(\sqrt{x-a})^2}}$

$$=2\arcsin\sqrt{\dfrac{x-a}{b-a}}+C.$$

● **方法总结**

要使凑微分"凑"得巧妙，使不定积分变得简单，必须对复合函数求导方法和常用公式熟记于心.

【例6】 计算下列不定积分.

(1) $\int \dfrac{\mathrm{d}x}{\sqrt{\mathrm{e}^{2x}-1}}$;
(2) $\int \dfrac{\mathrm{e}^{2x}}{1+\mathrm{e}^x}\mathrm{d}x$;

(3) $\int \dfrac{x^2+1}{x^4+1}\mathrm{d}x$;
(4) $\int \dfrac{\mathrm{e}^{\arctan x}+x\ln(1+x^2)}{1+x^2}\mathrm{d}x$.

解 (1) $\int \dfrac{\mathrm{d}x}{\sqrt{\mathrm{e}^{2x}-1}} = \int \dfrac{1}{\mathrm{e}^x\sqrt{1-\mathrm{e}^{-2x}}}\mathrm{d}x = -\int \dfrac{\mathrm{d}(\mathrm{e}^{-x})}{\sqrt{1-(\mathrm{e}^{-x})^2}} = -\arcsin \mathrm{e}^{-x} + C$.

(2) $\int \dfrac{\mathrm{e}^{2x}}{1+\mathrm{e}^x}\mathrm{d}x = \int \dfrac{\mathrm{e}^x\mathrm{d}(\mathrm{e}^x)}{1+\mathrm{e}^x} = \int \dfrac{\mathrm{e}^x+1-1}{\mathrm{e}^x+1}\mathrm{d}(\mathrm{e}^x)$

$\qquad = \int \mathrm{d}(\mathrm{e}^x) - \int \dfrac{\mathrm{d}(1+\mathrm{e}^x)}{1+\mathrm{e}^x} = \mathrm{e}^x - \ln(1+\mathrm{e}^x) + C$.

(3) $\int \dfrac{x^2+1}{x^4+1}\mathrm{d}x = \int \dfrac{1+\dfrac{1}{x^2}}{x^2+\dfrac{1}{x^2}}\mathrm{d}x = \int \dfrac{\mathrm{d}\left(x-\dfrac{1}{x}\right)}{\left(x-\dfrac{1}{x}\right)^2+2} = \dfrac{1}{\sqrt{2}}\arctan \dfrac{x-\dfrac{1}{x}}{\sqrt{2}} + C$

$\qquad = \dfrac{1}{\sqrt{2}}\arctan \dfrac{x^2-1}{\sqrt{2}\,x} + C$.

(4) $\int \dfrac{\mathrm{e}^{\arctan x}+x\ln(1+x^2)}{1+x^2}\mathrm{d}x = \int \dfrac{\mathrm{e}^{\arctan x}}{1+x^2}\mathrm{d}x + \dfrac{1}{2}\int \dfrac{\ln(1+x^2)}{1+x^2}\mathrm{d}(1+x^2)$

$\qquad = \int \mathrm{e}^{\arctan x}\mathrm{d}(\arctan x) + \dfrac{1}{2}\int \ln(1+x^2)\mathrm{d}[\ln(1+x^2)]$

$\qquad = \mathrm{e}^{\arctan x} + \dfrac{1}{4}\ln^2(1+x^2) + C$.

● **方法总结** ··

(1)第一换元法的基本思想是将不定积分中的被积函数分离,用分离出的一部分与自变量的微分凑成一个新变量的微分,而使被积函数中余下的部分化为新变量的函数,于是原不定积分化为新变量的函数对新变量的不定积分.即将不定积分 $\int f(x)\mathrm{d}x$ 中 $f(x)$ 分离为 $g(\varphi(x))\varphi'(x)$,使 $\varphi'(x)\mathrm{d}x = \mathrm{d}u$ 成为新变量的微分,余下部分化为新变量的函数 $g(\varphi(x)) = g(u)$,故

$$\int f(x)\mathrm{d}x = \int g(\varphi(x))\varphi'(x)\mathrm{d}x = \int g(u)\mathrm{d}u = G(u)+C = G(\varphi(x))+C.$$

但前提条件是 $\int g(u)\mathrm{d}u$ 必须容易求出.

(2)常用的凑微分形式有:

① $\int f(ax+b)\mathrm{d}x = \dfrac{1}{a}\int f(ax+b)\mathrm{d}(ax+b)(a\neq 0)$;

② $\int f(ax^2+b)x\mathrm{d}x = \dfrac{1}{2a}\int f(ax^2+b)\mathrm{d}(ax^2+b)(a\neq 0)$;

③ $\displaystyle\int f(ax^n+b)\,x^{n-1}\mathrm{d}x=\frac{1}{na}\int f(ax^n+b)\mathrm{d}(ax^n+b)(a\neq0,n\neq0)$；

④ $\displaystyle\int f\left(\frac{1}{x}\right)\frac{1}{x^2}\mathrm{d}x=-\int f\left(\frac{1}{x}\right)\mathrm{d}\left(\frac{1}{x}\right)$；

⑤ $\displaystyle\int f(\sqrt{x})\frac{1}{\sqrt{x}}\mathrm{d}x=2\int f(\sqrt{x})\mathrm{d}(\sqrt{x})$；

⑥ $\displaystyle\int f(\ln x)\frac{1}{x}\mathrm{d}x=\int f(\ln x)\mathrm{d}(\ln x)$；

⑦ $\displaystyle\int f(\mathrm{e}^{ax})\mathrm{e}^{ax}\mathrm{d}x=\frac{1}{a}\int f(\mathrm{e}^{ax})\mathrm{d}\mathrm{e}^{ax}(a\neq0)$；

⑧ $\displaystyle\int f(\sin x)\cos x\mathrm{d}x=\int f(\sin x)\mathrm{d}(\sin x)$；

⑨ $\displaystyle\int f(\cos x)\sin x\mathrm{d}x=-\int f(\cos x)\mathrm{d}(\cos x)$；

⑩ $\displaystyle\int f(\tan x)\frac{1}{\cos^2 x}\mathrm{d}x=\int f(\tan x)\mathrm{d}(\tan x)$；

⑪ $\displaystyle\int f(\arcsin x)\frac{\mathrm{d}x}{\sqrt{1-x^2}}=\int f(\arcsin x)\mathrm{d}(\arcsin x)$；

⑫ $\displaystyle\int f\left(x+\frac{1}{x}\right)\left(1-\frac{1}{x^2}\right)\mathrm{d}x=\int f\left(x+\frac{1}{x}\right)\mathrm{d}\left(x+\frac{1}{x}\right)$；

⑬ $\displaystyle\int f\left(x-\frac{1}{x}\right)\left(1+\frac{1}{x^2}\right)\mathrm{d}x=\int f\left(x-\frac{1}{x}\right)\mathrm{d}\left(x-\frac{1}{x}\right)$。

【例 7】 计算下列不定积分.

(1) $\displaystyle\int\frac{x^2}{\sqrt{a^2-x^2}}\mathrm{d}x$；

(2) $\displaystyle\int\frac{\mathrm{d}x}{x\sqrt{x^2+a^2}}$；

(3) $\displaystyle\int\frac{\mathrm{d}x}{(x^2+a^2)^2}$；

(4) $\displaystyle\int\frac{\mathrm{d}x}{x^2\sqrt{x^2-a^2}}$.

解 (1) 令 $x=a\sin t$，则

$$\int\frac{x^2}{\sqrt{a^2-x^2}}\mathrm{d}x=\int\frac{a^2\sin^2 t}{a\cos t}a\cos t\mathrm{d}t=\frac{a^2}{2}\int(1-\cos 2t)\mathrm{d}t=\frac{a^2}{2}\left(t-\frac{1}{2}\sin 2t\right)+C$$

$$=\frac{a^2}{2}(t-\sin t\cos t)+C=\frac{a^2}{2}\left(\arcsin\frac{x}{a}-\frac{x}{a^2}\sqrt{a^2-x^2}\right)+C$$

$$=\frac{a^2}{2}\arcsin\frac{x}{a}-\frac{x}{2}\sqrt{a^2-x^2}+C.$$

(2) 令 $x=a\tan t$，则

$$\int\frac{\mathrm{d}x}{x\sqrt{x^2+a^2}}\mathrm{d}x=\int\frac{a\sec^2 t\mathrm{d}t}{a\tan t\cdot a\sec t}=\int\frac{1}{a}\csc t\mathrm{d}t=\frac{1}{a}\ln|\csc t-\cot t|+C$$

$$=\frac{1}{a}\ln\left|\frac{\sqrt{a^2+x^2}}{x}-\frac{a}{x}\right|+C=\frac{1}{a}\ln\frac{\sqrt{a^2+x^2}-a}{|x|}+C.$$

(3)令 $x = a\tan t$，则

$$\int \frac{\mathrm{d}x}{(x^2+a^2)^2} = \int \frac{a\sec^2 t}{(a^2\sec^2 t)^2}\mathrm{d}t = \int \frac{1}{a^3}\cdot\frac{1}{\sec^2 t}\mathrm{d}t = \frac{1}{a^3}\int \cos^2 t\,\mathrm{d}t = \frac{1}{2a^3}\int (1+\cos 2t)\mathrm{d}t$$

$$= \frac{1}{2a^3}\left(t+\frac{1}{2}\sin 2t\right)+C = \frac{1}{2a^3}\left(\arctan\frac{x}{a}-\frac{ax}{a^2+x^2}\right)+C$$

$$= \frac{1}{2a^3}\arctan\frac{x}{a}-\frac{x}{2a^2(x^2+a^2)}+C.$$

(4)令 $x = a\sec t$，则

$$\int \frac{\mathrm{d}x}{x^2\sqrt{x^2-a^2}} = \int \frac{a\sec t\tan t}{a^2\sec^2 t\cdot a\tan t}\mathrm{d}t = \frac{1}{a^2}\int \cos t\,\mathrm{d}t = \frac{1}{a^2}\sin t+C = \frac{\sqrt{x^2-a^2}}{a^2 x}+C.$$

● **方法总结** ···

　　本题所用的代换为三角代换，目的是把被积函数的根号去掉. 当求出新变量下的不定积分后，要注意代回原变量，这时可借助于辅助直角三角形得到它们间的关系.

【例8】　计算下列不定积分.

(1) $\displaystyle\int \frac{\mathrm{d}x}{\sqrt{x}+\sqrt[3]{x}}$；　　　　　　　　　(2) $\displaystyle\int \frac{\mathrm{d}x}{1+\sqrt{1+x}}$；

(3) $\displaystyle\int \frac{1}{\sqrt{\mathrm{e}^x+1}}\mathrm{d}x$；　　　　　　　　(4) $\displaystyle\int \sqrt{1-\mathrm{e}^{2x}}\,\mathrm{d}x$.

解　(1)被积函数中含根式 $\sqrt{x}$ 和 $\sqrt[3]{x}$，取根次数的最小公倍数 6，令 $u=\sqrt[6]{x}$，则

$$\int \frac{\mathrm{d}x}{\sqrt{x}+\sqrt[3]{x}} = \int \frac{6u^5}{u^3+u^2}\mathrm{d}u = 6\int \left(u^2-u+1-\frac{1}{1+u}\right)\mathrm{d}u = 6\left(\frac{u^3}{3}-\frac{u^2}{2}+u-\ln|1+u|\right)+C$$

$$= 2\sqrt{x}-3\sqrt[3]{x}+6\sqrt[6]{x}-6\ln(1+\sqrt[6]{x})+C.$$

(2)令 $\sqrt{1+x}=t$，有 $\mathrm{d}x=2t\,\mathrm{d}t$，则

$$\int \frac{\mathrm{d}x}{1+\sqrt{1+x}} = \int \frac{2t\,\mathrm{d}t}{1+t} = \int \left(2-\frac{2}{1+t}\right)\mathrm{d}t = 2t-2\ln|1+t|+C$$

$$= 2\sqrt{1+x}-2\ln(1+\sqrt{1+x})+C.$$

(3)令 $\sqrt{\mathrm{e}^x+1}=t$，有 $\mathrm{d}x=\frac{2t}{t^2-1}\mathrm{d}t$，则

$$\int \frac{\mathrm{d}x}{\sqrt{\mathrm{e}^x+1}} = \int \frac{2t\,\mathrm{d}t}{t(t^2-1)} = 2\int \frac{\mathrm{d}t}{t^2-1} = \ln\left|\frac{t-1}{t+1}\right|+C = \ln\frac{\sqrt{\mathrm{e}^x+1}-1}{\sqrt{\mathrm{e}^x+1}+1}+C.$$

(4)令 $\sqrt{1-\mathrm{e}^{2x}}=t$，有 $\mathrm{d}x=\frac{-t}{1-t^2}\mathrm{d}t$，则

$$\int \sqrt{1-\mathrm{e}^{2x}}\,\mathrm{d}x = \int t\cdot\frac{-t}{1-t^2}\mathrm{d}t = \int \frac{1-t^2-1}{1-t^2}\mathrm{d}t = \int \left(1+\frac{1}{t^2-1}\right)\mathrm{d}t = t+\frac{1}{2}\ln\left|\frac{t-1}{t+1}\right|+C$$

$$= \sqrt{1-\mathrm{e}^{2x}}+\frac{1}{2}\ln\left|\frac{\sqrt{1-\mathrm{e}^{2x}}-1}{\sqrt{1-\mathrm{e}^{2x}}+1}\right|+C.$$

【例9】 计算下列不定积分.

(1) $\displaystyle\int \frac{1-\mathrm{e}^x}{1+\mathrm{e}^x}\mathrm{d}x$;

(2) $\displaystyle\int \frac{\mathrm{d}x}{\mathrm{e}^{\frac{x}{2}}+\mathrm{e}^x}$;

(3) $\displaystyle\int \frac{2^x\mathrm{d}x}{1+2^x+4^x}$;

(4) $\displaystyle\int \frac{\mathrm{d}x}{\sqrt{1+\mathrm{e}^x}+\sqrt{1-\mathrm{e}^x}}$.

解 (1)令 $\mathrm{e}^x=t$,有 $\mathrm{d}x=\dfrac{1}{t}\mathrm{d}t$,则

$$\int \frac{1-\mathrm{e}^x}{1+\mathrm{e}^x}\mathrm{d}x=\int \frac{1-t}{1+t}\cdot\frac{\mathrm{d}t}{t}=\int \left(\frac{1}{t}-\frac{2}{1+t}\right)\mathrm{d}t=\ln|t|-2\ln|1+t|+C$$

$$=x-2\ln(1+\mathrm{e}^x)+C.$$

(2)令 $\mathrm{e}^{\frac{x}{2}}=t$,有 $\mathrm{d}x=\dfrac{2}{t}\mathrm{d}t$,则

$$\int \frac{\mathrm{d}x}{\mathrm{e}^{\frac{x}{2}}+\mathrm{e}^x}=\int \frac{2}{t+t^2}\cdot\frac{\mathrm{d}t}{t}=2\int \frac{t+1-t}{t^2(t+1)}\mathrm{d}t=2\int \left(\frac{1}{t^2}-\frac{1}{t}+\frac{1}{t+1}\right)\mathrm{d}t$$

$$=-\frac{2}{t}-2\ln|t|+2\ln|1+t|+C=-2\mathrm{e}^{-\frac{x}{2}}-x+2\ln\left(1+\mathrm{e}^{\frac{x}{2}}\right)+C.$$

(3)令 $2^x=t$,有 $\mathrm{d}x=\dfrac{1}{\ln 2}\cdot\dfrac{\mathrm{d}t}{t}$,则

$$\int \frac{2^x\mathrm{d}x}{1+2^x+4^x}=\int \frac{t}{1+t+t^2}\cdot\frac{\mathrm{d}t}{t\ln 2}=\frac{1}{\ln 2}\int \frac{\mathrm{d}t}{\left(t+\frac{1}{2}\right)^2+\frac{3}{4}}=\frac{1}{\ln 2}\cdot\frac{2}{\sqrt{3}}\arctan\frac{t+\frac{1}{2}}{\frac{\sqrt{3}}{2}}+C$$

$$=\frac{2\sqrt{3}}{3\ln 2}\arctan\frac{2^{x+1}+1}{\sqrt{3}}+C.$$

(4)令 $\mathrm{e}^x=t$,有 $\mathrm{d}x=\dfrac{1}{t}\mathrm{d}t$,则

$$\int \frac{\mathrm{d}x}{\sqrt{1+\mathrm{e}^x}+\sqrt{1-\mathrm{e}^x}}=\int \frac{1}{\sqrt{1+t}+\sqrt{1-t}}\cdot\frac{\mathrm{d}t}{t}=\frac{1}{2}\int \frac{\sqrt{1+t}-\sqrt{1-t}}{t^2}\mathrm{d}t$$

$$=\frac{1}{2}\int \frac{\sqrt{1+t}}{t^2}\mathrm{d}t-\frac{1}{2}\int \frac{\sqrt{1-t}}{t^2}\mathrm{d}t.$$

再令 $\sqrt{1+t}=u$,有 $\mathrm{d}t=2u\mathrm{d}u$,则

$$\int \frac{\sqrt{1+t}}{t^2}\mathrm{d}t=\int \frac{u}{(u^2-1)^2}2u\mathrm{d}u=2\int \frac{u^2-1+1}{(u^2-1)^2}\mathrm{d}u$$

$$=2\int \frac{\mathrm{d}u}{u^2-1}+\frac{1}{2}\int \left[\frac{-1}{u-1}+\frac{1}{(u-1)^2}+\frac{1}{u+1}+\frac{1}{(u+1)^2}\right]\mathrm{d}u$$

$$=-\ln\left|\frac{u+1}{u-1}\right|-\frac{1}{2}\ln|u-1|-\frac{1}{2(u-1)}+\frac{1}{2}\ln|u+1|-\frac{1}{2(u+1)}+C$$

$$=\frac{1}{2}\ln\frac{\sqrt{1+\mathrm{e}^x}-1}{\sqrt{1+\mathrm{e}^x}+1}-\frac{\sqrt{1+\mathrm{e}^x}}{\mathrm{e}^x}+C_1.$$

再令 $\sqrt{1-t}=v$，有 $\mathrm{d}t=-2v\mathrm{d}v$，则

$$\int \frac{\sqrt{1-t}}{t^2}\mathrm{d}t=-2\int \frac{v^2-1+1}{(v^2-1)^2}\mathrm{d}v=-\frac{1}{2}\ln\left|\frac{\sqrt{1-\mathrm{e}^x}-1}{\sqrt{1-\mathrm{e}^x}+1}\right|+\frac{\sqrt{1-\mathrm{e}^x}}{\mathrm{e}^x}+C_2.$$

所以

$$\int \frac{\mathrm{d}x}{\sqrt{1+\mathrm{e}^x}+\sqrt{1-\mathrm{e}^x}}=\frac{1}{4}\ln\frac{\sqrt{1+\mathrm{e}^x}-1}{\sqrt{1+\mathrm{e}^x}+1}+\frac{1}{4}\ln\left|\frac{\sqrt{1-\mathrm{e}^x}-1}{\sqrt{1-\mathrm{e}^x}+1}\right| \quad \frac{\sqrt{1+\mathrm{e}^x}}{2\mathrm{e}^x}-\frac{\sqrt{1-\mathrm{e}^x}}{2\mathrm{e}^x}+C.$$

● **方法总结** ··

> 当被积函数中含因式 a^x 时，可令 $a^x=t$，化去指数因式，简化不定积分计算.

【例 10】 计算下列不定积分.

(1) $\int \frac{1-\ln x}{(x-\ln x)^2}\mathrm{d}x$；　(2) $\int \frac{\mathrm{d}x}{x\sqrt{4-x^2}}$；　(3) $\int \frac{\mathrm{d}x}{x^8(1+x^2)}$；　(4) $\int \frac{\mathrm{d}x}{(1+x+x^2)^{\frac{3}{2}}}$.

解 (1) 令 $x=\dfrac{1}{t}$，有 $\mathrm{d}x=-\dfrac{\mathrm{d}t}{t^2}$，则

$$\int \frac{1-\ln x}{(x-\ln x)^2}\mathrm{d}x=\int \frac{1-\ln(\frac{1}{t})}{\left[\frac{1}{t}-\ln(\frac{1}{t})\right]^2}\left(-\frac{\mathrm{d}t}{t^2}\right)=-\int \frac{1+\ln t}{(1+t\ln t)^2}\mathrm{d}t=-\int \frac{\mathrm{d}(t\ln t)}{(1+t\ln t)^2}$$

$$=\frac{1}{1+t\ln t}+C=\frac{x}{x-\ln x}+C.$$

(2) **方法一**

$$\int \frac{1}{x\sqrt{4-x^2}}\mathrm{d}x=\frac{1}{2}\int \frac{\mathrm{d}(x^2)}{x^2\sqrt{4-x^2}}\xlongequal{t=x^2}\frac{1}{2}\int \frac{\mathrm{d}t}{t\sqrt{4-t}}\xlongequal{u=\sqrt{4-t}}\frac{1}{2}\int \frac{-2u\mathrm{d}u}{u(4-u^2)}$$

$$=-\int \frac{\mathrm{d}u}{4-u^2}=\frac{1}{4}\ln\left|\frac{u-2}{u+2}\right|+C=\frac{1}{2}\ln\left|\frac{x}{2+\sqrt{4-x^2}}\right|+C.$$

方法二

$$\int \frac{1}{x\sqrt{4-x^2}}\mathrm{d}x\xlongequal{x=2\sin t}\int \frac{2\cos t}{2\sin t\cdot 2\cos t}\mathrm{d}t$$

$$=\frac{1}{2}\int \csc t\mathrm{d}t=\frac{1}{2}\ln|\csc t-\cot t|+C$$

$$=\frac{1}{2}\ln\left|\frac{x}{2+\sqrt{4-x^2}}\right|+C.$$

方法三 令 $x=\dfrac{1}{t}$，则 $\displaystyle\int \frac{1}{x\sqrt{4-x^2}}\mathrm{d}x=\int \frac{-\frac{1}{t^2}\mathrm{d}t}{\frac{1}{t}\sqrt{4-\frac{1}{t^2}}}\mathrm{d}t=-\int \frac{1}{\sqrt{4t^2-1}}\mathrm{d}t$

$$=-\frac{1}{2}\ln|2t+\sqrt{4t^2-1}|+C$$

$$=\frac{1}{2}\ln\left|\frac{x}{2+\sqrt{4-x^2}}\right|+C.$$

(3)令 $x=\dfrac{1}{t}$，有 $\mathrm{d}x=-\dfrac{\mathrm{d}t}{t^2}$，则

$$\int\frac{\mathrm{d}x}{x^8(1+x^2)}=-\int\frac{t^8}{t^2+1}\cdot\frac{t^2}{t^2}\mathrm{d}t=-\int\frac{t^8}{1+t^2}\mathrm{d}t=-\int(t^2-1)(t^4+1)\mathrm{d}t-\int\frac{\mathrm{d}t}{t^2+1}$$

$$=\int(-t^6+t^4-t^2+1)\mathrm{d}t-\int\frac{\mathrm{d}t}{t^2+1}=-\frac{t^7}{7}+\frac{t^5}{5}-\frac{t^3}{3}+t-\arctan t+C$$

$$=-\frac{1}{7x^7}+\frac{1}{5x^5}-\frac{1}{3x^3}+\frac{1}{x}-\arctan\frac{1}{x}+C.$$

(4) $\displaystyle\int\frac{\mathrm{d}x}{(1+x+x^2)^{\frac{3}{2}}}=\int\frac{\mathrm{d}x}{\left[\left(x+\frac{1}{2}\right)^2+\frac{3}{4}\right]^{\frac{3}{2}}}$．令 $x+\dfrac{1}{2}=\dfrac{1}{t}$，有 $\mathrm{d}x=-\dfrac{\mathrm{d}t}{t^2}$，则原式化为

$$\int\frac{1}{\left(\frac{1}{t^2}+\frac{3}{4}\right)^{\frac{3}{2}}}\left(-\frac{\mathrm{d}t}{t^2}\right)=-\int\frac{t\,\mathrm{d}t}{\left(1+\frac{3t^2}{4}\right)^{\frac{3}{2}}}=-\frac{2}{3}\int\frac{\mathrm{d}\left(\frac{3t^2}{4}+1\right)}{\left(1+\frac{3t^2}{4}\right)^{\frac{3}{2}}}=\frac{4}{3}\left(1+\frac{3}{4}t^2\right)^{-\frac{1}{2}}+C.$$

故 $\displaystyle\int\frac{\mathrm{d}x}{(1+x+x^2)^{\frac{3}{2}}}=\frac{2(2x+1)}{3\sqrt{1+x+x^2}}+C.$

方法总结

(1)当被积函数为分式，且分母中变量次数高于分子中变量次数时，可用倒代换，即 $x=\dfrac{1}{t}$，化简不定积分计算．

(2)第二换元积分法的思想是要引入一个合适的新变量，使原不定积分中的自变量的微分化为一个新变量函数与新变量微分之积，而原被积函数也化为新变量的函数，于是两个新变量函数之积成为新的被积函数，得到一个新的不定积分．即令 $u=\varphi(x)$，则

$$\int g(u)\mathrm{d}u=\int g(\varphi(x))\varphi'(x)\mathrm{d}x=\int f(x)\mathrm{d}x=F(x)+C=F(\varphi^{-1}(u))+C.$$

第二换元积分法一般是根据被积函数的特点和形式来选定代换形式，常用的有三角代换、根式代换、指数代换、对数代换、倒代换等，目的是使新的不定积分比原不定积分易于求出．

【例 11】 已知 $f(x)$ 的一个原函数是 $\dfrac{\sin x}{x}$，证明：$\displaystyle\int xf'(x)\mathrm{d}x=\cos x-\dfrac{2\sin x}{x}+C.$

证 $\displaystyle\int xf'(x)\mathrm{d}x=\int x\mathrm{d}f(x)=xf(x)-\int f(x)\mathrm{d}x$，$f(x)=\left(\dfrac{\sin x}{x}\right)'=\dfrac{x\cos x-\sin x}{x^2}$，

所以 $\displaystyle\int xf'(x)\mathrm{d}x=\frac{x\cos x-\sin x}{x}-\frac{\sin x}{x}+C=\cos x-\frac{2\sin x}{x}+C.$

【例 12】 设 $\displaystyle\int f(x)\mathrm{d}x=F(x)+C$，$f(x)$ 可微，且 $f(x)$ 的反函数 $f^{-1}(x)$ 存在，证明：

$$\int f^{-1}(x)\mathrm{d}x=xf^{-1}(x)-F(f^{-1}(x))+C'.$$

证 由于 $\int f^{-1}(x)\mathrm{d}x = xf^{-1}(x) - \int x\mathrm{d}[f^{-1}(x)]$，令 $t=f^{-1}(x)$，则 $x=f(t)$，于是

$$\int f^{-1}(x)\mathrm{d}x = xf^{-1}(x) - \int f(t)\mathrm{d}t = xf^{-1}(x) - F(t) - C$$

$$= xf^{-1}(x) - F[f^{-1}(x)] + C'.$$

【例 13】 计算下列积分：

(1) $\displaystyle\int \frac{\arctan\dfrac{1}{x}}{1+x^2}\mathrm{d}x$；

(2) $\displaystyle\int x^2\mathrm{e}^{-x}\mathrm{d}x$；

(3) $\displaystyle\int (2x-1)\ln x\mathrm{d}x$；

(4) $\displaystyle\int x^2\arcsin x\mathrm{d}x$；

(5) $\displaystyle\int \frac{1}{x}\ln(\ln x)\mathrm{d}x$.

解 (1) $\displaystyle\int \frac{\arctan\dfrac{1}{x}}{1+x^2}\mathrm{d}x = \int \frac{\arctan\dfrac{1}{x}}{x^2\left(1+\dfrac{1}{x^2}\right)}\mathrm{d}x = -\int \frac{\arctan\dfrac{1}{x}}{1+\left(\dfrac{1}{x}\right)^2}\mathrm{d}\left(\frac{1}{x}\right)$

$$= -\int \arctan\frac{1}{x}\mathrm{d}\left(\arctan\frac{1}{x}\right) = -\frac{1}{2}\left(\arctan\frac{1}{x}\right)^2 + C.$$

(2) $\displaystyle\int x^2\mathrm{e}^{-x}\mathrm{d}x = -\int x^2\mathrm{d}(\mathrm{e}^{-x}) = -x^2\mathrm{e}^{-x} + 2\int x\mathrm{e}^{-x}\mathrm{d}x = -x^2\mathrm{e}^{-x} - 2x\mathrm{e}^{-x} + 2\int \mathrm{e}^{-x}\mathrm{d}x$

$$= -(x^2+2x+2)\mathrm{e}^{-x} + C.$$

(3) $\displaystyle\int (2x-1)\ln x\mathrm{d}x = \int \ln x\mathrm{d}(x^2-x) = (x^2-x)\ln x - \int (x^2-x)\frac{1}{x}\mathrm{d}x$

$$= (x^2-x)\ln x - \frac{x^2}{2} + x + C.$$

(4) $\displaystyle\int x^2\arcsin x\mathrm{d}x = \int \arcsin x\mathrm{d}\left(\frac{x^3}{3}\right) = \frac{x^3}{3}\arcsin x - \frac{1}{3}\int \frac{x^3}{\sqrt{1-x^2}}\mathrm{d}x$

$$= \frac{x^3}{3}\arcsin x + \frac{1}{3}\int x^2\mathrm{d}\sqrt{1-x^2}$$

$$= \frac{x^3}{3}\arcsin x + \frac{x^2}{3}\sqrt{1-x^2} + \frac{2}{9}\sqrt{(1-x^2)^3} + C.$$

(5) $\displaystyle\int \frac{1}{x}\ln(\ln x)\mathrm{d}x = \int \ln(\ln x)\mathrm{d}(\ln x) = \ln x \cdot \ln(\ln x) - \int \ln x\frac{1}{x\ln x}\mathrm{d}x$

$$= \ln x \cdot \ln(\ln x) - \ln x + C.$$

● 方法总结

使用分部积分法的原则是：将 $\int f(x)\mathrm{d}x$ 中的 $f(x)\mathrm{d}x$ 化为 $u\mathrm{d}v$，要求 $\int v\mathrm{d}u$ 要比 $\int u\mathrm{d}v$ 易于积出．将 $f(x)\mathrm{d}x$ 化为恰当的 $u\mathrm{d}v$ 是分部积分的关键，也是技巧的体现．一般地，当 $f(x)$ 可以分解为两个函数的乘积时，选择其中一个为 u，另一个与 $\mathrm{d}x$ 组成 $\mathrm{d}v$，选择"u"的优先次序为"反（三角函数）、对（数函数）、幂（函数）、三（角函数）、指（数函数）"，若不按次序，不定积分则难以计算出．

【例 14】 计算下列不定积分：

(1) $\displaystyle\int \frac{4x^3-13x^2+3x+8}{(x+1)(x-2)(x-1)^2}\mathrm{d}x$;

(2) $\displaystyle\int \frac{x^5+x^4-8}{x^3-4x}\mathrm{d}x$;

(3) $\displaystyle\int \frac{3x^4+x^3+4x^2+1}{x^5+2x^3+x}\mathrm{d}x$;

(4) $\displaystyle\int \frac{x^2}{(x^2-3x+2)^2}\mathrm{d}x$.

解 (1) $\displaystyle\int \frac{4x^3-13x^2+3x+8}{(x+1)(x-2)(x-1)^2}\mathrm{d}x = \int \Big[\frac{1}{x+1}-\frac{2}{x-2}+\frac{5}{x-1}-\frac{1}{(x-1)^2}\Big]\mathrm{d}x$

$$=\ln\Big|\frac{(x+1)(x-1)^5}{(x-2)^2}\Big|+\frac{1}{x-1}+C.$$

(2) $\dfrac{x^5+x^4-8}{x^3-4x}=x^2+x+4+\dfrac{4x^2-16x-8}{x^3-4x}$, $\quad \dfrac{4x^2-16x-8}{x^3-4x}=\dfrac{2}{x}+\dfrac{5}{x+2}-\dfrac{3}{x-2}$,故

$$\int \frac{x^5+x^4-8}{x^3-4x}\mathrm{d}x = \int \Big(x^2+x+4+\frac{2}{x}+\frac{5}{x+2}-\frac{3}{x-2}\Big)\mathrm{d}x$$

$$=\frac{1}{3}x^3+\frac{1}{2}x^2+4x+2\ln|x|+5\ln|x+2|-3\ln|x-2|+C.$$

(3) 令 $\dfrac{3x^4+x^3+4x^2+1}{x^5+2x^3+x}=\dfrac{A}{x}+\dfrac{Bx+C}{x^2+1}+\dfrac{Dx+E}{(x^2+1)^2}$,用待定系数法得 $A=1,B=2,C=1$, $D=0,E=-1$. 所以

$$\int \frac{3x^4+x^3+4x^2+1}{x^5+2x^3+x}\mathrm{d}x = \int \Big[\frac{1}{x}+\frac{2x+1}{x^2+1}-\frac{1}{(x^2+1)^2}\Big]\mathrm{d}x$$

$$=\ln|x|+\ln(x^2+1)+\arctan x-\int \frac{x^2+1-x^2}{(x^2+1)^2}\mathrm{d}x$$

$$=\ln|x(x^2+1)|+\arctan x-\Big[\arctan x-\int \frac{x\mathrm{d}(x^2+1)}{2(x^2+1)^2}\Big]$$

$$=\ln|x(x^2+1)|-\frac{1}{2}\int x\mathrm{d}\Big(\frac{1}{x^2+1}\Big)$$

$$=\ln|x(x^2+1)|-\frac{x}{2(x^2+1)}+\frac{1}{2}\arctan x+C.$$

(4) 令 $\dfrac{x^2}{(x^2-3x+2)^2}=\dfrac{A}{x-1}+\dfrac{B}{(x-1)^2}+\dfrac{C}{x-2}+\dfrac{D}{(x-2)^2}$,通分分别令 $x=1,2,0,3$,解得 $A=4,B=1,C=-4,D=4$. 于是

$$\int \frac{x^2}{(x^2-3x+2)^2}\mathrm{d}x = \int \Big[\frac{4}{x-1}+\frac{1}{(x-1)^2}-\frac{4}{x-2}+\frac{4}{(x-2)^2}\Big]\mathrm{d}x$$

$$=4\ln|x-1|-\frac{1}{x-1}-4\ln|x-2|-\frac{4}{x-2}+C$$

$$=\ln\Big(\frac{x-1}{x-2}\Big)^4-\frac{1}{x-1}-\frac{4}{x-2}+C.$$

● 方法总结

对于有理函数的不定积分,在分解真分式为部分分式时,能用赋值法求待定系数的就不要用比较 x 的同次幂系数求待定系数.

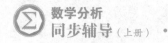

【例15】 计算下列不定积分.

(1) $\displaystyle\int\frac{\mathrm{d}x}{x(1+x^2)^2}$;

(2) $\displaystyle\int\frac{(x^2+1)\mathrm{d}x}{x^4+2x^3+3x^2-2x+1}$;

(3) $\displaystyle\int\frac{x+5}{x^2-6x+13}\mathrm{d}x$;

(4) $\displaystyle\int\frac{x^7}{(1-x^2)^5}\mathrm{d}x$.

解 (1) $\dfrac{1}{x(1+x^2)^2}=\dfrac{(1+x^2)-x^2}{x(1+x^2)^2}=\dfrac{1}{x(1+x^2)}-\dfrac{x}{(1+x^2)^2}=\dfrac{1}{x}-\dfrac{x}{1+x^2}-\dfrac{x}{(1+x^2)^2}$,

$$\int\frac{\mathrm{d}x}{x(1+x^2)^2}=\int\left[\frac{1}{x}-\frac{x}{1+x^2}-\frac{x}{(1+x^2)^2}\right]\mathrm{d}x=\ln|x|-\frac{1}{2}\ln(1+x^2)+\frac{1}{2(1+x^2)}+C.$$

(2) $\displaystyle\int\frac{(x^2+1)\mathrm{d}x}{x^4+2x^3+3x^2-2x+1}=\int\frac{\left(1+\frac{1}{x^2}\right)\mathrm{d}x}{x^2+2x+3-\frac{2}{x}+\frac{1}{x^2}}=\int\frac{\mathrm{d}\left(x-\frac{1}{x}\right)}{\left(x-\frac{1}{x}\right)^2+2\left(x-\frac{1}{x}\right)+5}$

$$=\int\frac{\mathrm{d}\left(x-\frac{1}{x}\right)}{\left(x-\frac{1}{x}+1\right)^2+4}=\frac{1}{2}\arctan\frac{x^2+x-1}{2x}+C.$$

(3) $\displaystyle\int\frac{x+5}{x^2-6x+13}\mathrm{d}x=\frac{1}{2}\int\frac{(2x-6)+16}{x^2-6x+13}\mathrm{d}x=\frac{1}{2}\int\frac{\mathrm{d}(x^2-6x+13)}{x^2-6x+13}+8\int\frac{\mathrm{d}(x-3)}{(x-3)^2+2^2}$

$$=\frac{1}{2}\ln|x^2-6x+13|+4\arctan\frac{x-3}{2}+C.$$

(4) 令 $1-x^2=t$，则 $x^2=1-t$，从而有

$$\int\frac{x^7}{(1-x^2)^5}\mathrm{d}x=-\frac{1}{2}\int\frac{(1-t)^3}{t^5}\mathrm{d}t=\frac{1}{2}\int\left(\frac{1}{t^2}-\frac{3}{t^3}+\frac{3}{t^4}-\frac{1}{t^5}\right)\mathrm{d}t$$

$$=\frac{1}{2}\left[-\frac{1}{1-x^2}+\frac{3}{2(1-x^2)^2}-\frac{1}{(1-x^2)^3}+\frac{1}{4(1-x^2)^4}\right]+C.$$

● **方法总结** ⋯⋯⋯⋯⋯⋯⋯⋯⋯⋯⋯⋯⋯⋯⋯⋯⋯⋯⋯⋯⋯⋯⋯⋯⋯⋯

　　由本题可以看到有理函数的积分尽管有相对固定的方法，但有时利用变形或变量替换可以使求解更为简便.

【例16】 用万能代换计算下列不定积分.

(1) $\displaystyle\int\frac{\sin x}{1+\sin x}\mathrm{d}x$;

(2) $\displaystyle\int\frac{\mathrm{d}x}{1+\sin x+\cos x}$;

(3) $\displaystyle\int\frac{1-\cos x}{1+\cos x}\mathrm{d}x$;

(4) $\displaystyle\int\frac{\sin^3 x\mathrm{d}x}{(1+\cos x-\sin x)^4}$.

分析 万能代换即半角代换，令 $\tan\dfrac{x}{2}=t$，则 $\sin x=\dfrac{2t}{1+t^2}$，$\cos x=\dfrac{1-t^2}{1+t^2}$，$\mathrm{d}x=\dfrac{2}{1+t^2}\mathrm{d}t$.

解 (1) $\displaystyle\int\frac{\sin x}{1+\sin x}\mathrm{d}x=4\int\frac{t}{(1+t)^2}\frac{\mathrm{d}t}{1+t^2}=4\int\left[-\frac{1}{2(1+t)^2}+\frac{1}{2(1+t^2)}\right]\mathrm{d}t$

$$=\frac{2}{1+t}+2\arctan t+C=\frac{2}{1+\tan\dfrac{x}{2}}+x+C.$$

(2) $\displaystyle\int\frac{\mathrm{d}x}{1+\sin x+\cos x}=\int\frac{1}{1+\frac{2t}{1+t^2}+\frac{1-t^2}{1+t^2}}\cdot\frac{2}{1+t^2}\mathrm{d}t=\int\frac{\mathrm{d}t}{1+t}=\ln|1+t|+C$

$\displaystyle\qquad\qquad =\ln\left|1+\tan\frac{x}{2}\right|+C.$

(3) $\displaystyle\int\frac{1-\cos x}{1+\cos x}\mathrm{d}x=\int\frac{1-\frac{1-t^2}{1+t^2}}{1+\frac{1-t^2}{1+t^2}}\cdot\frac{2}{1+t^2}\mathrm{d}t=\int\frac{2t^2}{1+t^2}\mathrm{d}t$

$\displaystyle\qquad\qquad =2\int\frac{t^2+1-1}{1+t^2}\mathrm{d}t=2\int\left(1-\frac{1}{1+t^2}\right)\mathrm{d}t$

$\displaystyle\qquad\qquad =2t-2\arctan t+C=2\tan\frac{x}{2}-x+C.$

(4) $\displaystyle\int\frac{\sin^3 x\mathrm{d}x}{(1+\cos x-\sin x)^4}=\int\frac{\tan^3\frac{x}{2}\mathrm{d}x}{2\left(1-\tan\frac{x}{2}\right)^4\cos^2\frac{x}{2}}\quad\left(\text{令}\tan\frac{x}{2}=t\right)$

$\displaystyle\qquad =\int\frac{t^3}{(1-t)^4}\mathrm{d}t=\int\frac{[(t-1)+1]^3}{(t-1)^4}\mathrm{d}t$

$\displaystyle\qquad =\int\left[\frac{1}{t-1}+\frac{3}{(t-1)^2}+\frac{3}{(t-1)^3}+\frac{1}{(t-1)^4}\right]\mathrm{d}t$

$\displaystyle\qquad =\ln|t-1|-\frac{3}{t-1}-\frac{3}{2(t-1)^2}-\frac{1}{3(t-1)^3}+C$

$\displaystyle\qquad =\ln\left|\tan\frac{x}{2}-1\right|-\frac{3}{\tan\frac{x}{2}-1}-\frac{3}{2\left(\tan\frac{x}{2}-1\right)^2}$

$\displaystyle\qquad\qquad -\frac{1}{3\left(\tan\frac{x}{2}-1\right)^3}+C.$

● **方法总结**

三角函数有理式的不定积分有多种计算方法.一般来说,若能利用三角函数的关系式或凑微分法来计算,会相对简单一些,而用万能代换、正切代换时,计算相对麻烦一些.因此要逐步掌握选取计算量最小的方法,尽量少用万能代换来计算.

【例17】 计算下列不定积分.

(1) $\displaystyle\int\frac{x\mathrm{d}x}{\sqrt{1+x^2+\sqrt{(1+x^2)^3}}}$;

(2) $\displaystyle\int\frac{\sqrt{x^2-9}}{x}\mathrm{d}x$;

(3) $\displaystyle\int\frac{\mathrm{d}x}{\sqrt{x(4-x)}}$;

(4) $\displaystyle\int\frac{\mathrm{d}x}{x^2\sqrt{1+x^2}}$.

解 (1) $\displaystyle\int\frac{x\mathrm{d}x}{\sqrt{1+x^2+\sqrt{(1+x^2)^3}}}=\frac{1}{2}\int\frac{\mathrm{d}(1+x^2)}{\sqrt{1+x^2}\sqrt{1+\sqrt{1+x^2}}}\quad(\text{令}\sqrt{1+x^2}=t)$

$$= \frac{1}{2} \int \frac{\mathrm{d}t^2}{t \sqrt{1+t}} = \int \frac{\mathrm{d}t}{\sqrt{1+t}} = 2\sqrt{1+t} + C$$

$$= 2\sqrt{1+\sqrt{1+x^2}} + C.$$

(2) $\displaystyle\int \frac{\sqrt{x^2-9}}{x}\mathrm{d}x \xlongequal{x=3\sec u} \int \frac{3\tan u}{3\sec u} \cdot 3\sec u\tan u\mathrm{d}u$

$$= 3\int \tan^2 u\mathrm{d}u = 3\int (\sec^2 u-1)\mathrm{d}u = 3\tan u - 3u + C$$

$$= \sqrt{x^2-9} - 3\arccos\frac{3}{x} + C.$$

(3) $\displaystyle\int \frac{\mathrm{d}x}{\sqrt{x(4-x)}} = 2\int \frac{\mathrm{d}\sqrt{x}}{\sqrt{4-(\sqrt{x})^2}} = 2\int \frac{\mathrm{d}(\frac{\sqrt{x}}{2})}{\sqrt{1-(\frac{\sqrt{x}}{2})^2}} = 2\arcsin\frac{\sqrt{x}}{2} + C.$

(4)令 $x = \dfrac{1}{t}$，$\mathrm{d}x = -\dfrac{\mathrm{d}t}{t^2}$，则 $\displaystyle\int \frac{\mathrm{d}x}{x^2\sqrt{1+x^2}} = -\int \frac{|t|}{\sqrt{t^2+1}}\mathrm{d}t$，

当 $x > 0$ 时，有 $\displaystyle\int \frac{\mathrm{d}x}{x^2\sqrt{1+x^2}} = -\frac{1}{2}\int \frac{\mathrm{d}(1+t^2)}{\sqrt{1+t^2}} = -\sqrt{1+t^2} + C = -\frac{1}{x}\sqrt{1+x^2} + C$，

当 $x < 0$ 时，有 $\displaystyle\int \frac{\mathrm{d}x}{x^2\sqrt{1+x^2}} = \frac{1}{2}\int \frac{\mathrm{d}(1+t^2)}{\sqrt{1+t^2}} = \sqrt{1+t^2} + C = \frac{1}{|x|}\sqrt{1+x^2} + C$

$$= -\frac{1}{x}\sqrt{1+x^2} + C;$$

所以 $\displaystyle\int \frac{\mathrm{d}x}{x^2\sqrt{1+x^2}} = -\frac{1}{x}\sqrt{1+x^2} + C.$

【例 18】 用欧拉代换计算下列不定积分：

(1) $\displaystyle\int \frac{x^2\mathrm{d}x}{\sqrt{x^2+2x+5}}$；　　(2) $\displaystyle\int \frac{\mathrm{d}x}{x-\sqrt{x^2+2x-8}}$；　　(3) $\displaystyle\int \frac{\mathrm{d}x}{1+\sqrt{1-2x-x^2}}$.

解 (1)**方法一**　用第一类型欧拉代换.

令 $\sqrt{x^2+2x+5} = x-z$，则 $x = \dfrac{z^2-5}{2(z+1)}$，$\mathrm{d}x = \dfrac{z^2+2z+5}{2(z+1)^2}\mathrm{d}z$. 于是

$$\int \frac{x^2\mathrm{d}x}{\sqrt{x^2+2x+5}} = -\frac{1}{4}\int \frac{(z^2-5)^2}{(z+1)^3}\mathrm{d}z$$

$$= -\frac{1}{4}\int \left[\frac{16}{(z+1)^3} + \frac{16}{(z+1)^2} - \frac{4}{z+1} - 4 + (z+1)\right]\mathrm{d}z$$

$$= \frac{2}{(z+1)^2} + \frac{4}{z+1} + \ln|z+1| - \frac{z^2}{8} + \frac{3}{4}z + C$$

$$= \frac{x-3}{2}\sqrt{x^2+2x+5} + \ln\left|x+1-\sqrt{x^2+2x+5}\right| + C.$$

方法二　$\displaystyle\int \frac{x^2}{\sqrt{x^2+2x+5}}\mathrm{d}x = \int \frac{x^2+2x+5-(2x+2)-3}{\sqrt{x^2+2x+5}}\mathrm{d}x$

$$= \int \sqrt{x^2+2x+5}\, dx - \int \frac{d(x^2+2x+5)}{x^2+2x+5} - 3\int \frac{1}{x^2+2x+5}\, dx$$

$$= \frac{1}{2}(x+1)\sqrt{x^2+2x+5} + 2\ln(x+1+\sqrt{x^2+2x+5})$$

$$- \sqrt{2x^2+2x+5} - 3\ln(x+1+\sqrt{x^2+2x+5}) + C$$

$$= \frac{x-3}{2}\sqrt{x^2+2x+5} - \ln(x+1+\sqrt{x^2+2x+5}) + C.$$

(2)用第三类型欧拉代换. 令 $\sqrt{x^2+2x-8}=z(x+4)$,则 $x=\dfrac{4z^2+2}{1-z^2}$,$dx=\dfrac{12z}{(1-z^2)^2}dz$. 故

$$\int \frac{dx}{x-\sqrt{x^2+2x-8}} = \int \frac{z+1}{2(1-2z)} \cdot \frac{12z}{(1-z^2)^2}dz = \int \frac{6z\,dz}{(1-2z)(z+1)(z-1)^2}$$

$$= \int \left[\frac{9}{2(z-1)} - \frac{1}{2(z+1)} - \frac{8}{2z-1} - \frac{3}{(z-1)^2} \right]dz$$

$$= \frac{9}{2}\ln|z-1| - \frac{1}{2}\ln|z+1| - 4\ln|2z-1| + \frac{3}{z-1} + C_1$$

$$= \frac{1}{2}\ln\left| x+1-\sqrt{x^2+2x-8} \right| + 4\ln\left| \frac{\sqrt{x^2+2x-8}-x+8}{x-4} \right|$$

$$- \frac{\sqrt{x^2+2x-8}+x}{2} + C.$$

(3)用第二类型欧拉代换. 令 $\sqrt{1-2x-x^2}=xz-1$,$x=\dfrac{2(z-1)}{z^2+1}$,$dx=\dfrac{2(1+2z-z^2)}{(z^2+1)^2}dz$.
于是

$$\int \frac{dx}{1+\sqrt{1-2x-x^2}} = \int \frac{1+2z-z^2}{z(z-1)(z^2+1)}dz$$

$$= \int \left(\frac{1}{z-1} - \frac{1}{z} - \frac{2}{z^2+1} \right)dz$$

$$= \ln\left| \frac{z-1}{z} \right| - 2\arctan z + C$$

$$= \ln\left| \frac{1+\sqrt{1-2x-x^2}-x}{1+\sqrt{1-2x-x^2}} \right| - 2\arctan \frac{\sqrt{1-2x-x^2}+1}{x} + C.$$

【例 19】 计算下列不定积分.

(1) $\displaystyle\int \frac{dx}{\sqrt{2}+\sqrt{1-x}+\sqrt{1+x}}$;　　　　(2) $\displaystyle\int \frac{dx}{x\sqrt{x^4+2x^2-1}}$.

解　(1)分子分母同乘 $-\sqrt{2}+\sqrt{1-x}+\sqrt{1+x}$,得

$$\int \frac{dx}{\sqrt{2}+\sqrt{1-x}+\sqrt{1+x}} = \int \frac{-\sqrt{2}+\sqrt{1-x}+\sqrt{1+x}}{2\sqrt{1-x^2}}dx$$

$$= -\frac{1}{\sqrt{2}}\int \frac{dx}{\sqrt{1-x^2}} + \frac{1}{2}\int \frac{dx}{\sqrt{1+x}} + \frac{1}{2}\int \frac{dx}{\sqrt{1-x}}$$

$$= -\frac{1}{\sqrt{2}}\arcsin x + \sqrt{1+x} - \sqrt{1-x} + C.$$

(2)设 $x>0$,令 $\frac{1}{x}=\sqrt{t}$(若 $x<0$,则令 $\frac{1}{x}=-\sqrt{t}$,结果相同),得

$$\mathrm{d}x = -\frac{\mathrm{d}t}{2t\sqrt{t}}, \quad \sqrt{x^4+2x^2-1} = \frac{\sqrt{1+2t-t^2}}{t},$$

于是

$$\int \frac{\mathrm{d}x}{x\sqrt{x^4+2x^2-1}} = -\frac{1}{2}\int \frac{\mathrm{d}t}{\sqrt{1+2t-t^2}} = \frac{1}{2}\int \frac{\mathrm{d}(1-t)}{\sqrt{2-(1-t)^2}} = \frac{1}{2}\arcsin\frac{1-t}{\sqrt{2}} + C$$

$$= \frac{1}{2}\arcsin\frac{x^2-1}{\sqrt{2}\,x^2} + C.$$

【例20】 一曲线通过点 $(e^2,3)$,且在曲线上任一点处切线的斜率都等于该点横坐标的倒数,求该曲线的方程.

解 设曲线方程为 $y=f(x)$,则 $y'=\frac{1}{x}$,于是

$$y = \int \frac{1}{x}\mathrm{d}x = \ln x + C, \quad 又\ 3 = \ln e^2 + C \Rightarrow C = 1.$$

故所求曲线方程为 $y=\ln x+1$.

【例21】 已知 $y'=f'(x)$ 的图形是一条开口向上的抛物线,与 x 轴交于 $x=0$ 和 $x=2$ 两点.设 $f(x)$ 有极大值 4 和极小值 0,求 $f(x)$.

解 由题设,知 $f'(x)=ax(x-2)$ $(a>0)$,则 $f(x)=\int ax(x-2)\mathrm{d}x = \frac{a}{3}x^3 - ax^2 + C$.

又当 $f'(x)=0$ 时有稳定点 $x=0$ 和 $x=2$,则 $f(0)=C$,$f(2)=-\frac{4a}{3}+C$. 而 $f''(x)=2a(x-1)$,有 $f''(0)=-2a<0$,$f''(2)=2a>0$. 故 $f(0)$ 为极大值,$f(2)$ 为极小值,即

$$\begin{cases} C=4, \\ -\dfrac{4a}{3}+C=0 \end{cases} \Rightarrow \begin{cases} C=4, \\ a=3. \end{cases}$$

所以 $f(x)=x^3-3x^2+4$.

【例22】 计算下列不定积分:

(1) $\displaystyle\int \cos(\ln x)\mathrm{d}x$;

(2) $\displaystyle\int \frac{\sin x}{\sin x + \cos x}\mathrm{d}x$;

(3) $\displaystyle\int e^{2x}\sin^2 x\,\mathrm{d}x$;

(4) $\displaystyle\int e^{ax}\cos bx\,\mathrm{d}x$ $(a\neq 0)$.

解 (1)令 $I_1=\displaystyle\int \cos(\ln x)\mathrm{d}x$,$I_2=\displaystyle\int \sin(\ln x)\mathrm{d}x$,则

$$I_1 + I_2 = \int [\cos(\ln x) + \sin(\ln x)]\mathrm{d}x = \int [x(\sin(\ln x))' + \sin(\ln x)]\mathrm{d}x$$

$$= \int \mathrm{d}[x\sin(\ln x)] = x\sin(\ln x) + C_1,$$

$$I_1 - I_2 = \int [\cos(\ln x) - \sin(\ln x)]\mathrm{d}x = \int [\cos(\ln x) + x(\cos(\ln x))']\mathrm{d}x$$

$$= \int \mathrm{d}[x\cos(\ln x)] = x\cos(\ln x) + C_2,$$

由 $\begin{cases} I_1 + I_2 = x\sin(\ln x) + C_1, \\ I_1 - I_2 = x\cos(\ln x) + C_2, \end{cases}$ 得 $\begin{cases} I_1 = \dfrac{x}{2}[\sin(\ln x) + \cos(\ln x)] + C, \\ I_2 = \dfrac{x}{2}[\sin(\ln x) - \cos(\ln x)] + C_0, \end{cases}$

所以 $\displaystyle\int \cos(\ln x)\mathrm{d}x = \dfrac{x}{2}[\sin(\ln x) + \cos(\ln x)] + C$.

(2) 令 $I_1 = \displaystyle\int \dfrac{\sin x\mathrm{d}x}{\sin x + \cos x}$, $I_2 = \displaystyle\int \dfrac{\cos x\mathrm{d}x}{\sin x + \cos x}$, 则

$$I_1 + I_2 = \int \dfrac{\sin x + \cos x}{\sin x + \cos x}\mathrm{d}x = x + C_1,$$

$$I_2 - I_1 = \int \dfrac{\cos x - \sin x}{\sin x + \cos x}\mathrm{d}x = \int \dfrac{\mathrm{d}(\sin x + \cos x)}{\sin x + \cos x} = \ln|\sin x + \cos x| + C_2.$$

由 $\begin{cases} I_1 + I_2 = x + C_1, \\ I_2 - I_1 = \ln|\sin x + \cos x| + C_2, \end{cases}$ 得 $\begin{cases} I_1 = \dfrac{1}{2}(x - \ln|\sin x + \cos x|) + C, \\ I_2 = \dfrac{1}{2}(x + \ln|\sin x + \cos x|) + C_0. \end{cases}$

所以 $\displaystyle\int \dfrac{\sin x}{\sin x + \cos x}\mathrm{d}x = \dfrac{1}{2}(x - \ln|\sin x + \cos x|) + C$.

(3) 令 $I_1 = \displaystyle\int \mathrm{e}^{2x}\sin^2 x\mathrm{d}x$, $I_2 = \displaystyle\int \mathrm{e}^{2x}\cos^2 x\mathrm{d}x$, 则

$$I_1 + I_2 = \int \mathrm{e}^{2x}(\sin^2 x + \cos^2 x)\mathrm{d}x = \dfrac{1}{2}\mathrm{e}^{2x} + C_1,$$

$$I_2 - I_1 = \int \mathrm{e}^{2x}(\cos^2 x - \sin^2 x)\mathrm{d}x = \int \mathrm{e}^{2x}\cos 2x\mathrm{d}x.$$

又令 $I_3 = \displaystyle\int \mathrm{e}^t\cos t\mathrm{d}t$, $I_4 = \displaystyle\int \mathrm{e}^t\sin t\mathrm{d}t$, 则

$$I_3 + I_4 = \int \mathrm{e}^t(\cos t + \sin t)\mathrm{d}t = \int \mathrm{e}^t[(\sin t)' + \sin t]\mathrm{d}t = \int \mathrm{d}(\mathrm{e}^t\sin t) = \mathrm{e}^t\sin t + C_3,$$

$$I_3 - I_4 = \int \mathrm{e}^t(\cos t - \sin t)\mathrm{d}t = \int \mathrm{e}^t[\cos t + (\cos t)']\mathrm{d}t = \int \mathrm{d}(\mathrm{e}^t\cos t) = \mathrm{e}^t\cos t + C_4.$$

由 $\begin{cases} I_3 + I_4 = \mathrm{e}^t\sin t + C_3, \\ I_3 - I_4 = \mathrm{e}^t\cos t + C_4, \end{cases}$ 得 $\begin{cases} I_3 = \dfrac{\mathrm{e}^t}{2}(\sin t + \cos t) + C_3', \\ I_4 = \dfrac{\mathrm{e}^t}{2}(\sin t - \cos t) + C_4', \end{cases}$

从而 $I_2 - I_1 = \dfrac{\mathrm{e}^{2x}}{4}(\sin 2x + \cos 2x) + C_2$.

由 $\begin{cases} I_1 + I_2 = \dfrac{1}{2}\mathrm{e}^{2x} + C_1, \\ I_2 - I_1 = \dfrac{\mathrm{e}^{2x}}{4}(\sin 2x + \cos 2x) + C_2, \end{cases}$ 得 $\begin{cases} I_1 = \dfrac{\mathrm{e}^{2x}}{4}\left[1 - \dfrac{1}{2}(\sin 2x + \cos 2x)\right] + C, \\ I_2 = \dfrac{\mathrm{e}^{2x}}{4}\left[1 + \dfrac{1}{2}(\sin 2x + \cos 2x)\right] + C_0. \end{cases}$

所以 $\displaystyle\int \mathrm{e}^{2x}\sin^2 x\mathrm{d}x=\dfrac{\mathrm{e}^{2x}}{4}\Big[1-\dfrac{1}{2}(\sin 2x+\cos 2x)\Big]+C.$

(4) 令 $I_1=\displaystyle\int \mathrm{e}^{ax}\cos bx\mathrm{d}x,I_2=\displaystyle\int \mathrm{e}^{ax}\sin bx\mathrm{d}x,$ 则

$$aI_1-bI_2=a\int \mathrm{e}^{ax}\cos bx\mathrm{d}x-b\int \mathrm{e}^{ax}\sin bx\mathrm{d}x=\int \cos bx\mathrm{d}\mathrm{e}^{ax}+\int \mathrm{e}^{ax}\mathrm{d}(\cos bx)$$

$$=\int \mathrm{d}(\mathrm{e}^{ax}\cos bx)=\mathrm{e}^{ax}\cos bx+C_1,$$

$$bI_1+aI_2=b\int \mathrm{e}^{ax}\cos bx\mathrm{d}x+a\int \mathrm{e}^{ax}\sin bx\mathrm{d}x=\int \mathrm{e}^{ax}\mathrm{d}(\sin bx)+\int \sin bx\mathrm{d}(\mathrm{e}^{ax})$$

$$=\int \mathrm{d}(\mathrm{e}^{ax}\sin bx)=\mathrm{e}^{ax}\sin bx+C_2,$$

由 $\begin{cases}aI_1-bI_2=\mathrm{e}^{ax}\cos bx+C_1,\\ bI_1+aI_2=\mathrm{e}^{ax}\sin bx+C_2,\end{cases}$ 得 $\begin{cases}I_1=\dfrac{b\sin bx+a\cos bx}{a^2+b^2}\mathrm{e}^{ax}+C,\\ I_2=\dfrac{a\sin bx-b\cos bx}{a^2+b^2}\mathrm{e}^{ax}+C_0.\end{cases}$

所以 $\displaystyle\int \mathrm{e}^{ax}\cos bx\mathrm{d}x=\dfrac{b\sin bx+a\cos bx}{a^2+b^2}\mathrm{e}^{ax}+C.$

● **方法总结** ···

本题也可以多次使用分部积分法来求解.

【例 23】 计算下列不定积分：

(1) $\displaystyle\int \dfrac{\ln\sin x}{\sin^2 x}\mathrm{d}x$； (2) $\displaystyle\int \dfrac{\arctan \mathrm{e}^x}{\mathrm{e}^{2x}}\mathrm{d}x$； (3) $\displaystyle\int \dfrac{x\mathrm{e}^x}{\sqrt{\mathrm{e}^x-1}}\mathrm{d}x$； (4) $\displaystyle\int \dfrac{\arctan x}{x^2(1+x^2)}\mathrm{d}x.$

解 (1) $\displaystyle\int \dfrac{\ln\sin x}{\sin^2 x}\mathrm{d}x=-\int \ln\sin x\mathrm{d}(\cot x)=-\cot x\ln\sin x+\int \cot^2 x\mathrm{d}x$

$$=-\cot x\ln\sin x+\int (\csc^2 x-1)\mathrm{d}x=-\cot x\ln\sin x-\cot x-x+C.$$

(2) $\displaystyle\int \dfrac{\arctan \mathrm{e}^x}{\mathrm{e}^{2x}}\mathrm{d}x=-\dfrac{1}{2}\int \arctan \mathrm{e}^x\mathrm{d}(\mathrm{e}^{-2x})=-\dfrac{1}{2}\Big[\mathrm{e}^{-2x}\arctan \mathrm{e}^x-\int \dfrac{\mathrm{e}^x\mathrm{d}x}{\mathrm{e}^{2x}(1+\mathrm{e}^{2x})}\Big]$

$$=-\dfrac{1}{2}\Big[\mathrm{e}^{-2x}\arctan \mathrm{e}^x-\int \Big(\dfrac{1}{\mathrm{e}^{2x}}-\dfrac{1}{1+\mathrm{e}^{2x}}\Big)\mathrm{d}(\mathrm{e}^x)\Big]$$

$$=-\dfrac{1}{2}(\mathrm{e}^{-2x}\arctan \mathrm{e}^x+\mathrm{e}^{-x}+\arctan \mathrm{e}^x)+C.$$

(3) $\displaystyle\int \dfrac{x\mathrm{e}^x}{\sqrt{\mathrm{e}^x-1}}\mathrm{d}x=\int \dfrac{x\mathrm{d}(\mathrm{e}^x-1)}{\sqrt{\mathrm{e}^x-1}}=2\int x\mathrm{d}(\sqrt{\mathrm{e}^x-1})=2\Big(x\sqrt{\mathrm{e}^x-1}-\int \sqrt{\mathrm{e}^x-1}\mathrm{d}x\Big).$

令 $u=\sqrt{\mathrm{e}^x-1},$ 有 $\mathrm{d}x=\dfrac{2u}{1+u^2}\mathrm{d}u,$ 则

$$\int \sqrt{\mathrm{e}^x-1}\mathrm{d}x=\int \dfrac{2u}{1+u^2}\cdot u\mathrm{d}u=2\int \dfrac{u^2+1-1}{1+u^2}\mathrm{d}u=2u-2\arctan u+C.$$

故 $\displaystyle\int \frac{x\mathrm{e}^x}{\sqrt{\mathrm{e}^x-1}}\mathrm{d}x = 2x\sqrt{\mathrm{e}^x-1}-4\sqrt{\mathrm{e}^x-1}+4\arctan\sqrt{\mathrm{e}^x-1}+C.$

(4) $\displaystyle\int \frac{\arctan x}{x^2(1+x^2)}\mathrm{d}x = \int \frac{\arctan x}{x^2}\mathrm{d}x - \int \frac{\arctan x}{1+x^2}\mathrm{d}x = \int \frac{\arctan x}{x^2}\mathrm{d}x - \frac{1}{2}(\arctan x)^2,$ 其中

$$\int \frac{\arctan x}{x^2}\mathrm{d}x = -\int \arctan x\,\mathrm{d}\left(\frac{1}{x}\right) = -\frac{1}{x}\arctan x + \int \frac{\mathrm{d}x}{x(1+x^2)}$$

$$= -\frac{\arctan x}{x} + \frac{1}{2}\int \left(\frac{1}{x^2}-\frac{1}{1+x^2}\right)\mathrm{d}(x^2)$$

$$= -\frac{\arctan x}{x} + \frac{1}{2}\ln\frac{x^2}{1+x^2}+C_1.$$

故 $\displaystyle\int \frac{\arctan x}{x^2(1+x^2)}\mathrm{d}x = -\frac{\arctan x}{x} + \frac{1}{2}\ln\frac{x^2}{1+x^2} - \frac{1}{2}(\arctan x)^2+C.$

【例 24】 (1) 设 $f(\ln x) = \dfrac{\ln(1+x)}{x}$,计算 $\displaystyle\int f(x)\mathrm{d}x.$

(2) 设 $f(\sin^2 x) = \dfrac{x}{\sin x}$,计算 $\displaystyle\int \frac{\sqrt{x}}{\sqrt{1-x}}f(x)\mathrm{d}x.$

解 (1) 设 $\ln x = t$,则 $x = \mathrm{e}^t, f(t) = \dfrac{\ln(1+\mathrm{e}^t)}{\mathrm{e}^t}$,从而

$$\int f(x)\mathrm{d}x = \int \frac{\ln(1+\mathrm{e}^x)}{\mathrm{e}^x}\mathrm{d}x = -\int \ln(1+\mathrm{e}^x)\mathrm{d}(\mathrm{e}^{-x}) = -\mathrm{e}^{-x}\ln(1+\mathrm{e}^x) + \int \frac{1}{1+\mathrm{e}^x}\mathrm{d}x$$

$$= -\mathrm{e}^{-x}\ln(1+\mathrm{e}^x) + \int \left(1-\frac{\mathrm{e}^x}{1+\mathrm{e}^x}\right)\mathrm{d}x$$

$$= -\mathrm{e}^{-x}\ln(1+\mathrm{e}^x) + x - \ln(1+\mathrm{e}^x)+C.$$

(2) 设 $u = \sin^2 x$,有 $\sin x = \sqrt{u}, x = \arcsin\sqrt{u}, f(x) = \dfrac{\arcsin\sqrt{x}}{\sqrt{x}}$,则

$$\int \frac{\sqrt{x}}{\sqrt{1-x}}f(x)\mathrm{d}x = \int \frac{\arcsin\sqrt{x}}{\sqrt{1-x}}\mathrm{d}x = -\int \frac{\arcsin\sqrt{x}}{\sqrt{1-x}}\mathrm{d}(1-x)$$

$$= -2\int \arcsin\sqrt{x}\,\mathrm{d}\sqrt{1-x}$$

$$= -2\sqrt{1-x}\arcsin\sqrt{x} + 2\int \sqrt{1-x}\frac{1}{\sqrt{1-x}}\mathrm{d}(\sqrt{x})$$

$$= -2\sqrt{1-x}\arcsin\sqrt{x} + 2\sqrt{x}+C.$$

【例 25】 求下列不定积分:

(1) $\displaystyle\int (2x-1)\ln x\,\mathrm{d}x;$ (2) $\displaystyle\int (x^2-1)\arctan x\,\mathrm{d}x;$ (3) $\displaystyle\int x^2\arcsin x\,\mathrm{d}x.$

解 (1) 令 $u = \ln x, v' = 2x-1$,于是 $u' = \dfrac{1}{x}, v = x^2-x$,因而

$$\int (2x-1)\ln x\,\mathrm{d}x = (x^2-x)\ln x - \int \frac{x^2-x}{x}\mathrm{d}x = (x^2-x)\ln x - \frac{1}{2}x^2+x+C.$$

(2) 令 $u = \arctan x, v' = x^2 - 1$，于是 $u' = \dfrac{1}{1+x^2}, v = \dfrac{1}{3}x^3 - x$，因而

$$\int (x^2 - 1)\arctan x\,dx = \left(\frac{x^3}{3} - x\right)\arctan x - \int \frac{x^3 - 3x}{3(1+x^2)}dx$$

$$= \frac{1}{3}(x^3 - 3x)\arctan x - \frac{1}{3}\int \left(x - \frac{4x}{1+x^2}\right)dx$$

$$= \frac{1}{3}(x^3 - 3x)\arctan x - \frac{1}{3}\left[\frac{x^2}{2} - 2\ln(1+x^2)\right] + C$$

$$= \frac{1}{3}\left[(x^3 - 3x)\arctan x - \frac{x^2}{2} + 2\ln(1+x^2)\right] + C.$$

(3) $\displaystyle\int x^2\arcsin x\,dx = \int \arcsin x\,d\left(\frac{1}{3}x^3\right) = \frac{x^3}{3}\arcsin x - \frac{1}{3}\int \frac{x^3}{\sqrt{1-x^2}}dx,$

而 $\qquad \displaystyle\int \frac{x^3}{\sqrt{1-x^2}}dx = \int x^2\,d(-\sqrt{1-x^2}) = -x^2\sqrt{1-x^2} + 2\int x\sqrt{1-x^2}\,dx$

$$= -x^2\sqrt{1-x^2} - \int \sqrt{1-x^2}\,d(\sqrt{1-x^2})$$

$$= -x^2\sqrt{1-x^2} - \frac{2}{3}\sqrt{(1-x^2)^3} + C_1,$$

故 $\qquad \displaystyle\int x^2\arcsin x\,dx = \frac{x^3}{3}\arcsin x + \frac{x^2}{3}\sqrt{1-x^2} + \frac{2}{9}\sqrt{(1-x^2)^3} + C.$

● **方法总结** ⋯⋯⋯⋯⋯⋯⋯⋯⋯⋯⋯⋯⋯⋯⋯⋯⋯⋯⋯⋯⋯⋯⋯⋯⋯⋯⋯⋯⋯

本题所用方法称为"升幂法"，适合应用"升幂法"的不定积分有如下类型：

$$\int P_n(x)(\ln x)^m\,dx, \quad \int P_n(x)(\arctan x)^m\,dx, \quad (m \in N_+)$$

及某些 $\displaystyle\int P_n(x)\arcsin x\,dx$，或 $\displaystyle\int P_n(x)\arccos x\,dx.$

在使用分部积分法求上述各类不定积分时，只须令 $u = (\ln x)^m$ 或 $(\arctan x)^m, v' = P_n(x)$，使得每用一次分部积分，多项式因子升幂一次，同时使 $(\ln x)^m$ 或 $(\arctan x)^m$ 降幂. 重复使用这个过程 m 次，最后化为求一多项式或一有理分式的不定积分.

三、教材习题解答

============= ▨▨▨ **习题 8.1 解答** ▨▨▨ =============

1. 验证下列等式,并与(3)、(4) 两式相比照:

(1) $\int f'(x)\mathrm{d}x = f(x)+C$;　　　　　(2) $\int \mathrm{d}f(x) = f(x)+C$.

注: 教材中(3)、(4) 两式为

(3) $\left[\int f(x)\mathrm{d}x\right]' = [F(x)+C]' = f(x)$;　　(4) $\mathrm{d}\int f(x)\mathrm{d}x = \mathrm{d}[F(x)+C] = f(x)\mathrm{d}x$.

解 (1) 因为 $[f(x)+C]' = f'(x)$,所以 $\int f'(x)\mathrm{d}x = f(x)+C$.

它是对 $f(x)$ 先求导后积分,则等于 $f(x)+C$;(3) 式是对 $f(x)$ 先积分后求导,则等于 $f(x)$.

(2) 因为 $\mathrm{d}f(x) = f'(x)\mathrm{d}x$,由(1) 可知 $\int \mathrm{d}f(x) = f(x)+C$.

它是对 $f(x)$ 先微分后积分,则等于 $f(x)+C$;而(4) 式是对 $f(x)$ 先积分后微分,则等于 $f(x)\mathrm{d}x$.

2. 求一曲线 $y = f(x)$,使得在曲线上每一点 (x,y) 处的切线斜率为 $2x$,且通过点 $(2,5)$.

解 由题意,有 $f'(x) = 2x$,所以 $f(x) = \int f'(x)\mathrm{d}x = \int 2x\mathrm{d}x = x^2+C$.

又由于 $y = f(x)$ 过点 $(2,5)$,即 $5 = 4+C$,故 $C = 1$.

因而所求的曲线为 $f(x) = x^2+1$.

3. 验证 $y = \dfrac{x^2}{2}\operatorname{sgn} x$ 是 $|x|$ 在 $(-\infty,+\infty)$ 上的一个原函数.

证 因为 $y = \dfrac{x^2}{2}\operatorname{sgn} x = \begin{cases} \dfrac{1}{2}x^2, & x \geqslant 0, \\ -\dfrac{1}{2}x^2, & x < 0, \end{cases}$ 所以 $y' = \begin{cases} x, & x > 0, \\ -x, & x < 0. \end{cases}$

而当 $x = 0$ 时,有

$$y'_-(0) = \lim_{x\to 0^-}\left(-\frac{1}{2}x\right) = 0,$$
$$y'_+(0) = \lim_{x\to 0^+}\frac{1}{2}x = 0,$$

即 $y'(0) = 0$.

因而 $\left(\dfrac{x^2}{2}\operatorname{sgn} x\right)' = |x|, x\in \mathbf{R}$. 即 $y = \dfrac{1}{2}x^2\operatorname{sgn} x$ 是 $|x|$ 在 $\mathbf{R}$ 上的一个原函数.

4. 据理说明为什么每一个含有第一类间断点的函数都没有原函数.

解 设 x_0 为 $f(x)$ 的第一类间断点,且 $f(x)$ 在 $U(x_0)$ 内有原函数 $F(x)$,则 $F'(x) = f(x), x\in U(x_0)$.

从而由导数极限定理得

$$\lim_{x\to x_0^+} f(x) = \lim_{x\to x_0^+} F'(x) = F'_+(x_0) = F'(x_0) = f(x_0).$$

同理 $\lim_{x\to x_0^-} f(x) = F'(x_0) = f(x_0)$.

故 $f(x)$ 在 x_0 点处连续,矛盾. 因此每一个含有第一类间断点的函数都没有原函数.

5. 求下列不定积分:

(1) $\int \left(1-x+x^3-\dfrac{1}{\sqrt[3]{x^2}}\right)\mathrm{d}x$;　　　　　(2) $\int \left(x-\dfrac{1}{\sqrt{x}}\right)^2\mathrm{d}x$;

$(3)\displaystyle\int\frac{\mathrm{d}x}{\sqrt{2gx}}$（$g$ 为正常数）；

$(4)\displaystyle\int(2^x+3^x)^2\mathrm{d}x$；

$(5)\displaystyle\int\frac{3}{\sqrt{4-4x^2}}\mathrm{d}x$；

$(6)\displaystyle\int\frac{x^2}{3(1+x^2)}\mathrm{d}x$；

$(7)\displaystyle\int\tan^2x\mathrm{d}x$；

$(8)\displaystyle\int\sin^2x\mathrm{d}x$；

$(9)\displaystyle\int\frac{\cos 2x}{\cos x-\sin x}\mathrm{d}x$；

$(10)\displaystyle\int\frac{\cos 2x}{\cos^2x\cdot\sin^2x}\mathrm{d}x$；

$(11)\displaystyle\int 10^t\cdot 3^{2t}\mathrm{d}t$；

$(12)\displaystyle\int\sqrt{x\sqrt{x\sqrt{x}}}\mathrm{d}x$；

$(13)\displaystyle\int\left(\sqrt{\frac{1+x}{1-x}}+\sqrt{\frac{1-x}{1+x}}\right)\mathrm{d}x$；

$(14)\displaystyle\int(\cos x+\sin x)^2\mathrm{d}x$；

$(15)\displaystyle\int\cos x\cdot\cos 2x\mathrm{d}x$；

$(16)\displaystyle\int(\mathrm{e}^x-\mathrm{e}^{-x})^3\mathrm{d}x$；

$(17)\displaystyle\int\frac{2^{x+1}-5^{x-1}}{10^x}\mathrm{d}x$；

$(18)\displaystyle\int\frac{\sqrt{x^4+x^{-4}+2}}{x^3}\mathrm{d}x$.

【思路探索】 对被积函数进行恒等变形，将不定积分化为基本积分公式中所列类型积分的线性组合，然后逐项积分.

解 $(1)\displaystyle\int\left(1-x+x^3-\frac{1}{\sqrt[3]{x^2}}\mathrm{d}x\right)=\int\mathrm{d}x-\int x\mathrm{d}x+\int x^3\mathrm{d}x-\int x^{-\frac{2}{3}}\mathrm{d}x$

$$=x-\frac{1}{2}x^2+\frac{1}{4}x^4-3\sqrt[3]{x}+C.$$

$(2)\displaystyle\int\left(x-\frac{1}{\sqrt{x}}\right)^2\mathrm{d}x=\int\left(x^2-2x^{\frac{1}{2}}+\frac{1}{x}\right)\mathrm{d}x=\int x^2\mathrm{d}x-2\int x^{\frac{1}{2}}\mathrm{d}x+\int\frac{1}{x}\mathrm{d}x$

$$=\frac{1}{3}x^3-\frac{4}{3}\sqrt{x^3}+\ln x+C.$$

$(3)\displaystyle\int\frac{\mathrm{d}x}{\sqrt{2gx}}=\frac{1}{\sqrt{2g}}\int x^{-\frac{1}{2}}\mathrm{d}x=\frac{1}{\sqrt{2g}}\cdot 2x^{\frac{1}{2}}+C=\sqrt{\frac{2x}{g}}+C.$

$(4)\displaystyle\int(2^x+3^x)^2\mathrm{d}x=\int(4^x+2\cdot 6^x+9^x)\mathrm{d}x=\int 4^x\mathrm{d}x+2\int 6^x\mathrm{d}x+\int 9^x\mathrm{d}x$

$$=\frac{4^x}{\ln 4}+2\cdot\frac{6^x}{\ln 6}+\frac{9^x}{\ln 9}+C=\frac{4^x}{2\ln 2}+\frac{2\cdot 6^x}{\ln 6}+\frac{9^x}{2\ln 3}+C.$$

$(5)\displaystyle\int\frac{3}{\sqrt{4-4x^2}}\mathrm{d}x=\frac{3}{2}\int\frac{1}{\sqrt{1-x^2}}\mathrm{d}x=\frac{3}{2}\arcsin x+C.$

$(6)\displaystyle\int\frac{x^2}{3(1+x^2)}\mathrm{d}x=\frac{1}{3}\int\frac{1+x^2-1}{1+x^2}\mathrm{d}x=\frac{1}{3}\left(\int\mathrm{d}x-\int\frac{1}{1+x^2}\mathrm{d}x\right)=\frac{1}{3}(x-\arctan x)+C.$

$(7)\displaystyle\int\tan^2x\mathrm{d}x=\int(\sec^2x-1)\mathrm{d}x=\int\sec^2x\mathrm{d}x-\int\mathrm{d}x=\tan x-x+C.$

$(8)\displaystyle\int\sin^2x\mathrm{d}x=\int\frac{1-\cos 2x}{2}\mathrm{d}x=\frac{1}{2}\left(\int\mathrm{d}x-\int\cos 2x\mathrm{d}x\right)$

$$=\frac{1}{2}\left(x-\frac{1}{2}\sin 2x\right)+C=\frac{1}{4}(2x-\sin 2x)+C.$$

$(9)\displaystyle\int\frac{\cos 2x}{\cos x-\sin x}\mathrm{d}x=\int\frac{\cos^2x-\sin^2x}{\cos x-\sin x}\mathrm{d}x=\int(\cos x+\sin x)\mathrm{d}x=\sin x-\cos x+C.$

$(10)\displaystyle\int\frac{\cos 2x}{\cos^2x\sin^2x}\mathrm{d}x=\int\frac{\cos^2x-\sin^2x}{\cos^2x\sin^2x}\mathrm{d}x=\int\frac{\mathrm{d}x}{\sin^2x}-\int\frac{\mathrm{d}x}{\cos^2x}$

$$=\int\csc^2x\mathrm{d}x-\int\sec^2x\mathrm{d}x=-\cot x-\tan x+C.$$

(11) $\displaystyle\int 10^t \cdot 3^{2t}\,\mathrm{d}t = \int 90^t\,\mathrm{d}t = \frac{90^t}{\ln 90} + C.$

(12) $\displaystyle\int \sqrt{x\sqrt{x\sqrt{x}}}\,\mathrm{d}x = \int x^{\frac{7}{8}}\,\mathrm{d}x = \frac{8}{15}x^{\frac{15}{8}} + C.$

(13) $\displaystyle\int \left(\sqrt{\frac{1+x}{1-x}} + \sqrt{\frac{1-x}{1+x}}\right)\mathrm{d}x = \int \left(\frac{1+x}{\sqrt{1-x^2}} + \frac{1-x}{\sqrt{1-x^2}}\right)\mathrm{d}x$

$\displaystyle\qquad\qquad = \int \frac{2}{\sqrt{1-x^2}}\,\mathrm{d}x = 2\arcsin x + C.$

(14) $\displaystyle\int (\cos x + \sin x)^2\,\mathrm{d}x = \int (\cos^2 x + \sin^2 x + 2\sin x\cos x)\,\mathrm{d}x = \int (1 + \sin 2x)\,\mathrm{d}x$

$\displaystyle\qquad\qquad = \int \mathrm{d}x + \int \sin 2x\,\mathrm{d}x = x - \frac{1}{2}\cos 2x + C.$

(15) $\displaystyle\int \cos x\cos 2x\,\mathrm{d}x = \int \frac{1}{2}(\cos 3x + \cos x)\,\mathrm{d}x = \frac{1}{2}\left(\int \cos 3x\,\mathrm{d}x + \int \cos x\,\mathrm{d}x\right)$

$\displaystyle\qquad\qquad = \frac{1}{2}\left(\frac{1}{3}\sin 3x + \sin x\right) + C = \frac{1}{6}\sin 3x + \frac{1}{2}\sin x + C.$

(16) $\displaystyle\int (e^x - e^{-x})^3\,\mathrm{d}x = \int (e^{3x} - 3e^{2x}e^{-x} + 3e^x e^{-2x} - e^{-3x})\,\mathrm{d}x$

$\displaystyle\qquad\qquad = \int e^{3x}\,\mathrm{d}x - 3\int e^x\,\mathrm{d}x + 3\int\left(e^{-x}\,\mathrm{d}x - \int e^{-3x}\,\mathrm{d}x\right)$

$\displaystyle\qquad\qquad = \frac{e^{3x}}{\ln e^3} - 3e^x + 3\frac{e^{-x}}{\ln(e^{-1})} - \frac{e^{-3x}}{\ln(e^{-3})} + C$

$\displaystyle\qquad\qquad = \frac{1}{3}e^{3x} - 3e^x - 3e^{-x} + \frac{1}{3}e^{-3x} + C.$

(17) $\displaystyle\int \frac{2^{x+1} - 5^{x-1}}{10^x}\,\mathrm{d}x = \int \left[2\left(\frac{1}{5}\right)^x - \frac{1}{5}\left(\frac{1}{2}\right)^x\right]\mathrm{d}x = \frac{2\left(\frac{1}{5}\right)^x}{\ln \frac{1}{5}} - \frac{\left(\frac{1}{2}\right)^x}{5\ln \frac{1}{2}} + C$

$\displaystyle\qquad\qquad = -\frac{2}{\ln 5}5^{-x} + \frac{2^{-x}}{5\ln 2} + C.$

(18) $\displaystyle\int \frac{\sqrt{x^4 + x^{-4} + 2}}{x^3}\,\mathrm{d}x = \int \frac{\sqrt{(x^2 + x^{-2})^2}}{x^3}\,\mathrm{d}x = \int \left(\frac{1}{x} + x^{-5}\right)\mathrm{d}x$

$\displaystyle\qquad\qquad = \ln|x| + \frac{x^{-4}}{-4} + C = \ln|x| - \frac{1}{4}x^{-4} + C.$

6. 求下列不定积分：

(1) $\displaystyle\int e^{-|x|}\,\mathrm{d}x$；　　　　　　　(2) $\displaystyle\int |\sin x|\,\mathrm{d}x.$

【思路探索】　利用原函数与不定积分的关系，先求出一个原函数.

解　(1) 当 $x \geqslant 0$ 时，$\displaystyle\int e^{-|x|}\,\mathrm{d}x = \int e^{-x}\,\mathrm{d}x = -e^{-x} + C_1$；

当 $x < 0$ 时，$\displaystyle\int e^{-|x|}\,\mathrm{d}x = \int e^x\,\mathrm{d}x = e^x + C.$

由于 $e^{-|x|}$ 在 $(-\infty, +\infty)$ 上连续，故其原函数必在 $(-\infty, +\infty)$ 上连续可微. 因此

$$\lim_{x\to 0^-}(e^x + C) = 1 + C = \lim_{x\to 0^+}(-e^{-x} + C_1) = -1 + C_1,$$

即 $1 + C = -1 + C_1$，因此 $C_1 = 2 + C$，所以

$$\int e^{-|x|}\,\mathrm{d}x = \begin{cases} 2 - e^{-x} + C, & x \geqslant 0, \\ e^x + C, & x < 0. \end{cases}$$

(2) 当 $x \in [2k\pi, (2k+1)\pi]$ 时，$\displaystyle\int |\sin x|\,\mathrm{d}x = \int \sin x\,\mathrm{d}x = -\cos x + C_1$，

当 $x \in ((2k+1)\pi, (2k+2)\pi]$ 时，$\int |\sin x| \, dx = \int -\sin x \, dx = \cos x + C$.

由于 $|\sin x|$ 在 $(-\infty, +\infty)$ 上连续，故其原函数必在 $(-\infty, +\infty)$ 上连续可微.

因此，

$$\lim_{x \to (2k+1)\pi^-} (-\cos x + C_1) = -\cos((2k+1)\pi) + C_1 = \lim_{x \to (2k+1)\pi^+} (\cos x + C)$$
$$= \cos((2k+1)\pi) + C,$$

即 $1 + C_1 = -1 + C$，因此 $C_1 = -2 + C$.

因此，$\int |\sin x| \, dx = \begin{cases} -\cos x - 2 + C, & x \in [2k\pi, (2k+1)\pi], \\ \cos x + C, & x \in ((2k+1)\pi, (2k+2)\pi]. \end{cases}$

7. 设 $f'(\arctan x) = x^2$，求 $f(x)$.

解　令 $\arctan x = t$，则 $\tan t = x, f'(t) = \tan^2 t$，故

$$f(x) = \int f'(x) \, dx = \int \tan^2 x \, dx = \int (\sec^2 x - 1) \, dx = \tan x - x + C,$$

即 $f(x) = \tan x - x + C$.

归纳总结：作变换，先求出 $f'(x)$，再求 $f(x)$.

8. 举例说明含有第二类间断点的函数可能有原函数，也可能没有原函数.

解　$$f(x) = \begin{cases} 2x\sin\dfrac{1}{x} - \cos\dfrac{1}{x}, & x \neq 0, \\ 0, & x = 0. \end{cases}$$

$x = 0$ 是此函数的第二类间断点，但它有原函数

$$F(x) = \begin{cases} x^2 \sin\dfrac{1}{x}, & x \neq 0, \\ 0, & x = 0. \end{cases}$$

另外，狄利克雷函数 $D(x)$，其定义域 $\mathbf{R}$ 上每一点都是第二类间断点，但 $D(x)$ 无原函数.

习题 8.2 解答

1. 应用换元积分法求下列不定积分：

(1) $\int \cos(3x+4) \, dx$;

(2) $\int x e^{2x^2} \, dx$;

(3) $\int \dfrac{dx}{2x+1}$;

(4) $\int (1+x)^n \, dx$;

(5) $\int \left(\dfrac{1}{\sqrt{3-x^2}} + \dfrac{1}{\sqrt{1-3x^2}} \right) dx$;

(6) $\int 2^{2x+3} \, dx$;

(7) $\int \sqrt{8-3x} \, dx$;

(8) $\int \dfrac{dx}{\sqrt[3]{7-5x}}$;

(9) $\int x \sin x^2 \, dx$;

(10) $\int \dfrac{dx}{\sin^2\left(2x+\dfrac{\pi}{4}\right)}$;

(11) $\int \dfrac{dx}{1+\cos x}$;

(12) $\int \dfrac{dx}{1+\sin x}$;

(13) $\int \csc x \, dx$;

(14) $\int \dfrac{x}{\sqrt{1-x^2}} \, dx$.

$(15) \int \dfrac{x}{4+x^4} \mathrm{d}x;$

$(16) \int \dfrac{\mathrm{d}x}{x\ln x};$

$(17) \int \dfrac{x^4}{(1-x^5)^3} \mathrm{d}x;$

$(18) \int \dfrac{x^3}{x^8-2} \mathrm{d}x;$

$(19) \int \dfrac{\mathrm{d}x}{x(1+x)};$

$(20) \int \cot x \mathrm{d}x;$

$(21) \int \cos^5 x \mathrm{d}x;$

$(22) \int \dfrac{\mathrm{d}x}{\sin x \cos x};$

$(23) \int \dfrac{\mathrm{d}x}{\mathrm{e}^x+\mathrm{e}^{-x}};$

$(24) \int \dfrac{2x-3}{x^2-3x+8} \mathrm{d}x;$

$(25) \int \dfrac{x^2+2}{(x+1)^3} \mathrm{d}x;$

$(26) \int \dfrac{\mathrm{d}x}{\sqrt{x^2+a^2}} (a>0);$

$(27) \int \dfrac{\mathrm{d}x}{(x^2+a^2)^{3/2}} (a>0);$

$(28) \int \dfrac{x^5}{\sqrt{1-x^2}} \mathrm{d}x;$

$(29) \int \dfrac{\sqrt{x}}{1-\sqrt[3]{x}} \mathrm{d}x;$

$(30) \int \dfrac{\sqrt{x+1}-1}{\sqrt{x+1}+1} \mathrm{d}x;$

$(31) \int x(1-2x)^{99} \mathrm{d}x;$

$(32) \int \dfrac{\mathrm{d}x}{x(1+x^n)} (n\text{ 为自然数});$

$(33) \int \dfrac{x^{2n-1}}{x^n+1} \mathrm{d}x;$

$(34) \int \dfrac{\mathrm{d}x}{x\ln x\ln\ln x};$

$(35) \int \dfrac{\ln 2x}{x\ln 4x} \mathrm{d}x;$

$(36) \int \dfrac{\mathrm{d}x}{x^4\sqrt{x^2-1}}.$

解 $(1) \int \cos(3x+4)\mathrm{d}x \xlongequal{t=3x+4} \int \cos t \cdot \dfrac{1}{3}\mathrm{d}t = \dfrac{1}{3}\sin t + C = \dfrac{1}{3}\sin(3x+4) + C.$

$(2) \int x\mathrm{e}^{2x^2}\mathrm{d}x = \dfrac{1}{4}\int \mathrm{e}^{2x^2}\mathrm{d}(2x^2) \xlongequal{t=2x^2} \dfrac{1}{4}\int \mathrm{e}^t\mathrm{d}t = \dfrac{1}{4}\mathrm{e}^t + C = \dfrac{1}{4}\mathrm{e}^{2x^2} + C.$

$(3) \int \dfrac{\mathrm{d}x}{2x+1} \xlongequal{2x+1=t} \int \dfrac{1}{t} \cdot \dfrac{1}{2}\mathrm{d}t = \dfrac{1}{2}\ln|t| + C = \dfrac{1}{2}\ln|2x+1| + C.$

$(4) \int (1+x)^n\mathrm{d}x \xlongequal{1+x=t} \int t^n\mathrm{d}t = \begin{cases} \dfrac{1}{n+1}t^{n+1}+C, n\neq-1, \\ \ln|t|+C, \quad n=-1 \end{cases} = \begin{cases} \dfrac{1}{n+1}(1+x)^{n+1}+C, n\neq-1, \\ \ln|x+1|+C, \quad n=-1. \end{cases}$

$(5) \int \left(\dfrac{1}{\sqrt{3-x^2}} + \dfrac{1}{\sqrt{1-3x^2}}\right)\mathrm{d}x = \int \dfrac{\mathrm{d}x}{\sqrt{3-x^2}} + \int \dfrac{\mathrm{d}x}{\sqrt{1-3x^2}}$

$$= \int \dfrac{\mathrm{d}\left(\dfrac{x}{\sqrt{3}}\right)}{\sqrt{1-\left(\dfrac{x}{\sqrt{3}}\right)^2}} + \dfrac{1}{\sqrt{3}}\int \dfrac{\mathrm{d}(\sqrt{3}x)}{\sqrt{1-(\sqrt{3}x)^2}}$$

$$= \arcsin\dfrac{x}{\sqrt{3}} + \dfrac{1}{\sqrt{3}}\arcsin\sqrt{3}x + C.$$

$(6) \int 2^{2x+3}\mathrm{d}x \xlongequal{2x+3=t} \dfrac{1}{2}\int 2^t\mathrm{d}t = \dfrac{1}{2} \cdot \dfrac{2^t}{\ln 2} + C = \dfrac{1}{2} \cdot \dfrac{2^{2x+3}}{\ln 2} + C = \dfrac{2^{2x+2}}{\ln 2} + C.$

$(7) \int \sqrt{8-3x}\mathrm{d}x \xlongequal{8-3x=t} -\dfrac{1}{3}\int t^{\frac{1}{2}}\mathrm{d}t = -\dfrac{1}{3} \cdot \dfrac{2}{3}t^{\frac{3}{2}} + C = -\dfrac{2}{9}(8-3x)^{\frac{3}{2}} + C.$

归纳总结：**本题也可令** $\sqrt{8-3x}=t.$

(8) $\displaystyle\int \frac{\mathrm{d}x}{\sqrt[3]{7-5x}} \xlongequal{7-5x=t} -\frac{1}{5}\int t^{-\frac{1}{3}}\mathrm{d}t = -\frac{1}{5}\cdot\frac{3}{2}t^{\frac{2}{3}}+C = -\frac{3}{10}(7-5x)^{\frac{2}{3}}+C.$

(9) $\displaystyle\int x\sin x^2\,\mathrm{d}x = \frac{1}{2}\int \sin x^2\,\mathrm{d}(x^2) = -\frac{1}{2}\cos x^2+C.$

(10) $\displaystyle\int \frac{\mathrm{d}x}{\sin^2\left(2x+\frac{\pi}{4}\right)} \xlongequal{2x+\frac{\pi}{4}=t} \frac{1}{2}\int \csc^2 t\,\mathrm{d}t = -\frac{1}{2}\cot t+C = -\frac{1}{2}\cot\left(2x+\frac{\pi}{4}\right)+C.$

(11) $\displaystyle\int \frac{\mathrm{d}x}{1+\cos x} = \int \frac{\mathrm{d}x}{2\cos^2\frac{x}{2}} = \int \sec^2\frac{x}{2}\,\mathrm{d}\left(\frac{x}{2}\right) = \tan\frac{x}{2}+C.$

(12) $\displaystyle\int \frac{\mathrm{d}x}{1+\sin x} = \int \frac{1-\sin x}{1-\sin^2 x}\mathrm{d}x = \int \frac{1-\sin x}{\cos^2 x}\mathrm{d}x = \int \sec^2 x\,\mathrm{d}x - \int \frac{\sin x}{\cos^2 x}\mathrm{d}x$

$\displaystyle \qquad = \tan x + \int \frac{\mathrm{d}(\cos x)}{\cos^2 x} = \tan x - \frac{1}{\cos x}+C = \tan x - \sec x + C.$

(13) **方法一** $\displaystyle \int \csc x\,\mathrm{d}x = \int \frac{\mathrm{d}x}{2\sin\frac{x}{2}\cos\frac{x}{2}} = \int \frac{\mathrm{d}\left(\frac{x}{2}\right)}{\tan\frac{x}{2}\cos^2\frac{x}{2}} = \int \frac{\mathrm{d}\left(\tan\frac{x}{2}\right)}{\tan\frac{x}{2}}$

$\displaystyle \qquad = \ln\left|\tan\frac{x}{2}\right|+C = \ln\left|\frac{1-\cos x}{\sin x}\right|+C = \ln|\csc x - \cot x|+C.$

方法二 $\displaystyle \int \csc x\,\mathrm{d}x = \int \frac{\sin x}{1-\cos^2 x}\mathrm{d}x = -\int \frac{\mathrm{d}(\cos x)}{1-\cos^2 x} = -\ln\frac{1+\cos x}{1-\cos x}+C = \ln|\csc x - \cot x|+C.$

(14) $\displaystyle\int \frac{x}{\sqrt{1-x^2}}\mathrm{d}x = -\frac{1}{2}\int (1-x^2)^{-\frac{1}{2}}\mathrm{d}(1-x^2) = -\sqrt{1-x^2}+C.$

(15) $\displaystyle\int \frac{x}{4+x^4}\mathrm{d}x = \frac{1}{2}\int \frac{\mathrm{d}(x^2)}{4+x^4} = \frac{1}{4}\int \frac{1}{1+\left(\frac{x^2}{2}\right)^2}\mathrm{d}\left(\frac{x^2}{2}\right) = \frac{1}{4}\arctan\frac{x^2}{2}+C.$

(16) $\displaystyle\int \frac{\mathrm{d}x}{x\ln x} = \int \frac{\mathrm{d}(\ln x)}{\ln x} = \ln|\ln x|+C.$

(17) $\displaystyle\int \frac{x^4}{(1-x^5)^3}\mathrm{d}x = -\frac{1}{5}\int \frac{\mathrm{d}(1-x^5)}{(1-x^5)^3} = \frac{1}{10}(1-x^5)^{-2}+C.$

(18) $\displaystyle\int \frac{x^3}{x^8-2}\mathrm{d}x = \frac{1}{4}\int \frac{\mathrm{d}(x^4)}{(x^4)^2-(\sqrt{2})^2} \xlongequal{令\,t=x^4} \frac{1}{4}\int \frac{\mathrm{d}t}{t^2-(\sqrt{2})^2}$

$\displaystyle \qquad = \frac{1}{4}\times\frac{1}{2\sqrt{2}}\times\ln\left|\frac{t-\sqrt{2}}{t+\sqrt{2}}\right|+C = \frac{1}{8\sqrt{2}}\ln\left|\frac{x^4-\sqrt{2}}{x^4+\sqrt{2}}\right|+C.$

(19) $\displaystyle\int \frac{\mathrm{d}x}{x(1+x)} = \int \left(\frac{1}{x}-\frac{1}{1+x}\right)\mathrm{d}x = \ln|x|-\ln|1+x|+C = \ln\left|\frac{x}{1+x}\right|+C.$

(20) $\displaystyle\int \cot x\,\mathrm{d}x = \int \frac{\mathrm{d}(\sin x)}{\sin x} = \ln|\sin x|+C.$

(21) $\displaystyle\int \cos^5 x\,\mathrm{d}x = \int \cos^4 x\,\mathrm{d}(\sin x) = \int (1-\sin^2 x)^2\,\mathrm{d}(\sin x) \xlongequal{\sin x=t} \int (1-t^2)^2\,\mathrm{d}t$

$\displaystyle \qquad = \int (1-2t^2+t^4)\,\mathrm{d}t = t - \frac{2}{3}t^3 + \frac{1}{5}t^5 + C$

$\displaystyle \qquad = \sin x - \frac{2}{3}\sin^3 x + \frac{1}{5}\sin^5 x + C.$

(22) $\displaystyle\int \frac{\mathrm{d}x}{\sin x\cos x} = \int \frac{\mathrm{d}x}{\tan x\cos^2 x} = \int \frac{\mathrm{d}(\tan x)}{\tan x} = \ln|\tan x|+C.$

(23) $\displaystyle\int \frac{\mathrm{d}x}{\mathrm{e}^x+\mathrm{e}^{-x}} = \int \frac{\mathrm{e}^x}{\mathrm{e}^{2x}+1}\mathrm{d}x = \int \frac{\mathrm{d}(\mathrm{e}^x)}{(\mathrm{e}^x)^2+1} = \arctan \mathrm{e}^x+C.$

(24) $\int \dfrac{2x-3}{x^2-3x+8}dx = \int \dfrac{d(x^2-3x+8)}{x^2-3x+8} = \ln|x^2-3x+8|+C.$

(25) $\int \dfrac{x^2+2}{(x+1)^3}dx = \int \dfrac{(x+1)^2-2(x+1)+3}{(x+1)^3}d(x+1)$

$$= \int \dfrac{d(x+1)}{x+1} - 2\int \dfrac{d(x+1)}{(x+1)^2} + 3\int \dfrac{d(x+1)}{(x+1)^3}$$

$$= \ln|x+1| + \dfrac{2}{1+x} - \dfrac{3}{2}\dfrac{1}{(1+x)^2} + C.$$

(26) 令 $x = a\tan t$，则 $dx = a\sec^2 tdt, -\dfrac{\pi}{2} < t < \dfrac{\pi}{2}$，故

$$\int \dfrac{dx}{\sqrt{x^2+a^2}} = \int \sec tdt = \ln|\sec t + \tan t| + C_1 = \ln(x+\sqrt{a^2+x^2}) + C(C = C_1 - \ln a).$$

(27) 令 $x = a\tan t$，则 $dx = a\sec^2 tdt, -\dfrac{\pi}{2} < t < \dfrac{\pi}{2}$，故

$$\int \dfrac{dx}{(x^2+a^2)^{3/2}} = \int \dfrac{a\sec^2 t}{a^3\sec^3 t}dt = \dfrac{1}{a^2}\int \cos tdt = \dfrac{1}{a^2}\sin t + C = \dfrac{x}{a^2\sqrt{a^2+x^2}} + C.$$

(28) 令 $x = \sin t$，则 $dx = \cos tdt, -\dfrac{\pi}{2} < t < \dfrac{\pi}{2}$，故

$$\int \dfrac{x^5}{\sqrt{1-x^2}}dx = \int \dfrac{\sin^5 t}{\cos t}\cos tdt = \int \sin^5 tdt = -\int (1-\cos^2 t)^2 d(\cos t)$$

$$= -\int (1-2\cos^2 t + \cos^4 t)d(\cos t) = -\cos t + \dfrac{2}{3}\cos^3 t - \dfrac{1}{5}\cos^5 t + C$$

$$= -(1-x^2)^{\frac{1}{2}} + \dfrac{2}{3}(1-x^2)^{\frac{3}{2}} - \dfrac{1}{5}(1-x^2)^{\frac{5}{2}} + C.$$

(29) 令 $t = \sqrt[6]{x}$，则 $dx = 6t^5 dt$，故

$$\int \dfrac{\sqrt{x}}{1-\sqrt[3]{x}}dx = \int \dfrac{t^3}{1-t^2} \cdot 6t^5 dt = 6\int \dfrac{t^8}{1-t^2}dt = 6\int \dfrac{t^8-1}{1-t^2}dt + 6\int \dfrac{1}{1-t^2}dt$$

$$= 6\int \left[-t^6 - t^4 - t^2 - 1 + \dfrac{1}{2(1+t)} - \dfrac{1}{2(t-1)}\right]dt$$

$$= -\dfrac{6}{7}t^7 - \dfrac{6}{5}t^5 - 2t^3 - 6t + 3\ln|1+t| - 3\ln|t-1| + C$$

$$= -\dfrac{6}{7}x^{\frac{7}{6}} - \dfrac{6}{5}x^{\frac{5}{6}} - 2x^{\frac{1}{2}} - 6x^{\frac{1}{6}} + 3\ln\left|\dfrac{\sqrt[6]{x}+1}{\sqrt[6]{x}-1}\right| + C.$$

(30) $\int \dfrac{\sqrt{x+1}-1}{\sqrt{x+1}+1}dx \xrightarrow{t=\sqrt{x+1}} \int \dfrac{t-1}{t+1} \cdot 2tdt = 2\int \left(t-2+\dfrac{2}{t+1}\right)dt$

$$= t^2 - 4t + 4\ln|t+1| + C$$

$$= x+1 - 4\sqrt{x+1} + 4\ln(\sqrt{x+1}+1) + C.$$

(31) 令 $t = 1-2x$，则 $x = \dfrac{1}{2}(1-t), dx = -\dfrac{1}{2}dt$，故

$$\int x(1-2x)^{99}dx = \int \dfrac{1}{2}(1-t)t^{99}\left(-\dfrac{1}{2}\right)dt = \dfrac{1}{4}\int (t^{100}-t^{99})dt = \dfrac{1}{4}\left(\dfrac{t^{101}}{101} - \dfrac{t^{100}}{100}\right) + C$$

$$= \dfrac{1}{4}\left[\dfrac{(1-2x)^{101}}{101} - \dfrac{(1-2x)^{100}}{100}\right] + C.$$

(32) $\int \dfrac{dx}{x(1+x^n)} = \int \dfrac{1+x^n-x^n}{x(1+x^n)}dx = \int \left(\dfrac{1}{x} - \dfrac{x^{n-1}}{1+x^n}\right)dx = \ln|x| - \dfrac{1}{n}\ln|1+x^n| + C.$

(33) 当 $n = 0$ 时，$\int \dfrac{x^{2n-1}}{x^n+1}dx = \int \dfrac{dx}{2x} = \dfrac{1}{2}\ln|x| + C;$

当 $n \neq 0$ 时，

$$\int \frac{x^{2n-1}}{x^n+1}dx = \int \frac{x^n x^{n-1}}{x^n+1}dx = \frac{1}{n}\int \frac{x^n d(x^n)}{x^n+1}$$

$$= \frac{1}{n}\int \left(1 - \frac{1}{x^n+1}\right)d(x^n) = \frac{1}{n}(x^n - \ln|x^n+1|) + C.$$

(34) $\int \dfrac{dx}{x\ln x\ln\ln x} = \int \dfrac{d(\ln x)}{\ln x\ln\ln x} = \int \dfrac{d(\ln\ln x)}{\ln\ln x} = \ln|\ln\ln x| + C.$

(35) $\int \dfrac{\ln 2x}{x\ln 4x}dx = \int \dfrac{\ln 2x}{\ln 4x}d(\ln x) \xlongequal{t=\ln x} \int \dfrac{t+\ln 2}{t+\ln 4}dt$

$$= \int \left(1 - \frac{\ln 2}{t+\ln 4}\right)dt = t - \ln 2 \cdot \ln(t+\ln 4) + C$$

$$= \ln x - \ln 2 \cdot \ln|\ln 4x| + C.$$

(36) 令 $x = \sec t$，则 $dx = \sec t\tan t\,dt$，故

$$\int \frac{dx}{x^4\sqrt{x^2-1}} = \int \frac{1}{\sec^4 t} \cdot \frac{1}{\tan t}\sec t(\tan t)dt = \int \cos^3 t\,dt = \int (1-\sin^2 t)d(\sin t)$$

$$= \sin t - \frac{1}{3}\sin^3 t + C = \frac{\sqrt{x^2-1}}{x} - \frac{(x^2-1)^{\frac{3}{2}}}{3x^3} + C.$$

2. 应用分部积分法求下列不定积分：

(1) $\int \arcsin x\,dx$; (2) $\int \ln x\,dx$; (3) $\int x^2\cos x\,dx$;

(4) $\int \dfrac{\ln x}{x^3}dx$; (5) $\int (\ln x)^2 dx$; (6) $\int x\arctan x\,dx$;

(7) $\int \left[\ln(\ln x) + \dfrac{1}{\ln x}\right]dx$; (8) $\int (\arcsin x)^2 dx$; (9) $\int \sec^3 x\,dx$;

(10) $\int \sqrt{x^2 \pm a^2}\,dx\,(a > 0).$

解 (1) $\int \arcsin x\,dx = x\arcsin x - \int \dfrac{x}{\sqrt{1-x^2}}dx = x\arcsin x + \sqrt{1-x^2} + C.$

(2) $\int \ln x\,dx = x\ln x - \int x \cdot \dfrac{1}{x}dx = x\ln x - x + C.$

(3) $\int x^2\cos x\,dx = \int x^2 d(\sin x) = x^2\sin x - 2\int x\sin x\,dx = x^2\sin x + 2\int x\,d(\cos x)$

$$= x^2\sin x + 2x\cos x - 2\int \cos x\,dx$$

$$= x^2\sin x + 2x\cos x - 2\sin x + C.$$

(4) $\int \dfrac{\ln x}{x^3}dx = -\dfrac{1}{2}\int \ln x\,d(x^{-2}) = -\dfrac{1}{2}\ln x \cdot x^{-2} + \dfrac{1}{2}\int \dfrac{1}{x^3}dx = -\dfrac{\ln x}{2x^2} - \dfrac{1}{4x^2} + C.$

(5) $\int (\ln x)^2 dx = x(\ln x)^2 - 2\int x \cdot \dfrac{1}{x} \cdot \ln x\,dx = x(\ln x)^2 - 2\int \ln x\,dx$

$$= x(\ln x)^2 - 2x\ln x + 2x + C.$$

(6) $\int x\arctan x\,dx = \dfrac{1}{2}\int \arctan x\,d(x^2) = \dfrac{1}{2}x^2\arctan x - \dfrac{1}{2}\int \dfrac{x^2}{1+x^2}dx$

$$= \dfrac{1}{2}x^2\arctan x - \dfrac{1}{2}\int \left(1 - \dfrac{1}{1+x^2}\right)dx$$

$$= \dfrac{1}{2}x^2\arctan x - \dfrac{1}{2}x + \dfrac{1}{2}\arctan x + C.$$

(7) $\int \left[\ln(\ln x) + \dfrac{1}{\ln x}\right]dx = \int \ln(\ln x)dx + \int \dfrac{1}{\ln x}dx = x\ln(\ln x) - \int x \cdot \dfrac{1}{\ln x} \cdot \dfrac{1}{x}dx + \int \dfrac{1}{\ln x}dx$

$$= x\ln(\ln x) + C.$$

(8) $\displaystyle\int (\arcsin x)^2 \mathrm{d}x \xrightarrow{t=\arcsin x} \int t^2 \mathrm{d}(\sin t) = t^2 \sin t + 2t\cos t - 2\sin t + C$

$\qquad = x(\arcsin x)^2 + 2\sqrt{1-x^2}\arcsin x - 2x + C.$

(9) $\displaystyle I = \int \sec^3 x \mathrm{d}x = \int \sec x \sec^2 x \mathrm{d}x = \int \sec x \mathrm{d}(\tan x)$

$\qquad = \sec x \tan x - \displaystyle\int \sec x (\tan x)^2 \mathrm{d}x = \sec x \tan x - \int \sec^3 x \mathrm{d}x + \int \sec x \mathrm{d}x$

$\qquad = \sec x \tan x - I + \ln|\sec x + \tan x|,$

因此 $I = \displaystyle\int \sec^3 x \mathrm{d}x = \frac{1}{2}\sec x \tan x + \frac{1}{2}\ln|\sec x + \tan x| + C.$

(10) $\displaystyle I = \int \sqrt{x^2 \pm a^2}\,\mathrm{d}x = x\sqrt{x^2 \pm a^2} - \int \frac{x^2}{\sqrt{x^2 \pm a^2}}\mathrm{d}x$

$\qquad = x\sqrt{x^2 \pm a^2} - \displaystyle\int \frac{x^2 \pm a^2 \mp a^2}{\sqrt{x^2 \pm a^2}}\mathrm{d}x$

$\qquad = x\sqrt{x^2 \pm a^2} - \displaystyle\int \sqrt{x^2 \pm a^2}\,\mathrm{d}x \pm a^2 \int \frac{\mathrm{d}x}{\sqrt{x^2 \pm a^2}}$

$\qquad = x\sqrt{x^2 \pm a^2} - I \pm a^2 \ln|x + \sqrt{x^2 \pm a^2}|,$

因此 $I = \displaystyle\int \sqrt{x^2 \pm a^2}\,\mathrm{d}x = \frac{x}{2}\sqrt{x^2 \pm a^2} \pm \frac{a^2}{2}\ln|x + \sqrt{x^2 \pm a^2}| + C.$

3. 求下列不定积分:

(1) $\displaystyle\int [f(x)]^a f'(x)\mathrm{d}x \quad (a \neq -1);$

(2) $\displaystyle\int \frac{f'(x)}{1+[f(x)]^2}\mathrm{d}x;$

(3) $\displaystyle\int \frac{f'(x)}{f(x)}\mathrm{d}x;$

(4) $\displaystyle\int \mathrm{e}^{f(x)} f'(x)\mathrm{d}x.$

解 (1) $\displaystyle\int [f(x)]^a f'(x)\mathrm{d}x = \int [f(x)]^a \mathrm{d}f(x) = \frac{1}{a+1}[f(x)]^{a+1} + C.$

(2) $\displaystyle\int \frac{f'(x)}{1+[f(x)]^2}\mathrm{d}x = \int \frac{\mathrm{d}f(x)}{1+[f(x)]^2} = \arctan f(x) + C.$

(3) $\displaystyle\int \frac{f'(x)}{f(x)}\mathrm{d}x = \int \frac{\mathrm{d}f(x)}{f(x)} = \ln|f(x)| + C.$

(4) $\displaystyle\int \mathrm{e}^{f(x)} f'(x)\mathrm{d}x = \int \mathrm{e}^{f(x)} \mathrm{d}f(x) = \mathrm{e}^{f(x)} + C.$

4. 证明:(1) 若 $I_n = \displaystyle\int \tan^n x \mathrm{d}x, n = 2,3,\cdots,$ 则 $I_n = \dfrac{1}{n-1}\tan^{n-1}x - I_{n-2}.$

(2) 若 $I(m,n) = \displaystyle\int \cos^m x \sin^n x \mathrm{d}x,$ 则当 $m+n \neq 0$ 时,

$$I(m,n) = \frac{\cos^{m-1}x\sin^{n+1}x}{m+n} + \frac{m-1}{m+n}I(m-2,n)$$

$$= -\frac{\cos^{m+1}x\sin^{n-1}x}{m+n} + \frac{n-1}{m+n}I(m,n-2), n,m = 2,3,\cdots.$$

证 (1) $I_n = \displaystyle\int \tan^n x \mathrm{d}x = \int \tan^{n-2}x(\sec^2 x - 1)\mathrm{d}x$

$\qquad = \displaystyle\int \tan^{n-2}x \cdot \sec^2 x \mathrm{d}x - \int \tan^{n-2}x \mathrm{d}x$

$\qquad = \displaystyle\int \tan^{n-2}x \mathrm{d}(\tan x) - I_{n-2} = \frac{1}{n-1}\tan^{n-1}x - I_{n-2}.$

(2) $I(m,n) = \displaystyle\int \cos^m x \sin^n x \mathrm{d}x = \int \cos^{m-1}x\sin^n x \mathrm{d}(\sin x) = \frac{1}{n+1}\int \cos^{m-1}x \mathrm{d}(\sin^{n+1}x)$

$$= \frac{1}{n+1}\cos^{m-1}x\sin^{n+1}x + \frac{m-1}{n+1}\int\cos^{m-2}x\sin^{n+2}x\mathrm{d}x$$

$$= \frac{1}{n+1}\cos^{m-1}x\sin^{n+1}x + \frac{m-1}{n+1}\int\cos^{m-2}x\sin^{n}x \cdot (1-\cos^2 x)\mathrm{d}x$$

$$= \frac{1}{n+1}\cos^{m-1}x\sin^{n+1}x + \frac{m-1}{n+1}I(m-2,n) - \frac{m-1}{n+1}I(m,n),$$

因此 $I(m,n) = \dfrac{n+1}{m+n}\Big[\dfrac{1}{n+1}\cos^{m-1}x\sin^{n+1}x + \dfrac{m-1}{n+1}I(m-2,n)\Big]$

$$= \frac{1}{m+n}\cos^{m-1}x\sin^{n+1}x + \frac{m-1}{m+n}I(m-2,n), n,m = 2,3,\cdots.$$

又 $I(m,n) = -\displaystyle\int\cos^m x\sin^{n-1}x\mathrm{d}(\cos x) = -\frac{1}{m+1}\int\sin^{n-1}x\mathrm{d}(\cos^{m+1}x)$

$$= -\frac{1}{m+1}\cos^{m+1}x\sin^{n-1}x + \frac{n-1}{m+1}\int\cos^{m+2}x\sin^{n-2}x\mathrm{d}x$$

$$= -\frac{1}{m+1}\cos^{m+1}x\sin^{n-1}x + \frac{n-1}{m+1}\int\cos^m x\sin^{n-2}x(1-\sin^2 x)\mathrm{d}x$$

$$= -\frac{1}{m+1}\cos^{m+1}x\sin^{n-1}x + \frac{n-1}{m+1}I(m,n-2) - \frac{n-1}{m+1}I(m,n),$$

因此 $I(m,n) = -\dfrac{1}{m+n}\cos^{m+1}x\sin^{n-1}x + \dfrac{n-1}{m+n}I(m,n-2), n,m = 2,3,\cdots.$

5. 利用上题的递推公式计算：

(1) $\displaystyle\int\tan^3 x\mathrm{d}x$；　　(2) $\displaystyle\int\tan^4 x\mathrm{d}x$；　　(3) $\displaystyle\int\cos^2 x\sin^4 x\mathrm{d}x.$

解　(1) 利用上述第 4 题中的(1)，这时 $n=3$，故有

$$I_3 = \frac{1}{2}\tan^2 x - I_1 = \frac{1}{2}\tan^2 x - \int\tan x\mathrm{d}x$$

$$= \frac{1}{2}\tan^2 x + \ln|\cos x| + C.$$

(2) 利用上述第 4 题中的(1)，这时 $n=4$，故有

$$I_4 = \frac{1}{3}\tan^3 x - I_2 = \frac{1}{3}\tan^3 x - \int\tan^2 x\mathrm{d}x = \frac{1}{3}\tan^3 x - \int(\sec^2 x - 1)\mathrm{d}x$$

$$= \frac{1}{3}\tan^3 x - \tan x + x + C.$$

(3) 利用上述第 4 题中的(2)，这时 $m=2, n=4$，故有

$$I(2,4) = -\frac{\cos^3 x\sin^3 x}{6} + \frac{1}{2}I(2,2) = -\frac{\cos^3 x\sin^3 x}{6} + \frac{1}{2}\int\cos^2 x\sin^2 x\mathrm{d}x$$

$$= -\frac{\cos^3 x\sin^3 x}{6} + \frac{1}{8}\int\sin^2 2x\mathrm{d}x = -\frac{\cos^3 x\sin^3 x}{6} + \frac{1}{16}\int(1-\cos 4x)\mathrm{d}x$$

$$= -\frac{\cos^3 x\sin^3 x}{6} + \frac{x}{16} - \frac{1}{64}\sin 4x + C.$$

6. 导出下列不定积分对于正整数 n 的递推公式：

(1) $I_n = \displaystyle\int x^n \mathrm{e}^{kx}\mathrm{d}x$；　(2) $I_n = \displaystyle\int(\ln x)^n\mathrm{d}x$；　(3) $I_n = \displaystyle\int(\arcsin x)^n\mathrm{d}x$；　(4) $I_n = \displaystyle\int\mathrm{e}^{ax}\sin^n x\mathrm{d}x.$

解　(1) $I_n = \dfrac{1}{k}\displaystyle\int x^n\mathrm{d}(\mathrm{e}^{kx}) = \dfrac{1}{k}x^n\mathrm{e}^{kx} - \dfrac{n}{k}\int\mathrm{e}^{kx}x^{n-1}\mathrm{d}x = \dfrac{1}{k}x^n\mathrm{e}^{kx} - \dfrac{n}{k}I_{n-1}(k\neq 0).$

(2) $I_n = x(\ln x)^n - n\displaystyle\int x\cdot\dfrac{1}{x}(\ln x)^{n-1}\mathrm{d}x = x(\ln x)^n - n\int(\ln x)^{n-1}\mathrm{d}x = x(\ln x)^n - nI_{n-1}.$

(3) $I_n \xlongequal{t=\arcsin x} \displaystyle\int t^n\mathrm{d}(\sin t) = t^n(\sin t) - n\int t^{n-1}\sin t\mathrm{d}t = t^n\sin t + n\int t^{n-1}\mathrm{d}(\cos t)$

$$= t^n \sin t + nt^{n-1} \cos t - n(n-1)\int t^{n-2} \cos t \, dt$$

$$= t^n \sin t + nt^{n-1} \cos t - n(n-1)I_{n-2}$$

$$= x(\arcsin x)^n + n\sqrt{1-x^2}(\arcsin x)^{n-1} - n(n-1)I_{n-2}.$$

$(4)\ I_n = \dfrac{1}{a}\displaystyle\int \sin^n x \, d(e^{ax}) = \dfrac{1}{a}e^{ax}\sin^n x - \dfrac{n}{a}\displaystyle\int e^{ax}\sin^{n-1}x\cos x \, dx$

$\qquad = \dfrac{1}{a}e^{ax}\sin^n x - \dfrac{n}{a^2}\displaystyle\int \sin^{n-1}x\cos x \, d(e^{ax})$

$\qquad = \dfrac{1}{a}e^{ax}\sin^n x - \dfrac{n}{a^2}\left(e^{ax}\sin^{n-1}x\cos x - \displaystyle\int e^{ax}\left[(n-1)\sin^{n-2}x\cos^2 x - \sin^n x\right]dx\right)$

$\qquad = \dfrac{1}{a}e^{ax}\sin^n x - \dfrac{n}{a^2}e^{ax}\sin^{n-1}x\cos x + \dfrac{n(n-1)}{a^2}\displaystyle\int e^{ax}\sin^{n-2}x\cos^2 x \, dx - \dfrac{n}{a^2}I_n$

$\qquad = \dfrac{1}{a}e^{ax}\sin^n x - \dfrac{n}{a^2}e^{ax}\sin^{n-1}x\cos x + \dfrac{n(n-1)}{a^2}\displaystyle\int e^{ax}\sin^{n-2}x(1-\sin^2 x) \, dx - \dfrac{n}{a^2}I_n$

$\qquad = \dfrac{1}{a}e^{ax}\sin^n x - \dfrac{n}{a^2}e^{ax}\sin^{n-1}x\cos x + \dfrac{n(n-1)}{a^2}I_{n-2} - \dfrac{n(n-1)}{a^2}I_n - \dfrac{n}{a^2}I_n$

$\qquad = \dfrac{1}{a}e^{ax}\sin^n x - \dfrac{n}{a^2}e^{ax}\sin^{n-1}x\cos x + \dfrac{n(n-1)}{a^2}I_{n-2} - \dfrac{n^2}{a^2}I_n\ (a\neq 0),$

移项, 得 $I_n = \dfrac{1}{n^2+a^2}\left[e^{ax}\sin^{n-1}x(a\sin x - n\cos x) + n(n-1)I_{n-2}\right].$

7. 利用上题所得递推公式计算:

$(1)\displaystyle\int x^3 e^{2x} \, dx;$ $\qquad\qquad (2)\displaystyle\int (\ln x)^3 \, dx;$

$(3)\displaystyle\int (\arcsin x)^3 \, dx;$ $\qquad (4)\displaystyle\int e^x \sin^3 x \, dx.$

解　$(1)\displaystyle\int x^3 e^{2x} \, dx = \dfrac{1}{2}x^3 e^{2x} - \dfrac{3}{2}\int x^2 e^{2x} \, dx$

$\qquad\qquad = \dfrac{1}{2}x^3 e^{2x} - \dfrac{3}{2}\left(\dfrac{1}{2}x^2 e^{2x} - \displaystyle\int x e^{2x} \, dx\right)$

$\qquad\qquad = \dfrac{1}{2}x^3 e^{2x} - \dfrac{3}{4}x^2 e^{2x} + \dfrac{3}{2}\left(\dfrac{1}{2}x e^{2x} - \dfrac{1}{2}\displaystyle\int e^{2x} \, dx\right)$

$\qquad\qquad = \dfrac{1}{2}x^3 e^{2x} - \dfrac{3}{4}x^2 e^{2x} + \dfrac{3}{4}x e^{2x} - \dfrac{3}{8}e^{2x} + C$

$\qquad\qquad = e^{2x}\left(\dfrac{1}{2}x^3 - \dfrac{3}{4}x^2 + \dfrac{3}{4}x - \dfrac{3}{8}\right) + C.$

$(2)\displaystyle\int (\ln x)^3 \, dx = x(\ln x)^3 - 3\int (\ln x)^2 \, dx$

$\qquad\qquad = x(\ln x)^3 - 3\left[x(\ln x)^2 - 2\displaystyle\int \ln x \, dx\right]$

$\qquad\qquad = x(\ln x)^3 - 3x(\ln x)^2 + 6(x\ln x - x) + C$

$\qquad\qquad = x\left[(\ln x)^3 - 3(\ln x)^2 + 6\ln x - 6\right] + C.$

$(3)\displaystyle\int (\arcsin x)^3 \, dx = x(\arcsin x)^3 + 3\sqrt{1-x^2}(\arcsin x)^2 - 6\int \arcsin x \, dx$

$\qquad\qquad = x(\arcsin x)^3 + 3\sqrt{1-x^2}(\arcsin x)^2 - 6x\arcsin x + 6\displaystyle\int \dfrac{x \, dx}{\sqrt{1-x^2}}$

$\qquad\qquad = x(\arcsin x)^3 + 3\sqrt{1-x^2}(\arcsin x)^2 - 6x\arcsin x - 6\sqrt{1-x^2} + C.$

$(4)\displaystyle\int e^x \sin^3 x \, dx = \dfrac{1}{10}\left[e^x \sin^2 x(\sin x - 3\cos x) + 6\int e^x \sin x \, dx\right],$

而 $\int e^x \sin x \mathrm{d}x = \int \sin x \mathrm{d}(e^x) = e^x \sin x - \int e^x \cos x \mathrm{d}x$

$= e^x \sin x - \int \cos x \mathrm{d}(e^x) = e^x \sin x - e^x \cos x - \int e^x \sin x \mathrm{d}x + C,$

移项，得 $\int e^x \sin x \mathrm{d}x = \dfrac{1}{2} e^x (\sin x - \cos x) + C'$，故有

$$\int e^x \sin^3 x \mathrm{d}x = \frac{1}{10}\left[e^x \sin^2 x(\sin x - 3\cos x) + 3e^x(\sin x - \cos x) + 6C' \right]$$

$$= \frac{1}{10} e^x(\sin^3 x - 3\sin^2 x \cos x + 3\sin x - 3\cos x) + C.$$

习题 8.3 解答

1. 求下列不定积分：

(1) $\displaystyle\int \frac{x^3}{x-1}\mathrm{d}x$；　　　　　(2) $\displaystyle\int \frac{x-2}{x^2-7x+12}\mathrm{d}x$；　　　　　(3) $\displaystyle\int \frac{\mathrm{d}x}{1+x^3}$；

(4) $\displaystyle\int \frac{\mathrm{d}x}{1+x^4}$；　　　　　(5) $\displaystyle\int \frac{\mathrm{d}x}{(x-1)(x^2+1)^2}$；　　　　　(6) $\displaystyle\int \frac{x-2}{(2x^2+2x+1)^2}\mathrm{d}x$.

解　(1) $\displaystyle\int \frac{x^3}{x-1}\mathrm{d}x = \int \left(\frac{x^3-1}{x-1} + \frac{1}{x-1} \right)\mathrm{d}x = \int (x^2+x+1)\mathrm{d}x + \int \frac{\mathrm{d}x}{x-1}$

$$= \frac{1}{3}x^3 + \frac{1}{2}x^2 + x + \ln|x-1| + C.$$

(2) $\displaystyle\int \frac{x-2}{x^2-7x+12}\mathrm{d}x = \int \frac{x-2}{(x-3)(x-4)}\mathrm{d}x = \int \left(\frac{2}{x-4} - \frac{1}{x-3} \right)\mathrm{d}x$

$$= 2\ln|x-4| - \ln|x-3| + C.$$

(3) $\displaystyle\int \frac{\mathrm{d}x}{1+x^3} = \int \frac{\mathrm{d}x}{(1+x)(x^2-x+1)} = \frac{1}{3}\int \left(\frac{1}{1+x} + \frac{2-x}{x^2-x+1} \right)\mathrm{d}x$

$$= \frac{1}{3}\ln|x+1| - \frac{1}{6}\int \frac{2x-1}{x^2-x+1}\mathrm{d}x + \frac{1}{2}\int \frac{\mathrm{d}x}{\left(x-\dfrac{1}{2}\right)^2 + \dfrac{3}{4}}$$

$$= \frac{1}{6}\ln \frac{(x+1)^2}{x^2-x+1} + \frac{\sqrt{3}}{3}\arctan \frac{2x-1}{\sqrt{3}} + C.$$

(4) **方法一**　因为 $\dfrac{1}{1+x^4} = \dfrac{-\dfrac{\sqrt{2}}{4}x + \dfrac{1}{2}}{x^2-\sqrt{2}x+1} + \dfrac{\dfrac{\sqrt{2}}{4}x + \dfrac{1}{2}}{x^2+\sqrt{2}x+1}$，所以

$$\int \frac{\mathrm{d}x}{1+x^4} = \frac{\sqrt{2}}{8}\int \left(\frac{2x+\sqrt{2}}{x^2+\sqrt{2}x+1} - \frac{2x-\sqrt{2}}{x^2-\sqrt{2}x+1} \right)\mathrm{d}x +$$

$$\frac{1}{4}\int \left[\frac{1}{\left(x+\dfrac{\sqrt{2}}{2}\right)^2 + \left(\dfrac{\sqrt{2}}{2}\right)^2} + \frac{1}{\left(x-\dfrac{\sqrt{2}}{2}\right)^2 + \left(\dfrac{\sqrt{2}}{2}\right)^2} \right]\mathrm{d}x$$

$$= \frac{\sqrt{2}}{8}\ln \frac{x^2+\sqrt{2}x+1}{x^2-\sqrt{2}x+1} + \frac{1}{2\sqrt{2}}\left[\arctan(\sqrt{2}x+1) + \arctan(\sqrt{2}x-1) \right] + C.$$

方法二　$\displaystyle\int \frac{1}{1+x^4}\mathrm{d}x = \frac{1}{2}\int \frac{x^2+1}{x^4+1}\mathrm{d}x - \frac{1}{2}\int \frac{x^2-1}{x^4+1}\mathrm{d}x = \frac{1}{2}\int \frac{1+\dfrac{1}{x^2}}{x^2+\dfrac{1}{x^2}}\mathrm{d}x - \frac{1}{2}\int \frac{1-\dfrac{1}{x^2}}{x^2+\dfrac{1}{x^2}}\mathrm{d}x$

$$= \frac{1}{2}\int \frac{\mathrm{d}\left(x-\frac{1}{x}\right)}{\left(x-\frac{1}{x}\right)^2+2} - \frac{1}{2}\int \frac{\mathrm{d}\left(x+\frac{1}{x}\right)}{\left(x+\frac{1}{x}\right)^2-2}$$

$$= \frac{1}{2}\cdot\frac{1}{\sqrt 2}\arctan\frac{x-\frac{1}{x}}{\sqrt 2} - \frac{1}{2}\cdot\frac{1}{2\sqrt 2}\ln\frac{x+\frac{1}{x}-\sqrt 2}{x+\frac{1}{x}+\sqrt 2}+C$$

$$= \frac{\sqrt 2}{4}\arctan\frac{x^2-1}{\sqrt 2 x} + \frac{\sqrt 2}{8}\ln\frac{x^2+\sqrt 2 x+1}{x^2-\sqrt 2 x+1}+C.$$

(5) 因为 $\dfrac{1}{(x-1)(x^2+1)^2} = \dfrac{1}{4(x-1)} - \dfrac{x+1}{2(x^2+1)^2} - \dfrac{1+x}{4(x^2+1)}$，所以

$$\int \frac{\mathrm{d}x}{(x-1)(x^2+1)^2} = \frac{1}{4}\int \frac{\mathrm{d}x}{x-1} - \frac{1}{2}\int \frac{x+1}{(x^2+1)^2}\mathrm{d}x - \frac{1}{4}\int \frac{x+1}{x^2+1}\mathrm{d}x$$

$$= \frac{1}{4}\ln|x-1| - \frac{1}{4}\int \frac{2x}{(x^2+1)^2}\mathrm{d}x - \frac{1}{2}\int \frac{\mathrm{d}x}{(x^2+1)^2} - \frac{1}{8}\int \frac{2x}{x^2+1}\mathrm{d}x$$

$$- \frac{1}{4}\int \frac{\mathrm{d}x}{x^2+1}$$

$$= \frac{1}{4}\ln|x-1| - \frac{1}{4}\int \frac{\mathrm{d}(x^2+1)}{(x^2+1)^2} - \frac{1}{2}\left[\frac{x}{2(x^2+1)} + \frac{1}{2}\int \frac{\mathrm{d}x}{x^2+1}\right]$$

$$- \frac{1}{8}\int \frac{\mathrm{d}(x^2+1)}{x^2+1} - \frac{1}{4}\arctan x$$

$$= \frac{1}{4}\ln|x-1| + \frac{1}{4}\cdot\frac{1}{x^2+1} - \frac{x}{4(x^2+1)} - \frac{1}{4}\arctan x - \frac{1}{8}\ln(x^2+1)$$

$$- \frac{1}{4}\arctan x + C$$

$$= \frac{1}{8}\ln\frac{(x-1)^2}{x^2+1} + \frac{1-x}{4(x^2+1)} - \frac{1}{2}\arctan x + C.$$

(6) $\displaystyle\int \frac{x-2}{(2x^2+2x+1)^2}\mathrm{d}x = \frac{1}{4}\int \frac{4x-8}{(2x^2+2x+1)^2}\mathrm{d}x$

$$= \frac{1}{4}\int \frac{4x+2}{(2x^2+2x+1)^2}\mathrm{d}x - \frac{5}{2}\int \frac{\mathrm{d}x}{(2x^2+2x+1)^2}$$

$$= -\frac{1}{4}\cdot\frac{1}{2x^2+2x+1} - \frac{5}{8}\int \frac{\mathrm{d}x}{\left[\left(x+\frac{1}{2}\right)^2+\frac{1}{4}\right]^2}$$

$$= -\frac{1}{4(2x^2+2x+1)} - \frac{5}{8}\cdot\left[\frac{2x+1}{x^2+x+\frac{1}{2}} + 2\int \frac{\mathrm{d}x}{\left(x+\frac{1}{2}\right)^2+\frac{1}{4}}\right]$$

$$= -\frac{5x+3}{2(2x^2+2x+1)} - \frac{5}{2}\arctan(2x+1) + C.$$

2. 求下列不定积分：

(1) $\displaystyle\int \frac{\mathrm{d}x}{5-3\cos x}$; (2) $\displaystyle\int \frac{\mathrm{d}x}{2+\sin^2 x}$; (3) $\displaystyle\int \frac{\mathrm{d}x}{1+\tan x}$;

(4) $\displaystyle\int \frac{x^2}{\sqrt{1+x-x^2}}\mathrm{d}x$; (5) $\displaystyle\int \frac{\mathrm{d}x}{\sqrt{x^2+x}}$; (6) $\displaystyle\int \frac{1}{x^2}\sqrt{\frac{1-x}{1+x}}\mathrm{d}x$.

解 (1) $\displaystyle\int \frac{\mathrm{d}x}{5-3\cos x} \xlongequal{t=\tan\frac{x}{2}} \int \frac{\frac{2}{1+t^2}\mathrm{d}t}{5-3\frac{1-t^2}{1+t^2}} = \int \frac{\mathrm{d}t}{1+(2t)^2}$

$$= \frac{1}{2}\arctan 2t + C = \frac{1}{2}\arctan\left(2\tan\frac{x}{2}\right) + C.$$

$(2) \displaystyle\int \frac{\mathrm{d}x}{2+\sin^2 x} = \int \frac{\mathrm{d}x}{2(\sin^2 x + \cos^2 x) + \sin^2 x} = \int \frac{\mathrm{d}x}{2\cos^2 x + 3\sin^2 x} = \int \frac{\mathrm{d}(\tan x)}{2+3\tan^2 x}$

$\qquad = \dfrac{1}{\sqrt{6}} \arctan\left(\dfrac{\sqrt{6}}{2}\tan x\right) + C.$

$(3) \displaystyle\int \frac{\mathrm{d}x}{1+\tan x} \xlongequal{t=\tan x} \int \frac{\mathrm{d}t}{(1+t)(1+t^2)} = \frac{1}{2}\int\left(\frac{1}{1+t} - \frac{t-1}{1+t^2}\right)\mathrm{d}t$

$\qquad = \dfrac{1}{2}\displaystyle\int \frac{\mathrm{d}t}{1+t} - \frac{1}{4}\int \frac{2t}{1+t^2}\mathrm{d}t + \frac{1}{2}\int \frac{\mathrm{d}t}{1+t^2}$

$\qquad = \dfrac{1}{2}\ln|1+t| - \dfrac{1}{4}\ln(1+t^2) + \dfrac{1}{2}\arctan t + C$

$\qquad = \dfrac{1}{4}\ln\dfrac{(1+t)^2}{1+t^2} + \dfrac{1}{2}\arctan t + C$

$\qquad = \dfrac{1}{4}\ln\dfrac{(1+\tan x)^2}{1+\tan^2 x} + \dfrac{1}{2}x + C$

$\qquad = \dfrac{1}{2}\ln|\sin x + \cos x| + \dfrac{x}{2} + C.$

(4) **方法一**

$\displaystyle\int \frac{x^2}{\sqrt{1+x-x^2}}\mathrm{d}x = \int \frac{x^2 \mathrm{d}x}{\sqrt{\frac{5}{4} - \left(x-\frac{1}{2}\right)^2}} \xlongequal{x-\frac{1}{2}=\frac{\sqrt{5}}{2}\sin t} \int\left(\frac{1}{2} + \frac{\sqrt{5}}{2}\sin t\right)^2 \mathrm{d}t$

$\qquad = \displaystyle\int\left(\frac{1}{4} + \frac{\sqrt{5}}{2}\sin t + \frac{5}{4}\sin^2 t\right)\mathrm{d}t = \frac{1}{4}t - \frac{\sqrt{5}}{2}\cos t + \frac{5}{4\times 2}\int(1-\cos 2t)\mathrm{d}t$

$\qquad = \dfrac{1}{4}t - \dfrac{\sqrt{5}}{2}\cos t + \dfrac{5}{8}t - \dfrac{5}{16}\sin 2t + C = \dfrac{7}{8}t - \dfrac{\sqrt{5}}{2}\cos t - \dfrac{5}{16}\sin 2t + C$

$\qquad = \dfrac{7}{8}\arcsin\dfrac{2x-1}{\sqrt{5}} - \dfrac{2x+3}{4}\sqrt{1+x-x^2} + C.$

方法二

$\displaystyle\int \frac{x^2}{\sqrt{1+x-x^2}}\mathrm{d}x = \int \frac{x^2-x-1}{\sqrt{1+x-x^2}}\mathrm{d}x + \int \frac{x+1}{\sqrt{1+x-x^2}}\mathrm{d}x$

$\qquad = -\displaystyle\int\sqrt{\frac{5}{4} - \left(x-\frac{1}{2}\right)^2}\mathrm{d}x - \frac{1}{2}\int \frac{\mathrm{d}(1+x-x^2)}{\sqrt{1+x-x^2}} + \frac{3}{2}\int \frac{1}{\sqrt{\frac{5}{4}-(x-1)^2}}\mathrm{d}x$

$\qquad = -\dfrac{x-\dfrac{1}{2}}{2}\sqrt{1+x-x^2} - \dfrac{5}{8}\arcsin\dfrac{2x-1}{\sqrt{5}} - \sqrt{1+x-x^2}$

$\qquad\quad + \dfrac{3}{2}\arcsin\dfrac{2x-1}{\sqrt{5}} + C$

$\qquad = -\dfrac{2x+3}{4}\sqrt{1+x-x^2} + \dfrac{7}{8}\arcsin\dfrac{2x-1}{\sqrt{5}} + C.$

$(5) \displaystyle\int \frac{\mathrm{d}x}{\sqrt{x^2+x}} = \int \frac{\mathrm{d}x}{\sqrt{\left(x+\frac{1}{2}\right)^2 - \frac{1}{4}}} \xlongequal{x+\frac{1}{2}=\frac{1}{2}\sec t} \int \sec t\,\mathrm{d}t$

$\qquad = \ln|\sec t + \tan t| + C = \ln\left|(2x+1) + 2\sqrt{x^2+x}\right| + C.$

$(6) \displaystyle\int \frac{1}{x^2}\sqrt{\frac{1-x}{1+x}}\mathrm{d}x \xlongequal{t=\sqrt{\frac{1-x}{1+x}}} \int\left(\frac{1+t^2}{1-t^2}\right)^2 \cdot t \cdot \frac{-4t}{(1+t^2)^2}\mathrm{d}t$

$$=-4\int\frac{t^2}{(1-t^2)^2}\mathrm{d}t=2\int\frac{t}{(1-t^2)^2}\mathrm{d}(1-t^2)$$

$$=-2\int t\mathrm{d}\left(\frac{1}{1-t^2}\right)=-2\left(\frac{t}{1-t^2}-\int\frac{\mathrm{d}t}{1-t^2}\right)$$

$$=\frac{2t}{t^2-1}+2\int\frac{\mathrm{d}t}{1-t^2}=\frac{2t}{t^2-1}-\ln\left|\frac{1-t}{1+t}\right|+C$$

$$=-\frac{\sqrt{1-x^2}}{x}+\ln\left|\frac{1+\sqrt{1-x^2}}{x}\right|+C.$$

第八章总练习题解答

1. 求下列不定积分：

(1) $\int\dfrac{\sqrt{x}-2\sqrt[3]{x}-1}{\sqrt[4]{x}}\mathrm{d}x$；

(2) $\int x\arcsin x\mathrm{d}x$；

(3) $\int\dfrac{\mathrm{d}x}{1+\sqrt{x}}$；

(4) $\int e^{\sin x}\sin 2x\mathrm{d}x$；

(5) $\int e^{\sqrt{x}}\mathrm{d}x$；

(6) $\int\dfrac{\mathrm{d}x}{x\sqrt{x^2-1}}$；

(7) $\int\dfrac{1-\tan x}{1+\tan x}\mathrm{d}x$；

(8) $\int\dfrac{x^2-x}{(x-2)^3}\mathrm{d}x$；

(9) $\int\dfrac{\mathrm{d}x}{\cos^4 x}$；

(10) $\int\sin^4 x\mathrm{d}x$；

(11) $\int\dfrac{x-5}{x^3-3x^2+4}\mathrm{d}x$；

(12) $\int\arctan(1+\sqrt{x})\mathrm{d}x$；

(13) $\int\dfrac{x^7}{x^4+2}\mathrm{d}x$；

(14) $\int\dfrac{\tan x}{1+\tan x+\tan^2 x}\mathrm{d}x$；

(15) $\int\dfrac{x^2}{(1-x)^{100}}\mathrm{d}x$；

(16) $\int\dfrac{\arcsin x}{x^2}\mathrm{d}x$；

(17) $\int x\ln\dfrac{1+x}{1-x}\mathrm{d}x$；

(18) $\int\dfrac{\mathrm{d}x}{\sqrt{\sin x\cos^7 x}}$；

(19) $\int e^x\left(\dfrac{1-x}{1+x^2}\right)^2\mathrm{d}x$；

(20) $I_n=\displaystyle\int\dfrac{v^n}{\sqrt{u}}\mathrm{d}x$，其中 $u=a_1+b_1x,v=a_2+b_2x$，求递推形式解.

解　(1) $\displaystyle\int\frac{\sqrt{x}-2\sqrt[3]{x}-1}{\sqrt[4]{x}}\mathrm{d}x\xlongequal{t=\sqrt[12]{x}}\int\frac{t^6-2t^4-1}{t^3}\cdot 12t^{11}\mathrm{d}t$

$$=12\int(t^{14}-2t^{12}-t^8)\mathrm{d}t=\frac{4}{5}t^{15}-\frac{24}{13}t^{13}-\frac{4}{3}t^9+C$$

$$=\frac{4}{5}x^{\frac{5}{4}}-\frac{24}{13}x^{\frac{13}{12}}-\frac{4}{3}x^{\frac{3}{4}}+C.$$

(2) $\displaystyle\int x\arcsin x\mathrm{d}x\xlongequal{t=\arcsin x}\frac{1}{2}\int t\sin 2t\mathrm{d}t=-\frac{1}{4}\int t\mathrm{d}(\cos 2t)=-\frac{t}{4}\cos 2t+\frac{1}{8}\sin 2t+C$

$$=\frac{2x^2-1}{4}\arcsin x+\frac{x}{4}\sqrt{1-x^2}+C.$$

(3) $\displaystyle\int\frac{\mathrm{d}x}{1+\sqrt{x}}\xlongequal{t=\sqrt{x}}2\int\frac{t}{1+t}\mathrm{d}t=2\int\mathrm{d}t-2\int\frac{\mathrm{d}t}{1+t}$

$$=2t-2\ln|1+t|+C=2\sqrt{x}-2\ln(1+\sqrt{x})+C.$$

(4) $\displaystyle\int e^{\sin x}\sin 2x\mathrm{d}x = 2\int e^{\sin x}\sin x\cos x\mathrm{d}x = 2\int e^{\sin x}\sin x\mathrm{d}(\sin x)$

$$\xlongequal{\sin x = t} 2\int e^t \cdot t\mathrm{d}t = 2\int t\mathrm{d}(e^t) = 2(te^t - \int e^t\mathrm{d}t)$$

$$= 2te^t - 2e^t + C = 2\sin x \cdot e^{\sin x} - 2e^{\sin x} + C.$$

(5) $\displaystyle\int e^{\sqrt{x}}\mathrm{d}x \xlongequal{t = \sqrt{x}} 2\int e^t \cdot t\mathrm{d}t = 2e^t \cdot t - 2e^t + C = 2\sqrt{x}e^{\sqrt{x}} - 2e^{\sqrt{x}} + C.$

(6) 分两种情况：

当 $x > 1$ 时，有

$$\int \frac{\mathrm{d}x}{x\sqrt{x^2-1}} = \int \frac{\mathrm{d}x}{x^2\sqrt{1-\frac{1}{x^2}}} = -\int \frac{\mathrm{d}\left(\frac{1}{x}\right)}{\sqrt{1-\left(\frac{1}{x}\right)^2}} = \arccos\frac{1}{x} + C;$$

当 $x < -1$ 时，有

$$\int \frac{\mathrm{d}x}{x\sqrt{x^2-1}} = -\int \frac{\mathrm{d}x}{x^2\sqrt{1-\left(-\frac{1}{x}\right)^2}} = -\int \frac{\mathrm{d}\left(-\frac{1}{x}\right)}{\sqrt{1-\left(-\frac{1}{x}\right)^2}} = \arccos\frac{1}{x} + C.$$

(7) $\displaystyle\int \frac{1-\tan x}{1+\tan x}\mathrm{d}x = \int \frac{\cos x - \sin x}{\sin x + \cos x}\mathrm{d}x = \int \frac{\mathrm{d}(\sin x + \cos x)}{\sin x + \cos x} = \ln|\sin x + \cos x| + C.$

(8) $\displaystyle\int \frac{x^2-x}{(x-2)^3}\mathrm{d}x \xlongequal{x-2=t} \int \frac{(t+2)^2-(t+2)}{t^3}\mathrm{d}t$

$$= \int \left(\frac{1}{t} + \frac{3}{t^2} + \frac{2}{t^3}\right)\mathrm{d}t = \ln|t| - \frac{3}{t} - \frac{1}{t^2} + C$$

$$= \ln|x-2| - \frac{3}{x-2} - \frac{1}{(x-2)^2} + C.$$

(9) $\displaystyle\int \frac{\mathrm{d}x}{\cos^4 x} = \int \sec^4 x\mathrm{d}x = \int (\tan^2 x + 1)\mathrm{d}(\tan x) = \frac{1}{3}\tan^3 x + \tan x + C.$

(10) $\displaystyle\int \sin^4 x\mathrm{d}x = \int \left(\frac{1-\cos 2x}{2}\right)^2\mathrm{d}x = \frac{1}{4}\int (1 - 2\cos 2x + \cos^2 2x)\mathrm{d}x$

$$= \frac{1}{4}x - \frac{1}{4}\sin 2x + \frac{1}{4}\int \frac{1+\cos 4x}{2}\mathrm{d}x$$

$$= \frac{1}{4}x - \frac{1}{4}\sin 2x + \frac{1}{8}x + \frac{1}{8}\int \cos 4x\mathrm{d}x$$

$$= \frac{3}{8}x - \frac{1}{4}\sin 2x + \frac{1}{32}\sin 4x + C.$$

(11) $\displaystyle\int \frac{x-5}{x^3-3x^2+4}\mathrm{d}x = \int \frac{x-5}{(x+1)(x-2)^2}\mathrm{d}x = \int \left[\frac{-\frac{2}{3}}{x+1} + \frac{\frac{2}{3}}{x-2} - \frac{1}{(x-2)^2}\right]\mathrm{d}x$

$$= \frac{1}{x-2} + \frac{2}{3}\ln\left|\frac{x-2}{x+1}\right| + C.$$

(12) $\displaystyle\int \arctan(1+\sqrt{x})\mathrm{d}x \xlongequal{t=1+\sqrt{x}} \int \arctan t\mathrm{d}(t-1)^2 = (t-1)^2\arctan t - \int \frac{(t-1)^2}{1+t^2}\mathrm{d}t$

$$= (t-1)^2\arctan t - \int \frac{t^2-2t+1}{1+t^2}\mathrm{d}t$$

$$= (t-1)^2\arctan t - \int \mathrm{d}t + \int \frac{\mathrm{d}(1+t^2)}{1+t^2}$$

$$= (t-1)^2\arctan t - t + \ln(1+t^2) + C$$

$$= x\arctan(1+\sqrt{x}) - \sqrt{x} + \ln(2+2\sqrt{x}+x) + C.$$

(13) $\displaystyle\int \frac{x^7}{x^4+2}\mathrm{d}x = \int \frac{x^4 \cdot x^3}{x^4+2}\mathrm{d}x = \frac{1}{4}\int \frac{x^4}{x^4+2}\mathrm{d}(x^4) = \frac{1}{4}\int\left(1-\frac{2}{x^4+2}\right)\mathrm{d}(x^4)$

$\qquad = \frac{1}{4}x^4 - \frac{1}{2}\ln(x^4+2) + C.$

(14) $\displaystyle\int \frac{\tan x}{1+\tan x+\tan^2 x}\mathrm{d}x \xlongequal{t=\tan x} \int \frac{t}{1+t+t^2}\cdot\frac{1}{1+t^2}\mathrm{d}t = \int\left(\frac{1}{1+t^2}-\frac{1}{1+t+t^2}\right)\mathrm{d}t$

$\qquad = \int \frac{\mathrm{d}t}{1+t^2} - \int \frac{\mathrm{d}t}{\left(t+\frac{1}{2}\right)^2+\frac{3}{4}} = \arctan t - \frac{2}{\sqrt 3}\arctan\frac{2t+1}{\sqrt 3}+C$

$\qquad = x - \frac{2}{\sqrt 3}\arctan\frac{2\tan x+1}{\sqrt 3}+C.$

(15) $\displaystyle\int \frac{x^2}{(1-x)^{100}}\mathrm{d}x \xlongequal{t=1-x} -\int \frac{(1-t)^2}{t^{100}}\mathrm{d}t = \int(-t^{-100}+2t^{-99}-t^{-98})\mathrm{d}t$

$\qquad = \frac{1}{99}t^{-99} - \frac{1}{49}t^{-98} + \frac{1}{97}t^{-97} + C$

$\qquad = \frac{1}{99}(1-x)^{-99} - \frac{1}{49}(1-x)^{-98} + \frac{1}{97}(1-x)^{-97} + C.$

(16) $\displaystyle\int \frac{\arcsin x}{x^2}\mathrm{d}x \xlongequal{t=\arcsin x} \int \frac{t\cos t}{\sin^2 t}\mathrm{d}t = \int t\frac{1}{\sin^2 t}\mathrm{d}(\sin t) = -\int t\mathrm{d}\left(\frac{1}{\sin t}\right) = -\frac{t}{\sin t}+\int\csc t\,\mathrm{d}t$

$\qquad = -\frac{t}{\sin t} - \ln|\csc t + \cot t| + C = -\frac{\arcsin x}{x} - \ln\left|\frac{1+\sqrt{1-x^2}}{x}\right| + C.$

(17) $\displaystyle\int x\ln\frac{1+x}{1-x}\mathrm{d}x = \frac{1}{2}\int \ln\frac{1+x}{1-x}\mathrm{d}(x^2) = \frac{1}{2}x^2\cdot\ln\frac{1+x}{1-x} - \frac{1}{2}\int x^2\cdot\frac{2}{(1+x)(1-x)}\mathrm{d}x$

$\qquad = \frac{x^2}{2}\ln\frac{1+x}{1-x} - \int \frac{x^2}{1-x^2}\mathrm{d}x = \frac{x^2}{2}\ln\frac{1+x}{1-x} + \int \mathrm{d}x - \int \frac{\mathrm{d}x}{1-x^2}$

$\qquad = \frac{x^2}{2}\ln\frac{1+x}{1-x} + x + \frac{1}{2}\ln\frac{1-x}{x+1} + C.$

(18) $\displaystyle\int \frac{\mathrm{d}x}{\sqrt{\sin x\cos^7 x}} \xlongequal{t=\tan x} \int \frac{1}{\sqrt{\frac{t}{\sqrt{1+t^2}}\cdot\left(\frac{1}{\sqrt{1+t^2}}\right)^7}}\cdot\frac{1}{1+t^2}\mathrm{d}t = \int(t^2+1)\cdot t^{-\frac{1}{2}}\mathrm{d}t$

$\qquad = \int(t^{\frac{3}{2}}+t^{-\frac{1}{2}})\mathrm{d}t = \frac{2}{5}t^{\frac{5}{2}} + 2t^{\frac{1}{2}} + C$

$\qquad = \frac{2}{5}(\tan x)^{\frac{5}{2}} + 2(\tan x)^{\frac{1}{2}} + C.$

(19) $\displaystyle\int \mathrm{e}^x\left(\frac{1-x}{1+x^2}\right)^2\mathrm{d}x = \int \mathrm{e}^x\frac{(1-x)^2}{(1+x^2)^2}\mathrm{d}x = \int \mathrm{e}^x\frac{1-2x+x^2}{(1+x^2)^2}\mathrm{d}x$

$\qquad = \int \frac{\mathrm{e}^x}{1+x^2}\mathrm{d}x - \int \frac{\mathrm{e}^x}{(1+x^2)^2}\mathrm{d}(1+x^2)$

$\qquad = \int \frac{\mathrm{e}^x}{1+x^2}\mathrm{d}x + \int \mathrm{e}^x\mathrm{d}\left(\frac{1}{1+x^2}\right) = \int \frac{\mathrm{e}^x}{1+x^2}\mathrm{d}x + \frac{\mathrm{e}^x}{1+x^2} - \int \frac{\mathrm{e}^x}{1+x^2}\mathrm{d}x$

$\qquad = \frac{\mathrm{e}^x}{1+x^2} + C.$

(20) 因为 $\displaystyle I_n = \int v^n u^{-\frac{1}{2}}\mathrm{d}\left(\frac{u-a_1}{b_1}\right) = \frac{1}{b_1}\int v^n u^{-\frac{1}{2}}\mathrm{d}u$

$\qquad = \frac{2}{b_1}\int v^n \mathrm{d}(u^{\frac{1}{2}}) = \frac{2}{b_1}v^n u^{\frac{1}{2}} - \frac{2n}{b_1}\int v^{n-1}u^{\frac{1}{2}}\mathrm{d}v$

$\qquad = \frac{2}{b_1}v^n u^{\frac{1}{2}} - \frac{2nb_2}{b_1}\int v^{n-1}\frac{(a_1+b_1 x)}{\sqrt u}\mathrm{d}x$

$$= \frac{2}{b_1} v^n u^{\frac{1}{2}} - \frac{2nb_2 a_1}{b_1} \int \frac{v^{r-1}}{\sqrt{u}} dx - 2n \int \frac{v^{r-1} b_2 x}{\sqrt{u}} dx$$

$$= \frac{2}{b_1} v^n u^{\frac{1}{2}} - \frac{2nb_2 a_1}{b_1} I_{n-1} - 2n \int \frac{v^{r-1}(v - a_2)}{\sqrt{u}} dx$$

$$= \frac{2}{b_1} v^n u^{\frac{1}{2}} - \frac{2nb_2 a_1}{b_1} I_{n-1} - 2n \int \frac{v^n}{\sqrt{u}} dx + 2na_2 \int \frac{v^{r-1}}{\sqrt{u}} dx$$

$$= \frac{2}{b_1} v^n u^{\frac{1}{2}} - \frac{2nb_2 a_1}{b_1} I_{n-1} - 2n I_n + 2na_2 I_{n-1}$$

$$= \frac{2}{b_1} v^n u^{\frac{1}{2}} + \frac{2n(b_1 a_2 - b_2 a_1)}{b_1} I_{n-1} - 2n I_n,$$

所以 $I_n = \dfrac{1}{1+2n} \left[\dfrac{2}{b_1} v^n u^{\frac{1}{2}} + \dfrac{2n(b_1 a_2 - b_2 a_1)}{b_1} I_{n-1} \right] = \dfrac{2}{b_1(1+2n)} \left[v^n \sqrt{u} + n(b_1 a_2 - b_2 a_1) I_{n-1} \right].$

2. 求下列不定积分:

(1) $\displaystyle\int \frac{dx}{x^4 + x^2 + 1}$;

(2) $\displaystyle\int \frac{x^9}{(x^{10} + 2x^5 + 2)^2} dx$;

(3) $\displaystyle\int \frac{x^{3n-1}}{(x^{2n} + 1)^2} dx$;

(4) $\displaystyle\int \frac{\cos^3 x}{\cos x + \sin x} dx$.

解　(1) 设 $\dfrac{1}{x^4 + x^2 + 1} = \dfrac{Ax + B}{x^2 + x + 1} + \dfrac{Ex + D}{x^2 - x + 1}$, 通分后应有

$$1 = (Ax + B)(x^2 - x + 1) + (Ex + D)(x^2 + x + 1).$$

比较等式两端 x 的同次幂系数, 得

$$A + E = 0, -A + B + E + D = 0, A - B + E + D = 0, B + D = 1,$$

由此, 得 $A = \dfrac{1}{2}, B = \dfrac{1}{2}, E = -\dfrac{1}{2}, D = \dfrac{1}{2}$. 因此, 有

$$\int \frac{dx}{x^4 + x^2 + 1} = \int \frac{\frac{1}{2}(x+1)}{x^2 + x + 1} dx - \int \frac{\frac{1}{2}(x-1)}{x^2 - x + 1} dx$$

$$= \frac{1}{4} \int \frac{(2x+1) dx}{x^2 + x + 1} + \frac{1}{4} \int \frac{d\left(x + \frac{1}{2}\right)}{\left(x + \frac{1}{2}\right)^2 + \frac{3}{4}}$$

$$- \frac{1}{4} \int \frac{(2x-1) dx}{x^2 - x + 1} + \frac{1}{4} \int \frac{d\left(x - \frac{1}{2}\right)}{\left(x - \frac{1}{2}\right)^2 + \frac{3}{4}}$$

$$= \frac{1}{4} \ln \frac{x^2 + x + 1}{x^2 - x + 1} + \frac{1}{2\sqrt{3}} \left(\arctan \frac{2x+1}{\sqrt{3}} + \arctan \frac{2x-1}{\sqrt{3}} \right) + C$$

$$= \frac{1}{4} \ln \frac{x^2 + x + 1}{x^2 - x + 1} + \frac{1}{2\sqrt{3}} \arctan \frac{\sqrt{3} x}{1 - x^2} + C.$$

(2) $\displaystyle\int \frac{x^9}{(x^{10} + 2x^5 + 2)^2} dx = \frac{1}{5} \int \frac{x^5 d(x^5)}{[(x^5 + 1)^2 + 1]^2} \xlongequal{t = x^5 + 1} \frac{1}{5} \int \frac{t - 1}{(t^2 + 1)^2} dt$

$$= \frac{1}{10} \int \frac{d(t^2 + 1)}{(t^2 + 1)^2} - \frac{1}{5} \int \frac{1}{(t^2 + 1)^2} dt$$

$$= -\frac{1}{10(t^2 + 1)} - \frac{1}{10} \left(\frac{t}{1 + t^2} + \arctan t \right) + C$$

$$= -\frac{x^5 + 2}{10(x^{10} + 2x^5 + 2)} - \frac{1}{10} \arctan(x^5 + 1) + C.$$

(3) 当 $n = 0$ 时, $\displaystyle\int \frac{x^{3n-1}}{(x^{2n} + 1)^2} dx = \frac{1}{4} \int \frac{dx}{x} = \frac{1}{4} \ln |x| + C$;

当 $n \neq 0$ 时,

$$\int \frac{x^{3n-1}}{(x^{2n}+1)^2} dx = \int \frac{x^{2n}x^{n-1}}{(x^{2n}+1)^2} dx = \frac{1}{n}\int \frac{x^{2n}d(x^n)}{(x^{2n}+1)^2} = \frac{1}{n}\int \frac{x^{2n}+1-1}{(x^{2n}+1)^2} d(x^n)$$

$$= \frac{1}{n}\int \frac{d(x^n)}{x^{2n}+1} - \frac{1}{n}\int \frac{d(x^n)}{(x^{2n}+1)^2}$$

$$= \frac{1}{n}\arctan x^n - \frac{1}{n}\left[\frac{x^n}{2(x^{2n}+1)} + \frac{1}{2}\arctan x^n\right] + C$$

$$= \frac{1}{2n}\left(\arctan x^n - \frac{x^n}{x^{2n}+1}\right) + C$$

$(4)\displaystyle\int \frac{\cos^3 x}{\cos x + \sin x} dx = \int \frac{\cos^2 x \cos x}{\cos x + \sin x} dx = \int \frac{(\cos 2x + 1)\cos x}{2(\cos x + \sin x)} dx$

$$= \int \frac{(\cos^2 x - \sin^2 x + 1)\cos x}{2(\cos x + \sin x)} dx$$

$$= \frac{1}{2}\int \frac{\cos x}{\cos x + \sin x} dx + \frac{1}{2}\int \cos x(\cos x - \sin x) dx$$

$$= \frac{1}{2}\int \frac{dx}{1 + \tan x} + \frac{1}{2}\int \cos^2 x dx - \frac{1}{2}\int \sin x d(\sin x).$$

因为 $\displaystyle\int \frac{dx}{1 + \tan x} \overset{t = \tan x}{=\!=\!=} \int \frac{1}{1+t} \cdot \frac{1}{1+t^2} dt = \int \frac{1}{2}\left(\frac{1}{1+t} - \frac{t-1}{1+t^2}\right) dt$

$$= \frac{1}{2}\ln|1+t| - \frac{1}{4}\ln|1+t^2| + \frac{1}{2}\arctan t + C_1$$

$$= \frac{1}{2}\ln|1+\tan x| - \frac{1}{4}\ln|1+\tan^2 x| + \frac{1}{2}x + C_1,$$

$$\int \cos^2 x dx = \int \frac{\cos 2x + 1}{2} dx = \frac{1}{4}\sin 2x + \frac{x}{2} + C_2,$$

因此,

$$\int \frac{\cos^3 x}{\cos x + \sin x} dx = \frac{1}{4}\ln|1+\tan x| - \frac{1}{8}\ln|1+\tan^2 x| + \frac{1}{4}x$$

$$+ \frac{1}{8}\sin 2x + \frac{x}{4} - \frac{1}{4}\sin^2 x + C$$

$$= \frac{1}{4}\ln|\sin x + \cos x| + \frac{x}{2} + \frac{1}{8}\sin 2x - \frac{1}{4}\sin^2 x + C.$$

3. 求下列不定积分:

$(1)\displaystyle\int \frac{\sqrt[3]{1+\sqrt[4]{x}}}{\sqrt{x}} dx;$ $\qquad$ $(2)\displaystyle\int \frac{dx}{\sqrt[4]{1+x^4}};$

$(3)\displaystyle\int \frac{dx}{x + \sqrt{x^2 - x + 1}};$ $\qquad$ $(4)\displaystyle\int \frac{1+x^4}{(1-x^4)^{\frac{3}{2}}} dx.$

解 (1) 令 $\sqrt[4]{x} = t^3 - 1$,则 $x = (t^3-1)^4, dx = 12t^2(t^3-1)^3 dt$,

$$\int \frac{\sqrt[3]{1+\sqrt[4]{x}}}{\sqrt{x}} dx = \int \frac{t \cdot 12t^2(t^3-1)^3}{(t^3-1)^2} dt = 12\int t^3(t^3-1) dt$$

$$= \frac{12}{7}t^7 - 3t^4 + C = \frac{12}{7}(1+\sqrt[4]{x})^{\frac{7}{3}} - 3(1+\sqrt[4]{x})^{\frac{4}{3}} + C.$$

(2) 令 $\dfrac{1}{x^4} + 1 = t^4$,则 $t = \dfrac{\sqrt[4]{1+x^4}}{x}$,取 $t > 0, x > 0, x = (t^4-1)^{-\frac{1}{4}}, dx = -t^3(t^4-1)^{-\frac{5}{4}} dt$,

于是 $\displaystyle\int \frac{dx}{\sqrt[4]{1+x^4}} = -\int \frac{t^2}{t^4-1} dt = -\frac{1}{2}\int\left(\frac{1}{t^2-1} + \frac{1}{t^2+1}\right) dt$

$$= \frac{1}{4}\ln\left|\frac{t+1}{t-1}\right| - \frac{1}{2}\arctan t + C$$

$$= \frac{1}{4}\ln\frac{\sqrt[4]{1+x^4}+x}{\sqrt[4]{1+x^4}-x}-\frac{1}{2}\arctan\frac{\sqrt[4]{1+x^4}}{x}+C.$$

（3）**方法一** $\displaystyle\int\frac{\mathrm{d}x}{x+\sqrt{x^2-x+1}}=\int\frac{\mathrm{d}x}{x+\sqrt{\left(x-\frac{1}{2}\right)^2+\frac{3}{4}}}$

令 $t=x-\dfrac{1}{2}$，则 $x=\dfrac{1}{2}+t,\mathrm{d}x=\mathrm{d}t$，所以

$$原式=\int\frac{\mathrm{d}t}{\frac{1}{2}+t+\sqrt{t^2+\frac{3}{4}}}.$$

令 $\sqrt{t^2+\dfrac{3}{4}}=u-t$，则 $\dfrac{3}{4}=u^2-2ut,t=\dfrac{u^2-\frac{3}{4}}{2u}$，所以

$$原式=\int\frac{1}{\frac{1}{2}+u}\left(\frac{1}{2}+\frac{3}{8u^2}\right)\mathrm{d}u=\frac{1}{2}\int\frac{\mathrm{d}u}{\frac{1}{2}+u}+\frac{3}{8}\int\frac{\mathrm{d}u}{u^2\left(u+\frac{1}{2}\right)}$$

$$=\frac{1}{2}\ln\left|\frac{1}{2}+u\right|+\frac{3}{8}\int\left(\frac{4}{u+\frac{1}{2}}+\frac{2}{u^2}-\frac{4}{u}\right)\mathrm{d}u$$

$$=\frac{1}{2}\ln\left|\frac{1}{2}+u\right|+\frac{3}{2}\ln\left|\frac{\frac{1}{2}+u}{u}\right|-\frac{3}{4u}+C$$

$$=2\ln\left|x+\sqrt{x^2-x+1}\right|-\frac{3}{2}\ln\left|x-\frac{1}{2}+\sqrt{x^2-x+1}\right|$$

$$-\frac{3}{4}\frac{1}{x-\frac{1}{2}+\sqrt{x^2-x+1}}+C$$

$$=2\ln\left|x+\sqrt{x^2-x+1}\right|-\frac{3}{2}\ln\left|x-\frac{1}{2}+\sqrt{x^2-x+1}\right|$$

$$-\frac{3}{2(2x-1+2\sqrt{x^2-x+1})}+C.$$

方法二 $\displaystyle\int\frac{\mathrm{d}x}{x+\sqrt{x^2-x+1}}=\int\frac{x-\sqrt{x^2-x+1}}{x-1}\mathrm{d}x.$

令 $\sqrt{x^2-x+1}=x-t$，则 $x=\dfrac{t^2-1}{2t-1}\mathrm{d}t,\mathrm{d}x=\dfrac{2t^2-2t+2}{(2t-1)^2}\mathrm{d}t$，所以

$$\int\frac{1}{x+\sqrt{x^2-x+1}}\mathrm{d}x=\int\frac{t}{\frac{t^2-2t}{2t-1}}\cdot\frac{2t^2-2t+2}{(2t-1)^2}\mathrm{d}t=\int\frac{2t^2-2t+2}{2t^2-5t+2}\mathrm{d}t$$

$$=\int\left(1+\frac{3t}{2t^2-5t+2}\right)\mathrm{d}t=t+\int\left(\frac{2}{t-2}-\frac{1}{2t-1}\right)\mathrm{d}t$$

$$=t+2\ln|t-2|-\frac{1}{2}\ln|2t-1|+C$$

$$=x-\sqrt{x^2-x+1}+2\ln|x-2-\sqrt{x^2-x+1}|$$

$$-\frac{1}{2}\ln|2x-1-2\sqrt{x^2-x+1}|+C.$$

方法三 令 $\sqrt{x^2-x+1}=t-x$，则 $x=\dfrac{t^2-1}{2t-1},\mathrm{d}x=\dfrac{2t^2-2t+2}{(2t-1)^2}\mathrm{d}t.$

$$\int\frac{1}{x+\sqrt{x^2-x+1}}\mathrm{d}x=\int\frac{1}{t}\cdot\frac{2t^2-2t+2}{(2t-1)^2}\mathrm{d}t=\int\left[\frac{2}{t}-\frac{3}{2t-1}+\frac{3}{(2t-1)^2}\right]\mathrm{d}t$$

$$= 2\ln|x| - \frac{3}{2}\ln|2t-1| - \frac{3}{2} \cdot \frac{1}{2t-1} + C$$

$$= 2\ln|x + \sqrt{x^2-x+1}| - \frac{3}{2}\ln|2x+2\sqrt{x^2-x+1}-1|$$

$$- \frac{3}{2(2x+2\sqrt{x^2-x+1}-1)} + C.$$

$(4) \displaystyle\int \frac{1+x^4}{(1-x^4)^{\frac{3}{2}}}dx = \int \frac{(1-x^4+2x^4)(1-x^4)^{-\frac{1}{2}}}{1-x^4}dx = \int \frac{(1-x^4)^{\frac{1}{2}}+2x^4(1-x^4)^{-\frac{1}{2}}}{1-x^4}dx$

$$= \int \frac{(1-x^4)^{\frac{1}{2}} - \frac{-4x^3}{2(1-x^4)^{\frac{1}{2}}}x}{1-x^4}dx = \int \left(\frac{x}{\sqrt{1-x^4}}\right)'dx = \frac{x}{\sqrt{1-x^4}} + C.$$

4. 周期函数的原函数是否还是周期函数?

解　不一定,例 $f(x) = 1 + \sin x$ 以 2π 为周期,$F(x) = x - \cos x$ 是 $f(x)$ 的一个原函数,但 $F(x)$ 不是周期函数.

5. 导出下列不定积分对于正整数 n 的递推公式:

$(1) \displaystyle\int \frac{dx}{\cos^n x}$;　　　　$(2) \displaystyle\int \frac{\sin nx}{\sin x}dx$.

解　$(1) I_n = \displaystyle\int \frac{1}{\cos^n x}dx = \int \sec^n x\, dx = \int \sec^{n-2}x\, d(\tan x) = \tan x \sec^{n-2}x - (n-2)\int \tan^2 x \sec^{n-2}x\, dx$

$$= \tan x \sec^{n-2}x - (n-2)\int (\sec^n x - \sec^{n-2}x)dx$$

$$= \tan x \sec^{n-2}x - (n-2)I_n + (n-2)I_{n-2},$$

因此 $I_n = \dfrac{1}{n-1}\tan x \sec^{n-2}x + \dfrac{n-2}{n-1}I_{n-2}(n \geqslant 2)$.

$I_1 = \displaystyle\int \frac{1}{\cos x}dx = \ln|\sec x + \tan x| + C, I_2 = \int \frac{1}{\cos^2 x}dx = \tan x + C$.

$(2) I_n = \displaystyle\int \frac{\sin nx}{\sin x}dx = \int \frac{\sin(n-1)x\cos x + \cos(n-1)x\sin x}{\sin x}dx$

$$= \int \cos(n-1)x\, dx + \int \frac{\sin(n-1)x\cos x}{\sin x}dx$$

$$= \frac{\sin(n-1)x}{n-1} + \int \frac{\sin nx + \sin(n-2)x}{2\sin x}dx$$

$$= \frac{\sin(n-1)x}{n-1} + \frac{1}{2}\int \frac{\sin nx}{\sin x}dx + \frac{1}{2}\int \frac{\sin(n-2)x}{\sin x}dx$$

$$= \frac{\sin(n-1)x}{n-1} + \frac{1}{2}I_n + \frac{1}{2}I_{n-2},$$

所以,$I_n = \dfrac{2\sin(n-1)x}{n-1} + I_{n-2}, n \geqslant 2$.

$I_1 = \displaystyle\int \frac{\sin x}{\sin x}dx = x + C, I_2 = \int \frac{\sin 2x}{\sin x}dx = 2\int \cos x\, dx = 2\sin x + C$.

四、自测题

======= ∭∭∭ **第八章自测题** ∭∭∭ =======

一、计算下列不定积分(每题 7 分,共 84 分)

1. $\int \dfrac{\ln(1+x)}{x^2}\mathrm{d}x.$

2. $\int (x\cos x - \arctan x)\mathrm{d}x.$

3. $\int \dfrac{x\mathrm{e}^x}{(x+1)^2}\mathrm{d}x.$

4. $\int \dfrac{\arctan\sqrt{x}}{\sqrt{x}(1+x)}\mathrm{d}x.$

5. $\int \dfrac{\mathrm{d}x}{x(2+x^{10})}.$

6. $\int \dfrac{x+\sin x}{1+\cos x}\mathrm{d}x.$

7. $\int \sqrt{\dfrac{\ln(x+\sqrt{1+x^2})}{1+x^2}}\mathrm{d}x.$

8. $\int \dfrac{x\mathrm{e}^x}{\sqrt{\mathrm{e}^x-1}}\mathrm{d}x.$

9. $\int \sin(\ln x)\mathrm{d}x.$

10. $\int \dfrac{\sin^5 x}{\cos^4 x}\mathrm{d}x.$

11. $\int \dfrac{x^2}{(1-x)^{100}}\mathrm{d}x.$

12. $\int |x-1|\,\mathrm{d}x.$

二、证明题(每题 8 分,共 16 分)

13. 证明:导函数至多有第二类间断点.

14. 若 $I_n = \int \tan^n x\,\mathrm{d}x, n=2,3,\cdots,$ 证明:$I_n = \dfrac{1}{n-1}\tan^{n-1} x - I_{n-2},$ 并求 $\int \sin^4 x \sec^{10} x\,\mathrm{d}x.$

======= ∭∭∭ **第八章自测题解答** ∭∭∭ =======

一、1. 解
$$\int \frac{\ln(1+x)}{x^2}\mathrm{d}x = -\int \ln(1+x)\mathrm{d}\left(\frac{1}{x}\right) = -\frac{\ln(1+x)}{x} + \int \frac{1}{x(1+x)}\mathrm{d}x$$
$$= -\frac{\ln(1+x)}{x} + \ln\frac{x}{1+x} + C.$$

2. 解
$$\int (x\cos x - \arctan x)\mathrm{d}x = \int x\mathrm{d}(\sin x) - \int \arctan x\,\mathrm{d}x$$
$$= x\sin x - \int \sin x\,\mathrm{d}x - x\arctan x + \int \frac{x}{1+x^2}\mathrm{d}x$$
$$= x\sin x + \cos x - x\arctan x + \frac{1}{2}\ln(1+x^2) + C.$$

3. 解　$\displaystyle\int\frac{x\mathrm{e}^x}{(x+1)^2}\mathrm{d}x=-\int x\mathrm{e}^x\mathrm{d}\Big(\frac{1}{1+x}\Big)=-\frac{x\mathrm{e}^x}{1+x}+\int \mathrm{e}^x\mathrm{d}x=\frac{\mathrm{e}^x}{1+x}+C.$

4. 解　$\displaystyle\int\frac{\arctan\sqrt{x}}{\sqrt{x}\,(1+x)}\mathrm{d}x=2\int\frac{\arctan\sqrt{x}}{1+(\sqrt{x})^2}\mathrm{d}(\sqrt{x})=2\int\arctan\sqrt{x}\,\mathrm{d}(\arctan\sqrt{x})=(\arctan\sqrt{x})^2+C.$

5. 解　$\displaystyle\int\frac{\mathrm{d}x}{x(2+x^{10})}=\frac{1}{10}\int\frac{\mathrm{d}(x^{10})}{x^{10}(2+x^{10})}\xlongequal{\ \ \diamondsuit\ x^{10}=t\ \ }\frac{1}{10}\int\frac{\mathrm{d}t}{t(2+t)}=\frac{1}{20}\ln\frac{x^{10}}{2+x^{10}}+C.$

6. 解　$\displaystyle\int\frac{x+\sin x}{1+\cos x}\mathrm{d}x=\int\frac{x+2\sin\frac{x}{2}\cos\frac{x}{2}}{2\cos^2\frac{x}{2}}\mathrm{d}x=\int x\mathrm{d}(\tan\frac{x}{2})+\int\tan\frac{x}{2}\mathrm{d}x=x\tan\frac{x}{2}+C.$

7. 解　令 $t=\ln(x+\sqrt{1+x^2})$，则 $\mathrm{d}t=\dfrac{\mathrm{d}x}{\sqrt{1+x^2}}$，所以

$$\int\sqrt{\frac{\ln(x+\sqrt{1+x^2})}{1+x^2}}\,\mathrm{d}x=\int\sqrt{t}\,\mathrm{d}t=\frac{2}{3}t^{\frac{3}{2}}+C=\frac{2}{3}\big[\ln(x+\sqrt{1+x^2})\big]^{\frac{3}{2}}+C.$$

8. 解　$\displaystyle\int\frac{x\mathrm{e}^x}{\sqrt{\mathrm{e}^x-1}}\mathrm{d}x=\int x\mathrm{d}(2\sqrt{\mathrm{e}^x-1})=2x\sqrt{\mathrm{e}^x-1}-2\int\sqrt{\mathrm{e}^x-1}\,\mathrm{d}x.$

做变量替换 $t=\sqrt{\mathrm{e}^x-1}$，则有

$$\int\sqrt{\mathrm{e}^x-1}\,\mathrm{d}x=\int\frac{2t^2}{1+t^2}\mathrm{d}t=\int(2-\frac{2}{1+t^2})\mathrm{d}t=2t-2\arctan t+C$$
$$=2\sqrt{\mathrm{e}^x-1}-2\arctan\sqrt{\mathrm{e}^x-1}+C,$$

故有

$$\int\frac{x\mathrm{e}^x}{\sqrt{\mathrm{e}^x-1}}\mathrm{d}x=2(x-2)\sqrt{\mathrm{e}^x-1}+4\arctan\sqrt{\mathrm{e}^x-1}+C.$$

9. 解　由于

$$\int\sin(\ln x)\mathrm{d}x=x\sin(\ln x)-\int x\cos(\ln x)\frac{1}{x}\mathrm{d}x=x\sin(\ln x)-x\cos(\ln x)-\int\sin(\ln x)\mathrm{d}x.$$

所以

$$\int\sin(\ln x)\mathrm{d}x=\frac{x}{2}\big[\sin(\ln x)-\cos(\ln x)\big]+C.$$

10. 解　$\displaystyle\int\frac{\sin^5 x}{\cos^4 x}\mathrm{d}x=-\int\frac{\sin^4 x}{\cos^4 x}\mathrm{d}(\cos x)=-\int\frac{(1-\cos^2 x)^2}{\cos^4 x}\mathrm{d}(\cos x)$

$$=-\int\Big(\frac{1}{\cos^4 x}-\frac{2}{\cos^2 x}+1\Big)\mathrm{d}(\cos x)=\frac{1}{3\cos^3 x}-\frac{2}{\cos x}-\cos x+C.$$

11. 解　$\displaystyle\int\frac{x^2}{(1-x)^{100}}\mathrm{d}x=-\int\frac{(1-x^2)-1}{(1-x)^{100}}\mathrm{d}x$

$$=-\int\frac{1+x}{(1-x)^{99}}\mathrm{d}x+\int\frac{1}{(1-x)^{100}}\mathrm{d}x$$
$$=-\int\frac{1}{(1-x)^{99}}\mathrm{d}x+\int\frac{1-x-1}{(1-x)^{99}}\mathrm{d}x-\int\frac{1}{(1-x)^{100}}\mathrm{d}x$$
$$=-\frac{(x-1)^{-97}}{97}-\frac{(1-x)^{-98}}{49}-\frac{(1-x)^{-99}}{99}+C.$$

12. 解　由于

$$|x-1|=\begin{cases}x-1,&x\in[1,+\infty),\\1-x,&x\in(-\infty,1),\end{cases}$$

$$\int|x-1|\mathrm{d}x=\begin{cases}\dfrac{1}{2}x^2-x+C,&x\in[1,+\infty),\\[2mm]-\dfrac{1}{2}x^2+x+C_1,&x\in(-\infty,1)\end{cases}$$

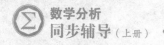

由原函数在 $x = 1$ 处的连续性可知 $\frac{1}{2} - 1 + C = -\frac{1}{2} + 1 + C_1$，所以 $C_1 = C - 1$. 因此有

$$\int |x-1| \, \mathrm{d}x = \begin{cases} \dfrac{1}{2}x^2 - x + C, & x \in [1, +\infty), \\ -\dfrac{1}{2}x^2 + x + C - 1, & x \in (-\infty, 1). \end{cases}$$

二、13. 证　假设 x_0 为 $f'(x)$ 的任一间断点，只要证明 $\lim\limits_{x \to x_0^+} f'(x)$ 与 $\lim\limits_{x \to x_0^-} f'(x)$ 至少有一个不存在. 事实上，若 $\lim\limits_{x \to x_0^+} f'(x)$ 与 $\lim\limits_{x \to x_0^-} f'(x)$ 均存在，则由导数定义及 Lagrange 中值定理知

$$f'(x_0) = f_+'(x_0) = \lim_{x \to x_0^+} \frac{f(x) - f(x_0)}{x - x_0} = \lim_{x \to x_0^+} f'(\xi) = \lim_{\xi \to x_0^+} f'(\xi),$$

$$f'(x_0) = f_-'(x_0) = \lim_{x \to x_0^-} \frac{f(x) - f(x_0)}{x - x_0} = \lim_{x \to x_0^-} f'(\eta) = \lim_{\eta \to x_0^-} f'(\eta),$$

即

$$\lim_{x \to x_0^+} f'(x) = \lim_{x \to x_0^-} f'(x) = f'(x_0),$$

这与 x_0 是 $f'(x)$ 的间断点矛盾. 故导函数至多有第二类间断点.

14. 解　由分部积分可得

$$I_n = \int \tan^n x \, \mathrm{d}x = \int \tan^{n-2} x \sec^2 x \, \mathrm{d}x - I_{n-2}$$

$$= \int \tan^{n-2} x \, \mathrm{d}(\tan x) - I_{n-2} = \frac{1}{n-1} \tan^{n-1} x - I_{n-2}.$$

由上述递推关系式可得

$$\int \sin^4 x \sec^{10} x \, \mathrm{d}x = \int \tan^4 x (\tan^2 x + 1)^3 \, \mathrm{d}x$$

$$= \int (\tan^{10} x + 3\tan^8 x + 3\tan^6 x + \tan^4 x) \, \mathrm{d}x$$

$$= \int [(\tan^{10} x + \tan^8 x) + 2(\tan^8 x + \tan^6 x) + (\tan^6 x + \tan^4 x)] \, \mathrm{d}x$$

$$= \frac{1}{9} \tan^9 x + \frac{2}{7} \tan^7 x + \frac{1}{5} \tan^5 x + C.$$

第九章 定积分

一、主要内容归纳

1. 分割 设闭区间 $[a,b]$ 内有 $n-1$ 个点,依次为 $a=x_0<x_1<x_2<\cdots<x_{n-1}<x_n=b$,它们把 $[a,b]$ 分成 n 个小区间 $\Delta_i=[x_{i-1},x_i]$,$i=1,2,\cdots,n$. 这些分点或这些闭子区间构成对 $[a,b]$ 的一个**分割**,记为 $T=\{x_0,x_1,\cdots,x_n\}$ 或 $\{\Delta_1,\Delta_2,\cdots,\Delta_n\}$. 小区间 Δ_i 的长度为 $\Delta x_i=x_i-x_{i-1}$,并记 $\|T\|=\max\limits_{1\leqslant i\leqslant n}\{\Delta x_i\}$,称为**分割 T 的模**.

2. 积分和 设 $f(x)$ 是定义在 $[a,b]$ 上的一个函数. 对于 $[a,b]$ 的一个分割 $T=\{\Delta_1,\Delta_2,\cdots,\Delta_n\}$,任取点 $\xi_i\in\Delta_i$,$i=1,2,\cdots,n$,并作和式 $\sum\limits_{i=1}^{n}f(\xi_i)\Delta x_i$,称此和式为 $f(x)$ 在 $[a,b]$ 上的一个**积分和**,也称**黎曼和**.

3. 定积分的定义 设 $f(x)$ 是定义在 $[a,b]$ 上的有界函数,J 是一个确定的实数. 若 $\forall\varepsilon>0$,$\exists\delta>0$,对 $[a,b]$ 的任何分割 T,以及在其上任意选取的点集 $\{\xi_i\}$,只要 $\|T\|<\delta$,就有 $\left|\sum\limits_{i=1}^{n}f(\xi_i)\Delta x_i-J\right|<\varepsilon$,则称函数 $f(x)$ 在区间 $[a,b]$ 上**可积**或**黎曼可积**;数 J 称为 $f(x)$ 在 $[a,b]$ 上的**定积分**或**黎曼积分**,记作 $J=\int_a^b f(x)\mathrm{d}x$. 其中,$f(x)$ 称为**被积函数**,x 称为**积分变量**,$[a,b]$ 称为**积分区间**,a,b 分别称为这个定积分的**下限**和**上限**.

注:定积分作为积分和的极限,它的值只与被积函数 f 和积分区间 $[a,b]$ 有关,而与积分变量所用的符号无关.

4. 定积分的几何意义 对于 $[a,b]$ 上的连续函数 $f(x)$,当 $f(x)\geqslant0$,$x\in[a,b]$ 时,$\int_a^b f(x)\mathrm{d}x$ 表示由曲线 $y=f(x)$,直线 $x=a$,$x=b$ $(a<b)$ 以及 x 轴围成的曲边梯形的面积;当 $f(x)\leqslant0$,$x\in[a,b]$ 时,$\int_a^b f(x)\mathrm{d}x$ 表示相应的曲边梯形面积的相反数,称之为"负面积";对于一般非定号的 $f(x)$ 而言,$\int_a^b f(x)\mathrm{d}x$ 是曲线 $y=f(x)$ 在 x 轴上方部分所有曲边梯形的正面积与下方部分所有曲边梯形的负面积的代数和.

5. 牛顿—莱布尼茨公式 若 $f(x)$ 在 $[a,b]$ 上连续,$F(x)$ 为 $f(x)$ 的一个原函数,则 $f(x)$ 在 $[a,b]$ 上可积,且 $\int_a^b f(x)\mathrm{d}x=F(x)\Big|_a^b=F(b)-F(a)$.

6. 可积的必要条件 若函数 $f(x)$ 在 $[a,b]$ 上可积,则 $f(x)$ 在 $[a,b]$ 上有界.

7. 达布和　　设函数 $f(x)$ 在 $[a,b]$ 上有界，记 $M=\sup\limits_{x\in[a,b]}\{f(x)\},m=\inf\limits_{x\in[a,b]}\{f(x)\}$.
对 $[a,b]$ 上的任一分割 $T=\{\Delta_i\,|\,i=1,2,\cdots,n\}$. 由 $f(x)$ 在 $[a,b]$ 上有界，它在每个 Δ_i 上存在上、下确界：

$$M_i=\sup_{x\in\Delta_i}\{f(x)\},\qquad m_i=\inf_{x\in\Delta_i}\{f(x)\},$$

则称和数 $\sum\limits_{i=1}^{n}M_i\Delta x_i$ 和 $\sum\limits_{i=1}^{n}m_i\Delta x_i$ 分别为函数 $f(x)$ 关于分割 T 的**上和**与**下和**（或称**达布上和**与**达布下和**，统称为**达布和**）. 记

$$S(T)=\sum_{i=1}^{n}M_i\Delta x_i,\qquad s(T)=\sum_{i=1}^{n}m_i\Delta x_i.$$

8. 达布和的性质

　　性质 1　对同一个分割 T，相对于任何点集 $\{\xi_i\}$ 而言，上和是所有积分和的上确界，下和是所有积分和的下确界，即

$$S(T)=\sup_{\{\xi_i\}}\sum_{i=1}^{n}f(\xi_i)\Delta x_i,\qquad s(T)=\inf_{\{\xi_i\}}\sum_{i=1}^{n}f(\xi_i)\Delta x_i.$$

　　性质 2　对分割 T 添加 p 个新的分点（称分点加密）后的分割 T'，则上和不增，下和不减，即

$$S(T)\geqslant S(T')\geqslant S(T)-(M-m)p\,\|T\|,$$
$$s(T)\leqslant s(T')\leqslant s(T)+(M-m)p\,\|T\|.$$

　　性质 3　若 T' 与 T'' 为任意两个分割，$T=T'+T''$ 表示把 T' 与 T'' 的所有分点合并而得的分割（注意：重复的分点只取一次），则

$$S(T)\leqslant S(T'),\quad s(T)\geqslant s(T'),\quad S(T)\leqslant S(T''),\quad s(T)\geqslant s(T'').$$

　　性质 4　对任意两个分割 T' 与 T''，恒有 $s(T')\leqslant S(T'')$.
　　记 $s=\sup\limits_{T}\{s(T)\},S=\inf\limits_{T}\{S(T)\}$，称 s 为 $f(x)$ 在 $[a,b]$ 上的**下积分**，S 为 $f(x)$ 在 $[a,b]$ 上的**上积分**.

　　性质 5　$m(b-a)\leqslant s\leqslant S\leqslant M(b-a)$.

　　性质 6（达布定理）　上、下积分也是上和与下和当 $\|T\|\to 0$ 时的极限，即

$$\lim_{\|T\|\to 0}S(T)=S,\qquad \lim_{\|T\|\to 0}s(T)=s.$$

9. 黎曼可积的充分必要条件

　　(1)可积的第一充要条件　函数 $f(x)$ 在 $[a,b]$ 上可积的充要条件：$f(x)$ 在 $[a,b]$ 上的上积分与下积分相等，即 $S=s$.

　　(2)可积的第二充要条件　函数 $f(x)$ 在 $[a,b]$ 上可积的充要条件：$\forall\varepsilon>0$，总存在某一分割 T，使得 $S(T)-s(T)<\varepsilon$，即 $\sum\limits_{i=1}^{n}\omega_i\Delta x_i<\varepsilon$，其中 $\omega_i=M_i-m_i,i=1,2,\cdots,n$.

　　(3)可积的第三充要条件　函数 $f(x)$ 在 $[a,b]$ 上可积的充要条件：$\forall\varepsilon>0,\eta>0$，总存在某一分割 T，使得属于 T 的所有小区间中，对应于振幅 $\omega_{k'}\geqslant\varepsilon$ 的那些小区间 $\Delta_{k'}$ 的总长

$$\sum_{k'} \Delta x_{k'} < \eta.$$

10. 可积函数类(即可积的充分条件)

(1)若 $f(x)$ 为 $[a,b]$ 上的连续函数,则 $f(x)$ 在 $[a,b]$ 上可积.

(2)若 $f(x)$ 为 $[a,b]$ 上只有有限个间断点的有界函数,则 $f(x)$ 在 $[a,b]$ 上可积.

(3)若 $f(x)$ 为 $[a,b]$ 上的单调函数,则 $f(x)$ 在 $[a,b]$ 上可积.

11. 定积分的基本性质

性质 1 若 $f(x)$ 在 $[a,b]$ 上可积,k 为常数,则 $kf(x)$ 在 $[a,b]$ 上也可积,且

$$\int_a^b kf(x)\mathrm{d}x = k\int_a^b f(x)\mathrm{d}x.$$

性质 2 若 $f(x)$ 与 $g(x)$ 都在 $[a,b]$ 上可积,则 $f(x)\pm g(x)$ 在 $[a,b]$ 上也可积,且

$$\int_a^b [f(x)\pm g(x)]\mathrm{d}x = \int_a^b f(x)\mathrm{d}x \pm \int_a^b g(x)\mathrm{d}x.$$

性质 3 若 $f(x)$ 与 $g(x)$ 都在 $[a,b]$ 上可积,则 $f(x)g(x)$ 在 $[a,b]$ 上也可积. 但一般情况下

$$\int_a^b f(x)g(x)\mathrm{d}x \neq \int_a^b f(x)\mathrm{d}x \cdot \int_a^b g(x)\mathrm{d}x.$$

性质 4 $f(x)$ 在 $[a,b]$ 上可积的充要条件是:$\forall c\in(a,b)$,$f(x)$ 在 $[a,c]$ 与 $[c,b]$ 上都可积. 此时有等式

$$\int_a^b f(x)\mathrm{d}x = \int_a^c f(x)\mathrm{d}x + \int_c^b f(x)\mathrm{d}x.$$

规定:$\int_a^a f(x)\mathrm{d}x = 0$,$\int_a^b f(x)\mathrm{d}x = -\int_b^a f(x)\mathrm{d}x.$

性质 5 设 $f(x)$ 为 $[a,b]$ 上的可积函数. 若 $f(x)\geqslant 0$,$x\in[a,b]$,则 $\int_a^b f(x)\mathrm{d}x \geqslant 0.$

推论 若 $f(x)$ 与 $g(x)$ 为 $[a,b]$ 上的两个可积函数,且 $f(x)\leqslant g(x)$,$x\in[a,b]$,则有

$$\int_a^b f(x)\mathrm{d}x \leqslant \int_a^b g(x)\mathrm{d}x.$$

性质 6 若 $f(x)$ 在 $[a,b]$ 上可积,则 $|f(x)|$ 在 $[a,b]$ 上也可积,且

$$\left| \int_a^b f(x)\mathrm{d}x \right| \leqslant \int_a^b |f(x)|\mathrm{d}x.$$

12. 积分第一中值定理

定义 若 $f(x)$ 在 $[a,b]$ 上连续,则至少存在一点 $\xi\in[a,b]$,使得

$$\int_a^b f(x)\mathrm{d}x = f(\xi)(b-a).$$

几何意义 若 $f(x)$ 在 $[a,b]$ 上非负连续,则 $y=f(x)$ 在 $[a,b]$ 上的曲边梯形的面积等于以 $f(\xi)$ 为高,$[a,b]$ 为底的矩形面积. 而 $\dfrac{1}{b-a}\int_a^b f(x)\mathrm{d}x$ 则可理解为 $f(x)$ 在区间 $[a,b]$ 上所有函数值的平均值,这是通常有限个数的算术平均值的推广.

推广的积分第一中值定理 若 $f(x)$ 与 $g(x)$ 都在 $[a,b]$ 上连续,且 $g(x)$ 在 $[a,b]$ 上不变

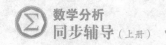
号,则至少存在一点 $\xi\in[a,b]$,使得 $\int_a^b f(x)g(x)\mathrm{d}x=f(\xi)\int_a^b g(x)\mathrm{d}x$.

13. 变限积分(函数)的定义

若 $f(x)\in\mathbf{R}[a,b]$($\mathbf{R}[a,b]$ 表示闭区间 $[a,b]$ 上的可积函数全体构成的集合),则 $\forall x\in[a,b]$,$f\in\mathbf{R}[a,x]$,由此定义了**变上限积分函数** $\Phi(x)=\int_a^x f(t)\mathrm{d}t$, $x\in[a,b]$;同理又有**变下限积分函数** $\Psi(x)=\int_x^b f(t)\mathrm{d}t$, $x\in[a,b]$.

它们统称为**变限积分函数**.更一般地还有**变限积分复合函数**:

$$\int_a^{v(x)} f(t)\mathrm{d}t,\quad \int_{u(x)}^b f(t)\mathrm{d}t,\quad \int_{u(x)}^{v(x)} f(t)\mathrm{d}t.$$

14. 变限积分(函数)的性质

(1)若 $f(x)$ 在 $[a,b]$ 上可积,则 $\Phi(x)=\int_a^x f(t)\mathrm{d}t$ 与 $\Psi(x)=\int_x^b f(t)\mathrm{d}t$ 在 $[a,b]$ 上连续;

(2)若 $f(x)$ 在 $[a,b]$ 上连续,则 $\Phi(x)=\int_a^x f(t)\mathrm{d}t$ 与 $\Psi(x)=\int_x^b f(t)\mathrm{d}t$ 在 $[a,b]$ 上可导,且有

$$\Phi'(x)=\frac{\mathrm{d}}{\mathrm{d}x}\int_a^x f(t)\mathrm{d}t=f(x),\quad \Psi'(x)=\frac{\mathrm{d}}{\mathrm{d}x}\int_x^b f(t)\mathrm{d}t=-f(x),\quad x\in[a,b];$$

(3)若 $f(x)$ 在 $[A,B]$ 上连续,$u(x),v(x)$ 在 $[a,b]$ 上可导,且 $u([a,b]),v([a,b])\subset[A,B]$,则有

$$\frac{\mathrm{d}}{\mathrm{d}x}\int_{u(x)}^{v(x)} f(t)\mathrm{d}t=f(v(x))v'(x)-f(u(x))u'(x).$$

15. 积分第二中值定理

(1)设 $f(x)\in\mathbf{R}[a,b]$,若 $g(x)$ 在 $[a,b]$ 上单调递减,且 $g(x)\geqslant0$,则 $\exists\xi\in[a,b]$,使得

$$\int_a^b f(x)g(x)\mathrm{d}x=g(a)\int_a^\xi f(x)\mathrm{d}x;$$

(2)设 $f(x)\in\mathbf{R}[a,b]$,若 $g(x)$ 在 $[a,b]$ 上单调递增,且 $g(x)\geqslant0$,则 $\exists\eta\in[a,b]$,使得

$$\int_a^b f(x)g(x)\mathrm{d}x=g(b)\int_\eta^b f(x)\mathrm{d}x;$$

(3)设 $f(x)\in\mathbf{R}[a,b]$,若 $g(x)$ 在 $[a,b]$ 上单调,则 $\exists\zeta\in[a,b]$,使得

$$\int_a^b f(x)g(x)\mathrm{d}x=g(a)\int_a^\zeta f(x)\mathrm{d}x+g(b)\int_\zeta^b f(x)\mathrm{d}x.$$

16. 定积分的换元积分法

若函数 $f(x)$ 在 $[a,b]$ 上连续,$\varphi(t)$ 在 $[\alpha,\beta]$ 上连续可微,且满足

$$\varphi(\alpha)=a,\quad \varphi(\beta)=b,\quad a\leqslant\varphi(t)\leqslant b,\quad t\in[\alpha,\beta],$$

则有

$$\int_a^b f(x)\mathrm{d}x=\int_\alpha^\beta f(\varphi(t))\varphi'(t)\mathrm{d}t. \tag{$*$}$$

注:若 $f(x)$ 在 $[a,b]$ 可积,$\varphi(t)$ 在 $[\alpha,\beta]$ 上单调且连续可微,$\varphi(\alpha)=a$,$\varphi(\beta)=b$,则有($*$)成立.

17. 定积分的分部积分法

若 $u(x),v(x)$ 为 $[a,b]$ 上的连续可微函数,则有

$$\int_a^b u(x)v'(x)\mathrm{d}x=u(x)v(x)\Big|_a^b-\int_a^b u'(x)v(x)\mathrm{d}x.$$

18. 常用公式 设 $f(x)$ 为连续函数,

(1) $f(x)$ 以 p 为周期,则 $\int_a^{a+p} f(x)\mathrm{d}x=\int_0^p f(x)\mathrm{d}x$;

(2) $\int_{-a}^a f(x)\mathrm{d}x=\begin{cases} 2\int_0^a f(x)\mathrm{d}x, & f(x)\text{ 为偶函数}; \\ 0, & f(x)\text{ 为奇函数}; \end{cases}$

(3) $\int_0^{\frac{\pi}{2}} f(\sin x)\mathrm{d}x=\int_0^{\frac{\pi}{2}} f(\cos x)\mathrm{d}x$;

(4) $\int_0^\pi xf(\sin x)\mathrm{d}x=\dfrac{\pi}{2}\int_0^\pi f(\sin x)\mathrm{d}x$;

(5) $\int_0^{\frac{\pi}{2}} \sin^n x\mathrm{d}x=\int_0^{\frac{\pi}{2}} \cos^n x\mathrm{d}x=\begin{cases} \dfrac{(n-1)!!}{n!!}\cdot\dfrac{\pi}{2}, & n\text{ 为正偶数}, \\[2mm] \dfrac{(n-1)!!}{n!!}, & n\text{ 为正奇数}, \end{cases}$

由此可导出**沃利斯(Wallis)公式** $\dfrac{\pi}{2}=\lim\limits_{m\to\infty}\left[\dfrac{(2m)!!}{(2m-1)!!}\right]^2\cdot\dfrac{1}{2m+1}$;

(6) 设 $f(x)$ 在点 x_0 的某邻域 $U(x_0)$ 内有 $n+1$ 阶连续导函数,则

$$R_n(x)=\frac{1}{n!}\int_{x_0}^x f^{(n+1)}(t)(x-t)^n\mathrm{d}t \text{ 为泰勒公式的积分型余项};$$

$$R_n(x)=\frac{1}{n!}f^{(n+1)}(x_0+\theta(x-x_0))(1-\theta)^n(x-x_0)^{n+1} \text{ 为泰勒公式的柯西型余项}.$$

二、 经典例题解析及解题方法总结

【**例 1**】 用定积分的定义计算下列积分:

(1) $\int_0^{\frac{\pi}{2}} \sin x\mathrm{d}x$;   (2) $\int_0^x \cos t\mathrm{d}t$;   (3) $\int_\alpha^\beta a^x\mathrm{d}x\,(0<a\neq1)$.

解 (1) 因为 $f(x)=\sin x$ 在 $\left[0,\dfrac{\pi}{2}\right]$ 上连续,所以 $f(x)$ 在 $\left[0,\dfrac{\pi}{2}\right]$ 上可积. 将区间 $\left[0,\dfrac{\pi}{2}\right]$

进行 n 等分,并取 ξ_i 为 Δ_i 区间的右端点,则

$$\int_0^{\frac{\pi}{2}} \sin x\mathrm{d}x=\lim_{\|T\|\to 0}\sum_{i=1}^n f(\xi_i)\Delta x_i=\lim_{n\to\infty}\sum_{i=1}^n \sin\frac{i\pi}{2n}\cdot\frac{\pi}{2n},$$

而

$$\sin x+\sin 2x+\cdots+\sin nx=\frac{\sin\dfrac{nx}{2}\cdot\sin\dfrac{n+1}{2}x}{\sin\dfrac{x}{2}},$$

故

$$\int_0^{\frac{\pi}{2}} \sin x \, dx = \lim_{n \to \infty}\left(\frac{\pi}{2n} \cdot \frac{\sin\frac{\pi}{4}\sin\frac{n+1}{4n}\pi}{\sin\frac{\pi}{4n}}\right) = \sin\frac{\pi}{4} \cdot \lim_{n \to \infty}\sin\frac{n+1}{4n}\pi \cdot \lim_{n \to \infty}\frac{\frac{\pi}{2n}}{\sin\frac{\pi}{4n}}$$

$$= \sin\frac{\pi}{4} \cdot \sin\frac{\pi}{4} \cdot 2 = 1.$$

(2)因为 $f(t) = \cos t$ 在 $[0, x]$ 上连续,所以 $f(t)$ 在 $[0, x]$ 上可积. 将区间 $[0, x]$ 进行 n 等分,并取 ξ_i 为 Δ_i 的右端点,则

$$\int_0^x \cos t \, dt = \lim_{\|T\| \to 0}\sum_{i=1}^n f(\xi_i)\Delta t_i = \lim_{n \to \infty}\sum_{i=1}^n \cos\frac{ix}{n} \cdot \frac{x}{n},$$

又

$$\cos x + \cos 2x + \cdots + \cos nx = \frac{\sin\frac{nx}{2} \cdot \cos\frac{n+1}{2}x}{\sin\frac{x}{2}},$$

故

$$\int_0^x \cos t \, dt = \lim_{n \to \infty}\left(\frac{x}{n}\frac{\sin\frac{x}{2}\cos\frac{n+1}{2n}x}{\sin\frac{x}{2n}}\right) = \sin\frac{x}{2} \cdot \lim_{n \to \infty}\cos\frac{n+1}{2n}x \cdot \lim_{n \to \infty}\frac{\frac{x}{n}}{\sin\frac{x}{2n}}$$

$$= \sin\frac{x}{2}\cos\frac{x}{2} \cdot 2 = \sin x.$$

(3)因为 $f(x) = a^x$ $(0 < a \neq 1)$ 在 $[\alpha, \beta]$ 上连续,所以 $f(x)$ 在 $[\alpha, \beta]$ 上可积. 将区间 $[\alpha, \beta]$ 进行 n 等分,并取 $\xi_i = \alpha + \frac{i(\beta - \alpha)}{n}$,$i = 1, 2, \cdots, n$,则有

$$\int_\alpha^\beta a^x \, dx = \lim_{n \to \infty}\sum_{i=1}^n a^{\alpha + \frac{i(\beta - \alpha)}{n}} \cdot \frac{\beta - \alpha}{n} = a^\alpha \cdot \lim_{n \to \infty}\sum_{i=1}^n \left(a^{\frac{\beta - \alpha}{n}}\right)^i \cdot \frac{\beta - \alpha}{n}$$

$$= a^\alpha \lim_{n \to \infty}\frac{a^{\frac{\beta - \alpha}{n}}\left(1 - a^{\beta - \alpha}\right)}{1 - a^{\frac{\beta - \alpha}{n}}} \cdot \frac{\beta - \alpha}{n} = a^\alpha\left(1 - a^{\beta - \alpha}\right)\lim_{n \to \infty}a^{\frac{\beta - \alpha}{n}} \cdot \frac{\frac{\beta - \alpha}{n}}{1 - a^{\frac{\beta - \alpha}{n}}}$$

$$= (a^\alpha - a^\beta) \cdot 1 \cdot \lim_{t \to 0}\frac{t}{1 - a^t} = (a^\alpha - a^\beta) \cdot \lim_{t \to 0}\frac{1}{-a^t \ln a} = \frac{a^\beta - a^\alpha}{\ln a}.$$

【例 2】 求极限 $\lim_{n \to \infty}\left(\frac{1}{\sqrt{n^2 + 1}} + \frac{1}{\sqrt{n^2 + 2^2}} + \cdots + \frac{1}{\sqrt{n^2 + n^2}}\right).$

解 $\lim_{n \to \infty}\left(\frac{1}{\sqrt{n^2 + 1}} + \frac{1}{\sqrt{n^2 + 2^2}} + \cdots + \frac{1}{\sqrt{n^2 + n^2}}\right)$

$$= \lim_{n \to \infty}\left(\frac{1}{\sqrt{1 + \frac{1}{n^2}}} + \frac{1}{\sqrt{1 + \frac{2^2}{n^2}}} + \cdots + \frac{1}{\sqrt{1 + \frac{n^2}{n^2}}}\right) \cdot \frac{1}{n} = \lim_{n \to \infty}\sum_{i=1}^n \frac{1}{\sqrt{1 + \frac{i^2}{n^2}}} \cdot \frac{1}{n}$$

$$= \int_0^1 \frac{1}{\sqrt{1 + x^2}} \, dx = \ln\left(x + \sqrt{1 + x^2}\right)\Big|_0^1 = \ln(1 + \sqrt{2}).$$

● **方法总结** ···

　　将求极限问题转化为区间$[0,1]$上的某函数$f(x)$的定积分问题$\displaystyle\int_0^1 f(x)\mathrm{d}x$,关键技巧

有两方面:①提取因子$\dfrac{1}{n}$;②变形后的和式联想定积分定义,构想出函数$f(x)$的表达式.

【例3】　证明:狄利克雷函数 $D(x)=\begin{cases}1, & x\text{ 为有理数},\\ 0, & x\text{ 为无理数}\end{cases}$ 在$[0,1]$上有界但不可积.

　　证　显然$|D(x)|\leqslant 1, x\in[0,1]$,即$D(x)$在$[0,1]$上有界.

　　对于$[0,1]$的任一分割T,由有理数和无理数在实数中的稠密性,在属于T的任一小区

间Δ_i上,当ξ_i全取为有理数时,$\displaystyle\sum_{i=1}^n D(\xi_i)\Delta x_i=\sum_{i=1}^n \Delta x_i=1$;当$\xi_i$全取为无理数时,

$\displaystyle\sum_{i=1}^n D(\xi_i)\Delta x_i=0$. 所以不论$\parallel T\parallel$多么小,只要点集$\{\xi_i\}$取法不同(全取有理数或全取无理

数),积分和有不同极限,即$D(x)$在$[0,1]$上不可积.

● **方法总结** ···

　　任何可积函数一定是有界的;但有界函数却不一定可积,如狄利克雷函数$D(x)$.

【例4】　估计下列各积分的值:

(1) $\displaystyle\int_{\frac{1}{\sqrt{3}}}^{\sqrt{3}} x\arctan x\,\mathrm{d}x$;　　　　　　　　　　(2) $\displaystyle\int_0^2 e^{x^2-x}\,\mathrm{d}x$;

(3) $\displaystyle\int_0^{2\pi} \dfrac{\mathrm{d}x}{1+\dfrac{\cos x}{2}}$;　　　　　　　　　　(4) $\displaystyle\int_0^1 \dfrac{x^9}{\sqrt{1+x}}\,\mathrm{d}x$.

　　解　记被积函数均为$f(x)$.

　　(1)因为$f'(x)=\arctan x+\dfrac{x}{1+x^2}>0, x\in\left[\dfrac{1}{\sqrt{3}},\sqrt{3}\right]$,所以$f(x)$在$\left[\dfrac{1}{\sqrt{3}},\sqrt{3}\right]$严格单调递

增,最小值$m=f\left(\dfrac{1}{\sqrt{3}}\right)=\dfrac{\pi}{6\sqrt{3}}$,最大值$M=f(\sqrt{3})=\dfrac{\pi}{\sqrt{3}}$. 因此

$$\dfrac{\pi}{6\sqrt{3}}\left(\sqrt{3}-\dfrac{1}{\sqrt{3}}\right)\leqslant\int_{\frac{1}{\sqrt{3}}}^{\sqrt{3}} x\arctan x\,\mathrm{d}x\leqslant\dfrac{\pi}{\sqrt{3}}\left(\sqrt{3}-\dfrac{1}{\sqrt{3}}\right),$$

即$\dfrac{\pi}{9}\leqslant\displaystyle\int_{\frac{1}{\sqrt{3}}}^{\sqrt{3}} x\arctan x\,\mathrm{d}x\leqslant\dfrac{2\pi}{3}$.

　　(2)因为$f'(x)=e^{x^2-x}(2x-1)$,有唯一驻点$x=\dfrac{1}{2}$,当$x\in\left[0,\dfrac{1}{2}\right]$时,$f'(x)<0$;当$x\in$

$\left[\dfrac{1}{2},2\right]$时,$f'(x)>0$,故有最小值$f\left(\dfrac{1}{2}\right)=e^{-\frac{1}{4}}$.而由$f(x)$在$\left[0,\dfrac{1}{2}\right]$与$\left[\dfrac{1}{2},2\right]$上的单调性,

比较$f(0)$与$f(2)$,得最大值$M=f(2)=e^2$.所以$2e^{-\frac{1}{4}}\leqslant\displaystyle\int_0^2 e^{x^2-x}\,\mathrm{d}x\leqslant 2e^2$.

(3) $\dfrac{1}{1+\dfrac{1}{2}} \leqslant \dfrac{1}{1+\dfrac{\cos x}{2}} \leqslant \dfrac{1}{1-\dfrac{1}{2}}$，即 $\dfrac{2}{3} \leqslant \dfrac{1}{1+\dfrac{\cos x}{2}} \leqslant 2$，从而 $\dfrac{4}{3}\pi \leqslant \displaystyle\int_0^{2\pi} \dfrac{\mathrm{d}x}{1+\dfrac{\cos x}{2}} \leqslant 4\pi.$

(4) $\dfrac{x^9}{\sqrt{2}} \leqslant \dfrac{x^9}{\sqrt{1+x}} \leqslant x^9 (0 \leqslant x \leqslant 1)$，故 $\dfrac{1}{\sqrt{2}} \displaystyle\int_0^1 x^9 \mathrm{d}x \leqslant \displaystyle\int_0^1 \dfrac{x^9}{\sqrt{1+x}}\mathrm{d}x \leqslant \displaystyle\int_0^1 x^9 \mathrm{d}x$，即

$$\dfrac{1}{10\sqrt{2}} \leqslant \int_0^1 \dfrac{x^9}{\sqrt{1+x}}\mathrm{d}x \leqslant \dfrac{1}{10}.$$

【例 5】 比较下列定积分值的大小：

(1) $\displaystyle\int_0^1 \dfrac{x}{1+x}\mathrm{d}x$ 和 $\displaystyle\int_0^1 \ln(1+x)\mathrm{d}x$；　　　　(2) $\displaystyle\int_0^\pi \mathrm{e}^{-x^2}\cos^2 x\mathrm{d}x$ 和 $\displaystyle\int_\pi^{2\pi} \mathrm{e}^{-x^2}\cos^2 x\mathrm{d}x.$

解 (1)作辅助函数 $f(x) = \dfrac{x}{1+x} - \ln(1+x), x \in [0,1]$，则

$$f'(x) = \dfrac{1}{(1+x)^2} - \dfrac{1}{1+x} = -\dfrac{x}{(1+x)^2} \leqslant 0,$$

即 $f(x)$ 在 $[0,1]$ 上严格单调减少，所以

$$\dfrac{x}{1+x} - \ln(1+x) \leqslant 0, \quad \dfrac{x}{1+x} \leqslant \ln(1+x).$$

由定积分的性质，有 $\displaystyle\int_0^1 \dfrac{x}{1+x}\mathrm{d}x \leqslant \displaystyle\int_0^1 \ln(1+x)\mathrm{d}x.$

(2)对积分 $\displaystyle\int_\pi^{2\pi} \mathrm{e}^{-x^2}\cos^2 x\mathrm{d}x$ 作代换 $x = \pi + u$，则

$$\int_\pi^{2\pi} \mathrm{e}^{-x^2}\cos^2 x\mathrm{d}x = \int_0^\pi \mathrm{e}^{-(\pi+u)^2}\cos^2(\pi+u)\mathrm{d}u = \int_0^\pi \mathrm{e}^{-(\pi+u)^2}\cos^2 u\mathrm{d}u = \int_0^\pi \mathrm{e}^{-(\pi+x)^2}\cos^2 x\mathrm{d}x.$$

当 $0 \leqslant x \leqslant \pi$ 时，$\mathrm{e}^{-x^2} \geqslant \mathrm{e}^{-(\pi+x)^2}$，故 $\displaystyle\int_0^\pi \mathrm{e}^{-x^2}\cos^2 x\mathrm{d}x \geqslant \displaystyle\int_\pi^{2\pi} \mathrm{e}^{-x^2}\cos^2 x\mathrm{d}x.$

【例 6】 求 $\dfrac{\mathrm{d}}{\mathrm{d}x} \displaystyle\int_{x^2}^0 x\cos t^2 \mathrm{d}t.$

解 原式 $= \dfrac{\mathrm{d}}{\mathrm{d}x}\left(x\displaystyle\int_{x^2}^0 \cos t^2 \mathrm{d}t\right) = \displaystyle\int_{x^2}^0 \cos t^2 \mathrm{d}t - 2x^2\cos x^4.$

● **方法总结** ··

　　因为积分变量是 t，所以被积函数中的 x 可先提到积分号外，再由乘积函数求导公式和变限积分求导公式计算.

【例 7】 设 $f(x)$ 在 $[a,b]$ 上连续，$f(x) > 0$，又 $F(x) = \displaystyle\int_a^x f(t)\mathrm{d}t + \displaystyle\int_b^x \dfrac{1}{f(t)}\mathrm{d}t$，证明：

(1) $F'(x) \geqslant 2$；　　　　(2) $F(x) = 0$ 在 $[a,b]$ 中有且仅有一个实根.

证 (1)因为 $f(x)$ 在 $[a,b]$ 上连续，所以 $F(x)$ 在 $[a,b]$ 上可微，且

$$F'(x) = f(x) + \dfrac{1}{f(x)} \geqslant 2\sqrt{f(x) \cdot \dfrac{1}{f(x)}} = 2.$$

(2)由(1)可知 $F'(x) \geqslant 2 > 0$，所以 $F(x)$ 在 $[a,b]$ 上严格单调递增且 $F(x)$ 在 $[a,b]$ 上连

续. 又对 $\forall x \in [a,b]$, 有 $f(x) > 0$, 所以

$$F(a) = \int_b^a \frac{1}{f(t)} \mathrm{d}t = -\int_a^b \frac{1}{f(t)} \mathrm{d}t < 0, \quad F(b) = \int_a^b f(t) \mathrm{d}t > 0.$$

由根的存在性定理及 $F(x)$ 的严格单调性可知: $F(x) = 0$ 在 $[a,b]$ 中有且仅有一个实根.

【例8】 利用定积分求下列极限:

(1) $\lim\limits_{n \to \infty} \left[\left(1 + \frac{1}{n^2}\right) \left(1 + \frac{2^2}{n^2}\right) \cdots \left(1 + \frac{n^2}{n^2}\right) \right]^{\frac{1}{n}}$;

(2) $\lim\limits_{n \to \infty} \left(\dfrac{\sin\frac{\pi}{n}}{n+1} + \dfrac{\sin\frac{2\pi}{n}}{n+\frac{1}{2}} + \cdots + \dfrac{\sin\frac{n\pi}{n}}{n+\frac{1}{n}} \right)$;

(3) $\lim\limits_{n \to \infty} \dfrac{[1^\alpha + 3^\alpha + \cdots + (2n-1)^\alpha]^{\beta+1}}{[2^\beta + 4^\beta + \cdots + (2n)^\beta]^{\alpha+1}}$ $(\alpha, \beta \neq -1)$;

(4) $\lim\limits_{n \to \infty} (b^{\frac{1}{n}} - 1) \sum\limits_{i=0}^{n-1} b^{\frac{i}{n}} \sin b^{\frac{2i+1}{2n}}$ $(b > 1)$.

解 (1) 令 $a_n = \left[\left(1 + \frac{1}{n^2}\right) \left(1 + \frac{2^2}{n^2}\right) \cdots \left(1 + \frac{n^2}{n^2}\right) \right]^{\frac{1}{n}}$, 则

$$\ln a_n = \frac{1}{n} \left[\ln\left(1 + \frac{1}{n^2}\right) + \ln\left(1 + \frac{2^2}{n^2}\right) + \cdots + \ln\left(1 + \frac{n^2}{n^2}\right) \right] = \sum_{i=1}^n \ln\left(1 + \frac{i^2}{n^2}\right) \cdot \frac{1}{n},$$

故 $\lim\limits_{n \to \infty} \ln a_n = \int_0^1 \ln(1 + x^2) \mathrm{d}x = \frac{\pi}{2} + \ln 2 - 2$,

所以 $\lim\limits_{n \to \infty} a_n = \mathrm{e}^{\int_0^1 \ln(1+x^2)\mathrm{d}x} = \mathrm{e}^{\frac{\pi}{2} + \ln 2 - 2} = 2\mathrm{e}^{\frac{\pi}{2} - 2}$.

(2) 令 $a_n = \dfrac{\sin\frac{\pi}{n}}{n+1} + \dfrac{\sin\frac{2\pi}{n}}{n+\frac{1}{2}} + \cdots + \dfrac{\sin\frac{n\pi}{n}}{n+\frac{1}{n}}$, 则有

$$\frac{1}{n+1}\left(\sin\frac{\pi}{n} + \sin\frac{2\pi}{n} + \cdots + \sin\frac{n\pi}{n}\right) < a_n < \frac{1}{n}\left(\sin\frac{\pi}{n} + \sin\frac{2\pi}{n} + \cdots + \sin\frac{n\pi}{n}\right),$$

而 $\dfrac{1}{n}\left(\sin\frac{\pi}{n} + \sin\frac{2\pi}{n} + \cdots + \sin\frac{n\pi}{n}\right) = \sum\limits_{i=1}^n \sin\frac{i\pi}{n} \cdot \frac{1}{n}$,

$$\frac{1}{n+1}\left(\sin\frac{\pi}{n} + \sin\frac{2\pi}{n} + \cdots + \sin\frac{n\pi}{n}\right) = \sum_{i=1}^n \sin\frac{i\pi}{n} \cdot \frac{1}{n} \cdot \left(\frac{n}{n+1}\right),$$

又 $\lim\limits_{n \to \infty} \sum\limits_{i=1}^n \sin\frac{i\pi}{n} \cdot \frac{1}{n} = \int_0^1 \sin \pi x \mathrm{d}x = \frac{2}{\pi}$,

$$\lim_{n \to \infty} \sum_{i=1}^n \sin\frac{i\pi}{n} \cdot \frac{1}{n} \cdot \left(\frac{n}{n+1}\right) = \lim_{n \to \infty} \sum_{i=1}^n \sin\frac{i\pi}{n} \cdot \frac{1}{n} \cdot \lim_{n \to \infty} \frac{n}{n+1} = \lim_{n \to \infty} \sum_{i=1}^n \sin\frac{i\pi}{n} \cdot \frac{1}{n}$$
$$= \int_0^1 \sin \pi x \mathrm{d}x = \frac{2}{\pi}.$$

从而, 由迫敛性知

$$\lim_{n \to \infty} \left(\frac{\sin\frac{\pi}{n}}{n+1} + \frac{\sin\frac{2\pi}{n}}{n+\frac{1}{2}} + \cdots + \frac{\sin\frac{n\pi}{n}}{n+\frac{1}{n}} \right) = \frac{2}{\pi}.$$

(3)将分子、分母化为两个定积分来处理. 由于

$$\frac{[1^\alpha+3^\alpha+\cdots+(2n-1)^\alpha]^{\beta+1}}{[2^\beta+4^\beta+\cdots+(2n)^\beta]^{\alpha+1}}=2^{\alpha-\beta}\cdot\frac{\left\{\frac{2}{n}\left[\left(\frac{1}{n}\right)^\alpha+\left(\frac{3}{n}\right)^\alpha+\cdots+\left(\frac{2n-1}{n}\right)^\alpha\right]\right\}^{\beta+1}}{\left\{\frac{2}{n}\left[\left(\frac{2}{n}\right)^\beta+\left(\frac{4}{n}\right)^\beta+\cdots+\left(\frac{2n}{n}\right)^\beta\right]\right\}^{\alpha+1}}$$

$$=2^{\alpha-\beta}\cdot\frac{\left[\sum_{i=1}^{n}\left(\frac{2i-1}{n}\right)^\alpha\cdot\frac{2}{n}\right]^{\beta+1}}{\left[\sum_{i=1}^{n}\left(\frac{2i}{n}\right)^\beta\cdot\frac{2}{n}\right]^{\alpha+1}},$$

从而原式 $=2^{\alpha-\beta}\cdot\dfrac{\left(\int_0^2 t^\alpha dt\right)^{\beta+1}}{\left(\int_0^2 t^\beta dt\right)^{\alpha+1}}=2^{\alpha-\beta}\cdot\dfrac{(\beta+1)^{\alpha+1}}{(\alpha+1)^{\beta+1}}.$

(4)由于原式 $=\lim\limits_{n\to\infty}\sum\limits_{i=0}^{n-1}\left(\sin b^{\frac{2i+1}{2n}}\right)\left(b^{\frac{i+1}{n}}-b^{\frac{i}{n}}\right)$，又 $\sum\limits_{i=0}^{n-1}\left(\sin b^{\frac{2i+1}{2n}}\right)\left(b^{\frac{i+1}{n}}-b^{\frac{i}{n}}\right)$ 可看作函数 $\sin x$ 在 $[1,b]$ 上按分割 $T:1=b^{\frac{0}{n}}<b^{\frac{1}{n}}<\cdots<b^{\frac{n}{n}}=b$ 所做的积分和. 其中小区间长 $\Delta x_i=b^{\frac{i+1}{n}}-b^{\frac{i}{n}},0\leqslant\lambda=\max\limits_{1\leqslant i\leqslant n}\Delta x_i\leqslant b(b^{\frac{1}{n}}-1)\to0\ (n\to\infty),\xi_i=b^{\frac{2i+1}{2n}}$ 是小区间 $\left[b^{\frac{i}{n}},b^{\frac{i+1}{n}}\right]$ 两端点的比例中项. 所以

$$原式=\int_1^b\sin x dx=\cos 1-\cos b.$$

【例9】 若 $f(x)$ 为 $[0,1]$ 上的连续函数，且对 $\forall x\in[0,1]$，有 $\int_0^x f(u)du\geqslant f(x)\geqslant0$，则 $f(x)\equiv0$.

证 显然 $f(0)=0$，对 $\forall x_0\in(0,1)$，有

$$0\leqslant f(x_0)\leqslant\int_0^{x_0}f(u)du=f(\xi_1)x_0,\quad \xi_1\in[0,x_0].$$

而 $f(x)$ 在 $[0,1]$ 上连续，所以 $f(x)$ 在 $[0,1]$ 上存在最大值 M.

对于上述的 ξ_1，有

$$0\leqslant f(\xi_1)\leqslant\int_0^{\xi_1}f(u)du=f(\xi_2)\cdot\xi_1,\xi_2\leftarrow[0,\xi_1],$$

从而

$$0\leqslant f(x_0)\leqslant f(\xi_2)\xi_1 x_0\leqslant f(\xi_2)x_0^2,\cdots$$

依次进行下去，可知 $\exists\xi_n\in[0,x_0]$，使得

$$0\leqslant f(x_0)\leqslant f(\xi_n)x_0^n\leqslant Mx_0^n.$$

由于 $\lim\limits_{n\to\infty}Mx_0^n=0$，所以 $f(x_0)=0$. 又 $f(x)$ 在 $[0,1]$ 上连续，所以 $f(1)=\lim\limits_{x\to1^-}f(x)=0$. 从而对 $\forall x\in[0,1]$，有 $f(x)\equiv0$.

【例10】 设 $f(x)$ 处处连续，$F(x)=\dfrac{1}{2\delta}\int_{-\delta}^{\delta}f(x+t)dt$，其中 $\delta>0$，证明：

(1) $F(x)$ 对任何 x 有连续导数；

(2)在任意区间$[a,b]$上,当δ足够小时,可使$F(x)$与$f(x)$一致逼近(即$\forall\varepsilon>0$,$\forall x\in[a,b]$,均有$|F(x)-f(x)|<\varepsilon$).

证 (1) $F'(x)=\lim\limits_{h\to0}\dfrac{F(x+h)-F(x)}{h}=\lim\limits_{h\to0}\dfrac{\frac{1}{2\delta}\int_{-\delta}^{\delta}f(x+h+t)\mathrm{d}t-\frac{1}{2\delta}\int_{-\delta}^{\delta}f(x+t)\mathrm{d}t}{h}$

$$=\lim_{h\to0}\frac{\frac{1}{2\delta}\int_{-\delta}^{\delta}[f(x+h+t)-f(x+t)]\mathrm{d}t}{h}$$

$$=\frac{1}{2\delta}\int_{-\delta}^{\delta}\lim_{h\to0}\frac{f(x+h+t)-f(x+t)}{h}\mathrm{d}t$$

$$=\frac{1}{2\delta}\int_{-\delta}^{\delta}f'(x+t)\mathrm{d}t=\frac{1}{2\delta}[f(x+\delta)-f(x-\delta)].$$

由于$f(x)$处处连续,所以$F'(x)$连续,即$F(x)$对任何x有连续导数.

(2)因为$F(x)-f(x)=\dfrac{1}{2\delta}\int_{-\delta}^{\delta}f(x+t)\mathrm{d}t-\dfrac{1}{2\delta}\int_{-\delta}^{\delta}f(x)\mathrm{d}t=\dfrac{1}{2\delta}\int_{-\delta}^{\delta}[f(x+t)-f(x)]\mathrm{d}t$,

所以由洛必达法则可得

$$\lim_{\delta\to0}[F(x)-f(x)]=\lim_{\delta\to0}\frac{\int_{-\delta}^{\delta}[f(x+t)-f(x)]\mathrm{d}t}{2\delta}$$

$$=\lim_{\delta\to0}\frac{[f(x+\delta)-f(x)]-[f(x-\delta)-f(x)](-1)}{2}$$

$$=\frac{1}{2}\lim_{\delta\to0}[f(x+\delta)+f(x-\delta)-2f(x)]=0.$$

故对$\forall\varepsilon>0$,当δ足够小时,对$\forall x\in[a,b]$均有$|F(x)-f(x)|<\varepsilon$,即所证结论成立.

【例 11】 设$f(x)$在区间$[0,a]$上严格单调递增且连续,$f(0)=0$,$g(x)$为$f(x)$的反函数,证明:$\displaystyle\int_0^a f(x)\mathrm{d}x=\int_0^{f(a)}[a-g(x)]\mathrm{d}x$.

证 设$y=f(x)$,则$x=g(y)$,注意到$f(0)=0$,故

$$\int_0^a f(x)\mathrm{d}x=\int_{f(0)}^{f(a)}y\mathrm{d}(g(y))=yg(y)\Big|_{f(0)}^{f(a)}-\int_{f(0)}^{f(a)}g(y)\mathrm{d}y$$

$$=f(a)g(f(a))-\int_0^{f(a)}g(y)\mathrm{d}y=af(a)-\int_0^{f(a)}g(x)\mathrm{d}x$$

$$=\int_0^{f(a)}[a-g(x)]\mathrm{d}x.$$

【例 12】 设$f(x)$为$[a,b]$上的连续增函数,则$\displaystyle\int_a^b xf(x)\mathrm{d}x\geqslant\frac{a+b}{2}\int_a^b f(x)\mathrm{d}x$.

分析:只须证明$\displaystyle\int_a^b\left(x-\frac{a+b}{2}\right)f(x)\mathrm{d}x\geqslant0$即可.

证 由于$f(x)$单调递增,利用积分第二中值定理,则$\exists\xi\in[a,b]$,使

$$\int_a^b\left(x-\frac{a+b}{2}\right)f(x)\mathrm{d}x=f(a)\int_a^{\xi}\left(x-\frac{a+b}{2}\right)\mathrm{d}x+f(b)\int_{\xi}^b\left(x-\frac{a+b}{2}\right)\mathrm{d}x$$

$$= f(a) \int_a^b \left(x - \frac{a+b}{2}\right) \mathrm{d}x + [f(b) - f(a)] \int_\xi^b \left(x - \frac{a+b}{2}\right) \mathrm{d}x$$

$$= [f(b) - f(a)] \left[\frac{b^2 - \xi^2}{2} - \frac{a+b}{2}(b - \xi)\right]$$

$$= [f(b) - f(a)] \cdot \frac{b - \xi}{2}(\xi - a) \geqslant 0.$$

从而有 $\int_a^b x f(x) \mathrm{d}x \geqslant \frac{a+b}{2} \int_a^b f(x) \mathrm{d}x.$

【例 13】 设 $f(x)$ 在 $[0,1]$ 上可微，而且对 $\forall x \in [0,1)$，有 $|f'(x)| \leqslant M$，证明：对任何正整数 n，有 $\left| \int_0^1 f(x) \mathrm{d}x - \frac{1}{n} \sum_{i=1}^n f\left(\frac{i}{n}\right) \right| \leqslant \frac{M}{n}$，其中 M 是一个与 x 无关的常数.

证 由定积分的性质及积分中值定理，有

$$\int_0^1 f(x) \mathrm{d}x = \sum_{i=1}^n \int_{\frac{i-1}{n}}^{\frac{i}{n}} f(x) \mathrm{d}x = \sum_{i=1}^n f(\xi_i) \left(\frac{i}{n} - \frac{i-1}{n}\right) = \frac{1}{n} \sum_{i=1}^n f(\xi_i),$$

其中 $\xi_i \in \left[\frac{i-1}{n}, \frac{i}{n}\right], i = 1, 2, \cdots, n.$

又因为 $f(x)$ 在 $[0,1]$ 上可微，所以由拉格朗日中值定理可知，$\exists \eta_i \in \left(\xi_i, \frac{i}{n}\right)$，使得

$$f\left(\frac{i}{n}\right) - f(\xi_i) = f'(\eta_i)\left(\frac{i}{n} - \xi_i\right), \quad i = 1, 2, \cdots, n.$$

因此，

$$\left| \int_0^1 f(x) \mathrm{d}x - \frac{1}{n} \sum_{i=1}^n f\left(\frac{i}{n}\right) \right|$$

$$= \left| \frac{1}{n} \sum_{i=1}^n f(\xi_i) - \frac{1}{n} \sum_{i=1}^n f\left(\frac{i}{n}\right) \right|$$

$$= \frac{1}{n} \left| \sum_{i=1}^n \left[f(\xi_i) - f\left(\frac{i}{n}\right)\right] \right| = \frac{1}{n} \left| \sum_{i=1}^n f'(\eta_i)\left(\xi_i - \frac{i}{n}\right) \right|$$

$$\leqslant \frac{1}{n} \sum_{i=1}^n \left[|f'(\eta_i)| \left(\frac{i}{n} - \xi_i\right) \right] \leqslant \frac{1}{n} \left(\sum_{i=1}^n M \cdot \frac{1}{n} \right) = \frac{M}{n}.$$

三、 教材习题解答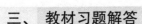

========= 习题 9.1 解答 =========

1. 按定积分定义证明：$\int_a^b k\,\mathrm{d}x = k(b-a)$.

   证　对于 $[a,b]$ 的任一分割 $T = \{x_0, x_1, \cdots, x_n\}$，任取 $\xi_i \in \Delta_i = [x_{i-1}, x_i]$，$f(x) = k$ 相应的积分和为
   $$\sum_{i=1}^n f(\xi_i)\Delta x_i = \sum_{i=1}^n k\Delta x_i = k\sum_{i=1}^n \Delta x_i = k(b-a),$$
   从而 $\forall \varepsilon > 0$，可取 δ 为任何正数，只要使 $\|T\| < \delta$，就有
   $$\left| \sum_{i=1}^n f(\xi_i)\Delta x_i - k(b-a) \right| = |k(b-a) - k(b-a)| = 0 < \varepsilon,$$
   根据定积分定义有 $\int_a^b k\,\mathrm{d}x = k(b-a)$.

2. 通过对积分区间作等分分割，并取适当的点集 $\{\xi_i\}$，把定积分看作是对应的积分和的极限，来计算下列定积分：

   (1) $\int_0^1 x^3\,\mathrm{d}x$；$\left(\text{提示：} \sum_{i=1}^n i^3 = \dfrac{1}{4}n^2(n+1)^2.\right)$　　　　(2) $\int_0^1 \mathrm{e}^x\,\mathrm{d}x$；

   (3) $\int_a^b \mathrm{e}^x\,\mathrm{d}x$；　　　　　　　　　　　　　　　(4) $\int_a^b \dfrac{\mathrm{d}x}{x^2} (0 < a < b)$.

   解　(1) 因为 $f(x) = x^3$ 在 $[0,1]$ 上连续，所以 $f(x)$ 在 $[0,1]$ 上可积. 对 $[0,1]$ 进行 n 等分，记其分割为 $T = \{x_0, x_1, \cdots, x_n\}$，取 $\xi_i = \dfrac{i}{n}$ 为区间 $\Delta_i = \left[\dfrac{i-1}{n}, \dfrac{i}{n}\right]$ 的右端点，$i = 1, 2, \cdots, n$，得
   $$\int_0^1 x^3\,\mathrm{d}x = \lim_{\|T\|\to 0}\sum_{i=1}^n f(\xi_i)\Delta x_i = \lim_{n\to\infty}\sum_{i=1}^n \left(\frac{i}{n}\right)^3 \cdot \frac{1}{n} = \lim_{n\to\infty}\frac{1}{n^4}\sum_{i=1}^n i^3$$
   $$= \lim_{n\to\infty}\frac{1}{n^4}\left[\frac{1}{4}n^2(n+1)^2\right] = \lim_{n\to\infty}\frac{1}{4}\left(1+\frac{1}{n}\right)^2 = \frac{1}{4}.$$

   (2) 同 (1)，有
   $$\int_0^1 \mathrm{e}^x\,\mathrm{d}x = \lim_{\|T\|\to 0}\sum_{i=1}^n f(\xi_i)\Delta x_i = \lim_{n\to\infty}\sum_{i=1}^n \mathrm{e}^{\frac{i}{n}} \cdot \frac{1}{n} = \lim_{n\to\infty}\frac{\mathrm{e}^{\frac{1}{n}}\left[1 - (\mathrm{e}^{\frac{1}{n}})^n\right]}{(1 - \mathrm{e}^{\frac{1}{n}})\cdot n}$$
   $$= \lim_{n\to\infty}\frac{\mathrm{e}^{\frac{1}{n}}(1-\mathrm{e})}{\left(-\frac{1}{n}\right)\cdot n} = \mathrm{e} - 1.$$

   (3) 由 $f(x) = \mathrm{e}^x$ 在 $[a,b]$ 上连续知，$f(x)$ 在 $[a,b]$ 上可积，对 $[a,b]$ 进行 n 等分，记其分割为 $T = \{x_0, x_1, \cdots, x_n\}$，则 $\Delta x_i = \dfrac{b-a}{n} (i = 1, 2, \cdots, n)$，取 ξ_i 为区间 $\Delta_i = \left[a + \dfrac{i-1}{n}(b-a), a + \dfrac{i}{n}(b-a)\right]$ 的右端点，$i = 1, 2, \cdots, n$，得
   $$\int_a^b \mathrm{e}^x\,\mathrm{d}x = \lim_{\|T\|\to 0}\sum_{i=1}^n f(\xi_i)\Delta x_i = \lim_{n\to\infty}\sum_{i=1}^n \mathrm{e}^{a+\frac{i}{n}(b-a)} \cdot \frac{b-a}{n}$$
   $$= \lim_{n\to\infty}\frac{\mathrm{e}^a}{n}(b-a)\cdot \sum_{i=1}^n \mathrm{e}^{\frac{i}{n}(b-a)} = \lim_{n\to\infty}\frac{\mathrm{e}^a \cdot \mathrm{e}^{\frac{b-a}{n}}\left[1 - (\mathrm{e}^{\frac{b-a}{n}})^n\right](b-a)}{(1 - \mathrm{e}^{\frac{b-a}{n}})\cdot n}$$
   $$= \lim_{n\to\infty}\frac{\mathrm{e}^a \cdot \mathrm{e}^{\frac{b-a}{n}}(1-\mathrm{e}^{b-a})(b-a)}{\left(-\frac{b-a}{n}\right)\cdot n}$$

$$= e^a(e^{b-a} - 1) = e^b - e^a.$$

(4) 同(3)，取 $\xi_i = \sqrt{x_{i-1}x_i}$ ，得

$$\int_a^b \frac{\mathrm{d}x}{x^2} = \lim_{\|T\| \to 0} \sum_{i=1}^n f(\xi_i) \Delta x_i = \lim_{n \to \infty} \sum_{i=1}^n \frac{1}{x_{i-1}x_i} \cdot \frac{b-a}{n}$$

$$= \lim_{n \to \infty} \sum_{i=1}^n \frac{x_i - x_{i-1}}{x_{i-1}x_i} = \lim_{n \to \infty} \sum_{i=1}^n \left(\frac{1}{x_{i-1}} - \frac{1}{x_i} \right)$$

$$= \lim_{n \to \infty} \left(\frac{1}{x_0} - \frac{1}{x_n} \right) = \lim_{n \to \infty} \left(\frac{1}{a} - \frac{1}{b} \right) = \frac{1}{a} - \frac{1}{b}.$$

> **归纳总结**：利用积分的定义计算定积分，关键是 $f(x)$ 在区间 $[a,b]$ 上是否可积. 若可积，则可对 $[a,b]$ 采用特殊的分法（比如可采用等分法）及 ξ_i 的特殊取法，然后计算极限.

习题 9.2 解答

1. 计算下列定积分：

(1) $\int_0^1 (2x+3)\mathrm{d}x$；　　(2) $\int_0^1 \frac{1-x^2}{1+x^2}\mathrm{d}x$；　　(3) $\int_e^{e^2} \frac{\mathrm{d}x}{x\ln x}$；

(4) $\int_0^1 \frac{e^x - e^{-x}}{2}\mathrm{d}x$；　　(5) $\int_0^{\frac{\pi}{3}} \tan^2 x\,\mathrm{d}x$；　　(6) $\int_4^9 \left(\sqrt{x} + \frac{1}{\sqrt{x}} \right)\mathrm{d}x$；

(7) $\int_0^4 \frac{\mathrm{d}x}{1+\sqrt{x}}$；　　(8) $\int_{\frac{1}{e}}^e \frac{1}{x}(\ln x)^2\,\mathrm{d}x$.

解　(1) $\int_0^1 (2x+3)\mathrm{d}x = (x^2 + 3x) \Big|_0^1 = 4$.

(2) $\int_0^1 \frac{1-x^2}{1+x^2}\mathrm{d}x = \int_0^1 \left(\frac{2}{1+x^2} - 1 \right)\mathrm{d}x = (2\arctan x - x) \Big|_0^1 = \frac{\pi}{2} - 1$.

(3) $\int_e^{e^2} \frac{1}{x\ln x}\mathrm{d}x = \ln|\ln x| \Big|_e^{e^2} = \ln 2$.

(4) $\int_0^1 \frac{e^x - e^{-x}}{2}\mathrm{d}x = \frac{1}{2}(e^x + e^{-x}) \Big|_0^1 = \frac{e + e^{-1}}{2} - 1$.

(5) $\int_0^{\frac{\pi}{3}} \tan^2 x\,\mathrm{d}x = \int_0^{\frac{\pi}{3}} (\sec^2 x - 1)\mathrm{d}x = (\tan x - x) \Big|_0^{\frac{\pi}{3}} = \sqrt{3} - \frac{\pi}{3}$.

(6) $\int_4^9 \left(\sqrt{x} + \frac{1}{\sqrt{x}} \right)\mathrm{d}x = \int_4^9 (x^{\frac{1}{2}} + x^{-\frac{1}{2}})\mathrm{d}x = \left(\frac{2}{3}x^{\frac{3}{2}} + 2x^{\frac{1}{2}} \right) \Big|_4^9 = \frac{44}{3}$.

(7) 先求原函数，再求积分值：

$$\int \frac{\mathrm{d}x}{1+\sqrt{x}} \xlongequal{\sqrt{x}=t} \int \frac{2t}{1+t}\mathrm{d}t = 2\int \left(1 - \frac{1}{1+t} \right)\mathrm{d}t$$

$$= 2(t - \ln|1+t|) + C = 2[\sqrt{x} - \ln(1+\sqrt{x})] + C.$$

$$\int_0^4 \frac{\mathrm{d}x}{1+\sqrt{x}} = 2[\sqrt{x} - \ln(1+\sqrt{x})] \Big|_0^4 = 4 - 2\ln 3.$$

(8) $\int_{\frac{1}{e}}^e \frac{1}{x}(\ln x)^2\,\mathrm{d}x = \int_{\frac{1}{e}}^e (\ln x)^2\,\mathrm{d}(\ln x) = \frac{1}{3}(\ln x)^3 \Big|_{\frac{1}{e}}^e = \frac{2}{3}$.

2. 利用定积分求极限:

(1) $\lim\limits_{n\to\infty}\dfrac{1}{n^4}(1+2^3+\cdots+n^3)$;

(2) $\lim\limits_{n\to\infty}n\left[\dfrac{1}{(n+1)^2}+\dfrac{1}{(n+2)^2}+\cdots+\dfrac{1}{(n+n)^2}\right]$;

(3) $\lim\limits_{n\to\infty}n\left(\dfrac{1}{n^2+1}+\dfrac{1}{n^2+2^2}+\cdots+\dfrac{1}{2n^2}\right)$;

(4) $\lim\limits_{n\to\infty}\dfrac{1}{n}\left(\sin\dfrac{\pi}{n}+\sin\dfrac{2\pi}{n}+\cdots+\sin\dfrac{n-1}{n}\pi\right)$.

【思路探索】 由定积分的定义知,若 $f(x)$ 在 $[a,b]$ 上可积,则可对 $[a,b]$ 采用特殊的分法、特殊的取法,所得积分和的极限就是 $f(x)$ 在 $[a,b]$ 上的定积分. 因此,遇到求一些和式的极限时,若能将其化为某个可积函数的积分和,就可用定积分求此极限. 这是求和式极限的一种方法.

解 (1) 把极限化为某一积分的极限,以便用定积分来计算,为此作如下变形:

$$\lim_{n\to\infty}\frac{1}{n^4}(1+2^3+\cdots+n^3)=\lim_{n\to\infty}\left[\left(\frac{1}{n}\right)^3+\left(\frac{2}{n}\right)^3+\cdots+\left(\frac{n}{n}\right)^3\right]\cdot\frac{1}{n}$$
$$=\lim_{n\to\infty}\sum_{i=1}^{n}\left(\frac{i}{n}\right)^3\cdot\frac{1}{n},$$

这是函数 $f(x)=x^3$ 在 $[0,1]$ 上的一个积分和的极限. 这里所取的是等分分割,$\Delta x_i=\dfrac{1}{n}$,而 $\xi_i=\dfrac{i}{n}$

为小区间 $[x_{i-1},x_i]=\left[\dfrac{i-1}{n},\dfrac{i}{n}\right]$ 的右端点,$i=1,2,\cdots,n$,所以有

$$\lim_{n\to\infty}\frac{1}{n^4}(1+2^3+\cdots+n^3)=\int_0^1 x^3\,\mathrm{d}x=\frac{1}{4}x^4\Big|_0^1=\frac{1}{4}.$$

(2) $\lim\limits_{n\to\infty}n\left[\dfrac{1}{(n+1)^2}+\dfrac{1}{(n+2)^2}+\cdots+\dfrac{1}{(n+n)^2}\right]$

$$=\lim_{n\to\infty}\left[\frac{1}{\left(1+\frac{1}{n}\right)^2}+\frac{1}{\left(1+\frac{2}{n}\right)^2}+\cdots+\frac{1}{\left(1+\frac{n}{n}\right)^2}\right]\cdot\frac{1}{n}$$

$$=\lim_{n\to\infty}\sum_{i=1}^{n}\frac{1}{\left(1+\frac{i}{n}\right)^2}\cdot\frac{1}{n}.$$

此为函数 $f(x)=\dfrac{1}{(1+x)^2}$ 在 $[0,1]$ 上的一个积分和,所以有

$$\lim_{n\to\infty}n\left[\frac{1}{(n+1)^2}+\frac{1}{(n+2)^2}+\cdots+\frac{n}{(n+n)^2}\right]=\int_0^1\frac{1}{(1+x)^2}\,\mathrm{d}x=\int_0^1\frac{1}{(1+x)^2}\,\mathrm{d}(1+x)$$
$$=-\frac{1}{1+x}\Big|_0^1=\frac{1}{2}.$$

(3) $\lim\limits_{n\to\infty}n\left(\dfrac{1}{n^2+1}+\dfrac{1}{n^2+2^2}+\cdots+\dfrac{1}{2n^2}\right)$

$$=\lim_{n\to\infty}\left[\frac{1}{1+\left(\frac{1}{n}\right)^2}+\frac{1}{1+\left(\frac{2}{n}\right)^2}+\cdots+\frac{1}{1+\left(\frac{n}{n}\right)^2}\right]\cdot\frac{1}{n}$$

$$=\lim_{n\to\infty}\sum_{i=1}^{n}\frac{1}{1+\left(\frac{i}{n}\right)^2}\cdot\frac{1}{n}=\int_0^1\frac{\mathrm{d}x}{1+x^2}=\arctan x\Big|_0^1=\frac{\pi}{4}.$$

(4) $\lim\limits_{n\to\infty}\dfrac{1}{n}\left(\sin\dfrac{\pi}{n}+\sin\dfrac{2\pi}{n}+\cdots+\sin\dfrac{n-1}{n}\pi\right)$

$$=\lim_{n\to\infty}\frac{1}{\pi}\sum_{i=1}^{n}\sin\frac{(i-1)\pi}{n}\cdot\frac{\pi}{n}$$

$$=\frac{1}{\pi}\int_0^{\pi}\sin x\,\mathrm{d}x=\frac{1}{\pi}(-\cos x)\Big|_0^{\pi}=\frac{2}{\pi}.$$

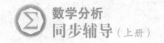

3. 证明：若 f 在 $[a,b]$ 上可积，F 在 $[a,b]$ 上连续，且除有限个点外有 $F'(x)=f(x)$，则有
$$\int_a^b f(x)\mathrm{d}x = F(b)-F(a).$$

证　对 $[a,b]$ 作分割 $T=\{a=x_0,x_1,\cdots,x_n=b\}$，使等式 $F'(x)=f(x)$ 不成立的有限个点为部分分点，在每个小区间 $[x_{i-1},x_i]$ 上对 $F(x)$ 使用拉格朗日中值定理，则 $\exists\,\eta_i\in(x_{i-1},x_i),i=1,2,\cdots,n$，使
$$F(x_i)-F(x_{i-1})=F'(\eta_i)\Delta x_i=f(\eta_i)\Delta x_i,$$

因此，$\displaystyle\sum_{i=1}^n f(\eta_i)\Delta x_i = \sum_{i=1}^n [F(x_i)-F(x_{i-1})] = F(b)-F(a).$

因为 f 在 $[a,b]$ 上可积，所以 $\displaystyle\int_a^b f(x)\mathrm{d}x = \lim_{\|T\|\to 0}\sum_{i=1}^n f(\eta_i)\Delta x_i = F(b)-F(a).$

习题 9.3 解答

1. 证明：若 T' 是 T 增加若干个分点后所得的分割，则 $\displaystyle\sum_{T'}\omega_i'\Delta x_i'\leqslant\sum_T\omega_i\Delta x_i.$

【思路探索】　增加若干个分点可以看作一个点一个点逐个增加，故只需证 T' 比 T 多增加一个分点的情形. 这时该分点把 T 中某个小区间 Δ_k 分成两个属于 T' 的小区间 Δ_k' 和 Δ_k''，其他小区间不变，可证
$$\sum_T\omega_i\Delta x_i - \sum_{T'}\omega_i'\Delta x_i' = \omega_k\Delta x_k - (\omega_k'\Delta x_k' + \omega_k''\Delta x_k'')\geqslant 0.$$

证　设 T 增加 p 个分点得到 T'，将 p 个新分点同时添加到 T 和逐个添加到 T，都能得到 T'，所以我们只需证 $p=1$ 的情形.

在 T 上添加一个新分点，它必落在 T 的某一小区间 Δ_k 内，而且将 Δ_k 分为两个小区间，记作 Δ_k' 与 Δ_k''. T 的其他小区间 $\Delta_i(i\neq k)$ 仍旧是新分割 T_1 所属的小区间，因此，比较 $\displaystyle\sum_T\omega_i\Delta x_i$ 与 $\displaystyle\sum_{T_1}\omega_i'\Delta x_i'$ 的各个被加项，它们之间的差别仅仅是前者中的 $\omega_k\Delta x_k$ 一项替换为后者中的 $\omega_k'\Delta x_k'+\omega_k''\Delta x_k''$ 两项. 又因函数在子区间上的振幅总是小于其在区间上的振幅，即有 $\omega_k'\leqslant\omega_k,\omega_k''\leqslant\omega_k$. 故
$$\sum_T\omega_i\Delta x_i - \sum_{T_1}\omega_i'\Delta x_i' = \omega_k\Delta x_k - (\omega_k'\Delta x_k' + \omega_k''\Delta x_k'')$$
$$\geqslant \omega_k\Delta x_k - (\omega_k\Delta x_k' + \omega_k\Delta x_k'')$$
$$= \omega_k\Delta x_k - \omega_k(\Delta x_k' + \Delta x_k'') = 0,$$

即 $\displaystyle\sum_{T_1}\omega_i'\Delta x_i'\leqslant\sum_T\omega_i\Delta x_i.$

一般地，对 T_j 增加一个分点得到 T_{j+1}，就有
$$\sum_{T_{j+1}}\omega_i^{(j+1)}\Delta x_i^{(j+1)}\leqslant\sum_{T_j}\omega_i^{(j)}\Delta x_i^{(j)}(j=0,1,\cdots,p-1),$$

这里 $T_0=T,T_p=T'.$

故 $\displaystyle\sum_{T'}\omega_i'\Delta x_i'\leqslant\sum_T\omega_i\Delta x_i.$

2. 证明:若 $f(x)$ 在 $[a,b]$ 上可积,$[\alpha,\beta] \subset [a,b]$,则 $f(x)$ 在 $[\alpha,\beta]$ 上也可积.

【思路探索】 取 $[a,b]$ 的某分割 T,增加 T 上两个新分点 α,β,形成新的分割 T',利用上题条件即证.

证 已知 $f(x)$ 在 $[a,b]$ 上可积,故 $\forall \varepsilon > 0$,存在 $[a,b]$ 的分割 T,使得 $\sum_{T} \omega_i \Delta x_i < \varepsilon$,在 T 上增加两个分

点 α,β,得到一个新的分割 T',则由上题结论知

$$\sum_{T'} \omega'_k \Delta x'_k \leqslant \sum_{T} \omega_k \Delta x_k < \varepsilon.$$

分割 T' 在 $[\alpha,\beta]$ 上的部分,构成 $[\alpha,\beta]$ 的一个分割,记为 T^*,则有

$$\sum_{T^*} \omega^*_k \Delta x^*_k \leqslant \sum_{T'} \omega'_k \Delta x'_k < \varepsilon,$$

故由可积准则知,$f(x)$ 在 $[\alpha,\beta]$ 上可积.

3. 设 f,g 均为定义在 $[a,b]$ 上的有界函数,仅在有限个点处 $f(x) \neq g(x)$,证明:若 f 在 $[a,b]$ 上可积,则 g 在 $[a,b]$ 上也可积,且 $\int_a^b f(x)\mathrm{d}x = \int_a^b g(x)\mathrm{d}x$.

【思路探索】 设 $f(x)$ 与 $g(x)$ 在 $[a,b]$ 上的值仅在 k 个点 $\alpha_1,\alpha_2,\cdots,\alpha_k$ 处不同,且 $M = \max\limits_{1 \leqslant i \leqslant k}\{| f(\alpha_i) - g(\alpha_i) |\}$,$I = \int_a^b f(x)\mathrm{d}x$. $\forall \varepsilon > 0$,取足够小的 $\delta > 0$,当 $\| T \| < \delta$ 时,使 $\sum_{T} | g(\xi_i) - f(\xi_i) | \Delta x_i \leqslant 2kM \| T \| < \dfrac{\varepsilon}{2}$,$\left| \sum_{T} f(\xi_i)\Delta x_i - I \right| < \dfrac{\varepsilon}{2}$.

证 设 $f(x)$ 与 $g(x)$ 在 $[a,b]$ 上的值仅在 k 个点 $\alpha_1,\alpha_2,\cdots,\alpha_k$ 处不同,记 $M = \max\limits_{1 \leqslant i \leqslant k}\{| f(\alpha_i) - g(\alpha_i) |\}$,$I = \int_a^b f(x)\mathrm{d}x$. $\forall \varepsilon > 0$,由 $f(x)$ 在 $[a,b]$ 上可积知,$\exists \delta_1 > 0$,使当 $\| T \| < \delta_1$ 时,有

$$\left| \sum_{T} f(\xi_i)\Delta x_i - I \right| < \frac{\varepsilon}{2}.$$

令 $\delta = \min\left\{\delta_1, \dfrac{\varepsilon}{4kM}\right\}$,则当 $\| T \| < \delta$ 时,有

$$\left| \sum_{T} g(\xi_i)\Delta x_i - I \right| \leqslant \left| \sum_{T} g(\xi_i)\Delta x_i - \sum_{T} f(\xi_i)\Delta x_i \right| + \left| \sum_{T} f(\xi_i)\Delta x_i - I \right|$$

$$\leqslant \sum_{T} | g(\xi_i) - f(\xi_i) | \Delta x_i + \frac{\varepsilon}{2}$$

$$\leqslant \| T \| \cdot \sum_{T} | g(\xi_i) - f(\xi_i) | + \frac{\varepsilon}{2},$$

当 $\xi_i \neq \alpha_i$ 时,$| g(\xi_i) - f(\xi_i) | = 0$,所以上式 $\sum_{T} | g(\xi_i) - f(\xi_i) |$ 中至多仅有 k 项不为 0,故

$$\left| \sum_{T} g(\xi_i)\Delta x_i - I \right| \leqslant Mk \| T \| + \frac{\varepsilon}{2} \leqslant \frac{\varepsilon}{4} + \frac{\varepsilon}{2} < \varepsilon.$$

故 $g(x)$ 在 $[a,b]$ 上可积,且 $\int_a^b g(x)\mathrm{d}x = I = \int_a^b f(x)\mathrm{d}x$.

归纳总结:$f(x)$ 与 $g(x)$ 在有限个点不同,并不影响 f,g 的可积性质.

4. 设 f 在 $[a,b]$ 上有界,$\{a_n\} \subset [a,b]$,$\lim\limits_{n \to \infty} a_n = c$. 证明:若 $f(x)$ 在 $[a,b]$ 上只有 $a_n(n = 1,2,\cdots)$ 为其间断点,则 $f(x)$ 在 $[a,b]$ 上可积.

证 不妨设 $\lim\limits_{n \to \infty} a_n = c \in (a,b)$,$f(x)$ 在 $[a,b]$ 上的振幅为 ω,$\forall \varepsilon > 0$,取 $0 < \delta < \dfrac{\varepsilon}{4\omega}$,由 $\lim\limits_{n \to \infty} a_n = c$ 知,$\exists N$,当 $n > N$ 时,$c - \delta < a_n < c + \delta$,从而 $f(x)$ 在 $[a, c-\delta] \bigcup [c+\delta, b]$ 上至多有有限个间断点. 由可积的充分条件(教材定理 9.5)知 $f(x)$ 在 $[a, c-\delta]$ 和 $[c+\delta, b]$ 上都可积,因此,存在 $[a, c-\delta]$ 上的分割 T_1,使 $\sum_{T_1} \omega_i \Delta x_i < \dfrac{\varepsilon}{4}$,存在 $[c+\delta, b]$ 上的分割 T_2,使 $\sum_{T_2} w_i \Delta x_i < \dfrac{\varepsilon}{4}$. 把 $[c-\delta, c+\delta]$ 与

T_1, T_2 合并,就构成$[a,b]$ 的一个分割 T,则

$$\sum_T \omega_i{}'\Delta x_i = 2\omega_0\delta + \sum_{T_1}\omega_i\Delta x_i + \sum_{T_2}w_i\Delta x_i \leqslant 2\omega\delta + \sum_{T_1}\omega_i\Delta x_i + \sum_{T_2}w_i\Delta x_i < \frac{\varepsilon}{2} + \frac{\varepsilon}{4} + \frac{\varepsilon}{4} = \varepsilon,$$

其中 ω_0 为 $f(x)$ 在 $[c-\delta, c+\delta]$ 上的振幅. 故由可积准则知, $f(x)$ 在 $[a,b]$ 上可积.

5. 证明:若 $f(x)$ 在区间 Δ 上有界,则

$$\sup_{x\in\Delta} f(x) - \inf_{x\in\Delta} f(x) = \sup_{x',x''\in\Delta} \mid f(x') - f(x'') \mid.$$

【思路探索】 这里有两个上确界和一个下确界,不便同时处理,故可选定两个看作常数,而对第三个用确界定义来证明. 如记 $M = \sup\limits_{x\in\Delta} f(x), m = \inf\limits_{x\in\Delta} f(x)$,欲证

$$\sup_{x',x''\in\Delta} \mid f(x') - f(x'') \mid = M-m.$$

证　　记 $M = \sup\limits_{x\in\Delta} f(x), m = \inf\limits_{x\in\Delta} f(x)$. 若 $M = m$,则 $f(x)$ 为常数,等式显然成立.

设 $m < M$,则 $m \leqslant f(x) \leqslant M, x\in\Delta$,故 $\forall x', x''\in\Delta$,有 $\mid f(x') - f(x'') \mid \leqslant M-m$.

另一方面 $\forall \varepsilon > 0(\varepsilon < M-m)$,由上、下确界的定义知,分别 $\exists x_0', x_0''\in\Delta$,使

$$f(x_0') < m + \frac{\varepsilon}{2} \text{ 及 } M - \frac{\varepsilon}{2} < f(x_0''),$$

故 $\mid f(x_0'') - f(x_0') \mid \geqslant (M-m) - \varepsilon$.

从而由上界确定义知 $\sup\limits_{x',x''\in\Delta} \mid f(x') - f(x'') \mid = M-m$.

6. 证明函数

$$f(x) = \begin{cases} 0, & x = 0, \\ \dfrac{1}{x} - \left[\dfrac{1}{x}\right], & x\in(0,1] \end{cases}$$

在 $[0,1]$ 上可积.

证　　因 $0 \leqslant \dfrac{1}{x} - \left[\dfrac{1}{x}\right] < 1$,故 $f(x)$ 在 $[0,1]$ 上有界,且在 $[0,1]$ 的任意部分区间上的振幅 $\omega \leqslant 1$, $f(x)$ 在 $[0,1]$ 上的间断点为 $0, \dfrac{1}{2}, \dfrac{1}{3}, \cdots, \dfrac{1}{n}, \cdots$.

$\forall \varepsilon > 0$,由于 $f(x)$ 在 $\left[\dfrac{\varepsilon}{2}, 1\right]$ 上只有有限个间断点,故可积,因此,存在 $\left[\dfrac{\varepsilon}{2}, 1\right]$ 的分割 T_1,使

$$\sum_{T_1} \omega i\Delta x_i < \frac{\varepsilon}{2}.$$

再把 $\left[0, \dfrac{\varepsilon}{2}\right]$ 与 T_1 合并,成为 $[0,1]$ 的一个分割 T,由于 f 在 $\left[0, \dfrac{\varepsilon}{2}\right]$ 上的振幅 $w_0 < 1$. 因此,

$$\sum_T w_i\Delta x_i = w_0 \cdot \frac{\varepsilon}{2} + \sum_{T_1} wi\Delta x_i < \frac{\varepsilon}{2} + \frac{\varepsilon}{2} = \varepsilon.$$

故 $f(x)$ 在 $[0,1]$ 上可积.

7. 设函数 f 在 $[a,b]$ 上有定义,且对于任给的 $\varepsilon > 0$,存在 $[a,b]$ 上的可积函数 g,使得

$$\mid f(x) - g(x) \mid < \varepsilon, x\in[a,b].$$

证明 f 在 $[a,b]$ 上可积.

证　　因为 $f(x) = f(x) - g(x) + g(x)$, $g(x)$ 在 $[a,b]$ 上可积,所以 $\forall \varepsilon > 0$, $\exists$ 分割 T,使得

$$\sum_T \omega_i(g)\Delta x_i < \varepsilon,$$

这里 $\omega_i(g)$ 表示函数 $g(x)$ 在相应小区间上的振幅.

又 $\omega_i(f) \leqslant \omega_i(f-g) + \omega_i(g)$,因此

$$\sum_T \omega_i(f)\Delta x_i \leqslant \sum_T \omega_i(f-g)\Delta x_i + \sum_T \omega_i(g)\Delta x_i \leqslant (2(b-a)+1)\varepsilon.$$

故 f 在 $[a,b]$ 上可积.

──── 习题 9.4 解答 ────

1. 证明:若 f 与 g 都在 $[a,b]$ 上可积,则

$$\lim_{\|T\|\to 0}\sum_{i=1}^{n}f(\xi_i)g(\eta_i)\Delta x_i=\int_a^b f(x)g(x)\mathrm{d}x,$$

其中 ξ_i,η_i 是 T 所属小区间 Δ_i 中的任意两点,$i=1,2,\cdots,n$.

【思路探索】 设 $I=\int_a^b f(x)g(x)\mathrm{d}x$,若能证得:$\forall\varepsilon>0,\exists\delta>0$,当 $\|T\|<\delta$ 时,

$$\Big|\sum_{i=1}^{n}f(\xi_i)g(\eta_i)\Delta x_i-I\Big|\leqslant\Big|\sum_{i=1}^{n}[f(\xi_i)g(\eta_i)-f(\xi_i)g(\xi_i)]\Delta x_i\Big|+\Big|\sum_{i=1}^{n}f(\xi_i)g(\xi_i)\Delta x_i-I\Big|<\varepsilon,$$

便可证得结论.

证 因 $f(x)$ 与 $g(x)$ 在 $[a,b]$ 上可积,所以 $f(x)$ 与 $g(x)$ 在 $[a,b]$ 上有界,且 $f(x)g(x)$ 在 $[a,b]$ 上

可积,设 $|f(x)|\leqslant M,x\in[a,b]$,且 $I=\int_a^b f(x)g(x)\mathrm{d}x$,则对 $[a,b]$ 的任意分割 T,有

$$\Big|\sum_{i=1}^{n}f(\xi_i)g(\eta_i)\Delta x_i-I\Big|$$

$$=\Big|\sum_{i=1}^{n}[f(\xi_i)g(\eta_i)-f(\xi_i)g(\xi_i)]\Delta x_i+\sum_{i=1}^{n}f(\xi_i)g(\xi_i)\Delta x_i-I\Big|$$

$$\leqslant\sum_{i=1}^{n}|f(\xi_i)|\,|g(\eta_i)-g(\xi_i)|\Delta x_i+\Big|\sum_{i=1}^{n}f(\xi_i)g(\xi_i)\Delta x_i-I\Big|$$

$$\leqslant M\sum_{i=1}^{n}\omega_i(g)\Delta x_i+\Big|\sum_{i=1}^{n}f(\xi_i)g(\xi_i)\Delta x_i-I\Big|.$$

$\forall\varepsilon>0$,由 $I=\int_a^b f(x)g(x)\mathrm{d}x$ 及定积分定义知,$\exists\delta'>0$,当 $\|T\|<\delta'$ 时,有

$$\Big|\sum_{i=1}^{n}f(\xi_i)g(\xi_i)\Delta x_i-I\Big|<\frac{\varepsilon}{2}.$$

又 $g(x)$ 可积,所以 $\exists\delta''>0$,当 $\|T\|<\delta''$ 时,$\sum_{i=1}^{n}\omega_i(g)\Delta x_i<\dfrac{\varepsilon}{2M}$

取 $\delta=\min\{\delta',\delta''\}$,则当 $\|T\|<\delta$ 时,有

$$\Big|\sum_{i=1}^{n}f(\xi_i)g(\eta_i)\Delta x_i-I\Big|<M\cdot\frac{\varepsilon}{2M}+\frac{\varepsilon}{2}=\varepsilon.$$

故 $\lim\limits_{\|T\|\to 0}\sum\limits_{i=1}^{n}f(\xi_i)g(\eta_i)\Delta x_i=\int_a^b f(x)g(x)\mathrm{d}x.$

归纳总结:本题利用可积的必要条件,得 f 与 g 在 $[a,b]$ 上有界,再利用有界与定积分定义证明.

2. 不求出定积分的值,比较下列各对定积分的大小:

$(1)\displaystyle\int_0^1 x\mathrm{d}x$ 与 $\displaystyle\int_0^1 x^2\mathrm{d}x$; $\qquad(2)\displaystyle\int_0^{\frac{\pi}{2}}x\mathrm{d}x$ 与 $\displaystyle\int_0^{\frac{\pi}{2}}\sin x\mathrm{d}x$.

解 (1) 显然在 $[0,1]$ 上,$x^2\leqslant x$,故 $\displaystyle\int_0^1 x\mathrm{d}x\geqslant\int_0^1 x^2\mathrm{d}x$.

因为 $f(x)=x-x^2$ 除 $x=0,1$ 外,处处满足 $f(x)>0$,即 $x>x^2$,故由教材第 202 页的注可知
$\displaystyle\int_0^1(x-x^2)\mathrm{d}x>0$,从而 $\displaystyle\int_0^1 x\mathrm{d}x>\int_0^1 x^2\mathrm{d}x$.

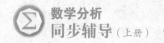

(2) 因为在 $\left[0,\dfrac{\pi}{2}\right]$ 上，$\sin x \leqslant x$，且除 $x=0$ 外处处有 $\sin x < x$，所以与(1)类似，有

$$\int_0^{\frac{\pi}{2}} x\,\mathrm{d}x > \int_0^{\frac{\pi}{2}} \sin x\,\mathrm{d}x.$$

归纳总结：从以上推导可知：若 $f(x)$ 与 $g(x)$ 在 $[a,b]$ 上可积，且 $f(x) \geqslant g(x)$，$x \in [a,b]$，只要它在某一点 x_0 处连续，且 $f(x_0) > g(x_0)$，则必有 $\int_a^b f(x)\,\mathrm{d}x > \int_a^b g(x)\,\mathrm{d}x$.

3. 证明下列不等式：

(1) $\dfrac{\pi}{2} < \displaystyle\int_0^{\frac{\pi}{2}} \dfrac{\mathrm{d}x}{\sqrt{1-\dfrac{1}{2}\sin^2 x}} < \dfrac{\pi}{\sqrt{2}}$;　　　　　(2) $1 < \displaystyle\int_0^1 \mathrm{e}^{x^2}\,\mathrm{d}x < \mathrm{e}$;

(3) $1 < \displaystyle\int_0^{\frac{\pi}{2}} \dfrac{\sin x}{x}\,\mathrm{d}x < \dfrac{\pi}{2}$;　　　　　(4) $3\sqrt{\mathrm{e}} < \displaystyle\int_{\mathrm{e}}^{4\mathrm{e}} \dfrac{\ln x}{\sqrt{x}}\,\mathrm{d}x < 6$.

证　(1) 因为 $1 \leqslant \dfrac{1}{\sqrt{1-\dfrac{1}{2}\sin^2 x}} \leqslant \dfrac{1}{\sqrt{1-\dfrac{1}{2}}} = \sqrt{2}$，$x \in \left[0,\dfrac{\pi}{2}\right]$，函数 $\dfrac{1}{\sqrt{1-\dfrac{1}{2}\sin^2 x}}$ 在 $\left[0,\dfrac{\pi}{2}\right]$ 上连续，

且不恒等于 1 或 $\sqrt{2}$，所以

$$\int_0^{\frac{\pi}{2}} \mathrm{d}x < \int_0^{\frac{\pi}{2}} \dfrac{\mathrm{d}x}{\sqrt{1-\dfrac{1}{2}\sin^2 x}} < \int_0^{\frac{\pi}{2}} \sqrt{2}\,\mathrm{d}x,$$

即 $\dfrac{\pi}{2} < \displaystyle\int_0^{\frac{\pi}{2}} \dfrac{\mathrm{d}x}{\sqrt{1-\dfrac{1}{2}\sin^2 x}} < \dfrac{\pi}{\sqrt{2}}$.

(2) 因为在 $[0,1]$ 上，$1 = \mathrm{e}^0 \leqslant \mathrm{e}^{x^2} \leqslant \mathrm{e}^1 = \mathrm{e}$，且函数 e^{x^2} 不恒等于 1 和 e，所以有

$$1 = \int_0^1 \mathrm{d}x < \int_0^1 \mathrm{e}^{x^2}\,\mathrm{d}x < \int_0^1 \mathrm{e}\,\mathrm{d}x = \mathrm{e}.$$

(3) 由于在 $\left(0,\dfrac{\pi}{2}\right)$ 上，$\dfrac{2}{\pi} < \dfrac{\sin x}{x} < 1$，所以有

$$1 = \int_0^{\frac{\pi}{2}} \dfrac{2}{\pi}\,\mathrm{d}x < \int_0^{\frac{\pi}{2}} \dfrac{\sin x}{x}\,\mathrm{d}x < \int_0^{\frac{\pi}{2}} \mathrm{d}x = \dfrac{\pi}{2}.$$

(4) 设 $f(x) = \dfrac{\ln x}{\sqrt{x}}$，则 $f'(x) = \dfrac{2-\ln x}{2x\sqrt{x}} = 0$，得 $f(x)$ 在 $[\mathrm{e},4\mathrm{e}]$ 上唯一的驻点为 $x = \mathrm{e}^2$. 可验证它

是极大值点，而可导函数唯一的极大值必为最大值，所以 $f(\mathrm{e}^2) = \dfrac{2}{\mathrm{e}}$ 为函数 $f(x)$ 在 $[\mathrm{e},4\mathrm{e}]$ 上的最

大值，又 $f(\mathrm{e}) = \dfrac{1}{\sqrt{\mathrm{e}}}$，$f(4\mathrm{e}) = \dfrac{\ln(4\mathrm{e})}{2\sqrt{\mathrm{e}}}$，且 $f(4\mathrm{e}) - f(\mathrm{e}) = \dfrac{\ln(4\mathrm{e})-2}{2\sqrt{\mathrm{e}}} > 0$，故 $f(\mathrm{e}) = \dfrac{1}{\sqrt{\mathrm{e}}}$ 为 $f(x)$ 在

$[\mathrm{e},4\mathrm{e}]$ 上的最小值，从而 $\dfrac{1}{\sqrt{\mathrm{e}}} \leqslant \dfrac{\ln x}{\sqrt{x}} \leqslant \dfrac{2}{\mathrm{e}}$，由此得

$$3\sqrt{\mathrm{e}} = \int_{\mathrm{e}}^{4\mathrm{e}} \dfrac{1}{\sqrt{\mathrm{e}}}\,\mathrm{d}x < \int_{\mathrm{e}}^{4\mathrm{e}} \dfrac{\ln x}{\sqrt{x}}\,\mathrm{d}x < \int_{\mathrm{e}}^{4\mathrm{e}} \dfrac{2}{\mathrm{e}}\,\mathrm{d}x = 6.$$

> 归纳总结：设 $f(x)$ 在 $[a,b]$ 上的上、下确界(或最大值、最小值)分别为 $M,m,g(x)\geqslant 0,x\in[a,b]$，则可得出
>
> $$m\int_a^b g(x)\mathrm{d}x \leqslant \int_a^b f(x)g(x)\mathrm{d}x \leqslant M\int_a^b g(x)\mathrm{d}x.$$
>
> 由此式也可证明积分不等式，并且所得结果通常优于用 $m(b-a)\leqslant\int_a^b f(x)\mathrm{d}x\leqslant M(b-a)$ 所得的结果.

4. 设 $f(x)$ 在 $[a,b]$ 上连续，且 $f(x)$ 不恒等于零，证明 $\int_a^b (f(x))^2\mathrm{d}x>0$.

    证   由 $f(x)$ 不恒等于零知，$\exists\, x_0\in[a,b]$，使 $f(x_0)\neq 0$，从而 $f^2(x_0)>0$. 由 $f^2(x)$ 连续及连续函数的局部保号性，存在 x_0 的某邻域 $(x_0-\delta,x_0+\delta)$（当 $x_0=a$ 或 $x_0=b$ 时，则为右邻域或左邻域），使得在其中 $[f(x)]^2\geqslant\dfrac{[f(x_0)]^2}{2}>0$. 故

$$\int_a^b [f(x)]^2\mathrm{d}x = \int_a^{x_0-\delta}[f(x)]^2\mathrm{d}x + \int_{x_0-\delta}^{x_0+\delta}[f(x)]^2\mathrm{d}x + \int_{x_0+\delta}^b [f(x)]^2\mathrm{d}x$$

$$\geqslant 0 + \int_{x_0-\delta}^{x_0+\delta}\frac{[f(x_0)]^2}{2}\mathrm{d}x = [f(x_0)]^2\delta > 0.$$

5. 设 f 与 g 都在 $[a,b]$ 上可积，证明

$$M(x)=\max_{x\in[a,b]}\{f(x),g(x)\},\quad m(x)=\min_{x\in[a,b]}\{f(x),g(x)\}$$

在 $[a,b]$ 上也都可积.

    【思路探索】   利用 $\min\{A,B\}=\dfrac{A+B-|A-B|}{2}$，$\max\{A,B\}=\dfrac{A+B+|A-B|}{2}$.

    证   由 $f(x),g(x)$ 可积知，$f(x)\pm g(x)$ 在 $[a,b]$ 上可积，从而 $|f(x)\pm g(x)|$ 在 $[a,b]$ 上也可积. 又

$$M(x)=\frac{f(x)+g(x)+|f(x)-g(x)|}{2},$$

$$m(x)=\frac{f(x)+g(x)-|f(x)-g(x)|}{2},$$

且可积函数的和，差，数乘仍可积，所以 $M(x),m(x)$ 在 $[a,b]$ 上均可积.

6. 试求心形线 $r=a(1+\cos\theta),0\leqslant\theta\leqslant 2\pi$ 上各点极径的平均值.

    解   所求平均值为 $\dfrac{1}{2\pi}\int_0^{2\pi}a(1+\cos\theta)\mathrm{d}\theta=\dfrac{a}{2\pi}(\theta+\sin\theta)\Big|_0^{2\pi}=a.$

7. 设 f 在 $[a,b]$ 上可积，且在 $[a,b]$ 上满足 $|f(x)|\geqslant m>0$. 证明 $\dfrac{1}{f}$ 在 $[a,b]$ 上也可积.

    【思路探索】   将 $|f(x)|\geqslant m>0$ 转化为 $\dfrac{1}{f^2(x)}\leqslant\dfrac{1}{m^2}$，再利用可积充要条件证明.

    证   因 $f(x)$ 可积，根据教材定理 9.3'，$\forall\,\varepsilon>0$，存在分割 $T=\{\Delta_1,\Delta_2,\cdots,\Delta_n\}$，使得 $\sum\limits_{i=1}^n\omega_i\Delta x_i<m^2\varepsilon$. 设 x_i',x_i'' 是属于分割 T 的小区间 $\Delta_i(i=1,2,\cdots,n)$ 上的任意两点，记 w_i 为 $f(x)$ 在 $\Delta_i(i=1,2,\cdots,n)$ 上的振幅，则

$$\left|\frac{1}{f(x_i'')}-\frac{1}{f(x_i')}\right| = \frac{|f(x_i')-f(x_i'')|}{|f(x_i')f(x_i'')|}\leqslant\frac{\omega_i}{m^2}.$$

用 $\overline{\omega}_i$ 表示 $\dfrac{1}{f(x)}$ 在 $\Delta_i(i=1,2,\cdots,n)$ 上的振幅，则有 $\overline{\omega}_i\leqslant\dfrac{\omega_i}{m^2}$，所以对于分割 T 有

$$\sum_{i=1}^n\overline{\omega}_i\Delta x_i\leqslant\sum_{i=1}^n\frac{\omega_i}{m^2}\Delta x_i=\frac{1}{m^2}\sum_{i=1}^n\omega_i\Delta x_i<\frac{1}{m^2}\cdot m^2\varepsilon=\varepsilon,$$

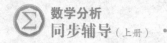

由定理 $9.3'$ 知,$\dfrac{1}{f(x)}$ 在$[a,b]$上也可积.

8. 进一步证明积分第一中值定理(包括定理 9.7 和定理 9.8)中的中值点 $\xi \in (a,b)$.

证 先证定理 9.7 中的 $\xi \in [a,b]$ 可改为 $\xi \in (a,b)$. 因为 $f(x)$ 在$[a,b]$上连续,所以 $f(x)$ 在$[a,b]$上有最大值 M 和最小值 m. 设 $f(x_1)=m,f(x_2)=M,x_1,x_2 \in [a,b]$,如果 $m=M$,那么 $f(x)$ 是常数函数,任取 $\xi \in (a,b)$ 即可. 如果 $m<M$,那么由于函数 $M-f(x)$ 连续且有一点 x_1 使 $M-f(x_1)>0$,所以由积分性质,有

$$\int_a^b [M-f(x)]\mathrm{d}x > 0,$$

即 $M(b-a) > \displaystyle\int_a^b f(x)\mathrm{d}x$.

同理可得 $m(b-a) < \displaystyle\int_a^b f(x)\mathrm{d}x$,故有 $m < \dfrac{1}{b-a}\displaystyle\int_a^b f(x)\mathrm{d}x < M$.

由连续函数的介值定理,至少存在一点 $\xi \in (x_1,x_2) \subset (a,b)$(或$(x_2,x_1) \subset (a,b)$),使得

$$\frac{1}{b-a}\int_a^b f(x)\mathrm{d}x = f(\xi),\text{即}\int_a^b f(x)\mathrm{d}x = f(\xi)(b-a).$$

其次证明定理 9.8 中的 $\xi \in [a,b]$ 可改为 $\xi \in (a,b)$. 不妨设 $g(x) \geqslant 0$,且 M 与 m 分别为 $f(x)$ 在$[a,b]$上的最大值与最小值,则 $I = \displaystyle\int_a^b g(x)\mathrm{d}x \geqslant 0$,且对 $\forall x \in [a,b]$ 有 $mg(x) \leqslant f(x)g(x) \leqslant Mg(x)$,由积分不等式性质,得

$$m\int_a^b g(x)\mathrm{d}x \leqslant \int_a^b g(x)f(x)\mathrm{d}x \leqslant M\int_a^b g(x)\mathrm{d}x.$$

(ⅰ)当 $I=0$ 或 $m=M$ 时,任取 $\xi \in (a,b)$ 即可.

(ⅱ)当 $I>0,m<M$ 时,令 $\mu = \dfrac{1}{I}\displaystyle\int_a^b f(x)g(x)\mathrm{d}x$,则 $m \leqslant \mu \leqslant M$.

若 $m<\mu<M$,则由连续函数的介值定理知,$\exists \xi \in (a,b)$,使 $f(\xi)=\mu$,即

$$\int_a^b f(x)g(x)\mathrm{d}x = f(\xi)\int_a^b g(x)\mathrm{d}x;$$

若 $\mu=m$,则 $\exists \xi \in (a,b)$,使 $f(\xi)=\mu$,否则 $\forall x \in (a,b)$,都有 $f(x)-\mu>0$,由 $I = \displaystyle\int_a^b g(x)\mathrm{d}x > 0$ 可知,非负函数 $g(x)$ 在(a,b) 内不恒为零(否则 $I \equiv 0$). 从而非负连续函数 $(f(x)-\mu)g(x)$ 在$[a,b]$ 内不恒为零,由积分性质有 $\displaystyle\int_a^b (f(x)-\mu)g(x)\mathrm{d}x > 0$,但

$$\int_a^b [f(x)-\mu]g(x)\mathrm{d}x = \int_a^b f(x)g(x)\mathrm{d}x - \mu I = 0,$$

这就产生了矛盾. 故当 $\mu=m$ 时,$\exists \xi \in (a,b)$,使 $f(\xi)=\mu$,即

$$\int_a^b f(x)g(x)\mathrm{d}x = f(\xi)\int_a^b g(x)\mathrm{d}x.$$

同理可证:当 $\mu=M$ 时,$\exists \xi \in (a,b)$,使 $f(\xi)=\mu$.

9. 证明:若 f 与 g 都在$[a,b]$上可积,且 $g(x)$ 在$[a,b]$上不变号,M,m 分别为 $f(x)$ 在$[a,b]$上的上、下确界,则必存在某实数 $\mu(m \leqslant \mu \leqslant M)$,使得

$$\int_a^b f(x)g(x)\mathrm{d}x = \mu\int_a^b g(x)\mathrm{d}x.$$

证 不妨设 $g(x) \geqslant 0,x \in [a,b]$. 因为 $m \leqslant f(x) \leqslant M,x \in [a,b]$,所以有 $mg(x) \leqslant f(x)g(x) \leqslant Mg(x)$,$x \in [a,b]$,由定积分的不等式性质,得

$$m\int_a^b g(x)\mathrm{d}x \leqslant \int_a^b f(x)g(x)\mathrm{d}x \leqslant M\int_a^b g(x)\mathrm{d}x.$$

若 $\displaystyle\int_a^b g(x)\mathrm{d}x = 0$,则由上式知$\displaystyle\int_a^b f(x)g(x)\mathrm{d}x = 0$,从而对任何实数 $\mu \in [m,M]$ 均有

$$\int_a^b f(x)g(x)\mathrm{d}x = \mu\int_a^b g(x)\mathrm{d}x.$$

若 $\int_a^b g(x)\mathrm{d}x > 0$,则得

$$m \leqslant \frac{\int_a^b f(x)g(x)\mathrm{d}x}{\int_a^b g(x)\mathrm{d}x} \leqslant M.$$

令 $\mu = \dfrac{\int_a^b f(x)g(x)\mathrm{d}x}{\int_a^b g(x)\mathrm{d}x}$,则 $m \leqslant \mu \leqslant M$,且 $\int_a^b f(x)g(x)\mathrm{d}x = \mu\int_a^b g(x)\mathrm{d}x$.

10. 证明:若 f 在 $[a,b]$ 上连续,且 $\int_a^b f(x)\mathrm{d}x = \int_a^b xf(x)\mathrm{d}x = 0$,则在 (a,b) 上至少存在两点 x_1,x_2,使 $f(x_1) = f(x_2) = 0$. 又若 $\int_a^b x^2 f(x)\mathrm{d}x = 0$,这时 f 在 (a,b) 上是否至少有三个零点?

【思路探索】 由 $f(x)$ 的连续性及 $\int_a^b f(x)\mathrm{d}x = 0$,可证得 $f(x)$ 在 (a,b) 上至少有一个零点 x_1. 通过考查 $g(x) = (x-x_1)f(x)$,可证得 $f(x)$ 在 (a,b) 上至少有两个零点 x_1,x_2. 类似地,再通过考查 $h(x) = (x-x_1)(x-x_2)f(x)$,可证得 $f(x)$ 在 (a,b) 上至少有三个零点.

证 假设对 $\forall x \in (a,b)$ 均有 $f(x) \neq 0$,则由连续函数根的存在定理知,$f(x)$ 在 (a,b) 内恒正或恒负. 因此,根据积分不等式性质有 $\int_a^b f(x)\mathrm{d}x > 0$ 或 $\int_a^b f(x)\mathrm{d}x < 0$,这与 $\int_a^b f(x)\mathrm{d}x = 0$ 矛盾. 故至少存在一点 $x_1 \in (a,b)$,使 $f(x_1) = 0$.

假设 $f(x)$ 在 (a,b) 内只有一个零点 x_1,则

$$0 = \int_a^b f(x)\mathrm{d}x = \int_a^{x_1} f(x)\mathrm{d}x + \int_{x_1}^b f(x)\mathrm{d}x,$$

且 $f(x)$ 在 (a,x_1) 与 (x_1,b) 每个区间内不变号(根据连续函数根的存在定理),故有

$$\int_a^{x_1} f(x)\mathrm{d}x = -\int_{x_1}^b f(x)\mathrm{d}x \neq 0,$$

由此知 $f(x)$ 在 x_1 两边异号. 又函数 $x-x_1$ 在 x_1 两边也异号. 所以 $g(x) = (x-x_1)f(x)$ 在 x_1 两边同号,即 $g(x)$ 在 (a,b) 内除一个零点 x_1 外恒正或恒负,从而由 $g(x)$ 的连续性可得 $\int_a^b g(x)\mathrm{d}x \neq 0$,但

$$\int_a^b g(x)\mathrm{d}x = \int_a^b (x-x_1)f(x)\mathrm{d}x = \int_a^b xf(x)\mathrm{d}x - x_1\int_a^b f(x)\mathrm{d}x = 0,$$

矛盾. 故在 (a,b) 内至少存在两点 x_1,x_2,使得 $f(x_1) = f(x_2) = 0$.

下证:若 $\int_a^b x^2 f(x)\mathrm{d}x = 0$,则 $f(x)$ 在 (a,b) 内至少存在三个零点.

反证法. 假设在 (a,b) 上只有两点 x_1,x_2,使得 $f(x_1) = f(x_2) = 0$,则

$$0 = \int_a^{x_1} f(x)\mathrm{d}x + \int_{x_1}^{x_2} f(x)\mathrm{d}x + \int_{x_2}^b f(x)\mathrm{d}x,$$

即 $\int_{x_2}^b f(x)\mathrm{d}x = -\int_a^{x_1} f(x)\mathrm{d}x - \int_{x_1}^{x_2} f(x)\mathrm{d}x$,且 $f(x)$ 在 $(a,x_1),(x_1,x_2),(x_2,b)$ 每个区间内不变号.

从而由推广的积分第一中值定理,结合上式,得

$$0 = \int_a^b xf(x)\mathrm{d}x = \int_a^{x_1} xf(x)\mathrm{d}x + \int_{x_1}^{x_2} xf(x)\mathrm{d}x + \int_{x_2}^b xf(x)\mathrm{d}x$$

$$= \xi_1\int_a^{x_1} f(x)\mathrm{d}x + \xi_2\int_{x_1}^{x_2} f(x)\mathrm{d}x + \xi_3\left[-\int_a^{x_1} f(x)\mathrm{d}x - \int_{x_1}^{x_2} f(x)\mathrm{d}x\right]$$

$$= (\xi_1 - \xi_3)\int_a^{x_1} f(x)\mathrm{d}x + (\xi_2 - \xi_3)\int_{x_1}^{x_2} f(x)\mathrm{d}x,$$

即 $(\xi_1-\xi_3)\int_a^{x_1}f(x)\mathrm{d}x=-(\xi_2-\xi_3)\int_{x_1}^{x_2}f(x)\mathrm{d}x$，其中 $a<\xi_1<x_1<\xi_2<x_2<\xi_3<b$（参看第 8 题）.

因为 $\xi_1-\xi_3<0,\xi_2-\xi_3<0,\int_a^{x_1}f(x)\mathrm{d}x\neq0,\int_{x_1}^{x_2}f(x)\mathrm{d}x\neq0$，所以由上式知，$\int_a^{x_1}f(x)\mathrm{d}x$ 与 $\int_{x_1}^{x_2}f(x)\mathrm{d}x$ 异号，从而知 $f(x)$ 在 x_1 两边异号，同理可证 $f(x)$ 在 x_2 两边也异号，不妨设 $f(x)$ 在区间 $(a,x_1),(x_1,x_2),(x_2,b)$ 上符号分别为正、负、正（其他情况证明类似）. 考虑函数 $h(x)=(x-x_1)(x-x_2)f(x)$. 由于 $(x-x_1)(x-x_2)$ 在 $(a,x_1),(x_1,x_2),(x_2,b)$ 内的符号分别为正、负、正，故 $h(x)$ 在 $(a,x_1),(x_1,x_2),(x_2,b)$ 每个区间上恒正. 又 $h(x)$ 是连续函数，所以 $\int_a^b h(x)\mathrm{d}x>0$，与

$$\int_a^b h(x)\mathrm{d}x=\int_a^b(x-x_1)(x-x_2)f(x)\mathrm{d}x$$
$$=\int_a^b x^2 f(x)\mathrm{d}x-(x_1+x_2)\int_a^b xf(x)\mathrm{d}x+x_1x_2\int_a^b f(x)\mathrm{d}x=0$$

矛盾. 可见在 (a,b) 上至少有三个点 x_1,x_2,x_3，使得

$$f(x_1)=f(x_2)=f(x_3)=0.$$

> **归纳总结**：本题把 $[a,b]$ 拆分为三个区间，只要在每个区间内至少存在一个零点即可. 本题可利用定积分性质、积分中值定理证明. 实际上，本题还可以继续探究推广.

11. 设 f 在 $[a,b]$ 上二阶可导，且 $f''(x)>0$. 证明：

(1) $f\left(\dfrac{a+b}{2}\right)\leqslant\dfrac{1}{b-a}\int_a^b f(x)\mathrm{d}x$；

(2) 又若 $f(x)\leqslant0,x\in[a,b]$，则又有 $f(x)\geqslant\dfrac{2}{b-a}\int_a^b f(x)\mathrm{d}x,x\in[a,b]$.

证　由 $f''(x)>0$ 知 $f(x)$ 为凸函数，所以对 $\forall x,t\in[a,b]$，有

$$f(x)\geqslant f(t)+f'(t)(x-t). \qquad\qquad ①$$

(1) 在 ① 式中令 $t=\dfrac{a+b}{2}=x_0$，得

$$f(x)\geqslant f(x_0)+f'(x_0)(x-x_0).$$

两边对 x 在 $[a,b]$ 上求定积分，得

$$\int_a^b f(x)\mathrm{d}x\geqslant f(x_0)(b-a)+f'(x_0)\int_a^b(x-x_0)\mathrm{d}x$$
$$=f(x_0)(b-a)+f'(x_0)\left[\frac{(b-x_0)^2}{2}-\frac{(a-x_0)^2}{2}\right]$$
$$=f(x_0)(b-a).$$

故有 $f\left(\dfrac{a+b}{2}\right)\leqslant\dfrac{1}{b-a}\int_a^b f(x)\mathrm{d}x$.

(2) ① 式两边在 $[a,b]$ 上对 t 定积分，得

$$\int_a^b f(x)\mathrm{d}t\geqslant\int_a^b f(t)\mathrm{d}t+\int_a^b f'(t)(x-t)\mathrm{d}t.$$

从而对 $\forall x\in[a,b]$，有

$$f(x)(b-a)\geqslant\int_a^b f(t)\mathrm{d}t+\int_a^b(x-t)\mathrm{d}f(t)$$
$$=\int_a^b f(t)\mathrm{d}t+(x-t)f(t)\Big|_a^b+\int_a^b f(t)\mathrm{d}t$$
$$=2\int_a^b f(t)\mathrm{d}t+(x-b)f(b)-(x-a)f(a)$$

$$= 2\int_a^b f(x)\mathrm{d}x + (x-b)f(b) - (x-a)f(a).$$

由 $f(x) \leqslant 0$，可得 $(x-b)f(b) - (x-a)f(a) \geqslant 0$. 故有

$$f(x)(b-a) \geqslant 2\int_a^b f(x)\mathrm{d}x,$$

即 $f(x) \geqslant \dfrac{2}{b-a}\int_a^b f(x)\mathrm{d}x.$

12. 证明：

(1) $\ln(1+n) < 1 + \dfrac{1}{2} + \cdots + \dfrac{1}{n} < 1 + \ln n$；

(2) $\lim\limits_{n\to\infty} \dfrac{1 + \frac{1}{2} + \cdots + \frac{1}{n}}{\ln n} = 1.$

证　(1) 由 $f(x) = \dfrac{1}{x}$ 的单调递减性，有

$$\frac{1}{k+1} = \int_k^{k+1} \frac{1}{k+1}\mathrm{d}x < \int_k^{k+1} \frac{1}{x}\mathrm{d}x < \int_k^{k+1} \frac{\mathrm{d}x}{k} = \frac{1}{k},$$

即 $\dfrac{1}{k+1} < \ln(k+1) - \ln k < \dfrac{1}{k}(k = 1,2,\cdots,n-1).$

从而有 $\dfrac{1}{2} < \ln 2 - \ln 1 < 1,$

$$\frac{1}{3} < \ln 3 - \ln 2 < \frac{1}{2},$$

$$\cdots$$

$$\frac{1}{n} < \ln n - \ln(n-1) < \frac{1}{n-1},$$

依次相加得

$$\frac{1}{2} + \frac{1}{3} + \cdots + \frac{1}{n} < \ln n < 1 + \frac{1}{2} + \cdots + \frac{1}{n-1},$$

由左边不等式，得

$$1 + \frac{1}{2} + \cdots + \frac{1}{n} < 1 + \ln n,$$

由右边不等式，得

$$\ln(n+1) < 1 + \frac{1}{2} + \cdots + \frac{1}{n},$$

综合两式有 $\ln(1+n) < 1 + \dfrac{1}{2} + \cdots + \dfrac{1}{n} < 1 + \ln n.$

(2) 由 (1) 得 $1 < \dfrac{\ln(1+n)}{\ln n} < \dfrac{1 + \frac{1}{2} + \cdots + \frac{1}{n}}{\ln n} < \dfrac{1}{\ln n} + 1$，而 $\lim\limits_{n\to\infty}\left(\dfrac{1}{\ln n} + 1\right) = 1$，于是由迫敛性有

$$\lim_{n\to\infty} \frac{1 + \frac{1}{2} + \cdots + \frac{1}{n}}{\ln n} = 1.$$

$$\rule{3cm}{0pt}\text{习题 9.5 解答}\rule{3cm}{0pt}$$

1. 设 f 为连续函数，u, v 均为可导函数，且可实行复合 $f \circ u$ 与 $f \circ v$. 证明：

$$\frac{\mathrm{d}}{\mathrm{d}x}\int_{u(x)}^{v(x)} f(t)\mathrm{d}t = f(v(x))v'(x) - f(u(x))u'(x).$$

证　取 $f(x)$ 定义域内一点 a，则 $\int_{u(x)}^{v(x)} f(t)\mathrm{d}t = \int_a^{v(x)} f(t)\mathrm{d}t - \int_a^{u(x)} f(t)\mathrm{d}t.$

令 $F(x) = \int_a^x f(t)\mathrm{d}t$，则 $F'(x) = f(x)$，且 $\int_{u(x)}^{v(x)} f(t)\mathrm{d}t = F(v(x)) - F(u(x))$，于是

$$\frac{\mathrm{d}}{\mathrm{d}x}\int_{u(x)}^{v(x)} f(t)\mathrm{d}t = \frac{\mathrm{d}}{\mathrm{d}x}F(v(x)) - \frac{\mathrm{d}}{\mathrm{d}x}F(u(x))$$
$$= F'(v(x))v'(x) - F'(u(x))u'(x)$$
$$= f(v(x))v'(x) - f(u(x))u'(x).$$

2. 设 f 在 $[a,b]$ 上连续，$F(x) = \int_a^x f(t)(x-t)\mathrm{d}t.$ 证明 $F''(x) = f(x)$，$x \in [a,b].$

证　因 $F(x) = \int_a^x xf(t)\mathrm{d}t - \int_a^x tf(t)\mathrm{d}t = x\int_a^x f(t)\mathrm{d}t - \int_a^x tf(t)\mathrm{d}t$，所以

$$F'(x) = \int_a^x f(t)\mathrm{d}t + xf(x) - xf(x) = \int_a^x f(t)\mathrm{d}t,$$

从而 $F''(x) = f(x)$，$x \in [a,b].$

归纳总结：注意积分 $\int_a^x f(t)(x-t)\mathrm{d}t$ 是以 t 为积分变量的定积分，在积分过程中 x 是常量，求函数 $F(x) = \int_a^x xf(t)\mathrm{d}t - \int_a^x tf(t)\mathrm{d}t$ 的导数时，第一项中的因子 x 必须提到积分号外面.

3. 求下列极限：

(1) $\lim\limits_{x\to 0} \dfrac{1}{x}\int_0^x \cos t^2\mathrm{d}t;$ 　　　　(2) $\lim\limits_{x\to\infty} \dfrac{\left(\int_0^x e^{t^2}\mathrm{d}t\right)^2}{\int_0^x e^{2t^2}\mathrm{d}t}.$

解　(1) 该极限是"$\dfrac{0}{0}$"型的不定式，利用洛必达法则有

$$\lim_{x\to 0} \frac{1}{x}\int_0^x \cos t^2\mathrm{d}t = \lim_{x\to 0}\frac{\left(\int_0^x \cos t^2\mathrm{d}t\right)'}{x'} = \lim_{x\to 0}\cos x^2 = 1.$$

(2) 该极限是"$\dfrac{\infty}{\infty}$"型的不定式，利用洛必达法则有

$$\lim_{x\to\infty}\frac{\left(\int_0^x e^{t^2}\mathrm{d}t\right)^2}{\int_0^x e^{2t^2}\mathrm{d}t} = \lim_{x\to\infty}\frac{2e^{x^2}\int_0^x e^{t^2}\mathrm{d}t}{e^{2x^2}} = \lim_{x\to\infty}\frac{2\int_0^x e^{t^2}\mathrm{d}t}{e^{x^2}} = \lim_{x\to\infty}\frac{2e^{x^2}}{2xe^{x^2}} = 0.$$

4. 计算下列定积分：

(1) $\int_0^{\frac{\pi}{2}} \cos^5 x\sin 2x\mathrm{d}x;$ 　　　　(2) $\int_0^1 \sqrt{4-x^2}\,\mathrm{d}x;$

(3) $\int_0^a x^2\sqrt{a^2-x^2}\,\mathrm{d}x \quad (a>0);$ 　　(4) $\int_0^1 \dfrac{\mathrm{d}x}{(x^2-x+1)^{\frac{3}{2}}};$

(5) $\int_0^1 \dfrac{\mathrm{d}x}{e^x+e^{-x}};$ 　　　　(6) $\int_0^{\frac{\pi}{2}} \dfrac{\cos x}{1+\sin^2 x}\mathrm{d}x;$

(7) $\int_0^1 \arcsin x\mathrm{d}x;$ 　　　　(8) $\int_0^{\frac{\pi}{2}} e^x\sin x\mathrm{d}x;$

(9) $\int_{\frac{1}{e}}^e |\ln x|\,\mathrm{d}x;$ 　　　　(10) $\int_0^1 e^{\sqrt{x}}\mathrm{d}x;$

(11) $\int_0^a x^2\sqrt{\dfrac{a-x}{a+x}}\mathrm{d}x \quad (a>0);$ 　(12) $\int_0^{\frac{\pi}{2}} \dfrac{\cos\theta}{\sin\theta+\cos\theta}\mathrm{d}\theta.$

解 　(1) $\int_0^{\frac{\pi}{2}} \cos^5 x \sin 2x \mathrm{d}x = 2\int_0^{\frac{\pi}{2}} \cos^6 x \sin x \mathrm{d}x = -2\int_0^{\frac{\pi}{2}} \cos^6 x \mathrm{d}(\cos x) = -\frac{2}{7} \cos^7 x \Big|_0^{\frac{\pi}{2}} = \frac{2}{7}.$

(2) 令 $x = 2\sin t$, 则 $\mathrm{d}x = 2\cos t \mathrm{d}t,$

$$\int_0^1 \sqrt{4-x^2}\, \mathrm{d}x = 4\int_0^{\frac{\pi}{6}} \cos^2 t \mathrm{d}t = 2\int_0^{\frac{\pi}{6}} (1+\cos 2t)\mathrm{d}t$$

$$= 2\left(t + \frac{1}{2}\sin 2t\right)\Big|_0^{\frac{\pi}{6}} = 2\left(\frac{\pi}{6} + \frac{\sqrt{3}}{4}\right) = \frac{\pi}{3} + \frac{\sqrt{3}}{2}.$$

(3) 令 $x = a\sin t$, 则 $\mathrm{d}x = a\cos t \mathrm{d}t,$

$$\int_0^a x^2 \sqrt{a^2-x^2}\, \mathrm{d}x = \int_0^{\frac{\pi}{2}} a^4 \sin^2 t \cos^2 t \mathrm{d}t = a^4 \int_0^{\frac{\pi}{2}} (\sin^2 t - \sin^4 t)\mathrm{d}t$$

$$= a^4\left(\frac{1}{2}\times\frac{\pi}{2} - \frac{3}{4}\times\frac{1}{2}\times\frac{\pi}{2}\right) = \frac{\pi}{16}a^4.$$

(4) $\int_0^1 \dfrac{\mathrm{d}x}{(x^2-x+1)^{\frac{3}{2}}} = \int_0^1 \dfrac{\mathrm{d}x}{\left[\dfrac{3}{4}+\left(x-\dfrac{1}{2}\right)^2\right]^{\frac{3}{2}}} \xlongequal{x = -\frac{1}{2}+\frac{\sqrt{3}}{2}\tan t} \int_{-\frac{\pi}{6}}^{\frac{\pi}{6}} \dfrac{\dfrac{\sqrt{3}}{2}\sec^2 t}{\left(\dfrac{3}{4}\sec^2 t\right)^{\frac{3}{2}}}\mathrm{d}t$

$$= \frac{4}{3}\int_{-\frac{\pi}{6}}^{\frac{\pi}{6}} \cos t \mathrm{d}t = \frac{4}{3}.$$

(5) $\int_0^1 \dfrac{\mathrm{d}x}{e^x+e^{-x}} = \int_0^1 \dfrac{\mathrm{d}(e^x)}{1+e^{2x}} = \arctan e^x \Big|_0^1 = \arctan e - \dfrac{\pi}{4}.$

(6) $\int_0^{\frac{\pi}{2}} \dfrac{\cos x}{1+\sin^2 x}\mathrm{d}x = \int_0^{\frac{\pi}{2}} \dfrac{\mathrm{d}(\sin x)}{1+\sin^2 x} = \arctan(\sin x)\Big|_0^{\frac{\pi}{2}} = \dfrac{\pi}{4}.$

(7) $\int_0^1 \arcsin x \mathrm{d}x = x\arcsin x \Big|_0^1 - \int_0^1 \dfrac{x\mathrm{d}x}{\sqrt{1-x^2}} = \dfrac{\pi}{2} + \dfrac{1}{2}\int_0^1 \dfrac{\mathrm{d}(1-x^2)}{\sqrt{1-x^2}}$

$$= \frac{\pi}{2} + \sqrt{1-x^2}\,\Big|_0^1 = \frac{\pi}{2} - 1.$$

(8) $\int_0^{\frac{\pi}{2}} e^x \sin x \mathrm{d}x = \int_0^{\frac{\pi}{2}} \sin x \mathrm{d}(e^x) = e^x \sin x \Big|_0^{\frac{\pi}{2}} - \int_0^{\frac{\pi}{2}} e^x \cos x \mathrm{d}x$

$$= e^{\frac{\pi}{2}} - \int_0^{\frac{\pi}{2}} \cos x \mathrm{d}(e^x) = e^{\frac{\pi}{2}} - e^x \cos x \Big|_0^{\frac{\pi}{2}} - \int_0^{\frac{\pi}{2}} e^x \sin x \mathrm{d}x,$$

故 $\int_0^{\frac{\pi}{2}} e^x \sin x \mathrm{d}x = \dfrac{1}{2}(e^{\frac{\pi}{2}}+1).$

(9) $\int_{\frac{1}{e}}^{e} |\ln x|\, \mathrm{d}x = \int_{\frac{1}{e}}^1 (-\ln x)\mathrm{d}x + \int_1^e \ln x \mathrm{d}x = -x\ln x \Big|_{\frac{1}{e}}^1 + \int_{\frac{1}{e}}^1 \mathrm{d}x + x\ln x \Big|_1^e - \int_1^e \mathrm{d}x$

$$= 2(1-e^{-1}).$$

(10) 令 $\sqrt{x} = t$, 则 $x = t^2, \mathrm{d}x = 2t\mathrm{d}t,$ 从而

$$\int_0^1 e^{\sqrt{x}}\mathrm{d}x = 2\int_0^1 te^t \mathrm{d}t = 2\left(te^t \Big|_0^1 - \int_0^1 e^t \mathrm{d}t\right) = 2\left(e - e^t \Big|_0^1\right) = 2.$$

(11) $\int_0^a x^2 \sqrt{\dfrac{a-x}{a+x}}\, \mathrm{d}x = \int_0^a \dfrac{x^2(a-x)}{\sqrt{a^2-x^2}}\mathrm{d}x,$

令 $x = a\sin t$, 则 $\mathrm{d}x = a\cos t \mathrm{d}t,$ 从而有

原式 $= a^3 \int_0^{\frac{\pi}{2}} \sin^2 t(1-\sin t)\mathrm{d}t = a^3 \int_0^{\frac{\pi}{2}} \sin^2 t \mathrm{d}t - a^3 \int_0^{\frac{\pi}{2}} \sin^3 t \mathrm{d}t = a^3 \cdot \dfrac{1}{2} \cdot \dfrac{\pi}{2} - a^3 \cdot \dfrac{2}{3} \cdot 1$

$$= \left(\frac{\pi}{4} - \frac{2}{3}\right)a^3.$$

(12) **方法一**

$$\int_0^{\frac{\pi}{2}} \frac{\cos\theta}{\sin\theta+\cos\theta}d\theta = \frac{1}{2}\int_0^{\frac{\pi}{2}}\frac{\cos\theta+\sin\theta-\sin\theta+\cos\theta}{\sin\theta+\cos\theta}d\theta = \frac{1}{2}\int_0^{\frac{\pi}{2}}d\theta+\frac{1}{2}\int_0^{\frac{\pi}{2}}\frac{d(\sin\theta+\cos\theta)}{\sin\theta+\cos\theta}$$

$$= \frac{\pi}{4}+\frac{1}{2}(\ln\mid\sin\theta+\cos\theta\mid)\Big|_0^{\frac{\pi}{2}} = \frac{\pi}{4}.$$

方法二　记 $I = \int_0^{\frac{\pi}{2}}\frac{\cos\theta}{\sin\theta+\cos\theta}d\theta \xlongequal{\iota=\frac{\pi}{2}-\theta} \int_{\frac{\pi}{2}}^0\frac{\sin t}{\cos t+\sin t}(-dt) = \int_0^{\frac{\pi}{2}}\frac{\sin\theta}{\cos\theta+\sin\theta}d\theta$，

$$2I = \int_0^{\frac{\pi}{2}}\frac{\sin\theta+\cos\theta}{\sin\theta+\cos\theta}d\theta = \int_0^{\frac{\pi}{2}}d\theta = \frac{\pi}{2}.$$

故 $\int_0^{\frac{\pi}{2}}\frac{\cos\theta}{\cos\theta+\sin\theta}d\theta = \frac{\pi}{4}$.

归纳总结：在进行换元积分时，相应的积分上下限要随之改变.

5. 设 f 在 $[-a,a]$ 上可积. 证明：

(1) 若 f 为奇函数，则 $\int_{-a}^a f(x)dx = 0$；

(2) 若 f 为偶函数，则 $\int_{-a}^a f(x)dx = 2\int_0^a f(x)dx$.

证　$\int_{-a}^a f(x)dx = \int_{-a}^0 f(x)dx + \int_0^a f(x)dx$，对右边第一个积分作代换 $x = -t$，得

$$\int_{-a}^0 f(x)dx = -\int_a^0 f(-t)dt = \int_0^a f(-t)dt = \int_0^a f(-x)dx,$$

于是

$$\int_{-a}^a f(x)dx = \int_0^a f(-x)dx + \int_0^a f(x)dx = \int_0^a [f(x)+f(-x)]dx.$$

(1) 若 $f(x)$ 为奇函数，则 $f(x)+f(-x) = 0$，故 $\int_{-a}^a f(x)dx = 0$.

(2) 若 $f(x)$ 为偶函数，则 $f(x)+f(-x) = 2f(x)$，故

$$\int_{-a}^a f(x)dx = 2\int_0^a f(x)dx.$$

6. 设 f 为 $(-\infty,+\infty)$ 上以 p 为周期的连续周期函数，证明对任何实数 a，恒有

$$\int_a^{a+p} f(x)dx = \int_0^p f(x)dx.$$

【思路探索】　构造 $F(a) = \int_a^{a+p} f(x)dx$，$F'(a) = 0$. 令 $a = 0$ 即证.

证　**方法一**　令 $F(a) = \int_a^{a+p} f(x)dx$，则 $F'(a) = f(a+p) - f(a) = 0$. 从而 $F(a) = c$(常数)，令 $a = 0$，得 $c = F(0) = \int_0^p f(x)dx$，故有 $\int_a^{a+p} f(x)dx = \int_0^p f(x)dx$.

方法二　$\int_a^{a+p} f(x)dx = \int_a^0 f(x)dx + \int_0^p f(x)dx + \int_p^{a+p} f(x)dx$.

又 $\int_p^{a+p} f(x)dx \xlongequal{x=p+t} \int_0^a f(p+t)dt = \int_0^a f(t)dt = \int_0^a f(x)dx$，故

$$\int_a^{a+p} f(x)dx = \int_a^0 f(x)dx + \int_0^p f(x)dx + \int_0^a f(x)dx = \int_0^p f(x)dx.$$

7. 设 f 为连续函数,证明:

$(1) \int_0^{\frac{\pi}{2}} f(\sin x) \mathrm{d}x = \int_0^{\frac{\pi}{2}} f(\cos x) \mathrm{d}x$； $(2) \int_0^{\pi} x f(\sin x) \mathrm{d}x = \frac{\pi}{2} \int_0^{\pi} f(\sin x) \mathrm{d}x$.

证 (1) 令 $x = \frac{\pi}{2} - t$,则 $\mathrm{d}x = -\mathrm{d}t$,于是有

$$\int_0^{\frac{\pi}{2}} f(\sin x) \mathrm{d}x = -\int_{\frac{\pi}{2}}^0 f(\cos t) \mathrm{d}t = \int_0^{\frac{\pi}{2}} f(\cos x) \mathrm{d}x.$$

(2) 令 $x = \pi - t$,则 $\mathrm{d}x = -\mathrm{d}t$,从而

$$\int_0^{\pi} x f(\sin x) \mathrm{d}x = -\int_{\pi}^0 (\pi - t) f(\sin t) \mathrm{d}t = \pi \int_0^{\pi} f(\sin x) \mathrm{d}x - \int_0^{\pi} x f(\sin x) \mathrm{d}x,$$

由此得 $\int_0^{\pi} x f(\sin x) \mathrm{d}x = \frac{\pi}{2} \int_0^{\pi} f(\sin x) \mathrm{d}x$.

归纳总结:利用本题结论可计算一些定积分. 例如利用(2),有

$$\int_0^{\pi} \frac{x \sin x}{1 + \cos^2 x} \mathrm{d}x = \frac{\pi}{2} \int_0^{\pi} \frac{\sin x}{1 + \cos^2 x} \mathrm{d}x = -\frac{\pi}{2} \int_0^{\pi} \frac{\mathrm{d}(\cos x)}{1 + \cos^2 x} = -\frac{\pi}{2} \arctan(\cos x) \Big|_0^{\pi} = \frac{\pi^2}{4}.$$

8. 设 $J(m,n) = \int_0^{\frac{\pi}{2}} \sin^m x \cos^n x \mathrm{d}x$ (m,n 为正整数),证明:

$$J(m,n) = \frac{n-1}{m+n} J(m, n-2) = \frac{m-1}{m+n} J(m-2, n),$$

并求 $J(2m, 2n)$.

证 $J(m,n) = \frac{1}{m+1} \int_0^{\frac{\pi}{2}} \cos^{n-1} x \mathrm{d}(\sin^{m+1} x)$

$= \frac{1}{m+1} \cos^{n-1} x \sin^{m+1} x \Big|_0^{\frac{\pi}{2}} + \frac{n-1}{m+1} \int_0^{\frac{\pi}{2}} \sin^{m+2} x \cos^{n-2} x \mathrm{d}x$

$= \frac{n-1}{m+1} \int_0^{\frac{\pi}{2}} \sin^m x (1 - \cos^2 x) \cos^{n-2} x \mathrm{d}x$

$= \frac{n-1}{m+1} J(m, n-2) - \frac{n-1}{m+1} J(m, n).$

移项解得 $J(m,n) = \frac{n-1}{m+n} J(m, n-2)$.

同理

$J(m,n) = -\frac{1}{n+1} \int_0^{\frac{\pi}{2}} \sin^{m-1} x \mathrm{d}(\cos^{n+1} x)$

$= -\frac{1}{n+1} \sin^{m-1} x \cos^{n+1} x \Big|_0^{\frac{\pi}{2}} + \frac{m-1}{n+1} \int_0^{\frac{\pi}{2}} \sin^{m-2} x \cos^{n+2} x \mathrm{d}x$

$= \frac{m-1}{n+1} \int_0^{\frac{\pi}{2}} \sin^{m-2} x (1 - \sin^2 x) \cos^n x \mathrm{d}x$

$= \frac{m-1}{n+1} J(m-2, n) - \frac{m-1}{n+1} J(m, n).$

移项解得 $J(m,n) = \frac{m-1}{m+n} J(m-2, n)$.

由上述结论可得

$$J(2m, 2n) = \frac{2n-1}{2(m+n)} \cdot \frac{2n-3}{2(m+n-1)} \cdot \cdots \cdot \frac{3}{2(m+2)} \cdot \frac{1}{2(m+1)} J(2m, 0)$$

$$= \frac{(2n-1)!!}{2^n(m+n)(m+n-1)\cdots(m+1)}J(2m,0),$$

而 $J(2m,0) = \frac{2m-1}{2m}J(2m-2,0) = \frac{2m-1}{2m}\cdot\frac{2m-3}{2(m-1)}\cdots\cdots\frac{3}{2\cdot2}\cdot\frac{1}{2\cdot1}J(0,0)$

$$= \frac{(2m-1)!!}{2^m m!}\cdot\frac{\pi}{2},$$

故 $J(2m,2n) = \frac{(2n-1)!!(2m-1)!!}{2^{m+n}(m+n)!}\cdot\frac{\pi}{2}.$

9. 证明：若在 $(0,+\infty)$ 上 f 为连续函数，且对任何 $a>0$ 有

$$g(x) = \int_x^{ax} f(t)\mathrm{d}t \equiv 常数, x\in(0,+\infty),$$

则 $f(x) = \frac{c}{x}, x\in(0,+\infty), c$ 为常数.

【思路探索】 求 $g'(x) = af(ax) - f(x) = 0$，再令 $a = \frac{1}{x}$.

证 由题设知，当 $x\in(0,+\infty)$ 时，$g'(x) = af(ax) - f(x) = 0$. 于是对 $\forall a>0$，有 $f(x) = af(ax)$，$x\in(0,+\infty)$，特别对 $\forall x>0$，令 $a = \frac{1}{x}$，则有 $f(x) = \frac{1}{x}f(1) = \frac{c}{x}$，这里 $c = f(1)$ 为常数.

10. 设 f 为连续可微函数，试求 $\dfrac{\mathrm{d}}{\mathrm{d}x}\displaystyle\int_a^x (x-t)f'(t)\mathrm{d}t$，并用此结果求 $\dfrac{\mathrm{d}}{\mathrm{d}x}\displaystyle\int_0^x (x-t)\sin t\mathrm{d}t$.

解
$$\frac{\mathrm{d}}{\mathrm{d}x}\int_a^x (x-t)f'(t)\mathrm{d}t = \frac{\mathrm{d}}{\mathrm{d}x}\left[x\int_a^x f'(t)\mathrm{d}t - \int_a^x tf'(t)\mathrm{d}t\right]$$

$$= \frac{\mathrm{d}}{\mathrm{d}x}\left[x\int_a^x f'(t)\mathrm{d}t\right] - \frac{\mathrm{d}}{\mathrm{d}x}\left[\int_a^x tf'(t)\mathrm{d}t\right]$$

$$= \int_a^x f'(t)\mathrm{d}t + xf'(x) - xf'(x)$$

$$= \int_a^x f'(t)\mathrm{d}t = f(x) - f(a),$$

由 $\sin t = (-\cos t)'$ 可得 $\dfrac{\mathrm{d}}{\mathrm{d}x}\displaystyle\int_0^x (x-t)\sin t\mathrm{d}t = -\cos x + \cos 0 = 1 - \cos x.$

11. 设 $y = f(x)$ 为 $[a,b]$ 上严格增的连续曲线（图 9-1）.试证存在 $\xi\in(a,b)$，使图中两阴影部分面积相等.

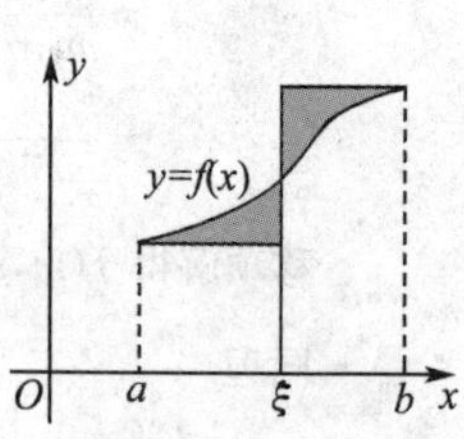

【思路探索】 将 ξ 换为 t，以两部分面积差为辅助函数，即作辅助函数

$$F(t) = \int_a^t [f(x) - f(a)]\mathrm{d}x - \int_t^b [f(b) - f(x)]\mathrm{d}x,$$

只要证明 $\exists\xi\in(a,b)$，使 $F(\xi) = 0$ 便可得到要证明的结论.

图 9-1

证 作辅助函数 $F(t) = \displaystyle\int_a^t [f(x) - f(a)]\mathrm{d}x - \int_t^b [f(b) - f(x)]\mathrm{d}x$，

则 $F(t)$ 在 $[a,b]$ 上连续，由 $f(x)$ 为严格单调增函数可得

$$F(a) = -\int_a^b [f(b) - f(x)]\mathrm{d}x < 0, F(b) = \int_a^b [f(x) - f(a)]\mathrm{d}x > 0,$$

由根的存在定理，$\exists\xi\in(a,b)$，使得 $F(\xi) = 0$，即

$$\int_a^\xi [f(x) - f(a)]\mathrm{d}x = \int_\xi^b [f(b) - f(x)]\mathrm{d}x.$$

上式两端恰为两部分面积，故证得结论.

12. 设 f 为 $[0,2\pi]$ 上的单调递减函数，证明：对任何正整数 n，恒有 $\displaystyle\int_0^{2\pi} f(x)\sin nx\mathrm{d}x \geqslant 0$.

【思路探索】 若 $f(x)$ 在 $[0,2\pi]$ 上非负单调递减，则可利用积分第二中值定理，但缺少非负这一条件.

设 $g(x) = f(x) - f(2\pi)$，由题设知，$g(x)$ 在 $[0,2\pi]$ 上为非负、单调递减函数，且由 $\displaystyle\int_0^{2\pi} f(2\pi)\sin nx\mathrm{d}x = $

0 可推得 $\int_0^{2\pi} f(x)\sin nx\,\mathrm{d}x = \int_0^{2\pi} g(x)\sin nx\,\mathrm{d}x.$

证　设 $g(x) = f(x) - f(2\pi)$,则由题设知,$g(x)$ 在 $[0,2\pi]$ 上为非负、单调递减函数.由积分第二中值定理知 $\exists \xi_n \in [0,2\pi]$,使得

$$\int_0^{2\pi} f(x)\sin nx\,\mathrm{d}x = \int_0^{2\pi} g(x)\sin nx\,\mathrm{d}x + \int_0^{2\pi} f(2\pi)\sin nx\,\mathrm{d}x = \int_0^{2\pi} g(x)\sin nx\,\mathrm{d}x$$

$$= g(0)\int_0^{\xi_n}\sin nx\,\mathrm{d}x = g(0)\frac{1-\cos n\xi_n}{n} \geqslant 0.$$

13. 证明:当 $x > 0$ 时有不等式

$$\left|\int_x^{x+c}\sin t^2\,\mathrm{d}t\right| \leqslant \frac{1}{x}(c > 0).$$

【思路探索】　作代换 $t^2 = u$ 后,利用积分第二中值定理.

证　令 $t^2 = u$,则 $t = \sqrt{u}$,$\mathrm{d}t = \dfrac{1}{2\sqrt{u}}\mathrm{d}u$,于是 $\int_x^{x+c}\sin t^2\,\mathrm{d}t = \dfrac{1}{2}\int_{x^2}^{(x+c)^2}\dfrac{\sin u}{\sqrt{u}}\,\mathrm{d}u.$

因 $\dfrac{1}{\sqrt{u}}$ 在 $[x^2,(x+c)^2]$ 上单调递减,且 $\dfrac{1}{\sqrt{u}}\geqslant 0$,根据积分第二中值定理知 $\exists \xi \in [x^2,(x+c)^2]$,使得

$$\int_x^{x+c}\sin t^2\,\mathrm{d}t = \frac{1}{2x}\int_{x^2}^{\xi}\sin u\,\mathrm{d}u = \frac{1}{2x}(\cos x^2 - \cos\xi),$$

故 $\left|\int_x^{x+c}\sin t^2\,\mathrm{d}t\right| = \dfrac{1}{2x}|\cos x^2 - \cos\xi| \leqslant \dfrac{1}{2x}\cdot 2 = \dfrac{1}{x}.$

14. 证明:若 f 在 $[a,b]$ 上可积,φ 在 $[\alpha,\beta]$ 上严格单调且 φ' 在 $[\alpha,\beta]$ 上可积,$\varphi(\alpha) = a$,$\varphi(\beta) = b$,则有

$$\int_a^b f(x)\,\mathrm{d}x = \int_\alpha^\beta f(\varphi(t))\varphi'(t)\,\mathrm{d}t.$$

【思路探索】　由 f 在 $[a,b]$ 上可积,可设 $\int_a^b f(x)\,\mathrm{d}x = I$,则问题转而证明 $\int_\alpha^\beta f[\varphi(t)]\varphi'(t)\,\mathrm{d}t = I$,从而可以按照定积分定义证明.

证　不妨设 $\varphi(t)$ 在 $[\alpha,\beta]$ 上严格单调递增.设 $\int_a^b f(x)\,\mathrm{d}x = I$,则由定积分定义知,$\forall \varepsilon > 0$,$\exists \delta' > 0$,对 $[a,b]$ 的任何分割 T' 及点 ξ_i 的任何取法,只要 $\|T'\| < \delta'$,就有

$$\left|\sum_{i=1}^n f(\xi_i)\Delta x_i - I\right| < \frac{\varepsilon}{2}.$$

由 $f(x)$ 在 $[a,b]$ 上可积知,$f(x)$ 在 $[a,b]$ 上有界,设 $|f(x)| \leqslant M$.

如果 $M = 0$,则 $f(x) \equiv 0$,此时结论显然成立.

现设 $M > 0$,由于 $\varphi(t)$ 在 $[\alpha,\beta]$ 上连续,$\varphi'(t)$ 存在,由拉格朗日中值定理有

$$\lim_{t\to t_0^+}\frac{\varphi(t)-\varphi(t_0)}{t-t_0} = \lim_{\zeta\to t_0^+}\varphi'(\zeta) = \varphi'(t_0+0),\ 即\ \varphi'_+(t_0) = \varphi'(t_0+0).$$

同理 $\varphi'_-(t_0) = \varphi'(t_0-0)$.又 $\varphi(t)$ 在 t_0 处可导,故 $\varphi'(t_0) = \varphi'_+(x_0) = \varphi'_-(t_0)$.因而有 $\varphi'(t_0) = \varphi'(t_0+0) = \varphi'(t_0-0)$,即 $\varphi'(t) \in C[\alpha,\beta]$,从而一致连续,故 $\exists \delta > 0$,当 $t',t'' \in [\alpha,\beta]$ 且 $|t'-t''| < \delta$ 时,有

$$|\varphi(t')-\varphi(t'')| < \delta' \ 和\ |\varphi'(t')-\varphi'(t'')| < \frac{\varepsilon}{2M(\beta-\alpha)}.$$

对于 $[\alpha,\beta]$ 的任何分割 $T:\alpha = t_0 < t_1 < \cdots < t_n = \beta$ 及任意点 $\tau_i \in [t_{i-1},t_i]$,记 $x_i = \varphi(t_i)$,$\xi_i = \varphi(\tau_i)$,由 $\varphi(t)$ 在 $[\alpha,\beta]$ 上严格单调递增

$$T':a = x_0 < x_1 < \cdots < x_n = b, \xi_i \in [x_{i-1},x_i], i = 1,2,\cdots,n,$$

在 $[t_{i-1},t_i]$ 上对 $x = \varphi(t)$ 应用拉格朗日中值定理得 $\Delta x_i = \varphi(t_i) - \varphi(t_{i-1}) = \varphi'(\eta_i)\Delta t_i$,$\eta_i \in [t_{i-1},t_i]$.从而当 $\|T\| < \delta$ 时(此时 $|\tau_i - \eta_i| < \delta$,$i = 1,2,\cdots,n$,且 $\|T'\| < \delta'$),有

$$\left| \sum_{i=1}^{n} f[\varphi(\tau_i)] \varphi'(\tau_i) \Delta t_i - I \right|$$

$$\leqslant \left| \sum_{i=1}^{n} f[\varphi(\tau_i)] \varphi'(\tau_i) \Delta t_i - \sum_{i=1}^{n} f(\xi_i) \Delta x_i \right| + \left| \sum_{i=1}^{n} f(\xi_i) \Delta x_i - I \right|$$

$$< \left| \sum_{i=1}^{n} f[\varphi(\tau_i)] \varphi'(\tau_i) \Delta t_i - \sum_{i=1}^{n} f[\varphi(\tau_i)] \varphi'(\eta_i) \Delta t_i \right| + \frac{\varepsilon}{2}$$

$$\leqslant \sum_{i=1}^{n} | f[\varphi(\tau_i)] | | \varphi'(\tau_i) - \varphi'(\eta_i) | \Delta t_i + \frac{\varepsilon}{2}$$

$$< \sum_{i=1}^{n} M \cdot \frac{\varepsilon}{2M(\beta - \alpha)} \Delta t_i + \frac{\varepsilon}{2} = \frac{\varepsilon}{2} + \frac{\varepsilon}{2} = \varepsilon.$$

故 $\lim\limits_{\|T\| \to 0} \sum\limits_{i=1}^{n} f[\varphi(\tau_i)] \varphi'(\tau_i) \Delta t_i = I$，即 $\int_a^b f(x) \mathrm{d}x = \int_\alpha^\beta f[\varphi(t)] \varphi'(t) \mathrm{d}t.$

> **归纳总结**：注意 f 在 $[a,b]$ 上可积，要与函数的连续性、有界性联系起来. 此外，本题体现了定积分的变量代换，即 x 换成 $\varphi(t)$，值得注意.

15. 若 f 在 $[a,b]$ 上连续可微，则存在 $[a,b]$ 上连续可微的增函数 g 和连续可微的减函数 h，使得
$$f(x) = g(x) + h(x), x \in [a,b].$$

证 因为 f 在 $[a,b]$ 上连续可微，所以 f' 在 $[a,b]$ 上连续.

令 $g'(x) = \begin{cases} f'(x), & f'(x) \geqslant 0, \\ 0, & f'(x) < 0. \end{cases}$ $\quad h'(x) = \begin{cases} f'(x), & f'(x) < 0, \\ 0, & f'(x) \geqslant 0. \end{cases}$

因此 $g'(x)$ 与 $h'(x)$ 在 $[a,b]$ 上连续，从而可积，且 $f'(x) = g'(x) + h'(x)$，

所以 $f(x) = g(x) + h(x) + C$，取 $C = 0$.

此外，$g(x)$ 是增函数，$h(x)$ 是减函数.

*16. 证明：若在 $[a,b]$ 上 f 为连续函数，g 为连续可微的单调函数，则存在 $\xi \in [a,b]$，使得
$$\int_a^b f(x) g(x) \mathrm{d}x = g(a) \int_a^\xi f(x) \mathrm{d}x + g(b) \int_\xi^b f(x) \mathrm{d}x.$$

（提示：与定理 9.11 及其推论相比较，这里的条件要强得多，因此可给出一个比较简单的、不同于定理 9.11 的证明.）

证 设 $F(x) = \int_a^x f(t) \mathrm{d}t, x \in [a,b]$，则 $F'(x) = f(x)$，于是有

$$\int_a^b f(x) g(x) \mathrm{d}x = \int_a^b g(x) \mathrm{d}(F(x)) = g(x) F(x) \Big|_a^b - \int_a^b g'(x) F(x) \mathrm{d}x = g(b) F(b) - \int_a^b g'(x) F(x) \mathrm{d}x$$

因 $g(x)$ 为单调函数，故 $g'(x)$ 不变号，从而根据推广的积分第一中值定理，$\exists \xi \in [a,b]$，使得

$$\int_a^b f(x) g(x) \mathrm{d}x = g(b) F(b) - F(\xi) \int_a^b g'(x) \mathrm{d}x$$

$$= g(b) \int_a^b f(x) \mathrm{d}x - [g(b) - g(a)] \int_a^\xi f(x) \mathrm{d}x$$

$$= g(a) \int_a^\xi f(x) \mathrm{d}x + g(b) \int_\xi^b f(x) \mathrm{d}x.$$

———— 习题 9.6 解答 ————

1. 证明性质 2 中关于下和的不等式 (3). [注：不等式 (3) 为 $s(T) \leqslant s(T') \leqslant s(T) + (M - m) p \| T \|$]

证 将 p 个新分点同时添加到 T，和逐个添加到 T，都同样得到 T'，所以我们先证 $p = 1$ 的情形.

在 T 上添加一个新分点,它必落在 T 的某一小区间 Δ_k 内,且将 Δ_k 分为两个小区间,记为 Δ_k' 与 Δ_k''. 但 T 的其他小区间 $\Delta_i(i\neq k)$ 仍旧是新分割 T_1 所属的小区间,比较 $s(T)$ 与 $s(T_1)$ 的各个被加项,它们之间的差别仅是 $s(T)$ 中的 $m_k\Delta x_k$ 一项换成了 $s(T_1)$ 中的 $m_k'\Delta x_k'$ 与 $m_k''\Delta x_k''$ 两项和(这里 m_k' 与 m_k'' 分别是 $f(x)$ 在 Δ_k' 与 Δ_k'' 上的下确界),所以

$$s(T_1)-s(T) = (m_k'\Delta x_k' + m_k''\Delta x_k'') - m_k\Delta x_k$$
$$= (m_k'\Delta x_k' + m_k''\Delta x_k'') - m_k(\Delta x_k' + \Delta x_k'')$$
$$= (m_k'-m_k)\Delta x_k' + (m_k''-m_k)\Delta x_k''.$$

由于 $m\leqslant m_k\leqslant m_k'$(或 m_k'')$\leqslant M$,故有

$$0\leqslant s(T_1)-s(T) \leqslant (M-m)\Delta x_k' + (M-m)\Delta x_k'' = (M-m)\Delta x_k \leqslant (M-m)\parallel T\parallel,$$

即 $s(T)\leqslant s(T_1)\leqslant s(T)+(M-m)\parallel T\parallel$.

一般来说,对 T_i 增加一个分点得到 T_{i+1},就有

$$0\leqslant s(T_{i+1})-s(T_i)\leqslant (M-m)\parallel T_i\parallel, i=0,1,\cdots,p-1,$$

这里 $T_0=T, T_p=T'$,把这些不等式对 i 依次相加,得到

$$0\leqslant s(T')-s(T)\leqslant (M-m)\sum_{i=0}^{p-1}\parallel T_i\parallel \leqslant (M-m)p\parallel T\parallel,$$

即 $s(T)\leqslant s(T')\leqslant s(T)+(M-m)p\parallel T\parallel$.

归纳总结:下和 $s(T)$ 的性质也可通过上和来证明.

2. 证明性质 6 中关于下和的极限式 $\lim_{\parallel T\parallel\to 0} s(T)=s$.

证 $\forall\varepsilon>0$,由 s 的定义,必存在某一分割 T',使得

$$s-\frac{\varepsilon}{2}<s(T'). \tag{$*$}$$

设 T' 由 p 个分点所构成,对于任意另一个分割 T 来说,$T+T'$ 至多比 T 多 p 个分点,由性质 2 和性质 3,得 $s(T')\leqslant s(T+T')\leqslant s(T)+(M-m)p\parallel T\parallel$,

于是有

$$s(T')-(M-m)p\parallel T\parallel\leqslant s(T).$$

所以,令 $\delta=\dfrac{\varepsilon}{2(M-m)p}$(当 $M=m$ 时,$f(x)$ 为常数,$s(T)=s$ 为常数,结果成立,故设 $M>m$),则当 $\parallel T\parallel<\delta$ 时,就有

$$s(T')-\frac{\varepsilon}{2}<s(T),$$

结合式($*$),得 $s-\varepsilon<s(T)\leqslant s$,

这就证明了 $\lim\limits_{\parallel T\parallel\to 0} s(T)=s$.

3. 设 $f(x)=\begin{cases} x, & x \text{ 为有理数}, \\ 0, & x \text{ 为无理数}. \end{cases}$ 试求 f 在 $[0,1]$ 上的上积分和下积分;并由此判断 f 在 $[0,1]$ 上是否可积.

【思路探索】 求出上、下和的极限并判断是否相等.

解 对于 $[0,1]$ 的任意分割 T,在 Δ_i 上,$M_i=x_i, m_i=0$,所以有 $S(T)=\sum\limits_{i=1}^{n} M_i\Delta x_i = \sum\limits_{i=1}^{n} x_i\Delta x_i$,

故 $S=\lim\limits_{\parallel T\parallel\to 0} S(T) = \lim\limits_{\parallel T\parallel\to 0}\sum\limits_{i=1}^{n} x_i\Delta x_i = \int_0^1 x\mathrm{d}x = \dfrac{1}{2}$.

对于下和 s,由于 $s(T)=\sum\limits_{i=1}^{n} m_i\Delta x_i\equiv 0$,所以 $s=0$.

由于 $s\neq S$,所以由定理 9.14 知 $f(x)$ 在 $[0,1]$ 上不可积.

4. 设 f 在 $[a,b]$ 上可积, 且 $f(x) \geqslant 0, x \in [a,b]$. 试问 $\sqrt{f}$ 在 $[a,b]$ 上是否可积?为什么?

【思路探索】 由 $f(x)$ 在 $[a,b]$ 上可积, 利用可积第三充要条件证明.

解 $g(x) = \sqrt{f(x)}$ 在 $[a,b]$ 上是可积的. 事实上, 由于 $f(x)$ 在 $[a,b]$ 上可积, 从而有界, 设 $M = \sup\limits_{x \in [a,b]} f(x)$. $\forall \varepsilon > 0, \eta > 0$, 由于 $\sqrt{t}$ 在 $[0,M]$ 上一致连续, 因此对上述 η, $\exists \delta > 0$, 当 $t', t'' \in [0,M]$ 且 $|t' - t''| < \delta$ 时, 有

$$\left| \sqrt{t'} - \sqrt{t''} \right| < \eta, \qquad\qquad\qquad (*)$$

由于 $f(x)$ 在 $[a,b]$ 上可积, 对上述正数 δ 和 ε, 由可积第三充要条件知, 存在分割 T, 使得在 T 所属的小区间中, $\omega_{k'}^f \geqslant \delta$ 的所有小区间 $\Delta_{k'}$ 的总长 $\sum\limits_{k'} \Delta_{k'} < \varepsilon$; 而在其余小区间 $\Delta_{k''}$ 上 $\omega_{k''}^f < \delta$. 由以上可知, 在 T 的小区间 $\Delta_{k''}$ 上, $\omega_{k''}^f < \delta$, 即 $M_{k''}^f - m_{k''}^f < \delta$, 由式 $(*)$ 知 $\left| \sqrt{M_{k''}^f} - \sqrt{m_{k''}^f} \right| < \eta$, 注意到 $M_{k''}^g = \sqrt{M_{k''}^f}$, $m_{k''}^g = \sqrt{m_{k''}^f}$, 于是 $M_{k''}^g - m_{k''}^g < \eta$; 另一方面, 至多在 $\Delta_{k'}$ 上有 $\omega_{k'}^g \geqslant \eta$, 而这些小区间的长至多为 $\sum\limits_{k'} \Delta x_{k'} < \varepsilon$. 故由可积的第三充要条件知 $g = \sqrt{f}$ 在 $[a,b]$ 上可积.

5. 证明: 定理 9.15 中的可积第二充要条件等价于"任给 $\varepsilon > 0$, 存在 $\delta > 0$, 对一切满足 $\|T\| < \delta$ 的 T, 都有 $\sum\limits_T \omega_i \Delta x_i = S(T) - s(T) < \varepsilon$".

证 若本题中的条件成立, 显然定理 9.15 中的充分条件成立. 反之, 若定理 9.15 中的充分条件成立, 则由定理 9.15 知 $f(x)$ 在 $[a,b]$ 上可积, 从而由达布定理知 $\lim\limits_{\|T\| \to 0}[S(T) - s(T)] = S - s = 0$, 故 $\forall \varepsilon > 0$, $\exists \delta > 0$, 当 $\|T\| < \delta$ 时, 有 $\sum\limits_T \omega_i \Delta x_i = S(T) - s(T) < \varepsilon$.

6. 据理回答:

(1) 何种函数具有"任意下和等于任意上和"的性质?

(2) 何种连续函数具有"所有下和(或上和)都相等"的性质?

(3) 对于可积函数, 若"所有下和(或上和)都相等", 是否仍有(2)的结论?

解 (1) 常数函数是具有"任意下和等于任意上和"的唯一函数.

事实上, 常数函数显然具有此性质. 反之, 设 $f(x)$ 具有此性质.

考虑分割 $T: a = x_0 < x_1 = b$, 有 $S(T) = \sum\limits_{i=1}^{1} M_i \Delta x_i = M(b-a)$, $s(T) = \sum\limits_{i=1}^{1} m_i \Delta x_i = m(b-a)$, 又 $S(T) = s(T)$, 所以 $M(b-a) = m(b-a)$, 得 $M = m$, 故 $f(x)$ 为常数函数.

(2) 常数函数是具有"所有下和(或上和)都相等"的唯一函数.

理由如下: 显然常数函数满足要求; 反之, 设 $f(x)$ 在 $[a,b]$ 上所有下和都相等, 则 $\forall T, s(T)$ 恒为常数, 而 $\lim\limits_{\|T\| \to 0} s(T) = \int_a^b f(x) \mathrm{d}x$, 故 $s(T) = \int_a^b f(x) \mathrm{d}x$.

现在特别地取 $T: a = x_0 < x_1 = b$, 则有 $m \Delta x_1 = m(b-a) = \int_a^b f(x) \mathrm{d}x$, 由此得

$$\int_a^b [f(x) - m] \mathrm{d}x = 0.$$

又因连续函数 $f(x) - m \geqslant 0$, 则由 §4 例2(教材第202页)知 $f(x) - m \equiv 0, x \in [a,b]$, 即 $f(x) \equiv m$, 上和的情形类似.

(3) 不成立. 例如 $f(x) = \begin{cases} 0, & x \neq 0, \\ 1, & x = 0, \end{cases}$ 在 $[0,1]$ 上, $\forall T$ 都有 $s(T) = 0$, 但 $f(x)$ 不是常数函数.

7. 本题的最终目的是要证明: 若 f 在 $[a,b]$ 上可积, 则 f 在 $[a,b]$ 上必定有无限多个处处稠密的连续点, 这可用区间套方法按以下顺序逐一证明:

(1) 若 T 是 $[a,b]$ 的一个分割, 使得 $S(T) - s(T) < b-a$, 则在 T 中存在某个小区间 Δ_i, 使 $\omega_i^f < 1$.

(2) 存在区间 $I_1 = [a_1, b_1] \subset (a,b)$, 使得 $\omega^f(I_1) = \sup\limits_{x \in I_1} f(x) - \inf\limits_{x \in I_1} f(x) < 1$.

（3）存在区间 $I_2 = [a_2, b_2] \subset (a_1, b_1)$，使得 $\omega^f(I_2) = \sup\limits_{x \in I_2} f(x) - \inf\limits_{x \in I_2} f(x) < \dfrac{1}{2}$.

（4）继续以上方法，求出一区间序列 $I_n = [a_n, b_n] \subset (a_{n-1}, b_{n-1})$，使得

$$\omega^f(I_n) = \sup\limits_{x \in I_n} f(x) - \inf\limits_{x \in I_n} f(x) < \dfrac{1}{n}.$$

说明 $\{I_n\}$ 为一区间套，从而存在 $x_0 \in I_n, n = 1, 2, \cdots$；而且 f 在点 x_0 处连续.

（5）上面求得的 f 的连续点在 $[a, b]$ 上处处稠密.

【思路探索】 本题命题思路采用启发性证明，题干给出证明思路，只要利用相关定理即可.

证 因为 $f(x)$ 在 $[a, b]$ 可积，所以对于 $\varepsilon_1 = 1$，存在 $[a, b]$ 的分割 T_1 使

$$\sum\limits_{T_1} \omega_i \Delta x_i < 1 \cdot (b - a). \tag{$*$}$$

由此易知：T_1 的某个小区间 $\Delta_k = [x_{k-1}, x_k], f(x)$ 的振幅 $\omega_k = \omega^f[x_{k-1}, x_k] < \varepsilon_1 = 1$.

如若不然，则 $\sum\limits_{T_1} \omega_i \Delta x_i \geqslant 1 \cdot \sum\limits_{T_1} \Delta x_i = 1 \cdot (b - a)$，这与式（$*$）矛盾. 取 $[a_1, b_1] \subset (x_{k-1}, x_k)$，满足

$$a < a_1 < b_1 < b, b_1 - a_1 \leqslant \dfrac{1}{2}(b - a),$$

$$\omega^f[a_1, b_1] \leqslant \omega^f[x_{k-1}, x_k] < \varepsilon_1 = 1.$$

以 $[a_1, b_1]$ 代替 $[a, b]$，对于 $\varepsilon_2 = \dfrac{1}{2}$，同样存在 $[a, b]$ 的分割 T_2 及属于 T_2 的某一小区间的子区间 $[a_2, b_2]$ 满足

$$a_1 < a_2 < b_2 < b_1, b_2 - a_2 \leqslant \dfrac{1}{2}(b_1 - a_1),$$

$$\omega^f[a_2, b_2] < \varepsilon_2 = \dfrac{1}{2}.$$

依次做下去，得一区间套 $\{[a_n, b_n]\}$，有

$$a < a_1 < a_2 < \cdots < a_n < \cdots < b_n < \cdots < b_2 < b_1 < b,$$

$$b_n - a_n \leqslant \dfrac{1}{2^n}(b - a) \to 0(n \to \infty), \omega^f[a_n, b_n] < \varepsilon_n = \dfrac{1}{n}.$$

故由闭区间套定理，$\exists x_0 \in (a_n, b_n) \subset (a, b), n = 1, 2, \cdots$.

下证 x_0 为 $f(x)$ 的一个连续点：$\forall \varepsilon > 0, \exists n$，使 $\dfrac{1}{n} < \varepsilon$，令 $\delta = \min\{x_0 - a_n, b_n - x_0\}$，则 $\delta > 0$，且

$U(x_0; \delta) \subset [a_n, b_n]$. 故当 $x \in U(x_0; \delta)$ 时，$|f(x) - f(x_0)| \leqslant \omega^f[a_n, b_n] < \dfrac{1}{n} < \varepsilon$.

现在，任给 $(\alpha, \beta) \subset [a, b]$，有 $[\alpha, \beta] \subset [a, b], f(x)$ 在 $[\alpha, \beta]$ 上也可积，从而由上面已证的结果，$f(x)$ 在 $[\alpha, \beta]$ 上存在连续点，从而 f 在 $[a, b]$ 上必有无限多个处处稠密（因为任意两个连续点之间存在连续点）的连续点.

归纳总结：本题利用可积性证连续性，区间套定理是一个很好的工具，注意知识的连贯性.

第九章总练习题解答

1. 证明：若 φ 在 $[0, a]$ 上连续，f 二阶可导，且 $f''(x) \geqslant 0$，则有

$$\dfrac{1}{a}\int_0^a f(\varphi(t)) \mathrm{d}t \geqslant f\left(\dfrac{1}{a}\int_0^a \varphi(t) \mathrm{d}t\right).$$

【思路探索】 设 $c = \dfrac{1}{a}\int_0^a \varphi(t)\mathrm{d}t$，则问题转而证明 $\int_0^a f(\varphi(t))\mathrm{d}t \geqslant af(c)$. 由 $f''(x) \geqslant 0$ 知，对任意的 x 有

$f(x) \geqslant f(c) + f'(c)(x-c)$,以 $x = \varphi(t)$ 代入,并在$[0,a]$上求积分,便可证得结论.

证 **方法一** 设 $c = \dfrac{1}{a}\displaystyle\int_0^a \varphi(t)\mathrm{d}t$,由 $f''(t) \geqslant 0$ 知 $f(x)$ 为凸函数,因此对 $\forall x$,有

$$f(x) \geqslant f(c) + f'(c)(x-c).$$

将 $x = \varphi(t)$ 代入,得

$$f(\varphi(t)) \geqslant f(c) + f'(c)[\varphi(t) - c].$$

由教材第 219 页例 2 知 $f(\varphi(t))$ 可积,所以两边积分,得

$$\int_0^a f(\varphi(t))\mathrm{d}t \geqslant af(c) + f'(c)\int_0^a \varphi(t)\mathrm{d}t - f'(c)\cdot ca = af(c),$$

故 $\dfrac{1}{a}\displaystyle\int_0^a f(\varphi(t))\mathrm{d}t \geqslant f\left(\dfrac{1}{a}\displaystyle\int_0^a \varphi(t)\mathrm{d}t\right).$

方法二 因为 $f''(x) \geqslant 0$,所以 $f(x)$ 为凸函数,将$[0,a]$进行 n 等分,则

$$f\left(\frac{1}{n}\sum_{i=1}^n \varphi\left(\frac{ia}{n}\right)\right) \leqslant \frac{1}{n}\sum_{i=1}^n f\left(\varphi\left(\frac{ia}{n}\right)\right),\ \text{即}\ f\left(\frac{1}{a}\sum_{i=1}^n \varphi\left(\frac{ia}{n}\right)\cdot\frac{a}{n}\right) \leqslant \frac{1}{a}\sum_{i=1}^n f\left(\varphi\left(\frac{ia}{n}\right)\right)\cdot\frac{a}{n}.$$

由 f,φ 的连续性,令 $n \to \infty$ 得

$$\frac{1}{a}\int_0^a f(\varphi(t))\mathrm{d}t \geqslant f\left(\frac{1}{a}\int_0^a \varphi(t)\mathrm{d}t\right).$$

> **归纳总结:**(1) 类似可证明更一般的结论:设 $\varphi(t)$ 在$[a,b]$上连续,$E = \varphi([a,b])$,$f(x)$ 在 E 上为可微凸函数,则有
>
> $$\frac{1}{b-a}\int_0^a f(\varphi(t))\mathrm{d}t \geqslant f\left(\frac{1}{b-a}\int_0^a \varphi(t)\mathrm{d}t\right).$$
>
> (2) 所证不等式提示了在题设条件下,先复合后取积分平均与先取积分平均后复合,两者之间的大小关系.
>
> (3) 若将 $f''(x) \geqslant 0$ 改为 $f''(x) \leqslant 0$,则不等号反向.

2. 证明下列命题:

(1) 若 f 在$[a,b]$上连续增,

$$F(x) = \begin{cases} \dfrac{1}{x-a}\displaystyle\int_a^x f(t)\mathrm{d}t, & x \in (a,b], \\ f(a), & x = a, \end{cases}$$

则 F 为$[a,b]$上的增函数.

(2) 若 $f(x)$ 在$[0,+\infty)$上连续,且 $f(x) > 0$,则 $\varphi(x) = \dfrac{\displaystyle\int_0^x tf(t)\mathrm{d}t}{\displaystyle\int_0^x f(t)\mathrm{d}t}$ 为$(0,+\infty)$上的严格增函数,如果要

使 $\varphi(x)$ 在$[0,+\infty)$上为严格增,试问应补充定义 $\varphi(0) = ?$

证 (1) 由 $f(x)$ 在$[a,b]$上连续及洛必达法则,得

$$\lim_{x\to a^+} F(x) = \lim_{x\to a^+}\frac{\displaystyle\int_a^x f(t)\mathrm{d}t}{x-a} = \lim_{x\to a^+}\frac{f(x)}{1} = f(a) = F(a),$$

因此 $F(x)$ 在 $x = a$ 处右连续,从而 $F(x)$ 在$[a,b]$上连续,又当 $x \in (a,b)$ 时,

$$F'(x) = -\frac{1}{(x-a)^2}\int_a^x f(t)\mathrm{d}t + \frac{f(x)}{x-a} = \frac{f(x)}{x-a} - \frac{1}{(x-a)^2}\int_a^x f(t)\mathrm{d}t.$$

根据积分中值定理知,$\exists \xi \in [a,x]$,使 $\displaystyle\int_a^x f(t)\mathrm{d}t = f(\xi)(x-a).$ 因此,

$$F'(x) = \frac{f(x)}{x-a} - \frac{f(\xi)}{x-a} = \frac{1}{x-a}[f(x) - f(\xi)].$$

由 $f(x)$ 在 $[a,b]$ 上单调递增,得 $f(x) - f(\xi) \geqslant 0$,从而当 $x \in (a,b)$ 时,有

$$F'(x) = \frac{f(x) - f(\xi)}{x-a} \geqslant 0.$$

故 $F(x)$ 为 $[a,b]$ 上的增函数.

(2) 由题设,可得 $\int_0^x f(t)\mathrm{d}t > 0, x \in (0, +\infty)$. 因此 $\varphi(x)$ 在 $(0, +\infty)$ 内可微,且

$$\varphi'(x) = \frac{1}{\left(\int_0^x f(t)\mathrm{d}t\right)^2}\left[xf(x)\int_0^x f(t)\mathrm{d}t - f(x)\int_0^x tf(t)\mathrm{d}t\right] = \frac{f(x)\int_0^x (x-t)f(t)\mathrm{d}t}{\left(\int_0^x f(t)\mathrm{d}t\right)^2}.$$

令 $g(x) = \int_0^x (x-t)f(t)\mathrm{d}t$,则 $g(x) = x\int_0^x f(t)\mathrm{d}t - \int_0^x tf(t)\mathrm{d}t, g(0) = 0$.

$g'(x) = \int_0^x f(t)\mathrm{d}t + xf(x) - xf(x) = \int_0^x f(t)\mathrm{d}t > 0$,故 $g(x) > g(0) = 0, x \in (0, +\infty)$.

因为 $\lim\limits_{x \to 0^+} \varphi(x) = \lim\limits_{x \to 0^+} \dfrac{\int_0^x tf(t)\mathrm{d}t}{\int_0^x f(t)\mathrm{d}t} = \lim\limits_{x \to 0^+} \dfrac{xf(x)}{f(x)} = \lim\limits_{x \to 0^+} x = 0$,所以补充 $\varphi(0) = 0$,函数 $\varphi(x)$ 成为

$[0, +\infty)$ 上的连续函数,再由 $\varphi'(x) > 0 (x > 0)$,可得 $\varphi(x)$ 在 $[0, +\infty)$ 上严格增.

3. 设 f 在 $[0, +\infty)$ 上连续,且 $\lim\limits_{x \to +\infty} f(x) = A$,证明 $\lim\limits_{x \to +\infty} \dfrac{1}{x}\int_0^x f(t)\mathrm{d}t = A$.

证　**方法一**　利用洛必达法则,$\lim\limits_{x \to +\infty} \dfrac{\int_0^x f(t)\mathrm{d}t}{x} = \lim\limits_{x \to +\infty} \dfrac{f(x)}{1} = A$.

　　方法二　利用定义,$\forall \varepsilon > 0$,由 $\lim\limits_{x \to +\infty} f(x) = A$ 知,$\exists X_1 > 0$,当 $x > X_1$ 时,有 $|f(x) - A| < \dfrac{\varepsilon}{2}$.

又因为

$$\lim_{x \to +\infty} \frac{\int_0^{X_1} (f(t) - A)\mathrm{d}t}{x} = 0,$$

所以 $\exists X > X_1$,当 $x > X$ 时,有

$$\left|\frac{\int_0^{X_1} (f(t) - A)\mathrm{d}t}{x}\right| < \frac{\varepsilon}{2},$$

所以当 $x > X$ 时,有

$$\left|\frac{\int_0^x f(t)\mathrm{d}t}{x} - A\right| \leqslant \left|\frac{\int_0^{X_1} (f(t) - A)\mathrm{d}t}{x}\right| + \left|\frac{\int_{X_1}^x (f(t) - A)\mathrm{d}t}{x}\right|$$

$$< \frac{\varepsilon}{2} + \frac{\int_{X_1}^x |f(t) - A|\mathrm{d}t}{x} < \frac{\varepsilon}{2} + \frac{x - X_1}{x} \cdot \frac{\varepsilon}{2} < \varepsilon,$$

所以 $\lim\limits_{x \to +\infty} \dfrac{\int_0^x f(t)\mathrm{d}t}{x} = A$.

4. 设 f 是定义在 $(-\infty, +\infty)$ 上的一个连续周期函数,周期为 p,证明

$$\lim_{x \to +\infty} \frac{1}{x}\int_0^x f(t)\mathrm{d}t = \frac{1}{p}\int_0^p f(t)\mathrm{d}t.$$

证　$\forall x > 0, \exists n \in \mathbf{N}$ 及 $x' \in [0, p)$,使得 $x = np + x'$. 于是由周期函数的积分性质,得

$$\frac{1}{x}\int_0^x f(t)\mathrm{d}t = \frac{1}{np+x}\int_0^{np+x'} f(t)\mathrm{d}t = \frac{1}{np+x}\left[\int_0^{np} f(t)\mathrm{d}t + \int_{np}^{np+x'} f(t)\mathrm{d}t\right]$$

$$= \frac{n}{np+x}\int_0^p f(t)\mathrm{d}t + \frac{1}{np+x}\int_0^{x'} f(t)\mathrm{d}t,$$

因为
$$\lim_{n\to\infty}\frac{n}{np+x} = \lim_{n\to\infty}\frac{1}{p+\frac{x}{n}} = \frac{1}{p},$$

及
$$\left|\frac{\int_0^{x'} f(t)\mathrm{d}t}{np+x'}\right| \leqslant \frac{\int_0^{x'}|f(t)|\mathrm{d}t}{np+x'} \leqslant \frac{\int_0^p|f(t)|\mathrm{d}t}{np+x'} \to 0(n\to\infty),$$

所以
$$\lim_{x\to+\infty}\frac{1}{x}\int_0^x f(t)\mathrm{d}t = \lim_{n\to\infty}\frac{n}{np+x}\int_0^p f(t)\mathrm{d}t + \lim_{n\to\infty}\frac{1}{np+x}\int_0^{x'} f(t)\mathrm{d}t$$

$$= \frac{1}{p}\int_0^p f(t)\mathrm{d}t + 0 = \frac{1}{p}\int_0^p f(t)\mathrm{d}t.$$

5. 证明:连续的奇函数的一切原函数皆为偶函数;连续的偶函数的原函数中只有一个是奇函数.

【思路探索】 为了便于证明,需将一个函数的一切原函数表示出来,由原函数存在定理知,$\int_a^x f(t)\mathrm{d}t$ 是 $f(x)$ 的一个原函数,故 $f(x)$ 的一切原函数可写作 $F(x) = \int_a^x f(t)\mathrm{d}t + C$.

证 (1) 设 $f(x)$ 是连续的奇函数,则 $F(x) = \int_0^x f(t)\mathrm{d}t + C$ 是 $f(x)$ 的所有原函数,而

$$F(-x) = \int_0^{-x} f(t)\mathrm{d}t + C \xrightarrow{t=-u} \int_0^x f(-u)\mathrm{d}u + C = \int_0^x f(u)\mathrm{d}u + C = F(x),$$

所以 $F(x)$ 是偶函数.

(2) 若 $f(x)$ 是连续的偶函数,则 $f(x)$ 的全体原函数为 $F(x) = \int_0^x f(t)\mathrm{d}t + C$.

$F(x)$ 为奇函数 $\Leftrightarrow F(-x) = -F(x) \Leftrightarrow \int_0^{-x} f(t)\mathrm{d}t + C = -\int_0^x f(t)\mathrm{d}t - C$

$$\Leftrightarrow -\int_0^x f(-t)\mathrm{d}t + C = -\int_0^x f(t)\mathrm{d}t - C \Leftrightarrow -\int_0^x f(t)\mathrm{d}t + C = -\int_0^x f(t)\mathrm{d}t - C$$

$$\Leftrightarrow C = 0,$$

即连续的偶函数的原函数中只有一个 $F(x) = \int_0^x f(t)\mathrm{d}t$ 是奇函数.

6. 证明施瓦茨(Schwarz) 不等式:若 f 和 g 在 $[a,b]$ 上可积,则

$$\left(\int_a^b f(x)g(x)\mathrm{d}x\right)^2 \leqslant \int_a^b f^2(x)\mathrm{d}x\int_a^b g^2(x)\mathrm{d}x.$$

【思路探索】 构造积分不等式 $\int_a^b [tf(x)-g(x)]^2\mathrm{d}x \geqslant 0$,展开得关于 t 的二次三项式.

证 若 $f(x)$ 与 $g(x)$ 可积,则 $f^2(x),g^2(x),f(x)-g(x)$ 都可积,且 $\forall t\in R,[tf(x)-g(x)]^2$ 也可积,又 $[tf(x)-g(x)]^2 \geqslant 0$,故

$$\int_a^b [tf(x)-g(x)]^2\mathrm{d}x \geqslant 0,$$

即 $t^2\int_a^b f^2(x)\mathrm{d}x - 2t\int_a^b f(x)g(x)\mathrm{d}x + \int_a^b g^2(x)\mathrm{d}x \geqslant 0.$

由此得关于 t 的二次三项式的判别式非正,即

$$\left[2\int_a^b f(x)g(x)\mathrm{d}x\right]^2 - 4\int_a^b f^2(x)\mathrm{d}x\int_a^b g^2(x)\mathrm{d}x \leqslant 0,$$

故 $\left(\int_a^b f(x)g(x)\mathrm{d}x\right)^2 \leqslant \int_a^b f^2(x)\mathrm{d}x\int_a^b g^2(x)\mathrm{d}x.$

归纳总结：施瓦茨不等式可看作柯西不等式 $\left(\sum\limits_{i=1}^{n}a_ib_i\right)^2\leqslant\sum\limits_{i=1}^{n}a_i^2\sum\limits_{i=1}^{n}b_i^2$ 的推广. 可利用施瓦茨不等式证明一些定积分不等式, 如下第 7 题.

7. 利用施瓦茨不等式证明：

(1) 若 f 在 $[a,b]$ 上可积, 则
$$\left(\int_a^b f(x)\mathrm{d}x\right)^2\leqslant(b-a)\int_a^b f^2(x)\mathrm{d}x;$$

(2) 若 f 在 $[a,b]$ 上可积, 且 $f(x)\geqslant m>0$, 则
$$\int_a^b f(x)\mathrm{d}x\cdot\int_a^b\frac{1}{f(x)}\mathrm{d}x\geqslant(b-a)^2;$$

(3) 若 f,g 都在 $[a,b]$ 上可积, 则有**闵可夫斯基(Minkowski) 不等式**：
$$\left[\int_a^b(f(x)+g(x))^2\mathrm{d}x\right]^{\frac{1}{2}}\leqslant\left[\int_a^b f^2(x)\mathrm{d}x\right]^{\frac{1}{2}}+\left[\int_a^b g^2(x)\mathrm{d}x\right]^{\frac{1}{2}}.$$

证 (1) 根据施瓦茨不等式, 有
$$\left[\int_a^b f(x)\mathrm{d}x\right]^2=\left[\int_a^b f(x)\cdot 1\mathrm{d}x\right]^2\leqslant\int_a^b 1^2\mathrm{d}x\cdot\int_a^b f^2(x)\mathrm{d}x=(b-a)\int_a^b f^2(x)\mathrm{d}x.$$

(2) 由 $f(x)$ 可积, 且 $f(x)\geqslant m>0$, 知 $\dfrac{1}{f(x)}$ 可积, 从而 $\sqrt{f(x)}$, $\dfrac{1}{\sqrt{f(x)}}$ 可积, 于是根据施瓦茨不等式, 有
$$\int_a^b f(x)\mathrm{d}x\cdot\int_a^b\frac{1}{f(x)}\mathrm{d}x\geqslant\left(\int_a^b\sqrt{f(x)}\cdot\frac{1}{\sqrt{f(x)}}\mathrm{d}x\right)^2=\left(\int_a^b\mathrm{d}x\right)^2=(b-a)^2.$$

(3) 由施瓦茨不等式, 得
$$\int_a^b(f(x)+g(x))^2\mathrm{d}x=\int_a^b f^2(x)\mathrm{d}x+2\int_a^b f(x)g(x)\mathrm{d}x+\int_a^b g^2(x)\mathrm{d}x$$
$$\leqslant\int_a^b f^2(x)\mathrm{d}x+2\left[\int_a^b f^2(x)\mathrm{d}x\cdot\int_a^b g^2(x)\mathrm{d}x\right]^{\frac{1}{2}}+\int_a^b g^2(x)\mathrm{d}x$$
$$=\left[\left(\int_a^b f^2(x)\mathrm{d}x\right)^{\frac{1}{2}}+\left(\int_a^b g^2(x)\mathrm{d}x\right)^{\frac{1}{2}}\right]^2,$$

故 $\left(\int_a^b(f(x)+g(x))^2\mathrm{d}x\right)^{\frac{1}{2}}\leqslant\left(\int_a^b f^2(x)\mathrm{d}x\right)^{\frac{1}{2}}+\left(\int_a^b g^2(x)\mathrm{d}x\right)^{\frac{1}{2}}.$

8. 证明：若 f 在 $[a,b]$ 上连续, 且 $f(x)>0$, 则
$$\ln\left(\frac{1}{b-a}\int_a^b f(x)\mathrm{d}x\right)\geqslant\frac{1}{b-a}\int_a^b\ln f(x)\mathrm{d}x.$$

【思路探索】 要证明结论, 只要证明 $\dfrac{1}{b-a}\displaystyle\int_a^b f(x)\mathrm{d}x\geqslant\mathrm{e}^{\frac{1}{b-a}\int_a^b\ln f(x)\mathrm{d}x}.$

而左端是 $f(x)$ 在 $[a,b]$ 上的平均值, 所以我们从有限值的平均值入手, 然后取极限.

证 将 $[a,b]$ 进行 n 等分, 得分割 $T=\{x_0,x_1,\cdots,x_n\}$, 取 $\xi_i=x_i$, 且记 $f(\xi_i)=y_i(i=1,2,\cdots,n)$, 于是由平均值不等式, 有
$$\frac{1}{b-a}\sum_{i=1}^{n}f(\xi_i)\Delta x_i=\frac{y_1+y_2+\cdots+y_n}{n}\geqslant\sqrt[n]{y_1y_2\cdots y_n}=\mathrm{e}^{\frac{1}{b-a}\cdot\frac{b-a}{n}(\ln y_1+\cdots+\ln y_n)}$$
$$=\mathrm{e}^{\frac{1}{b-a}\sum\limits_{i=1}^{n}\ln y_i\cdot\frac{b-a}{n}}.$$

又 $\ln f(x)$ 可积, 所以令 $\|T\|\to 0$, 两边取极限, 得
$$\frac{1}{b-a}\int_a^b f(x)\mathrm{d}x\geqslant\mathrm{e}^{\frac{1}{b-a}\int_a^b\ln f(x)\mathrm{d}x},$$

于是有 $\ln\left(\dfrac{1}{b-a}\displaystyle\int_a^b f(x)\mathrm{d}x\right)\geqslant\dfrac{1}{b-a}\displaystyle\int_a^b\ln f(x)\mathrm{d}x.$

此题的另一证明方法参看总练习题 1 及归纳总结，注意这里的外函数 $y=\ln u$ 为凹函数.

9. 设 f 为 $(0,+\infty)$ 上的连续减函数，$f(x)>0$；又设

$$a_n=\sum_{k=1}^n f(k)-\int_1^n f(x)\mathrm{d}x.$$

证明：$\{a_n\}$ 为收敛数列.

【思路探索】 由 $f(x)$ 是减函数，可得 $\displaystyle\int_k^{k+1}f(x)\mathrm{d}x\leqslant f(k),k=1,2,\cdots,n-1$，从而有

$$\int_1^n f(x)\mathrm{d}x\leqslant\sum_{k=1}^{n-1}f(k)=\sum_{k=1}^n f(k)-f(n),$$

即得 $a_n\geqslant f(n)>0$，由单调有界定理知，若能证明数列 $\{a_n\}$ 为递减数列，便可证明得结论.

证 因为 $f(x)$ 为 $(0,+\infty)$ 内的连续减函数，所以

$$a_n=\sum_{k=1}^n f(k)-\int_1^n f(x)\mathrm{d}x=\sum_{k=1}^n f(k)-\sum_{k=1}^{n-1}\int_k^{k+1}f(x)\mathrm{d}x$$

$$\geqslant\sum_{k=1}^n f(k)-\sum_{k=1}^{n-1}f(k)(k+1-k)=f(n)>0.$$

因此，数列 $\{a_n\}$ 有下界，又因

$$a_{n+1}-a_n=f(n+1)-\int_n^{n+1}f(x)\mathrm{d}x\leqslant f(n+1)-\int_n^{n+1}f(n+1)\mathrm{d}x=0.$$

可见 $\{a_n\}$ 为递减数列，由单调有界定理知 $\{a_n\}$ 收敛.

10. 若 f 在 $[0,a]$ 上连续可微，且 $f(0)=0$，则

$$\int_0^a|f(x)f'(x)|\mathrm{d}x\leqslant\frac{a}{2}\int_0^a[f'(x)]^2\mathrm{d}x.$$

证 令 $g(x)=\displaystyle\int_0^x|f'(t)|\mathrm{d}t,x\in[0,a]$，则 $g'(x)=|f'(x)|$，因而有

$$|f(x)|=|f(x)-f(0)|=\left|\int_0^x f'(t)\mathrm{d}t\right|\leqslant\int_0^x|f'(t)|\mathrm{d}t=g(x).$$

所以 $\displaystyle\int_0^a|f(x)f'(x)|\mathrm{d}x\leqslant\int_0^a g(x)g'(x)\mathrm{d}x=\frac{1}{2}g^2(x)\Big|_0^a=\frac{1}{2}g^2(a)$

$$=\frac{1}{2}\left(\int_0^a|f'(t)|\mathrm{d}t\right)^2\leqslant\frac{1}{2}\int_0^a 1^2\mathrm{d}t\cdot\int_0^a|f'(t)|^2\mathrm{d}t$$

$$=\frac{a}{2}\int_0^a[f'(t)]^2\mathrm{d}t.$$

*11. 证明：若 f 在 $[a,b]$ 上可积，且处处有 $f(x)>0$，则 $\displaystyle\int_a^b f(x)\mathrm{d}x>0$.

（提示：由可积的第一充要条件进行反证；也可利用习题 9.6 第 7 题的结论.）

证 由习题 9.6 第 7 题的结论知，$f(x)$ 至少存在一个连续点 $x_0\in(a,b)$. 已知处处有 $f(x)>0$，所以 $f(x_0)>0$，由极限的保号性知，$\exists\delta>0$，使得当 $x\in(x_0-\delta,x_0+\delta)\subset(a,b)$ 时，$f(x)>\dfrac{1}{2}f(x_0)$，故

$$\int_a^b f(x)\mathrm{d}x\geqslant\int_{x_0-\delta}^{x_0+\delta}f(x)\mathrm{d}x\geqslant\int_{x_0-\delta}^{x_0+\delta}\frac{1}{2}f(x_0)\mathrm{d}x=f(x_0)\delta>0.$$

四、自测题

======== 第九章自测题 ========

一、按定义计算或证明(每题 8 分,共 16 分)

1. 利用定义计算: $\int_0^1 x^3 \mathrm{d}x$.

2. 设 $f(x), g(x) \in C[a,b]$. 证明: $\lim\limits_{\lambda \to 0} \sum\limits_{i=1}^{n} f(\xi_i) g(\theta_i) \Delta x_i = \int_a^b f(x) g(x) \mathrm{d}x$, 其中 $\xi_i, \theta_i \in [x_{i-1}, x_i]$, $i = 1$,

$2, \cdots, n, \Delta x_i = x_i - x_{i-1}, x_0 = a, x_n = b, \lambda = \max\limits_{1 \leqslant i \leqslant n} \Delta x_i$.

二、计算题(每题 6 分,共 48 分)

3. 求定积分 $\int_{-\frac{\pi}{2}}^{\frac{\pi}{2}} \dfrac{x + \cos x}{1 + \sin^2 x} \mathrm{d}x$.

4. 设 $f(0) = 0, f'(x) = \begin{cases} 1, 0 \leqslant x \leqslant 1, \\ x, x > 1, \end{cases}$ 求 $f(x)$.

5. 求 $I = \int_0^1 \dfrac{\ln(1 + x)}{1 + x^2} \mathrm{d}x$.

6. 设 $f(x)$ 在 $[0, \pi]$ 上具有二阶连续导数, $f'(\pi) = 3$, 且 $\int_0^\pi [f(x) + f''(x)] \cos x \mathrm{d}x = 2$, 求 $f'(0)$.

7. 求 $\lim\limits_{n \to \infty} \left[\left(1 + \dfrac{1}{n}\right)\left(1 + \dfrac{2}{n}\right) \cdots \left(1 + \dfrac{n}{n}\right) \right]^{\frac{1}{n}}$.

8. 已知 $f(x), g(x)$ 在 $[a,b]$ 上连续, $f(x) > 0, g(x)$ 不变号, 求 $\lim\limits_{n \to \infty} \int_a^b \sqrt[n]{f(x)} g(x) \mathrm{d}x$.

9. 设 $F(y) = \int_0^y (x + y) f(x) \mathrm{d}x$, 其中 $f(x)$ 为可微函数, 求 $F''(y)$.

10. 若 $f(x)$ 是连续函数, 且满足 $\int_0^{x^3 - 1} f(t) \mathrm{d}t = x - 1$, 计算 $f(26)$.

三、证明题(每题 6 分,共 36 分)

11. 设 $f(x) = \int_1^x \dfrac{\ln(1 + t)}{t} \mathrm{d}t (x > 0)$, 证明: $f(x) + f\left(\dfrac{1}{x}\right) = \dfrac{1}{2} \ln^2 x$.

12. 设 $f(x)$ 在 $[a,b]$ 上二次可微, 证明: $\left| \int_a^b f(x) \mathrm{d}x \right| \leqslant \dfrac{M(b-a)^2}{24}$, 其中 $M = \max\limits_{x \in [a,b]} |f''(x)|$.

13. 设 $f(x)$ 在 $[a,b]$ 上有连续导数, 且 $f(a) = f(b) = 0, \int_a^b f^2(x) = 1$, 则 $\int_a^b x f(x) f'(x) \mathrm{d}x = -\dfrac{1}{2}$.

14. 设 $f(x)$ 是 $[0,1]$ 上的连续函数, 令 $I = \int_0^\pi x f(\sin x) \mathrm{d}x$.

   (1) 证明: $I = \dfrac{\pi}{2} \int_0^\pi f(\sin x) \mathrm{d}x$;

   (2) 求 $\int_0^\pi \dfrac{x \sin x}{1 + \cos^2 x} \mathrm{d}x$.

15. 设 $f(x)$ 在 $[0, +\infty)$ 上连续, $\int_A^{+\infty} \dfrac{f(x)}{x} \mathrm{d}x (A > 0)$ 存在. 证明:

$$\int_0^{+\infty} \dfrac{f(ax) - f(bx)}{x} \mathrm{d}x = f(0) \ln \dfrac{b}{a} (a, b > 0).$$

16. 设 f 在 $[a,b]$ 上可积, 则 $e^{f(x)}$ 在 $[a,b]$ 上也可积.

第九章自测题解答

一、1. 解 因为 $f(x) = x^3 \in C[0,1]$，故 $f \in R[0,1]$. 现将区间 $[0,1]$ 进行 n 等分，其分点为

$$x_i = \frac{i}{n}, i = 0,1,2,\cdots,n.$$

取 $\xi_i = \frac{i}{n} \in \left[\frac{i-1}{n}, \frac{i}{n}\right], i = 1,2,\cdots,n$，其 Riemann 和为

$$\sum_{i=1}^{n} f(\xi_i)\Delta x_i = \sum_{i=1}^{n} \left(\frac{i}{n}\right)^3 \frac{1}{n} = \frac{1}{n^4}\sum_{i=1}^{n} i^3 = \frac{1}{n^4} \cdot \frac{1}{4}n^2(n+1)^2 = \frac{(n+1)^2}{4n^2},$$

所以

$$\lim_{\lambda \to 0}\sum_{i=1}^{n} f(\xi_i)\Delta x_i = \lim_{n \to \infty} \frac{(n+1)^2}{4n^2} = \frac{1}{4},$$

即 $\int_0^1 x^3 dx = \frac{1}{4}$.

2. 证 设 $|f(x)| \leqslant M(M>0), x \in [a,b]$，且 $I = \int_a^b f(x)g(x)dx$，则对 $[a,b]$ 上任意分割 T，有

$$\left| \sum_{i=1}^{n} f(\xi_i)g(\theta_i)\Delta x_i - I \right| = \left| \sum_{i=1}^{n}[f(\xi_i)g(\theta_i) - f(\xi_i)g(\xi_i)]\Delta x_i + \sum_{i=1}^{n} f(\xi_i)g(\xi_i)\Delta x_i - I \right|$$

$$\leqslant \sum_{i=1}^{n} |f(\xi_i)||g(\xi_i) - g(\theta_i)|\Delta x_i + \left| \sum_{i=1}^{n} f(\xi_i)g(\xi_i)\Delta x_i - I \right|$$

$$\leqslant M\sum_{i=1}^{n} |g(\xi_i) - g(\theta_i)|\Delta x_i + \left| \sum_{i=1}^{n} f(\xi_i)g(\xi_i)\Delta x_i - I \right|.$$

由条件可知 $g(x)$ 在 $[a,b]$ 上一致连续，再由积分定义可知 $\forall \varepsilon > 0, \exists \delta > 0$，当 $\lambda < \delta$ 时，有

$$\left| \sum_{i=1}^{n} f(\xi_i)g(\xi_i)\Delta x_i - I \right| < \frac{\varepsilon}{2}, \quad \left| \sum_{i=1}^{n} |g(\xi_i) - g(\theta_i)|\Delta x_i \right| < \frac{\varepsilon}{2M}.$$

从而

$$\left| \sum_{i=1}^{n} f(\xi_i)g(\theta_i)\Delta x_i - I \right| < M \cdot \frac{\varepsilon}{2M} + \frac{\varepsilon}{2} = \varepsilon,$$

故 $\lim_{\lambda \to 0}\sum_{i=1}^{n} f(\xi_i)g(\theta_i)\Delta x_i = \int_a^b f(x)g(x)dx$.

二、3. 解 由于 $\frac{x}{1+\sin^2 x}$ 是奇函数，故 $\int_{-\frac{\pi}{2}}^{\frac{\pi}{2}} \frac{x}{1+\sin^2 x}dx = 0$，从而

$$\int_{-\frac{\pi}{2}}^{\frac{\pi}{2}} \frac{x+\cos x}{1+\sin^2 x}dx = \int_{-\frac{\pi}{2}}^{\frac{\pi}{2}} \frac{\cos x}{1+\sin^2 x}dx = \arctan(\sin x)\Big|_{-\frac{\pi}{2}}^{\frac{\pi}{2}} = \frac{\pi}{2}.$$

4. 解
$$f(x) = \int_0^x f'(t)dt = \begin{cases} \int_0^x 1dt = x, & 0 \leqslant x \leqslant 1, \\ \int_0^1 1dt + \int_1^x tdt = \frac{x^2+1}{2}, & x > 1. \end{cases}$$

5. 解
$$I = \int_0^1 \frac{\ln(1+x)}{1+x^2}dx = \int_0^1 \ln(1+x)d(\arctan x)$$

$$\xrightarrow{x = \tan t} \int_0^{\frac{\pi}{4}} \ln(1+\tan t)dt$$

$$= \int_0^{\frac{\pi}{4}} [\ln(\cos t + \sin t) - \ln\cos t]dt$$

$$= \int_0^{\frac{\pi}{4}} \left[\ln\sqrt{2}\cos\left(\frac{\pi}{4} - t\right)\right]dt - \int_0^{\frac{\pi}{4}} \ln\cos tdt.$$

令右端第一个积分中的 $\frac{\pi}{4}-t=u$,则有

$$I = \frac{\pi}{8}\ln 2 + \int_0^{\frac{\pi}{4}}\ln\cos u\mathrm{d}u - \int_0^{\frac{\pi}{4}}\ln\cos t\mathrm{d}t$$

$$= \frac{\pi}{8}\ln 2.$$

6. 解　由分部积分知

$$\int_0^{\pi}\big[f(x)+f''(x)\big]\cos x\mathrm{d}x = \int_0^{\pi}f(x)\mathrm{d}(\sin x) + \int_0^{\pi}\cos x\mathrm{d}f'(x)$$

$$= -\int_0^{\pi}f'(x)\sin x\mathrm{d}x + f'(x)\cos x\Big|_0^{\pi} + \int_0^{\pi}f'(x)\sin x\mathrm{d}x$$

$$= -f'(\pi) - f'(0) = 2.$$

于是 $f'(0) = -2 - f'(\pi) = -5.$

7. 解　由定积分的定义知

$$\lim_{n\to\infty}\frac{1}{n}\ln\Big[\Big(1+\frac{1}{n}\Big)\Big(1+\frac{2}{n}\Big)\cdots\Big(1+\frac{n}{n}\Big)\Big] = \lim_{n\to\infty}\sum_{i=1}^{n}\frac{1}{n}\ln\Big(1+\frac{i}{n}\Big) = \int_0^1\ln(1+x)\mathrm{d}x = 2\ln 2 - 1.$$

故 $\lim\limits_{n\to\infty}\Big[\Big(1+\frac{1}{n}\Big)\Big(1+\frac{2}{n}\Big)\cdots\Big(1+\frac{n}{n}\Big)\Big]^{\frac{1}{n}} = \mathrm{e}^{2\ln 2-1} = \frac{4}{\mathrm{e}}.$

8. 解　由于 $g(x)$ 不变号,且 $f(x)g(x)$ 在 $[a,b]$ 上连续,故由积分第一中值定理知,$\exists\mu\in[a,b]$ 使得
$\int_a^b\sqrt[n]{f(x)}g(x)\mathrm{d}x = \sqrt[n]{f(\mu)}\int_a^b g(x)\mathrm{d}x.$ 因为 $f(\mu)>0$,所以 $\lim\limits_{n\to\infty}\sqrt[n]{f(\mu)} = 1.$ 故

$$\lim_{n\to\infty}\int_a^b\sqrt[n]{f(x)}g(x)\mathrm{d}x = \lim_{n\to\infty}\sqrt[n]{f(\mu)}\int_a^b g(x)\mathrm{d}x = \int_a^b g(x)\mathrm{d}x.$$

9. 解　由于 $F(y) = \int_0^y(x+y)f(x)\mathrm{d}x = \int_0^y xf(x)\mathrm{d}x + y\int_0^y f(x)\mathrm{d}x$,所以

$$F'(y) = 2yf(y) + \int_0^y f(x)\mathrm{d}x,$$

$$F''(y) = 3f(y) + 2yf'(y).$$

10. 解　对 $\int_0^{x^3-1}f(t)\mathrm{d}t = x-1$ 两边关于 x 求导,得 $3x^2f(x^3-1) = 1$,令 $x=3$,则有 $27f(26)=1$,故
$f(26) = \frac{1}{27}.$

三、11. 证　做变量替换 $s = \frac{1}{t}$,则

$$f\Big(\frac{1}{x}\Big) = \int_1^{\frac{1}{x}}\frac{\ln(1+t)}{t}\mathrm{d}t = -\int_1^x\frac{\ln(1+s)-\ln s}{s}\mathrm{d}s$$

$$= -f(x) + \int_1^x\frac{\ln s}{s}\mathrm{d}s = -f(x) + \frac{1}{2}\ln^2 x,$$

故有 $f(x) + f\Big(\frac{1}{x}\Big) = \frac{1}{2}\ln^2 x.$

12. 证　由 Taylor 展开式得

$$f(x) = f\Big(\frac{a+b}{2}\Big) + f'\Big(\frac{a+b}{2}\Big)\Big(x-\frac{a+b}{2}\Big) + \frac{1}{2!}f''(\xi)\Big(x-\frac{a+b}{2}\Big)^2,\xi\in(a,b),$$

$$\Big|\int_a^b f(x)\mathrm{d}x\Big| \leqslant \Big|\int_a^b f'\Big(\frac{a+b}{2}\Big)\Big(x-\frac{a+b}{2}\Big)\mathrm{d}x\Big| + \frac{M}{2!}\int_a^b\Big(x-\frac{a+b}{2}\Big)^2\mathrm{d}x = \frac{1}{24}M(b-a)^3.$$

13. 证　因为

$$\int_a^b xf(x)f'(x)\mathrm{d}x = \int_a^b xf(x)\mathrm{d}f(x) = xf^2(x)\Big|_a^b - \int_a^b xf(x)f'(x)\mathrm{d}x - \int_a^b f^2(x)\mathrm{d}x.$$

所以 $\int_a^b x f(x) f'(x) \mathrm{d}x = -\int_a^b x f(x) f'(x) \mathrm{d}x - \int_a^b f^2(x) \mathrm{d}x$，故 $\int_a^b x f(x) f'(x) \mathrm{d}x = -\dfrac{1}{2}$.

14. 证　（1）令 $t = \pi - x$，则

$$I = \int_0^{\pi} x f(\sin x) \mathrm{d}x = -\int_{\pi}^0 (\pi - t) f[\sin(\pi - t)] \mathrm{d}t$$

$$= \pi \int_0^{\pi} f(\sin t) - \int_0^{\pi} t f(\sin t) \mathrm{d}t = \pi \int_0^{\pi} f(\sin x) \mathrm{d}x - I,$$

所以 $I = \dfrac{\pi}{2} \int_0^{\pi} f(\sin x) \mathrm{d}x$.

（2）由（1）得

$$\int_0^{\pi} \frac{x \sin x}{1 + \cos^2 x} \mathrm{d}x = \frac{\pi}{2} \int_0^{\pi} \frac{\sin x}{1 + \cos^2 x} \mathrm{d}x = -\frac{\pi}{2} \arctan(\cos x) \Big|_0^{\pi} = \frac{\pi^2}{4}.$$

15. 证　记 $g(\varepsilon) = \int_{\varepsilon}^{+\infty} \dfrac{f(ax) - f(bx)}{x} \mathrm{d}x$，则

$$g(\varepsilon) = \int_{\varepsilon}^{+\infty} \frac{f(ax)}{x} \mathrm{d}x - \int_{\varepsilon}^{+\infty} \frac{f(bx)}{x} \mathrm{d}x = \int_{a\varepsilon}^{+\infty} \frac{f(t)}{t} \mathrm{d}t - \int_{b\varepsilon}^{+\infty} \frac{f(t)}{t} \mathrm{d}t$$

$$= \int_{a\varepsilon}^{b\varepsilon} \frac{f(t)}{t} \mathrm{d}t = f(\xi) \int_{a\varepsilon}^{b\varepsilon} \frac{1}{t} \mathrm{d}t = f(\xi) \ln \frac{b}{a},$$

故

$$\int_0^{+\infty} \frac{f(ax) - f(bx)}{x} \mathrm{d}x = \lim_{\varepsilon \to 0^+} g(\varepsilon) = \lim_{\xi \to 0^+} f(\xi) \ln \frac{b}{a} = f(0) \ln \frac{b}{a}.$$

16. 证　由 $f(x)$ 在 $[a,b]$ 上可积，知 $\forall \varepsilon > 0, \exists T : a = x_0 < x_1 < \cdots < x_n = b$，使得

$$\sum_{i=1}^n \omega_i \Delta x_i < \varepsilon.$$

因为 $f(x)$ 可积，所以 $f(x)$ 在 $[a,b]$ 上有界，即 $\exists M > 0, \forall x \in [a,b]$，有 $|f(x)| \leqslant M$. $\forall x', x'' \in \Delta_i = [x_{i-1}, x_i]$，由 Lagrange 中值定理，有

$$\left| \mathrm{e}^{f(x')} - \mathrm{e}^{f(x'')} \right| = \mathrm{e}^{\xi} |f(x') - f(x'')| \leqslant \mathrm{e}^M |f(x') - f(x'')|,$$

其中 ξ 介于 $f(x')$ 与 $f(x'')$ 之间.

用 $\overline{\omega}_i$ 表示 $\mathrm{e}^{f(x)}$ 在 Δ_i 上的振幅，则

$$\overline{\omega}_i \leqslant \mathrm{e}^M \omega_i \, (i = 1, 2, \cdots, n).$$

由此推出

$$\sum_{i=1}^n \overline{\omega}_i \Delta x_i \leqslant \mathrm{e}^M \sum_{i=1}^n \omega_i \Delta x_i < \mathrm{e}^M \varepsilon,$$

故 $\mathrm{e}^{f(x)}$ 在 $[a,b]$ 上可积.

第十章 定积分的应用

一、 主要内容归纳

1. 平面图形的面积

(1) **直角坐标方程** 由连续曲线 $y=f(x)$ 以及直线 $x=a$, $x=b$ ($a<b$) 和 x 轴所围曲边梯形的面积为 $A=\int_a^b |f(x)| \mathrm{d}x$;

由上、下两条连续曲线 $y=f_2(x)$ 与 $y=f_1(x)$ 以及两条直线 $x=a$, $x=b$ ($a<b$) 所围成的平面图形的面积为 $A=\int_a^b [f_2(x)-f_1(x)] \mathrm{d}x$;

由左、右两条连续曲线 $x=g_1(y)$, $x=g_2(y)$ 以及两条直线 $y=c$, $y=d$ ($c<d$) 所围成的平面图形的面积为 $A=\int_c^d [g_2(y)-g_1(y)] \mathrm{d}y$.

(2) **极坐标方程** 由曲线 $r=r(\theta)$, 射线 $\theta=\alpha$, $\theta=\beta$ 所围成的平面图形的面积为

$$A=\frac{1}{2}\int_\alpha^\beta r^2(\theta) \mathrm{d}\theta;$$

由含极点 O 的封闭曲线 $r=r(\theta)$ 所围成的平面图形的面积为 $A=\frac{1}{2}\int_0^{2\pi} r^2(\theta) \mathrm{d}\theta$;

由曲线 $r=r_1(\theta)$, $r=r_2(\theta)$, 射线 $\theta=\alpha$, $\theta=\beta$ 所围成的平面图形的面积为

$$A=\frac{1}{2}\int_\alpha^\beta |r_2^2(\theta)-r_1^2(\theta)| \mathrm{d}\theta.$$

(3) **参数方程** 由参数方程 $x=x(t)$, $y=y(t)$, $t\in[\alpha,\beta]$ 所确定的曲线与直线 $x=a$, $x=b$ 和 x 轴所围成的平面图形的面积为 $A=\int_\alpha^\beta |y(t)x'(t)| \mathrm{d}t$, 其中 $a=x(\alpha)$, $b=x(\beta)$, $y(t)$ 在 $[\alpha, \beta]$ 上连续, $x(t)$ 在 $[\alpha,\beta]$ 上连续可微且 $x'(t)\neq 0$, $t\in(\alpha,\beta)$.

若由参数方程 $x=x(t)$, $y=y(t)$, $t\in[\alpha,\beta]$ 所表示的曲线是封闭的, 即有 $x(\alpha)=x(\beta)$, $y(\alpha)=y(\beta)$, 且在 (α,β) 内曲线自身不再相交, 则由曲线自身所围成的平面图形的面积为

$$A=\left| \int_\alpha^\beta y(t)x'(t) \mathrm{d}t \right|.$$

2. 立体的体积

(1) **截面面积为已知立体的体积** 截面面积为 $A(x)$ ($A(x)\in C[a,b]$) 的立体的体积为

$$V=\int_a^b A(x) \mathrm{d}x.$$

(2) **旋转体的体积** 设 $f(x)\in C[a,b]$, 则由曲线 $y=f(x)$ 与直线 $x=a$, $x=b$ 及 x 轴所

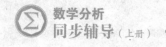

围成的平面区域绕 x 轴旋转一周而成的旋转体的体积为 $V=\pi\int_a^b f^2(x)\mathrm{d}x$；

设 $g(x)\in C[c,d]$，则由曲线 $x=g(y)$ 与直线 $y=c,y=d$ 及 y 轴所围成的平面区域绕 y 轴旋转一周而成的旋转体的体积为 $V=\pi\int_c^d g^2(y)\mathrm{d}y$.

3. 平面曲线的弧长

(1)对于曲线 C 的无论怎样的分割 T，如果存在有限极限 $\lim\limits_{\|T\|\to 0}s_T=s$，则称曲线 C 是可求长的，并把极限 s 定义为曲线 C 的**弧长**.

(2)设平面曲线 C 由参数方程 $x=x(t),y=y(t),t\in[\alpha,\beta]$ 给出. 若 $x(t)$ 与 $y(t)$ 在 $[\alpha,\beta]$ 上连续可微，且 $x'(t)$ 与 $y'(t)$ 不同时为零（即 $x'^2(t)+y'^2(t)\neq 0,t\in[\alpha,\beta]$），则称 C 为**光滑曲线**.

(3)设曲线 C 由参数方程 $x=x(t),y=y(t),t\in[\alpha,\beta]$ 给出. 若 C 为光滑曲线，则 C 是可求长的，且弧长为 $s=\int_\alpha^\beta\sqrt{x'^2(t)+y'^2(t)}\,\mathrm{d}t$.

(4)设曲线 C 由直角坐标方程 $y=f(x),x\in[a,b]$（或 $x=g(y),y\in[c,d]$）表示. 若 $f(x)$ 在 $[a,b]$ 连续可微（或 $g(x)$ 在 $[c,d]$ 连续可微），则曲线 C 是可求长的，且弧长为

$$s=\int_a^b\sqrt{1+f'^2(x)}\,\mathrm{d}x\quad(\text{或 }s=\int_c^d\sqrt{1+g'^2(y)}\,\mathrm{d}y).$$

(5)设曲线 C 由极坐标方程 $r=r(\theta),\theta\in[\alpha,\beta]$ 表示. 若 $r(\theta)$ 在 $[\alpha,\beta]$ 连续可微且 $r^2(\theta)+r'^2(\theta)\neq 0$，则曲线 C 是可求长的，且弧长为 $s=\int_\alpha^\beta\sqrt{r^2(\theta)+r'^2(\theta)}\,\mathrm{d}\theta$.

4. 平面曲线的曲率

(1)设 $\alpha(t)$ 表示曲线 $C:x=x(t),y=y(t),t\in[\alpha,\beta]$ 在点 $P(x(t),y(t))$ 处切线的倾角，$\Delta\alpha=\alpha(t+\Delta t)-\alpha(t)$ 表示动点由 P 沿曲线 C 移至 $Q(x(t+\Delta t),y(t+\Delta t))$ 时切线倾角的增量.

若 $\overset{\frown}{PQ}$ 之长为 Δs，则称 $\overline{K}=\left|\dfrac{\Delta\alpha}{\Delta s}\right|$ 为弧长 $\overset{\frown}{PQ}$ 的**平均曲率**.

如果存在有限极限 $K=\left|\lim\limits_{\Delta t\to 0}\dfrac{\Delta\alpha}{\Delta s}\right|=\left|\lim\limits_{\Delta s\to 0}\dfrac{\Delta\alpha}{\Delta s}\right|=\left|\dfrac{\mathrm{d}\alpha}{\mathrm{d}s}\right|$，则称 K 为曲线 C 在点 P 处的**曲率**. 显然，曲率是用来描述曲线上各点处的弯曲程度的.

(2)由于 $\alpha(t)=\arctan\dfrac{y'(t)}{x'(t)}\left(\text{或 }\operatorname{arccot}\dfrac{x'(t)}{y'(t)}\right)$，因此当 $x(t),y(t)$ 二阶可导时，有

$$\frac{\mathrm{d}\alpha}{\mathrm{d}s}=\frac{\alpha'(t)}{s'(t)}=\frac{x'(t)y''(t)-x''(t)y'(t)}{[x'^2(t)+y'^2(t)]^{\frac{3}{2}}}.$$

于是，曲率计算公式为 $K=\dfrac{|x'y''-x''y'|}{(x'^2+y'^2)^{\frac{3}{2}}}$. 而当 C 由 $y=f(x)$ 表示时，又有

$$K=\frac{|y''|}{(1+y'^2)^{\frac{3}{2}}}.$$

(3)设曲线 C 在其上一点 P 处的曲率 $K\neq 0$，在 P 处曲线凹侧法线上取点 G，使 $|PG|=$

$\dfrac{1}{K}=\rho$,并以 G 为圆心,ρ 为半径作圆.此圆及其半径和圆心分别称为曲线 C 在点 P 处的**曲率圆**、**曲率半径**和**曲率中心**.由于圆的曲率各点相同,且等于其半径的倒数,因此曲线 C 在点 P 处与其曲率圆不仅有公共的切线,而且有相同的凹向与相同的曲率.这就意味着两者在点 P 有相同的一阶导数和二阶导数,故曲率圆又称为**密切圆**.

5. 旋转曲面的面积

(1)若平面光滑曲线 C 以直角坐标方程 $y=f(x)$,$x\in[a,b]$ 给出,且设 $f(x)\geqslant 0$,则 C 绕 x 轴旋转所得旋转曲面的面积为

$$S=2\pi\int_a^b f(x)\sqrt{1+f'^2(x)}\,\mathrm{d}x.$$

(2)若平面光滑曲线 C 以参数方程 $x=x(t)$,$y=y(t)$,$t\in[\alpha,\beta]$ 给出,且 $y(t)\geqslant 0$,则 C 绕 x 轴旋转一周所得旋转曲面的面积为

$$S=2\pi\int_\alpha^\beta y(t)\sqrt{x'^2(t)+y'^2(t)}\,\mathrm{d}t.$$

6. 微元法 物理中的定积分问题往往采用"**微元法**"来处理.

基本思想:设某物理量 $\Phi=\Phi(x)$ 是分布(定义)在区间 $[a,x]$ $(a\leqslant x\leqslant b)$ 上的,当 $x=b$ 时,$\Phi(b)$ 视为所求量.若在微小区间 $[x,x+\Delta x]$ 上,Φ 的微小增量 $\Delta\Phi$ 用 Φ 的微分来近似,即 $\Delta\Phi\approx\mathrm{d}\Phi=f(x)\Delta x$,则 $\Phi(x)=\int_a^x f(t)\,\mathrm{d}t$ (设 $f\in C[a,b]$),而 $\Phi(b)=\int_a^b f(x)\,\mathrm{d}x$.

这样,问题就归结为如何正确给出 Φ 的微分表达式 $f(x)\mathrm{d}x$.为此需要注意:

(1)所求量 Φ 具有区间可加性;

(2)需要保证 $\Delta\Phi-f(x)\Delta x=o(\Delta x)$.

7. 液体静压力 如图 $10-1$ 所示,曲边梯形 $0\leqslant y\leqslant f(x)$,$a\leqslant x\leqslant b$ 直立地浸没在比重为 υ 的液体中,整个曲边梯形所受的静压力(每侧)为 $F=\int_a^b \upsilon x f(x)\,\mathrm{d}x$.

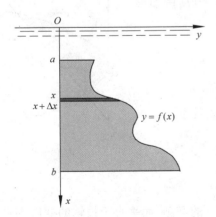

图 $10-1$

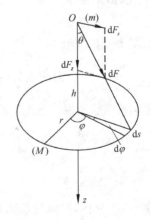

图 $10-2$

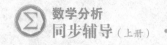

8. 引力　　为方便起见,以图 10-2 所示的万有引力问题为例.图中圆弧的半径为 r,质量为 M(均匀密度);质点 O 的质量为 m,位于圆心正上方相距圆弧所在平面为 h 的地方.欲求圆弧对质点的万有引力.

取坐标轴 sOz 如图所示,圆弧在平面 $z=h$ 上,在圆弧上取中心角为 $\mathrm{d}\varphi$ 的弧微元 $\mathrm{d}s$ 对质点 m 的引力作为引力微元,即把 $\mathrm{d}s$ 近似看作质点,其质量为 $\mathrm{d}M=\dfrac{M}{2\pi r}\cdot r\mathrm{d}\varphi=\dfrac{M}{2\pi}\mathrm{d}\varphi$,则引力微元为 $\mathrm{d}F=\dfrac{km\mathrm{d}M}{h^2+r^2}=\dfrac{km\cdot M}{2\pi(h^2+r^2)}\mathrm{d}\varphi$.再将 $\mathrm{d}F$ 分解为水平分力 $\mathrm{d}F_s$ 和竖直分力 $\mathrm{d}F_z$,其中 $\mathrm{d}F_s$ 将因圆弧的对称性而被对称点上的反向力抵消,$\mathrm{d}F_z$ 的合力才是所求的结果.由于 $\mathrm{d}F_z=\mathrm{d}F\cos\theta=\dfrac{kmMh}{2\pi(h^2+r^2)^{\frac{3}{2}}}\mathrm{d}\varphi$,因此求得 $F_z=\displaystyle\int_0^{2\pi}\mathrm{d}F_z=\dfrac{kmMh}{(h^2+r^2)^{\frac{3}{2}}}$.

9. 变力做功　　变力 $F(x)$ 在直线方向上从 $x=a$ 到 $x=b$ 所做的功 $W=\displaystyle\int_a^b F(x)\mathrm{d}x$.

二、 经典例题解析及解题方法总结

【例 1】　求曲线 $y=x(x-1)(2-x)$ 与 x 轴所围图形的面积.

解　曲线 $y=x(x-1)(2-x)$ 与 x 轴交点为 $x=0,x=1,x=2$,从而所围图形的面积为

$$A=\int_0^2|y|\mathrm{d}x=-\int_0^1 x(x-1)(2-x)\mathrm{d}x+\int_1^2 x(x-1)(2-x)\mathrm{d}x=\frac{1}{2}.$$

【例 2】　求由曲线 $y=x+\dfrac{1}{x}$ 与直线 $x=2,y=2$ 所围图形的面积.

解　由 $\begin{cases}y=x+\dfrac{1}{x},\\ y=2,\end{cases}$ 得交点 $(1,2)$,从而所围图形的面积为

$$A=\int_1^2\left(x+\frac{1}{x}-2\right)\mathrm{d}x=\ln 2-\frac{1}{2}.$$

【例 3】　求由抛物线 $y^2=x$ 与直线 $x-2y-3=0$ 所围图形的面积.

解　如图 10-3 所示.

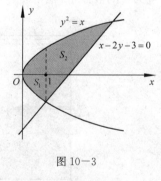

图 10-3

由 $\begin{cases}y^2=x,\\ x-2y-3=0,\end{cases}$ 得交点为 $(1,-1)$ 与 $(9,3)$,

故由这两条曲线所围图形的面积为 $S=S_1+S_2$,其中

$$S_1=2\int_0^1\sqrt{x}\,\mathrm{d}x=\frac{4}{3},\quad S_2=\int_1^9\left(\sqrt{x}-\frac{x-3}{2}\right)\mathrm{d}x=\frac{28}{3},$$

所以有 $S=S_1+S_2=\dfrac{32}{3}$.

【例 4】　有一立体,底面是长轴为 $2a$,短轴为 $2b$ 的椭圆,而垂直于长轴的截面都是等边三角形,求其体积.

解　如图 10-4 所示,用垂直于 Ox 轴的平面截割立体得到一个等边三角形,其面积为

$$A(x)=\frac{1}{2}\cdot(2y)^2\cdot\sin 60°=2y\cdot\frac{\sqrt{3}}{2}=\sqrt{3}\,y^2.$$

又底面椭圆方程为$\frac{x^2}{a^2}+\frac{y^2}{b^2}=1$,所以立体的截面积为

$$A(x)=\sqrt{3}b^2\left(1-\frac{x^2}{a^2}\right),$$

从而 $V=\int_{-a}^{a}A(x)\mathrm{d}x=\int_{-a}^{a}\sqrt{3}b^2\left(1-\frac{x^2}{a^2}\right)\mathrm{d}x$

$$=2\sqrt{3}b^2\int_{0}^{a}\left(1-\frac{x^2}{a^2}\right)\mathrm{d}x=\frac{4\sqrt{3}}{3}ab^2.$$

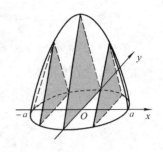

图 10—4

【例5】 某立体上、下底面平行,且与x轴垂直,若平行于底面的截面面积$A(x)$是x的不高于二次的多项式,证明该立体体积为:$V=\frac{h}{6}(B_1+4M+B_2)$,其中$h$为立体的高,$B_1,B_2$分别是底面面积,$M$为中截面面积.

证 设x处的截面面积为$A(x)=a_0x^2+a_1x+a_2.$ 由$B_1=A(0),B_2=A(h),M=A\left(\frac{h}{2}\right),$得

$$a_2=B_1,\quad a_1=\frac{4M-3B_1-B_2}{h},\quad a_0=\frac{2B_1+2B_2-4M}{h^2},$$

则 $V=\int_{0}^{h}(a_0x^2+a_1x+a_2)\mathrm{d}x=\int_{0}^{h}\left(\frac{2B_1+2B_2-4M}{h^2}x^2+\frac{4M-3B_1-B_2}{h}x+B_1\right)\mathrm{d}x$

$$=\frac{h}{6}(B_1+4M+B_2).$$

【例6】 立体底面为抛物线$y=x^2$与直线$y=1$围成的平面图形,如图10—5所示,而任一垂直于y轴的截面分别是:(1)正方形(图a);(2)等边三角形(图b);(3)半圆形(图c).求这三种情形下立体的体积.

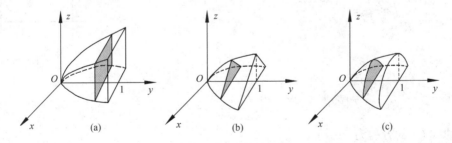

图 10—5

分析 先求出三种情形下的截面积S_1,S_2,S_3,再利用公式求体积V_1,V_2,V_3.

解 (1)$S_1(y)=(2\sqrt{y})^2=4y,$故$V_1=\int_{0}^{1}S_1(y)\mathrm{d}y=\int_{0}^{1}4y\mathrm{d}y=2.$

(2)$S_2(y)=\frac{\sqrt{3}}{4}(2\sqrt{y})^2=\sqrt{3}y,$从而$V_2=\int_{0}^{1}S_2(y)\mathrm{d}y=\int_{0}^{1}\sqrt{3}y\mathrm{d}y=\frac{\sqrt{3}}{2}.$

(3) $S_3(y) = \dfrac{1}{2}\pi(\sqrt{y})^2$，从而 $V_3 = \displaystyle\int_0^1 S_3(y)\mathrm{d}y = \int_0^1 \dfrac{1}{2}\pi y\mathrm{d}y = \dfrac{\pi}{4}$.

【例7】 求曲线 $y = \mathrm{e}^x$，$y = \sin x$，$x = 0$，$x = 1$ 所围成的图形绕 x 轴旋转所成立体的体积.

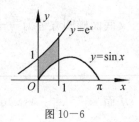

图 10—6

解 如图 10—6 所示，所求体积为

$$V = \pi\int_0^1 (\mathrm{e}^{2x} - \sin^2 x)\mathrm{d}x$$

$$= \pi\left(\frac{1}{2}\mathrm{e}^{2x} - \frac{1}{2}x + \frac{1}{4}\sin 2x\right)\Big|_0^1$$

$$= \pi\left[\frac{1}{2}\left(\mathrm{e}^2 + \frac{1}{2}\sin 2\right) - 1\right].$$

【例8】 求对数螺线 $r = 2\mathrm{e}^{\sqrt{3}\varphi}$ 从点 $A(2,0)$ 到点 $B(-2\mathrm{e}^{\sqrt{3}\pi},0)$ 的弧长.

解 由弧长公式，$s = \displaystyle\int_0^\pi \sqrt{r^2(\varphi) + r'^2(\varphi)}\,\mathrm{d}\varphi = \int_0^\pi 4\mathrm{e}^{\sqrt{3}\varphi}\mathrm{d}\varphi = \dfrac{4}{\sqrt{3}}(\mathrm{e}^{\sqrt{3}\pi} - 1)$.

【例9】 如图 10—7 所示，C_1 和 C_2 分别是 $y = \dfrac{1}{2}(1 + \mathrm{e}^x)$ 和 $y = \mathrm{e}^x$ 的图象，过点 $(0,1)$ 的曲线 C_3 是一单调增函数的图象. 过 C_2 上任一点 $M(x,y)$ 分别作垂直于 x 轴和 y 轴的直线 l_x 和 l_y，记 C_1,C_2 与 l_x 所围图形的面积为 $S_1(x)$；C_2,C_3 与 l_y 所围图形的面积为 $S_2(y)$. 若总有 $S_1(x) = S_2(y)$，求曲线 C_3 的方程 $x = \varphi(y)$.

解 由 $S_1(x) = S_2(y)$，知

$$\int_0^x \left[\mathrm{e}^x - \frac{1}{2}(1 + \mathrm{e}^x)\right]\mathrm{d}x = \int_1^y [\ln y - \varphi(y)]\mathrm{d}y,$$

即

$$\int_0^x \left(\frac{1}{2}\mathrm{e}^x - \frac{1}{2}\right)\mathrm{d}x = \int_1^y [\ln y - \varphi(y)]\mathrm{d}y,$$

两边对 x 求导，得

$$\frac{1}{2}\mathrm{e}^x - \frac{1}{2} = [\ln y - \varphi(y)] \cdot \frac{\mathrm{d}y}{\mathrm{d}x},$$

由 $y = \mathrm{e}^x$ 得

$$\frac{1}{2}\mathrm{e}^x - \frac{1}{2} = [x - \varphi(\mathrm{e}^x)]\mathrm{e}^x,$$

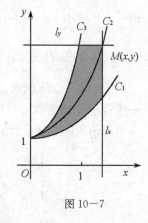

图 10—7

于是 $\varphi(\mathrm{e}^x) = x + \dfrac{1}{2\mathrm{e}^x} - \dfrac{1}{2}$，从而 $\varphi(y) = \ln y + \dfrac{1}{2y} - \dfrac{1}{2}$.

故曲线 C_3 的方程为 $x = \ln y + \dfrac{1}{2y} - \dfrac{1}{2}$.

● **方法总结**

用定积分表示面积得到一个方程，再通过积分上限函数求导化为方程求解. 此题解题思路比较明显，此解题方法也较常用，注意掌握.

【例 10】 设函数 $f(x),g(x)$ 满足：$f'(x)=g(x)$，$g'(x)=f(x)$. 又 $f(0)=0$，$g(x)\neq0$. 试求由曲线 $y=\dfrac{f(x)}{g(x)}$ 与 $x=0$，$x=t$ $(t>0)$，$y=1$ 所围平面图形的面积.

分析 要写出面积的积分公式，首先需要知道曲线 $y=\dfrac{f(x)}{g(x)}$ 与 $y=1$ 的相对位置，由 $f(x)$ 与 $g(x)$ 的关系式求出曲线 $y=\dfrac{f(x)}{g(x)}$ 的具体表达式.

解 由 $f'(x)=g(x)$，$g'(x)=f(x)$ 可得 $g''(x)=g(x)$，因此
$$g(x)=C_1\mathrm{e}^x+C_2\mathrm{e}^{-x}, \quad f(x)=C_1\mathrm{e}^x-C_2\mathrm{e}^{-x}.$$
又由 $f(0)=0$ 知 $C_1=C_2$，由 $g(x)\neq0$ 知 $C_1=C_2\neq0$，从而
$$y=\frac{f(x)}{g(x)}=\frac{C_1(\mathrm{e}^x-\mathrm{e}^{-x})}{C_1(\mathrm{e}^x+\mathrm{e}^{-x})}=\frac{\mathrm{e}^x-\mathrm{e}^{-x}}{\mathrm{e}^x+\mathrm{e}^{-x}}<1(x>0),$$
因此可得所求面积为
$$A(t)=\int_0^t\left(1-\frac{f(x)}{g(x)}\right)\mathrm{d}x=\int_0^t\left(1-\frac{\mathrm{e}^x-\mathrm{e}^{-x}}{\mathrm{e}^x+\mathrm{e}^{-x}}\right)\mathrm{d}x=t-\ln(\mathrm{e}^x+\mathrm{e}^{-x})\Big|_0^t$$
$$=t-\ln(\mathrm{e}^t+\mathrm{e}^{-t})+\ln 2=\ln 2-\ln(1+\mathrm{e}^{-2t}).$$

【例 11】 设 $y=f(x)$ 是区间 $[0,1]$ 上的任一非负连续函数.

(1)证明：$\exists x_0\in(0,1)$，使得在区间 $[0,x_0]$ 上以 $f(x_0)$ 为高的矩形面积等于在区间 $[x_0,1]$ 上以 $y=f(x)$ 为曲边的曲边梯形面积.

(2)又设 $f(x)$ 在区间 $(0,1)$ 内可导，且 $f'(x)>-\dfrac{2f(x)}{x}$，证明(1)中的 x_0 是唯一的.

证　方法一 (1)设 $F(x)=x\displaystyle\int_x^1f(t)\mathrm{d}t$，则 $F(0)=F(1)=0$，且 $F'(x)=\displaystyle\int_x^1f(t)\mathrm{d}t-xf(x)$.

对 $F(x)$ 在 $[0,1]$ 上应用罗尔定理知，$\exists x_0\in(0,1)$，使得 $F'(x_0)=0$，因而
$$\int_{x_0}^1f(x)\mathrm{d}x-x_0f(x_0)=0,$$
即矩形面积 $x_0f(x_0)$ 等于曲边梯形面积 $\displaystyle\int_{x_0}^1f(x)\mathrm{d}x$.

(2)设 $\varphi(x)=\displaystyle\int_x^1f(t)\mathrm{d}t-xf(x)$，则当 $x\in(0,1)$ 时，有 $\varphi'(x)=-2f(x)-xf'(x)<0$，从而 $\varphi(x)$ 在区间 $(0,1)$ 内单调递减，故此时(1)中的 x_0 是唯一的.

方法二 (1)设在区间 $(a,1)$ $\left(a\geqslant\dfrac{1}{2}\right)$ 内取 x_1，若在区间 $[x_1,1]$ 上 $f(x)\equiv0$，则 $(x_1,1)$ 内任一点都可作为 x_0，否则可设 $f(x_2)>0$ 为连续函数 $f(x)$ 在区间 $[x_1,1]$ 上的最大值，$x_2\in[x_1,1]$. 在区间 $[0,x_2]$ 上，作辅助函数 $\varphi(x)=\displaystyle\int_x^1f(t)\mathrm{d}t-xf(x)$，则 $\varphi(x)$ 连续，$\varphi(0)>0$，
$$\varphi(x_2)=\int_{x_2}^1f(t)\mathrm{d}t-x_2f(x_2)\leqslant(1-2x_2)f(x_2)<0.$$
因而由闭区间上连续函数的介值定理，$\exists x_0\in(0,x_2)\subset(0,1)$，使 $\varphi(x_0)=0$，即

$$\int_{x_0}^1 f(t)\,\mathrm{d}t = x_0 f(x_0).$$

（2）同证法一.

【例12】 已知曲线 L 的方程为 $\begin{cases} x = t^2 + 1, \\ y = 4t - t^2 \end{cases}$ $(t \geqslant 0)$.

（1）讨论 L 的凹凸性；

（2）过点 $(-1,0)$ 引 L 的切线，求切点 (x_0, y_0)，并写出切线方程；

（3）求此切线与 L（对应于 $x \leqslant x_0$ 的部分）及 x 轴所围成的平面图形的面积.

解 （1）由于 $\dfrac{\mathrm{d}y}{\mathrm{d}x} = \dfrac{\dfrac{\mathrm{d}y}{\mathrm{d}t}}{\dfrac{\mathrm{d}x}{\mathrm{d}t}} = \dfrac{4-2t}{2t} = \dfrac{2}{t} - 1$, $\dfrac{\mathrm{d}^2 y}{\mathrm{d}x^2} = \dfrac{\dfrac{\mathrm{d}}{\mathrm{d}t}\left(\dfrac{\mathrm{d}y}{\mathrm{d}x}\right)}{\dfrac{\mathrm{d}x}{\mathrm{d}t}} = \dfrac{-\dfrac{2}{t^2}}{2t} = -\dfrac{1}{t^3}$,

当 $t > 0$ 时，$\dfrac{\mathrm{d}^2 y}{\mathrm{d}x^2} < 0$，从而 L 为凸的.

（2）因为当 $t = 0$ 时，L 在对应点处的切线方程为 $x = 1$，不合题意，故设切点 (x_0, y_0) 对应的参数为 $t_0 > 0$，则 L 在 (x_0, y_0) 处的切线方程为 $y - (4t_0 - t_0^2) = \left(\dfrac{2}{t_0} - 1\right)(x - t_0^2 - 1)$，令 $x = -1$，$y = 0$，得 $t_0^2 + t_0 - 2 = 0$，解得 $t_0 = 1$，或 $t_0 = -2$（舍去）.

由 $t_0 = 1$ 知切点为 $(2,3)$，且切线方程为 $y = x + 1$.

（3）由 $t = 0$，$t = 4$ 知 L 与 x 轴交点分别为 $(1,0)$ 和 $(17,0)$.所求平面图形的面积为

$$S = \int_{-1}^2 (x+1)\,\mathrm{d}x - \int_1^2 y\,\mathrm{d}x = \frac{9}{2} - \int_0^1 (4t - t^2)\,\mathrm{d}(t^2 + 1) = \frac{9}{2} - 2\int_0^1 (4t^2 - t^3)\,\mathrm{d}t = \frac{7}{3}.$$

【例13】 过点 $P(1,0)$ 做抛物线 $y = \sqrt{x-2}$ 的切线，求：

（1）切线方程；　（2）由抛物线、切线及 x 轴所围成的平面图形面积；

（3）该平面图形分别绕 x 轴和 y 轴旋转一周的体积.

解 （1）由于 $y'\big|_{x=x_0} = \dfrac{1}{2\sqrt{x_0-2}}$，所在点 $(x_0, \sqrt{x_0-2})$ 处的切线方程为

$$y - \sqrt{x_0 - 2} = \frac{1}{2\sqrt{x_0 - 2}}(x - x_0).$$

因为该切线过点 $P(1,0)$，代入可解得 $x_0 = 3$，故切线方程为 $y = \dfrac{1}{2}(x-1)$.

（2）如图 10-8，此平面图形的面积为

$$S = \int_1^3 \frac{1}{2}(x-1)\,\mathrm{d}x - \int_2^3 \sqrt{x-2}\,\mathrm{d}x = \frac{1}{3}.$$

（3）$V_x = \int_1^3 \pi \dfrac{(x-1)^2}{4}\,\mathrm{d}x - \int_2^3 \pi(x-2)\,\mathrm{d}x = \dfrac{\pi}{6}$,

$V_y = \int_0^1 \pi\big[(y^2+2)^2 - (2y+1)^2\big]\,\mathrm{d}y = \dfrac{6}{5}\pi$.

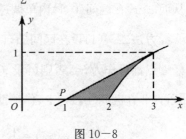

图 10-8

【例 14】 已知星形线 $\begin{cases} x = a\cos^3 t, \\ y = a\sin^3 t \end{cases}$ $(a>0)$，求它绕 x 轴旋转而成的旋转体的表面积.

解 $S = 2\int_0^a 2\pi y \sqrt{1+y_x'^2}\, dx = 4\pi \int_0^{\frac{\pi}{2}} a\sin^3 t \cdot 3a\cos t\sin t\, dt$

$$= 12\pi a^2 \cdot \frac{1}{5}\sin^5 t \Big|_0^{\frac{\pi}{2}} = \frac{12}{5}\pi a^2.$$

【例 15】 设 D_1 是由抛物线 $y=2x^2$ 和直线 $x=a$，$x=2$ 及 $y=0$ 所围成的平面区域；D_2 是由抛物线 $y=2x^2$ 和直线 $y=0$，$x=a$ 所围成的平面区域，其中 $0<a<2$（图 10-9）.

(1) 试求 D_1 绕 x 轴旋转而成的旋转体积 V_1；D_2 绕 y 轴旋转而成的旋转体体积 V_2；

(2) 问当 a 为何值时，V_1+V_2 取得最大值？试求此最大值.

分析 首先作出大致图形从而确定 D_1 和 D_2，然后利用定积分求旋转体体积公式求出 V_1 和 V_2，最后利用导数求最大值.

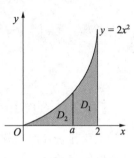

图 10-9

解 (1) $V_1 = \pi \int_a^2 (2x^2)^2\, dx = \frac{4\pi}{5}(32-a^5)$；

$V_2 = \pi a^2 \cdot 2a^2 - \pi \int_0^{2a^2} \frac{y}{2}\, dy = 2\pi a^4 - \pi a^4 = \pi a^4.$

(2) 设 $V = V_1 + V_2 = \frac{4\pi}{5}(32-a^5) + \pi a^4.$ 由

$$V' = 4\pi a^3(1-a) = 0,$$

得区间 $(0,2)$ 内的唯一驻点 $a=1$.

当 $0<a<1$ 时，$V'>0$；当 $a>1$ 时，$V'<0$.

因此 $a=1$ 是极大值点即最大值点. 此时，V_1+V_2 取得最大值 $\frac{129}{5}\pi$.

【例 16】 设直线 $y=ax$ 与抛物线 $y=x^2$ 所围成图形的面积为 S_1，它们与直线 $x=1$ 所围成的图形面积为 S_2，并且 $a<1$.

(1) 试确定 a 的值，使 S_1+S_2 达到最小，并求出最小值.

(2) 求该最小值所对应的平面图形绕 x 轴旋转一周所得旋转体的体积.

解 (1) 当 $0<a<1$ 时，如图 10-10 所示.

$S = S_1 + S_2 = \int_0^a (ax-x^2)\, dx + \int_a^1 (x^2-ax)\, dx$

$= \left(\frac{ax^2}{2} - \frac{x^3}{3}\right)\Big|_0^a + \left(\frac{x^3}{3} - \frac{ax^2}{2}\right)\Big|_a^1$

$= \frac{a^3}{3} - \frac{a}{2} + \frac{1}{3}.$

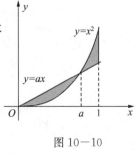

图 10-10

令 $S' = a^2 - \frac{1}{2} = 0$，得 $a = \frac{1}{\sqrt{2}}$. 又 $S''\left(\frac{1}{\sqrt{2}}\right) = \sqrt{2} > 0$，则 $S\left(\frac{1}{\sqrt{2}}\right)$ 是极小值即最小值. 其值为

$$S\left(\frac{1}{\sqrt{2}}\right) = \frac{1}{6\sqrt{2}} - \frac{1}{2\sqrt{2}} + \frac{1}{3} = \frac{2-\sqrt{2}}{6}.$$

当 $a \leqslant 0$ 时,如图 $10-11$ 所示.

$$S = S_1 + S_2 = \int_a^0 (ax - x^2) \mathrm{d}x + \int_0^1 (x^2 - ax) \mathrm{d}x$$

$$= -\frac{a^3}{6} - \frac{a}{2} + \frac{1}{3}.$$

$$S' = -\frac{a^2}{2} - \frac{1}{2} = -\frac{1}{2}(a^2 + 1) < 0,$$

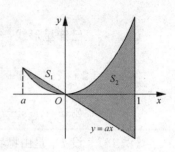

图 $10-11$

从而 S 单调减少,故 $a = 0$ 时,S 取最小值,此时 $S = \frac{1}{3}$.

综上所述,当 $a = \frac{1}{\sqrt{2}}$ 时,$S\left(\frac{1}{\sqrt{2}}\right)$ 为所求最小值,最小值为 $\frac{2 - \sqrt{2}}{6}$.

$$(2) V_x = \pi \int_0^{\frac{1}{\sqrt{2}}} \left(\frac{1}{2}x^2 - x^4\right) \mathrm{d}x + \pi \int_{\frac{1}{\sqrt{2}}}^1 \left(x^4 - \frac{1}{2}x^2\right) \mathrm{d}x$$

$$= \pi \left(\frac{1}{6}x^3 - \frac{x^5}{5}\right) \Big|_0^{\frac{1}{\sqrt{2}}} + \pi \left(\frac{x^5}{5} - \frac{1}{6}x^3\right) \Big|_{\frac{1}{\sqrt{2}}}^1 = \frac{\sqrt{2} + 1}{30}\pi.$$

【例 17】 如图 $10-12$ 所示,悬链线 $y = \frac{1}{2}(\mathrm{e}^x + \mathrm{e}^{-x})$ 在 $x \in [0, u]$ 上的一段弧长和曲边梯形面积分别记为 $s(u)$ 和 $A(u)$;该曲边梯形绕 x 轴旋转所得旋转体的体积和侧面积分别记为 $V(u)$ 和 $S(u)$;该旋转体在 $x = u$ 处的截面积记为 $F(u)$.试证

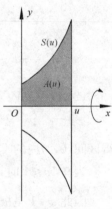

$(1) s(u) = A(u)$,$S(u) = 2V(u)$,$\forall u > 0$; $(2) \lim\limits_{u \to +\infty} \dfrac{S(u)}{F(u)} = 1$.

图 $10-12$

证 (1) 由于 $\sqrt{1 + y'^2} = \sqrt{1 + \frac{1}{4}(\mathrm{e}^x - \mathrm{e}^{-x})^2} = \frac{1}{2}(\mathrm{e}^x + \mathrm{e}^{-x}) = y$,故

$$s(u) = \int_0^u \sqrt{1 + y'^2} \, \mathrm{d}x = \int_0^u y \, \mathrm{d}x = A(u);$$

$$S(u) = 2\pi \int_0^u y \sqrt{1 + y'^2} \, \mathrm{d}x = 2\pi \int_0^u y^2 \, \mathrm{d}x = 2V(u).$$

(2) 又因为

$$S(u) = 2\pi \int_0^u \frac{1}{4}(\mathrm{e}^x + \mathrm{e}^{-x})^2 \, \mathrm{d}x = \frac{\pi}{2} \int_0^u (\mathrm{e}^{2x} + \mathrm{e}^{-2x} + 2) \, \mathrm{d}x = \frac{\pi}{4}(\mathrm{e}^{2u} - \mathrm{e}^{-2u} + 4u),$$

$$F(u) = \pi y^2(u) = \frac{\pi}{4}(\mathrm{e}^u + \mathrm{e}^{-u})^2,$$

从而 $\lim\limits_{u \to +\infty} \dfrac{S(u)}{F(u)} = \lim\limits_{u \to +\infty} \dfrac{\mathrm{e}^{2u} - \mathrm{e}^{-2u} + 4u}{\mathrm{e}^{2u} + \mathrm{e}^{-2u} + 2} = 1.$

三、 教材习题解答

============ 习题 10.1 解答 ============

1. 求由抛物线 $y = x^2$ 与 $y = 2 - x^2$ 所围图形的面积.

解 该平面图形如图 $10-13$ 所示. 两曲线的交点为 $(-1, 1)$ 和 $(1, 1)$, 所围图形的面积为

$$A = \int_{-1}^{1} \big[(2-x^2) - x^2\big] dx = \int_{-1}^{1}(2-2x^2)dx = \left(2x - \frac{2}{3}x^3\right)\bigg|_{-1}^{1} = \frac{8}{3}.$$

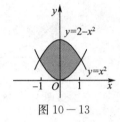

图 $10-13$

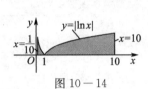

图 $10-14$

2. 求由曲线 $y = |\ln x|$ 与直线 $x = \frac{1}{10}, x = 10, y = 0$ 所围图形的面积.

解 该平面图形如图 $10-14$ 所示. 所围图形的面积为

$$A = \int_{\frac{1}{10}}^{1}(-\ln x)dx + \int_{1}^{10}\ln x\, dx = -(x\ln x - x)\bigg|_{\frac{1}{10}}^{1} + (x\ln x - x)\bigg|_{1}^{10} = \frac{1}{10}(99\ln 10 - 81).$$

3. 抛物线 $y^2 = 2x$ 把圆 $x^2 + y^2 \leqslant 8$ 分成两部分, 求这两部分面积之比.

解 设 A_1 表示图 $10-15$ 中阴影部分的面积, A_2 表示另一部分的面积, 则

$$A_1 = \int_{-2}^{2}\left(\sqrt{8-y^2} - \frac{y^2}{2}\right)dy = 8\int_{-\frac{\pi}{4}}^{\frac{\pi}{4}}\cos^2\theta\, d\theta - \frac{8}{3} = 2\pi + \frac{4}{3}.$$

圆 $x^2 + y^2 = 8$ 面积为 8π, 于是

$$A_2 = 8\pi - 2\pi - \frac{4}{3} = 6\pi - \frac{4}{3},$$

故 $\dfrac{A_1}{A_2} = \dfrac{2\pi + \dfrac{4}{3}}{6\pi - \dfrac{4}{3}} = \dfrac{3\pi + 2}{9\pi - 2}.$

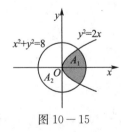

图 $10-15$

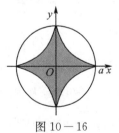

图 $10-16$

4. 求内摆线 $x = a\cos^3 t, y = a\sin^3 t (a > 0)$ 所围图形的面积 (图 $10-16$).

解 所围图形的面积为

$$A = 4\int_{0}^{a} y\, dx = 4\int_{\frac{\pi}{2}}^{0} y(t)x'(t)dt = 4\int_{\frac{\pi}{2}}^{0} a\sin^3 t \cdot 3a\cos^2 t \cdot (-\sin t)dt$$

$$= 12a^2\int_{0}^{\frac{\pi}{2}}\sin^4 t(1-\sin^2 t)dt = 12a^2\left(\frac{3}{4}\times\frac{1}{2}\times\frac{\pi}{2} - \frac{5}{6}\times\frac{3}{4}\times\frac{1}{2}\times\frac{\pi}{2}\right) = \frac{3\pi a^2}{8}.$$

5. 求心形线 $r = a(1+\cos\theta)(a > 0)$ 所围图形的面积.

解　所围图形的面积为

$$A = 2 \times \frac{1}{2} \int_0^\pi a^2 (1+\cos\theta)^2 d\theta = a^2 \int_0^\pi (1+2\cos\theta+\cos^2\theta) d\theta$$

$$= a^2 \int_0^\pi \left(1+2\cos\theta+\frac{1+\cos 2\theta}{2}\right) d\theta = \frac{3}{2}\pi a^2.$$

6. 求二叶形曲线 $r = a\sin 3\theta(a > 0)$ 所围图形的面积.

解　如图 $10-17$ 所示，所围图形的面积为

$$A = 6 \times \frac{1}{2} \int_0^{\frac{\pi}{6}} a^2 \sin^2 3\theta d\theta = 3a^2 \int_0^{\frac{\pi}{6}} \sin^2 3\theta d\theta \xrightarrow{t=3\theta} a^2 \int_0^{\frac{\pi}{2}} \sin^2 t dt = \frac{\pi a^2}{4}.$$

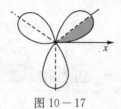

图 $10-17$　　　　图 $10-18$

7. 求由曲线 $\sqrt{\dfrac{x}{a}} + \sqrt{\dfrac{y}{b}} = 1(a,b > 0)$ 与坐标轴所围图形的面积.

解　如图 $10-18$ 所示，曲线与 x 轴、y 轴的交点为 $(a,0)$ 和 $(0,b)$，所围图形的面积为

$$A = b\int_0^a \left(1-\sqrt{\frac{x}{a}}\right)^2 dx \xrightarrow{t=\sqrt{\frac{x}{a}}} b\int_0^1 (1-t)^2 \cdot 2at\, dt$$

$$= 2ab\int_0^1 (t-2t^2+t^3) dt = \frac{1}{6}ab.$$

8. 求由曲线 $x = t-t^3, y = 1-t^4$ 所围图形的面积.

解　如图 $10-19$ 所示，所围图形的面积为

$$A = \int_{-1}^1 y(t)x'(t) dt = \int_{-1}^1 (1-t^4)(1-3t^2) dt = \int_{-1}^1 (1-t^4-3t^2+3t^6) dt = \frac{16}{35}.$$

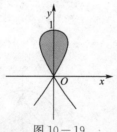　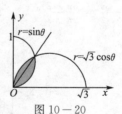

图 $10-19$　　　　图 $10-20$

9. 求二曲线 $r = \sin\theta$ 与 $r = \sqrt{3}\cos\theta$ 所围公共部分的面积.

解　由方程组 $\begin{cases} r = \sin\theta, \\ r = \sqrt{3}\cos\theta \end{cases}$ 可知，两条曲线的交点为 $(0,0)$ 和 $\left(\dfrac{\sqrt{3}}{2}, \dfrac{\pi}{3}\right)$. 如图 $10-20$ 所示，所围公共部分的面积为

$$A = \frac{1}{2} \int_0^{\frac{\pi}{3}} \sin^2\theta d\theta + \frac{1}{2} \int_{\frac{\pi}{3}}^{\frac{\pi}{2}} (\sqrt{3}\cos\theta)^2 d\theta = \frac{1}{2}\left(\frac{1}{2}\theta-\frac{\sin 2\theta}{4}\right)\Big|_0^{\frac{\pi}{3}} + \frac{3}{2}\left(\frac{1}{2}\theta+\frac{\sin 2\theta}{4}\right)\Big|_{\frac{\pi}{3}}^{\frac{\pi}{2}}$$

$$= \frac{5}{24}\pi - \frac{\sqrt{3}}{4}.$$

10. 求两椭圆 $\dfrac{x^2}{a^2}+\dfrac{y^2}{b^2}=1$ 与 $\dfrac{x^2}{b^2}+\dfrac{y^2}{a^2}=1(a>0,b>0)$ 所围公共部分的面积.

解　如图 $10-21$ 所示,这两个椭圆是全等的,故所求面积是阴影部分面积的 8

倍. 由方程组 $\dfrac{x^2}{a^2}+\dfrac{y^2}{b^2}=1$ 与 $\dfrac{x^2}{b^2}+\dfrac{y^2}{a^2}=1$ 解得两曲线在第一象限内的交点

坐标为 $\left(\dfrac{ab}{\sqrt{a^2+b^2}},\dfrac{ab}{\sqrt{a^2+b^2}}\right)$. 因此,所围公共部分的面积为

$$A=8\int_0^{\frac{ab}{\sqrt{a^2+b^2}}}\left(b\sqrt{1-\dfrac{x^2}{a^2}}-x\right)\mathrm{d}x$$

$$=8ab\int_0^{\arcsin\frac{b}{\sqrt{a^2+b^2}}}\cos^2 t\,\mathrm{d}t-\dfrac{4a^2b^2}{a^2+b^2}$$

$$=4ab\arcsin\dfrac{b}{\sqrt{a^2+b^2}}+4ab\cdot\dfrac{ab}{a^2+b^2}-\dfrac{4a^2b^2}{a^2+b^2}=4ab\arcsin\dfrac{b}{\sqrt{a^2+b^2}}.$$

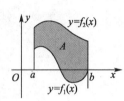

图 $10-21$

*11. 证明:对于由上、下两条连续曲线 $y=f_2(x)$ 与 $y=f_1(x)$ 以及两条直线 $x=a$ 与 $x=b(a<b)$ 所围的平面图形 A(图 $10-22$),存在包含 A 的多边形 $\{U_n\}$ 以及被 A 包含的多边形 $\{W_n\}$,使得当 $n\to\infty$ 时,它们的面积的极限存在且相等.

证　设等分分割 $T_n:a=x_0<x_1<\cdots<x_n=b,n=1,2,\cdots.$

$$\Delta_i=[x_{i-1},x_i],\Delta x_i=x_i-x_{i-1}=\dfrac{b-a}{n},$$

取 $M_i=\sup_{x\in\Delta_i}f_1(x),m_i=\inf_{x\in\Delta_i}f_1(x),N_i=\sup_{x\in\Delta_i}f_2(x),n_i=\inf_{x\in\Delta_i}f_2(x).$

于是,分别取 N_i 与 m_i 在 Δ_i 上的每一段,相连构成多边形 $\{U_n\}$;分别取 M_i 与 n_i 在 Δ_i 上的每一段,相连构成多边形 $\{W_n\}$.

因此 $\{U_n\}$ 包含 A,A 包含 $\{W_n\}$. 又因为

$$S_{U_n}=\sum_{k=1}^n(N_k-m_k)\Delta x_k=\sum_{k=1}^n N_k\Delta x_k-\sum_{k=1}^n m_k\Delta x_k,$$

$$S_{W_n}=\sum_{k=1}^n(n_k-M_k)\Delta x_k=\sum_{k=1}^n n_k\Delta x_k-\sum_{k=1}^n M_k\Delta x_k,$$

而 $y=f_2(x)$ 与 $y=f_1(x)$ 在 $[a,b]$ 上连续,因而可积,且

$$\lim_{n\to\infty}\sum_{k=1}^n N_k\Delta x_k=\int_a^b f_2(x)\mathrm{d}x,\lim_{n\to\infty}\sum_{k=1}^n m_k\Delta x_k=\int_a^b f_1(x)\mathrm{d}x,$$

$$\lim_{n\to\infty}\sum_{k=1}^n n_k\Delta x_k=\int_a^b f_2(x)\mathrm{d}x,\lim_{n\to\infty}\sum_{k=1}^n M_k\Delta x_k=\int_a^b f_1(x)\mathrm{d}x.$$

因此 $\lim_{n\to\infty}S_{U_n}=\int_a^b(f_2(x)-f_1(x))\mathrm{d}x=\lim_{n\to\infty}S_{W_n}.$

图 $10-22$

―――――‖‖‖‖ 习题 10.2 解答 ‖‖‖‖ ―――――

1. 如图 $10-23$ 所示,直椭圆柱体被通过底面短轴的斜平面所截,试求截得楔形体的体积.

解　椭圆柱面的方程为 $\dfrac{x^2}{100}+\dfrac{y^2}{16}=1$. 设垂直于 x 轴的截面面积为 $A(x)$,则由

相似三角形的性质有 $\dfrac{h}{5}=\dfrac{x}{10}$,解得 $h=\dfrac{1}{2}x$. 于是

$$A(x)=2yh=8\sqrt{1-\dfrac{x^2}{100}}\cdot\dfrac{1}{2}x=4x\sqrt{1-\dfrac{x^2}{100}}.$$

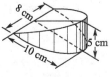

图 $10-23$

故所求体积

$$V = \int_0^{10} A(x)\mathrm{d}x = \int_0^{10} 4x\sqrt{1-\frac{x^2}{100}}\mathrm{d}x = -4\times 50\int_0^{10}\sqrt{1-\frac{x^2}{100}}\mathrm{d}\left(1-\frac{x^2}{100}\right) = \frac{400}{3}.$$

2. 求下列平面曲线绕轴旋转所围成立体的体积：

(1) $y = \sin x, 0 \leqslant x \leqslant \pi$，绕 x 轴；

(2) $x = a(t-\sin t), y = a(1-\cos t)(a>0), 0 \leqslant t \leqslant 2\pi$，绕 x 轴；

(3) $r = a(1+\cos\theta)(a>0)$，绕极轴；

(4) $\dfrac{x^2}{a^2}+\dfrac{y^2}{b^2}=1$，绕 y 轴.

解　(1) $V = \pi\displaystyle\int_0^\pi \sin^2 x\mathrm{d}x = \frac{\pi}{2}\int_0^\pi (1-\cos 2x)\mathrm{d}x = \frac{\pi}{2}\left(x-\frac{\sin 2x}{2}\right)\Big|_0^\pi = \frac{\pi^2}{2}.$

(2) $V = \pi\displaystyle\int_0^{2\pi a} y^2\mathrm{d}x = \pi\int_0^{2\pi} a^2(1-\cos t)^2 a(1-\cos t)\mathrm{d}t$

$= \pi a^3\displaystyle\int_0^{2\pi}(1-\cos t)^3\mathrm{d}t = 8\pi a^3\int_0^{2\pi}\sin^6\frac{t}{2}\mathrm{d}t$

$\xrightarrow{u=\frac{t}{2}} 16\pi a^3\displaystyle\int_0^\pi \sin^6 u\mathrm{d}u = 32\pi a^3\int_0^{\frac{\pi}{2}}\sin^6 u\mathrm{d}u$

$= 32\pi a^3\cdot\dfrac{5}{6}\cdot\dfrac{3}{4}\cdot\dfrac{1}{2}\cdot\dfrac{\pi}{2} = 5\pi^2 a^3.$

(3) $r = a(1+\cos\theta)(a>0)$ 为心形线方程，它在极轴之上部分的参数方程式为

$$\begin{cases} x = a(1+\cos\theta)\cos\theta, \\ y = a(1+\cos\theta)\sin\theta \end{cases} (0\leqslant\theta\leqslant\pi).$$

于是 $V = \pi\displaystyle\int_{-\frac{a}{4}}^{2a} y^2\mathrm{d}x - \pi\int_{-\frac{a}{4}}^0 y^2\mathrm{d}x$

$= \pi\displaystyle\int_{\frac{2}{3}\pi}^0 a^2(1+\cos\theta)^2\sin^2\theta\cdot[a(1+\cos\theta)\cos\theta]'\mathrm{d}\theta - \pi\int_{\frac{2}{3}\pi}^\pi a^2(1+\cos\theta)^2\sin^2\theta\cdot$

$[a(1+\cos\theta)\cos\theta]'\mathrm{d}\theta$

$= \pi a^3\displaystyle\int_0^\pi (\sin^3\theta + 2\sin^3\theta\cos\theta + \sin^3\theta\cos^2\theta)(1+2\cos\theta)\mathrm{d}\theta = \frac{8}{3}\pi a^3.$

(4) 由 $\dfrac{x^2}{a^2}+\dfrac{y^2}{b^2}=1$，得 $x = a\sqrt{1-\dfrac{y^2}{b^2}}$，则

$$V = \pi\int_{-b}^b x^2\mathrm{d}y = 2\pi\int_0^b a^2\left(1-\frac{y^2}{b^2}\right)\mathrm{d}y = \frac{4}{3}\pi a^2 b.$$

3. 已知球半径为 r，验证高为 h 的球缺体积 $V = \pi h^2\left(r-\dfrac{h}{3}\right)(h\leqslant r)$.

解　这个球缺可看作由曲线 $y = \sqrt{r^2-x^2}(r-h\leqslant x\leqslant r)$ 绕 x 轴旋转而成. 其体积为

$$V = \pi\int_{r-h}^r (r^2-x^2)\mathrm{d}x = \pi\left(r^2 x-\frac{x^3}{3}\right)\Big|_{r-h}^r = \pi h^2\left(r-\frac{h}{3}\right).$$

4. 求曲线 $x = a\cos^3 t, y = a\sin^3 t$ 所围平面图形（图 10−4）绕 x 轴旋转所得立体的体积.

解　$V = 2\pi\displaystyle\int_0^a [f(x)]^2\mathrm{d}x = 2\pi\int_{\frac{\pi}{2}}^0 (a\sin^3 t)^2\cdot 3a\cos^2 t(-\sin t)\mathrm{d}t$

$= 6\pi a^3\left(\displaystyle\int_0^{\frac{\pi}{2}}\sin^7 t\mathrm{d}t - \int_0^{\frac{\pi}{2}}\sin^9 t\mathrm{d}t\right) = 6\pi a^3\left(\frac{6!!}{7!!}-\frac{8!!}{9!!}\right) = \frac{32}{105}\pi a^3.$

5. 导出曲边梯形 $0\leqslant y\leqslant f(x), a\leqslant x\leqslant b$ 绕 y 轴旋转所得立体的体积公式为 $V = 2\pi\displaystyle\int_a^b xf(x)\mathrm{d}x.$

解　区间 $[x, x+\Delta x]$ 所对应的柱壳体积

$$\Delta V = \pi[(x+\Delta x)^2-x^2]f(x) \approx 2\pi xf(x)\Delta x.$$

由微元法可知所求体积为 $V = 2\pi \int_a^b x f(x) \mathrm{d}x$.

6. 求 $0 \leqslant y \leqslant \sin x, 0 \leqslant x \leqslant \pi$ 所示平面图形绕 y 轴旋转所得立体的体积.

解 由上题可得 $V = 2\pi \int_0^\pi x \sin x \mathrm{d}x = -2\pi(x\cos x - \sin x)\Big|_0^\pi = 2\pi^2$.

===== 习题 10.3 解答 =====

1. 求下列曲线的弧长：

(1) $y = x^{3/2}, 0 \leqslant x \leqslant 4$；

(2) $\sqrt{x} + \sqrt{y} = 1$；

(3) $x = a\cos^3 t, y = a\sin^3 t (a > 0), 0 \leqslant t \leqslant 2\pi$；

(4) $x = a(\cos t + t\sin t), y = a(\sin t - t\cos t)(a > 0), 0 \leqslant t \leqslant 2\pi$；

(5) $r = a\sin^3 \dfrac{\theta}{3} (a > 0), 0 \leqslant \theta \leqslant 3\pi$；

(6) $r = a\theta (a > 0), 0 \leqslant \theta \leqslant 2\pi$.

解 (1) $s = \int_0^4 \sqrt{1 + y'^2(x)} \mathrm{d}x = \int_0^4 \sqrt{1 + \frac{9}{4}x} \mathrm{d}x = \frac{8}{27}(10\sqrt{10} - 1)$.

(2) 曲线的参数方程为 $x = \cos^4 t, y = \sin^4 t \left(0 \leqslant t \leqslant \frac{\pi}{2}\right)$，于是弧长

$$s = \int_0^{\frac{\pi}{2}} \sqrt{x'^2(t) + y'^2(t)} \mathrm{d}t = \int_0^{\frac{\pi}{2}} 4\sin t\cos t \sqrt{\cos^4 t + \sin^4 t} \mathrm{d}t$$

$$= 2\int_0^{\frac{\pi}{2}} \sqrt{1 - \frac{1}{2}\sin^2 2t} \sin 2t \mathrm{d}t \xrightarrow{u = 2t} \int_0^\pi \sqrt{1 - \frac{1}{2}\sin^2 u} \sin u \mathrm{d}u$$

$$\xrightarrow{t = \cos u} -\int_1^{-1} \sqrt{1 - \frac{1}{2}(1 - t^2)} \mathrm{d}t = 2\int_0^1 \sqrt{\frac{1}{2} + \frac{1}{2}t^2} \mathrm{d}t = \sqrt{2}\int_0^1 \sqrt{1 + t^2} \mathrm{d}t$$

$$= \frac{\sqrt{2}}{2}\left[t\sqrt{1 + t^2} + \ln(t + \sqrt{1 + t^2})\right]\Big|_0^1$$

$$= 1 + \frac{\sqrt{2}}{2}\ln(1 + \sqrt{2}).$$

(3) $s = \int_0^{2\pi} \sqrt{x'^2(t) + y'^2(t)} \mathrm{d}t = \int_0^{2\pi} 3a\sqrt{\sin^2 t\cos^2 t(\sin^2 t + \cos^2 t)} \mathrm{d}t$

$$= \frac{3}{2}a\int_0^{2\pi} |\sin 2t| \mathrm{d}t = 6a.$$

(4) $\sqrt{x'^2(t) + y'^2(t)} = \sqrt{a^2 t^2\cos^2 t + a^2 t^2\sin^2 t} = at, s = \int_0^{2\pi} at \mathrm{d}t = \frac{a}{2}t^2\Big|_0^{2\pi} = 2\pi^2 a$.

如图 10-24 所示.

(5) $\sqrt{r^2(\theta) + r'^2(\theta)} = a\sin^2 \dfrac{\theta}{3}, s = \int_0^{3\pi} a\sin^2 \dfrac{\theta}{3} \mathrm{d}\theta = \dfrac{3\pi a}{2}$.

(6) $s = \int_0^{2\pi} \sqrt{a^2\theta^2 + a^2} \mathrm{d}\theta = a\left[\dfrac{\theta}{2}\sqrt{\theta^2 + 1} + \dfrac{1}{2}\ln(\theta + \sqrt{\theta^2 + 1})\right]\Big|_0^{2\pi}$

$$= a\left[\pi\sqrt{1 + 4\pi^2} + \frac{1}{2}\ln(2\pi + \sqrt{1 + 4\pi^2})\right].$$

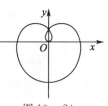

图 10-24

*2. 求下列各曲线在指定点处的曲率：

(1) $xy = 4$, 在点 $(2, 2)$；

(2) $y = \ln x$, 在点 $(1, 0)$；

$(3) x = a(t - \sin t), y = a(1 - \cos t)(a > 0)$，在 $t = \dfrac{\pi}{2}$ 的点；

$(4) x = a\cos^3 t, y = a\sin^3 t(a > 0)$，在 $t = \dfrac{\pi}{4}$ 的点.

解 $(1) y = \dfrac{4}{x}, y' = -\dfrac{4}{x^2}, y'' = \dfrac{8}{x^3}$，于是曲线在点 $(2,2)$ 处的曲率为

$$K = \dfrac{\left|\dfrac{8}{x^3}\right|}{\left(1 + \dfrac{16}{x^4}\right)^{\frac{3}{2}}}\Bigg|_{x=2} = \dfrac{\sqrt{2}}{4}.$$

$(2) y = \ln x, y' = \dfrac{1}{x}, y'' = -\dfrac{1}{x^2}$，于是曲线在点 $(1,0)$ 处的曲率为

$$K = \dfrac{\left|\dfrac{1}{x^2}\right|}{\left(1 + \dfrac{1}{x^2}\right)^{\frac{3}{2}}}\Bigg|_{x=1} = \dfrac{\sqrt{2}}{4}.$$

$(3) x' = a(1 - \cos t), x'' = a\sin t, y' = a\sin t, y'' = a\cos t$，所求的曲率为

$$K = \dfrac{|a(1 - \cos t)a\cos t - a\sin t \cdot a\sin t|}{[a^2(1 - \cos t)^2 + a^2\sin^2 t]^{3/2}}\Bigg|_{t=\frac{\pi}{2}} = \dfrac{\sqrt{2}}{4a}.$$

$(4) x' = 3a\cos^2 t(-\sin t), x'' = 6a\cos t \sin^2 t - 3a\cos^3 t,$

$y' = 3a\sin^2 t \cos t, y'' = 6a\sin t \cos^2 t - 3a\sin^3 t,$

$$K = \dfrac{|-3a\cos^2 t\sin t(6a\sin t \cos^2 t - 3a\sin^3 t) - (6a\cos t \sin^2 t - 3a\cos^3 t)3a\sin^2 t\cos t|}{[(-3a\cos^2 t \sin t)^2 + (3a\sin^2 t \cos t)^2]^{3/2}}\Bigg|_{t=\frac{\pi}{4}}$$

$$= \dfrac{2}{3a}.$$

3. 求 a, b 的值，使椭圆 $x = a\cos t, y = b\sin t$ 的周长等于正弦曲线 $y = \sin x$ 在 $0 \leqslant x \leqslant 2\pi$ 上一段的长.

解 不妨设 $a > b$，则椭圆的半焦距 $c = \sqrt{a^2 - b^2}$.

椭圆周长

$$s_1 = \int_0^{2\pi} \sqrt{(-a\sin t)^2 + (b\cos t)^2}\, dt = \int_0^{2\pi} \sqrt{a^2 - c^2\cos^2 t}\, dt,$$

正弦曲线在 $[0, 2\pi]$ 上一段的弧长

$$s_2 = \int_0^{2\pi} \sqrt{1 + \cos^2 t}\, dt = \int_0^{2\pi} \sqrt{2 - \sin^2 t}\, dt = \int_0^{2\pi} \sqrt{2 - \cos^2 t}\, dt,$$

令 $a^2 = 2, c^2 = 1$，则 $a = \sqrt{2}, b = \sqrt{a^2 - c^2} = 1$.

若 $b > a$，则 $a = 1, b = \sqrt{2}$；若 $b < a$，则 $a = \sqrt{2}, b = 1$.

*4. 本题的目的是证明性质 1. 这可按以下顺序逐一证明：

(1) 记 $W = \{s_T \mid T \text{ 是 } \overparen{AB} \text{ 的一个分割}\}$，则 W 是一个有界集.

(2) 设 $\overparen{AB}$ 的弧长为 s，则 $s = \sup W$.

(3) 记 $W' = \{s_{T'} \mid T' \text{ 是 } \overparen{AD} \text{ 的一个分割}\}$ 及 $W'' = \{s_{T''} \mid T'' \text{ 是 } \overparen{DB} \text{ 的一个分割}\}$，则 W' 和 W'' 都是有界集，并且如果记 $s' = \sup W'$ 及 $s'' = \sup W''$，则 $s = s' + s''$.

(4) 证明：$\overparen{AD}$ 的弧长为 s'，$\overparen{DB}$ 的弧长为 s''.

证 (1) 对 $\forall s_T \in W$，必有 $s_T \leqslant s$. 若不然，存在 $\overparen{AB}$ 的分割 T_0，使 $s_{T_0} > s$. 将 T_0 增加分点，得 $\overparen{AB}$ 的分割 T'，且 $\|T'\| \to 0$，则 $s_{T'} \geqslant s_{T_0} > s$. 从而 $\lim\limits_{\|T'\| \to 0} s_{T'} \geqslant s_{T_0} > s$，即 $s > s$，矛盾.

(2) 由 (1) 得，$s_T \leqslant s, \forall s_T \in W$. 另外，因 $\lim\limits_{\|T\| \to 0} s_T = s$. 所以 $\forall \varepsilon > 0, \exists \overparen{AB}$ 的分割 T，使 $s_T > s - \varepsilon$，

所以 $s = \sup W$.

(3) 设 T' 是 $\overset{\frown}{AD}$ 的分割，T'' 是 $\overset{\frown}{DB}$ 的分割，则 $T = T' + T''$ 为 $\overset{\frown}{AB}$ 的分割，且 $s_T = s_{T'} + s_{T''}$，$s_{T'} \leqslant s_T$，$s_{T''} < s_T$，所以 W' 与 W'' 有界.

又因为
$$\sup_{T'+T''} s_T = \sup_{T'+T''}(s_{T'} + s_{T''}) = \sup_{T'} s_{T'} + \sup_{T''} s_{T''} = s' + s'',$$

所以 $s = \sup_T s_T \geqslant \sup_{T'+T''} s_T = s' + s''$，即 $s \geqslant s' + s''$.

另一方面，因为 $\lim\limits_{\|T\|\to 0} s_T = s$，所以 $\forall \varepsilon > 0$，$\exists \delta > 0$，当 $\|T\| < \delta$ 时，有 $s - \varepsilon < s_T < s + \varepsilon$，特别地，对包含 D 点为分点的分割 T，当 $\|T\| < \delta$ 时，有 $s_{T'} + s_{T''} = s_T > s - \varepsilon$，所以 $\sup(s_{T'} + s_{T''}) = s' + s'' > s - \varepsilon$，由 ε 的任意性，得 $s' + s'' \geqslant s$. 因此 $s = s' + s''$.

(4) 下面证明 $\overset{\frown}{AD}$ 可求长，即 $\lim\limits_{\|T'\|\to 0} s_{T'}$ 存在. 用反证法.

若 $\lim\limits_{\|T'\|\to 0} s_{T'}$ 不存在，则 $\exists \varepsilon_0 > 0$，$\forall \delta > 0$，$\exists \|T'\| < \delta$，但 $s_{T'} \leqslant s' - \varepsilon$. 又因为 $s_{T''} \leqslant s''$，所以 $s_{T'} + s_{T''} = s_T \leqslant s' - \varepsilon + s'' = s - \varepsilon$，与 $\lim\limits_{\|T\|\to 0} s_T = s$ 矛盾.

再由(2)可知，$\overset{\frown}{AD}$ 的弧长就是 $\sup W'$，即 s'，同理可证 $\overset{\frown}{DB}$ 可求长，且为 s''.

*5. 设曲线由极坐标方程 $r = r(\theta)$ 给出，且二阶可导，证明它在点 (r, θ) 处的曲率为
$$K = \frac{|r^2 + 2r'^2 - rr''|}{(r^2 + r'^2)^{\frac{3}{2}}}.$$

证 曲线的参数方程为 $x = r(\theta)\cos\theta$，$y = r(\theta)\sin\theta$，则
$$x' = r'\cos\theta - r\sin\theta, \quad x'' = r''\cos\theta - r'\sin\theta - r'\sin\theta - r\cos\theta,$$
$$y' = r'\sin\theta + r\cos\theta, \quad y'' = r''\sin\theta + r'\cos\theta + r'\cos\theta - r\sin\theta,$$
$$x'y'' - x''y' = r^2 + 2r'^2 - rr'',$$
$$x'^2 + y'^2 = (r'\cos\theta - r\sin\theta)^2 + (r'\sin\theta + r\cos\theta)^2 = r^2 + r'^2,$$
$$K = \frac{|x'y'' - x''y'|}{(x'^2 + y'^2)^{\frac{3}{2}}} = \frac{|r^2 + 2r'^2 - rr''|}{(r^2 + r'^2)^{\frac{3}{2}}}.$$

*6. 用上题公式，求心形线 $r = a(1 + \cos\theta)$ $(a > 0)$（图 $10-25$）在 $\theta = 0$ 处的曲率、曲率半径和曲率圆.

解 $r = a(1 + \cos\theta)\,|_{\theta=0} = 2a$，

$r' = -a\sin\theta\,|_{\theta=0} = 0$，$r'' = -a\cos\theta\,|_{\theta=0} = -a$，

$K = \dfrac{|4a^2 + 2a^2|}{(4a^2)^{\frac{3}{2}}} = \dfrac{3}{4a}$，$R = \dfrac{1}{K} = \dfrac{4a}{3}$，

曲率圆为 $\left(x - \dfrac{2}{3}a\right)^2 + y^2 = \dfrac{16}{9}a^2$.

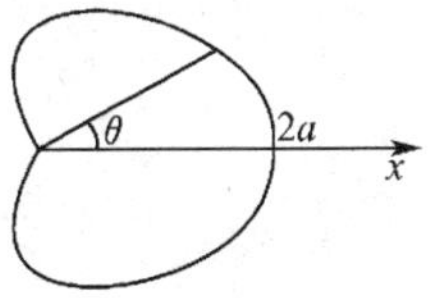

图 $10-25$

*7. 证明抛物线 $y = ax^2 + bx + c$ 在顶点处的曲率为最大.

解 $y' = 2ax + b$，$y'' = 2a$，

$K = \dfrac{|y''|}{(1 + y'^2)^{\frac{3}{2}}} = \dfrac{|2a|}{[1 + (2ax + b)^2]^{\frac{3}{2}}}$，

显然当 $2ax + b = 0$ 时，K 取最大值. 由 $2ax + b = 0$ 得 $x = -\dfrac{b}{2a}$，即抛物线 $y = ax^2 + bx + c$ 在顶点处的曲率为最大.

*8. 求曲线 $y = e^x$ 上曲率最大的点.

解 $y' = y'' = e^x$，$K = \dfrac{e^x}{(1 + e^{2x})^{\frac{3}{2}}}$，于是

$$K' = \frac{e^x(1 + e^{2x})^{\frac{3}{2}} - \frac{3}{2}(1 + e^{2x})^{\frac{1}{2}} \cdot 2e^{2x}e^x}{(1 + e^{2x})^3} = \frac{e^x(1 - 2e^{2x})(1 + e^{2x})^{\frac{1}{2}}}{(1 + e^{2x})^3}.$$

令 $K' = 0$，得 $x = -\ln\sqrt{2}$.

当 $x < -\ln\sqrt{2}$ 时，$K'(x) > 0$；当 $x > -\ln\sqrt{2}$ 时，$K'(x) < 0$，所以 $K(x)$ 在 $x = -\ln\sqrt{2}$ 处取最大值.

故 $y = \mathrm{e}^x$ 在点 $\left(-\ln\sqrt{2}, \dfrac{\sqrt{2}}{2}\right)$ 处曲率最大.

习题 10.4 解答

1. 求下列平面曲线绕指定轴旋转所得旋转曲面的面积：

(1) $y = \sin x, 0 \leqslant x \leqslant \pi$，绕 x 轴；

(2) $x = a(t - \sin t), y = a(1 - \cos t)(a > 0), 0 \leqslant t \leqslant 2\pi$，绕 x 轴；

(3) $\dfrac{x^2}{a^2} + \dfrac{y^2}{b^2} = 1$，绕 y 轴；

(4) $x^2 + (y - a)^2 = r^2 (r < a)$，绕 x 轴.

解 (1) $S = 2\pi \displaystyle\int_0^\pi f(x) \sqrt{1 + (f'(x))^2}\,\mathrm{d}x = 2\pi \int_0^\pi \sin x \sqrt{1 + \cos^2 x}\,\mathrm{d}x$

$\qquad = -2\pi \displaystyle\int_0^\pi \sqrt{1 + \cos^2 x}\,\mathrm{d}(\cos x) = 2\pi[\sqrt{2} + \ln(\sqrt{2} + 1)].$

(2) $S = 2\pi \displaystyle\int_0^{2\pi} y(t) \sqrt{x'^2(t) + y'^2(t)}\,\mathrm{d}t$

$\qquad = 2\pi \displaystyle\int_0^{2\pi} a(1 - \cos t) \sqrt{(a - a\cos t)^2 + (a\sin t)^2}\,\mathrm{d}t$

$\qquad = 2\pi \displaystyle\int_0^{2\pi} a(1 - \cos t) 2a\sin\frac{t}{2}\,\mathrm{d}t \xlongequal{u = \frac{t}{2}} 16\pi a^2 \int_0^\pi \sin^3 u\,\mathrm{d}u = \frac{64}{3}\pi a^2.$

(3) 右半椭圆的方程为 $x = \varphi(y) = a\sqrt{1 - \dfrac{y^2}{b^2}}$，于是

$$\varphi'(y) = \left[a\sqrt{1 - \frac{y^2}{b^2}}\right]' = -\frac{a}{b^2}\left(1 - \frac{y^2}{b^2}\right)^{-\frac{1}{2}} y, [\varphi'(y)]^2 = \frac{a^2}{b^4}\left(1 - \frac{y^2}{b^2}\right)^{-1} y^2 = \frac{a^2 y^2}{b^2(b^2 - y^2)},$$

$$S = 2\pi \int_{-b}^b \varphi(y) \sqrt{1 + \varphi'^2(y)}\,\mathrm{d}y = 2\pi \int_{-b}^b a\sqrt{1 - \frac{y^2}{b^2}} \cdot \sqrt{1 + \frac{a^2 y^2}{b^2(b^2 - y^2)}}\,\mathrm{d}y$$

$$= 2\pi \int_{-b}^b \frac{a}{b^2} \sqrt{b^4 - (b^2 - a^2)y^2}\,\mathrm{d}y.$$

当 $a = b$ 时，$S = 4\pi a^2$；

当 $a < b$ 时，$S = 2\pi a\left(a + \dfrac{b^2}{\sqrt{b^2 - a^2}} \arcsin \dfrac{\sqrt{b^2 - a^2}}{b}\right)$；

当 $a > b$ 时，$S = 2\pi a\left(a + \dfrac{b^2}{\sqrt{a^2 - b^2}} \ln \dfrac{\sqrt{a^2 - b^2} + a}{b}\right)$.

(4) 上半圆的方程为 $y = a + \sqrt{r^2 - x^2}$，下半圆的方程为 $y = a - \sqrt{r^2 - x^2}$，于是

$$S = 2\pi \int_{-r}^r \frac{(a + \sqrt{r^2 - x^2})r}{\sqrt{r^2 - x^2}}\,\mathrm{d}x + 2\pi \int_{-r}^r \frac{(a - \sqrt{r^2 - x^2})r}{\sqrt{r^2 - x^2}}\,\mathrm{d}x = 4\pi^2 ar.$$

2. 设平面光滑曲线由极坐标方程

$$r = r(\theta), a \leqslant \theta \leqslant \beta([a, \beta] \subset [0, \pi], r(\theta) \geqslant 0)$$

给出，试求它绕极轴旋转所得旋转曲面的面积计算公式.

解 曲线的直角坐标方程为 $x = r(\theta)\cos\theta, y = r(\theta)\sin\theta$，于是

$$y' = r'\sin\theta + r\cos\theta, x' = r'\cos\theta - r\sin\theta,$$

$$S = 2\pi \int_a^\beta y(\theta) \sqrt{x'^2(\theta) + y'^2(\theta)}\,\mathrm{d}\theta$$

$$= 2\pi \int_a^\beta r \sin\theta \ \sqrt{(r'\cos\theta - r\sin\theta)^2 + (r'\sin\theta + r\cos\theta)^2}\, \mathrm{d}\theta$$

$$= 2\pi \int_a^\beta r \sin\theta \ \sqrt{r^2 + r'^2}\, \mathrm{d}\theta.$$

3. 试求下列极坐标曲线绕极轴旋转所得旋转曲面的面积:

(1) 心形线 $r = a(1 + \cos\theta)(a > 0)$; (2) 双纽线 $r^2 = 2a^2 \cos 2\theta(a > 0)$.

解 (1) $S = 2\pi \int_0^\pi a(1 + \cos\theta)\sin\theta \ \sqrt{a^2(1 + \cos\theta)^2 + a^2\sin^2\theta}\, \mathrm{d}\theta$

$$= 2\pi \int_0^\pi 4a\cos^3\frac{\theta}{2}\sin\frac{\theta}{2}\sqrt{\left(2a\cos\frac{\theta}{2}\right)^2}\, \mathrm{d}\theta$$

$$= 16\pi a^2 \int_0^\pi \cos^4\frac{\theta}{2}\sin\frac{\theta}{2}\, \mathrm{d}\theta \xrightarrow{t = \frac{\theta}{2}} 32\pi a^2 \int_0^{\frac{\pi}{2}} \cos^4 t \sin t\, \mathrm{d}t = \frac{32}{5}\pi a^2.$$

(2) 曲线的参数方程为 $\begin{cases} x = \sqrt{2a^2\cos 2\theta}\ \cos\theta, \\ y = \sqrt{2a^2\cos 2\theta}\ \sin\theta, \end{cases}$ 且曲线关于极轴对称,故所得旋转曲面的面积为

$$S = 2\left(2\pi \int_0^{\frac{\pi}{4}} y(\theta) \ \sqrt{(x'(\theta))^2 + (y'(\theta))^2}\, \mathrm{d}\theta\right)$$

$$= 8\pi a^2 \int_0^{\frac{\pi}{4}} \ \sqrt{\cos 2\theta}\sin\theta\sqrt{\cos 2\theta + \frac{\sin^2 2\theta}{\cos 2\theta}}\, \mathrm{d}\theta$$

$$= 8\pi a^2 \int_0^{\frac{\pi}{4}} \sin\theta\, \mathrm{d}\theta = 4\pi a^2(2 - \sqrt{2}).$$

4. 证明:如果在旋转曲面的面积公式(3)的推导过程中,过点 $(x, f(x))$ 作曲线 C 的切线,选取该切线在 $[x, x + \Delta x]$ 的一段绕 x 轴旋转一周生成圆台的侧面面积作为 ΔS 的近似可求量 $\Delta' S$,则也可得到公式(3).

证 过点 $(x, f(x))$ 作曲线 C 的切线,其方程为 $Y = f(x) + f'(x)(t - x)$.

选取该切线在 $[x, x + \Delta x]$ 的一段绕 x 轴旋转一周生成圆台的侧面面积

$$\Delta' S = \pi[f(x) + f(x) + f'(x)\Delta x] \ \sqrt{(\Delta x)^2 + (f'(x)\Delta x)^2},$$

即 $\Delta' S = \pi(2f(x) + f'(x)\Delta x) \ \sqrt{1 + (f'(x))^2} \ |\Delta x|$.

又因为当 $\Delta x > 0$ 时,有

$$\Delta' S - 2\pi f(x) \ \sqrt{1 + (f'(x))^2}\, \Delta x = \pi f'(x)(\Delta x)^2 \ \sqrt{1 + (f'(x))^2},$$

即 $\Delta' S - 2\pi f(x) \ \sqrt{1 + (f'(x))^2}\, \Delta x = o(\Delta x)$,

所以得到

$$\Delta' S \approx 2\pi f(x) \ \sqrt{1 + (f'(x))^2}\, \Delta x,$$

$$\mathrm{d}S = 2\pi f(x) \ \sqrt{1 + (f'(x))^2}\, \mathrm{d}x,$$

$$S = 2\pi \int_a^b f(x) \ \sqrt{1 + (f'(x))^2}\, \mathrm{d}x.$$

===== 习题 10.5 解答 =====

1. 有一等腰梯形闸门,它的上、下两条底边的长分别为 10m 和 6m,高为 20m. 计算当水面与上底边相齐时闸门一侧所受的静压力.

解 如图 10-26 所示,B, C 的坐标为 $(0, 5)$ 和 $(20, 3)$. 于是 BC 的方程为

$$y = -\frac{1}{10}x + 5.$$

深度为 x(m)处水的静压强为 $\rho g x$,闸门上从深度 x 到 $x+\Delta x$ 这一窄条 ΔA 上受到的静压力为

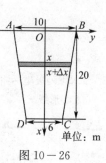

$$\Delta P \approx 2y \cdot \rho g x \cdot \Delta x = \left(10 - \frac{1}{5}x\right)x\rho g \Delta x,$$

故

$$P = \int_0^{20} \mathrm{d}P = \int_0^{20} \left(10 - \frac{1}{5}x\right)x\rho g \,\mathrm{d}x$$

$$= \int_0^{20} \left(10x - \frac{1}{5}x^2\right)\rho g \,\mathrm{d}x$$

$$= 14\,373.33(\mathrm{kN}).$$

图 10-26

2. 边长为 a 和 b 的矩形薄板,与液面成 $\alpha(0<\alpha<90°)$ 角斜沉于液体中.设 $a>b$,长边平行于液面,上沿位于深 h 处,液体的比重为 ν.试求薄板每侧所受的静压力.

解 如图 10-27 所示,静压力的微元 $\mathrm{d}P = a \cdot \dfrac{\mathrm{d}x}{\sin\alpha} \cdot x\nu$,则

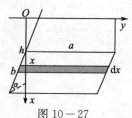

$$P = \int_h^{h+b\sin\alpha} \mathrm{d}P = \int_h^{h+b\sin\alpha} \frac{a\nu x}{\sin\alpha}\mathrm{d}x$$

$$= \frac{1}{2}ab\nu(2h + b\sin\alpha).$$

图 10-27

3. 直径为 6m 的一球浸入水中,其球心在水平面下 10m 处,求球面上所受浮力.

解 如图 10-28 所示,球面在水深 xm 处所受压力的微元为

$$\mathrm{d}P = 2\pi x\sqrt{3^2 - (x-10)^2}\,\mathrm{d}x,$$

故球面所受总压力为

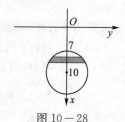

$$P = 2\pi\int_7^{13} x\sqrt{3^2 - (x-10)^2}\,\mathrm{d}x \approx 1\,108.35(\mathrm{kN}).$$

由力的平衡可知,球面所受浮力为 $-1\,108.35$kN.

图 10-28

4. 设在坐标轴的原点有一质量为 m 的质点,在区间 $[a, a+l](a>0)$ 上有一质量为 M 的均匀细杆.试求质点与细杆之间的万有引力.

解 如图 10-29 所示,距原点 x 处,x 与 $x+\Delta x$ 之间的质量产生的引力为

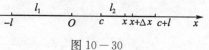

图 10-29

$$\Delta F = \frac{km \cdot M\frac{\Delta x}{l}}{x^2},\ \text{故}\ \mathrm{d}F = \frac{kmM}{l}\frac{1}{x^2}\mathrm{d}x,$$

$$F = \int_a^{a+l} \frac{kmM}{l}\frac{1}{x^2}\mathrm{d}x = \frac{kmM}{l}\cdot\left(\frac{1}{a} - \frac{1}{a+l}\right) = \frac{kmM}{a(a+l)}.$$

5. 设有两条各长为 l 的均匀细杆在同一直线上,中间离开距离 c,每根细杆的质量为 M,试求它们之间的万有引力.（提示:在第 4 题的基础上再作一次积分.）

解 如图 10-30 所示,在 l_2 上取一微元 $\mathrm{d}x$,则 $\mathrm{d}x$ 与 l_1 的引力为

$$\frac{l_1 \qquad\qquad l_2}{-l \qquad\qquad O \qquad c\ \ x\,x+\Delta x\ \ c+l}\quad x$$

图 10-30

$$\mathrm{d}F = \frac{kM \cdot M \cdot \frac{\mathrm{d}x}{l}}{x(x+l)},$$

故 l_1 与 l_2 的引力为

$$F = \int_c^{c+l} \frac{kM^2}{lx(x+l)}\mathrm{d}x = \frac{kM^2}{l^2}\int_c^{c+l}\left(\frac{1}{x} - \frac{1}{x+l}\right)\mathrm{d}x = \frac{kM^2}{l^2}\ln\frac{(c+l)^2}{c(c+2l)}.$$

6. 设有半径为 r 的半圆形导线,均匀带电,电荷密度为 δ,在圆心处有一单位正电荷.试求它们之间作用力的

大小.

解　如图 10-31 所示,在 θ 处,从 θ 到 $\theta+\Delta\theta$ 的一段导线的电量微元为 $\mathrm{d}Q = \delta r\mathrm{d}\theta$,它对圆心处的单位正电荷在垂直方向上的引力为

$$\mathrm{d}F = k\frac{\delta r\mathrm{d}\theta \cdot \sin\theta}{r^2} = \frac{k\delta\sin\theta}{r}\mathrm{d}\theta,$$

故导线与电荷的作用力为 $\int_0^\pi \frac{k\delta\sin\theta}{r}\mathrm{d}\theta = \frac{2k\delta}{r}.$

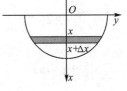

图 10-31

7. 一个半球形(直径为 20m)的容器内盛满了水.试问把水抽尽需做多少功?

解　如图 10-32 所示,功的微元为 $\Delta W \approx \rho\pi x(r^2 - x^2)\Delta x$,故所求的功为

$$W = \int_0^{10} \rho\pi x(r^2 - x^2)\mathrm{d}x = \rho\pi\left(\frac{1}{2}x^2 r^2 - \frac{1}{4}x^4\right)\Big|_0^{10}$$

$$= 2\,500\rho\pi \approx 76\,969.02(\mathrm{kJ}).$$

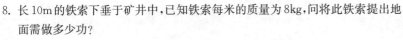

图 10-32

8. 长 10m 的铁索下垂于矿井中,已知铁索每米的质量为 8kg,问将此铁索提出地面需做多少功?

解　取铁索的一小段为微元,则有 $\Delta W \approx 8gx\Delta x$,故

$$W = \int_0^{10} 8gx\mathrm{d}x \approx 3\,920(\mathrm{J}).$$

9. 一物体在某介质中按 $x = ct^3$ 作直线运动,介质的阻力与速度 $\frac{\mathrm{d}x}{\mathrm{d}t}$ 的平方成正比.计算物体由 $x = 0$ 移至 $x = a$ 时克服介质阻力所做的功.

解　$W = \int_0^a f(x)\mathrm{d}x$,其中 $\mathrm{d}x = 3ct^2\mathrm{d}t$,$f = k\left(\frac{\mathrm{d}x}{\mathrm{d}t}\right)^2 = 9c^2 kt^4$,故

$$W = \int_0^{\left(\frac{a}{c}\right)^{\frac{1}{3}}} 9c^2 kt^4 \cdot 3ct^2\mathrm{d}t = 27c^3 k\int_0^{\left(\frac{a}{c}\right)^{\frac{1}{3}}} t^6\mathrm{d}t = \frac{27}{7}ka^{\frac{7}{3}}c^{\frac{2}{3}}.$$

10. 半径为 r 的球体沉入水中,其比重与水相同.试问将球体从水中捞出需做多少功?

解　如图 10-33 所示,取一水平层的微元,对此微元需做功

$$\Delta W \approx g(2r-x)\Delta v = g(2r-x)\pi[r^2 - (r-x)^2]\Delta x,$$

$$W = \pi\int_0^{2r} g(2r-x)(2rx - x^2)\mathrm{d}x = \frac{4}{3}\pi r^4 g(\mathrm{kJ}).$$

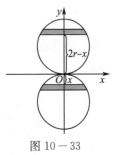

图 10-33

═══ 习题 10.6 解答 ═══

1. 分别用梯形法和抛物线法近似计算 $\int_1^2 \frac{\mathrm{d}x}{x}$(将积分区间十等分).

解　梯形法(取 $n = 10$):

$$\int_1^2 \frac{\mathrm{d}x}{x} \approx \frac{2-1}{10}\left(\frac{y_0}{2} + y_1 + y_2 + \cdots + y_{n-1} + \frac{y_n}{2}\right)$$

$$= \frac{1}{10}\left(\frac{1}{2} + \frac{10}{11} + \frac{10}{12} + \cdots + \frac{10}{19} + \frac{10}{2\times 20}\right)$$

$$= \frac{1}{10}\left(\frac{3}{4} + \frac{10}{11} + \frac{10}{12} + \cdots + \frac{10}{19}\right)$$

$$\approx 0.693\,8.$$

抛物线法(取 $n = 10$):

$$\int_1^2 \frac{dx}{x} \approx \frac{1}{60}\left[1 + \frac{1}{2} + 4\left(\frac{20}{21} + \frac{20}{23} + \cdots + \frac{20}{39}\right) + 2\left(\frac{20}{22} + \frac{20}{24} + \cdots + \frac{20}{38}\right)\right] \approx 0.693\ 1.$$

2. 用抛物线法近似计算 $\int_0^\pi \frac{\sin x}{x}dx$（分别将积分区间二等分、四等分、六等分）.

解 当 $n = 2$ 时，

$$\int_0^\pi \frac{\sin x}{x}dx \approx \frac{\pi}{12}\left[1 + 4\left(\frac{2\sqrt{2}}{\pi} + \frac{2\sqrt{2}}{3\pi}\right) + 2 \times \frac{2}{\pi}\right] \approx 1.856\ 9.$$

当 $n = 4$ 时，

$$\int_0^\pi \frac{\sin x}{x}dx = \frac{\pi}{24}\left[1 + 4\left(\frac{8}{\pi}\sin\frac{\pi}{8} + \frac{8}{3\pi}\sin\frac{3}{8}\pi + \frac{8}{5\pi}\sin\frac{5}{8}\pi + \frac{8}{7\pi}\sin\frac{7}{8}\pi\right) + 2\left(\frac{2\sqrt{2}}{\pi} + \frac{2}{\pi} + \frac{2\sqrt{2}}{3\pi}\right)\right]$$
$$\approx 1.852\ 2.$$

当 $n = 6$ 时，

$$\int_0^\pi \frac{\sin x}{x}dx \approx \frac{\pi}{36}\left[1 + 4\left(\frac{12}{\pi}\sin\frac{\pi}{12} + \frac{2\sqrt{2}}{\pi} + \frac{12}{5\pi}\sin\frac{5\pi}{12} + \frac{12}{7\pi}\sin\frac{7\pi}{12} + \frac{4}{3\pi} \times \frac{\sqrt{2}}{2} + \frac{12}{11\pi}\sin\frac{11\pi}{12}\right)\right.$$
$$\left. + 2\left(\frac{3}{\pi} + \frac{3\sqrt{3}}{2\pi} + \frac{2}{\pi} + \frac{3\sqrt{3}}{4\pi} + \frac{3}{5\pi}\right)\right]$$
$$\approx 1.851\ 9.$$

3. 如图 $10-34$ 所示为河道某一截面图. 试由测得数据用抛物线法求截面面积.

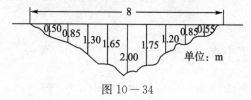

单位：m

图 $10-34$

解 由定积分近似计算抛物线法公式得到

$$S = \int_0^8 f(x)dx \approx \frac{b-a}{6n}\left[y_0 + y_{10} + 4(y_1 + y_3 + \cdots + y_9) + 2(y_2 + y_4 + \cdots + y_8)\right]$$
$$= \frac{8}{30}\left[0 + 4 \times (0.50 + 1.30 + 2.00 + 1.20 + 0.55) + 2 \times (0.85 + 1.65 + 1.75 + 0.85 + 0)\right]$$
$$\approx 8.64\,(\text{m}^2).$$

4. 下表所列为夏季某一天每隔两小时测得的气温：

时间 /t_i	0	2	4	6	8	10	12	14	16	18	20	22	24
温度 /C_i	25.8	23.0	24.1	25.6	27.3	30.2	33.4	35.0	33.8	31.1	28.2	27.0	25.0

(1) 按积分平均 $\frac{1}{b-a}\int_a^b f(t)dt$ 求这一天的平均气温，其中定积分值由三种近似法分别计算；

(2) 若按算术平均 $\frac{1}{12}\sum_{i=1}^{12} C_{i-1}$ 或 $\frac{1}{12}\sum_{i=1}^{12} C_i$ 求得平均气温，那么它们与矩形法积分平均和梯形法积分平均各有什么联系？简述理由.

解 (1) 用矩形法公式计算：

$$S = \frac{1}{12-0}\int_0^{12} f(t)dt \approx \frac{1}{12}(y_0 + y_1 + \cdots + y_{10} + y_{11}) \approx 28.71.$$

用梯形法公式计算：

$$S = \frac{1}{12-0}\int_0^{12} f(t)dt \approx \frac{1}{12}\left(\frac{y_0}{2} + y_1 + y_2 + \cdots + y_{11} + \frac{y_{12}}{2}\right) \approx 28.68.$$

用抛物线公式计算：

$$S = \frac{1}{12-0}\int_0^{12} f(t)\mathrm{d}t \approx \frac{1}{36}\left[y_0 + y_{12} + 4(y_1 + y_3 + \cdots + y_{11}) + 2(y_2 + y_4 + \cdots + y_{10})\right] \approx 28.67.$$

(2) 按矩形法计算有

$$\frac{1}{12-0}\int_0^{12} f(t)\mathrm{d}t \approx \frac{1}{24}\sum_{i=1}^{12} f(t_i) \cdot 2 = \frac{1}{12}\sum_{i=1}^{12} f(t_i) = \frac{1}{12}\sum_{i=1}^{12} C_i$$

这里只考虑第一种情形.

由此可见，按算术平均 $\frac{1}{n}\sum_{i=1}^{n} C_i$ 求平均值与矩形法积分平均是完全相同的. 而与梯形法不同. 在梯形法中，要用到 13 个函数值，并且第一个和最后一个具有较小的权（它们的系数为 $\frac{1}{2}$，而其余函数值的系数为 1）.

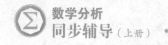
四、自测题

======== 第十章自测题 ========

一、按定义导出相应的计算公式(每题 12 分,共 24 分)

1. 求曲边梯形 $0 \leqslant y \leqslant f(x), a \leqslant x \leqslant b$ 绕 y 轴旋转所得旋转体的体积 $V = 2\pi \int_a^b x f(x) \mathrm{d}x$.

2. 证明:过曲线 $y = f(x)$ 上的点 $(x, f(x))$ 作曲线的切线,选取该切线在 $[x, x+\Delta x]$ 的一段绕 x 轴旋转一周生成圆台的侧面积作为 ΔS 的近似值,可得侧面积公式 $S = 2\pi \int_a^b f(x) \sqrt{1+(f'(x))^2} \, \mathrm{d}x$.

二、计算(每题 8 分,共 64 分)

3. 求由抛物线 $y^2 = x$ 与直线 $x - 2y - 3 = 0$ 所围图形的面积.

4. 求由抛物线 $(x+y)^2 = ax(a>0)$ 和 x 轴所围图形的面积 S.

5. 设 $f(x) = a\sin x (a>0)$,试确定参数 a,使曲线 $f(x) = a\sin x$ 和它在点 $(\pi, 0)$ 的法线以及与 y 轴所围成区域的面积最小.

6. 在 xOy 平面上,光滑曲线过 $(1,0)$ 点,并且曲线 L 上任意一点 $P(x,y)(x \neq 0)$ 处的切线斜率与直线 OP 的斜率之差等于 $ax(a>0$ 为常数).

    (1) 求曲线 L 的方程;

    (2) 如果 L 与直线 $y = ax$ 所围成的平面图形的面积为 8,确定 a 的值.

7. 求摆线 $\begin{cases} x = a(\theta - \sin\theta), \\ y = a(1 - \cos\theta) \end{cases}$ 的一拱 $(0 \leqslant \theta \leqslant 2\pi)$ 绕横轴旋转所得旋转体的体积.

8. 求对数螺线 $\rho = 2e^{\sqrt{3}\varphi}$ 从点 $A(2,0)$ 到点 $B(2e^{\sqrt{3}\pi}, \pi)$ 的弧长.

9. 求星形线 $\begin{cases} x = a\cos^3\varphi, \\ y = a\sin^3\varphi \end{cases} (0 \leqslant \varphi \leqslant 2\pi, a>0)$ 的全长.

10. 求曲线 $\begin{cases} x = a\cos^3 t, \\ y = a\sin^3 t \end{cases} (a>0)$ 绕直线 $y = x$ 旋转所成的旋转曲面的表面积.

三、证明题(每题 12 分,共 12 分)

11. 设悬链线方程为 $y = \dfrac{1}{2}(e^x + e^{-x})$,它在 $[0, t]$ 上的一段弧长和曲边梯形的面积分别记为 $s(t), A(t)$,该曲线梯形绕 x 轴一周所得旋转体的体积,侧面积和 $x = t$ 处的截面面积分别记为 $V(t), S(t), F(t)$.

    (1) 证明:$s(t) = A(t)$;

    (2) 证明:$S(t) = 2V(t)$;

    (3) 求 $\lim\limits_{t \to \infty} \dfrac{S(t)}{F(t)}$.

======== 第十章自测题解答 ========

一、1. 解 对 $[a,b]$ 作分割 T,所得到的 Riemann 和为
$$\sum_T (2\pi\xi_i) f(\xi_i) \Delta x_i = \sum_T 2\pi\xi_i f(\xi_i) \Delta x_i,$$
由定积分定义,所求几何体的体积为
$$V = \lim_{\|T\| \to 0} \sum_T 2\pi\xi_i f(\xi_i) \Delta x_i = 2\pi \int_a^b x f(x) \mathrm{d}x.$$

2. 证 圆台的侧面积为 $\Delta'S = \pi(R_1 + R_2)l$,其中

$$R_1 = f(x), R_2 = R_1 + f'(x)\Delta x, l = \sqrt{(\Delta x)^2 + (f'(x)\Delta x)^2}.$$

于是有

$$\Delta'S = \pi(2f(x) + f'(x)\Delta x)\sqrt{(\Delta x)^2 + (f'(x)\Delta x)^2}$$
$$= 2\pi f(x)\sqrt{1 + (f'(x))^2}\Delta x + \pi f'(x)\sqrt{1 + (f'(x))^2}(\Delta x)^2,$$

从而

$$\Delta'S = 2\pi f(x)\sqrt{1 + (f'(x))^2}\Delta x + o(\Delta x),$$

所以 $S = 2\pi\int_a^b f(x)\sqrt{1 + (f'(x))^2}\,\mathrm{d}x.$

二、3. 解　因为

$$\begin{cases} y^2 = x, \\ x - 2y - 3 = 0 \end{cases}$$

的交点为 $(1, -1)$ 和 $(9, 3)$,所以由这两条曲线所围图形的面积为 $S = S_1 + S_2$,其中

$$S_1 = 2\int_0^1 \sqrt{x}\,\mathrm{d}x = \frac{4}{3}, S_2 = \int_1^9 \left[\sqrt{x} - \left(\frac{x-3}{2}\right)\right]\mathrm{d}x = \frac{28}{3},$$

所以 $S = S_1 + S_2 = \frac{32}{3}.$

4. 解　$S = \int_0^a (\sqrt{ax} - x)\mathrm{d}x = \frac{a^2}{6}.$

5. 解　由于 $f'(x) = a\cos x$,故 $f'(\pi) = -a.$ 于是在点 $(\pi, 0)$ 处的法线方程为 $y = \frac{x}{a} - \frac{\pi}{a}$,从而所围

区域的面积为

$$S(a) = \int_0^\pi \left[a\sin x - \left(\frac{x}{a} - \frac{\pi}{a}\right)\right]\mathrm{d}x = 2a + \frac{\pi^2}{2a},$$

由 $S'(a) = 2 - \frac{\pi^2}{2a^2} = 0$,可得稳定点 $a = \frac{\pi}{2}.$ 又 $S''(a) = \frac{\pi^2}{4a^3} > 0$,所以 $S(a)$ 在 $a = \frac{\pi}{2}$ 处取到最小

值,最小值为 $2\pi.$

6. 解　(1)设曲线 L 的方程为 $y = y(x)$,则由题设条件知 $y' - \frac{y}{x} = ax$,解此微分方程并由 $y(1) = 0$ 可

得到曲线 L 的方程为 $y = ax(x-1).$

(2) L 与直线 $y = ax$ 的交点为 $(2, 2a)$,于是由

$$\int_0^2 [ax - ax(ax - 1)]\mathrm{d}x = 8,$$

解得 $a = 6.$

7. 解　由旋转体的体积公式知 $V = \pi\int_0^{2\pi} a^3(1 - \cos\theta)^3\mathrm{d}\theta = 5\pi^2 a^3.$

8. 解　由弧长公式知

$$s = \int_0^\pi \sqrt{\rho^2(\varphi) + \rho'^2(\varphi)}\,\mathrm{d}\varphi = \int_0^\pi 4\mathrm{e}^{\sqrt{3}\varphi}\mathrm{d}\varphi = \frac{4}{\sqrt{3}}(\mathrm{e}^{\sqrt{3}\pi} - 1).$$

9. 解　由于 $x'(\varphi) = -3a\cos^2\varphi\sin\varphi, y'(\varphi) = 3a\sin^2\varphi\cos\varphi$,可得

$$\sqrt{x'^2(\varphi) + y'^2(\varphi)} = 3a|\sin\varphi\cos\varphi| \quad (0 \leqslant \varphi \leqslant 2\pi).$$

于是全长 $s = \int_0^{2\pi} 3a|\sin\varphi\cos\varphi|\,\mathrm{d}\varphi = \int_0^{\frac{\pi}{2}} 12a\sin\varphi\cos\varphi\mathrm{d}\varphi = 6a.$

10. 解　该曲线的弧长微元为

$$\mathrm{d}s = \sqrt{[x'(t)]^2 + [y'(t)]^2}\,\mathrm{d}t = \begin{cases} 3a\sin t\cos t\mathrm{d}t, \dfrac{\pi}{4} \leqslant t \leqslant \dfrac{\pi}{2}, \\ -3a\sin t\cos t\mathrm{d}t, \dfrac{\pi}{2} \leqslant t \leqslant \dfrac{3\pi}{4}. \end{cases}$$

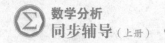

利用对称性,并做旋转,即得所求旋转曲面的表面积

$$S = 4\pi \left[\int_{\frac{\pi}{4}}^{\frac{\pi}{2}} \frac{xy}{\sqrt{2}} \sqrt{x_t'^2 + y_t'^2} \, dt + \int_{\frac{\pi}{2}}^{\frac{3\pi}{4}} \frac{y-x}{\sqrt{2}} \sqrt{x_t'^2 + y_t'^2} \, dt \right]$$

$$= \frac{4\pi}{\sqrt{2}} \left[\int_{\frac{\pi}{4}}^{\frac{\pi}{2}} (a\sin^3 t - a\cos^3 t) \, dt - \int_{\frac{\pi}{2}}^{\frac{3\pi}{4}} (a\sin^3 t - a\cos^3 t) 3a\sin t\cos t \, dt \right]$$

$$= \frac{12\pi a^2}{\sqrt{2}} \left[\left(\frac{1}{5}\sin^5 t + \frac{1}{5}\cos^5 t \right) \Big|_{\frac{\pi}{4}}^{\frac{\pi}{2}} - \left(\frac{1}{5}\sin^5 t + \frac{1}{5}\cos^5 t \right) \Big|_{\frac{\pi}{2}}^{\frac{3\pi}{4}} \right]$$

$$= \frac{3}{5}\pi a^2 (4\sqrt{2} - 1).$$

三、11. 证　(1) 由弧长公式得

$$s(t) = \int_0^t \sqrt{1 + \left(\frac{dy}{dx} \right)^2} \, dx = \int_0^t \sqrt{1 + \frac{1}{4}(e^{2x} + e^{-2x} - 2)^2} \, dx,$$

$$= \frac{1}{2} \int_0^t (e^x + e^{-x}) \, dx = \frac{1}{2}(e^t - e^{-t}).$$

由定积分的几何意义可得 $A(t) = \int_0^t y \, dx = \int_0^t \frac{1}{2}(e^x - e^{-x}) = \frac{1}{2}(e^t - e^{-t}) = s(t).$

(2) 旋转体体积为 $V(t) = \pi \int_0^t \frac{1}{4}(e^x + e^{-x})^2 \, dx = \frac{\pi}{8}(e^{2t} - e^{-2t}) + \frac{t\pi}{2}.$

侧面积为 $S(t) = 2\pi \int_0^t \frac{1}{2}(e^x + e^{-x}) \sqrt{1 + \left(\frac{dy}{dx} \right)^2} \, dx = \frac{\pi}{4}(e^{2t} - e^{-2t}) + t\pi$,所以 $S(t) = 2V(t)$.

(3) $x = t$ 处的截面面积为 $F(t) = \pi \left[\frac{1}{2}(e^t - e^{-t}) \right]^2 = \frac{\pi}{4}(e^{2t} + e^{-2t} - 2).$ 所以

$$\lim_{t \to +\infty} \frac{S(t)}{F(t)} = \lim_{t \to \infty} \frac{\frac{\pi}{4}(e^{2t} - e^{-2t}) + t\pi}{\frac{\pi}{4}(e^{2t} + e^{-2t}) + 2} = \lim_{t \to \infty} \frac{\frac{\pi}{4}(2e^{2t} - 2e^{-2t}) + \pi}{\frac{\pi}{4}(2e^{2t} + 2e^{-2t})} = 1.$$

第十一章 反常积分

一、 主要内容归纳

1. 无穷积分的定义　　设函数 f 定义在无穷区间 $[a, +\infty)$ 上,且在任何有限区间 $[a, u]$ 上可积.如果存在极限 $\lim\limits_{u \to +\infty} \int_a^u f(x)\mathrm{d}x = J$,则称此极限 J 为函数 f 在 $[a, +\infty)$ 上的**无穷限反常积分**(简称**无穷积分**),记作 $J = \int_a^{+\infty} f(x)\mathrm{d}x$,并称 $\int_a^{+\infty} f(x)\mathrm{d}x$ **收敛**.如果 $\lim\limits_{u \to +\infty} \int_a^u f(x)\mathrm{d}x$ 不存在,则称 $\int_a^{+\infty} f(x)\mathrm{d}x$ **发散**.

类似地,可定义 f 在 $(-\infty, b]$ 上的无穷积分:$\int_{-\infty}^b f(x)\mathrm{d}x = \lim\limits_{u \to -\infty} \int_u^b f(x)\mathrm{d}x$.

对于 f 在 $(-\infty, +\infty)$ 上的无穷积分,用前面两种无穷积分来定义:

$$\int_{-\infty}^{+\infty} f(x)\mathrm{d}x = \int_{-\infty}^a f(x)\mathrm{d}x + \int_a^{+\infty} f(x)\mathrm{d}x, \qquad \text{①}$$

其中 a 为任一实数,当且仅当右边两个无穷积分都收敛时,它才是收敛的.

注　无穷积分①的敛散性与收敛时的值,都和实数 a 的选取无关.

2. 瑕积分的定义　　设函数 f 定义在区间 $(a, b]$ 上,在点 a 的任一右邻域内无界,但在任何内闭区间 $[u, b] \subset (a, b]$ 上有界且可积.如果存在极限 $\lim\limits_{u \to a^+} \int_u^b f(x)\mathrm{d}x = J$,则称此极限为**无界函数** f 在 $(a, b]$ 上的反常积分,记作 $J = \int_a^b f(x)\mathrm{d}x$,并称**反常积分** $\int_a^b f(x)\mathrm{d}x$ **收敛**.若极限 $\lim\limits_{u \to a^+} \int_u^b f(x)\mathrm{d}x$ 不存在,则称反常积分 $\int_a^b f(x)\mathrm{d}x$ **发散**.

若被积函数 f 在点 a 近旁是无界的,则称点 a 为 f 的**瑕点**,无界函数反常积分 $\int_a^b f(x)\mathrm{d}x$ 又称为**瑕积分**.

类似地,可定义瑕点为 b 时的瑕积分:$\int_a^b f(x)\mathrm{d}x = \lim\limits_{u \to b^-} \int_a^u f(x)\mathrm{d}x$,其中 f 在 $[a, b)$ 有定义,在点 b 的任一左邻域内无界,在任何 $[a, u] \subset [a, b)$ 上可积.

若 f 的瑕点 $c \in (a, b)$,则定义瑕积分

$$\int_a^b f(x)\mathrm{d}x = \int_a^c f(x)\mathrm{d}x + \int_c^b f(x)\mathrm{d}x = \lim\limits_{u \to c^-} \int_a^u f(x)\mathrm{d}x + \lim\limits_{v \to c^+} \int_v^b f(x)\mathrm{d}x, \qquad \text{②}$$

其中 f 在 $[a, c) \bigcup (c, b]$ 上有定义,在点 c 的任一邻域内无界,在任何 $[a, u] \subset [a, c)$ 和 $[v, b] \subset (c, b]$ 上都可积.当且仅当②式右边两个瑕积分都收敛时,左边的瑕积分才收敛.

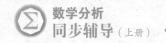

又若 a,b 两点都是 f 的瑕点，而 f 在任何 $[u,v] \subset (a,b)$ 上可积，这时定义瑕积分

$$\int_a^b f(x)\mathrm{d}x = \int_a^c f(x)\mathrm{d}x + \int_c^b f(x)\mathrm{d}x = \lim_{u \to a^+}\int_u^c f(x)\mathrm{d}x + \lim_{v \to b^-}\int_c^v f(x)\mathrm{d}x, \qquad ③$$

其中 c 为 (a,b) 内任一实数. 同样地，当且仅当③式右边两个瑕积分都收敛时，左边的瑕积分才收敛.

3. 两个重要结论

(1) 对于无穷积分 $\displaystyle\int_1^{+\infty} \frac{\mathrm{d}x}{x^p}$，当 $p > 1$ 时收敛；当 $p \leqslant 1$ 时发散.

(2) 对于瑕积分 $\displaystyle\int_a^b \frac{\mathrm{d}x}{(x-a)^p}$，当 $0 < p < 1$ 时收敛；当 $p \geqslant 1$ 时发散.

4. 无穷积分的性质

(1) **柯西准则**　无穷积分 $\displaystyle\int_a^{+\infty} f(x)\mathrm{d}x$ 收敛 $\Leftrightarrow \forall \varepsilon > 0, \exists G \geqslant a$，只要 $u_1, u_2 > G$，便有

$$\left| \int_a^{u_2} f(x)\mathrm{d}x - \int_a^{u_1} f(x)\mathrm{d}x \right| = \left| \int_{u_1}^{u_2} f(x)\mathrm{d}x \right| < \varepsilon.$$

(2) **线性性质**　若 $\displaystyle\int_a^{+\infty} f_1(x)\mathrm{d}x$ 与 $\displaystyle\int_a^{+\infty} f_2(x)\mathrm{d}x$ 都收敛，k_1, k_2 为任意常数，则

$$\int_a^{+\infty} [k_1 f_1(x) + k_2 f_2(x)]\mathrm{d}x$$

也收敛，且

$$\int_a^{+\infty} [k_1 f_1(x) + k_2 f_2(x)]\mathrm{d}x = k_1 \int_a^{+\infty} f_1(x)\mathrm{d}x + k_2 \int_a^{+\infty} f_2(x)\mathrm{d}x.$$

(3) **可加性**　若 f 在任何有限区间 $[a,u]$ 上可积，$a < b$，则 $\displaystyle\int_a^{+\infty} f(x)\mathrm{d}x$ 与 $\displaystyle\int_b^{+\infty} f(x)\mathrm{d}x$ 同

敛态（即同时收敛或同时发散），且有 $\displaystyle\int_a^{+\infty} f(x)\mathrm{d}x = \int_a^b f(x)\mathrm{d}x + \int_b^{+\infty} f(x)\mathrm{d}x.$

(4) **绝对收敛性**　若 f 在任何有限区间 $[a,u]$ 上可积，且 $\displaystyle\int_a^{+\infty} |f(x)|\mathrm{d}x$ 收敛，则

$\displaystyle\int_a^{+\infty} f(x)\mathrm{d}x$ 必收敛，且 $\left| \displaystyle\int_a^{+\infty} f(x)\mathrm{d}x \right| \leqslant \displaystyle\int_a^{+\infty} |f(x)|\mathrm{d}x.$

当 $\displaystyle\int_a^{+\infty} |f(x)|\mathrm{d}x$ 收敛时，称 $\displaystyle\int_a^{+\infty} f(x)\mathrm{d}x$ **绝对收敛**. 称收敛而不绝对收敛的无穷积分为

条件收敛.

5. 无穷积分的敛散判别法

(1) **比较原则**　设定义在 $[a,+\infty)$ 上的两个非负函数 f 和 g 都在任何有限区间 $[a,u]$ 上可积，且满足

$$f(x) \leqslant g(x), \quad x \in [a,+\infty),$$

则当 $\displaystyle\int_a^{+\infty} g(x)\mathrm{d}x$ 收敛时 $\displaystyle\int_a^{+\infty} f(x)\mathrm{d}x$ 必收敛（或者，当 $\displaystyle\int_a^{+\infty} f(x)\mathrm{d}x$ 发散时，$\displaystyle\int_a^{+\infty} g(x)\mathrm{d}x$ 必发散）.

(2) **比较判别法的极限形式**　若 f 和 g 都在任何 $[a,u]$ 上可积，当 $x \in [a,+\infty)$ 时，$f(x)$

$\geqslant 0, g(x) > 0,$ 且 $\lim\limits_{x \to +\infty} \dfrac{f(x)}{g(x)} = c,$ 则有

（ⅰ）当 $0 < c < +\infty$ 时，$\displaystyle\int_a^{+\infty} f(x) \mathrm{d}x$ 与 $\displaystyle\int_a^{+\infty} g(x) \mathrm{d}x$ 同敛态；

（ⅱ）当 $c = 0$ 时，由 $\displaystyle\int_a^{+\infty} g(x) \mathrm{d}x$ 收敛可推知 $\displaystyle\int_a^{+\infty} f(x) \mathrm{d}x$ 也收敛；

（ⅲ）当 $c = +\infty$ 时，由 $\displaystyle\int_a^{+\infty} g(x) \mathrm{d}x$ 发散可推知 $\displaystyle\int_a^{+\infty} f(x) \mathrm{d}x$ 也发散.

（3）**柯西判别法 I** 设 f 定义于 $[a, +\infty)$ $(a > 0),$ 且在任何有限区间 $[a, u]$ 上可积，则有

（ⅰ）当 $0 \leqslant f(x) \leqslant \dfrac{1}{x^p}, x \in [a, +\infty),$ 且 $p > 1$ 时，$\displaystyle\int_a^{+\infty} f(x) \mathrm{d}x$ 收敛；

（ⅱ）当 $f(x) \geqslant \dfrac{1}{x^p}, x \in [a, +\infty),$ 且 $p \leqslant 1$ 时，$\displaystyle\int_a^{+\infty} f(x) \mathrm{d}x$ 发散.

（4）**柯西判别法 II** 设 f 是定义于 $[a, +\infty)$ 上的非负函数，在任何有限区间 $[a, u]$ 上可积，且 $\lim\limits_{x \to +\infty} x^p f(x) = \lambda,$ 则有

（ⅰ）当 $p > 1, 0 \leqslant \lambda < +\infty$ 时，$\displaystyle\int_a^{+\infty} f(x) \mathrm{d}x$ 收敛；

（ⅱ）当 $p \leqslant 1, 0 < \lambda \leqslant +\infty$ 时，$\displaystyle\int_a^{+\infty} f(x) \mathrm{d}x$ 发散.

（5）**狄利克雷判别法** 若 $F(u) = \displaystyle\int_a^u f(x) \mathrm{d}x$ 在 $[a, +\infty)$ 上有界，$g(x)$ 在 $[a, +\infty)$ 上当 $x \to +\infty$ 时单调趋于 $0,$ 则 $\displaystyle\int_a^{+\infty} f(x) g(x) \mathrm{d}x$ 收敛.

（6）**阿贝尔判别法** 若 $\displaystyle\int_a^{+\infty} f(x) \mathrm{d}x$ 收敛，$g(x)$ 在 $[a, +\infty)$ 上单调有界，则 $\displaystyle\int_a^{+\infty} f(x) g(x) \mathrm{d}x$ 收敛.

6. 瑕积分的性质

（1）**柯西准则** 瑕积分 $\displaystyle\int_a^b f(x) \mathrm{d}x$ （瑕点为 a）收敛 $\Leftrightarrow \forall \varepsilon > 0, \exists \delta > 0,$ 只要 $u_1, u_2 \in (a, a + \delta),$ 总有

$$\left| \int_{u_1}^b f(x) \mathrm{d}x - \int_{u_2}^b f(x) \mathrm{d}x \right| = \left| \int_{u_1}^{u_2} f(x) \mathrm{d}x \right| < \varepsilon.$$

（2）**线性性质** 设函数 f_1 与 f_2 的瑕点同为 $x = a, k_1, k_2$ 为常数，则当 $\displaystyle\int_a^b f_1(x) \mathrm{d}x$ 与 $\displaystyle\int_a^b f_2(x) \mathrm{d}x$ 都收敛时，$\displaystyle\int_a^b [k_1 f_1(x) + k_2 f_2(x)] \mathrm{d}x$ 必定收敛，并有

$$\int_a^b [k_1 f_1(x) + k_2 f_2(x)] \mathrm{d}x = k_1 \int_a^b f_1(x) \mathrm{d}x + k_2 \int_a^b f_2(x) \mathrm{d}x.$$

（3）**可加性** 设函数 f 的瑕点 $x = a, c \in (a, b)$ 为任一常数，则瑕积分 $\displaystyle\int_a^b f(x) \mathrm{d}x$ 与 $\displaystyle\int_a^c f(x) \mathrm{d}x$ 同敛态，并有 $\displaystyle\int_a^b f(x) \mathrm{d}x = \int_a^c f(x) \mathrm{d}x + \int_c^b f(x) \mathrm{d}x,$ 其中 $\displaystyle\int_c^b f(x) \mathrm{d}x$ 为定积分.

（4）绝对收敛性　设函数 f 的瑕点为 $x=a$，f 在 $(a,b]$ 的任一内闭区间 $[u,b]$ 上可积，则当 $\displaystyle\int_a^b |f(x)|\,\mathrm{d}x$ 收敛时，$\displaystyle\int_a^b f(x)\,\mathrm{d}x$ 也收敛，且 $\displaystyle\left| \int_a^b f(x)\,\mathrm{d}x \right| \leqslant \int_a^b |f(x)|\,\mathrm{d}x$.

同样地，当 $\displaystyle\int_a^b |f(x)|\,\mathrm{d}x$ 收敛时，称 $\displaystyle\int_a^b f(x)\,\mathrm{d}x$ **绝对收敛**. 称收敛而不绝对收敛的瑕积分**条件收敛**.

7. 瑕积分的敛散判别法

（1）比较原则　设定义在 $(a,b]$ 上的两个非负函数 f 和 g，瑕点同为 $x=a$，在任何 $[u,b]$ $\subset(a,b]$ 上都可积，且满足

$$f(x)\leqslant g(x), \quad x\in(a,b],$$

则当 $\displaystyle\int_a^b g(x)\,\mathrm{d}x$ 收敛时，$\displaystyle\int_a^b f(x)\,\mathrm{d}x$ 必定收敛（或者当 $\displaystyle\int_a^b f(x)\,\mathrm{d}x$ 发散时，$\displaystyle\int_a^b g(x)\,\mathrm{d}x$ 亦必发散）.

（2） 设定义在 $(a,b]$ 上的两个函数 f 与 g，瑕点同为 $x=a$，在任何 $[u,b]\subset(a,b]$ 上都可积，又若 $f(x)\geqslant0$，$g(x)>0$，且 $\displaystyle\lim_{x\to a^+}\frac{f(x)}{g(x)}=c$，则有

（ⅰ）当 $0<c<+\infty$ 时，$\displaystyle\int_a^b f(x)\,\mathrm{d}x$ 与 $\displaystyle\int_a^b g(x)\,\mathrm{d}x$ 同敛态；

（ⅱ）当 $c=0$ 时，由 $\displaystyle\int_a^b g(x)\,\mathrm{d}x$ 收敛可推知 $\displaystyle\int_a^b f(x)\,\mathrm{d}x$ 也收敛；

（ⅲ）当 $c=+\infty$ 时，由 $\displaystyle\int_a^b g(x)\,\mathrm{d}x$ 发散可推知 $\displaystyle\int_a^b f(x)\,\mathrm{d}x$ 也发散.

（3） 设 f 定义于 $(a,b]$，a 为瑕点，且在任何 $[u,b]\subset(a,b]$ 上可积，则有

（ⅰ）当 $0\leqslant f(x)\leqslant\dfrac{1}{(x-a)^p}$，且 $0<p<1$ 时，$\displaystyle\int_a^b f(x)\,\mathrm{d}x$ 收敛；

（ⅱ）当 $f(x)\geqslant\dfrac{1}{(x-a)^p}$，且 $p\geqslant1$ 时，$\displaystyle\int_a^b f(x)\,\mathrm{d}x$ 发散.

（4） 设 f 是定义在 $(a,b]$ 上的非负函数，a 为瑕点，且在任何 $[u,b]\subset(a,b]$ 上可积，如果 $\displaystyle\lim_{x\to a^+}(x-a)^p f(x)=\lambda$，则有

（ⅰ）当 $0<p<1$，$0\leqslant\lambda<+\infty$ 时，$\displaystyle\int_a^b f(x)\,\mathrm{d}x$ 收敛；

（ⅱ）当 $p\geqslant1$，$0<\lambda\leqslant+\infty$ 时，$\displaystyle\int_a^b f(x)\,\mathrm{d}x$ 发散.

（5）狄利克雷判别法　若 $F(u)=\displaystyle\int_u^b f(x)\,\mathrm{d}x$ 在 $(a,b]$ 上有界，$g(x)$ 在 (a,b) 上单调且 $\displaystyle\lim_{x\to a^+}g(x)=0$，则 $\displaystyle\int_a^b f(x)g(x)\,\mathrm{d}x$ 收敛.

（6）阿贝尔判别法　若以 a 为瑕点的瑕积分 $\displaystyle\int_a^b f(x)\,\mathrm{d}x$ 收敛，$g(x)$ 在 $(a,b]$ 上单调有界，则 $\displaystyle\int_a^b f(x)g(x)\,\mathrm{d}x$ 收敛.

二、 经典例题解析及解题方法总结

【例1】 (1)已知 $\int_0^{+\infty} e^{-x^2}dx = \dfrac{\sqrt{\pi}}{2}$，求 $\int_0^{+\infty} \dfrac{e^{-x}-e^{-\sqrt{x}}}{\sqrt{x}}dx$；

(2)已知 $\int_0^{+\infty} \dfrac{\sin x}{x}dx = \dfrac{\pi}{2}$，求 $\int_0^{+\infty} \dfrac{\sin^2 x}{x^2}dx$.

解 (1) $\int_0^{+\infty} \dfrac{e^{-x}-e^{-\sqrt{x}}}{\sqrt{x}}dx = \int_0^{+\infty} \dfrac{e^{-x}}{\sqrt{x}}dx - \int_0^{+\infty} \dfrac{e^{-\sqrt{x}}}{\sqrt{x}}dx$，

又 $\int_0^{+\infty} \dfrac{e^{-x}}{\sqrt{x}}dx = \int_0^{+\infty} \dfrac{e^{-(\sqrt{x})^2}}{\sqrt{x}}dx \xlongequal{\sqrt{x}=t} 2\int_0^{+\infty} e^{-t^2}dt = \sqrt{\pi}$，

$\int_0^{+\infty} \dfrac{e^{-\sqrt{x}}}{\sqrt{x}}dx = \lim_{u\to+\infty}\int_0^u \dfrac{e^{-\sqrt{x}}}{\sqrt{x}}dx = \lim_{u\to+\infty} 2\int_0^u e^{-\sqrt{x}}d\sqrt{x} = \lim_{u\to+\infty}(-2e^{-\sqrt{x}})\Big|_0^u = 2$.

故 $\int_0^{+\infty} \dfrac{e^{-x}-e^{-\sqrt{x}}}{\sqrt{x}}dx = \sqrt{\pi}-2$.

(2) $\int_0^{+\infty} \dfrac{\sin^2 x}{x^2}dx = -\int_0^{+\infty} \sin^2 x\, d\left(\dfrac{1}{x}\right) = -\dfrac{\sin^2 x}{x}\Big|_0^{+\infty} + \int_0^{+\infty} \dfrac{2\sin x\cos x}{x}dx$

$= \int_0^{+\infty} \dfrac{\sin 2x}{x}dx \xlongequal{t=2x} \int_0^{+\infty} \dfrac{\sin t}{\frac{1}{2}t} \cdot \dfrac{1}{2}dt = \int_0^{+\infty} \dfrac{\sin t}{t}dt = \dfrac{\pi}{2}$.

【例2】 计算下列广义积分.

(1) $\int_1^{+\infty} \dfrac{dx}{x\sqrt{x^2-1}}$；   (2) $\int_2^{+\infty} \dfrac{dx}{(x+7)\sqrt{x-2}}$；   (3) $\int_1^{+\infty} \dfrac{dx}{e^{1+x}+e^{3-x}}$；

(4) $\int_1^{+\infty} \dfrac{\arctan x}{x^2}dx$；   (5) $\int_0^{+\infty} \dfrac{xe^{-x}}{(1+e^{-x})^2}dx$；   (6) $\int_0^{+\infty} \dfrac{dx}{1+x^4}$.

解 (1) $\int_1^{+\infty} \dfrac{dx}{x\sqrt{x^2-1}} = \lim_{u\to+\infty}\int_1^u \dfrac{dx}{x\sqrt{x^2-1}} = \lim_{u\to+\infty}\int_1^u \dfrac{-1}{\sqrt{1-\frac{1}{x^2}}}d\left(\dfrac{1}{x}\right)$

$= \lim_{u\to+\infty}\left(-\arcsin\dfrac{1}{x}\right)\Big|_1^u = \lim_{u\to+\infty}\left(-\arcsin\dfrac{1}{u}\right) + \dfrac{\pi}{2} = \dfrac{\pi}{2}$.

(2) $\int_2^{+\infty} \dfrac{dx}{(x+7)\sqrt{x-2}} \xlongequal{\sqrt{x-2}=t} \int_0^{+\infty} \dfrac{2dt}{t^2+9} = \dfrac{2}{3}\arctan\dfrac{t}{3}\Big|_0^{+\infty} = \dfrac{\pi}{3}$.

(3) $\int_1^{+\infty} \dfrac{dx}{e^{1+x}+e^{3-x}} = \int_1^{+\infty} \dfrac{e^{x-3}}{e^{2(x-1)}+1}dx = e^{-2}\int_1^{+\infty} \dfrac{d(e^{x-1})}{1+e^{2(x-1)}} = e^{-2}\cdot\arctan e^{x-1}\Big|_1^{+\infty}$

$= e^{-2}\left(\dfrac{\pi}{2}-\dfrac{\pi}{4}\right) = \dfrac{\pi}{4}e^{-2}$.

(4) $\int_1^{+\infty} \dfrac{\arctan x}{x^2}dx = -\int_1^{+\infty} \arctan x\, d\left(\dfrac{1}{x}\right) = -\dfrac{1}{x}\arctan x\Big|_1^{+\infty} + \int_1^{+\infty} \dfrac{1}{x(1+x^2)}dx$

$= \dfrac{\pi}{4} + \lim_{u\to+\infty}\int_1^u \left(\dfrac{1}{x}-\dfrac{x}{1+x^2}\right)dx = \dfrac{\pi}{4} + \lim_{u\to+\infty}\Big[\ln u - \dfrac{1}{2}\ln(1+u^2)$

$+\dfrac{1}{2}\ln 2\Big]$

$$= \frac{\pi}{4} + \frac{1}{2} \ln 2 + \lim_{u \to +\infty} \ln \frac{u}{\sqrt{1+u^2}} = \frac{\pi}{4} + \frac{1}{2} \ln 2.$$

(5) $\displaystyle\int_0^{+\infty} \frac{x e^{-x}}{(1+e^{-x})^2} dx = \int_0^{+\infty} \frac{x e^x}{(1+e^x)^2} dx = \int_0^{+\infty} x \, d\left(\frac{-1}{1+e^x}\right)$

$$= -\frac{x}{1+e^x}\bigg|_0^{+\infty} + \int_0^{+\infty} \frac{1}{1+e^x} dx = \int_0^{+\infty} \frac{dx}{1+e^x}.$$

令 $e^x = t$, 则 $dx = \dfrac{1}{t} dt$, 于是

$$\int_0^{+\infty} \frac{x e^{-x}}{(1+e^{-x})^2} dx = \int_1^{+\infty} \frac{dt}{t(1+t)} = \int_1^{+\infty} \left(\frac{1}{t} - \frac{1}{t+1}\right) dt = \ln \frac{t}{1+t}\bigg|_1^{+\infty} = \ln 2.$$

(6) $\displaystyle\int_0^{+\infty} \frac{dx}{1+x^4} \xlongequal{t=\frac{1}{x}} \int_{+\infty}^0 \frac{1}{1+\frac{1}{t^4}} \left(-\frac{1}{t^2}\right) dt = \int_0^{+\infty} \frac{t^2}{1+t^4} dt = \int_0^{+\infty} \frac{x^2}{1+x^4} dx.$

$$\int_0^{+\infty} \frac{dx}{1+x^4} = \frac{1}{2} \left(\int_0^{+\infty} \frac{dx}{1+x^4} + \int_0^{+\infty} \frac{x^2}{1+x^4} dx\right) = \frac{1}{2} \int_0^{+\infty} \frac{1+x^2}{1+x^4} dx$$

$$= \frac{1}{2} \int_0^{+\infty} \frac{\frac{1}{x^2}+1}{\frac{1}{x^2}+x^2} dx = \frac{1}{2} \int_0^{+\infty} \frac{1}{\left(x-\frac{1}{x}\right)^2+2} d\left(x-\frac{1}{x}\right) = \frac{1}{2\sqrt{2}} \arctan \frac{x-\frac{1}{x}}{\sqrt{2}}\bigg|_0^{+\infty}$$

$$= \frac{\pi}{2\sqrt{2}}.$$

【例3】 计算下列瑕积分：

(1) $\displaystyle\int_0^1 \frac{x \, dx}{(2-x^2)\sqrt{1-x^2}}$; (2) $\displaystyle\int_{\frac{1}{2}}^{\frac{3}{2}} \frac{dx}{\sqrt{|x-x^2|}}$.

解 (1) $\displaystyle\int_0^1 \frac{x \, dx}{(2-x^2)\sqrt{1-x^2}} = \lim_{\varepsilon \to 0^+} \int_0^{1-\varepsilon} \frac{x \, dx}{(2-x^2)\sqrt{1-x^2}}$

$$\xlongequal{x=\sin t} \lim_{\varepsilon_1 \to 0^+} \int_0^{\frac{\pi}{2}-\varepsilon_1} \frac{\sin t \cos t \, dt}{(2-\sin^2 t) \cos t}$$

$$= \int_0^{\frac{\pi}{2}} \frac{\sin t}{1+\cos^2 t} dt$$

$$= -\int_0^{\frac{\pi}{2}} \frac{d(\cos t)}{1+\cos^2 t} = -\arctan(\cos t)\bigg|_0^{\frac{\pi}{2}} = \frac{\pi}{4}.$$

(2) $\displaystyle\int_{\frac{1}{2}}^{\frac{3}{2}} \frac{dx}{\sqrt{|x-x^2|}} = \int_{\frac{1}{2}}^1 \frac{dx}{\sqrt{x-x^2}} + \int_1^{\frac{3}{2}} \frac{dx}{\sqrt{x^2-x}}.$

由于 $\displaystyle\int_{\frac{1}{2}}^1 \frac{dx}{\sqrt{x-x^2}} = \lim_{u \to 0^+} \int_{\frac{1}{2}}^{1-u} \frac{dx}{\sqrt{\frac{1}{4}-\left(x-\frac{1}{2}\right)^2}} = \lim_{u \to 0^+} \arcsin(2x-1)\bigg|_{\frac{1}{2}}^{1-u} = \frac{\pi}{2}$,

$$\int_1^{\frac{3}{2}} \frac{dx}{\sqrt{x^2-x}} = \lim_{v \to 0^+} \int_{1+v}^{\frac{3}{2}} \frac{dx}{\sqrt{\left(x-\frac{1}{2}\right)^2 - \frac{1}{4}}}$$

$$= \lim_{v \to 0^+} \ln \left[\left(x - \frac{1}{2} \right) + \sqrt{ \left(x - \frac{1}{2} \right)^2 - \frac{1}{4} } \right] \Big|_{1+v}^{\frac{3}{2}} = \ln(2 + \sqrt{3}).$$

因此 $\int_{\frac{1}{2}}^{\frac{3}{2}} \frac{\mathrm{d}x}{\sqrt{|x - x^2|}} = \frac{\pi}{2} + \ln(2 + \sqrt{3})$.

● **方法总结** ....

　　计算收敛的反常积分,可按计算定积分一样的方法进行,只需在无穷远点或无界点处取极限即可.

【例4】　证明:若 f 在 $(-\infty, +\infty)$ 上连续,且 $\int_{-\infty}^{+\infty} f(x)\mathrm{d}x$ 收敛,则 $\forall x \in (-\infty, +\infty)$,有

$$\frac{\mathrm{d}}{\mathrm{d}x} \int_{-\infty}^{x} f(t)\mathrm{d}t = f(x), \quad \frac{\mathrm{d}}{\mathrm{d}x} \int_{x}^{+\infty} f(t)\mathrm{d}t = -f(x).$$

　　证　对 $\forall a \in \mathbf{R}$,由条件知 $\int_{-\infty}^{a} f(x)\mathrm{d}x = J_1$,$\int_{a}^{+\infty} f(x)\mathrm{d}x = J_2$ 都存在,由于 f 在 $(-\infty, +\infty)$ 上连续,于是

$$\frac{\mathrm{d}}{\mathrm{d}x} \int_{-\infty}^{x} f(t)\mathrm{d}t = \frac{\mathrm{d}}{\mathrm{d}x} \left(J_1 + \int_{a}^{x} f(t)\mathrm{d}t \right) = f(x),$$

$$\frac{\mathrm{d}}{\mathrm{d}x} \int_{x}^{+\infty} f(t)\mathrm{d}t = \frac{\mathrm{d}}{\mathrm{d}x} \left(\int_{x}^{a} f(t)\mathrm{d}t + J_2 \right) = -f(x).$$

【例5】　设函数 $f(x)$ 的瑕点为 $x = a$,$f(x)$ 在 (a, b) 的任一内闭区间 $[u, b]$ 上可积,则当 $\int_{a}^{b} |f(x)|\mathrm{d}x$ 收敛时,$\int_{a}^{b} f(x)\mathrm{d}x$ 也收敛,并有 $\left| \int_{a}^{b} f(x)\mathrm{d}x \right| \leqslant \int_{a}^{b} |f(x)|\mathrm{d}x$.

　　证　由于瑕积分 $\int_{a}^{b} |f(x)|\mathrm{d}x$ 在瑕点 $x = a$ 处收敛,由柯西准则知,$\forall \varepsilon > 0$,$\exists \delta > 0$,当 $u_1, u_2 \in (a, a + \delta)$ 时,有 $\left| \int_{u_1}^{u_2} |f(x)|\mathrm{d}x \right| < \varepsilon$.

　　又 $f(x)$ 在 (a, b) 的任一内闭区间 $[u, b]$ 上可积,由定积分的绝对不等式有

$$\left| \int_{u_1}^{u_2} f(x)\mathrm{d}x \right| \leqslant \left| \int_{u_1}^{u_2} |f(x)|\mathrm{d}x \right| < \varepsilon,$$

从而由柯西准则知,$\int_{a}^{b} f(x)\mathrm{d}x$ 收敛.又 $\left| \int_{a+\delta}^{b} f(x)\mathrm{d}x \right| \leqslant \int_{a+\delta}^{b} |f(x)|\mathrm{d}x$,令 $\delta \to 0^+$,得

$$\left| \int_{a}^{b} f(x)\mathrm{d}x \right| \leqslant \int_{a}^{b} |f(x)|\mathrm{d}x.$$

【例6】　讨论下列瑕积分的敛散性:

(1) $\int_{0}^{\frac{\pi}{2}} \frac{\mathrm{d}x}{\sin^p x \cos^q x}$;　(2) $\int_{0}^{1} \frac{x^a \mathrm{d}x}{\sqrt{1 - x^2}}$;　(3) $\int_{0}^{1} \frac{\mathrm{d}x}{\sqrt[3]{x}(1 - x)^2}$;　(4) $\int_{0}^{\frac{\pi}{2}} \frac{\ln \sin x}{\sqrt{x}}\mathrm{d}x$.

　　解　(1) $x = 0$,$x = \frac{\pi}{2}$ 是瑕点,将原积分写为

$$\int_{0}^{\frac{\pi}{2}} \frac{\mathrm{d}x}{\sin^p x \cos^q x} = \int_{0}^{\frac{\pi}{4}} \frac{\mathrm{d}x}{\sin^p x \cos^q x} + \int_{\frac{\pi}{4}}^{\frac{\pi}{2}} \frac{\mathrm{d}x}{\sin^p x \cos^q x}.$$

对 $\int_0^{\frac{\pi}{4}} \dfrac{\mathrm{d}x}{\sin^p x \cos^q x}$，当 $p>0$ 时 $x=0$ 为瑕点，为瑕积分，又 $\lim\limits_{x\to 0^+} \dfrac{\frac{1}{\sin^p x \cos^q x}}{\frac{1}{x^p}}=1$，且 $\int_0^{\frac{\pi}{4}} \dfrac{\mathrm{d}x}{x^p}$ 当

$0<p<1$时收敛，当 $p\geqslant 1$ 时发散．所以 $\int_0^{\frac{\pi}{4}} \dfrac{\mathrm{d}x}{\sin^p x \cos^q x}$ 当 $0<p<1$ 时收敛，当 $p\geqslant 1$ 时发散．

对 $\int_{\frac{\pi}{4}}^{\frac{\pi}{2}} \dfrac{\mathrm{d}x}{\sin^p x \cos^q x}$，当 $q>0$ 时 $x=\dfrac{\pi}{2}$ 为瑕点，为瑕积分，又 $\lim\limits_{x\to (\frac{\pi}{2})^-} \dfrac{\frac{1}{\sin^p x \cos^q x}}{\frac{1}{\left(\frac{\pi}{2}-x\right)^q}}=1$，且

$\int_{\frac{\pi}{4}}^{\frac{\pi}{2}} \dfrac{\mathrm{d}x}{\left(\frac{\pi}{2}-x\right)^q}$ 当 $0<q<1$ 时收敛，当 $q\geqslant 1$ 时发散．所以 $\int_{\frac{\pi}{4}}^{\frac{\pi}{2}} \dfrac{\mathrm{d}x}{\sin^p x \cos^q x}$ 当 $0<q<1$ 时收敛，当

$q\geqslant 1$时发散．

综上所述，$\int_0^{\frac{\pi}{2}} \dfrac{\mathrm{d}x}{\sin^p x \cos^q x}$ 当 $p<1$ 且 $q<1$ 时收敛．

（2）$x=0$，$x=1$ 是瑕点，将原积分写为 $\int_0^1 \dfrac{x^\alpha \mathrm{d}x}{\sqrt{1-x^2}}=\int_0^{\frac{1}{2}} \dfrac{x^\alpha \mathrm{d}x}{\sqrt{1-x^2}}+\int_{\frac{1}{2}}^1 \dfrac{x^\alpha \mathrm{d}x}{\sqrt{1-x^2}}$．

对 $\int_0^{\frac{1}{2}} \dfrac{x^\alpha \mathrm{d}x}{\sqrt{1-x^2}}$，因为 $\lim\limits_{x\to 0^+} x^{-\alpha}\cdot\dfrac{x^\alpha}{\sqrt{1-x^2}}=1$，所以当 $\alpha>-1$ 时积分收敛，当 $\alpha\leqslant -1$ 时积

分发散．

对 $\int_{\frac{1}{2}}^1 \dfrac{x^\alpha \mathrm{d}x}{\sqrt{1-x^2}}$，因为 $\lim\limits_{x\to 1^-} \sqrt{1-x}\cdot\dfrac{x^\alpha}{\sqrt{1-x^2}}=\lim\limits_{x\to 1^-} \dfrac{x^\alpha}{\sqrt{1+x}}=\dfrac{\sqrt{2}}{2}$ 在 α 为任意值时均成立，

从而 $\int_{\frac{1}{2}}^1 \dfrac{x^\alpha \mathrm{d}x}{\sqrt{1-x^2}}$对任意 α 收敛．

综上所述，当 $\alpha>-1$ 时，$\int_0^1 \dfrac{x^\alpha \mathrm{d}x}{\sqrt{1-x^2}}$收敛．

（3）$x=0$，$x=1$ 是瑕点，将原积分写为 $\int_0^1 \dfrac{\mathrm{d}x}{\sqrt[3]{x}(1-x)^2}=\int_0^{\frac{1}{2}} \dfrac{\mathrm{d}x}{\sqrt[3]{x}(1-x)^2}+\int_{\frac{1}{2}}^1 \dfrac{\mathrm{d}x}{\sqrt[3]{x}(1-x)^2}$．

对 $\int_0^{\frac{1}{2}} \dfrac{\mathrm{d}x}{\sqrt[3]{x}(1-x)^2}$，由于 $\lim\limits_{x\to 0^+} \sqrt[3]{x}\cdot\dfrac{1}{\sqrt[3]{x}(1-x)^2}=1$，而 $\int_0^{\frac{1}{2}} \dfrac{1}{\sqrt[3]{x}}$ 收敛，所以 $\int_0^{\frac{1}{2}} \dfrac{\mathrm{d}x}{\sqrt[3]{x}(1-x)^2}$

收敛．

对 $\int_{\frac{1}{2}}^1 \dfrac{\mathrm{d}x}{\sqrt[3]{x}(1-x)^2}$，由于 $\lim\limits_{x\to 1^-} (1-x)^2\cdot\dfrac{1}{\sqrt[3]{x}(1-x)^2}=1$，但 $\int_{\frac{1}{2}}^1 \dfrac{\mathrm{d}x}{(1-x)^2}$ 发散，所以

$\int_{\frac{1}{2}}^1 \dfrac{\mathrm{d}x}{\sqrt[3]{x}(1-x)^2}$发散．

综上所述，$\int_0^1 \dfrac{\mathrm{d}x}{\sqrt[3]{x}(1-x)^2}$发散．

（4）$x=0$ 是瑕点，又

$$\lim_{x\to0^+}\frac{\ln\sin x}{\sqrt{x}}\cdot x^{\frac{2}{3}}=\lim_{x\to0^+}x^{\frac{1}{6}}\cdot\ln\sin x=\lim_{x\to0^+}\frac{\ln\sin x}{x^{-\frac{1}{6}}}=\lim_{x\to0^+}\frac{6x^{\frac{7}{6}}\cos x}{\sin x}=0.$$

而 $\int_0^{\frac{\pi}{2}}\frac{\mathrm{d}x}{x^{\frac{2}{3}}}$ 收敛,所以 $\int_0^{\frac{\pi}{2}}\frac{\ln\sin x}{\sqrt{x}}\mathrm{d}x$ 收敛.

【例7】 计算下列无穷积分:

(1) $I_n=\int_0^{+\infty}\mathrm{e}^{-x}x^n\mathrm{d}x\quad(n\in\mathbf{N}_+)$;   (2) $I_n=\int_0^{+\infty}\frac{\mathrm{d}x}{(x^2+a^2)^n}\quad(n\in\mathbf{N}_+)$;

(3) $\int_0^{+\infty}\frac{\mathrm{d}x}{1+x+x^2}$;   (4) $\int_{-\infty}^{+\infty}(|x|+x)\mathrm{e}^{-|x|}\mathrm{d}x$;

(5) $\int_1^{+\infty}\frac{\mathrm{d}x}{x\sqrt{1+x^5+x^{10}}}$;   (6) $\int_0^{+\infty}\frac{\mathrm{d}x}{x^3+1}$.

解 (1) $I_n=\lim_{A\to+\infty}\int_0^A\mathrm{e}^{-x}x^n\mathrm{d}x=\lim_{A\to+\infty}(-\mathrm{e}^{-x}x^n)\Big|_0^A+\lim_{A\to+\infty}n\int_0^A\mathrm{e}^{-x}x^{n-1}\mathrm{d}x$

$$=\lim_{A\to+\infty}n\int_0^A\mathrm{e}^{-x}x^{n-1}\mathrm{d}x=nI_{n-1}.$$

依次递推,即得 $I_n=\int_0^{+\infty}\mathrm{e}^{-x}x^n\mathrm{d}x=n!$.

(2) $I_1=\int_0^{+\infty}\frac{\mathrm{d}x}{x^2+a^2}=\lim_{A\to+\infty}\int_0^A\frac{\mathrm{d}x}{x^2+a^2}=\lim_{A\to+\infty}\frac{1}{a}\arctan\frac{x}{a}\Big|_0^A=\frac{\pi}{2a}$.

当 $n\geqslant2$ 时,

$$\int\frac{\mathrm{d}x}{(x^2+a^2)^n}=\frac{1}{a^2}\int\frac{x^2+a^2-x^2}{(x^2+a^2)^n}\mathrm{d}x=\frac{1}{a^2}\int\frac{\mathrm{d}x}{(x^2+a^2)^{n-1}}+\frac{1}{a^2}\int\frac{-x^2}{(x^2+a^2)^n}\mathrm{d}x$$

$$=\frac{1}{a^2}\int\frac{\mathrm{d}x}{(x^2+a^2)^{n-1}}+\frac{1}{2a^2(n-1)}\int x\mathrm{d}\Big[\frac{1}{(x^2+a^2)^{n-1}}\Big]$$

$$=\Big[\frac{1}{a^2}-\frac{1}{2a^2(n-1)}\Big]\int\frac{\mathrm{d}x}{(x^2+a^2)^{n-1}}+\frac{1}{2a^2(n-1)}\cdot\frac{x}{(x^2+a^2)^{n-1}}.$$

于是 $I_n=\lim_{A\to+\infty}\int_0^A\frac{\mathrm{d}x}{(x^2+a^2)^n}=\frac{1}{a^2}\cdot\frac{2n-3}{2n-2}I_{n-1}=\Big(\frac{1}{a^2}\cdot\frac{2n-3}{2n-2}\Big)\cdot\Big(\frac{1}{a^2}\cdot\frac{2n-5}{2n-4}\Big)I_{n-2}=\cdots$

$$=\frac{1}{a^{2(n-1)}}\cdot\frac{(2n-3)!!}{(2n-2)!!}I_1=\frac{\pi}{2a^{2n-1}}\cdot\frac{(2n-3)!!}{(2n-2)!!}.$$

(3) 由于 $\int\frac{\mathrm{d}x}{1+x+x^2}=\int\frac{\mathrm{d}\left(x+\frac{1}{2}\right)}{\left(x+\frac{1}{2}\right)^2+\left(\frac{\sqrt{3}}{2}\right)^2}=\frac{2}{\sqrt{3}}\arctan\frac{x+\frac{1}{2}}{\frac{\sqrt{3}}{2}}+C$.

所以 $\int_0^{+\infty}\frac{\mathrm{d}x}{1+x+x^2}=\lim_{A\to+\infty}\int_0^A\frac{\mathrm{d}x}{1+x+x^2}=\lim_{A\to+\infty}\frac{2}{\sqrt{3}}\arctan\frac{x+\frac{1}{2}}{\frac{\sqrt{3}}{2}}\Big|_0^A=\frac{2\sqrt{3}}{9}\pi$.

(4) $\int_{-\infty}^{+\infty}(|x|+x)\mathrm{e}^{-|x|}\mathrm{d}x=\int_{-\infty}^0(-x+x)\mathrm{e}^x\mathrm{d}x+\int_0^{+\infty}(x+x)\mathrm{e}^{-x}\mathrm{d}x=2\int_0^{+\infty}x\mathrm{e}^{-x}\mathrm{d}x$

$$=-2\int_0^{+\infty}x\mathrm{d}(\mathrm{e}^{-x})=-\lim_{A\to+\infty}2(x\mathrm{e}^{-x}+\mathrm{e}^{-x})\Big|_0^A=2.$$

(5) $\displaystyle\int_1^{+\infty}\frac{\mathrm{d}x}{x\sqrt{1+x^5+x^{10}}}\xlongequal{x=\frac{1}{t}}\int_1^0\frac{1}{\frac{1}{t}\sqrt{1+\frac{1}{t^5}+\frac{1}{t^{10}}}}\cdot\frac{-\mathrm{d}t}{t^2}=\int_0^1\frac{t^4\mathrm{d}t}{\sqrt{t^{10}+t^5+1}}$

$\qquad\qquad\xlongequal{u=t^5}\frac{1}{5}\int_0^1\frac{\mathrm{d}u}{\sqrt{u^2+u+1}}=\frac{1}{5}\int_0^1\frac{\mathrm{d}\left(u+\frac{1}{2}\right)}{\sqrt{\left(u+\frac{1}{2}\right)^2+\frac{3}{4}}}$

$\qquad\qquad=\frac{1}{5}\ln\left(u+\frac{1}{2}+\sqrt{u^2+u+1}\right)\Big|_0^1=\frac{1}{5}\ln\left(1+\frac{2}{3}\sqrt{3}\right).$

(6) 因为 $\dfrac{1}{x^3+1}=\dfrac{1}{3(x+1)}-\dfrac{x-2}{3(x^2-x+1)}$，所以

$$\int\frac{1}{x^3+1}\mathrm{d}x=\int\left[\frac{1}{3(x+1)}-\frac{x-2}{3(x^2-x+1)}\right]\mathrm{d}x=\frac{1}{6}\ln\frac{(x+1)^2}{x^2-x+1}+\frac{1}{\sqrt{3}}\arctan\frac{2x-1}{\sqrt{3}}+C.$$

从而有 $\displaystyle\int_0^{+\infty}\frac{\mathrm{d}x}{1+x^3}=\lim_{A\to+\infty}\int_0^A\frac{\mathrm{d}x}{1+x^3}=\lim_{A\to+\infty}\left[\frac{1}{6}\ln\frac{(x+1)^2}{x^2-x+1}+\frac{1}{\sqrt{3}}\arctan\frac{2x-1}{\sqrt{3}}\right]\Big|_0^A=\frac{2\sqrt{3}}{9}\pi.$

【例8】 计算下列反常积分的值：

(1) $\displaystyle\int_1^3\ln\sqrt{\frac{\pi}{|2-x|}}\mathrm{d}x$；　　　　　(2) $\displaystyle\int_1^{+\infty}\frac{\mathrm{d}x}{x\sqrt{x-1}}.$

解　(1) 由于 $x=2$ 为瑕点，则

$\displaystyle\int_1^3\ln\sqrt{\frac{\pi}{|2-x|}}\mathrm{d}x=\lim_{\varepsilon_1\to0^+}\int_1^{2-\varepsilon_1}\ln\sqrt{\frac{\pi}{2-x}}\mathrm{d}x+\lim_{\varepsilon_2\to0^+}\int_{2+\varepsilon_2}^3\ln\sqrt{\frac{\pi}{x-2}}\mathrm{d}x$

$\qquad=\lim_{\varepsilon_1\to0^+}\int_1^{2-\varepsilon_1}\left[\ln\sqrt{\pi}-\frac{1}{2}\ln(2-x)\right]\mathrm{d}x+\lim_{\varepsilon_2\to0^+}\int_{2+\varepsilon_2}^3\left[\ln\sqrt{\pi}-\frac{1}{2}\ln(x-2)\right]\mathrm{d}x$

$\qquad=\frac{1}{2}\ln\pi-\lim_{\varepsilon_1\to0^+}\frac{1}{2}\left[(x-2)\ln(2-x)-x\right]\Big|_1^{2-\varepsilon_1}$

$\qquad\quad+\frac{1}{2}\ln\pi-\lim_{\varepsilon_2\to0^+}\frac{1}{2}\left[(x-2)\ln(x-2)-x\right]\Big|_{2+\varepsilon_2}^3$

$\qquad=\left(\frac{1}{2}\ln\pi+\frac{1}{2}\right)+\left(\frac{1}{2}\ln\pi+\frac{1}{2}\right)=\ln\pi+1.$

(2) 由于 $x=1$ 为瑕点，所以 $\displaystyle\int_1^{+\infty}\frac{\mathrm{d}x}{x\sqrt{x-1}}=\int_1^2\frac{\mathrm{d}x}{x\sqrt{x-1}}+\int_2^{+\infty}\frac{\mathrm{d}x}{x\sqrt{x-1}}.$

又　$\displaystyle\int_1^2\frac{\mathrm{d}x}{x\sqrt{x-1}}=\lim_{\varepsilon\to0^+}\int_{1+\varepsilon}^2\frac{\mathrm{d}x}{x\sqrt{x-1}}\xlongequal{\sqrt{x-1}=t}\lim_{\varepsilon_1\to0^+}\int_{\varepsilon_1}^1\frac{2t\mathrm{d}t}{(1+t^2)t}=\lim_{\varepsilon_1\to0^+}2\arctan t\Big|_{\varepsilon_1}^1=\frac{\pi}{2},$

$\displaystyle\int_2^{+\infty}\frac{\mathrm{d}x}{x\sqrt{x-1}}=\lim_{A\to+\infty}\int_2^A\frac{\mathrm{d}x}{x\sqrt{x-1}}\xlongequal{\sqrt{x-1}=t}\lim_{A_1\to+\infty}\int_1^{A_1}\frac{2t\mathrm{d}t}{(1+t^2)t}=\lim_{A_1\to+\infty}2\arctan t\Big|_1^{A_1}=\frac{\pi}{2},$

因此有 $\displaystyle\int_1^{+\infty}\frac{\mathrm{d}x}{x\sqrt{x-1}}=\frac{\pi}{2}+\frac{\pi}{2}=\pi.$

【例9】 讨论下列反常积分的敛散性:

(1) $\displaystyle\int_2^{+\infty}\dfrac{\mathrm{d}x}{x^3\sqrt{x^2-3x+2}}$;　　　　(2) $\displaystyle\int_1^{+\infty}\dfrac{\mathrm{d}x}{x^p\ln^q x}$　$(p,q>0)$.

解　(1)由于 $x=2$ 为瑕点,从而将原积分写为

$$\int_2^{+\infty}\frac{\mathrm{d}x}{x^3\sqrt{x^2-3x+2}}=\int_2^3\frac{\mathrm{d}x}{x^3\sqrt{x^2-3x+2}}+\int_3^{+\infty}\frac{\mathrm{d}x}{x^3\sqrt{x^2-3x+2}}.$$

对 $\displaystyle\int_2^3\frac{\mathrm{d}x}{x^3\sqrt{x^2-3x+2}}$,由于 $\displaystyle\lim_{x\to2^+}\sqrt{x-2}\cdot\frac{1}{x^3\sqrt{x^2-3x+2}}=\frac{1}{8}$,且 $\displaystyle\int_2^3\frac{\mathrm{d}x}{\sqrt{x-2}}$ 收敛,所以 $\displaystyle\int_2^3\frac{\mathrm{d}x}{x^3\sqrt{x^2-3x+2}}$ 收敛.

对 $\displaystyle\int_3^{+\infty}\frac{\mathrm{d}x}{x^3\sqrt{x^2-3x+2}}$,因为 $0<\dfrac{1}{x^3\sqrt{x^2-3x+2}}<\dfrac{1}{x^3}$,且 $\displaystyle\int_3^{+\infty}\frac{\mathrm{d}x}{x^3}$ 收敛,所以 $\displaystyle\int_3^{+\infty}\frac{\mathrm{d}x}{x^3\sqrt{x^2-3x+2}}$ 收敛.

综上所述,$\displaystyle\int_2^{+\infty}\frac{\mathrm{d}x}{x^3\sqrt{x^2-3x+2}}$ 收敛.

(2)由于 $x=1$ 为瑕点,从而将原积分写为 $\displaystyle\int_1^{+\infty}\frac{\mathrm{d}x}{x^p\ln^q x}=\int_1^2\frac{\mathrm{d}x}{x^p\ln^q x}+\int_2^{+\infty}\frac{\mathrm{d}x}{x^p\ln^q x}$.

对 $\displaystyle\int_1^2\frac{\mathrm{d}x}{x^p\ln^q x}$,因为 $\displaystyle\lim_{x\to1^+}\frac{1}{x^p\ln^q x}\cdot(x-1)^q=\lim_{x\to1^+}\left(\frac{x-1}{\ln x}\right)^q=\left(\lim_{x\to1^+}\frac{x-1}{\ln x}\right)^q=\left(\lim_{x\to1^+}x\right)^q=1$,且 $\displaystyle\int_1^2\frac{\mathrm{d}x}{(x-1)^q}$ 当 $q<1$ 时收敛,当 $q\geqslant1$ 时发散,从而 $\displaystyle\int_1^2\frac{\mathrm{d}x}{x^p\ln^q x}$ 当 $q<1$ 时收敛,当 $q\geqslant1$ 时发散.

对 $\displaystyle\int_2^{+\infty}\frac{\mathrm{d}x}{x^p\ln^q x}$,因为 $\displaystyle\lim_{x\to+\infty}\frac{1}{x^p\ln^q x}\cdot x^p=0$,且 $\displaystyle\int_2^{+\infty}\frac{\mathrm{d}x}{x^p}$ 当 $p>1$ 时收敛,所以当 $p>1$ 时,$\displaystyle\int_2^{+\infty}\frac{\mathrm{d}x}{x^p\ln^q x}$ 收敛. 对 $\forall x\in[2,+\infty)$,当 $0<p\leqslant1,q<1$ 时,因为 $x^p\ln^q x\leqslant x\ln^q x\Rightarrow\dfrac{1}{x^p\ln^q x}\geqslant\dfrac{1}{x\ln^q x}$,而 $\displaystyle\int_2^{+\infty}\frac{\mathrm{d}x}{x\ln^q x}=+\infty$,所以此时 $\displaystyle\int_2^{+\infty}\frac{\mathrm{d}x}{x^p\ln^q x}$ 发散.

综上所述,当 $p>1,0<q<1$ 时,积分 $\displaystyle\int_1^{+\infty}\frac{\mathrm{d}x}{x^p\ln^q x}$ 收敛.

【例10】 设 $f(x)$ 在 $[1,+\infty)$ 上连续,对 $\forall x\in[1,+\infty)$ 有 $f(x)>0$. 另外 $\displaystyle\lim_{x\to+\infty}\frac{\ln f(x)}{\ln x}=-\lambda$. 证明:若 $\lambda>1$,则 $\displaystyle\int_1^{+\infty}f(x)\mathrm{d}x$ 收敛.

分析　由 $\displaystyle\lim_{x\to+\infty}\frac{\ln f(x)}{\ln x}=-\lambda$ 出发,寻找关于 $f(x)$ 的不等式,使用比较判别法.

证　因为 $\displaystyle\lim_{x\to+\infty}\frac{\ln f(x)}{\ln x}=-\lambda$,所以 $\forall\varepsilon>0,\exists A>1$,当 $x>A$ 时,有 $\dfrac{\ln f(x)}{\ln x}<-\lambda+\varepsilon$,即 $\ln f(x)<(-\lambda+\varepsilon)\ln x=\ln x^{-\lambda+\varepsilon}$,从而当 $x>A$ 时有 $0<f(x)<\dfrac{1}{x^{\lambda-\varepsilon}}$. 若 $\lambda>1$,可取 $0<\varepsilon<\lambda$

-1，则 $\lambda-\varepsilon>1$，从而积分 $\int_1^{+\infty}\dfrac{1}{x^{\lambda-\varepsilon}}\mathrm{d}x$ 收敛，根据比较判别法可知，积分 $\int_1^{+\infty}f(x)\mathrm{d}x$ 收敛.

【例 11】 判断积分 $\int_0^{+\infty}\dfrac{\mathrm{d}x}{x^p+x^q}$ 的收敛性，其中 p 和 q 为参数.

解 由于 $\int_0^{+\infty}\dfrac{\mathrm{d}x}{x^p+x^q}=\int_0^1\dfrac{\mathrm{d}x}{x^p+x^q}+\int_1^{+\infty}\dfrac{\mathrm{d}x}{x^p+x^q}.$

(1)当 $p=q$ 时，$\int_0^1\dfrac{\mathrm{d}x}{x^p+x^q}=\dfrac{1}{2}\int_0^1\dfrac{\mathrm{d}x}{x^p}$，$\int_1^{+\infty}\dfrac{\mathrm{d}x}{x^p+x^q}=\dfrac{1}{2}\int_1^{+\infty}\dfrac{\mathrm{d}x}{x^p}$，易知：当 $p<1$ 时，$\int_0^1\dfrac{\mathrm{d}x}{x^p}$ 收敛，当 $p\geqslant1$ 时，$\int_0^1\dfrac{\mathrm{d}x}{x^p}$ 发散；当 $p>1$ 时，$\int_1^{+\infty}\dfrac{\mathrm{d}x}{x^p}$ 收敛，当 $p\leqslant1$ 时，$\int_1^{+\infty}\dfrac{\mathrm{d}x}{x^p}$ 发散. 所以不论 $p=q$ 取何值，$\int_0^{+\infty}\dfrac{\mathrm{d}x}{x^p+x^q}$ 一定发散.

(2)当 $p\neq q$ 时，不妨设 $p<q$，对于 $\int_1^{+\infty}\dfrac{\mathrm{d}x}{x^p+x^q}$，由 $\lim\limits_{x\to+\infty}x^q\cdot\dfrac{1}{x^p+x^q}=1$ 知，当 $q>1$ 时，$\int_1^{+\infty}\dfrac{\mathrm{d}x}{x^p+x^q}$ 收敛；当 $q\leqslant1$ 时，$\int_1^{+\infty}\dfrac{\mathrm{d}x}{x^p+x^q}$ 发散.

下面在 $q>1$ 的前提下讨论 $\int_0^1\dfrac{\mathrm{d}x}{x^p+x^q}$ 的收敛性.

若 $p\leqslant0$，则 $\int_0^1\dfrac{\mathrm{d}x}{x^p+x^q}$ 为正常积分，从而它是收敛的；

若 $p>0$，由 $\lim\limits_{x\to0^+}x^p\cdot\dfrac{1}{x^p+x^q}=1$ 知：当 $0<p<1$ 时，$\int_0^1\dfrac{\mathrm{d}x}{x^p+x^q}$ 收敛；当 $p\geqslant1$ 时，$\int_0^1\dfrac{\mathrm{d}x}{x^p+x^q}$ 发散.

综上当 $p<1<q$ 或 $q<1<p$ 时，$\int_0^1\dfrac{\mathrm{d}x}{x^p+x^q}$ 和 $\int_1^{+\infty}\dfrac{\mathrm{d}x}{x^p+x^q}$ 都收敛，从而 $\int_0^{+\infty}\dfrac{\mathrm{d}x}{x^p+x^q}$ 收敛；在其他情况下，$\int_0^{+\infty}\dfrac{\mathrm{d}x}{x^p+x^q}$ 发散.

三、教材习题解答

$=\!\!=\!\!=\!\!=$ ╲╲╲╲ **习题 11.1 解答** ╱╱╱╱ $=\!\!=\!\!=\!\!=$

1. 讨论下列无穷积分是否收敛?若收敛,则求其值:

$(1) \displaystyle\int_0^{+\infty} x\mathrm{e}^{-x^2}\,\mathrm{d}x$;
$(2) \displaystyle\int_{-\infty}^{+\infty} x\mathrm{e}^{-x^2}\,\mathrm{d}x$;
$(3) \displaystyle\int_0^{+\infty} \frac{1}{\sqrt{\mathrm{e}^x}}\,\mathrm{d}x$;

$(4) \displaystyle\int_1^{+\infty} \frac{\mathrm{d}x}{x^2(1+x)}$;
$(5) \displaystyle\int_{-\infty}^{+\infty} \frac{1}{4x^2+4x+5}\,\mathrm{d}x$;
$(6) \displaystyle\int_0^{+\infty} \mathrm{e}^{-x}\sin x\,\mathrm{d}x$;

$(7) \displaystyle\int_{-\infty}^{+\infty} \mathrm{e}^x\sin x\,\mathrm{d}x$;
$(8) \displaystyle\int_0^{+\infty} \frac{\mathrm{d}x}{\sqrt{1+x^2}}$.

解 $(1) \displaystyle\int_0^{+\infty} x\mathrm{e}^{-x^2}\,\mathrm{d}x = \lim_{a\to+\infty}\int_0^a x\mathrm{e}^{-x^2}\,\mathrm{d}x = \lim_{a\to+\infty}\left(-\frac{1}{2}\mathrm{e}^{-x^2}\right)\Big|_0^a = \lim_{a\to+\infty}\left(-\frac{1}{2}\mathrm{e}^{-a^2}+\frac{1}{2}\right) = \frac{1}{2}$.

$(2) \displaystyle\int_{-\infty}^{+\infty} x\mathrm{e}^{-x^2}\,\mathrm{d}x = \lim_{a\to-\infty}\int_a^0 x\mathrm{e}^{-x^2}\,\mathrm{d}x + \lim_{b\to+\infty}\int_0^b x\mathrm{e}^{-x^2}\,\mathrm{d}x$

$\qquad = \lim_{a\to-\infty}\left(-\frac{1}{2}\mathrm{e}^{-x^2}\right)\Big|_a^0 + \lim_{b\to+\infty}\left(-\frac{1}{2}\mathrm{e}^{-x^2}\right)\Big|_0^b$

$\qquad = \lim_{a\to-\infty}\left(-\frac{1}{2}+\frac{1}{2}\mathrm{e}^{-a^2}\right) + \lim_{b\to+\infty}\left(-\frac{1}{2}\mathrm{e}^{-b^2}+\frac{1}{2}\right)$

$\qquad = -\frac{1}{2}+\frac{1}{2} = 0$.

$(3) \displaystyle\int_0^{+\infty} \frac{1}{\sqrt{\mathrm{e}^x}}\,\mathrm{d}x = \int_0^{+\infty}\mathrm{e}^{-\frac{x}{2}}\,\mathrm{d}x = \lim_{a\to+\infty}\int_0^a \mathrm{e}^{-\frac{x}{2}}\,\mathrm{d}x = \lim_{a\to+\infty}\left(-2\mathrm{e}^{-\frac{x}{2}}\right)\Big|_0^a = \lim_{a\to+\infty}\left(-2\mathrm{e}^{-\frac{a}{2}}+2\right) = 2$.

$(4) \displaystyle\int_1^{+\infty} \frac{\mathrm{d}x}{x^2(1+x)} = \lim_{a\to+\infty}\int_1^a \frac{1}{x^2(1+x)}\,\mathrm{d}x = \lim_{a\to+\infty}\int_1^a\left(-\frac{1}{x}+\frac{1}{x^2}+\frac{1}{1+x}\right)\mathrm{d}x$

$\qquad = \lim_{a\to+\infty}\left[-\ln x - \frac{1}{x} + \ln(1+x)\right]\Big|_1^a$

$\qquad = \lim_{a\to+\infty}\left[-\ln a - \frac{1}{a} + \ln(1+a) + 1 - \ln 2\right]$

$\qquad = \lim_{a\to+\infty}\left(\ln\frac{1+a}{a} - \frac{1}{a} + 1 - \ln 2\right) = 1 - \ln 2$.

$(5) \displaystyle\int_{-\infty}^{+\infty} \frac{\mathrm{d}x}{4x^2+4x+5} = \int_{-\infty}^{+\infty} \frac{\mathrm{d}x}{(2x+1)^2+2^2} = \frac{1}{4}\arctan\left(x+\frac{1}{2}\right)\Big|_{-\infty}^{+\infty}$

$\qquad = \frac{1}{4}\times\frac{\pi}{2} - \frac{1}{4}\times\left(-\frac{\pi}{2}\right) = \frac{\pi}{4}$.

$(6) \displaystyle\int_0^{+\infty} \mathrm{e}^{-x}\sin x\,\mathrm{d}x = \lim_{a\to+\infty}\int_0^a \mathrm{e}^{-x}\sin x\,\mathrm{d}x = \lim_{a\to+\infty}\left[-\frac{\mathrm{e}^{-x}}{2}(\sin x + \cos x)\right]\Big|_0^a$

$\qquad = \lim_{a\to+\infty}\left[-\frac{\mathrm{e}^{-a}}{2}(\sin a + \cos a) + \frac{1}{2}\right] = \frac{1}{2}$.

$(7) \displaystyle\int_{-\infty}^{+\infty} \mathrm{e}^x\sin x\,\mathrm{d}x = \int_{-\infty}^0 \mathrm{e}^x\sin x\,\mathrm{d}x + \int_0^{+\infty} \mathrm{e}^x\sin x\,\mathrm{d}x = \lim_{a\to-\infty}\int_a^0 \mathrm{e}^x\sin x\,\mathrm{d}x + \lim_{b\to+\infty}\int_0^b \mathrm{e}^x\sin x\,\mathrm{d}x$

$\qquad = \lim_{a\to-\infty}\left[\frac{1}{2}\mathrm{e}^x(\sin x - \cos x)\right]\Big|_a^0 + \lim_{b\to+\infty}\left[\frac{1}{2}\mathrm{e}^x(\sin x - \cos x)\right]\Big|_0^b$

$\qquad = -\frac{1}{2} + \lim_{b\to+\infty}\left[\frac{1}{2}\mathrm{e}^b(\sin b - \cos b) + \frac{1}{2}\right]$.

因为 $\lim\limits_{b\to+\infty}\left[\dfrac{1}{2}e^b(\sin b-\cos b)+\dfrac{1}{2}\right]$ 不存在，故 $\displaystyle\int_{-\infty}^{+\infty}e^x\sin x\mathrm{d}x$ 发散.

(8) $\displaystyle\int_0^{+\infty}\dfrac{\mathrm{d}x}{\sqrt{1+x^2}}=\lim\limits_{a\to+\infty}\int_0^a\dfrac{\mathrm{d}x}{\sqrt{1+x^2}}=\lim\limits_{a\to+\infty}\ln(a+\sqrt{a^2+1})$.

因为 $\lim\limits_{a\to+\infty}\ln(a+\sqrt{a^2+1})$ 不存在，所以 $\displaystyle\int_0^{+\infty}\dfrac{\mathrm{d}x}{\sqrt{1+x^2}}$ 发散.

2. 讨论下列瑕积分是否收敛? 若收敛，则求其值：

(1) $\displaystyle\int_a^b\dfrac{\mathrm{d}x}{(x-a)^p}$;
  (2) $\displaystyle\int_0^1\dfrac{\mathrm{d}x}{1-x^2}$;
  (3) $\displaystyle\int_0^2\dfrac{\mathrm{d}x}{\sqrt{|x-1|}}$;

(4) $\displaystyle\int_0^1\dfrac{x}{\sqrt{1-x^2}}\mathrm{d}x$;
  (5) $\displaystyle\int_0^1\ln x\mathrm{d}x$;
  (6) $\displaystyle\int_0^1\sqrt{\dfrac{x}{1-x}}\mathrm{d}x$;

(7) $\displaystyle\int_0^1\dfrac{\mathrm{d}x}{\sqrt{x-x^2}}$;
  (8) $\displaystyle\int_0^1\dfrac{\mathrm{d}x}{x(\ln x)^p}$.

解 (1) 当 $p\neq1$ 时，$\displaystyle\int_a^b\dfrac{\mathrm{d}x}{(x-a)^p}=\lim\limits_{u\to a^+}\int_u^b\dfrac{\mathrm{d}x}{(x-a)^p}=\lim\limits_{u\to a^+}\int_u^b(x-a)^{-p}\mathrm{d}(x-a)$

$$=\lim\limits_{u\to a^+}\dfrac{1}{1-p}(x-a)^{1-p}\Big|_u^b$$

$$=\lim\limits_{u\to a^+}\dfrac{1}{1-p}\big[(b-a)^{1-p}-(u-a)^{1-p}\big].$$

当 $p<1$ 时，$\displaystyle\int_a^b\dfrac{\mathrm{d}x}{(x-a)^p}=\lim\limits_{u\to a^+}\dfrac{1}{1-p}\big[(b-a)^{1-p}-(u-a)^{1-p}\big]=\dfrac{(b-a)^{1-p}}{1-p}$;

当 $p>1$ 时，$\lim\limits_{u\to a^+}\dfrac{1}{1-p}\big[(b-a)^{1-p}-(u-a)^{1-p}\big]$ 不存在，故 $\displaystyle\int_a^b\dfrac{\mathrm{d}x}{(x-a)^p}$ 发散.

当 $p=1$ 时，$\displaystyle\int_a^b\dfrac{1}{x-a}\mathrm{d}x$ 发散.

综上，当 $p<1$ 时收敛；当 $p\geqslant1$ 时，发散.

(2) $\displaystyle\int_0^1\dfrac{\mathrm{d}x}{1-x^2}=\lim\limits_{u\to1^-}\int_0^u\dfrac{\mathrm{d}x}{1-x^2}=\lim\limits_{u\to1^-}\dfrac{1}{2}\int_0^u\left(\dfrac{1}{1-x}+\dfrac{1}{1+x}\right)\mathrm{d}x=\lim\limits_{u\to1^-}\dfrac{1}{2}\left(\int_0^u\dfrac{\mathrm{d}x}{1-x}+\int_0^u\dfrac{\mathrm{d}x}{1+x}\right)$

$$=\lim\limits_{u\to1^-}\left[-\dfrac{1}{2}(\ln|1-x|)\Big|_0^u+\dfrac{1}{2}(\ln|1+x|)\Big|_0^u\right]$$

$$=\lim\limits_{u\to1^-}\dfrac{1}{2}\ln\left|\dfrac{1+u}{1-u}\right|,$$

由于 $\lim\limits_{u\to1^-}\dfrac{1}{2}\ln\left|\dfrac{1+u}{1-u}\right|$ 不存在，故瑕积分 $\displaystyle\int_0^1\dfrac{\mathrm{d}x}{1-x^2}$ 发散.

(3) $\displaystyle\int_0^2\dfrac{\mathrm{d}x}{\sqrt{|x-1|}}=\int_0^1\dfrac{\mathrm{d}x}{\sqrt{1-x}}+\int_1^2\dfrac{\mathrm{d}x}{\sqrt{x-1}}=-2\sqrt{1-x}\Big|_0^1+2\sqrt{x-1}\Big|_1^2=4$.

(4) $\displaystyle\int_0^1\dfrac{x}{\sqrt{1-x^2}}\mathrm{d}x=-\sqrt{1-x^2}\Big|_0^1=1$.

(5) $\displaystyle\int_0^1\ln x\mathrm{d}x=\lim\limits_{u\to0^+}\int_u^1\ln x\mathrm{d}x=\lim\limits_{u\to0^+}\left(x\ln x\Big|_u^1-\int_u^1\mathrm{d}x\right)=\lim\limits_{u\to0^+}(-u\ln u-1+u)=-1$.

(6) $\displaystyle\int_0^1\sqrt{\dfrac{x}{1-x}}\mathrm{d}x\xlongequal{x=\sin^2t}\int_0^{\frac{\pi}{2}}\dfrac{\sin t}{\cos t}\cdot2\sin t\cos t\mathrm{d}t=2\int_0^{\frac{\pi}{2}}\sin^2t\mathrm{d}t=2\times\dfrac{1}{2}\times\dfrac{\pi}{2}=\dfrac{\pi}{2}$.

(7) $\displaystyle\int_0^1\dfrac{\mathrm{d}x}{\sqrt{x-x^2}}\xlongequal{x=\sin^2t}\int_0^{\frac{\pi}{2}}\dfrac{2\sin t\cos t}{\sin t\cos t}\mathrm{d}t=\pi$.

(8) $\displaystyle\int\dfrac{\mathrm{d}x}{x(\ln x)^p}=\int\dfrac{1}{(\ln x)^p}\mathrm{d}(\ln x)=\begin{cases}\dfrac{1}{1-p}(\ln x)^{1-p}+C, & p\neq1,\\[2mm]\ln|\ln x|+C, & p=1.\end{cases}$

所以,当 $p = 1$ 时,有

$$\int_0^1 \frac{\mathrm{d}x}{x(\ln x)^p} = \lim_{\eta \to 1^-} \ln |\ln \eta| - \lim_{\xi \to 0^+} \ln |\ln \xi|.$$

由于 $\lim\limits_{\eta \to 1^-} \ln |\ln \eta|$,$\lim\limits_{\xi \to 0^+} \ln |\ln \xi|$ 均不存在,由瑕积分收敛定义可知此时 $\int_0^1 \dfrac{\mathrm{d}x}{x(\ln x)^p}$ 发散.

当 $p \neq 1$ 时,有

$$\int_0^1 \frac{\mathrm{d}x}{x(\ln x)^p} = \lim_{\eta \to 1^-} \left[\frac{1}{1-p} (\ln \eta)^{1-p} \right] - \lim_{\xi \to 0^+} \left[\frac{1}{1-p} (\ln \xi)^{1-p} \right],$$

其中,当 $p > 1$ 时,

$$\lim_{\eta \to 1^-} \frac{1}{1-p} (\ln \eta)^{1-p} = \infty;$$

当 $p < 1$ 时,

$$\lim_{\xi \to 0^+} \frac{1}{1-p} (\ln \xi)^{1-p} = \infty.$$

由瑕积分收敛定义可知,当 $p \neq 1$ 时,$\int_0^1 \dfrac{\mathrm{d}x}{x(\ln x)^p}$ 发散.综上所述,积分发散.

3. 举例说明:瑕积分 $\int_a^b f(x)\mathrm{d}x$ 收敛时,$\int_a^b f^2(x)\mathrm{d}x$ 不一定收敛.

解 例如瑕积分 $\int_0^1 \dfrac{\mathrm{d}x}{\sqrt{x}} = \int_0^1 \dfrac{\mathrm{d}x}{x^{\frac{1}{2}}}$,$0 < q \left(= \dfrac{1}{2} \right) < 1$,故瑕积分 $\int_0^1 \dfrac{\mathrm{d}x}{\sqrt{x}}$ 收敛,但 $\int_0^1 \left(\dfrac{1}{\sqrt{x}} \right)^2 \mathrm{d}x = \int_0^1 \dfrac{1}{x} \mathrm{d}x$,瑕

积分 $\int_0^1 \left(\dfrac{1}{\sqrt{x}} \right)^2 \mathrm{d}x$ 发散.

4. 举例说明:$\int_a^{+\infty} f(x)\mathrm{d}x$ 收敛且 f 在 $[a, +\infty)$ 上连续时,不一定有 $\lim\limits_{x \to +\infty} f(x) = 0$.

解 例如 $\int_1^{+\infty} x\sin x^4 \mathrm{d}x$,令 $t = x^4$,得 $\int_1^{+\infty} x\sin x^4 \mathrm{d}x = \dfrac{1}{2} \int_1^{+\infty} \dfrac{\sin t}{2\sqrt{t}} \mathrm{d}t$ 收敛,且 $x\sin x^4$ 在 $[1, +\infty)$ 上连续,

但 $\lim\limits_{x \to +\infty} x\sin x^4$ 不存在.

5. 证明:若 $\int_a^{+\infty} f(x)\mathrm{d}x$ 收敛,且存在极限 $\lim\limits_{x \to +\infty} f(x) = A$,则 $A = 0$.

证 由于 $\lim\limits_{x \to +\infty} f(x)$ 存在,若 $\lim\limits_{x \to +\infty} f(x) = A \neq 0$,不妨设 $A > 0$,对于 $\dfrac{A}{2} > 0$,$\exists M$,当 $x > M$ 时,有 $f(x) > \dfrac{A}{2}$,从而有 $\int_M^{+\infty} f(x)\mathrm{d}x > \int_M^{+\infty} \dfrac{A}{2} \mathrm{d}x = +\infty$,故 $\int_M^{+\infty} f(x)\mathrm{d}x$ 发散,于是 $\int_a^{+\infty} f(x)\mathrm{d}x$ 也发散.这与已知条件矛盾,故有 $\lim\limits_{x \to +\infty} f(x) = 0$.

归纳总结:结合第4题和前面的典型例题可知,$\int_a^{+\infty} f(x)\mathrm{d}x$ 收敛不能保证 $\lim\limits_{x \to +\infty} f(x)$ 存在,即使绝对收敛也不能.

6. 证明:若 f 在 $[a, +\infty)$ 上可导,且 $\int_a^{+\infty} f(x)\mathrm{d}x$ 与 $\int_a^{+\infty} f'(x)\mathrm{d}x$ 都收敛,则 $\lim\limits_{x \to +\infty} f(x) = 0$.

证 设 $A = \int_a^{+\infty} f'(x)\mathrm{d}x = \lim\limits_{u \to +\infty} \int_a^u f'(x)\mathrm{d}x = \lim\limits_{u \to +\infty} [f(u) - f(a)]$,由 $\int_a^{+\infty} f'(x)\mathrm{d}x$ 收敛可知 $\lim\limits_{u \to +\infty} f(u)$ 存在,所以 $\lim\limits_{u \to +\infty} f(u) = f(a) + A$.根据第5题知,$\lim\limits_{x \to +\infty} f(x) = 0$.

======== //////// **习题 11.2 解答** //////// ========

1. 证明定理 11.2 及其推论 1.

(1) 定理 11.2　设定义在 $[a,+\infty)$ 上的两个非负函数 f 和 g 都在任何有限区间 $[a,u]$ 上可积，且满足 $f(x)\leqslant g(x),x\in[a,+\infty)$，则当 $\displaystyle\int_a^{+\infty}g(x)\mathrm{d}x$ 收敛时，$\displaystyle\int_a^{+\infty}f(x)\mathrm{d}x$ 必收敛（或当 $\displaystyle\int_a^{+\infty}f(x)\mathrm{d}x$ 发散时，$\displaystyle\int_a^{+\infty}g(x)\mathrm{d}x$ 必发散）.

证　当 $\displaystyle\int_a^{+\infty}g(x)\mathrm{d}x$ 收敛时，由定理 11.1 知，$\forall\varepsilon>0,\exists A>a$，当 $p_1,p_2>A$ 时，有 $\left|\displaystyle\int_{p_1}^{p_2}g(x)\mathrm{d}x\right|<\varepsilon$，由题设 $f(x)\leqslant g(x)$ 可得

$$\left|\int_{p_1}^{p_2}f(x)\mathrm{d}x\right|\leqslant\left|\int_{p_1}^{p_2}g(x)\mathrm{d}x\right|<\varepsilon,$$

故无穷积分 $\displaystyle\int_a^{+\infty}f(x)\mathrm{d}x$ 收敛.

当 $\displaystyle\int_a^{+\infty}f(x)\mathrm{d}x$ 发散时，反证即可.

(2) 推论 1　若 f 和 g 都在任何有限区间 $[a,u]$ 上可积，当 $x\in[a,+\infty)$ 时，$f(x)\geqslant0,g(x)>0$，且 $\displaystyle\lim_{x\to+\infty}\frac{f(x)}{g(x)}=c$，则有

（ⅰ）当 $0<c<+\infty$ 时，$\displaystyle\int_a^{+\infty}f(x)\mathrm{d}x$ 与 $\displaystyle\int_a^{+\infty}g(x)\mathrm{d}x$ 同敛态；

（ⅱ）当 $c=0$ 时，由 $\displaystyle\int_a^{+\infty}g(x)\mathrm{d}x$ 收敛可推知 $\displaystyle\int_a^{+\infty}f(x)\mathrm{d}x$ 也收敛；

（ⅲ）当 $c=+\infty$ 时，由 $\displaystyle\int_a^{+\infty}g(x)\mathrm{d}x$ 发散可推知 $\displaystyle\int_a^{+\infty}f(x)\mathrm{d}x$ 也发散.

证　（ⅰ）当 $0<c<+\infty$ 时，由 $\dfrac{c}{2}<\displaystyle\lim_{x\to+\infty}\frac{f(x)}{g(x)}=c<\frac{3}{2}c$ 知，$\exists A>a$，当 $x>A$ 时，有

$$\frac{c}{2}<\frac{f(x)}{g(x)}<\frac{3}{2}c,$$

故 $\dfrac{c}{2}g(x)<f(x)<\dfrac{3}{2}cg(x)$.

由定理 11.2 知 $\displaystyle\int_a^{+\infty}f(x)\mathrm{d}x$ 与 $\displaystyle\int_a^{+\infty}g(x)\mathrm{d}x$ 同敛态.

（ⅱ）当 $c=0$ 时，由 $\displaystyle\lim_{x\to+\infty}\frac{f(x)}{g(x)}=0<1$ 知，$\exists A>a$，当 $x>A$ 时，有 $\dfrac{f(x)}{g(x)}<1$，即 $f(x)<g(x)$. 因 $\displaystyle\int_a^{+\infty}g(x)\mathrm{d}x$ 收敛，所以 $\displaystyle\int_a^{+\infty}f(x)\mathrm{d}x$ 收敛.

（ⅲ）如果 $c=+\infty$，则 $\exists A>0$，当 $x>A$ 时，有 $\dfrac{f(x)}{g(x)}>1$，即 $f(x)>g(x)$，因为 $\displaystyle\int_a^{+\infty}g(x)\mathrm{d}x$ 发散，所以 $\displaystyle\int_a^{+\infty}f(x)\mathrm{d}x$ 发散.

2. 设 f 与 g 是定义在 $[a,+\infty)$ 上的函数，对任何 $u>a$，它们在 $[a,u]$ 上都可积. 证明：若 $\displaystyle\int_a^{+\infty}f^2(x)\mathrm{d}x$ 与 $\displaystyle\int_a^{+\infty}g^2(x)\mathrm{d}x$ 收敛，则 $\displaystyle\int_a^{+\infty}f(x)g(x)\mathrm{d}x$ 与 $\displaystyle\int_a^{+\infty}[f(x)+g(x)]^2\mathrm{d}x$ 也都收敛.

证　因为 $|f(x)g(x)|\leqslant\dfrac{1}{2}[f^2(x)+g^2(x)]$，并且 $\displaystyle\int_a^{+\infty}f^2(x)\mathrm{d}x$ 和 $\displaystyle\int_a^{+\infty}g^2(x)\mathrm{d}x$ 都收敛，所以

$\int_a^{+\infty} f(x)g(x)\mathrm{d}x$ 绝对收敛,从而 $\int_a^{+\infty} f(x)g(x)\mathrm{d}x$ 收敛.

又由于 $[f(x)+g(x)]^2 = f^2(x)+2f(x)g(x)+g^2(x) \leqslant 2(f^2(x)+g^2(x))$,

由比较判别法,$\int_a^{+\infty}[f(x)+g(x)]^2\mathrm{d}x$ 也收敛.

3. 设 f,g,h 是定义在 $[a,+\infty)$ 上的三个连续函数,且成立不等式 $h(x) \leqslant f(x) \leqslant g(x)$. 证明:

(1) 若 $\int_a^{+\infty} h(x)\mathrm{d}x$ 与 $\int_a^{+\infty} g(x)\mathrm{d}x$ 都收敛,则 $\int_a^{+\infty} f(x)\mathrm{d}x$ 也收敛;

(2) 又若 $\int_a^{+\infty} h(x)\mathrm{d}x = \int_a^{+\infty} g(x)\mathrm{d}x = A$,则 $\int_a^{+\infty} f(x)\mathrm{d}x = A$.

证 (1) 因为 $\int_a^{+\infty} h(x)\mathrm{d}x$ 与 $\int_a^{+\infty} g(x)\mathrm{d}x$ 收敛,由 Cauchy 收敛准则可知,$\forall \varepsilon > 0, \exists G \geqslant a$,当 $u_2 > u_1 > G$ 时,有

$$-\varepsilon < \int_{u_1}^{u_2} h(x)\mathrm{d}x < \varepsilon, \quad -\varepsilon < \int_{u_1}^{u_2} g(x)\mathrm{d}x < \varepsilon.$$

由 $h(x) \leqslant f(x) \leqslant g(x)$ 可得,$\int_{u_1}^{u_2} h(x)\mathrm{d}x \leqslant \int_{u_1}^{u_2} f(x)\mathrm{d}x \leqslant \int_{u_1}^{u_2} g(x)\mathrm{d}x$,于是,当 $u_2 > u_1 > G$ 时,有

$$-\varepsilon < \int_{u_1}^{u_2} h(x)\mathrm{d}x \leqslant \int_{u_1}^{u_2} f(x)\mathrm{d}x \leqslant \int_{u_1}^{u_2} g(x)\mathrm{d}x < \varepsilon,$$

即 $\left| \int_{u_1}^{u_2} f(x)\mathrm{d}x \right| < \varepsilon$.

由 Cauchy 收敛准则知,$\int_a^{+\infty} f(x)\mathrm{d}x$ 收敛.

(2) 由 $h(x) \leqslant f(x) \leqslant g(x)$,对 $\forall u > a$,有

$$\int_a^u h(x)\mathrm{d}x \leqslant \int_a^u f(x)\mathrm{d}x \leqslant \int_a^u g(x)\mathrm{d}x.$$

若 $\lim_{u \to +\infty} \int_a^u h(x)\mathrm{d}x = \lim_{u \to +\infty} \int_a^u g(x)\mathrm{d}x = A$,则 $\int_a^{+\infty} f(x)\mathrm{d}x = \lim_{u \to +\infty} \int_a^u f(x)\mathrm{d}x = A$.

4. 讨论下列无穷积分的敛散性:

(1) $\int_0^{+\infty} \dfrac{\mathrm{d}x}{\sqrt[3]{x^4+1}}$; 　　(2) $\int_1^{+\infty} \dfrac{x}{1-\mathrm{e}^x}\mathrm{d}x$; 　　(3) $\int_0^{+\infty} \dfrac{\mathrm{d}x}{1+\sqrt{x}}$;

(4) $\int_1^{+\infty} \dfrac{x\arctan x}{1+x^3}\mathrm{d}x$; 　　(5) $\int_1^{+\infty} \dfrac{\ln(1+x)}{x^n}\mathrm{d}x$; 　　(6) $\int_0^{+\infty} \dfrac{x^m}{1+x^n}\mathrm{d}x (n,m \geqslant 0)$.

解 (1) $\lim_{x \to +\infty} x^{\frac{4}{3}} \cdot \dfrac{1}{\sqrt[3]{x^4+1}} = 1$,由柯西判别法知,$\int_0^{+\infty} \dfrac{\mathrm{d}x}{\sqrt[3]{x^4+1}}$ 收敛.

(2) $\lim_{x \to +\infty} x^2 \cdot \dfrac{x}{1-\mathrm{e}^x} = \lim_{x \to +\infty} \dfrac{x^3}{1-\mathrm{e}^x} = 0$,由柯西判别法知,$\int_1^{+\infty} \dfrac{x}{1-\mathrm{e}^x}\mathrm{d}x$ 收敛.

(3) $\lim_{x \to +\infty} x^{\frac{1}{2}} \cdot \dfrac{1}{1+\sqrt{x}} = 1$,由柯西判别法知,$\int_0^{+\infty} \dfrac{\mathrm{d}x}{1+\sqrt{x}}$ 发散.

(4) $\lim_{x \to +\infty} x^2 \cdot \dfrac{x\arctan x}{1+x^3} = \dfrac{\pi}{2}$,由柯西判别法知,$\int_1^{+\infty} \dfrac{x\arctan x}{1+x^3}\mathrm{d}x$ 收敛.

(5) $\lim_{x \to +\infty} x^p \cdot \dfrac{\ln(1+x)}{x^n} = \begin{cases} +\infty, & p \geqslant n, \\ 0, & p < n. \end{cases}$

当 $n > 1$ 时,取 $p: 1 < p < n$,则 $\lim_{x \to +\infty} x^p \cdot \dfrac{\ln(1+x)}{x^n} = 0$,此时 $\int_1^{+\infty} \dfrac{\ln(1+x)}{x^n}\mathrm{d}x$ 收敛;

当 $n \leqslant 1$ 时,取 $p = 1$,则 $\lim_{x \to +\infty} x^p \cdot \dfrac{\ln(1+x)}{x^n} = +\infty$,此时 $\int_1^{+\infty} \dfrac{\ln(1+x)}{x^n}\mathrm{d}x$ 发散.

故当 $n > 1$ 时收敛,当 $n \leqslant 1$ 时发散.

(6) 由于 $x^{n-m} \cdot \dfrac{x^m}{1+x^n} = \dfrac{x^n}{1+x^n} \to 1 (x \to +\infty)$,

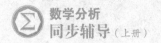

故当 $n-m>1$ 时，$\int_0^{+\infty} \dfrac{x^m}{1+x^n}\mathrm{d}x\,(n,m\geqslant 0)$ 收敛；当 $n-m\leqslant 1$ 时，$\int_0^{+\infty} \dfrac{x^m}{1+x^n}\mathrm{d}x\,(n,m\geqslant 0)$ 发散.

5. 讨论下列无穷积分为绝对收敛还是条件收敛：

(1) $\displaystyle\int_1^{+\infty} \dfrac{\sin\sqrt{x}}{x}\mathrm{d}x$;　　　　　(2) $\displaystyle\int_0^{+\infty} \dfrac{\mathrm{sgn}(\sin x)}{1+x^2}\mathrm{d}x$;

(3) $\displaystyle\int_0^{+\infty} \dfrac{\sqrt{x}\cos x}{100+x}\mathrm{d}x$;　　　　(4) $\displaystyle\int_e^{+\infty} \dfrac{\ln(\ln x)}{\ln x}\sin x\mathrm{d}x$.

解　(1) 令 $x=t^2$，$\mathrm{d}x=2t\mathrm{d}t$，则

$$\int_1^{+\infty} \frac{\sin\sqrt{x}}{x}\mathrm{d}x=\int_1^{+\infty} \frac{\sin t}{t^2}\cdot 2t\mathrm{d}t=2\int_1^{+\infty} \frac{\sin t}{t}\mathrm{d}t.$$

而 $\forall u\geqslant 1$，有 $\left|\int_1^u \sin t\mathrm{d}t\right|=|\cos 1-\cos u|\leqslant 2$，而当 $x\to+\infty$ 时，$\dfrac{1}{x}$ 单调趋于 0.

故由狄利克雷判别法知 $\displaystyle\int_1^{+\infty} \dfrac{\sin t}{t}\mathrm{d}t$ 收敛.

又 $\left|\dfrac{\sin t}{t}\right|\geqslant \dfrac{\sin^2 t}{t}=\dfrac{1}{2t}-\dfrac{\cos 2t}{2t}$，而 $\displaystyle\int_1^{+\infty} \dfrac{\mathrm{d}t}{2t}$ 发散，$\displaystyle\int_1^{+\infty} \dfrac{\cos 2t}{2t}\mathrm{d}t$ 收敛（利用狄里克雷判别法），故 $\displaystyle\int_1^{+\infty} \left|\dfrac{\sin\sqrt{x}}{x}\right|\mathrm{d}x$ 发散. 因此 $\displaystyle\int_1^{+\infty} \dfrac{\sin\sqrt{x}}{x}\mathrm{d}x$ 条件收敛.

(2) $\left|\dfrac{\mathrm{sgn}(\sin x)}{1+x^2}\right|\leqslant \dfrac{1}{1+x^2}$，而 $\displaystyle\int_0^{+\infty} \dfrac{1}{1+x^2}\mathrm{d}x$ 收敛，故 $\displaystyle\int_0^{+\infty} \dfrac{\mathrm{sgn}(\sin x)}{1+x^2}\mathrm{d}x$ 绝对收敛.

(3) 令 $F(u)=\displaystyle\int_0^u \cos x\mathrm{d}x$，则 $F(u)=\sin u$，$|F(u)|\leqslant 1$，令 $g(x)=\dfrac{\sqrt{x}}{100+x}$，则 $g'(x)=\dfrac{100-x}{2\sqrt{x}(100+x)^2}$，可见，$g(x)$ 在 $[100,+\infty)$ 上单调且 $\lim\limits_{x\to+\infty} g(x)=0$，由狄利克雷判别法知，$\displaystyle\int_0^{+\infty} \dfrac{\sqrt{x}\cos x}{100+x}\mathrm{d}x$ 收敛. 又

$$\left|\frac{\sqrt{x}\cos x}{100+x}\right|\geqslant \frac{\sqrt{x}\cos^2 x}{100+x}=\frac{\sqrt{x}}{2(100+x)}+\frac{\sqrt{x}\cos 2x}{2(100+x)},$$

由狄利克雷判别法知，$\displaystyle\int_0^{+\infty} \dfrac{\sqrt{x}\cos 2x}{2(100+x)}\mathrm{d}x$ 收敛.

由于 $\lim\limits_{x\to+\infty} x^{\frac{1}{2}}\cdot\dfrac{\sqrt{x}}{2(100+x)}=\dfrac{1}{2}$，$\displaystyle\int_0^{+\infty} \dfrac{\sqrt{x}}{2(100+x)}\mathrm{d}x$ 发散，故 $\displaystyle\int_0^{+\infty} \left|\dfrac{\sqrt{x}\cos x}{100+x}\right|\mathrm{d}x$ 发散.

综上所述，$\displaystyle\int_0^{+\infty} \dfrac{\sqrt{x}\cos x}{100+x}\mathrm{d}x$ 条件收敛.

(4) 当 $x\geqslant e^3$ 时，

$$\left|\frac{\ln(\ln x)}{\ln x}\sin x\right|\geqslant \frac{\ln(\ln x)}{\ln x}\sin^2 x=\frac{\ln(\ln x)}{2\ln x}-\frac{\ln(\ln x)}{2\ln x}\cos 2x.$$

由 $\dfrac{\ln(\ln x)}{2\ln x}\geqslant \dfrac{1}{2x}$ 且 $\displaystyle\int_{e^3}^{+\infty} \dfrac{1}{2x}\mathrm{d}x$ 发散，故 $\displaystyle\int_{e^3}^{+\infty} \dfrac{\ln(\ln x)}{2\ln x}\mathrm{d}x$ 发散，于是 $\displaystyle\int_e^{+\infty} \dfrac{\ln(\ln x)}{2\ln x}\mathrm{d}x$ 发散.

令 $g(x)=\dfrac{\ln(\ln x)}{2\ln x}$，则

$$g'(x)=\frac{\dfrac{2}{x}-\dfrac{2}{x}\ln(\ln x)}{(2\ln x)^2}=\frac{1-\ln(\ln x)}{2x\ln^2 x},$$

所以，当 $x\geqslant e^3$ 时，$g(x)$ 单调递减，且 $\lim\limits_{x\to+\infty} g(x)=0$. 令 $F(u)=\displaystyle\int_{e^3}^u \cos 2x\mathrm{d}x$，则 $|F(u)|\leqslant 1$，由狄利克雷判别法可知，$\displaystyle\int_{e^3}^{+\infty} \dfrac{\ln(\ln x)}{2\ln x}\cos 2x\mathrm{d}x$ 收敛，于是 $\displaystyle\int_e^{+\infty} \dfrac{\ln(\ln x)}{2\ln x}\cos 2x\mathrm{d}x$ 收敛. 由此得

$\int_e^{+\infty} \left| \frac{\ln(\ln x)}{\ln x} \sin x \right| dx$ 发散.

用上面证明 $\int_e^{+\infty} \frac{\ln(\ln x)}{2\ln x} \cos 2x dx$ 收敛的方法,可以证明 $\int_e^{+\infty} \frac{\ln(\ln x)}{\ln x} \sin x dx$ 收敛.

故 $\int_e^{+\infty} \frac{\ln(\ln x)}{\ln x} \sin x dx$ 条件收敛.

6. 举例说明: $\int_a^{+\infty} f(x) dx$ 收敛时, $\int_a^{+\infty} f^2(x) dx$ 不一定收敛; $\int_a^{+\infty} f(x) dx$ 绝对收敛时, $\int_a^{+\infty} f^2(x) dx$ 也不一定收敛.

解 取 $f(x) = \frac{\sin x}{\sqrt{x}}$, 则 $\int_1^{+\infty} \frac{\sin x}{\sqrt{x}} dx$ 收敛.

而

$$\int_1^{+\infty} f^2(x) dx = \int_1^{+\infty} \frac{\sin^2 x}{x} dx = \int_1^{+\infty} \frac{1}{x} \cdot \frac{1-\cos 2x}{2} dx = \int_1^{+\infty} \left(\frac{1}{2x} - \frac{\cos 2x}{2x} \right) dx,$$

由于 $\int_1^{+\infty} \frac{\cos 2x}{2x} dx$ 收敛, $\int_1^{+\infty} \frac{1}{2x} dx$ 发散, 故 $\int_1^{+\infty} f^2(x) dx$ 发散.

取 $g(x) = \frac{\sin x}{x^{3/2}}$, 则 $\int_0^{+\infty} g(x) dx = \int_0^{+\infty} \frac{\sin x}{x^{3/2}} dx$ 绝对收敛.

但

$$\int_0^{+\infty} g^2(x) dx = \int_0^{+\infty} \frac{\sin^2 x}{x^3} dx = \int_0^\delta \frac{\sin^2 x}{x^3} dx + \int_\delta^{+\infty} \frac{\sin^2 x}{x^3} dx,$$

当 $\delta > 0$ 足够小时, $\frac{\sin^2 x}{x^3} > \frac{1}{2x}$, $\int_0^\delta \frac{\sin^2 x}{x^3} dx \geqslant \int_0^\delta \frac{1}{2x} dx$, 由于 $\int_0^\delta \frac{1}{2x} dx$ 发散, 故 $\int_0^{+\infty} g^2(x) dx$ 发散.

7. 证明: 若 $\int_a^{+\infty} f(x) dx$ 绝对收敛, 且 $\lim_{x \to +\infty} f(x) = 0$, 则 $\int_a^{+\infty} f^2(x) dx$ 必定收敛.

证 因为 $\lim_{x \to +\infty} f(x) = 0$, 故 $\exists M > 0$, 使得当 $x > M$ 时, $|f(x)| < 1$, 此时有 $f^2(x) \leqslant |f(x)|$.

又因为 $\int_a^{+\infty} f(x) dx$ 绝对收敛, 故 $\int_a^{+\infty} f^2(x) dx$ 收敛.

8. 证明: 若 f 是 $[a, +\infty)$ 上的单调函数, 且 $\int_a^{+\infty} f(x) dx$ 收敛, 则 $f(x) = o\left(\frac{1}{x} \right)$, $x \to +\infty$.

证 不妨设 $f(x)$ 单调递减, 则必有 $f(x) \geqslant 0$, 否则 $\exists x = x_0$, 使得 $f(x_0) < 0$, 且当 $x \geqslant x_0$ 时, $f(x) \leqslant f(x_0)$, 由此将推出 $\int_a^{+\infty} f(x) dx$ 发散.

由 $\int_a^{+\infty} f(x) dx$ 收敛, 对 $\forall \varepsilon > 0$, $\exists M > a$, 使得当 $x > M$ 时, 有

$$\frac{\varepsilon}{2} > \int_{\frac{x}{2}}^x f(t) dt \geqslant f(x) \cdot \int_{\frac{x}{2}}^x dt = \frac{x}{2} f(x),$$

故有 $0 < xf(x) < \varepsilon$.

因此 $\lim_{x \to +\infty} xf(x) = 0$, 所以有 $f(x) = o\left(\frac{1}{x} \right)$, $x \to +\infty$.

9. 证明: 若 f 在 $[a, +\infty)$ 上一致连续, 且 $\int_a^{+\infty} f(x) dx$ 收敛, 则 $\lim_{x \to +\infty} f(x) = 0$.

证 $\forall \varepsilon > 0$, 由 $f(x)$ 在 $[a, +\infty)$ 上一致连续, 所以 $\exists \delta > 0$, $\forall x', x'' \in [a, +\infty)$, 当 $|x' - x''| < \delta$, 有 $|f(x') - f(x'')| < \frac{\varepsilon}{2}$, 由于 $\int_a^{+\infty} f(x) dx$ 收敛, 所以 $\exists A > a$, $\forall A', A'' > A$, 有

$$\left| \int_{A'}^{A''} f(x) dx \right| < \frac{\varepsilon \delta}{2}$$

所以对 $\forall x > A$, 由积分第一中值定理有

$$\mid f(x)\mid \leqslant \left| f(x) - \frac{1}{\delta}\int_x^{x+\delta} f(t)\mathrm{d}t \right| + \left| \frac{1}{\delta}\int_x^{x+\delta} f(t)\mathrm{d}t \right|$$

$$= \mid f(x) - f(\xi)\mid + \left| \frac{1}{\delta}\int_x^{x+\delta} f(t)\mathrm{d}t \right|$$

$$< \frac{\varepsilon}{2} + \frac{1}{\delta} \cdot \frac{\omega\delta}{2} = \varepsilon, \xi \in (x, x+\delta).$$

所以 $\lim\limits_{x \to +\infty} f(x) = 0$.

10. 利用狄利克雷判别法证明阿贝尔判别法.

阿贝尔判别法 若 $\int_a^{+\infty} f(x)\mathrm{d}x$ 收敛, $g(x)$ 在 $[a, +\infty)$ 上单调有界,则 $\int_a^{+\infty} f(x)g(x)\mathrm{d}x$ 收敛.

证 由于 $\int_a^{+\infty} f(x)\mathrm{d}x$ 收敛,即 $\lim\limits_{u \to +\infty}\int_a^u f(x)\mathrm{d}x$ 存在,则 $\int_a^u f(x)\mathrm{d}x$ 在 $[0, +\infty)$ 上有界,又 $g(x)$ 在 $[a, +\infty)$ 上单调有界,则必有极限. 设 $\lim\limits_{x \to +\infty} g(x) = a$,即 $\lim\limits_{x \to +\infty}[g(x) - a] = 0$.

设 $\varphi(x) = g(x) - a$,则由狄利克雷判别法知, $\int_a^{+\infty} f(x)[g(x) - a]\mathrm{d}x$ 收敛,即

$$\int_a^{+\infty}[f(x)g(x) - f(x)a]\mathrm{d}x = \int_a^{+\infty} f(x)g(x)\mathrm{d}x - a\int_a^{+\infty} f(x)\mathrm{d}x.$$

由于 $\int_a^{+\infty} f(x)\mathrm{d}x$ 收敛,故 $\int_a^{+\infty} f(x)g(x)\mathrm{d}x$ 收敛.

习题 11.3 解答

1. 写出性质 3 的证明.

性质 3 设函数 $f(x)$ 的瑕点为 $x = a, f(x)$ 在 $(a, b]$ 的任一内闭区间 $[u, b]$ 上可积,则当 $\int_a^b \mid f(x)\mid \mathrm{d}x$ 收敛时, $\int_a^b f(x)\mathrm{d}x$ 也必定收敛,并有

$$\left| \int_a^b f(x)\mathrm{d}x \right| \leqslant \int_a^b \mid f(x)\mid \mathrm{d}x.$$

证 由于 $\int_a^b \mid f(x)\mid \mathrm{d}x$ 收敛,由柯西收敛准则知, $\forall \varepsilon > 0, \exists \delta > 0, \forall u_1, u_2 \in (a, a+\delta)$(不妨设 $u_1 < u_2$),有

$$\left| \int_{u_1}^{u_2} \mid f(x)\mid \mathrm{d}x \right| = \int_{u_1}^{u_2} \mid f(x)\mid \mathrm{d}x < \varepsilon,$$

又 $f(x)$ 在 $(a, b]$ 的任一内闭区间 $[u, b]$ 上可积,由定积分的绝对不等式有

$$\left| \int_{u_1}^{u_2} f(x)\mathrm{d}x \right| \leqslant \int_{u_1}^{u_2} \mid f(x)\mid \mathrm{d}x < \varepsilon,$$

从而由柯西收敛准则知, $\int_a^b f(x)\mathrm{d}x$ 收敛. 又 $\left| \int_{a+\delta}^b f(x)\mathrm{d}x \right| \leqslant \int_{a+\delta}^b \mid f(x)\mid \mathrm{d}x$,令 $\delta \to 0^+$ 得

$$\left| \int_a^b f(x)\mathrm{d}x \right| \leqslant \int_a^b \mid f(x)\mid \mathrm{d}x.$$

2. 写出定理 11.6 及其推论 1 的证明.

定理 11.6(比较原则) 设定义在 $(a, b]$ 上的两个函数 $f(x)$ 与 $g(x)$,瑕点同为 $x = a$,在任何 $[u, b] \subset (a, b]$ 上都可积,且满足 $0 \leqslant f(x) \leqslant g(x), x \in (a, b]$,则当 $\int_a^b g(x)\mathrm{d}x$ 收敛时, $\int_a^b f(x)\mathrm{d}x$ 必定收敛(或者当 $\int_a^b f(x)\mathrm{d}x$ 发散时, $\int_a^b g(x)\mathrm{d}x$ 亦必发散).

推论 1 若 $f(x) \geqslant 0, g(x) > 0$,且 $\lim\limits_{x \to a^+} \dfrac{f(x)}{g(x)} = c$,则有

（ⅰ）当 $0<c<+\infty$ 时，$\int_a^b f(x)\mathrm{d}x$ 与 $\int_a^b g(x)\mathrm{d}x$ 同敛态；

（ⅱ）当 $c=0$ 时，由 $\int_a^b g(x)\mathrm{d}x$ 收敛可推知 $\int_a^b f(x)\mathrm{d}x$ 也收敛；

（ⅲ）当 $c=+\infty$ 时，由 $\int_a^b g(x)\mathrm{d}x$ 发散可推知 $\int_a^b f(x)\mathrm{d}x$ 也发散.

证　首先证明定理 11.6.

若 $\int_a^b g(x)\mathrm{d}x$ 收敛,则 $\forall \varepsilon>0,\exists \delta>0,\forall u_1,u_2 \in (a,a+\delta)$,有 $\left|\int_{u_1}^{u_2} g(x)\mathrm{d}x\right|<\varepsilon$,因为 $f(x)\leqslant g(x)$,所以 $\left|\int_{u_1}^{u_2} f(x)\mathrm{d}x\right|\leqslant\left|\int_{u_1}^{u_2} g(x)\mathrm{d}x\right|<\varepsilon$,由 Cauchy 准则知,$\int_a^b f(x)\mathrm{d}x$ 必定收敛.同理可证发散的情形.

下面证明推论 1.

（ⅰ）当 $0<c<+\infty$ 时,由 $\dfrac{c}{2}<\lim\limits_{x\to a^+}\dfrac{f(x)}{g(x)}=c<\dfrac{3}{2}c$ 知,$\exists \delta>0$,当 $x\in(a,a+\delta)$ 时,有 $\dfrac{c}{2}<\dfrac{f(x)}{g(x)}<\dfrac{3}{2}c$,即 $\dfrac{c}{2}g(x)<f(x)<\dfrac{3}{2}cg(x)$. 于是,由比较原则知,当 $0<c<+\infty$ 时,$\int_a^b f(x)\mathrm{d}x$ 与 $\int_a^b g(x)\mathrm{d}x$ 同敛态.

（ⅱ）当 $c=0$ 时,由 $\lim\limits_{x\to a^+}\dfrac{f(x)}{g(x)}=0<1$ 知,$\exists \delta>0$,当 $x\in(a,a+\delta)$ 时,有 $\dfrac{f(x)}{g(x)}<1$,即 $f(x)<g(x)$. 故由 $\int_a^b g(x)\mathrm{d}x$ 收敛可知,$\int_a^b f(x)\mathrm{d}x$ 也收敛.

（ⅲ）当 $c=+\infty$ 时,由 $\lim\limits_{x\to a^+}\dfrac{f(x)}{g(x)}=+\infty>1$ 知,$\exists \delta>0$,当 $x\in(a,a+\delta)$ 时,有 $\dfrac{f(x)}{g(x)}>1$,即 $f(x)>g(x)$,由比较原则知,当 $\int_a^b g(x)\mathrm{d}x$ 发散时,$\int_a^b f(x)\mathrm{d}x$ 也发散.

3. 讨论下列瑕积分的敛散性：

$(1)\displaystyle\int_0^2 \dfrac{\mathrm{d}x}{(x-1)^2}$；　　　　$(2)\displaystyle\int_0^\pi \dfrac{\sin x}{x^{3/2}}\mathrm{d}x$；　　　　$(3)\displaystyle\int_0^1 \dfrac{\mathrm{d}x}{\sqrt{x}\ln x}$；

$(4)\displaystyle\int_0^1 \dfrac{\ln x}{1-x}\mathrm{d}x$；　　　　$(5)\displaystyle\int_0^1 \dfrac{\arctan x}{1-x^3}\mathrm{d}x$；　　　　$(6)\displaystyle\int_0^{\frac{\pi}{2}} \dfrac{1-\cos x}{x^m}\mathrm{d}x$；

$(7)\displaystyle\int_0^1 \dfrac{1}{x^a}\sin\dfrac{1}{x}\mathrm{d}x$；　　　　$(8)\displaystyle\int_0^{+\infty} \mathrm{e}^{-x}\ln x\mathrm{d}x$.

解　$(1)x=1$ 是瑕点.

$\lim\limits_{x\to 1^+}(x-1)\cdot\dfrac{1}{(x-1)^2}=+\infty$,由定理 11.6 推论 3 知,$\displaystyle\int_0^2 \dfrac{\mathrm{d}x}{(x-1)^2}$ 发散.

$(2)x=0$ 是瑕点.

$\lim\limits_{x\to 0^+}x^{\frac{1}{2}}\cdot\dfrac{\sin x}{x^{3/2}}=1$,故积分 $\displaystyle\int_0^\pi \dfrac{\sin x}{x^{3/2}}\mathrm{d}x$ 收敛.

$(3)x=0,1$ 为瑕点. $\displaystyle\int_0^1 \dfrac{\mathrm{d}x}{\sqrt{x}\ln x}=\int_0^{\frac{1}{2}} \dfrac{\mathrm{d}x}{\sqrt{x}\ln x}+\int_{\frac{1}{2}}^1 \dfrac{\mathrm{d}x}{\sqrt{x}\ln x}$.

由于 $\lim\limits_{x\to 1^-}(x-1)\cdot\dfrac{1}{\sqrt{x}\ln x}=1$,由定理 11.6 推论 3 知,积分 $\displaystyle\int_{\frac{1}{2}}^1 \dfrac{\mathrm{d}x}{\sqrt{x}\ln x}$ 发散,故积分 $\displaystyle\int_0^1 \dfrac{\mathrm{d}x}{\sqrt{x}\ln x}$ 发散.

(4) 由于 $\lim\limits_{x\to 1^-}\dfrac{\ln x}{1-x}=\lim\limits_{x\to 1^-}\dfrac{\frac{1}{x}}{-1}=-1$,故 $x=1$ 不是瑕点. $x=0$ 为唯一瑕点,因 $\lim\limits_{x\to 0^+}x^{\frac{1}{2}}\cdot\dfrac{\ln x}{x-1}=0$,

故积分 $\displaystyle\int_0^1 \dfrac{\ln x}{1-x}\mathrm{d}x$ 收敛.

(5) $x = 1$ 为瑕点. $\lim\limits_{x \to 1^-}(1-x)\dfrac{\arctan x}{1-x^3} = \dfrac{\pi}{12}$，由定理 11.6 推论 3 知，积分 $\int_0^1 \dfrac{\arctan x}{1-x^3}\mathrm{d}x$ 发散.

(6) $x = 0$ 为瑕点. $\lim\limits_{x \to 0^+}x^{m-2}\cdot\dfrac{1-\cos x}{x^m} = \lim\limits_{x \to 0^+}\dfrac{1-\cos x}{x^2} = \dfrac{1}{2}$，由定理 11.6 推论 3 知，当 $m < 3$ 时，积分收敛；当 $m \geqslant 3$ 时，积分发散.

(7) $\displaystyle\int_0^1 \dfrac{1}{x^\alpha}\sin\dfrac{1}{x}\mathrm{d}x \xlongequal{t=\frac{1}{x}} \int_1^{+\infty}\dfrac{\sin t}{t^{2-\alpha}}\mathrm{d}t.$

由无穷积分敛散性结论知：

当 $2-\alpha > 1$ 时，即 $\alpha < 1$ 时，积分绝对收敛；

当 $0 < 2-\alpha \leqslant 1$ 时，即 $1 \leqslant \alpha < 2$ 时，积分条件收敛；

当 $2-\alpha \leqslant 0$ 时，即 $\alpha \geqslant 2$ 时，积分发散.

(8) $\displaystyle\int_0^{+\infty}\mathrm{e}^{-x}\ln x\mathrm{d}x = \int_0^1\dfrac{\ln x}{\mathrm{e}^x}\mathrm{d}x + \int_1^{+\infty}\dfrac{\ln x}{\mathrm{e}^x}\mathrm{d}x,$

由 $\lim\limits_{x \to +\infty}x^2\dfrac{\ln x}{\mathrm{e}^x} = 0$，知 $\displaystyle\int_1^{+\infty}\dfrac{\ln x}{\mathrm{e}^x}\mathrm{d}x$ 收敛. 又由 $\lim\limits_{x \to 0^+}x^{\frac{1}{2}}\dfrac{\ln x}{\mathrm{e}^x} = 0$，知 $\displaystyle\int_0^1\mathrm{e}^{-x}\ln x\mathrm{d}x$ 收敛，从而可知 $\displaystyle\int_0^{+\infty}\mathrm{e}^{-x}\ln x\mathrm{d}x$ 收敛.

4. 计算下列瑕积分的值（其中 n 为正整数）：

(1) $\displaystyle\int_0^1(\ln x)^n\mathrm{d}x$；　　　　(2) $\displaystyle\int_0^1\dfrac{x^n}{\sqrt{1-x}}\mathrm{d}x.$

解　(1) **方法一**　当 $n = 1$ 时，有 $\displaystyle\int_0^1\ln x\mathrm{d}x = \lim\limits_{\varepsilon \to 0^+}(x\ln x)\Big|_\varepsilon^1 - \lim\limits_{\varepsilon \to 0^+}\int_\varepsilon^1\mathrm{d}x = -1$；

当 $n \geqslant 2$ 时，设

$$I_n = \int_0^1(\ln x)^n\mathrm{d}x = \lim\limits_{\varepsilon \to 0^+}\int_\varepsilon^1(\ln x)^n\mathrm{d}x = \lim\limits_{\varepsilon \to 0^+}\big[x(\ln x)^n\big]\Big|_\varepsilon^1 - \lim\limits_{\varepsilon \to 0^+}\int_\varepsilon^1 n(\ln x)^{n-1}\mathrm{d}x$$

$$= -n\int_0^1(\ln x)^{n-1}\mathrm{d}x = -nI_{n-1},$$

从而有 $I_n = \displaystyle\int_0^1(\ln x)^n\mathrm{d}x = (-1)^n n!.$

方法二　$\displaystyle\int_0^1(\ln x)^n\mathrm{d}x \xlongequal{t=-\ln x} \int_0^{+\infty}(-t)^n\mathrm{e}^{-t}\mathrm{d}t = (-1)^n\int_0^{+\infty}t^n\mathrm{e}^{-t}\mathrm{d}t$

$$= (-1)^n\cdot\Gamma(n+1) = (-1)^n n!.$$

(2) 令 $x = \sin^2\theta$，则有 $\mathrm{d}x = 2\sin\theta\cos\theta\mathrm{d}\theta$，于是

$$I_n = \int_0^1\dfrac{x^n}{\sqrt{1-x}}\mathrm{d}x = 2\int_0^{\frac{\pi}{2}}\sin^{2n+1}\theta\mathrm{d}\theta = 2\cdot\dfrac{(2n)!!}{(2n+1)!!}.$$

5. 证明瑕积分 $J = \displaystyle\int_0^{\frac{\pi}{2}}\ln(\sin x)\mathrm{d}x$ 收敛，且 $J = -\dfrac{\pi}{2}\ln 2$.（提示：利用 $\displaystyle\int_0^{\frac{\pi}{2}}\ln(\sin x)\mathrm{d}x = \int_0^{\frac{\pi}{2}}\ln(\cos x)\mathrm{d}x$，并将它们相加.）

证　由于 $\lim\limits_{x \to 0^+}\sqrt{x}\ln(\sin x) = 0$，所以瑕积分 $J = \displaystyle\int_0^{\frac{\pi}{2}}\ln(\sin x)\mathrm{d}x$ 收敛. 同理，$\displaystyle\int_0^{\frac{\pi}{2}}\ln(\cos x)\mathrm{d}x$ 也收敛.

令 $t = \dfrac{\pi}{2} - x$，则有

$$\int_0^{\frac{\pi}{2}}\ln(\cos x)\mathrm{d}x = -\int_{\frac{\pi}{2}}^0\ln\left(\cos\left(\dfrac{\pi}{2}-t\right)\right)\mathrm{d}t = \int_0^{\frac{\pi}{2}}\ln(\sin t)\mathrm{d}t = J,$$

故

$$2J = \int_0^{\frac{\pi}{2}} \left[\ln(\sin x) + \ln(\cos x)\right]\mathrm{d}x = \int_0^{\frac{\pi}{2}} \ln\left(\frac{1}{2} \cdot \sin 2x\right)\mathrm{d}x$$

$$= \int_0^{\frac{\pi}{2}} \ln(\sin 2x)\mathrm{d}x - \ln 2\int_0^{\frac{\pi}{2}}\mathrm{d}x \xlongequal{t=2x} \frac{1}{2}\int_0^{\pi}\ln(\sin t)\mathrm{d}t - \frac{\pi}{2}\ln 2$$

$$= \frac{1}{2}\int_0^{\frac{\pi}{2}}\ln(\sin u)\mathrm{d}u + \frac{1}{2}\int_{\frac{\pi}{2}}^{\pi}\ln(\sin u)\mathrm{d}u - \frac{\pi}{2}\ln 2$$

$$= \int_0^{\frac{\pi}{2}}\ln(\sin u)\mathrm{d}u - \frac{\pi}{2}\ln 2 = J - \frac{\pi}{2}\ln 2,$$

因此，$J = -\frac{\pi}{2}\ln 2$.

6. 利用上题结果，证明：

(1)$\int_0^{\pi}\theta\ln(\sin\theta)\mathrm{d}\theta = -\frac{\pi^2}{2}\ln 2$; (2)$\int_0^{\pi}\frac{\theta\sin\theta}{1-\cos\theta}\mathrm{d}\theta = 2\pi\ln 2$.

解 (1) 令 $x = \pi - \theta$，则 $\theta = \pi - x$，$\mathrm{d}\theta = -\mathrm{d}x$，于是

$$\int_0^{\pi}\theta\ln(\sin\theta)\mathrm{d}\theta = \int_{\pi}^{0}(\pi-x)\ln[\sin(\pi-x)](-1)\mathrm{d}x = \int_0^{\pi}\pi\ln(\sin x)\mathrm{d}x - \int_0^{\pi}x\ln(\sin x)\mathrm{d}x$$

$$= \int_0^{\pi}\pi\ln(\sin x)\mathrm{d}x - \int_0^{\pi}\theta\ln(\sin\theta)\mathrm{d}\theta,$$

故有 $\int_0^{\pi}\theta\ln(\sin\theta)\mathrm{d}\theta = \frac{\pi}{2}\int_0^{\pi}\ln(\sin x)\mathrm{d}x = \frac{\pi}{2}\int_0^{\frac{\pi}{2}}\ln(\sin x)\mathrm{d}x + \frac{\pi}{2}\int_{\frac{\pi}{2}}^{\pi}\ln(\sin x)\mathrm{d}x$

$$= \frac{\pi}{2}\left(-\frac{\pi}{2}\cdot\ln 2\right) + \frac{\pi}{2}\int_0^{\frac{\pi}{2}}\ln(\sin u)\mathrm{d}u = -\frac{\pi^2}{4}\ln 2 - \frac{\pi^2}{4}\ln 2 = -\frac{\pi^2}{2}\ln 2.$$

(2)$\int_0^{\pi}\frac{\theta\sin\theta}{1-\cos\theta}\mathrm{d}\theta = \int_0^{\pi}\theta\mathrm{d}(\ln(1-\cos\theta)) = \theta\ln(1-\cos\theta)\Big|_0^{\pi} - \int_0^{\pi}\ln(1-\cos\theta)\mathrm{d}\theta$

$$= \pi\ln 2 - \int_0^{\pi}\ln\left(2\sin^2\frac{\theta}{2}\right)\mathrm{d}\theta = \pi\ln 2 - \int_0^{\pi}\ln 2\mathrm{d}x - 4\int_0^{\frac{\pi}{2}}\ln(\sin x)\mathrm{d}x$$

$$= \pi\ln 2 - \pi\ln 2 - 4\left(-\frac{\pi}{2}\ln 2\right) = 2\pi\ln 2.$$

7. 写出定理 11.7 和 11.8 的证明.

定理11.7(狄利克雷判别法) 设 a 为 $f(x)$ 的瑕点，函数 $F(u) = \int_u^b f(x)\mathrm{d}x$ 在 $(a,b]$ 上有界，函数 $g(x)$ 在 $(a,b]$ 上单调且 $\lim\limits_{x\to a^+}g(x) = 0$，则瑕积分 $\int_a^b f(x)g(x)\mathrm{d}x$ 收敛.

证 因为 $F(u) = \int_u^b f(x)\mathrm{d}x$ 在 $(a,b]$ 上有界，所以 $\exists M > 0$，有

$$\left|\int_u^b f(x)\mathrm{d}x\right| \leqslant M, u \in (a,b].$$

由于 $\lim\limits_{x\to a^+}g(x) = 0$，所以 $\forall \varepsilon > 0$，$\exists \delta > 0$，当 $0 < x-a < \delta$ 时，有 $|g(x)| < \frac{\varepsilon}{4M}$. 又因为 $g(x)$ 在 $(a,b]$ 上单调，利用积分第二中值定理，对于 $\forall u_1, u_2 \in (a, a+\delta)$，$\exists \xi \in (u_1, u_2)$，使得

$$\int_{u_1}^{u_2} f(x)g(x)\mathrm{d}x = g(u_1)\int_{u_1}^{\xi}f(x)\mathrm{d}x + g(u_2)\int_{\xi}^{u_2}f(x)\mathrm{d}x.$$

于是有

$$\left|\int_{u_1}^{u_2}f(x)g(x)\mathrm{d}x\right| \leqslant |g(u_1)|\left|\int_{u_1}^{\xi}f(x)\mathrm{d}x\right| + |g(u_2)|\left|\int_{\xi}^{u_2}f(x)\mathrm{d}x\right|$$

$$= |g(u_1)|\left|\int_{u_1}^b f(x)\mathrm{d}x - \int_{\xi}^b f(x)\mathrm{d}x\right| + |g(u_2)|\left|\int_{\xi}^b f(x)\mathrm{d}x - \int_{u_2}^b f(x)\mathrm{d}x\right|$$

$$\leqslant \frac{\varepsilon}{4M} \cdot 2M + \frac{\varepsilon}{4M} \cdot 2M = \varepsilon.$$

根据柯西收敛准则，可知 $\int_a^b f(x)g(x)\mathrm{d}x$ 收敛.

定理11.8(阿贝尔判别法) 设 a 为 $f(x)$ 的瑕点，瑕积分 $\int_a^b f(x)\mathrm{d}x$ 收敛，函数 $g(x)$ 在 $(a,b]$ 上单调且有界，则瑕积分 $\int_a^b f(x)g(x)\mathrm{d}x$ 收敛.

证　因为 $\int_a^b f(x)\mathrm{d}x$ 收敛，所以 $F(u) = \int_u^b f(x)\mathrm{d}x$ 在 $(a,b]$ 上有界.

又 $g(x)$ 在 $(a,b]$ 上单调有界，则必有极限，设 $\lim_{x \to a^+} g(x) = A$，即有 $\lim_{x \to a^+}[g(x) - A] = 0$.

又由于 $g(x) - A$ 在 $(a,b]$ 上亦单调有界，则由狄利克雷判别法，知 $\int_a^b f(x)(g(x) - A)\mathrm{d}x$ 收敛，

由于 $\int_a^b f(x)\mathrm{d}x$ 收敛，故 $\int_a^b f(x)g(x)\mathrm{d}x$ 收敛.

第十一章总练习题解答

1. 证明下列等式：

(1) $\int_0^1 \frac{x^{p-1}}{x+1}\mathrm{d}x = \int_1^{+\infty} \frac{x^{-p}}{x+1}\mathrm{d}x, p > 0$；　　(2) $\int_0^{+\infty} \frac{x^{p-1}}{x+1}\mathrm{d}x = \int_0^{+\infty} \frac{x^{-p}}{x+1}\mathrm{d}x, 0 < p < 1$.

证　(1) 令 $t = \frac{1}{x}$，则 $x = \frac{1}{t}$，$\mathrm{d}x = -\frac{1}{t^2}\mathrm{d}t$，于是

$$\int_0^1 \frac{x^{p-1}}{x+1}\mathrm{d}x = \int_{+\infty}^1 \frac{\left(\frac{1}{t}\right)^{p-1}}{\frac{1}{t}+1} \cdot \left(-\frac{1}{t^2}\right)\mathrm{d}t = \int_1^{+\infty} \frac{t^{-p}}{t+1}\mathrm{d}t = \int_1^{+\infty} \frac{x^{-p}}{x+1}\mathrm{d}x.$$

(2) 由 $0 < p < 1$ 可知 $x = 0$ 是瑕点.

令 $t = \frac{1}{x}$，则当 $x \to 0$ 时，$t \to +\infty$，由(1)得

$$\int_0^{+\infty} \frac{x^{p-1}}{x+1}\mathrm{d}x = -\int_{+\infty}^0 \frac{t^{-p}}{1+t}\mathrm{d}t = \int_0^{+\infty} \frac{t^{-p}}{t+1}\mathrm{d}t = \int_0^{+\infty} \frac{x^{-p}}{x+1}\mathrm{d}x.$$

2. 证明下列不等式：

(1) $\frac{\pi}{2\sqrt{2}} < \int_0^1 \frac{\mathrm{d}x}{\sqrt{1-x^4}} < \frac{\pi}{2}$；　　(2) $\frac{1}{2}\left(1-\frac{1}{\mathrm{e}}\right) < \int_0^{+\infty} \mathrm{e}^{-x^2}\mathrm{d}x < 1 + \frac{1}{2\mathrm{e}}$.

证　(1) 　　　　$\int_0^1 \frac{\mathrm{d}x}{\sqrt{1-x^4}} < \int_0^1 \frac{\mathrm{d}x}{\sqrt{1-x^2}} = \frac{\pi}{2}$,

$$\int_0^1 \frac{\mathrm{d}x}{\sqrt{1-x^4}} = \int_0^1 \frac{\mathrm{d}x}{\sqrt{(1+x^2)(1-x^2)}} > \frac{1}{\sqrt{2}}\int_0^1 \frac{\mathrm{d}x}{\sqrt{1-x^2}} = \frac{\pi}{2\sqrt{2}},$$

所以 $\frac{\pi}{2\sqrt{2}} < \int_0^1 \frac{\mathrm{d}x}{\sqrt{1-x^4}} < \frac{\pi}{2}$.

(2) $\int_0^{+\infty} \mathrm{e}^{-x^2}\mathrm{d}x = \int_0^1 \mathrm{e}^{-x^2}\mathrm{d}x + \int_1^{+\infty} \mathrm{e}^{-x^2}\mathrm{d}x < \int_0^1 \mathrm{d}x + \int_1^{+\infty} x\mathrm{e}^{-x^2}\mathrm{d}x = 1 + \frac{1}{2\mathrm{e}}$,

$$\int_0^{+\infty} \mathrm{e}^{-x^2}\mathrm{d}x = \int_0^1 \mathrm{e}^{-x^2}\mathrm{d}x + \int_1^{+\infty} \mathrm{e}^{-x^2}\mathrm{d}x > \int_0^1 \mathrm{e}^{-x^2}\mathrm{d}x > \int_0^1 x\mathrm{e}^{-x^2}\mathrm{d}x = -\frac{1}{2}\mathrm{e}^{-x^2}\bigg|_0^1 = \frac{1}{2}\left(1-\frac{1}{\mathrm{e}}\right),$$

所以 $\frac{1}{2}\left(1-\frac{1}{\mathrm{e}}\right) < \int_0^{+\infty} \mathrm{e}^{-x^2}\mathrm{d}x < 1 + \frac{1}{2\mathrm{e}}$.

3. 计算下列反常积分的值:

(1) $\int_0^{+\infty} e^{-ax} \cos bx \, dx \, (a > 0)$;　　　　(2) $\int_0^{+\infty} e^{-ax} \sin bx \, dx \, (a > 0)$;

(3) $\int_0^{+\infty} \dfrac{\ln x}{1+x^2} \, dx$;　　　　　　(4) $\int_0^{\frac{\pi}{2}} \ln(\tan \theta) \, d\theta$.

解　(1) $\int_0^{+\infty} e^{-ax} \cos bx \, dx = \lim_{A \to +\infty} \int_0^A e^{-ax} \cos bx \, dx = \lim_{A \to +\infty} \dfrac{e^{-ax}}{a^2+b^2} (b\sin bx - a\cos bx) \Big|_0^A = \dfrac{a}{a^2+b^2}$.

(2) $\int_0^{+\infty} e^{-ax} \sin bx \, dx = \lim_{A \to +\infty} \int_0^A e^{-ax} \sin bx \, dx = \lim_{A \to +\infty} \dfrac{e^{-ax}}{a^2+b^2} (-a\sin bx - b\cos bx) \Big|_0^A = \dfrac{b}{a^2+b^2}$.

(3) $\int_0^{+\infty} \dfrac{\ln x}{1+x^2} \, dx = \int_0^1 \dfrac{\ln x}{1+x^2} \, dx + \int_1^{+\infty} \dfrac{\ln x}{1+x^2} \, dx$.

又 $\int_1^{+\infty} \dfrac{\ln x}{1+x^2} \, dx \xlongequal{u=\frac{1}{x}} \int_1^0 \dfrac{-\ln u}{1+\frac{1}{u^2}} \cdot \left(-\dfrac{1}{u^2}\right) du = -\int_0^1 \dfrac{\ln u}{1+u^2} \, du$,

故 $\int_0^{+\infty} \dfrac{\ln x}{1+x^2} \, dx = \int_0^1 \dfrac{\ln x}{1+x^2} \, dx - \int_0^1 \dfrac{\ln u}{1+u^2} \, du = 0$.

(4) 令 $x = \tan \theta$,则 $d\theta = \dfrac{1}{1+x^2} \, dx$,由(3)的结论得

$$\int_0^{\frac{\pi}{2}} \ln(\tan \theta) \, d\theta = \int_0^{+\infty} \dfrac{\ln x}{1+x^2} \, dx = 0.$$

4. 讨论反常积分 $\int_0^{+\infty} \dfrac{\sin bx}{x^\lambda} \, dx \, (b \neq 0)$,$\lambda$ 取何值时绝对收敛或条件收敛.

解　不妨设 $b > 0$,令 $t = bx$,则

$$\int_0^{+\infty} \dfrac{\sin bx}{x^\lambda} \, dx = b^{\lambda-1} \int_0^{+\infty} \dfrac{\sin t}{t^\lambda} \, dt = b^{\lambda-1} \left(\int_0^1 \dfrac{\sin t}{t^\lambda} \, dt + \int_1^{+\infty} \dfrac{\sin t}{t^\lambda} \, dt\right) = b^{\lambda-1}(J_1 + J_2),$$

其中,$J_1 = \int_0^1 \dfrac{\sin t}{t^\lambda} \, dt$,则

（ⅰ）当 $\lambda \leqslant 1$ 时,J_1 为定积分;

（ⅱ）由于 $\dfrac{\sin t}{t^\lambda} = \dfrac{\sin t}{t} \cdot \dfrac{1}{t^{\lambda-1}}$,所以 $\left|\dfrac{\sin t}{t^\lambda}\right| \leqslant \dfrac{1}{t^{\lambda-1}}$,所以当 $\lambda < 2$ 时,J_1 绝对收敛;

（ⅲ）由 $\lim_{t \to 0^+} t^{\lambda-1} \cdot \dfrac{\sin t}{t^\lambda} = 1$ 可知,当 $\lambda - 1 \geqslant 1$ 即 $\lambda \geqslant 2$ 时,J_1 发散.

$J_2 = \int_1^{+\infty} \dfrac{\sin t}{t^\lambda} \, dt$,则

（ⅰ）当 $\lambda > 0$ 时,由狄利克雷判别法知 J_2 收敛;

（ⅱ）当 $\lambda > 1$ 时,J_2 绝对收敛;

（ⅲ）当 $\lambda \leqslant 0$ 时,由 Cauchy 判别法知 J_2 发散.

综上所述,当 $\lambda \leqslant 0$ 或 $\lambda \geqslant 2$ 时,原级数发散;当 $0 < \lambda \leqslant 1$ 时,原级数条件收敛;当 $1 < \lambda < 2$ 时,原级数绝对收敛.

5. 证明:设 f 在 $[0, +\infty)$ 上连续,$0 < a < b$.

(1) 若 $\lim_{x \to +\infty} f(x) = k$,则

$$\int_0^{+\infty} \dfrac{f(ax) - f(bx)}{x} \, dx = (f(0) - k) \ln \dfrac{b}{a}.$$

(2) 若 $\int_0^{+\infty} \dfrac{f(x)}{x} \, dx$ 收敛,则

$$\int_0^{+\infty} \dfrac{f(ax) - f(bx)}{x} \, dx = f(0) \ln \dfrac{b}{a}.$$

证　$\forall r, R: 0 < r < R < +\infty$，有

$$\int_r^R \frac{f(ax) - f(bx)}{x}\,dx = \int_r^R \frac{f(ax)}{x}\,dx - \int_r^R \frac{f(bx)}{x}\,dx$$

$$= \int_{ar}^{aR} \frac{f(t)}{t}\,dt - \int_{br}^{bR} \frac{f(t)}{t}\,dt = \int_{ar}^{br} \frac{f(t)}{t}\,dt - \int_{aR}^{bR} \frac{f(t)}{t}\,dt.$$

(1) 由于

$$\int_{ar}^{br} \frac{f(t)}{t}\,dt = f(\xi)\int_{ar}^{br}\frac{1}{t}\,dt = f(\xi)\ln\frac{b}{a}\ (\xi \text{ 介于 } ar \text{ 与 } br \text{ 之间}),$$

$$\int_{aR}^{bR} \frac{f(t)}{t}\,dt = f(\eta)\int_{aR}^{bR}\frac{1}{t}\,dt = f(\eta)\ln\frac{b}{a}\ (\eta \text{ 介于 } aR \text{ 与 } bR \text{ 之间}),$$

所以

$$\lim_{\substack{r \to +0 \\ R \to +\infty}} \int_r^R \frac{f(ax) - f(bx)}{x}\,dx = [f(0) - f(+\infty)]\ln\frac{b}{a},$$

即 $\displaystyle\int_0^{+\infty} \frac{f(ax) - f(bx)}{x}\,dx = [f(0) - f(+\infty)]\ln\frac{b}{a}$.

(2) 由定理 2 条件(2)，根据 Cauchy 原理有 $\displaystyle\lim_{R \to +\infty}\int_{aR}^{bR}\frac{f(t)}{t}\,dt = 0$，故

$$\lim_{\substack{r \to +0 \\ R \to +\infty}} \int_r^R \frac{f(ax) - f(bx)}{x}\,dx = f(0)\ln\frac{b}{a},$$

即 $\displaystyle\int_0^{+\infty} \frac{f(ax) - f(bx)}{x}\,dx = f(0)\ln\frac{b}{a}$.

6. 证明下述命题：

(1) 设 f 为 $[a, +\infty)$ 上的非负连续函数. 若 $\displaystyle\int_a^{+\infty} xf(x)\,dx$ 收敛，则 $\displaystyle\int_a^{+\infty} f(x)\,dx$ 也收敛.

(2) 设 f 为 $[a, +\infty)$ 上的连续可微函数，且当 $x \to +\infty$ 时，$f(x)$ 递减地趋于 0，则 $\displaystyle\int_a^{+\infty} f(x)\,dx$ 收敛的充要条件为 $\displaystyle\int_a^{+\infty} xf'(x)\,dx$ 收敛.

证　(1) 取 $M = \max\{|a|, 1\}$，则由 $\displaystyle\int_a^{+\infty} xf(x)\,dx$ 收敛，可知 $\displaystyle\int_M^{+\infty} xf(x)\,dx$ 也收敛，而 $0 \leqslant \displaystyle\int_M^{+\infty} f(x)\,dx \leqslant \displaystyle\int_M^{+\infty} xf(x)\,dx$，故 $\displaystyle\int_M^{+\infty} f(x)\,dx$ 收敛，从而 $\displaystyle\int_a^{+\infty} f(x)\,dx$ 收敛.

(2) 由于在 $[a, +\infty)$ 上 $f(x)$ 与 $f'(x)$ 均为连续函数，任给 $A > a$，有

$$\int_a^A xf'(x)\,dx = \int_a^A x\,df(x) = xf(x)\Big|_a^A - \int_a^A f(x)\,dx. \tag{$*$}$$

设 $\displaystyle\int_a^{+\infty} f(x)\,dx$ 收敛，由 $f(x)$ 的单调性，根据习题 11.3 第 8 题可知，$\displaystyle\lim_{x \to +\infty} xf(x) = 0$，故 $\displaystyle\lim_{A \to +\infty} xf(x)\Big|_a^A = -af(a)$. 从而可知 $\displaystyle\lim_{A \to +\infty} \int_a^A xf'(x)\,dx$ 存在，即 $\displaystyle\int_a^{+\infty} xf'(x)\,dx$ 收敛.

若 $\displaystyle\int_a^{+\infty} xf'(x)\,dx$ 收敛，则由 ($*$) 式可知，问题归结为证明 $\displaystyle\lim_{x \to +\infty} xf(x)$ 存在. 因当 $x \to +\infty$ 时，$f(x)$ 递减趋于 0，故 $f(x) \geqslant 0, x \in [a, +\infty)$.

由 $\displaystyle\int_a^{+\infty} xf'(x)\,dx$ 收敛知，$\forall \varepsilon > 0, \exists A > \max\{0, a\}$，当 $x > A$ 时，有

$$|xf(x)| < \left|x\int_x^{+\infty} f'(u)\,du\right| < \left|\int_x^{+\infty} uf'(u)\,du\right| < \varepsilon,$$

故 $\displaystyle\lim_{x \to +\infty} xf(x) = 0$，因而 $\displaystyle\int_a^{+\infty} f(x)\,dx$ 收敛，故有

$$\lim_{A \to +\infty} x f(x) \Big|_a^A = -a f(a),$$

所以有 $\lim\limits_{A \to +\infty} \int_a^A f(x) \mathrm{d}x$ 存在, 即 $\int_a^{+\infty} f(x) \mathrm{d}x$ 收敛.

故 $\int_a^{+\infty} f(x) \mathrm{d}x$ 收敛的充要条件是 $\int_a^{+\infty} x f'(x) \mathrm{d}x$ 收敛.

7. 设 $f(x)$ 在 $[1, +\infty)$ 上二阶连续可微, 对于任何 $x \in [1, +\infty)$ 有 $f(x) > 0$, 且 $\lim\limits_{x \to +\infty} f''(x) = +\infty$. 证明:

无穷积分 $\int_1^{+\infty} \dfrac{1}{f(x)} \mathrm{d}x$ 收敛.

【思路探索】 由条件 $\lim\limits_{x \to +\infty} f''(x) = +\infty$ 入手, 观察能得到的信息.

证　　**方法一**　因为 $\lim\limits_{x \to +\infty} f''(x) = +\infty$, 所以对任意充分大的正数 M, $\exists x_0 \in [1, +\infty)$, 当 $x > x_0$ 时, 有
$f''(x) > M$. 因此 $f'(x) > f'(x_0) + M(x - x_0)$, $x > x_0$, 所以 $\exists x_1 > x_0$, 有 $f'(x_1) > 0$.
由泰勒定理可知, $\exists \xi \in (x_1, x)$, 有

$$f(x) = f(x_1) + f'(x_1)(x - x_1) + \frac{1}{2} f''(\xi)(x - x_1)^2,$$

由于 $f(x_1) > 0$, $f'(x_1) > 0$, 可得 $f(x) > \dfrac{1}{2} f''(\xi)(x - x_1)^2$, $x > x_1$, 所以

$$\frac{1}{f(x)} < \frac{2}{f''(\xi)(x - x_1)^2} < \frac{2}{M} \cdot \frac{1}{(x - x_1)^2}, \quad x > x_1.$$

由于 $\int_{x_1}^{+\infty} \dfrac{2}{M} \cdot \dfrac{1}{(x - x_1)^2} \mathrm{d}x$ 收敛, 根据比较原则知, $\int_{x_1}^{+\infty} \dfrac{1}{f(x)} \mathrm{d}x$ 收敛, 所以 $\int_1^{+\infty} \dfrac{1}{f(x)} \mathrm{d}x$ 收敛.

　　方法二　由条件及洛必达法则可知

$$\lim_{x \to +\infty} \frac{f(x)}{x^2} = \lim_{x \to +\infty} \frac{f'(x)}{2x} = \lim_{x \to +\infty} \frac{f''(x)}{2} = +\infty,$$

所以 $\lim\limits_{x \to +\infty} \dfrac{\dfrac{1}{f(x)}}{\dfrac{1}{x^2}} = \lim\limits_{x \to +\infty} \dfrac{x^2}{f(x)} = 0$, 而 $\int_1^{+\infty} \dfrac{1}{x^2} \mathrm{d}x$ 收敛. 由比较判别法知 $\int_1^{+\infty} \dfrac{1}{f(x)} \mathrm{d}x$ 收敛.

归纳总结: 由于 $\dfrac{1}{f(x)}$ 在 $[1, +\infty)$ 上非负, 根据比较原则, 关键是寻找非负函数 $g(x)$, 使得 $\dfrac{1}{f(x)} \leqslant g(x)$, 且 $\int_1^{+\infty} g(x) \mathrm{d}x$ 收敛.

四、自测题

========= 第十一章自测题 =========

一、解答题（每题 10 分，共 20 分）

1. 若 $\int_0^{+\infty} f(x)\mathrm{d}x$ 收敛，$\lim\limits_{x\to+\infty} f(x) = 0$ 一定成立吗？举例说明理由.

2. 设 $f(x)$ 在 $[a,+\infty)$ 上连续可微，且 $\int_a^{+\infty} f(x)\mathrm{d}x$ 与 $\int_a^{+\infty} f'(x)\mathrm{d}x$ 都收敛，则 $\lim\limits_{x\to+\infty} f(x) = 0$.

二、解答题（每题 10 分，共 60 分）

3. 判断积分 $\int_1^{+\infty}\left[\ln\left(1+\dfrac{1}{x}\right) - \dfrac{1}{1+x}\right]\mathrm{d}x$ 的敛散性.

4. 判断积分 $\int_0^{+\infty}\dfrac{\ln(1+x)}{x^p}\mathrm{d}x$ 的敛散性.

5. 判别广义积分 $\int_0^{+\infty}\dfrac{\sin x}{x}\mathrm{d}x$ 的绝对收敛与条件收敛性.

6. 讨论 $\int_0^1\dfrac{\ln x}{\sqrt{x}}\mathrm{d}x$ 的敛散性.

7. 讨论反常积分 $\int_0^{\infty}\dfrac{x^{p-2}}{1+x^3}\mathrm{d}x$ 的敛散性.

8. 判别积分 $\int_0^{+\infty}\dfrac{1+x}{x(1+xe^x)}\mathrm{d}x$ 的敛散性. 若收敛，求其值.

三、证明题（每题 10 分，共 20 分）

9. 证明：若 $\int_a^{+\infty}|f(x)|\mathrm{d}x$ 收敛，且 $\lim\limits_{x\to+\infty} f(x) = 0$，则 $\int_a^{+\infty} f^2(x)\mathrm{d}x$ 收敛.

10. 设 $F(x) = e^{\frac{x^2}{2}}\int_x^{+\infty} e^{-\frac{t^2}{2}}\mathrm{d}t, x\in[0,+\infty)$. 证明：

(1) $\lim\limits_{x\to+\infty} F(x) = 0$;

(2) $F(x)$ 在 $[0,+\infty)$ 内单调递减.

========= 第十一章自测题解答 =========

一、1. 解 不一定成立. 反例

$$f(x) = \begin{cases} 1, & x\in\left[n-\dfrac{1}{2n^2}, n+\dfrac{1}{2n^2}\right], \\ 0, & x\in\left(n+\dfrac{1}{2n^2}, n+1-\dfrac{1}{2(n+1)^2}\right), \end{cases} \quad n = 1,2,\cdots,$$

此时有 $\int_0^{+\infty} f(x)\mathrm{d}x = \sum\limits_{n=1}^{\infty}\dfrac{1}{n^2}$ 收敛，但 $f(n) = 1, n = 1,2,\cdots$，故 $\lim\limits_{x\to+\infty} f(x)\neq 0$.

2. 解 方法一 $\forall x\in[a,+\infty)$，有 $f(x) = f(a) + \int_a^x f'(t)\mathrm{d}t$. 由于 $\int_a^{+\infty} f'(t)\mathrm{d}t$ 收敛，故 $\lim\limits_{x\to+\infty}\int_a^x f'(t)\mathrm{d}t$

存在且有限，所以 $\lim\limits_{x\to+\infty} f(x)$ 存在且有限，又 $\int_a^{+\infty} f(x)\mathrm{d}x$ 收敛，因此必有 $\lim\limits_{x\to+\infty} f(x) = 0$.

方法二 反证法. 若 $\lim\limits_{x\to+\infty} f(x)\neq 0$，则 $\exists\varepsilon_0 > 0$ 及 $x_n\to+\infty$，使得 $|f(x_n)| > \varepsilon_0$. 不妨设 $\{f(x_n)\}$ 中

有无穷多正项，于是 $f(x_n) > \varepsilon_0$，且 $\int_a^{+\infty} f(x)\mathrm{d}x$ 收敛，可知 $\exists\{x'_m\}\to+\infty$，使得 $f(x'_m) < \dfrac{\varepsilon_0}{2}$；否则

$\exists \triangle > 0$，当 $x > \triangle$ 时，恒有 $f(x) \geqslant \dfrac{\varepsilon_0}{2}$. 于是当 $A > \triangle$ 时，有 $\displaystyle\int_A^{2A} f(x)\mathrm{d}x \geqslant \dfrac{\varepsilon_0}{2} A \to +\infty \ (A \to +\infty)$

与 $\displaystyle\int_a^{+\infty} f(x)\mathrm{d}x$ 收敛矛盾. 对 $\forall m, n$，有 $\left| \displaystyle\int_{x_m'}^{x_n} f'(x)\mathrm{d}x \right| = |f(x_n) - f(x_m')| \geqslant \dfrac{\varepsilon_0}{2} > 0$ 与 $\displaystyle\int_a^{+\infty} f'(x)$ 收

敛矛盾.

二、3. **解**　由于当 $x > 1$ 时，有 $\dfrac{1}{1+x} \leqslant \ln\left(1 + \dfrac{1}{x}\right) < \dfrac{1}{x}$. 所以有

$$0 \leqslant \ln\left(1 + \dfrac{1}{x}\right) - \dfrac{1}{1+x} < \dfrac{1}{x} - \dfrac{1}{1+x} = \dfrac{1}{x(1+x)} < \dfrac{1}{x^2}.$$

而 $\displaystyle\int_0^{+\infty} \dfrac{1}{x^2}\mathrm{d}x$ 收敛，由比较判别法知 $\displaystyle\int_1^{+\infty} \left[\ln\left(1 + \dfrac{1}{x}\right) - \dfrac{1}{1+x}\right]\mathrm{d}x$ 收敛.

4. **解**　$\lim\limits_{x \to 0} \dfrac{\ln(1+x)}{x} = 1$，且 $\lim\limits_{x \to +\infty} \dfrac{\ln(1+x)}{x^\delta} = 0 (\forall \delta > 0)$. 故

$$\int_1^{+\infty} \dfrac{\ln(1+x)}{x^p}\mathrm{d}x \begin{cases} 收敛, p > 1, \\ 发散, p \leqslant 1, \end{cases} 且 \int_0^1 \dfrac{(\ln(1+x)}{x^p}\mathrm{d}x \begin{cases} 收敛, p < 2, \\ 发散, p \geqslant 2. \end{cases}$$

故　　　　　　　　　　$\displaystyle\int_0^{+\infty} \dfrac{\ln(1+x)}{x^p}\mathrm{d}x \begin{cases} 收敛, 1 < p < 2, \\ 发散, p \geqslant 2 \text{ 或 } p \leqslant 1. \end{cases}$

5. **解**　由于 $\lim\limits_{x \to 0} \dfrac{\sin x}{x} = 1$，故 $x = 0$ 不是瑕点. 对 $\forall A > 0$，有

$$\left| \int_0^A \sin x \mathrm{d}x \right| = |1 - \cos A| \leqslant 2,$$

又 $\dfrac{1}{x}$ 单调递减趋于 $0(x \to +\infty)$，故由狄利克雷判别法知 $\displaystyle\int_0^{+\infty} \dfrac{\sin x}{x}\mathrm{d}x$ 收敛.

另一方面，由于

$$\left| \dfrac{\sin x}{x} \right| \geqslant \dfrac{\sin^2 x}{x} = \dfrac{1}{2x} - \dfrac{\cos 2x}{2x}, x \in [1, +\infty),$$

其中 $\displaystyle\int_1^{+\infty} \dfrac{\cos 2x}{2x}\mathrm{d}x = \dfrac{1}{2}\int_2^{+\infty} \dfrac{\cos t}{t}\mathrm{d}t$，由狄利克雷判别法知收敛，而 $\displaystyle\int_1^{+\infty} \dfrac{1}{2x}\mathrm{d}x$ 发散，因此 $\displaystyle\int_0^{+\infty}$

$\dfrac{|\sin x|}{x}\mathrm{d}x$ 发散，故 $\displaystyle\int_0^{+\infty} \dfrac{\sin x}{x}\mathrm{d}x$ 条件收敛.

6. **解**　因为 $x = 0$ 为 $\dfrac{\ln x}{\sqrt{x}}$ 的瑕点，$\lim\limits_{x \to 0} x^{\frac{3}{4}} \dfrac{\ln x}{\sqrt{x}} = \lim\limits_{x \to 0} x^{\frac{1}{4}} \ln x = 0$，所以 $\displaystyle\int_0^1 \dfrac{\ln x}{\sqrt{x}}\mathrm{d}x$ 与 $\displaystyle\int_0^1 \dfrac{1}{x^{\frac{3}{4}}}\mathrm{d}x$ 同敛散. 因

为 $\displaystyle\int_0^1 \dfrac{1}{x^{\frac{3}{4}}}\mathrm{d}x$ 收敛，所以 $\displaystyle\int_0^1 \dfrac{\ln x}{\sqrt{x}}\mathrm{d}x$ 收敛.

7. **解**　$\displaystyle\int_0^\infty \dfrac{x^{p-2}}{1+x^3}\mathrm{d}x = \int_0^1 \dfrac{x^{p-2}}{1+x^3}\mathrm{d}x + \int_1^\infty \dfrac{x^{p-2}}{1+x^3}\mathrm{d}x \xlongequal{\triangle} I_1 + I_2$.

易知当 $p - 2 > -1$，即 $p > 1$ 时，I_1 收敛；当 $p \leqslant 1$ 时，I_1 发散.

由于 $\lim\limits_{x \to \infty} x^{5-p} \dfrac{x^{p-2}}{1+x^3} = 1$，所以当 $5 - p > 1$，即 $p < 4$ 时，I_2 收敛；当 $p \geqslant 4$ 时，I_2 发散.

故当且仅当 $1 < p < 4$ 时，$\displaystyle\int_0^\infty \dfrac{x^{p-2}}{1+x^3}\mathrm{d}x$ 收敛.

8. **解**　$\displaystyle\int_0^{+\infty} \dfrac{1+x}{x(1+x\mathrm{e}^x)}\mathrm{d}x = \int_0^1 \dfrac{1+x}{x(1+x\mathrm{e}^x)}\mathrm{d}x + \int_1^{+\infty} \dfrac{(1+x)}{x(1+x\mathrm{e}^x)}\mathrm{d}x \xlongequal{\triangle} I_1 + I_2$.

由于

$$\lim\limits_{x \to 0} x \cdot \dfrac{1+x}{x(1+x\mathrm{e}^x)} = \lim\limits_{x \to 0} \dfrac{1+x}{1+x\mathrm{e}^x} = 1,$$

$$\lim\limits_{x \to +\infty} x^2 \cdot \dfrac{1+x}{x(1+x\mathrm{e}^x)} = \lim\limits_{x \to +\infty} \dfrac{x(1+x)}{1+x\mathrm{e}^x} = 0,$$

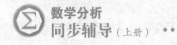

故 I_1 发散，I_2 收敛，从而 $\displaystyle\int_0^{+\infty}\frac{1+x}{x(1+xe^x)}\mathrm{d}x$ 发散.

三、9. 证 注意到 $\displaystyle\int_a^{+\infty}f(x)\mathrm{d}x$ 绝对收敛的含义：$f(x)$ 在 $[a,+\infty)$ 有定义，对 $\forall[a,A]\subset[a,+\infty)$，

$f(x)\in R[a,A]$，且 $\displaystyle\int_a^{+\infty}|f(x)|\mathrm{d}x$ 收敛.

因为 $\displaystyle\lim_{x\to+\infty}f(x)=0$，所以 $\exists A>a$，当 $x\geqslant A$ 时，有 $|f(x)|<1$，这时 $f^2(x)<|f(x)|<1$，由比较

判别法知 $\displaystyle\int_A^{+\infty}f^2(x)\mathrm{d}x$ 收敛.

因为 $f(x)\in R[a,A]$，由定积分的性质知 $\displaystyle\int_a^A f^2(x)\mathrm{d}x$ 可积. 故 $\displaystyle\int_a^{+\infty}f^2(x)\mathrm{d}x$ 收敛.

10. 证 （1）由洛必达法则，有

$$\lim_{x\to+\infty}F(x)=\lim_{x\to+\infty}\frac{\displaystyle\int_x^{+\infty}e^{-\frac{t^2}{2}}\mathrm{d}t}{e^{-\frac{x^2}{2}}}=\lim_{x\to+\infty}\frac{-e^{-\frac{x^2}{2}}}{-xe^{-\frac{x^2}{2}}}=0.$$

（2）由于 $F'(x)=xe^{\frac{x^2}{2}}\displaystyle\int_x^{+\infty}e^{-\frac{t^2}{2}}\mathrm{d}t-1<e^{\frac{x^2}{2}}\displaystyle\int_x^{+\infty}te^{-\frac{t^2}{2}}\mathrm{d}t-1=0$，所以 $F(x)$ 在 $[0,+\infty)$ 内单调递增.